DE LA VARIATION

DES ANIMAUX

ET DES PLANTES

IMPRIMERIE J. CLAYE — RUE SAINT BENOIT 7 — PARIS

DE LA VARIATION

DES

ANIMAUX

ET DES PLANTES

SOUS L'ACTION DE LA DOMESTICATION

PAR

CHARLES DARWIN

M. A., F. R. S., ETC.

TRADUIT DE L'ANGLAIS PAR J.-J. MOULINIÉ

Secrétaire général de l'Institut National Genevois

PRÉFACE DE CARL VOGT

AVEC 43 GRAVURES SUR BOIS

TOME PREMIER

PARIS

C. REINWALD, LIBRAIRE-ÉDITEUR

15, RUE DES SAINTS-PÈRES, 15

1868

PRÉFACE.

Un nouveau livre de M. Darwin n'a point besoin d'introduction. Chaque œuvre de ce naturaliste éminent, dont les vues ont donné une impulsion nouvelle et inattendue à la science, commande impérieusement l'attention de tous ceux qui s'intéressent aux progrès de l'histoire naturelle des êtres organisés. On sait d'avance ce que l'on trouvera dans chaque production du maître : haute indépendance de vues, déduction logique des résultats, matériaux immenses recueillis avec soin et observés avec sagacité, connaissance approfondie et appréciation impartiale des travaux d'autrui. De pareilles qualités sont le gage, non peut-être d'un succès immédiat, mais d'un effet durable.

Je n'ai pas besoin d'insister ici sur la révolution qu'a causée, dans le domaine des sciences organiques, le premier livre de M. Darwin sur l'*Origine des espèces;* dans la préface, il annonçait déjà plusieurs suppléments destinés à faire connaître les documents, à utiliser les matériaux amassés par lui dans un voyage de plusieurs années autour du globe, et dans un travail silencieux mais opiniâtre de plus de vingt ans. Le *Traité sur les animaux domestiques et les plantes cultivées*, dont M. Moulinié nous donne aujourd'hui la traduction, est le premier des suppléments annoncés; il sera suivi, comme nous l'apprenons par plusieurs notes du texte, de quelques autres traités sur des sujets qui se rattachent plutôt à la question de l'espèce proprement dite, tandis que notre livre traite à fond la question de la production des races et des variétés.

Un éminent chimiste visitait, il n'y a pas longtemps, une des grandes fabriques chimiques des bords du Rhin. Après avoir étudié dans tous les détails plusieurs procédés nouveaux, « il faut avouer, dit-il au propriétaire, que nous autres théoriciens nous sommes toujours de quelques pas en arrière. Vous observez certains faits sans intérêt scientifique immédiat, mais qui nous échappent complétement; cependant, comme ils vous intéressent au plus haut degré sous le point de vue pratique, vous les poursuivez en les appliquant à votre fabrication, et, quelques années plus tard, nous devons rechercher à notre tour le pourquoi et le comment de certaines opérations, dont la théorie ne peut pas rendre compte! »

Il en est de même, nous devons l'avouer, dans les domaines de la zoologie et de la botanique. Poussant nos recherches dans d'autres directions, nous avons trop délaissé, nous autres naturalistes, certains côtés pratiques, et aujourd'hui nous nous apercevons que les praticiens, les éleveurs et les jardiniers, nous ont dépassés de beaucoup en façonnant les animaux domestiques et les plantes cultivées à leur gré, et ont ainsi battu en brèche, sans le savoir, ce que nous avons cru être établi d'une manière définitive. Les travaux de M. Darwin, en nous éveillant de notre sommeil d'une manière douloureuse, surtout pour certaines autorités, nous dévoilent l'abîme qui s'est creusé lentement entre la théorie et la pratique. La tâche d'un avenir prochain sera de combler cette lacune en mettant la science au niveau de la pratique.

Dans toutes les sciences d'observation, il se manifeste, depuis un certain temps, une tendance générale à rechercher, à étudier des causes infiniment petites en apparence, mais qui, par la longueur des temps, comme par les masses sur lesquelles elles opèrent, accumulent leurs effets d'une manière surprenante. Je n'ai pas besoin d'insister sur les inévitables révolutions qui se sont opérées dans certaines sciences par la découverte de ces causes infiniment petites et souvent inappréciables dans les laboratoires. L'astronomie, la physique, la chimie, se sont enrichies d'une quantité de vues nouvelles; la géologie a secoué, sous l'influence de ces études, la stupeur dans laquelle l'avaient plongée le fracas des cataclysmes et des soulèvements soudains; — aujourd'hui le tour des sciences organiques est venu; elles doivent marcher dans la même direction et soulever un coin du voile qui couvre l'origine du monde organisé, celle des animaux et des végétaux.

Certes elle était bien commode cette théorie, aujourd'hui devenue insoutenable, mais à laquelle on s'accroche encore avec l'énergie du désespoir, comme le noyé à un brin de paille. Les espèces, créées toutes d'une pièce, avaient surgi, appropriées aux besoins de l'*habitat* par une volonté indépendante de la terre et du monde entier, et elles avaient été détruites par une explosion soudaine de cette même volonté capricieuse. Le zoologiste n'avait rien autre chose à faire que d'étudier minutieusement les caractères de ces types immuables, les enregistrer et les classer en attendant que Dieu, qui les créa, rompît le moule, comme disait le poëte. Tranquilles sur l'immutabilité des espèces, qui ne devaient varier que dans des caractères insignifiants, nous assistions indifférents aux efforts des éleveurs, qui moulaient pour ainsi dire la matière organique vivante de nos animaux domestiques, pour l'adapter soit à nos besoins, soit à nos caprices, et leurs produits paraissaient bien sur les marchés et dans les expositions, mais jamais dans nos musées et dans nos collections.

Ce temps de quiétude inconsciente est passé. Nous sommes forcés de reconnaître que des domaines entiers et considérables de la science ont été négligés, abandonnés, dédaignés même; qu'il faut nous remettre au travail, réunir des faits, accumuler des observations, instituer des expériences multiples et de longue haleine, quitter les routes battues pour frayer de nouveaux sentiers étroits et difficiles! On se révolterait certes pour de moindres exigences, surtout si l'on sommeille en paix, sur un fauteuil académique, conquis avec peine et conservé par la force de l'inertie!

Or c'est ici, si je ne me trompe, que se trouve le point

saillant de l'influence que M. Darwin a exercée sur la science. Le monde organisé actuel nous offre partout les effets accumulés de petites forces agissant lentement, modifiant sans cesse la matière organique et plastique dans les moules qu'elle remplit, dans les formes qu'elle revêt : effets accumulés par un nombre d'individus, par des séries continues de générations à travers les siècles, et devant nous se dresse cette tâche formidable, de poursuivre les effets de forces variées dans leurs moindres manifestations, de saisir le point où la divergence surgit, où l'effet, minime d'abord, se manifeste pour la première fois. Il suffit de signaler cette tâche pour en faire comprendre la portée et la difficulté.

« Il a fallu des milliers de siècles, disait un chimiste, pour que les eaux atmosphériques, si faiblement acidulées par la présence de l'acide carbonique, aient pu pénétrer les basaltes et les altérer jusqu'à une certaine profondeur. Ma vie ne suffirait point pour observer sur les colonnes basaltiques les progrès de cette altération; pour pouvoir les étudier, je dois accumuler les effets en augmentant les points d'attaque et en renforçant l'acide. Ce que la nature produit pendant un laps incalculable de temps avec un dix-millième d'acide carbonique dissous dans l'eau et à une température ordinaire, je l'obtiens en pulvérisant mon basalte, et en l'attaquant à une température plus élevée par une solution acide plus forte. Je ne fais ainsi qu'accumuler les effets naturels en les augmentant dans mon laboratoire. »

L'éleveur, suivant M. Darwin, n'agit pas autrement.

N'est pas éleveur qui veut : on naît Bakewell, on devient prince Albert. On peut acquérir assez de connaissances et d'expérience pour maintenir des races; mais pour créer une race nouvelle, pour la développer dans ses caractères essentiels et dérivés, il faut avoir ce coup d'œil d'aigle qui distingue la moindre nuance dans la conformation de l'individu naissant, et cette qualité divinatrice qui entrevoit d'avance les modifications auxquelles ces variations donnent lieu, quand elles auront été accumulées dans une série des générations choisies et triées dans ce but.

Or que font ces mouleurs de la matière organique, sinon accumuler les petits effets qui peuvent se produire dans la nature, augmenter leur puissance par un choix judicieux des individus, qu'on unit dans un but déterminé et non pas au hasard des instincts comme le fait la nature? On écarte ainsi les causes contraires qui pourraient anéantir de nouveau les effets obtenus. Nul doute que l'éleveur ne peut employer que des forces naturelles; nul doute que ces forces n'agissent de même sans l'intervention calculée de l'homme; mais nul doute aussi, qu'au milieu des chocs entre-croisés donnés et reçus pendant le combat incessant pour la vie, les effets produits ne soient plus souvent anéantis que conservés, et ainsi étouffés en naissant. En considérant attentivement le règne animal et végétal, nous constatons en effet que la variation dans l'hérédité est la règle; que chaque individu porte avec lui la variation, qu'aucun ne ressemble à l'autre jusqu'au moindre détail. Mais les variations légères et souvent à peine appréciables que présentent les premiers individus, périssent le plus souvent sans donner naissance à une lignée, parce qu'elles vont se fondre de nouveau dans le réservoir commun de l'espèce. On peut donc dire que le germe d'une race, variété ou espèce nouvelle, se trouve dans chaque individu, que chacun de ces germes peut se développer et possède en lui-même et par lui-même la force et le droit de se développer. Le plus souvent ces germes ne se développent pas, parce que des forces contraires les anéantissent bientôt.

Cela doit-il nous étonner? Nous savons que plus les chances de non-réussite sont nombreuses, plus aussi le nombre des germes est considérable. Dans les vers intestinaux, des millions d'œufs périssent sans trouver les conditions nécessaires à leur éclosion; si l'espèce se maintient néanmoins, ce n'est que grâce à cette multiplication inouïe des germes. Nous pouvons donc affirmer que la race, la variété, l'espèce, ne se forment que grâce à cette multiplication infinie des chances de variation qui sommeillent partout, qui sont toujours prêtes à se produire, qui périssent par milliers, mais qui quelquefois se trouvent dans les conditions favorables à leur développement.

Est-il besoin de dire que cette manière de comprendre la variété dans les règnes organiques est plus conforme aux notions actuelles sur la constitution et la liaison réciproque de la matière et de la force, que cette définition de l'espèce dont nous avons hérité, et qui, au milieu du tourbillon vital qui nous entoure, soustrait le type de l'espèce au mouvement universel et à la transformation incessante de la matière, pour l'immobiliser et le rendre immuable?

Le lecteur sera frappé sans doute de la multiplicité des observations auxquelles M. Darwin a dû se livrer, et de la quantité de matériaux qu'il a dû réunir. Je ne veux citer ici que les recherches sur les pigeons, exposées dans les cinquième et sixième chapitres. Non content de nouer des relations avec des hommes éminents de tous les points du globe, M. Darwin a dû se faire éleveur lui-même, se faire recevoir de plusieurs clubs, et sacrifier ainsi, non-seulement un temps considérable, mais aussi des sommes importantes à la poursuite de ses études et de ses expériences. Or, s'il est peu de savants capables d'entreprendre de pareilles recherches, il en est encore moins qui se trouvent dans une position qui leur permette de disposer de matériaux aussi nombreux que ceux dont M. Darwin a su profiter. Il y a plus, les pigeons ne cessant presque jamais de couver, les pigeonneaux arrivant en peu de temps à maturité, les générations se succèdent sans interruption; quelques lustres suffisent donc pour avoir des séries multiples de descendants. Il n'en est pas de même des autres espèces. « Il faut quatre ans, disait Napoléon Ier, pour faire un cheval; il faut vingt ans pour faire un homme. » Les ressources et la vie d'un seul naturaliste ne suffiraient pas pour poursuivre sur la plupart des mammifères, et même des oiseaux, les études que M. Darwin a pu mener à bonne fin sur les pigeons. C'est ici que l'intervention des établissements publics devient nécessaire, indispensable, et c'est sur ce point que je voudrais attirer l'attention.

Les ménageries, les jardins zoologiques et d'acclimatation devront se transformer nécessairement en laboratoires
zoologiques, dans lesquels des observations et des expériences
entreprises dans un but déterminé, pourront être continuées
sans interruption pendant des séries d'années.

Certes je ne dédaigne point les observations recueillies
jusqu'à présent sur la vie et la manière d'être d'une foule
d'animaux, que l'on ne connaissait jadis que par leur pelage
et leurs os. Je ne veux non plus médire des efforts que l'on
a faits jusqu'à présent pour acclimater certains animaux
utiles ou agréables. Nos connaissances ont été augmentées,
nos basses-cours peuplées, nos parcs embellis, et le goût
des études en histoire naturelle a été répandu partout. Mais
tout cela suffit aussi peu aux exigences de la science actuelle,
que les observations isolées en météorologie n'ont suffi pour
établir les lois qui régissent l'atmosphère terrestre. Il a fallu,
pour arriver à des résultats, créer des points d'observation
multiples, imposer des règles uniformes pour servir de
guides pendant des séries d'années aux observateurs qui
se succèdent. Il faudra procéder de même pour les études
zoologiques, établir des séries d'observations, se concerter
pour un plan général à suivre dans les différents établissements et continuer avec obstination ces observations dans
toutes les directions qui se succèdent, mais qui ordinairement ne se ressemblent pas. Aux établissements déjà
existants, qui ne peuvent s'occuper en général que d'oiseaux
et de mammifères, aux aquariums, encore si rares aujour-
d'hui, il faudrait en ajouter d'autres destinés à d'autres

classes : ceux-ci, sur la terre ferme, aux insectes, ceux-là, au bord de la mer, aux types si intéressants que recèle l'Océan. Ah! que nous sommes encore loin du temps où une minime partie seulement des deniers publics, dévorés aujourd'hui par la création d'instruments de destruction incessamment perfectionnés, sera vouée au noble but de l'avancement des sciences!

Qu'on me permette un dernier mot. La théorie de M. Darwin, les conséquences qui en découlent, les vues qui dirigent actuellement les recherches dans les sciences exactes en général, ont été l'objet de beaucoup d'attaques. Rien de mieux! Les partisans de M. Darwin auraient mauvaise grâce en effet à refuser le combat, lorsque la base de leur croyance est la lutte sans trêve ni merci pour l'existence, et quand ils prouvent que chaque modification, transformation ou perfectionnement est le prix de cette bataille à laquelle nulle créature vivante ne saurait se soustraire. Qu'on oppose aux faits des faits, aux conclusions des conclusions, aux conséquences des conséquences : c'est là ce que nous demandons, c'est le terrain que nous acceptons.

Mais nous sommes en droit d'exiger que l'on reste dans la série des faits positifs et de leurs conséquences, et qu'on ne vienne pas nous jeter à la face ni l'injure personnelle, ni une prétendue ignorance, ni la raison d'État, ni même les autorités surannées, qui ne peuvent plus être invoquées. Que dirait un astronome, si un homme, lettré au fond, mais complétement dépourvu de connaissances en mathématiques et en mécanique, venait l'attaquer en soutenant que tous les savants avant Copernic avaient admis le mouvement du soleil et la fixité de la terre, que les calculs des modernes sont faux, que le témoignage de nos yeux et de tant de millions de nos ancêtres, tous intimement persuadés que le soleil tourne et que la terre reste immobile? Que dirait cet astronome si l'on invoquait l'antiquité de cette croyance, si l'on prétendait que la science doit rebrousser chemin, jeter ses équations au feu, brûler la mécanique céleste, et en revenir à la religion des ancêtres et aux croyances du bon vieux temps? Certes l'astronome rirait en entendant les palinodies de cet ignorant et le renverrait à l'école en disant : Apprenez les mathématiques, apprenez l'usage des télescopes et de nos instruments inconnus des anciens, apprenez ce que l'on a fait depuis en se servant de meilleures méthodes, et d'instruments perfectionnés d'observation; mais cessez de me corner aux oreilles de vaines objections, car vous parlez d'une science que vous ne pouvez comprendre, parce que la base nécessaire, parce que les connaissances fondamentales sur lesquelles elle repose vous font complétement défaut.

Nous trouvons-nous dans une position différente vis-à-vis de certaines attaques? Non, car nous pouvons dire que nous travaillons jour et nuit à examiner, à expérimenter les phénomènes de la vie, les fonctions mille fois plus délicates des êtres organisés : nous ne cessons d'interroger la nature sur les problèmes qu'elle nous pose, nous y apportons toute la sincérité imposée par la recherche de la vérité, et cependant voici venir des gens qui ne savent pas distinguer un muscle d'un nerf ou une écrevisse d'un poisson,

qui se posent en juges de nos travaux et de nos résultats :
ils nous disent que ces questions sont tranchées depuis
bientôt deux mille ans! Ne conviendrait-il pas de les ren-
voyer à l'école, de les rappeler à la pudeur?

Mon nom a été joint dernièrement à celui d'un savant,
Filippo De Filippi, dont l'Italie s'honore à juste titre et dont
elle déplore la perte récente. Qu'on insulte les vivants, passe
encore, mais il fallait naître à notre époque pour apprendre
qu'on ne s'arrête pas même devant la tombe d'un homme
qui paya de sa vie son amour pour la science et son ardeur pour la recherche de la vérité.

CARL VOGT.

DE LA VARIATION

DES ANIMAUX ET DES PLANTES

SOUS L'ACTION DE LA DOMESTICATION

INTRODUCTION.

Cet ouvrage n'a point pour objet la description des races si nombreuses des animaux que l'homme a domestiquées, ni des plantes qu'il a cultivées; une entreprise aussi gigantesque serait ici inutile, eussé-je eu même les connaissances nécessaires pour l'exécuter. Mon intention est de ne donner, à propos de chaque espèce, que les faits que j'ai pu recueillir ou observer, propres à témoigner de l'importance et de la nature des modifications que les animaux et les plantes ont éprouvées sous la domination de l'homme, ou à jeter quelque lumière sur les principes généraux de la variation. Je m'étendrai un peu plus longuement sur le pigeon domestique, dont je décrirai complétement les races principales, leur histoire, l'étendue et la nature de leurs différences, et la marche probable de leur formation. J'ai choisi ce cas parce que, comme on le verra plus tard, il fournit des matériaux meilleurs que tout autre, et qu'un cas complétement étudié et décrit peut élucider tous les autres. Je décrirai aussi avec détails les lapins, poules et canards domestiques. Les divers sujets qui seront discutés dans ce volume sont tellement connexes qu'il est difficile de déterminer le meilleur ordre à suivre dans leur exposition. J'ai résolu de donner dans la première partie, à propos de divers animaux et plantes, un ensemble considérable de faits, — dont quelques-uns pourront, au premier abord, paraître ne se rattacher qu'indirectement à notre sujet, — et de consacrer la dernière partie aux discussions générales. J'ai employé le petit texte toutes les fois que j'ai jugé nécessaire d'entrer dans beaucoup de détails à l'appui de certaines propositions ou déductions. J'ai voulu, par cette disposition, signaler au lecteur peu soucieux des détails, ou ne mettant pas en doute les conclusions, les passages qu'il peut laisser de côté. Je dois cependant faire remarquer que plusieurs de ces discussions méritent l'attention au moins du naturaliste de profession.

Pour ceux qui n'ont encore rien lu sur la « sélection naturelle, » il peut être utile de donner ici un court aperçu du sujet et de sa portée relativement à l'origine des espèces, d'autant plus qu'il est impossible d'éviter dans le présent ouvrage des allusions à des questions qui seront complétement discutées dans des volumes futurs [1].

Dans toutes les parties du monde, et dès une haute antiquité, l'homme a assujetti à la domestication et à la culture une foule d'animaux et de plantes. L'homme n'a aucunement le pouvoir d'altérer les conditions absolues de la vie; il ne peut changer le climat d'aucun pays, ni ajouter aucun élément nouveau au sol; mais il peut transporter un animal ou une plante d'un climat ou d'un sol à un autre, et lui donner une nourriture qui n'était pas la sienne dans son état naturel. C'est une erreur que de se figurer l'homme cherchant à influencer la nature, pour causer la variabilité. Si les êtres organisés n'avaient pas en eux-mêmes une tendance inhérente à varier, l'homme n'aurait jamais pu rien y faire [2]. En exposant, même inintentionnellement, ses animaux et ses plantes à diverses conditions de vie, il survient des variations qu'il ne peut ni empêcher ni contenir. Envisagez le cas très-simple d'une

1. Cette introduction est inutile pour ceux qui auront lu attentivement mon *Origine des espèces*. J'avais annoncé dans cet ouvrage la publication prochaine des faits sur lesquels étaient basées les conclusions qu'il contient, publication que le mauvais état de ma santé m'a empêché de faire plus tôt.

2. M. Pouchet, dans sa *Pluralité des races*, a récemment insisté sur le fait que la variabilité, sous l'influence de la domestication, ne jette aucun jour sur la modification naturelle de l'espèce. Je ne saisis pas la force de ses arguments, ou, pour mieux dire, de ses assertions à ce sujet.

plante qui a été pendant longtemps cultivée dans son pays natal, et par conséquent n'a été soumise à aucun changement de climat. Elle aura jusqu'à un certain point été protégée contre les racines rivales des autres plantes qui l'avoisinent, plantée dans un sol fumé, probablement pas plus riche que beaucoup de terrains d'alluvion; enfin elle aura subi quelques changements de conditions, cultivée tantôt sur un point, tantôt sur un autre, dans des sols différents.

Il serait difficile de trouver une plante qui, dans ces circonstances, eût-elle été cultivée de la manière la plus grossière, n'eût pas donné naissance à plusieurs variétés. Il n'est guère possible d'admettre que, pendant les changements nombreux que la terre a éprouvés, pendant les migrations naturelles des plantes d'une terre ou d'une île à une autre, habitées par des espèces différentes, elles n'aient pas été exposées à des modifications de leurs conditions d'existence, analogues à celles qui déterminent inévitablement la variation des plantes cultivées. Sans doute, l'homme choisit les individus qui varient; il en sème la graine et choisit encore les descendants présentant des variations. Mais la variation initiale sur laquelle l'homme opère, et sans laquelle il ne peut rien faire, est le résultat de quelque léger changement dans les conditions extérieures, comme il a dû s'en présenter fréquemment dans l'état de nature. On peut donc dire que l'homme a tenté sur une gigantesque échelle une expérience à laquelle la nature s'est livrée sans cesse dans le cours infini des temps. Il en résulte que les principes de la domestication sont pour nous importants à connaître. C'est dans ce fait principal que les êtres organisés, ainsi traités, ont varié considérablement, et que leurs variations sont devenues héréditaires, que nous devons probablement voir les motifs de l'opinion déjà ancienne soutenue par quelques naturalistes, que les espèces à l'état de nature éprouvent des variations.

Je traiterai dans ce volume, aussi complétement que me le permettent les matériaux dont je dispose, de la variation sous l'influence de la domestication. Nous pouvons ainsi espérer jeter quelque lumière sur les causes de la variabilité, sur les lois qui la régissent, — telles que l'action directe du climat et de la nourriture, les effets de l'usage et du non-usage, de la corrélation de croissance, — et sur l'étendue des changements dont les organismes domestiqués sont susceptibles. Nous y apprendrons quelque chose sur les lois de l'hérédité, sur les effets du croisement de races différentes, sur cette stérilité qui survient fréquemment lorsqu'on enlève les êtres organisés à leurs conditions vitales naturelles, et aussi lorsqu'on les soumet à des croisements consanguins trop répétés. Nous verrons dans cette étude l'importance capitale du principe de sélection. Bien que l'homme ne cause pas la variabilité et ne puisse même l'empêcher, il peut en triant, conservant et accumulant comme il lui semble bon les variations que lui offre la nature, produire un grand résultat. Il peut exercer la sélection méthodiquement et intentionnellement; elle peut aussi agir à son insu et sans sa volonté. En choisissant et conservant chaque variation successive avec le but déterminé d'améliorer et de modifier une race d'après une idée préconçue, et en accumulant ainsi des variations, souvent assez légères pour échapper à un œil inexercé, l'homme a pu effectuer des changements et des améliorations étonnantes. Il est également très-manifeste que l'homme, sans avoir l'intention d'améliorer une race, peut y introduire lentement, mais sûrement, des modifications importantes, par le seul fait qu'il réserve dans chaque génération les individus qui ont pour lui le plus de valeur, en détruisant ceux qui en ont moins. La volonté de l'homme entrant ainsi en jeu, nous pouvons concevoir pourquoi les races qu'il a produites témoignent d'une adaptation à ses besoins et à ses plaisirs; et pourquoi les races soit d'animaux domestiques, soit de plantes cultivées, présentent souvent, comparées aux espèces naturelles, des caractères anomaux ou monstrueux: c'est parce qu'elles ont été en effet modifiées non pour leur propre avantage, mais en vue de celui de l'homme.

Je discuterai dans un autre ouvrage la variabilité des êtres organisés dans l'état de nature, c'est-à-dire les différences individuelles qu'on observe chez les animaux et les plantes, et celles, un peu plus considérables et généralement héréditaires, que les naturalistes considèrent comme variétés ou races géographiques. Nous verrons combien il est difficile, et même souvent impossible, de distinguer entre les races et les sous-espèces, — comme on désigne quelquefois les formes

moins nettement prononcées, — et encore entre celles-ci et
les vraies espèces. Je chercherai aussi à montrer que ce sont
les espèces communes et largement répandues, qu'on peut
appeler les espèces dominantes, qui varient le plus fréquemment; et que ce sont les genres les plus grands et les plus
répandus, qui comprennent le plus grand nombre d'espèces
sujettes à varier. On pourrait, comme nous le verrons, donner
avec justesse aux variétés le nom d'espèces naissantes.

Mais, tout en accordant que les êtres organisés offrent, à
l'état de nature, certaines variétés; que leur organisation est
pour ainsi dire, à quelque degré, plastique; qu'un grand nombre de plantes et d'animaux ont considérablement varié sous
l'influence de la domestication; que l'homme, par la sélection,
a pu accumuler les variations au point d'arriver à des races
bien déterminées et à traits fortement accusés et héréditaires;
accordant tout cela, comment, demandera-t-on peut-être, les
espèces ont-elles pu se former dans l'état de nature? Les différences entre les variétés naturelles sont légères, mais elles sont
considérables entre espèces d'un même genre, et très-grandes
entre espèces de genres différents. Comment ces moindres
différences ont-elles pu s'augmenter au point d'arriver au
niveau des plus grandes? Comment les variétés, ou comme je
les appelle, les espèces naissantes, ont-elles pu se convertir
en espèces véritables et bien déterminées? Comment chaque
espèce nouvelle a-t-elle été adaptée aux conditions physiques
extérieures et aux autres formes vivantes dont elle dépend à
un titre quelconque? Nous voyons de toutes parts d'innombrables combinaisons et adaptations qui provoquent à juste
titre l'admiration de tout observateur. Voici, par exemple,
une mouche (Cecidomya[3]), qui en pondant ses œufs dans les
étamines d'une espèce de Scrophulaire, sécrète en même temps
un poison qui détermine la formation d'une galle aux dépens
de laquelle la jeune larve doit se nourrir. Pendant son développement, survient un autre insecte, une petite guêpe (Miso-
campus), qui dépose ses œufs au travers de la galle, dans le
corps même de la larve de la mouche, laquelle devient ainsi la
proie des larves de la guêpe après leur éclosion. Il en résulte

3. Léon Dufour, *Annales des sciences naturelles* (3e série). t. V. p. 6.

donc qu'un insecte hyménoptère dépend d'un diptère, lequel dépend lui-même de la propriété qu'il possède de faire naître sur un organe particulier d'une certaine plante une excroissance monstrueuse. Il en est de même dans des milliers de cas, pour les productions les plus infimes comme les plus élevées de la nature.

Ce problème de la conversion de variétés en espèces, — c'est-à-dire l'accroissement des différences légères caractérisant les variétés, jusqu'à arriver à atteindre en importance les différences plus grandes qui caractérisent les espèces et les genres, en y comprenant l'adaptation admirable de chaque être aux conditions vitales organiques et inorganiques si complexes dans lesquelles il se trouve, — formera le sujet principal de mon second ouvrage. Nous y verrons que tous les êtres organisés, sans exception, tendent à se multiplier suivant une progression telle, que même la surface totale de la terre, ou l'océan entier, seraient insuffisants pour contenir la descendance d'un seul couple après un certain nombre de générations.

Il résulte de là un perpétuel combat pour l'existence. On a dit avec raison que toute la nature est en guerre; les plus forts l'emportent en définitive, les plus faibles cèdent, et nous savons que des myriades de formes ont ainsi disparu de la surface du globe. Si donc, dans l'état de nature, les êtres organisés varient même dans une faible mesure, soit par un changement dans les conditions ambiantes, ce dont la géologie nous fournit d'abondantes preuves, soit par toute autre cause; si, dans le long cours des siècles, il surgit des variations héréditaires en quoi que ce soit avantageuses à un être dans ses rapports complexes et variables avec son milieu ambiant (et il serait étrange qu'il ne se présentât jamais de pareilles variations avantageuses, puisque l'homme en a déjà rencontré un grand nombre qu'il a su utiliser pour son profit et son plaisir); si enfin de pareilles éventualités se sont présentées, ce que je ne mets pas en doute, le combat sans trêve ni merci pour l'existence aura eu pour effet de conserver et de faire prévaloir les variations favorables, quelque faibles qu'elles aient pu être, tout en faisant disparaître celles qui ne l'étaient pas.

C'est cette conservation, pendant la lutte pour l'existence,

des variétés jouissant d'un avantage quelconque de structure,
de constitution ou d'instinct, que j'ai désignée sous le nom de
sélection naturelle. M. Herbert Spencer a bien exprimé la même
idée par cette expression, la *survivance du plus apte*. L'expression de « sélection naturelle » est sous quelques rapports
mauvaise, en ce qu'elle semble impliquer une idée de choix
volontaire, mais dont avec un peu d'habitude on peut faire
abstraction. Personne ne fait objection à « l'affinité élective »
des chimistes, et cependant un acide n'a pas plus le choix de se
combiner à une base, que ne l'ont les conditions vitales pour
décider ou non de la conservation ou sélection d'une nouvelle
forme. L'expression a au moins l'avantage de rattacher la production des races domestiques au moyen de la sélection exercée par l'homme, à la conservation des variétés et espèces
dans l'état de nature. Je parle quelquefois, pour être bref, de
la sélection naturelle comme d'une force intelligente, de la
même manière que les astronomes parlent de l'attraction
comme réglant les mouvements des planètes, ou comme les
agriculteurs parlent de la formation de races domestiques par
la puissance de sélection de l'homme. Dans un cas comme
dans l'autre, la sélection n'a rien à faire avec la variabilité,
laquelle dépend du mode d'action des circonstances extérieures
sur l'organisme. J'ai souvent aussi personnifié le mot nature,
car il est difficile d'éviter cette ambiguïté; mais je n'entends
par là que l'action combinée et le produit de beaucoup de
lois naturelles; et par lois, la série constatée des phénomènes.

Dans le chapitre consacré à la sélection naturelle, je montrerai par l'expérience et par une multitude de faits, que la
plus grande somme de vie peut être supportée dans chaque
point par une grande diversification ou divergence dans la
structure et la constitution de ses habitants. Nous verrons aussi
que la production continue de formes nouvelles par la sélection
naturelle, — ce qui implique que chaque nouvelle variété présente quelque avantage sur les autres, — entraîne presque inévitablement la destruction des formes plus anciennes et moins
parfaites. Celles-ci sont presque nécessairement, par leur conformation comme par le rang qu'elles occupent dans la série
des générations, intermédiaires entre l'espèce originelle dont
elles proviennent et les dernières formes produites. Si nous

supposons maintenant qu'une espèce ait produit deux ou plusieurs variétés, qui à leur tour, avec le temps, en auront
produit d'autres, le principe de perfectionnement dérivant
surtout de la diversification des structures, aura généralement
pour résultat la conservation des variétés les plus divergentes.
Les différences minimes caractérisant les variétés, peuvent
ainsi, par accroissement, atteindre au degré d'importance de
caractères spécifiques, et les termes extrêmes de la série des
variations devenir, par la disparition des formes intermédiaires,
des objets distinctement définis, des espèces. Nous verrons
aussi comment les êtres organisés peuvent se classer, d'après
la méthode naturelle, en groupes distincts, — les espèces dans
les genres, et les genres dans les familles.

Tous les habitants d'un pays tendant toujours, vu la
progression rapide de la reproduction, à s'accroître numéri-
quement ; — chaque forme étant, dans la lutte pour l'existence,
en rapports avec beaucoup d'autres ; car supprimez-en une,
et sa place sera immédiatement prise ; — toute partie de
l'organisme pouvant occasionnellement varier quelque peu,
et la sélection n'agissant exclusivement que pour la conservation des variations avantageuses à l'individu, dans les
conditions très-complexes au milieu desquelles il se trouve,
on ne peut assigner de limites au nombre, à la singularité et
à la perfection des combinaisons ou coadaptations qui peuvent
être ainsi produites. Un animal ou une plante peuvent donc
se trouver graduellement, par leur structure ou leurs habitudes, liés de la manière la plus compliquée à d'autres
animaux ou plantes, ainsi qu'aux conditions physiques de
leur demeure. L'habitude, l'usage ou le non-usage facili-
teront dans certains cas des variations qui seront réglées par
l'action directe des conditions physiques extérieures, et par la
corrélation de croissance.

En vertu des principes que nous venons d'esquisser rapidement, il n'y a dans chaque être aucune tendance innée ou
nécessaire qui le pousse vers un avancement progressif dans
l'échelle de l'organisation. Nous sommes presque forcés de
regarder la spécialisation ou la différenciation des organes
pour les diverses fonctions qu'ils ont à remplir, comme le
meilleur et même le seul critère de leur perfectionnement.

l'accomplissement de toute fonction du corps ou de l'esprit devant être d'autant plus parfait qu'il résulte d'une meilleure division du travail. La sélection naturelle agissant exclusivement en conservant les modifications de structure profitables, et les conditions vitales se compliquant généralement de plus en plus dans chaque zone, à mesure que le nombre des formes qui l'habitent s'augmente, celles-ci doivent tendre à acquérir une conformation de plus en plus parfaite, qui doit nous faire admettre qu'en somme l'organisation progresse. Néanmoins une forme très-simple appropriée à des conditions vitales également très-simples pourra rester pendant des siècles sans être modifiée ni améliorée; car quel avantage aurait un infusoire ou un ver intestinal à revêtir une organisation complexe? Il pourrait même arriver, et le cas s'est probablement présenté, que des membres d'un groupe supérieur se soient adaptés à des conditions de vie plus simples, et dans ce cas la sélection naturelle a dû tendre à simplifier et à dégrader l'organisation, car pour des actions simples un mécanisme compliqué est inutile et même désavantageux.

Dans un second ouvrage, après avoir traité de la variation des organismes dans la nature, de la lutte pour l'existence et de la sélection naturelle, je discuterai les difficultés que soulève la théorie. Ces difficultés peuvent être classées sous les chefs suivants : l'impossibilité apparente, dans certains cas, qu'un organe très-simple puisse arriver par degrés insensibles à un organe très-parfait; les faits merveilleux de l'instinct; la question entière de l'hybridité; et enfin l'absence, soit dans la période actuelle soit dans nos formations géologiques, d'une foule de chaînons reliant entre elles toutes les espèces alliées. Bien que quelques-unes de ces difficultés aient un certain poids, nous verrons qu'un grand nombre d'entre elles s'expliquent par la théorie de la sélection naturelle, et sont inexplicables autrement.

L'hypothèse est permise dans les recherches scientifiques, et si elle explique des ensembles de faits considérables et indépendants, elle peut être élevée au rang d'une théorie bien fondée. L'existence de l'éther et de ses ondulations est hypothétique, et cependant qui n'admet actuellement la théorie ondulatoire de la lumière? Le principe de la sélection naturelle peut être regardé comme une pure hypothèse, mais qui est rendue probable par ce que nous savons de positif sur la variabilité des êtres organisés dans l'état de nature ; par ce que nous connaissons de la lutte pour l'existence, de la conservation presque inévitable des variations favorables qui en est le résultat ; enfin, par la formation analogue des races domestiques.

Maintenant on peut mettre à l'épreuve la théorie (et ceci me paraît la seule manière équitable et légitime de considérer l'ensemble de la question) en cherchant si elle explique certains ensembles de faits, indépendants les uns des autres ; tels que la succession géologique des êtres organisés ; — leur distribution dans les temps passés et actuels ; — leurs affinités mutuelles et leurs homologies. Si le principe de la sélection naturelle explique ces groupes de faits importants et d'autres encore, il doit être pris en considération. L'opinion ordinaire de la création indépendante de chaque espèce ne nous donne aucune explication scientifique de l'ensemble des faits. Nous ne pouvons que dire qu'il a plu au Créateur de faire apparaître dans un certain ordre et sur certains points de sa surface les habitants passés et présents du globe ; qu'il leur a imprimé le cachet d'une ressemblance extraordinaire, et les a classés en groupes subordonnés. Cet énoncé ne nous apporte aucun enseignement nouveau, il ne rattache aucunement les uns aux autres les faits et les lois, il n'explique rien.

Dans un troisième ouvrage, je chercherai à vérifier le principe de la sélection naturelle en voyant jusqu'à quel point il explique les faits auxquels j'ai fait allusion. Lorsque, pendant le voyage du vaisseau de Sa Majesté le *Beagle*, je visitai l'archipel des Galapagos, situé dans l'océan Pacifique, à environ 500 milles des côtes de l'Amérique du Sud, je me vis entouré d'espèces particulières d'oiseaux, de reptiles et de plantes, n'existant nulle part ailleurs dans le monde. Presque toutes portaient un cachet américain. Dans le chant de l'oiseau moqueur, dans le cri rauque du faucon, dans les grands opuntias à forme de chandeliers, j'apercevais nettement le voisinage de l'Amérique, bien que les îles, séparées de la terre ferme par bien des lieues d'océan, en différassent notablement par leur constitution géologique et leur climat. Un fait plus surprenant encore était la différence spécifique de la plupart des habitants de chacune des îles séparées de ce petit archipel, quoique voisins les uns des autres. Cet archipel, avec ses innombrables cratères et ses ruisseaux de lave dénudée, paraît être d'origine récente ; et je me figurai presque assister à l'acte même de la création. Je me suis souvent demandé comment ont été produits ces animaux et ces plantes si particuliers ; la réponse la plus simple me paraissait être que les habitants des diverses îles étaient provenus les uns des autres, en subissant dans le cours de leur descendance quelques modifications ; et que tous les habitants de l'archipel devaient provenir naturellement de la terre la plus voisine, de colons fournis par l'Amérique. Mais ce fut pour moi un problème longtemps inexplicable de savoir comment les modifications nécessaires avaient pu s'effectuer ; il le serait encore, si je n'avais étudié les produits domestiques, et acquis ainsi une idée nette de la puissance de la sélection. Ensuite, préparé par de longues études sur les habitudes des animaux, je compris la sélection naturelle comme l'inévitable résultat de la progression si rapidement croissante suivant laquelle tous les êtres organisés tendent à se multiplier, et à encombrer un espace donné. De là, une lutte pour l'existence, lutte d'autant plus acharnée que les concurrents sont plus nombreux, et dans laquelle les organismes les moins privilégiés doivent nécessairement succomber.

J'avais, avant de visiter les îles Galapagos, déjà recueilli beaucoup d'animaux en voyageant du nord au sud de l'Amérique, et dans les conditions de vie les plus différentes possibles, j'avais rencontré partout et toujours des formes américaines ; des espèces remplaçant d'autres espèces appartenant aux mêmes genres spéciaux. Il en fut de même lorsque je gravissais les Cordillères, ou pénétrais dans les épaisses forêts tropicales de l'Amérique, ou étudiais ses eaux douces. Je visitai postérieurement d'autres pays, qui comme conditions de vie ressemblaient plus à certaines parties de l'Amérique du Sud que les diverses parties de ce continent ne se ressemblent entre elles, et cependant dans ces contrées, comme l'Australie ou l'Afrique méridionale, le voyageur est frappé de la différence complète de leurs productions. La réflexion me contraignit à admettre une communauté de descendance des anciens habitants ou colons de l'Amérique du Sud, comme pouvant seule expliquer la prédominance des types américains sur une aussi grande étendue de pays.

Rien n'évoque plus fortement à l'esprit la question de la succession des espèces, que d'exhumer de ses propres mains les gigantesques ossements fossiles de certains animaux éteints. J'ai trouvé dans l'Amérique du Sud d'énormes fragments de carapaces offrant, mais sur une échelle magnifique, les mêmes dessins en mosaïques qui ornent aujourd'hui le test écailleux du petit tatou ; j'ai trouvé de grosses dents semblables à celles du paresseux vivant actuellement, et des ossements analogues à ceux du cabiai. Une succession analogue de formes voisines des types actuels a été antérieurement observée aussi en Australie. Nous voyons donc là la persistance, dans le temps et dans l'espace, des mêmes types dans les mêmes régions, comme s'ils descendaient les uns des autres, et dans aucun des cas la similitude des conditions ne peut suffire à expliquer la similitude des formes vivantes. Il est notoire que les restes fossiles de périodes immédiatement consécutives, offrent de grandes analogies de conformation, ce qui se comprend de soi si ces organismes sont également en rapports de descendance immédiate. La succession des nombreuses espèces distinctes d'un même genre au travers de la longue série des formations géologiques semble n'avoir pas été interrompue. Les espèces nouvelles arrivent graduellement une à une. Certaines formes anciennes et éteintes montrent fréquemment des caractères combinés ou intermédiaires, comme les mots d'une langue morte comparés aux rejetons qu'elle a fournis aux diverses langues vivantes qui en dérivent. Tous ces faits et beaucoup d'autres m'ont paru indiquer la descendance avec modification comme la cause de la production de nouveaux groupes d'espèces.

Les habitants du globe passés et présents, se rattachent les uns aux autres par les affinités les plus singulières et les plus complexes, et peuvent être distribués en groupes sous d'autres groupes, de la même manière qu'on peut classer des variétés sous des espèces, et des sous-variétés sous des variétés, mais avec des degrés plus considérables de différences. On verra dans mon troisième ouvrage que ces affinités complexes et les règles de la classification s'expliquent très-naturellement par le principe de la descendance, joint aux modifications apportées par la sélection naturelle, qui entraîne la divergence des caractères et l'extinction des formes intermédiaires. Dans la doctrine d'actes de création indépendants, comment expliquer la conformation sur un plan commun, de la main de l'homme, du pied du chien, de l'aile de la chauve-souris, et de la palette du phoque ? L'explication est toute simple d'après le principe de la sélection naturelle de légères variations successives dans la descendance divergente d'un seul ancêtre ! De même, quand examinant la structure d'un individu, animal ou plante, nous voyons construits sur le même modèle les membres antérieurs et postérieurs, le crâne et les vertèbres, les mâchoires et les pattes des crustacés ; les pétales, les étamines et le pistil d'une fleur. Pendant les nombreuses modifications que, dans le cours des temps, tous les êtres organisés ont dû subir, le défaut d'usage a pu occasionnellement réduire peu à peu certains organes, devenus finalement superflus, mais la conservation de ces parties à un état rudimentaire et complétement inutile à l'individu qui les possède se conçoit facilement dans la théorie de la descendance. D'après le principe que les modifications sont héritées par le jeune être au même âge où chaque variation successive a apparu pour la première fois chez son ascendant, nous comprendrons pourquoi les organes et parties rudimentaires sont généralement bien développées chez l'individu dans son très-jeune âge. Le même principe de l'hérédité aux âges correspondants, joint à celui que les variations n'interviennent généralement pas dans les toutes premières périodes du développement embryonnaire (deux principes dont l'observation directe montre la probabilité), rendent intelligible un des faits les plus remarquables de l'histoire naturelle, à savoir, la similitude de tous les membres de la grande classe des vertébrés, mammifères, oiseaux, reptiles et poissons, pendant la période embryonnaire.

C'est la considération et l'explication de faits de cette nature qui m'ont convaincu que la théorie de la descendance avec modification par la sélection naturelle est, en somme, la vraie. Dans la théorie des créations indépendantes, ces faits n'ont pu trouver aucune explication ; ils ne peuvent être groupés ni rattachés à un point de vue unique, et chacun d'eux ne peut être envisagé que comme un fait isolé. L'origine première de la vie à la surface du globe, de même que sa continuation dans chaque individu, étant actuellement hors de la portée de la science, je n'insiste pas beaucoup sur la plus grande simplicité de l'hypothèse de la création originelle d'un petit nombre de formes, ou même d'une seule, opposée à celle d'innombrables créations miraculeuses ayant eu lieu à d'innombrables périodes ; bien que la première, plus simple, s'accorde mieux avec l'axiome philosophique de Maupertuis, celui de la « moindre action. »

En examinant jusqu'à quel point on peut étendre la théorie de la sélection naturelle, c'est-à-dire en cherchant à déterminer le nombre des formes primitives dont ont pu descendre les habitants de la terre, nous pouvons conclure que tous les membres d'une même classe au moins, sont la descendance d'un seul ancêtre. On réunit dans une même classe un ensemble d'êtres organisés, parce qu'ils présentent, indépendamment de leurs habitudes, le même type fondamental de conformation, et qu'ils offrent entre eux une certaine gradation. De plus, les membres d'une même classe se montrent très-semblables entre eux dans les commencements de leur état embryonnaire. Ces faits s'expliquent par leur descendance d'une forme commune ; on peut donc admettre que tous les membres d'une même classe proviennent d'un ancêtre unique. Mais comme les membres de classes distinctes ont encore quelque chose de commun dans leur structure, et beaucoup dans leur constitution, l'analogie nous conduit à faire un pas de plus, et à regarder comme probable la descendance de tous les êtres vivants d'un prototype unique.

J'espère que le lecteur réfléchira avant d'en arriver à aucune conclusion définitive et hostile sur la théorie de la sélection naturelle. C'est dans les faits qui seront exposés ci-après que j'ai puisé ma conviction sur la vérité de cette théorie. Le lecteur peut consulter mon « Origine des espèces, » où il trouvera une esquisse générale du sujet, mais aussi bien des assertions qu'il devra accepter de confiance. En examinant la théorie de la sélection naturelle, il rencontrera assurément de grandes difficultés, mais qui se rapportent surtout à des sujets, — tels que l'imperfection des documents géologiques, les moyens de distribution, la possibilité des transitions dans les organes, etc., — sur lesquels nous devons avouer une ignorance dont nous ne connaissons même pas l'étendue. La plupart de ces difficultés s'évanouiraient si notre ignorance était plus grande que nous ne le supposons généralement. Que le lecteur réfléchisse à la difficulté d'envisager tout un ordre de faits sous un point de vue nouveau. Qu'il remarque combien les grandes vues de Lyell sur les changements graduels qui se passent actuellement à la surface du globe, ont été lentement, mais sûrement, reconnues comme suffisantes pour rendre compte de tout ce que nous voyons dans l'histoire de son passé. L'action présente de la sélection naturelle peut paraître plus ou moins probable, mais je crois la théorie vraie, parce qu'elle rattache les uns aux autres, réunit sous un point de vue unique, et explique d'une manière rationnelle de nombreux groupes de faits tout à fait indépendants les uns des autres en apparence [4].

4. En traitant les divers sujets compris dans cet ouvrage et ceux qui le suivront, j'ai été constamment dans le cas de demander des renseignements à beaucoup de zoologistes, botanistes, éleveurs d'animaux et horticulteurs, et j'ai toujours reçu d'eux l'assistance la plus généreuse. Sans leur aide, je n'eusse pu faire que peu. Je me suis fréquemment adressé, pour des informations et des échantillons, à des étrangers, et à des négociants et officiers du gouvernement résidant dans les pays éloignés, et à de très-rares exceptions près, j'ai trouvé chez eux un concours prompt, bienveillant et précieux. Je ne puis trop reconnaître mes obligations envers les nombreuses personnes qui m'ont aidé, et qui, j'en suis convaincu, le feraient également volontiers pour toute autre personne se livrant à des recherches scientifiques.

CHAPITRE PREMIER.

CHIENS ET CHATS DOMESTIQUES.

CHIENS, anciennes variétés. — Ressemblance, dans divers pays, entre les chiens domestiques et les espèces canines indigènes. — Absence de crainte chez les animaux qui ne connaissent pas l'homme. — Chiens ressemblant aux loups et aux chacals. — Acquisition et perte de la faculté d'aboyer. — Chiens sauvages. — Taches susoculaires feu. — Période de gestation. — Odeur désagréable. — Fertilité des chiens croisés. — Différences dans les diverses races dues en partie à la descendance d'espèces distinctes. — Différences dans le crâne et les dents. — Différences dans le corps et la constitution. — Différences peu importantes fixées par la sélection. — Action directe du climat. — Chiens à pattes palmées. — Historique des modifications graduellement exercées par sélection sur quelques races anglaises. — Extinction des sous-races moins améliorées.

CHATS, croisements avec plusieurs espèces. — Races différentes n'existant que dans des contrées séparées. — Effets directs des conditions de la vie. — Chats sauvages. — Variabilité individuelle.

Les nombreuses variétés domestiques du chien proviennent-elles d'une seule espèce sauvage, ou de plusieurs? Tel est le point essentiel que nous avons à examiner dans ce chapitre.

Quelques auteurs pensent que toutes proviennent du loup ou du chacal, ou d'une espèce éteinte et inconnue. D'autres croient, et c'est l'opinion qui a prévalu dans ces derniers temps, qu'elles descendent de plusieurs espèces, récentes et éteintes, plus ou moins mélangées ensemble. Il est peu probable que nous parvenions jamais à déterminer avec certitude leur origine. La paléontologie [1] ne jette que peu de lumière sur la question, soit à cause de la grande analogie qu'offrent entre eux les crânes des loups et chacals vivants et éteints, soit à cause de la dissemblance qui se remarque entre les crânes des différentes races de chiens domestiques. Il paraît

---

1. Owen, *British fossil Mammals* p. 123 à 133. — Pictet, *Traité de Paléontologie* 1853. t. 1, p. 202. — De Blainville, dans son *Ostéographie. Canidæ*, p. 142, a longuement discuté le sujet, et conclut que l'ancêtre éteint de tous les chiens domestiques, se rapprochait plus du loup par son organisation, et du chacal par ses mœurs.

cependant qu'on a trouvé dans des dépôts tertiaires récents,
des ossements se rapprochant davantage de ceux d'un gros chien
que de ceux du loup, ce qui serait favorable à l'opinion de
de Blainville sur la provenance de nos chiens d'une espèce
unique et éteinte. D'autres auteurs vont jusqu'à affirmer que
chaque race domestique principale a dû avoir son prototype
sauvage. Cette dernière opinion est extrêmement improbable;
elle ne laisse rien à la variation; elle méconnaît les caractères
presque monstrueux de certaines races; et elle suppose nécessairement l'extinction d'un grand nombre d'espèces depuis
l'époque où l'homme a domestiqué le chien; tandis que nous
voyons que l'action humaine n'a pu exterminer qu'avec difficulté les espèces sauvages de la famille des chiens, puisque
le loup existait encore en 1710 dans un pays aussi peu étendu
que l'Irlande.

Voici quelles sont les raisons qui ont conduit divers auteurs
à admettre la descendance des chiens domestiques de plus
d'une espèce sauvage[2]. D'abord, les grandes différences qui
existent entre les diverses races; cette raison n'aura que peu
de valeur, après que nous aurons vu combien peuvent devenir
considérables les différences entre plusieurs races d'animaux
domestiques provenues cependant et d'une manière certaine
d'un ancêtre unique. Secondement, le fait plus important que,
dès les temps historiques les plus reculés dont nous ayons
connaissance, il existait déjà plusieurs races de chiens assez
dissemblables entre elles, et analogues ou identiques aux races
actuelles.

Parcourons rapidement les documents historiques. Entre le
XIVe siècle et la période classique romaine[3], les matériaux

2. Pallas, je crois, est l'auteur de cette doctrine, dans *Act. acad. St.-Pétersbourg*,
1780, part. II. — Ehrenberg l'a défendue, comme on le voit dans de Blainville, *Ostéographie*,
p. 79. — Elle a été poussée à l'extrême par col. Hamilton Smith dans *Naturalist Library*,
vol. IX et X. — M. C. Martin l'adopte dans son excellente *History of the Dog*, 1845; ainsi que
le Dr. Morton et MM. Nott et Gliddon aux États-Unis. — Le professeur Lowe dans ses
Domesticated Animals 1845, p. 666 arrive à la même conclusion. James Wilson d'Édimbourg, dans divers travaux lus à la Société Wernérienne et à la Société agricole des
Highland, a développé la même idée avec beaucoup de force et de clarté. — Is. Geoffroy
St.-Hilaire (*Hist. nat. gén.* 1860, t. III, p. 107), quoique regardant la plupart des chiens
comme descendant du chacal, penche à croire que quelques-uns descendent du loup.
Le prof. Gervais (*Hist. nat. Mamm.* 1855, t. II., p. 69), discutant l'opinion de la descendance des races domestiques d'une seule espèce, la regarde comme la moins probable.
3. Berjeau, *Les variétés du Chien, dans des vieilles sculptures et images*, 1863. —
Dr. F. L. Walther, *Der Hund*, Giessen 1817, p. 48. Cet auteur paraît avoir étudié avec

sont très-peu abondants; déjà à cette époque il existait différentes races, telles que chiens courants, chiens de garde, bichons, etc.; mais qui, pour la plupart, comme le fait remarquer
le docteur Walther, sont impossibles à reconnaître avec certitude. Toutefois Youatt donne le dessin d'une fort belle sculp-
ture provenant de la villa Antonina et représentant deux jeunes
lévriers. On trouve figuré sur un monument assyrien datant
d'environ 640 avant Jésus-Christ, un énorme dogue[4], semblable
à ceux que, d'après sir H. Rawlinson, on importerait encore
dans le même pays. J'ai parcouru les magnifiques ouvrages de
Lepsius et Rosellini, et y ai trouvé la représentation de plusieurs variétés de chiens sur les monuments de la quatrième à
la douzième dynastie, c'est-à-dire de l'an 3400 à 2100 avant
Jésus-Christ. La plupart se rapprochent du lévrier; cependant
vers la dernière période se trouve figuré un chien ressemblant
à un chien courant, à oreilles pendantes, mais ayant le dos
plus allongé et la tête plus pointue que les nôtres. Il y a aussi
un basset à jambes courtes et torses, très-analogue à la variété
existante; mais ce genre de monstruosité est si commun chez
divers animaux, comme chez le mouton Ancon, et d'après
Rengger, chez le jaguar du Paraguay, qu'il serait peut-être
téméraire de regarder l'animal représenté sur les monuments
comme la souche de tous nos bassets; le colonel Sykes[5] a aussi
décrit un chien pariah indien qui présentait le même caractère
monstrueux. Le chien le plus ancien figuré sur les monuments
égyptiens est un des plus singuliers; il ressemble à un lévrier,
mais a les oreilles longues et pointues et la queue courte et
recourbée; il en existe encore dans l'Afrique du Nord une
variété assez voisine, car M. E. Vernon Harcourt[6] raconte que
le chien avec lequel les Arabes chassent le sanglier, est un animal hiéroglyphique et bizarre, comme celui avec lequel les

soin tous les ouvrages classiques sur ce sujet. Voir aussi Volz, *Beiträge zur Kultur-
Geschichte*, Leipzig, 1852, p. 115. — Youatt, *The Dog*, 1845, p. 6. — De Blainville en
donne une histoire très-complète dans son *Ostéographie, Canidæ*.

4. J'ai vu des dessins de ce chien d'après le tombeau du fils d'Esar Haddon, et des
modèles du British Museum. Nott et Gliddon, dans leurs *Types of Mankind*, 1854, p. 393,
donnent une copie de ces dessins. On a regardé ce chien comme un dogue du Thibet, mais
M. A. Oldfield, qui connaît le vrai dogue du Thibet, m'assure, après avoir examiné les
dessins du British Museum, qu'il considère les individus figurés comme différents.

5. *Proc. Zoolog. Soc.* Juillet 12, 1831.

6. *Sporting in Algeria*, p. 51.

Chéops chassaient autrefois, et ressemblant un peu au chien courant écossais ; il a la queue fortement enroulée au-dessus du dos, et les oreilles détachées à angle droit. Un chien ressemblant au pariah a coexisté avec cette très-ancienne variété.

Nous voyons donc qu'il existait déjà, il y a quatre ou cinq mille ans, plusieurs races ressemblant de plus ou moins près à nos races actuelles, chiens pariahs, lévriers, courants, dogues, bichons et bassets. Il n'est cependant pas démontré qu'aucun de ces anciens chiens ait appartenu identiquement aux sous-variétés actuelles [7]. Tant qu'on a cru que l'existence de l'homme sur la terre ne datait que de six mille ans, ce fait de la diversité des races à une période aussi reculée, constituait un argument d'un certain poids en faveur de leur provenance de plusieurs souches sauvages, vu l'insuffisance du temps écoulé pour que la modification ait pu produire d'aussi fortes divergences. Mais maintenant que la découverte d'instruments de silex enfouis parmi les restes d'animaux éteints, dans des régions qui ont depuis éprouvé de grandes modifications géographiques, nous démontre que l'homme a existé depuis une époque incomparablement plus ancienne, et que nous voyons les nations les plus barbares avoir des chiens domestiques, l'argument de l'insuffisance du temps perd beaucoup de sa valeur.

Le chien était domestiqué en Europe bien longtemps avant l'époque historique. Dans les débris de cuisine de la période néolithique du Danemark sont enfouis des ossements d'un animal du genre chien, que Steenstrup prouve fort ingénieusement devoir être rapportés à un chien domestique, parce qu'une grande partie des os d'oiseaux conservés intacts dans ces amas de rebuts, sont précisément des os longs, que les chiens, ainsi qu'on l'a constaté par expérience, ne peuvent dévorer [8]. A ce chien a succédé en Danemark, pendant la période de bronze,

---

7. Berjeau donne des fac-simile des dessins égyptiens. — M. C. L. Martin, dans son *Histoire du Chien*, 1845, a copié plusieurs figures des monuments égyptiens qu'il identifie avec des races canines actuelles. — MM. Nott et Gliddon (*Types of Mankind*, 1854, p. 388) donnent des figures plus nombreuses. M. Gliddon prétend qu'un lévrier à queue enroulée semblable à ceux figurés sur les plus anciens monuments, est commun à Bornéo ; mais le rajah, sir J. Brooke, m'assure qu'aucun chien pareil n'existe là-bas.

8. Ces faits, ainsi que ceux qui suivent sur ces restes trouvés en Danemark, sont empruntés au mémoire intéressant publié par M. Morlot dans *Soc. vaudoise des Sciences nat.*, t. VI. 1860, p. 281, 299, 320.

une variété plus grande et présentant quelques différences, qui à son tour a été remplacée, pendant l'âge de fer, par un type encore plus grand. En Suisse, le professeur Rütimeyer [9] nous apprend que pendant la période néolithique il existait un chien de taille moyenne, à peu près intermédiaire au loup et au chacal par son crâne, et devant participer aux caractères de nos chiens de chasse (*Jagdhund und Wachtelhund*). Rütimeyer insiste fortement sur la constance de forme de ce chien, de tous le plus anciennement connu, pendant une période très-longue. Dans la période de bronze apparaît un chien plus grand, ressemblant beaucoup par sa mâchoire au chien de la même époque du Danemark. Schmerling a trouvé dans une caverne [10] les restes de deux variétés notablement distinctes de chien, mais dont l'âge n'a pu être positivement déterminé.

L'existence d'une seule race, demeurée remarquablement constante dans sa forme, pendant toute la période néolithique, est un fait intéressant qui contraste avec ce que nous voyons chez nos races actuelles, et avec les changements que nous avons constatés chez les races canines pendant la période des monuments égyptiens. Les caractères de l'animal pendant l'époque néolithique, tels que les donne Rütimeyer, viennent à l'appui de l'opinion de de Blainville sur la provenance de nos variétés d'une forme éteinte et inconnue. Mais n'oublions pas que nous ne connaissons rien sur l'antiquité de l'homme dans les parties plus chaudes de notre globe. On attribue la succession des diverses formes de chiens en Suisse et en Danemark, à l'immigration de tribus conquérantes qui auraient amené leurs chiens avec elles, ce qui s'accorderait avec l'opinion que diverses espèces canines sauvages ont dû être domestiquées dans différentes régions. Outre l'immigration de nouvelles races d'hommes, nous savons par la grande extension du bronze, qui est un alliage d'étain, qu'il y a eu en Europe dès une époque excessivement reculée, un très-grand commerce, et probablement aussi un trafic de chiens. Actuellement, parmi les sauvages de la Guyane intérieure, les Indiens Tarumas sont regardés comme les meilleurs dresseurs de chiens, et pos-

9. *Die Fauna der Pfahlbauten*, 1861, p. 117, 162.
10. De Blainville, *Ostéographie, Canidæ*.

sèdent une grande race, qu'ils échangent à un haut prix avec d'autres tribus [11].

L'argument principal en faveur de la descendance des différentes races de chiens de souches sauvages distinctes, est la ressemblance que, dans diverses régions, on peut constater entre elles et les espèces indigènes qui y existent encore. On doit toutefois supposer que la comparaison entre l'animal sauvage et le domestique n'a peut-être pas été dans tous les cas faite avec une exactitude suffisante. Avant d'entrer dans les détails, il est bon de montrer que l'opinion de la domestication de plusieurs espèces canines ne soulève à priori aucune difficulté, comme cela a lieu pour quelques autres quadrupèdes et oiseaux domestiques. Les membres de la famille canine sont répandus dans le monde entier, et plusieurs d'entre eux sont, par leur conformation et leurs mœurs, assez semblables à plusieurs de nos races domestiques. M. Galton [12] a montré combien les sauvages aiment à apprivoiser et à garder les animaux de toutes sortes. Les animaux sociables sont les plus aisément subjugués par l'homme, et plusieurs espèces de canidés chassent en troupes. On peut remarquer qu'aussi bien pour d'autres animaux que pour le chien, lorsqu'à une époque excessivement reculée, l'homme a paru dans une contrée, les animaux vivants ne devant éprouver à sa vue aucune crainte instinctive ou héréditaire, ont pu se laisser apprivoiser avec bien plus de facilité. Ainsi, lorsque les îles Falkland furent visitées par l'homme pour la première fois, le gros chien-loup (*Canis antarcticus*) vint, sans témoigner aucune crainte, à la rencontre des matelots de Byron, qui prenant pour de la férocité cette curiosité ignorante, se précipitèrent dans l'eau pour les éviter; encore récemment un homme pouvait facilement avec un morceau de viande d'une main et un couteau dans l'autre, les égorger pendant la nuit. Dans une île de la mer d'Aral, découverte par Butakoff, les antilopes saïga qui sont généralement très-timides et vigilantes, ne cherchèrent point à se sauver, mais au contraire regardaient les hommes avec une sorte de curiosité. Encore, sur les côtes de l'île Maurice,

11. Je dois ces informations à sir J. Schomburgk. — Voir aussi *Journal of the R. Geographical Soc.* vol. XIII, 1843, p. 65.
12. *Domestication of Animals.* — *Ethnol. Soc.*, Dec. 22, 1863.

dans les commencements, le lamantin n'avait aucune frayeur de l'homme; il en a été de même dans plusieurs endroits du globe pour les phoques et le morse. J'ai montré ailleurs [13] comme les oiseaux, habitant certaines îles, n'ont acquis que lentement et héréditairement une terreur salutaire de l'homme : dans l'archipel des Galapagos, j'ai pu pousser avec le canon de mon fusil des faucons sur une branche, et voir des oiseaux se poser sur un seau d'eau que je leur tendais pour y boire. Les mammifères et oiseaux qui ont peu ou point été dérangés par l'homme, ne le craignent pas plus que nos oiseaux n'ont peur des chevaux et des vaches qui paissent autour d'eux dans les prés.

Une considération importante est celle que plusieurs espèces canines (comme nous le verrons dans un autre chapitre) se reproduisent facilement en captivité. L'infécondité de certaines espèces, dès qu'elles sont privées de leur liberté, est un des obstacles les plus communs à la domestication. Enfin, comme nous le verrons au chapitre de la sélection, les sauvages estiment le chien à une haute valeur, car cet animal, même à demi apprivoisé, leur est fort utile. Les Indiens de l'Amérique du Nord croisent leurs chiens demi-sauvages avec le loup, et les rendent ainsi plus sauvages encore, mais plus hardis. Les habitants de la Guyane s'emparent des petits de deux espèces sauvages de *Canis*, ceux d'Australie agissent de même avec ceux du dingo sauvage. M. Philippe King me dit avoir une fois élevé un dingo sauvage qui, dressé à conduire le bétail, lui avait été très-utile. Ces divers faits montrent qu'il n'y a aucune difficulté à admettre la domestication de plusieurs espèces canines dans différents pays. Il serait du reste bien plus étrange qu'une seule espèce eût été exclusivement domestiquée dans le monde entier.

Entrons dans quelques détails. Richardson, observateur exact et sagace, dit : « La ressemblance entre les loups de l'Amérique du Nord (*Canis lupus*, var. *occidentalis*), et les chiens domestiques des Indiens est telle, que la taille et la force plus grandes du loup constituent la seule différence. J'ai plus d'une fois pris une bande de loups pour les chiens d'un parti

---

13. *Journal of researches etc.*, 1845, p. 393. Voir p. 193 pour le *Canis antarcticus;* pour l'antilope, voir *Journal of the R. Geogr. Soc.* t. XXIII, p. 94.

d'indigènes, et le hurlement de ces deux animaux est assez
semblable pour tromper même l'oreille si exercée de l'Indien. »
Il ajoute que, plus au nord, les chiens des Esquimaux sont
extrêmement semblables aux loups gris du cercle arctique,
non-seulement par la forme et la couleur, mais aussi par la
taille qui est presque la même. Le docteur Kane a souvent
observé dans ses attelages de chiens de traîneau, l'œil oblique,
(caractère très-important d'après quelques naturalistes), la
queue basse, et le regard farouche du loup. Les chiens esquimaux diffèrent peu des loups, et selon le docteur Hayes, incapables d'aucun attachement pour l'homme, ils sont assez féroces
pour attaquer leurs maîtres lorsqu'ils ont faim. Selon Kane ils
redeviennent volontiers sauvages. Ils se croisent fréquemment
avec les loups, et les Indiens s'emparent des louveteaux pour
améliorer la race de leurs chiens. Les loups demi-sang (Lamare-
Picquot) ne peuvent quelquefois pas être apprivoisés, quoique
le cas soit rare; mais ils ne sont bien complétement domptés
qu'à la troisième ou quatrième génération. Il ne peut donc y
avoir que peu ou point de stérilité entre le chien esquimau
et le loup, car autrement on n'emploierait pas celui-ci pour
améliorer la race. Comme le dit le docteur Hayes, ce sont
incontestablement des loups apprivoisés[14].

L'Amérique du Nord est habitée par une deuxième espèce
de loup, nommé loup des prairies (*Canis latrans*), que tous les
naturalistes regardent actuellement comme spécifiquement distinct du loup commun et qui, selon M. J. K. Lord, serait, par
ses mœurs, sous certains rapports, intermédiaire entre le loup
et le renard. Sir J. Richardson, après avoir décrit le chien que
les Indiens emploient à la chasse du lièvre, et qui diffère sous
plusieurs rapports du chien esquimau, en dit : « Il est relativement au loup des prairies ce qu'est le chien esquimau au loup
gris. » Il n'a effectivement pu découvrir entre eux aucune dif-

14. Richardson, *Fauni-Boreali-Americana*, 1829, p. 64, 75. — Dr. Kane, *Arctic explora-
tions*, 1856. v. I, p. 398. 455. — Dr. Hayes, *Arctic Boat-Journey*, 1860, p. 167. — *Franklin's Narrative*, vol. I, p. 269, cite le cas de trois louveteaux d'une louve noire enlevés par les Indiens. Parry, Richardson et d'autres, signalent des croisements naturels
de loups et de chiens dans les parties orientales de l'Amérique du Nord. — Seeman,
dans *Voyage of H. M. S. Herald*, 1853, v. II, p. 25, dit que les Esquimaux prennent
souvent des loups pour les croiser avec leurs chiennes, pour augmenter leur taille et leur
force. — M. Lamare-Picquot, (*Bull. de la Soc. d'acclimat.* t. VII, 1860, p. 148) donne une
bonne description des chiens esquimaux de demi-sang.

férence, et MM. Nott et Gliddon ajoutent quelques détails qui constatent leur grande similitude. Les chiens dérivés de ces deux souches indigènes se croisent entre eux, avec les loups, du moins avec le *Canis occidentalis*, et avec les chiens européens. Dans la Floride, d'après Bartram, le chien-loup noir des Indiens ne diffère absolument des loups du pays que par l'aboiement[15].

Dans les parties méridionales du nouveau monde, Colomb trouva deux sortes de chiens indigènes dans les Indes occidentales, et Fernandez[16] en décrit trois à Mexico; quelques-uns étaient muets, c'est-à-dire n'aboyaient pas. Dans la Guyane, on sait déjà depuis l'époque de Buffon que les indigènes croisent leurs chiens avec une espèce du pays, probablement le *Canis cancrivorus*. Sir R. Schomburgk, qui a si soigneusement exploré ces régions, m'écrit : « Les Indiens Arawaak qui habitent près de la côte m'ont plusieurs fois répété qu'ils croisaient leurs chiens avec une espèce sauvage pour en améliorer la race, et on m'a montré des chiens qui ressemblaient certainement beaucoup plus au *Canis cancrivorus* que les individus ordinaires de la race. Les Indiens gardent rarement le *Canis cancrivorus* pour l'usage domestique, et les Arecunas n'emploient maintenant que peu pour la chasse l'ai, autre espèce de chien sauvage, que je regarde comme identique au *Dusicyon sylvestris* de H. Smith. Les chiens des Indiens Tarumas sont tout à fait distincts, et ressemblent au lévrier de Saint-Domingue de Buffon. Il paraît donc que les naturels de la Guyane ont partiellement domestiqué deux espèces indigènes, avec lesquelles ils croisent encore leurs chiens; ces deux espèces appartiennent à un type tout différent de celui des loups de l'Amérique du Nord et de l'Europe. D'après un observateur exact, Rengger[17], il y aurait des raisons pour croire qu'il existait en Amérique, lorsqu'elle fut pour la première fois visitée

15. *Fauna Boreali-Americana*, 1829, p. 73, 78, 80. — Nott et Gliddon, *Types of Mankind*, p. 383. — Le naturaliste voyageur Bartram, est cité par H. Smith dans *Nat. Hist. Lib.* v. X, p. 156. Un chien domestique mexicain paraît aussi ressembler à un chien sauvage du même pays. Un autre juge compétent M. J. K. Lord (*The naturalist in Vancouver island*, 1866, v. II, p. 218) dit que le chien indien des Spokans, près des Montagnes Rocheuses, n'est sans aucun doute autre chose qu'un coyote ou loup des prairies apprivoisé, ou *Canis latrans*.

16. Je cite ceci d'après l'excellent récit que M. R. Hill donne de l'Alco ou chien domestique du Mexique, dans Gosse, *Naturalist's sojourn in Jamaica* 1851, p. 329.

17. *Naturgeschichte der Säugethiere von Paraguay*, 1830, p. 151.

par les Européens, une race domestiquée nue, sans poils ; dans le Paraguay quelques-uns de ces chiens sont muets, et Tschudi [18] assure qu'ils souffrent du froid dans les Cordillères. Ce chien nu est toutefois très-distinct de celui qu'on trouve conservé dans les anciens cimetières péruviens, et décrit par Tschudi sous le nom de *Canis Incæ*, comme aboyant et supportant bien le froid. On ignore si ces deux sortes distinctes de chiens sont les descendants d'espèces indigènes, et on a supposé que, lors de la première immigration de l'homme en Amérique, il aurait amené avec lui du continent asiatique des chiens qui n'aboyaient pas ; mais cette opinion est peu probable, car sur leur ligne de marche depuis le nord, nous avons vu les habitants apprivoiser au moins deux espèces de canides indigènes.

Dans l'ancien monde, quelques chiens européens tiennent beaucoup du loup : ainsi le chien de berger des plaines de la Hongrie est blanc ou brun rougeâtre, a le nez pointu, les oreilles droites et courtes, le poil rude, la queue touffue, et ressemble tellement au loup que M. Paget, qui en donne cette description, dit avoir vu un Hongrois prendre un loup pour un de ses chiens. Jeitteles constate également la ressemblance du chien de Hongrie et du loup. Il faut qu'anciennement en Italie les chiens de berger aient été fort semblables aux loups, puisque Columelle (VII, 12) conseille de choisir des chiens blancs en ajoutant : « Pastor album probat, ne pro lupo canem feriat. » On possède plusieurs données de croisements naturels entre chiens et loups, et Pline rapporte que les Gaulois attachaient leurs chiennes dans les bois pour être croisées par les loups [19]. Le loup d'Europe diffère légèrement de celui de l'Amérique du Nord, et a été considéré par beaucoup de naturalistes comme constituant une espèce distincte. Le loup commun de l'Inde est aussi regardé par quelques-uns comme une troisième espèce, et là encore nous pouvons constater une ressemblance

---

18. Cité dans Humboldt, *Aspects of Nature*, trad. anglaise, vol. I, p. 168.

19. Paget, *Travels in Hungary and Transylvania*, v. I, p. 301. — Jeitteles, *Fauna Hungariæ superioris* 1862, p. 3. — Voir Pline (*Histoire du Monde* liv. VIII, ch. xl.) sur les Gaulois croisant leurs chiens. — Voir aussi Aristote, *Hist. Animal.* liv. VIII, c. xxviii. — Sur les croisements naturels entre chiens et loups près des Pyrénées, voir M. Maudnyt, *Du Loup et de ses races*, Poitiers 1851 ; — aussi Pallas, dans *Act. Acad. St-Petersbourg*, 1780, Part. II, p. 94.

très-marquée entre les chiens pariahs de certaines régions de l'Inde et le loup du même pays [20].

Pour ce qui concerne les chacals, Isidore Geoffroy Saint-Hilaire [21] constate qu'on ne peut signaler aucune différence constante entre eux et les petites races de chiens. Les mœurs sont à peu près les mêmes ; le chacal apprivoisé, appelé par son maître, remue la queue, rampe et se renverse sur le dos ; il flaire les chiens à l'anus, et, comme eux, urine par côté [22]. Un grand nombre de naturalistes, depuis Güldenstadt jusqu'à Ehrenberg, Hemprich et Cretzschmar, se sont déjà prononcés très-positivement sur la grande ressemblance qu'offrent avec le chacal les chiens à moitié domestiqués de l'Asie et de l'Égypte.

M. Nordmann, par exemple, dit : « Les chiens d'Awhasie ressemblent étonnamment à des chacals. » Ehrenberg [23] affirme que les chiens domestiques de la basse Égypte et quelques chiens momifiés correspondent à un type sauvage du pays, une espèce de loup, le *C. lupaster* ; tandis que les chiens domestiques de la Nubie et certains autres chiens momifiés se rapportent à une espèce sauvage également du pays, le *C. sabbar*, mais qui n'est qu'une variété du chacal commun. Pallas [24] constate le croisement naturel du chien et du chacal en Orient, et on en a rapporté un cas en Algérie. La plupart des naturalistes divisent les chacals d'Asie et d'Afrique en plusieurs espèces, mais quelques-uns les réunissent toutes en une seule.

Sur la côte de Guinée, les chiens domestiques sont des animaux muets, semblables au renard [25]. On trouve, à ce que m'assure le Rév. S. Erhardt, sur la côte orientale de l'Afrique, entre 4° et 6° de latitude sud, et à environ dix journées de marche à l'intérieur, un chien demi-domestique, que les natu-

20. Je donne ce fait sur l'excellente autorité de M. Blyth (signant Zoophilus) dans le *Indian sporting Review*, Oct. 1856 p. 134. M. Blyth raconte qu'il fut frappé de la ressemblance entre une race de chiens pariahs à queue touffue, au nord-ouest de Cawnpore, et le loup indien ; de même pour les chiens de la vallée du Nerbudda.

21. Pour des détails nombreux et intéressants sur la ressemblance du chien et du chacal, voir Geoffroy Saint-Hilaire, *Hist. nat. gén.* 1860, t. III, p. 101, — et P. Gervais, *Hist. nat. des Mammifères* 1855, t. II, p. 60.

22. Güldenstadt, *Nov. Comment. Acad. Petrop.*, t. XX, pro anno 1775, p. 449.

23. Cité par de Blainville dans son *Ostéographie, Canidæ*, p. 79, 98.

24. Voir Pallas, *Act. Acad. St-Pétersb.*, 1780, part. II, p. 91. — Pour l'Algérie, voir I. G. St.-Hilaire. *O. c.* t. III, p. 177. — Dans les deux pays, c'est le chacal mâle qui s'apparie avec les femelles de races domestiques.

25. J. Barbut, *Description of the coast of Guinea in 1746*.

rels disent être dérivé d'un animal sauvage semblable. Lichtenstein [26] affirme que les chiens des Bojesmans sont (à l'exception de la raie noire sur le dos), très-semblables, par la couleur, au *C. mesomelas* de l'Afrique du Sud. M. E. Layard a observé un chien caffre qui ressemblait tout à fait à un chien esquimau. En Australie on trouve le dingo à la fois domestiqué et sauvage; quoique cet animal ait pu être originellement introduit par l'homme, on doit cependant le considérer comme une forme indigène; car on en a trouvé des restes associés à ceux de mammifères éteints, et dans le même état de conservation, de sorte que son introduction a dû être fort ancienne [27].

D'après la ressemblance qu'offrent dans différents pays les chiens à demi domestiques avec les espèces sauvages qui s'y trouvent encore, la facilité des croisements, la valeur qu'ont aux yeux des sauvages même des animaux à demi apprivoisés, il est très-probable que les chiens domestiques descendent de deux vraies espèces de loups (*C. lupus* et *C. latrans*); de deux ou trois autres espèces douteuses (soit les formes européenne, indienne et africaine); d'au moins une ou deux espèces canines de l'Amérique du Sud; de plusieurs races ou espèces de chacals; enfin, peut-être, d'une ou de plusieurs espèces éteintes. Les auteurs qui attribuent à l'action du climat une grande influence peuvent expliquer par là la ressemblance que présentent les chiens domestiques avec des animaux indigènes des mêmes pays, mais je ne connais pas de faits pouvant appuyer l'admission d'une action de climat aussi considérable.

On ne peut objecter à l'idée de la domestication ancienne de plusieurs espèces canines, le fait de la difficulté de leur apprivoisement; nous l'avons déjà vu par des faits, mais je dois ajouter que M. Hodgson [28] a parfaitement apprivoisé des jeunes *C. primaevus* de l'Inde, et les a trouvés aussi intelli-

26. *Travels in South Africa;* vol. II, p. 272.

27. Selwyn, *Geology of Victoria.* — *Journ. of Geol. Soc.*, vol. XIV, 1858, p. 536, et vol. XVI, 1860, p. 148. — Prof. M. Coy, dans *Annals and Mag. of Nat. Hist.* (3e série), vol. IX, 1862, p. 147. — Le dingo diffère des chiens des îles polynésiennes centrales. Dieffenbach remarque (*Travels*, vol. II, p. 45) que le chien natif de la Nouvelle-Zélande diffère aussi du dingo.

28 *Proceedings Zool. Soc.*, 1833, p. 112. — Voir aussi sur l'apprivoisement du loup ordinaire, Lloyd, *Scandinavian adventures*, vol. 1, p. 460, 1854. — Pour le chacal, voir P. Gervais, *Hist. nat. Mamm.*, t. II, p. 61. — Pour l'aguara du Paraguay, voir l'ouvrage de Rengger.

gents, gais et caressants qu'aucun chien du même âge. Ainsi que nous l'avons déjà montré, il n'y a que peu de différence entre les mœurs des chiens domestiques des Indiens de l'Amérique du Nord et celles des loups du pays, de même qu'entre les chiens pariahs de l'Inde et les chacals, ou entre les chiens redevenus sauvages et les espèces naturelles de la famille. L'habitude d'aboyer, qui est presque universelle chez les chiens domestiques, et ne caractérise aucune des espèces naturelles du genre, paraît être une exception ; mais cette habitude est vite perdue et vite réacquise. On a souvent cité le cas de chiens devenus sauvages et muets dans l'île de Juan Fernandez, et on a des raisons pour croire [29] que ce mutisme a dû se produire dans un espace de trente-trois ans ; d'autre part des chiens enlevés de cette île, par Ulloa, ont repris peu à peu l'habitude d'aboyer. Les chiens de la rivière Mackenzie, appartenant au type du *C. latrans* et amenés en Angleterre, ne sont jamais arrivés à l'aboiement proprement dit, mais un individu né au jardin zoologique [30], donnait de la voix aussi fortement qu'aucun autre chien de sa taille et de son âge. D'après le professeur Nillson [31], un louveteau allaité par une chienne sait aboyer. I. Geoffroy Saint-Hilaire a montré un chacal aboyant sur le même ton qu'un chien ordinaire [32]. M. G. Clarke [33] dit, à propos de chiens redevenus sauvages dans l'île de Juan de Nova, dans l'océan Indien, qu'ils avaient complétement perdu l'habitude d'aboyer, ne recherchaient pas la société des autres chiens et n'acquirent aucune voix après une captivité de plusieurs mois. Dans l'île, ils se rassemblent en grandes meutes et attrapent les oiseaux avec autant d'adresse que des renards. Les chiens redevenus sauvages, à la Plata, ne sont pas muets ; ils sont grands, chassent isolés ou en meutes, et se creusent des terriers pour leurs jeunes [34], points par lesquels ils ressemblent aux loups et aux chacals, qui aussi chassent isolés

---

29. Roulin, *Mémoires présent. par div. savants*, t. VI, p. 341.
30. Martin, *History of the Dog*, p. 14.
31. Cité par Lloyd dans *Fieldsports of North of Europe*, v. I, p. 387.
32. Quatrefages, *Soc. Acclimat.*, mai 11, 1833, p. 7.
33. *Ann. and Mag. Nat. Hist.*, v. XV, 1845, p. 140.
34. Azara, *Voy. dans l'Amér. mérid.*, t. I, p. 381. — Son récit est complétement confirmé par Rengger. — Quatrefages cite le cas d'une chienne amenée de Jérusalem en France, qui creusa un trou et y fit ses petits. Voir *Discours à l'exposition des races canines* 1865, p. 3.

ou en meutes, et creusent des terriers [35]. A Juan Fernandez,
Juan de Nova et la Plata [36], ces chiens revenus à l'état sauvage
n'ont pas repris une coloration uniforme. Pœppig décrit les
chiens redevenus sauvages de Cuba comme presque tous couleur souris, à oreilles courtes et yeux bleu clair. A Saint-Domingue, d'après le Col. Ham. Smith [37], les chiens marrons
sont très-grands, comme des lévriers, d'une couleur uniforme
d'un bleu cendré pâle, avec oreilles petites et grands yeux
brun clair. Le dingo sauvage, quoique bien anciennement naturalisé en Australie, varie considérablement de couleur, à ce
que m'assure M. P. P. King. Un dingo demi-sang [38], élevé en
Angleterre, a manifesté des instincts fouisseurs.

Les faits précédents montrent que le retour à l'état sauvage ne donne
pas d'indications sur la couleur ou la taille des espèces parentes primitives.
J'avais espéré qu'un fait que j'ai une fois eu occasion d'observer sur la
coloration des chiens domestiques, pourrait jeter quelque jour sur leur
origine; et il est intéressant parce qu'il montre que la coloration suit certaines lois, même chez un animal aussi anciennement et aussi complétement
domestiqué que le chien. Les chiens noirs, dont les pattes sont de couleur
feu, ont presque invariablement, et à quelque race qu'ils appartiennent,
une tache de même couleur à l'angle intérieur et supérieur de chaque œil,
et les lèvres offrent généralement la même coloration. Je n'ai vu que deux
exceptions à cette règle, chez un épagneul et un terrier. Les chiens d'un
brun clair offrent fréquemment au-dessus des yeux une tache plus claire,
d'un brun jaunâtre ; cette tache est quelquefois blanche : je l'ai trouvée noire
chez un terrier métis. Sur quinze lévriers de Suffolk, examinés par
M. Waring, onze se trouvaient noirs, ou noirs et blancs, ou tachetés, et
n'avaient pas de taches sur les yeux ; trois qui étaient roux, et un gris-
ardoisé, portaient tous les quatre des taches foncées au-dessus de l'œil.
Quoique ces taches diffèrent ainsi quelquefois de couleur, elles tendent
cependant fortement vers la nuance feu : j'ai vu quatre épagneuls, un chien
couchant, deux chiens de berger du Yorkshire, un grand métis, et quelques courants pour la chasse du renard, noirs et blancs, n'offrant d'autres
marques de feu, que la tache sus-orbitaire, et quelquefois une trace sur
les pattes. Ces cas et quelques autres semblent indiquer une certaine corrélation entre la coloration des pattes et celle des taches sus-orbitaires.

J'ai observé dans diverses races, tous les degrés, depuis la coloration feu de la face entière, puis, seulement d'un anneau complet autour

35. Pour les loups creusant la terre, voir Richardson, *Fauna Bor. Amer.* p. 64 et
Bechstein, *Naturg. Deutschl.*, v. I, p. 617.

36. Pœppig, *Reise in Chile*, v. 1, p. 290 ; voir Clarke ; et Rengger p. 155.

37. *Dogs. — Nat. Lib.* vol. X. p. 121. Un chien de l'Amérique du Sud paraît être
redevenu sauvage dans cette île. Voir Gosse, *Jamaica*, p. 340.

38. Low, *Domesticated Animals*, p. 650.

des yeux, et réduite enfin à une petite tache au-dessus de l'angle interne
de l'œil. Les taches s'observent dans plusieurs sous-races de terriers et
d'épagneuls; dans les chiens de chasse de diverses races, y compris le
basset à jambes torses; dans les chiens de berger ; dans un métis dont les
parents n'avaient ni l'un ni l'autre de taches; dans un boule-dogue pur,
dont les taches étaient presque blanches ; et dans les lévriers. Les lévriers
vraiment noir et feu sont excessivement rares; M. Warwick m'en a cependant indiqué un qui a couru en avril 1860, et était marqué exactement
comme un terrier noir et feu. Sur ma demande M. Swinhoe a examiné les
chiens en Chine, à Amoy, et il remarqua bientôt un chien brun, avec les
taches sus-orbitaires jaunes. Le colonel Smith [39] a figuré un superbe dogue
noir du Thibet, marqué d'une raie de feu au-dessus de l'œil, sur les pieds
et la mâchoire ; et ce qui est plus singulier, il figure l'Alco, ou chien
domestique du Mexique, comme blanc et noir, avec des anneaux étroits
couleur feu, autour des yeux. A l'exposition de chiens qui a eu lieu à
Londres en 1863, on montra un chien du nord-ouest du Mexique, ayant au-
dessus des yeux des taches de feu pâles. Cette coïncidence de ces taches
couleur feu chez des races aussi diverses, et vivant dans tous les pays du
monde, constitue un fait assez remarquable.

Nous verrons plus loin, surtout à propos des pigeons, que les marques
colorées sont fortement héréditaires, et nous aident puissamment à retrouver
les formes primitives de nos races domestiques. Aussi, si une espèce canine
sauvage nous eût offert d'une façon bien distincte les taches de feu sus-
orbitaires, nous eussions été autorisés à la considérer comme la forme
primitive et l'ancêtre de presque toutes nos races domestiques. J'ai examiné bien des dessins coloriés, fouillé toute la collection des peaux
du British Museum, sans trouver aucune espèce ainsi marquée. Il est
infiniment probable que cette couleur a dû exister sur quelque espèce
éteinte. D'autre part, en examinant les diverses espèces, il semble y
avoir une corrélation assez nette entre les pattes couleur feu et la face,
mais moins fréquemment entre les pattes noires et la face noire, et cette
règle générale de coloration explique, jusqu'à un certain point, les cas
ci-dessus de corrélation entre les taches sus-orbitaires et les pattes. Quelques chacals et renards offrent la trace d'un anneau blanc autour des
yeux, ainsi le *C. mesomelas*, le *C. aureus*, et d'après les dessins du col.
Ham. Smith, aussi le *C. alopex* et le *C. thaleb*. D'autres espèces montrent
la trace d'une ligne noire au-dessus du coin de l'œil, ainsi les *C. varie-
gatus*, *cinereo-variegatus*, *fulvus*, et le Dingo sauvage. Je serais donc
disposé à conclure que la tendance qu'ont les taches de feu d'apparaître
au-dessus de l'œil, dans les différentes races de chiens, est analogue à la
règle établie par Desmarest, que toutes les fois que le blanc paraît dans
un chien, le bout de la queue est toujours blanc, et rappelle la tache terminale de même couleur qui caractérise la plupart des canidés sauvages [40].

---

39. *Nat. Library.* — *Dogs*, vol. X, p. 4, 19.

40. Cité par P. Gervais, *Hist. nat. Mamm.*, t. II, p. 66. (Cette règle souffre des exceptions. Je possède actuellement une chienne noire à poitrail et pattes tachetées de blanc, dont
le bout de la queue est complétement noir. C. V.)

On a objecté que nos chiens domestiques ne pouvaient être dérivés du loup ou du chacal, à cause de la différence de durée de leurs périodes de gestation. Cette différence supposée a été admise sur des assertions de Buffon, Gilibert, Bechstein et autres, mais actuellement reconnues fausses, et en effet, chez ces trois formes, la durée de la gestation concorde aussi bien que possible, car chez toutes elle est quelque peu variable [41]. Tessier, qui a observé avec soin ce sujet, accorde une différence de quatre jours dans la gestation du chien. Le Rév. W. D. Fox m'a communiqué trois cas observés sur des chiens de chasse, la femelle ayant été livrée une fois seulement au mâle, les gestations ont été de cinquante-neuf, soixante-deux et soixante-sept jours. La moyenne est donc de soixante-trois jours, mais Bellingeri assure que c'est le terme pour les grandes races, et qu'il est de soixante à soixante-trois jours pour les petites. M. Eyton qui a une grande expérience des chiens, me confirme qu'en effet il faut un peu plus de temps pour les gros que pour les petits chiens.

F. Cuvier a objecté qu'on n'aurait pas domestiqué le chacal à cause de son odeur désagréable, mais les sauvages sont peu délicats à cet égard [42]. Le degré d'odeur diffère suivant les espèces de chacals, et le colonel Smith établit dans le groupe une division sur le caractère contraire. D'autre part, il y a des chiens, comme les terriers lisses et rudes, qui diffèrent beaucoup sous ce rapport; M. Godron assure que le chien turc sans poils est beaucoup plus odorant que les autres chiens. I. Geoffroy [43] a fait contracter à un chien l'odeur du chacal en le nourrissant de viande crue.

L'opinion de la provenance de nos chiens des loups, chacals, espèces canines de l'Amérique du Sud et autres, soulève une

41. J. Hunter a montré que la période de 73 jours de Buffon s'explique parce que la femelle a été laissée au mâle pendant 16 jours (*Transact. philos.*, 1787, 253.) — Hunter a trouvé que la gestation d'un métis loup et chien (*id.* 1789, p. 160) était de 63 jours. Celle d'un métis chien et chacal fut de 59 jours. — G. Cuvier (*Dict. class. Hist. nat.* IV, p. 8) a trouvé 2 mois et quelques jours pour celle du loup; I. Geoffroy Saint-Hilaire, qui a discuté tout le sujet, et d'après lequel je cite Bellingeri (*Hist. nat. gen.*, III. p. 112) dit qu'au jardin des plantes la durée de la gestation du chacal a été trouvée être de soixante à soixante-trois jours, exactement comme chez le chien.

42. Voir I. Geoff. Saint-Hilaire (*Hist. nat. gen.*, III, p. 112) sur l'odeur des chacals. — et col. Ham. Smith, *Nat. Hist. lib.*, v. X, p. 289.

43. Cité par Quatrefages dans *Bull. Soc. acclimat.*, mai 1863.

difficulté importante. A l'état sauvage, ces animaux auraient été en quelque sorte stériles, si on les eût croisés entre eux, et cette stérilité sera admise comme certaine par tous ceux qui croient que la diminution de fécondité dans les formes croisées est le critérium infaillible d'une distinction spécifique. Quoi qu'il en soit, ces animaux restent distincts dans les pays qu'ils habitent en commun. D'autre part, tous les chiens domestiques qu'on suppose être descendus de plusieurs espèces distinctes sont généralement fertiles entre eux. Mais, comme Broca [44] le fait remarquer avec raison, la fécondité de générations successives de chiens métis n'a jamais été étudiée avec le soin qu'on a cru devoir apporter aux essais sur le croisement des espèces. On a quelques faits qui semblent conduire à la conclusion que les différentes races de chiens n'offrent pas toutes la même puissance reproductive dans les croisements, sans parler des différences de taille qui rendent le croisement difficile. L'alco [45] du Mexique paraît avoir de l'aversion pour les autres chiens; d'après Rengger, les chiens nus du Paraguay se mêlent beaucoup moins avec les races européennes que celles-ci ne le font entre elles; on prétend qu'en Allemagne le chien spitz se croise avec le renard plus volontiers que les autres races, et le docteur Hodgkin cite le cas d'une femelle de dingo qui, en Angleterre, attirait les renards mâles. Si ces derniers faits sont exacts, ils constatent, en effet, une différence sexuelle entre les races de chiens. Mais il n'en reste pas moins établi que nos chiens domestiques, bien que différant considérablement les uns des autres par leur conformation externe, sont bien plus fertiles entre eux que n'ont dû l'être entre eux leurs parents sauvages. Pallas [46] affirme que la domestication prolongée élimine la stérilité que manifestent les espèces voisines lorsqu'elles sont de capture récente; cette hypothèse ne s'appuie sur aucun fait positif, mais, outre les preuves que nous en fournissent d'autres animaux domestiques, je la crois vraie, tant l'origine de nos chiens domestiques me paraît avec évidence devoir être rattachée à plusieurs souches sauvages.

44. *Journal de Physiologie*, t. II, p. 385.
45. Voir la description de cette race dans Gosse, *Jamaica*, p. 338, et Rengger *Säugethiere von Paraguay*, p. 153. -- Pour les chiens spitz, voir Bechstein, *Naturg. Deutschlands*, 1801, v. 1, p. 638. — Hodgkin, voir le *Zoologist*, vol. IV, 1845-46, p. 1097.
46. *Act. Acad.*, St.-Pétersb, 1780; part. II, p. 84, 100.

La doctrine de la provenance des chiens domestiques de plusieurs souches sauvages soulève une autre difficulté, c'est qu'ils ne paraissent pas être parfaitement féconds avec leurs parents supposés. Mais l'expérience n'a pas été essayée dans ses vraies conditions; ainsi il faudrait tenter le croisement du chien hongrois, qui ressemble si considérablement au loup d'Europe, avec ce dernier animal; de même celui du chien pariah avec le loup et le chacal indiens. De ce que les sauvages prennent la peine de croiser leurs chiens avec le loup et d'autres espèces canines, on peut inférer que la stérilité est du moins très-faible. Buffon a obtenu quatre générations successives du loup et du chien, et les métis étaient parfaitement fertiles entre eux [47]. Plus récemment, M. Flourens a donné comme résultat positif d'expériences nombreuses, que les métis de chien et loup, croisés entre eux, deviennent stériles à la troisième génération, et ceux du chien et du chacal à la quatrième [48]. Mais ces animaux étaient en captivité, circonstance qui, ainsi que nous le verrons dans le chapitre suivant, diminue beaucoup la fécondité des animaux sauvages et les rend même tout à fait stériles. Le dingo, qui se croise librement avec nos chiens importés en Australie, n'a donné aucun résultat dans les essais réitérés de croisement tentés au jardin des plantes [49]. Quelques chiens courants de l'Afrique centrale importés par le major Denham n'ont jamais reproduit à la Tour de Londres [50], et les produits métis d'une espèce sauvage peuvent offrir la même diminution dans leur fécondité. D'ailleurs, dans les essais de M. Flourens, les métis furent, à ce qu'il paraît, croisés entre eux pendant trois ou quatre générations; mais, quoique cette circonstance ait dû certainement augmenter la tendance à la stérilité, elle ne suffirait pas, jointe à la captivité, pour

47. M. Broca (*Journal de Physiologie*, t. II, p. 353) a montré que les expériences de Buffon ont été souvent dénaturées. Broca a recueilli grand nombre de faits sur la fécondité de métis de chiens, loups et chacals.

48. *De la Longévité humaine*, 1855, p. 143, par Flourens. — M. Blyth (dans *Indian sporting Review*, vol. II, p. 137) a vu plusieurs métis de chiens pariahs et de chacal, et le produit d'un de ces métis et d'un terrier. On connaît les expériences de Hunter sur le chacal. Voir aussi I. Geoff. St-Hilaire (*Hist. nat. gén.*, III, p. 217), qui parle des métis de chacal comme féconds pendant trois générations.

49. D'après F. Cuvier, cité par Brown, *Geschichte der Natur*, v. II, p. 164.

50. W. C. L. Martin, *History of the Dog*, 1845, p. 203. — M. P. King, après bien des observations, m'assure que le dingo et les chiens d'Europe se croisent souvent en Australie.

rendre compte du résultat final, s'il n'y avait d'ailleurs une tendance vers une diminution de la fécondité. J'ai vu, il y a quelques années, au jardin zoologique de Londres un métis femelle de chien et de chacal chez lequel la stérilité, dès la première génération, était déjà apparente par l'absence des phénomènes extérieurs du rut ; mais on a tant d'exemples de pareils métis complétement féconds, que ce cas est certainement exceptionnel. Il y a, du reste, dans ces essais de croisements trop de causes d'incertitude, pour qu'on puisse arriver à aucune conclusion positive. Il semble toutefois que ceux qui sont d'avis que nos chiens proviennent de plusieurs espèces devront admettre que non-seulement leurs descendants, après une période prolongée de domestication, perdent toute tendance à la stérilité lorsqu'on les croise entre eux, mais aussi qu'entre certaines races de chiens et quelques-uns de leurs parents présumés un certain degré de stérilité a pu être conservé et peut-être même acquis.

Malgré les difficultés relatives à la fécondité, dont nous venons de nous occuper, si nous songeons à l'improbabilité que l'homme n'ait, dans le monde entier, domestiqué qu'une seule espèce d'un groupe aussi répandu, aussi utile, et aussi facile à apprivoiser que l'est celui des chiens ; si nous réfléchissons à l'antiquité extrême des différentes races, et surtout à l'analogie étroite qui se remarque soit dans la conformation, soit dans les mœurs, entre les chiens domestiques de divers pays et les espèces sauvages qui y habitent encore, la balance penche évidemment du côté de l'origine multiple de nos races domestiques.

Différences entre les diverses races de chiens. — Si les différentes races descendent de plusieurs souches sauvages, une partie de leurs différences doivent être évidemment explicables par celles des espèces dont elles dérivent. La forme du lévrier par exemple, peut provenir d'un animal grêle et svelte au museau allongé, comme le *Canis simensis*[51] d'Abyssinie ; les gros chiens peuvent descendre des grands loups ; les formes plus petites, du chacal ; on peut encore ainsi rendre compte de

51. Rüppel, *Neue Wirbelthiere von Abyssinien*, 1835-40 ; *Mamm.*, p. 39, pl. xiv. — Un bel exemplaire de cet animal se trouve au British Museum.

certaines différences climatériques et constitutionnelles. Mais cela n'exclut pas l'intervention d'une somme considérable de variations [52]. Les croisements réciproques des diverses souches sauvages originelles et des variétés qui en sont provenues, ont augmenté considérablement le nombre total des races et, comme nous le verrons, en ont modifié fortement quelques-unes. Le croisement ne peut expliquer l'origine de formes extrêmes comme les lévriers, limiers, bouledogues, épagneuls Blenheim, terriers, etc., à moins d'admettre que des types offrant à un degré égal ou plus prononcé les caractères spéciaux de ces races, aient une fois existé dans la nature. Mais personne n'a osé encore supposer que des formes aussi peu naturelles aient jamais pu exister à l'état sauvage. Comparées aux membres connus de la famille des canidés, elles trahissent une origine distincte et anomale. On n'a aucune donnée de chiens, comme les lévriers, les épagneuls, les limiers, ayant été trouvés chez les sauvages : ils sont le produit d'une civilisation longtemps continuée.

Le nombre des races et sous-races est grand. Youatt décrit, par exemple, douze sortes de lévriers. Je n'essayerai pas d'énumérer ou de décrire ces variétés, parce que nous ne pourrions déterminer les différences qui doivent être attribuées à la variation de celles imputables à la provenance de souches originelles distinctes. Il vaut cependant la peine de mentionner quelques points. Pour commencer par le crâne, Cuvier a reconnu [53] que, quant à la forme, les différences sont « plus fortes que celles d'aucunes espèces sauvages d'un même genre naturel. » Les proportions des différents os ; la courbure de la mâchoire inférieure ; la position des condyles relativement au plan des dents (sur laquelle F. Cuvier a fondé sa classification); la forme de la branche postérieure chez les dogues; celle de l'arcade zygomatique et des fosses temporales; tout cela varie énormément [54]. Le chien possède normalement six paires de molaires à la mâchoire supérieure, et sept à l'inférieure, mais plusieurs naturalistes en ont trouvé à la mâchoire supérieure une paire additionnelle [55]: et le professeur Gervais dit qu'il y a des chiens qui ont sept paires de dents supérieures et huit inférieures. De Blainville [56] a donné des détails complets sur la fréquence de ces dévia-

<hr>

52.   Pallas même admet ceci. (*Act. Acad. St-Pétersbourg*, 1780, p. 93.)

53.   Cité par I. Geoffroy. *loc. cit.* III, p. 453.

54.   F. Cuvier, *Ann. du Muséum*, XVIII, p. 337. — Godron, *De l'Espèce*, I, p. 342. — Col. Ham. Smith, *Nat. Library*, IX, p. 101.

55.   Isid. Geoff. St.-Hilaire, *Hist. des Anomalies*, 1832, 1, 660. — Gervais, *Hist. nat. des Mamm.* II, p. 66. — De Blainville, *Ostéog. Canidæ*, p. 137, a vu une molaire supplémentaire des deux côtés.

56.   *Ostéographie*, p. 137.

tions dans le nombre des dents, et montré que la dent surnuméraire n'est pas toujours la même. D'après H. Müller [57], dans les races à museau court, les molaires sont obliques, tandis que, dans les races à museau allongé, les molaires sont placées longitudinalement et espacées. Le chien dit égyptien ou turc, sans poils, a une dentition [58] très-incomplète, il n'offre quelquefois qu'une molaire de chaque côté, mais ceci, quoique caractéristique de cette race, peut être regardé comme une mon-truosité. M. Girard [59], qui paraît avoir étudié la chose de près, assure que l'époque de l'apparition des dents permanentes n'est pas la même pour tous les chiens; elle est plus prompte chez les grands; ainsi, le dogue met ses dents adultes dans quatre ou cinq mois, tandis que, pour l'épagneul, il en faut sept à huit. Il y a peu à dire sur les différences minimes. I. Geoffroy Saint-Hilaire [60] a montré que, quant à la taille, quelques chiens ont jusqu'à six fois la longueur d'autres (la queue non comprise); et que le rapport de la hauteur à la longueur du corps varie de un à deux à un à quatre. Dans le lévrier écossais, on remarque une différence frappante et remarquable dans la taille du mâle et de la femelle [61]. Chacun sait combien les oreilles varient de grandeur suivant les races, et comment ce grand développement des oreilles entraîne l'atrophie de leurs muscles.

Certaines races offrent entre les lèvres et les narines un profond sillon. D'après F. Cuvier, les vertèbres caudales varient en nombre, et la queue manque presque complètement chez les chiens de bergers. Les mamelles varient de sept à dix. Daubenton, sur vingt et un chiens qu'il a examinés, en a trouvé huit avec cinq paires de mamelles, huit avec quatre, les autres en avaient en nombre inégal de chaque côté [62]. Les chiens ont normalement cinq doigts aux pattes antérieures, et quatre aux postérieures; il s'en trouve souvent un cinquième; et F. Cuvier a constaté que, lorsqu'il y a addition d'un cinquième doigt, il se développe un quatrième os cunéiforme; dans ce cas, le grand os cunéiforme se relève et fournit par sa face interne une large surface articulaire à l'astragale: de sorte que même les connexions réciproques des os, de tous les caractères le plus constant, varient. Ces modifications dans les pattes des chiens ne sont, du reste, pas très-importantes, car, comme l'a montré de Blainville [63], elles doivent être regardées comme des monstruosités. Elles sont cependant intéressantes par la corrélation qui se remarque entre elles et la taille, car elles sont beaucoup plus fréquentes chez les dogues et les grandes races, que chez les petites. Des variétés voisines diffèrent cependant, sous ce rapport, ainsi,

57. *Würzburger Medecin Zeitschrift* 1860, v. 1, p. 265.
58. M. Yarrell, *Proc. Zool. Soc.*, oct. 8, 1833. — M. Waterhouse m'a montré un crâne d'un de ces chiens qui n'avait qu'une seule molaire de chaque côté et quelques incisives imparfaites.
59. Cité dans le *Veterinary*, London, vol. VIII, p. 413.
60. *Op. cit.*, t. III, p. 448.
61. W. Scrope, *Art of Deerstalking*, p. 354.
62. Cité par le col. Ham. Smith, *Nat. Lib.*, X, p. 79.
63. De Blainville, *Ostéographie*, p. 134. — F. Cuvier, *Annales du Museum*, XVIII, p. 342. — Pour les dogues, voir col. Ham. Smith, O. C., p. 218. — Pour le dogue du Thibet, voir Hodgson, *Journ. Asiat. Soc. of Bengal.*, I, 1832, p. 342.

M. Hodgson assure que la variété lassa noir et feu du dogue du Thibet possède le cinquième doigt, tandis que la sous-variété mustang en est dépourvue. Le développement de la peau entre les doigts varie beaucoup, nous aurons à revenir sur ce point. Les différentes races varient encore par la perfection de leurs sens, de leurs dispositions et de leurs habitudes héréditaires. Les races présentent quelques différences constitutionnelles; d'après Youatt[64], le pouls varie suivant la race et la taille de l'animal. Les diverses races sont à différents degrés soumises à certaines maladies. Elles se sont certainement adaptées aux divers climats sous lesquels elles ont longtemps vécu. Il est notoire que la plupart de nos meilleures races européennes se détériorent dans l'Inde[65]. Le Rév. R. Everest[66] croit qu'on n'est jamais parvenu à conserver longtemps vivant le terre-neuve dans l'Inde; Lichtenstein[67] dit qu'il en est de même au cap de Bonne-Espérance. Le dogue du Thibet dégénère dans les plaines de l'Inde, et ne peut vivre que dans les montagnes[68]. Lloyd[69] assure que nos limiers et bouledogues ne peuvent pas supporter les froids des forêts du nord de l'Europe.

En voyant par combien de caractères les races canines diffèrent les unes des autres, en nous rappelant d'une part l'assertion de Cuvier, que leurs crânes sont plus dissemblables entre eux que ne le sont ceux d'espèces d'un genre naturel, et de l'autre l'analogie étroite qu'offrent les os des loups, chacals, rénards et autres canidés, n'est-il pas étonnant de rencontrer toujours maintes et maintes fois répétée cette assertion, que les races canines ne diffèrent entre elles que par des caractères sans importance. Un juge très-compétent, le professeur Gervais, dit[70] : « Si l'on prenait sans contrôle les altérations dont chacun de ces organes est susceptible, on pourrait croire qu'il y a entre les chiens domestiques des différences plus grandes que celles qui séparent ailleurs les espèces, quelquefois même les genres. » Parmi les différences énumérées plus haut, il en est quelques-unes qui, à un certain point de vue, ont peu de valeur, car elles ne caractérisent pas des races distinctes; ainsi les dents molaires surnuméraires, ou le nombre

64. *The Dog*, 1845, p. 185. — Le lévrier italien (p. 167) est très-sujet aux polypes de la matrice, l'épagneul et le bichon à la bronchite (p. 182). Les races sont de même très-différentes sous le rapport de la disposition à la maladie des chiens (p. 232). Voir col Hutchinson, *Dog Breaking*, 1850, p. 279.

65. Youatt, *The Dog*, p. 15; — *The Veterinary*, London, vol. XI, p. 235.

66. *Journal of Asiat. Soc. of Bengal*, v. III, p. 19.

67. *Travels*, vol. II, p. 15.

68. Hodgson. — *Journal of Asiat. Soc. of Bengal*, vol. III, p. 342.

69. *Field Sports of the North of Europe*, v. II, p. 165.

70. *Hist. nat. des Mamm.*, 1855, t. II, p. 66, 67.

des mamelles. Le doigt supplémentaire qui se trouve généralement chez les dogues, et quelques-unes des différences plus importantes du crâne et de la mâchoire inférieure sont plus ou moins caractéristiques des diverses races. Mais n'oublions pas que dans aucun de ces cas l'action dominante de la sélection n'a été mise en jeu; nous avons sur plusieurs points essentiels de la variabilité, mais les différences n'ont pas été fixées par la sélection. L'homme tient à la forme et à la légèreté de ses lévriers, à la taille de ses dogues, à la puissance de la mâchoire de ses bouledogues, etc.; mais il ne s'inquiète nullement du nombre de leurs molaires, de leurs mamelles ou de leurs doigts; nous ne savons pas d'ailleurs en quelle corrélation les variations de ces organes peuvent se trouver avec les autres parties du corps, sur lesquelles l'homme exerce son influence modificatrice. Ceux qui se sont occupés de sélection admettront que, la nature donnant la variabilité, il serait possible à l'homme, si cela lui convenait, de fixer aux pattes postérieures de certaines races de chiens un cinquième doigt aussi sûrement qu'il l'a fait pour la poule dorking; il fixerait probablement aussi, mais avec plus de difficulté, une paire de molaires surnuméraires à l'une ou à l'autre mâchoire, de la même façon qu'il a ajouté à certaines races de moutons des cornes additionnelles : s'il voulait encore produire une race de chiens édentés, il y arriverait probablement au moyen du chien turc, aux dents si imparfaites, car il a réussi à produire des races de bœufs et de moutons sans cornes.

Nous sommes du reste parfaitement ignorants sur les causes précises qui ont amené les diverses races de chiens à différer si considérablement entre elles. Nous pouvons expliquer une partie de la différence dans la conformation extérieure, par l'héritage des souches sauvages distinctes, c'est-à-dire due aux modifications déjà effectuées par la nature avant la domestication. Il faut accorder quelque chose aux croisements entre les races domestiques et naturelles. Je reviendrai bientôt sur ce croisement des races. Nous avons déjà vu combien les sauvages croisent leurs chiens avec les espèces indigènes libres, et Pennant [71] cite un exemple curieux d'une localité en Écosse,

71. *History of Quadrupeds,* 1793, vol. I, p. 238.

Fochabers, qui se trouva peuplée d'une multitude de chiens ayant l'aspect de loups par suite de l'introduction dans la contrée d'un seul métis de cet animal sauvage.

Le climat paraît modifier directement les formes du chien. Nous avons vu déjà que plusieurs races anglaises ne peuvent pas vivre dans l'Inde, et il est positivement constaté que dans ce pays, après quelques générations, elles dégénèrent soit dans leurs facultés, soit dans leurs formes. Le capitaine Williamson [72] assure que ce sont les chiens courants qui déclinent le plus promptement, puis les lévriers et les chiens d'arrêt. Les épagneuls par contre, même après sept ou huit générations et sans nouveau croisement d'Europe, sont aussi bons que leurs ancêtres. Le docteur Falconer m'apprend que les bouledogues, qui, lors de leur première introduction dans le pays, pouvaient terrasser un éléphant par sa trompe, perdent au bout de deux ou trois générations beaucoup de leur férocité et de leur vigueur, ainsi que du développement caractéristique de leur mâchoire inférieure ; leur museau devient plus fin et leur corps plus léger. Les chiens anglais importés dans l'Inde étant très-estimés, on a évité avec soin tout croisement avec les races du pays; on ne peut donc expliquer ainsi la dégénérescence remarquée. Le Rév. R. Everest m'apprend qu'il a élevé une paire de chiens couchants nés dans l'Inde et qui ressemblaient entièrement à leurs parents écossais ; il en obtint ensuite à Delhi plusieurs portées en évitant tout croisement, mais il ne put jamais, quoique ce ne fût que la deuxième génération dans l'Inde, obtenir un seul jeune chien semblable aux parents : les narines étaient plus contractées, le museau plus pointu, la taille moindre et les membres plus grêles. Cette détérioration rapide des chiens européens sous l'influence du climat de l'Inde doit peut-être s'expliquer par une tendance que manifestent beaucoup d'animaux au retour vers un état primordial, lorsqu'on les expose à de nouvelles conditions extérieures, comme nous le verrons plus loin.

Parmi les particularités qui caractérisent les différentes races de chiens, il en est qui ont probablement apparu subitement, et qui, quoique rigoureusement héréditaires, peuvent être

72. *Oriental Fieldsport*, cité par Youatt, *The Dog*, p. 15.

considérées comme des monstruosités; ainsi la forme du corps
et des pattes chez les bassets d'Europe et de l'Inde; la forme
de la tête et de la mâchoire inférieure du bouledogue et du
mopse, si semblables sous ce rapport, et si différents sous tous
les autres. Une singularité apparaissant brusquement peut toutefois être augmentée et fixée par la sélection humaine. Nous
ne pouvons douter que l'éducation longtemps continuée, la
chasse du lièvre pour le lévrier, la natation pour les chiens
aquatiques, l'absence d'exercice chez les bichons, n'aient dû
produire des effets directs sur leur conformation et leurs instincts. Mais nous verrons immédiatement que la cause de modification la plus puissante a été la sélection, tant méthodique
qu'involontaire, de légères différences individuelles, — cette
dernière sélection résultant de la conservation pendant des
centaines de générations, des individus qui se trouvaient les
plus utiles à l'homme pour certains usages et dans certaines
conditions. Dans un chapitre futur sur la sélection, je montrerai que même les sauvages font très-attention aux qualités de
leurs chiens. Cette sélection inconsciente de l'homme est aidée
par une sorte de sélection naturelle, car les chiens des sauvages ont à chercher eux-mêmes une partie de leur subsis-
tance; ainsi en Australie nous savons par M. Nind [73], que les
chiens sont souvent obligés de quitter leurs maîtres pour se
pourvoir par eux-mêmes; ils reviennent généralement au
bout de quelques jours. Nous pouvons admettre que les chiens
de diverses conformations, tailles et habitudes, ont le plus
de chance de survivre sous des conditions variées, — dans
les plaines stériles, où ils doivent forcer leur proie à la course,
— sur les côtes rocheuses, où il faut qu'ils se nourris-
sent des crabes et des poissons qui après la marée haute
restent dans les creux de rochers, comme cela est le cas
à la Nouvelle-Guinée et à Tierra del Fuego. Dans ce dernier
pays, M. Bridges, des missions, m'apprend que les chiens
savent retourner les pierres sur la plage pour prendre les
crustacés qui sont cachés dessous; et qu'ils sont assez adroits
pour détacher du premier coup de patte les mollusques collés
aux rochers; on sait que si cela n'a pas lieu, la force d'adhé-

73. Cité par M. Galton, *Domestication of Animals*, p. 13.

sion que peuvent développer les mollusques devient considérable.

On a déjà remarqué que les chiens offrent des différences quant au degré de palmure de leurs pattes. Chez les terre-neuve, qui ont des mœurs éminemment aquatiques, la peau, d'après I. Geoffroy Saint-Hilaire [74], s'étend jusqu'à la troisième phalange, tandis que chez les chiens ordinaires, elle ne dépasse pas la seconde. Sur deux terre-neuve que j'ai examinés, les doigts écartés et vus en dessous, la peau s'étendait en droite ligne jusqu'au bord extérieur des pelottes digitales; chez deux terriers de sous-races distinctes, la membrane interdigitale, vue de la même manière, se montrait profondément échancrée. Au Canada on trouve assez communément un chien particulier à ce pays, qui a les pattes à demi palmées et aime l'eau [75]. Les chiens-loutres anglais ont, dit-on, les pattes palmées; un ami ayant examiné pour moi les pattes de deux de ces chiens, en les comparant à celles de lévriers et de limiers, a trouvé l'étendue de la palmure variable, mais plus développée chez le chien-loutre que chez les autres [76]. Comme les animaux aquatiques appartenant aux ordres les plus divers ont les pattes palmées, il n'y a pas de doute que cette conformation ne soit utile aux chiens qui vont à l'eau. Sans admettre que l'homme ait jamais choisi ses chiens aquatiques d'après l'étendue de la palmure de leurs pattes, il n'en a pas moins, en conservant et en faisant reproduire les individus qui chassaient le mieux dans l'eau, qui rapportaient le mieux le gibier blessé, choisi ainsi et à son insu, les chiens dont les pattes étaient probablement les mieux palmées. C'est ainsi que l'homme imite la sélection naturelle. Nous trouvons dans l'Amérique du Nord une excellente démonstration de cette marche; là, d'après Richardson [77], tous les loups, renards et chiens domestiques indigènes ont les pattes plus larges que les espèces correspondantes de l'ancien monde, et parfaitement adaptées pour la marche sur la neige. Dans ces régions arctiques, la vie ou la mort de l'animal pourra

---

74. *Hist. nat. gén.*, III, p. 450.

75. M. Greenhow sur le chien canadien, *London Mag. of Nat. Hist.*, 1833, vol. VI, page 511.

76. Voir M. C. O. Groom-Napier sur la palmure des pattes postérieures du chien-loutre, *Land and Water*, oct. 13, 1866, p. 270.

77. *Fauna Bor. Americana*, 1829, p. 62.

dépendre du succès de sa chasse sur la neige ramollie, lequel dépendra aussi de la largeur de ses pattes ; il ne faudrait cependant pas que cette largeur fût assez grande pour gêner les mouvements de l'animal sur un sol gluant, l'empêcher de fouir, ou contrarier ses habitudes.

Les modifications dans les races domestiques s'opérant trop lentement pour être appréciables dans un temps limité, qu'elles soient dues à une sélection de variations individuelles ou à des croisements, ont une telle importance pour faire comprendre l'origine de nos productions domestiques, et jettent indirectement une telle lumière sur les changements qui ont pu s'opérer dans l'état de nature, que je tiens à donner avec détails les exemples que j'ai pu recueillir. Lawrence [78] qui a voué une attention toute particulière à l'histoire du chien employé à la chasse du renard, écrivait en 1829, qu'environ quatre-vingts à quatre-vingt-dix ans auparavant, l'art de l'éleveur avait créé pour cette chasse un chien tout nouveau, en réduisant les oreilles de l'ancien type, allégeant ses os et sa masse, allongeant son corps et élevant un peu sa taille. On croit que cela fut obtenu par un croisement avec le lévrier. Relativement à ce dernier, Youatt [79] prétend que, depuis une cinquantaine d'années, soit un peu avant le commencement du siècle, le lévrier a pris un caractère un peu différent de celui qu'il avait auparavant. Il est actuellement remarquable par une symétrie et une beauté de formes, dont il ne pouvait pas se vanter autrefois ; il est devenu aussi beaucoup plus rapide. On ne l'emploie plus pour attaquer le cerf, mais c'est entre lui et ses compagnons une lutte de vitesse pendant une course rapide mais courte. Un auteur compétent [80] croit que les lévriers anglais sont les descendants, progressivement améliorés, des grands lévriers à poils rudes qui existaient en Écosse déjà au iiie siècle. On a supposé un croisement ancien avec le lévrier d'Italie, mais le peu de vigueur de cette race rend cette supposition peu probable. On sait que lord Oxford, croisa ses fameux lévriers, qui manquaient de courage, avec un bouledogue, — race qui fut

78. *The Horse in all his varieties*, 1829, p. 230, 231.

79. *The Dog*, 1845, p. 31, 35 ; pour l'épagneul King-Charles, p. 45. — Pour le chien-d'arrêt p. 90.

80. *Encycl. of rural Sports*, p. 557.

choisie à cause de son peu d'odorat, — Youatt dit qu'à la sixième et à la septième génération il ne restait pas le moindre vestige du bouledogue dans les formes des descendants, mais qu'ils en avaient conservé le courage et la persévérance indomptables.

Youatt conclut, de la comparaison d'un ancien dessin d'épagneuls king-charles avec la race actuelle, que celle-ci a été matériellement altérée à son désavantage; le museau s'est raccourci, le front est devenu plus saillant, et les yeux plus grands, modifications dues probablement à une simple sélection. Le même auteur fait remarquer que le setter est évidemment le grand épagneul amélioré et amené à sa taille et sa beauté actuelles, et auquel on a appris une autre manière de signaler le gibier. A l'appui de cette conclusion que les formes de ce chien justifient d'ailleurs complétement, il cite un document de 1685 sur ce sujet, en ajoutant que le setter irlandais pur ne montre aucun signe de croisement avec le chien d'arrêt, croisement que quelques auteurs soupçonnent avoir eu lieu pour le setter anglais. Un autre écrivain [81] remarque que si le dogue et le bouledogue anglais avaient été autrefois aussi distincts qu'ils le sont aujourd'hui (en 1828), un observateur aussi exact que le poëte Gay (auteur de *Rural Sports* en 1711), aurait dans une de ses fables parlé du taureau et du bouledogue, et non du taureau et du dogue. Il n'y a aucun doute que les bouledogues actuels, maintenant qu'ils ne sont plus employés pour les combats de taureaux et de chiens, ont beaucoup diminué de taille, sans une intention arrêtée de l'éleveur. Nos chiens d'arrêt descendent certainement d'une race espagnole, comme l'indiquent déjà les noms qu'on leur donne ordinairement, tels que Don, Ponto, Carlos, etc.; on assure qu'ils n'étaient pas connus en Angleterre avant la révolution de 1688 [82], mais depuis leur introduction, la race s'est bien modifiée, car M. Borrow qui est chasseur et connaît bien l'Espagne, m'apprend qu'il n'a jamais vu dans ce pays, aucune race correspondant par sa forme au chien d'arrêt anglais. Quelques

81. *The Farrier*, 1828, vol. 1, p. 337.
82. Voir col. Hamilton Smith sur l'ancienneté du chien d'arrêt, dans *Nat. Library*, v. X, p. 196.

chiens de cette race qu'on trouve dans les environs de Xérès y ont été importés par les Anglais. Le terreneuvien nous offre un cas analogue; car, très-certainement importé de Terre-Neuve en Angleterre, il est maintenant si considérablement modifié, qu'ainsi que plusieurs auteurs l'ont remarqué, il ne ressemble à aucun des chiens existant actuellement dans l'île de Terre-neuve [83].

Ces divers cas de changements lents et graduels dans nos chiens anglais offrent de l'intérêt; car, bien que ces change-gements aient eu généralement, mais pas toujours, pour cause un ou deux croisements avec une race distincte, nous pouvons être sûrs, vu la grande variabilité des races croisées, qu'il a fallu l'action d'une sélection rigoureuse et longtemps soute-nue pour les améliorer dans un sens bien déterminé. Dès qu'une branche ou famille se trouvait légèrement améliorée et mieux adaptée aux nouvelles conditions ambiantes, elle devait tendre à supplanter les branches plus anciennes et moins parfaites. Ainsi, par exemple, aussitôt que l'ancien type du chien usité pour la chasse au renard, amélioré par le croi-sement avec le lévrier, ou par simple sélection, a acquis les caractères qu'il possède aujourd'hui, — modification nécessitée probablement par la rapidité croissante de nos chevaux de chasse — il a dû rapidement se répandre dans le pays, où il est actuel-lement à peu près le même partout. Cette marche progressive se continue toujours, car chacun cherche à améliorer encore ses produits, en se procurant à l'occasion des chiens des meilleures meutes. C'est par une série de substitutions graduelles de cette nature, que l'ancien chien de chasse anglais a disparu, il en est probablement de même de l'ancien lévrier irlandais, et de l'ancien bouledogue anglais. Une autre cause paraît contribuer à cette extinction des anciennes races; c'est que lorsqu'une race est peu répandue et n'est élevée que sur une petite échelle, comme c'est le cas actuellement pour le chien limier, elle ne se maintient qu'avec peine, à cause des effets nuisibles résul-tant de croisements consanguins longtemps continués.

<hr>

83. On présume que le terreneuvien provient d'un croisement du chien esquimau et d'un gros dogue français. Voir Hodgkin, *British Association*, 1844. — Bechstein, *Naturgesch. Deutschlands*, vol. 1, p. 574. — *Naturalist's Library*, vol. X, p. 132 ; — et aussi Juke, *Excursion in and about Newfoundland*.

En résumé, de ce que plusieurs races ont été sensiblement modifiées dans le court espace de un ou deux siècles, par la sélection des meilleurs individus, aidée dans bien des cas par le croisement avec d'autres races; et de ce que, comme nous le verrons plus tard, l'élève du chien a été pratiquée très-anciennement ainsi qu'elle l'est encore par les sauvages, nous pouvons donc conclure que la sélection, même appliquée occasionnellement, nous offre un puissant moyen de modification.

CHATS DOMESTIQUES.

Le chat a été domestiqué déjà fort anciennement en Orient; M. Blyth m'apprend qu'il en est fait mention dans un écrit sanscrit datant de deux mille ans; les figures des monuments et les momies nous montrent que leur antiquité en Égypte est encore plus grande. Ces momies, étudiées particulièrement par de Blainville[84], appartiennent à trois espèces, les *F. caligulata*, *bubastes* et *chaus*. Il paraît qu'on trouve encore dans certaines parties de l'Égypte, les deux premières, tant à l'état domestique que sauvage. Comparé à nos chats domestiques d'Europe, le *F. caligulata* présente, dans sa première molaire inférieure de lait, une différence d'après laquelle de Blainville conclut qu'il ne doit pas être l'ancêtre de nos chats. Plusieurs naturalistes, Pallas, Temminck, Blyth, croient à la provenance des chats domestiques de plusieurs espèces mélangées : il est certain que les chats se croisent volontiers avec diverses espèces sauvages, et il est possible que dans quelques cas, les caractères des races domestiques aient été ainsi affectés par des croisements de ce genre. Sir W. Jardine, ne doute pas que, dans le nord de l'Écosse, il ne se soit fait parfois des croisements avec une espèce indigène (*F. sylvestris*), et dont les produits ont été élevés dans les maisons. Il ajoute avoir vu beaucoup de chats ressemblant de très-près au chat sauvage, et un ou deux qu'on pouvait à peine en distinguer.

---

84. De Blainville, *Ostéographie*. — *Felis*, p. 65, sur les caractères du *F. caligulata*, et p. 85, 89, 90, 175, sur les autres espèces momifiées. Il cite Ehrenberg sur la momie du *F. maniculata*.

M. Blyth [85] fait remarquer à ce sujet que, dans les parties
méridionales de l'Angleterre, on ne voit jamais de ces chats;
et que, comparé aux chats domestiques indiens, l'affinité du
chat ordinaire anglais avec le *F. sylvestris* est évidente;
il soupçonne qu'à l'époque de l'introduction du chat domestique dans la Grande-Bretagne, où celui-ci était encore rare,
tandis que l'espèce sauvage était beaucoup plus répandue qu'à
présent, il a dû y avoir des mélanges fréquents. En Hongrie,
Jeitteles [86] signale le cas d'un croisement entre une chatte
domestique et un mâle sauvage, dont les produits métis ont
vécu à l'état domestique. A Alger, le même croisement a eu
lieu avec le chat sauvage du pays (*F. Lybica*) [87]. D'après
M. Layard, le chat domestique se croise librement dans le
midi de l'Afrique avec l'espèce sauvage (*F. Caffra*); et il a pu
voir une paire de métis tout à fait privés et très-attachés à la
personne qui les avait élevés; M. Fry a constaté que ces métis
étaient féconds. D'après M. Blyth, le chat domestique s'est
croisé avec quatre espèces indiennes. Un excellent observateur, sir W. Elliot, m'apprend relativement à une de ces
espèces, le *F. chaus*, qu'il eut une fois, près de Madras,
l'occasion d'en tuer une portée de petits, qui étaient évidemment des métis du chat domestique; ces jeunes animaux
avaient une queue fournie comme celle du lynx, et portaient
au côté interne de l'avant-bras la large bande brune qui caractérise le *F. chaus*. Il ajoute avoir souvent observé cette bande
sur l'avant-bras des chats domestiques dans l'Inde. M. Blyth
constate que des chats domestiques analogues par la couleur,
quoique pas par la forme, sont très-abondants au Bengale;
il ajoute que cette coloration ne se remarque jamais chez les
chats d'Europe, dont les tachetures (traits pâles sur un fond
noir, symétriquement disposées) si communes chez les chats
anglais, n'existent jamais chez ceux de l'Inde. Le docteur
Short a informé M. Blyth [88], qu'on rencontre à Hansi des métis

85. *Asiatic. Soc. of Calcutta.* — *Curators's Report.* Aug. 1856. — Le passage cité de
Sir W. Jardine est tiré de ce rapport. M. Blyth, qui s'est beaucoup occupé des chats
sauvages et domestiques de l'Inde, donne dans ce rapport une discussion fort intéressante
sur leur origine.

86. *Fauna Hungariæ sup.* 1862, p. 12.

87. I. Geoff. St-Hilaire, *O. C.*, t. III, p. 177.

88. *Proc. Zool. Soc.* 1863, p. 184.

du chat commun et du *F. ornata* (ou *torquata*), et que, dans cette partie de l'Inde, un grand nombre de chats domestiques ne peuvent être distingués du *F. ornata* sauvage. Azara, sur le témoignage des habitants, dit que, dans le Paraguay, le chat a été croisé avec deux espèces indigènes. Ces divers cas nous montrent qu'en Europe, en Asie, en Afrique et en Amérique le chat commun, vivant dans une plus grande liberté que tous les autres animaux domestiques, s'est croisé avec plusieurs espèces sauvages; et que ces croisements ont, dans quelques cas, été assez fréquents pour modifier et affecter les caractères de la race.

Que les chats domestiques proviennent de plusieurs espèces distinctes, ou qu'ils aient seulement été modifiés par des croisements accidentels, leur fécondité paraît intacte. De toutes nos races domestiques, le gros angora ou chat persan est celui qui diffère le plus des autres par ses mœurs et sa conformation. Pallas croit, sans preuve certaine, qu'il descend du *F. manul* de l'Asie centrale; mais M. Blyth m'assure que ce chat se croise librement avec le chat domestique indien, qui, comme nous l'avons vu, a été passablement mêlé avec le *F. chaus*. En Angleterre les angoras demi-sang produisent très-bien avec le chat commun; je ne sais si les métis sont féconds entre eux, mais comme ils sont très-communs dans certaines parties de l'Europe, tout degré de stérilité un peu prononcé, n'aurait pas manqué d'être signalé.

Nous ne rencontrons pas, dans un même pays, des races de chats aussi tranchées que celles des chiens ou autres animaux domestiques, quoique cependant les chats présentent encore passablement de fluctuations dans leur variabilité. Ceci s'explique probablement par leurs mœurs nocturnes et vagabondes, d'où résultent une confusion inextricable de croisements et de mélanges, et l'impossibilité de produire des races distinctes par sélection, ou de conserver intactes celles importées d'ailleurs. D'autre part dans les îles et dans les régions qui se trouvent complétement séparées les unes des autres, nous rencontrons des races plus ou moins distinctes; ces cas valent la peine d'être cités, parce qu'ils montrent que la rareté des races distinctes dans un même pays, ne tient pas à un défaut de variabilité chez l'animal. Les chats sans queue de l'île de Man,

différent du chat commun non-seulement par l'absence de
queue, mais par la longueur de leurs membres postérieurs, la
grandeur de leur tête et par leurs mœurs. Le chat créole
d'Antigua, comme me l'apprend M. Nicholson, est plus petit
et a la tête plus allongée que le chat anglais. D'après
M. Thwaites, la différence entre le chat de Ceylan et la race
anglaise frappe au premier coup d'œil; le premier est petit, à
poils couchés; la tête est petite, le front fuyant, mais les oreilles
sont larges et minces; en somme ces chats ont une apparence
vulgaire. Rengger [89] dit que le chat domestique du Paraguay
qui remonte à trois cents ans en arrière, diffère d'une manière
frappante du chat européen; plus petit d'un quart, son corps
est plus grêle, son poil court, brillant, rare, et fortement cou-
ché, surtout sur la queue; il ajoute qu'à Ascension, la capitale
du pays, la modification est moins sensible, par suite des croisements continuels qui ont lieu avec les chats nouvellement
importés; fait qui démontre bien l'importance de la séparation. Les conditions extérieures du Paraguay ne paraissent pas
être très-favorables au chat; car, quoique à moitié sauvage, il
ne l'est pas devenu complétement, comme tant d'autres animaux européens. Dans une autre partie de l'Amérique du
Sud, d'après Roulin [90], le chat a perdu l'habitude de hurler
la nuit. Le Rév. W. D. Fox a acheté à Portsmouth un chat
qu'on lui dit provenir de la côte de Guinée; la peau en était
noire et ridée, la fourrure d'un gris bleuâtre et courte, les
oreilles un peu nues, les jambes longues et l'aspect général
singulier. Ce chat nègre a produit avec le chat ordinaire.
Sur la côte d'Afrique opposée à Mombas, le capitaine Owen [91]
R. N., constate que tous les chats portent, au lieu de fourrure, des poils roides et courts, et raconte, à propos d'un
chat de la baie d'Algoa qui avait été gardé à bord pendant quelque temps, et laissé pendant huit semaines à
Mombas, que cet animal subit pendant cette courte période
une métamorphose complète, et perdit complétement sa
fourrure grise. Desmarest a décrit un chat du cap de Bonne-
Espérance remarquable par une bande rouge sur le dos. Sur

89. *Säugethiere von Paraguay*, 1830, p. 212.
90. *O. C.*, part. III, p. 346. — Gomara a signalé ce fait en 1554.
91. *Narratives of Voyages*, t. VI, p. 180.

tout l'espace occupé par l'Archipel Malais, Siam, Pégu et Burmah, les chats ont une queue tronquée à demi-longueur [92] et présentant souvent un nœud à son extrémité. Dans l'archipel des Carolines les chats ont les jambes très-longues, et sont d'une couleur jaune rougeâtre [93]. Une race en Chine a les oreilles pendantes. Il y a d'après Gmelin à Tobolsk, une race rouge. En Asie nous trouvons aussi la race angora ou persane.

Le chat domestique est revenu à l'état sauvage dans plusieurs pays, et partout, autant qu'on en peut juger d'après de courtes descriptions, il a repris un caractère uniforme. A la Plata, près Maldonado, j'en ai tué un qui paraissait tout à fait sauvage : M. Waterhouse [94], après un examen attentif, ne lui trouva de remarquable que sa grande taille. Dans la Nouvelle-Zélande, d'après Dieffenbach, les chats redevenus sauvages prennent une couleur grise panachée comme les chats sauvages proprement dits : ce qui est aussi le cas des chats demi-sauvages des Highlands de l'Écosse.

Nous avons vu que les contrées éloignées possèdent des races distinctes de chats domestiques. Les différences peuvent être dues en partie à leur descendance d'espèces primitives différentes, ou au moins à des croisements avec elles. Dans quelques cas, comme au Paraguay, Mombas, Antigua, les différences paraissent dues à l'action directe des conditions extérieures. On peut dans quelques autres attribuer quelque effet à la sélection naturelle, les chats ayant dans certaines circonstances à pourvoir à leur existence, et à échapper à divers dangers. Mais vu la difficulté qu'il y a à appareiller les chats, l'homme n'a rien pu faire par une sélection méthodique, et probablement bien peu par sélection inintentionnelle, quoiqu'il cherche généralement dans chaque portée à conserver les plus jolis individus, et estime surtout une portée de bons chasseurs de souris. Les chats qui ont le défaut de rôder à la poursuite du gibier sont souvent tués par les piéges. Ces animaux étant particulièrement choyés,

---

92. J. Crawfurd, *Desc. Dict. of the Indian Islands*, p. 255. — Le chat de Madagascar a dit-on la queue tordue. Voir Desmarest, *Encyc. nat. Mamm.* 1820, p. 233, pour quelques autres races.

93. Amiral Luthé, *Voyage*, vol. III, p. 308.

94. *Zoology of the voyage of the Beagle.* — *Mamm.* p. 20. — Dieffenbach, *Travels in New-Zealand*, vol. II, p. 185. — Ch. St.-John, *Wild sports of the Highlands*, 1846, p. 40.

une race de chats qui aurait été aux autres, ce que le bichon
est aux chiens plus grands, eût été probablement d'une grande
valeur; et chaque pays civilisé en aurait certainement créé
quelques-unes, si la sélection eût pu être mise en jeu; car ce
n'est pas la variabilité qui fait défaut dans l'espèce.

Dans nos pays nous voyons une assez grande variété dans
la taille, les proportions du corps, et considérable dans la coloration des chats. Quoique je ne me sois occupé de ce point que
depuis peu, j'ai déjà eu connaissance de quelques cas de variations fort singuliers, celui d'un chat né dans les Indes occidentales sans dents et resté tel toute sa vie. M. Tegetmeier m'a
montré le crâne d'une chatte dont les canines s'étaient développées au point de dépasser les lèvres; la dent entière avait
0,95 de pouce de longueur, et la partie nue de la dent jusqu'à
la gencive avait 0,6 de pouce. On m'a parlé d'une famille de
chats sexdigitaires. La queue varie beaucoup de longueur; j'ai
vu un chat qui, lorsqu'il était content portait la queue rabattue
à plat sur son dos. Les oreilles varient de forme, quelques
familles en Angleterre, portent à l'extrémité des oreilles, un
pinceau de poils longs d'un quart de pouce; M. Blyth dit que
cette même singularité caractérise quelques chats de l'Inde. La
variabilité dans la longueur de sa queue et les pinceaux de poils
à la pointe des oreilles paraissent correspondre à des différences
analogues qui existent dans certaines espèces sauvages du
genre. Une différence plus essentielle est que, d'après Daubenton [95] les intestins des chats domestiques sont plus larges
et d'un tiers plus longs que ceux des chats sauvages de même
taille; résultat dû probablement à leur régime moins exclusivement carnivore.

95. Cité par Geoff. St-Hilaire. *O. C.* t. III, p. 427.

CHAPITRE II.

CHEVAUX ET ANES.

CHEVAL. Différences des races. — Variabilité individuelle. — Effets directs des conditions vitales. — Aptitude à supporter le froid. — Modifications des races par sélection. — Couleurs du cheval. — Pommelage. — Bandes foncées sur l'épine dorsale, les jambes, les épaules et le front. — Les chevaux isabelles sont les plus fréquemment rayés. --- Raies dues probablement à un retour vers l'état primitif.

ANES. Races. — Couleurs. — Rayures des jambes et de l'épaule. — Bandes de l'épaule quelquefois absentes, quelquefois fourchues.

L'histoire du cheval se perd dans la nuit des temps. On a trouvé dans les habitations lacustres de la Suisse appartenant à la fin de l'âge de pierre, des restes de cet animal à l'état domestique[1]. Actuellement le nombre des races existantes est considérable, comme on peut le voir en consultant tout ouvrage sur le cheval[2]. Sans sortir des petits chevaux de la Grande-Bretagne, nous voyons ceux des îles Shetland, du pays de Galles, de New-Forest, et du Devonshire, se distinguer déjà les uns des autres; il en est de même de ceux de chacune des îles du grand archipel Malais[3]. Certaines races présentent de grandes différences dans la taille, la forme des oreilles, la longueur de la crinière, les proportions du corps, la forme du garrot, de la croupe, et particulièrement de la tête. Comparons par exemple le cheval de course, le cheval de camion, et le poney shetlandais, sous le rapport de la taille, de la conformation et de l'apparence, n'y a-t-il pas entre ces races des différences bien plus

<hr>

1. Rütimeyer, *Fauna der Pfahlbauten*, 1861, p. 122.

2. Voir Youatt, *The Horse;* — J. Lawrence, *On the horse* 1829; — W. C. L. Martin, *Hist. of the Horse*, 1845; — col. Ham Smith, *Nat. Library, Horses*, 1841, vol. XII; — prof. Veith, *Naturgeschichte der Haussäugethiere*, 1856.

3. Crawfurd, *Descript. Dict. of Indian Islands* 1856, p. 153. — Il y a beaucoup de races différentes, chaque île en ayant au moins une qui lui est propre. A Sumatra il y a au moins deux races : à Achin et Batubara une : à Java plusieurs : une à Bali, Lomboc, Sumbawa (une des meilleures races), Tambora, Bima, Gunung-Api, Célèbes, Sumba et Philippines. D'autres races sont décrites par Zollinger dans le *Journal of the Indian Archipelago*, vol. V. p. 343, etc.

grandes que celles qu'on constate entre les six ou sept autres espèces vivantes du genre *Equus*.

Je n'ai pas recueilli beaucoup de cas de variations individuelles ne caractérisant pas des races spéciales, et n'étant pas assez fortes ou nuisibles pour être qualifiées de monstruosités. M. G. Brown, du collége agricole de Cirencester, qui a surtout étudié la dentition de nos animaux domestiques, m'écrit qu'il a plusieurs fois rencontré des chevaux ayant huit incisives permanentes au lieu de six dans la mâchoire. Les mâles seuls en général ont des canines, on en trouve quelquefois chez les juments, mais elles sont petites[4]. Le nombre habituel des côtes est de dix-huit, mais Youatt[5] dit qu'il n'est pas rare d'en rencontrer dix-neuf de chaque côté, la surnuméraire étant toujours la dernière postérieure. J'ai vu plusieurs indications de variations dans les os des jambes ; ainsi M. Price[6] signale un os additionnel au jarret, et certaines apparences anomales entre le tibia et l'astragale, comme très-communes chez le cheval irlandais, sans être cependant un effet de maladie. On a observé, d'après M. Gaudry[7], chez certains chevaux, la présence d'un os trapèze et un rudiment d'un cinquième os métacarpien, montrant la réapparition par monstruosité dans le pied du cheval, d'une conformation qui existait normalement chez l'hipparion, un genre voisin mais éteint. Dans plusieurs pays on a observé des protubérances sur les os frontaux du cheval, rappelant des cornes; dans un cas décrit par M. Percival, elles faisaient une saillie d'environ deux pouces au-dessus des arcades orbitaires, et ressemblaient tout à fait à celles d'un veau de cinq à six mois, ayant d'un demi à trois quarts de pouce de long[8]. Azara a décrit deux cas observés dans l'Amérique du Sud, dans lesquels les protubérances avaient de trois à quatre pouces de longueur; d'autres cas se sont présentés en Espagne.

Il a dû, sans aucun doute, y avoir chez le cheval beaucoup

---

1. *The Horse* etc., par J. Lawrence, 1829, p. 14.

5. *The Veterinary*, London, vol. V, p. 513.

6. *Proc. Veterinary. Assoc.* dans *The Veterinary*, vol. XIII, p. 42.

7. *Bulletin de la Soc. géologique*, t. XXII, 1866, p. 22.

8. M. Percival des dragons d'Enniskillen, dans *The Veterinary*, I, p. 224. — Azara, *Des Quadrupèdes du Paraguay*, II, p. 313. — Le traducteur français d'Azara rapporte d'autres cas mentionnés par Huzard comme observés en Espagne.

de variations héréditaires, comme nous le prouve la quantité
de races répandues dans le monde, et dans un même pays,
races dont le nombre a, à notre connaissance, considérablement
augmenté depuis les temps historiques les plus anciens[9]. Hofacker[10] remarque, à propos du caractère si fugitif dela couleur,
que sur deux cent seize cas d'unions de chevaux de même
manteau, onze seulement ont donné des poulains d'une couleur tout à fait différente de celle des parents. Le professeur
Lowe[11] signale le cheval de course anglais comme fournissant
la meilleure démonstration possible de l'hérédité. La généalogie
d'un cheval de course est plus importante pour l'appréciation
de ses succès probables que son apparence. King Herod a gagné en prix une valeur de 201,505 livres sterling (fr. 5,037,625)
et a engendré 497 chevaux gagnants; Éclipse en a produit 334.

Il est douteux que la somme des différences existant actuellement entre les diverses races soit entièrement due à la variation. La fertilité des croisements entre les individus des races
les plus distinctes[12], les a fait regarder par la généralité des
naturalistes comme descendant toutes d'une seule espèce. Peu
partageront l'opinion du colonel H. Smith, qui ne leur attribue
pas moins de cinq souches primitives et diversement colorées[13].
Mais comme il a existé à la fin de l'époque tertiaire plusieurs
espèces et variétés de chevaux[14], et que Rütimeyer a constaté
des différences dans la forme et la grandeur du crâne des chevaux domestiques[15] les plus anciennement connus, nous ne
pouvons plus être aussi sûrs que toutes nos races soient provenues d'une seule espèce. Nous voyons les sauvages de l'Amérique du Nord et du Sud dompter facilement les chevaux
redevenus sauvages dans leurs pays, il n'y a donc aucune
improbabilité à ce que les hommes aient pu autrefois, dans dif-

9. Godron, *De l'Espèce*, t. 1, p. 378.
10. *Ueber die Eigenschaften*, etc. 1828, p. 10.
11. *Domesticated Animals of the British Islands*, p. 527, 532. — Dans tous les ouvrages
vétérinaires que j'ai lus, les auteurs insistent fortement sur l'hérédité chez le cheval de toutes
les tendances et qualités bonnes et mauvaises. Le principe d'hérédité n'est peut-être pas plus
fort chez le cheval que chez les autres animaux, mais on l'a observé avec beaucoup plus de
soin et d'attention, à cause de la plus grande valeur de l'animal.
12. Andrew Knight a croisé ensemble deux races aussi différentes que le cheval de camion
et le poney norwégien; voir Walker, *Intermarriage*, 1838, p. 205.
13. *Nat. Library. Horses*, t. XII, p. 208.
14. Gervais, *O. C. t. II*, p. 143. — Owen, *British fossil Mammals*, p. 383.
15. *Kenntniss der fossilen Pferde*, 1863, p. 131.

férentes contrées du globe, domestiquer plus d'une espèce ou race naturelle. On ne sait pas s'il existe actuellement de cheval primitivement et réellement sauvage, car quelques auteurs croient que ceux auxquels on donne aujourd'hui ce nom en Orient proviennent de chevaux domestiques échappés[16]. Si nos chevaux domestiques sont la descendance de plusieurs espèces ou races naturelles, il est à présumer que celles-ci se sont complétement éteintes à l'état sauvage. D'après nos connaissances actuelles, l'opinion commune que nos races descendent d'une espèce unique, est peut-être la plus probable.

Les conditions extérieures paraissent avoir des effets directs et considérables sur les modifications éprouvées par les chevaux. M. D. Forbes qui a eu d'excellentes occasions pour comparer les chevaux espagnols à ceux de l'Amérique du Sud, m'assure que les chevaux du Chili qui se sont trouvés à peu près dans les mêmes conditions que celles de leurs ancêtres d'Andalousie, sont restés inaltérés, tandis que les chevaux des Pampas et les poneys punos se sont fortement modifiés. Il n'est pas douteux que les chevaux diminuent considérablement de taille, et changent d'apparence en vivant sur les montagnes et dans les îles, ce qui est probablement dû au manque d'une nourriture variée et substantielle. Tout le monde sait combien les chevaux deviennent petits et rudes dans les îles du Nord et les montagnes de l'Europe. La Corse et la Sardaigne ont leurs poneys indigènes, et il y a encore dans quelques îles de la côte de Virginie[17], des poneys comme ceux des îles Shetland, dont on attribue l'origine à l'action des conditions défavorables auxquelles ils ont été exposés. Les poneys punos qui habitent les régions élevées des Cordillères, sont d'après M. Forbes, d'étranges petites créatures très-différentes de leurs ancêtres espagnols. Plus au midi, dans les îles Falkland, les descendants des chevaux importés en 1764 ont déjà tellement dégénéré en taille[18] et en force, qu'ils sont devenus impropres à la chasse du

---

16. M. W. C. L. Martin (*The Horse* 1845, p. 34), combattant l'opinion que les chevaux sauvages de l'Orient ne sont que des chevaux redevenus sauvages, fait remarquer l'improbabilité que l'homme ait pu autrefois extirper complétement une espèce dans des régions où elle se trouve actuellement en si immenses quantités.

17. *Transact. Maryland Acad.*, v. I, p. 28.

18 M. Mackinnon *Sur les îles Falkland*, p. 25. La hauteur moyenne des chevaux de l'île Falkland est de 14 mains et 2 pouces. Voir aussi mon *Journal of researches*.

bétail sauvage au lasso, et qu'on est obligé pour cet objet d'importer à grands frais de la Plata des chevaux plus grands. La diminution de la taille chez les chevaux insulaires, soit au nord soit au sud, ainsi que chez ceux qui habitent différentes chaînes de montagnes, ne peut être attribuée au froid, puisqu'une réduction semblable s'est produite dans les îles virginiennes et méditerranéennes. Le cheval peut supporter un froid intense, car on en rencontre des troupeaux sauvages sous le 56° de latitude nord dans les plaines de la Sibérie[19], et le cheval doit primitivement avoir habité des régions couvertes annuellement de neige, car il conserve longtemps l'instinct de gratter la neige pour atteindre l'herbe qui est dessous. Les tarpans sauvages de l'Orient ont cet instinct, et j'apprends par l'amiral Sulivan que c'est aussi le cas des chevaux qui sont redevenus sauvages dans les îles Falkland; c'est d'autant plus remarquable que les ancêtres de ces chevaux ne doivent pas avoir conservé cet instinct pendant beaucoup de générations à la Plata. Le bétail sauvage des Falkland ne gratte jamais la neige, et périt quand la terre en est trop longtemps couverte. Dans la partie nord de l'Amérique, les chevaux descendants de ceux qu'importèrent les conquérants espagnols du Mexique, ont la même habitude, ainsi que les bisons indigènes, mais le bétail amené d'Europe ne l'a pas[20].

Le cheval peut prospérer aussi bien sous les fortes chaleurs que sous les grands froids; c'est en effet en Arabie et dans l'Afrique du Nord qu'il atteint sa plus haute perfection, sinon une grande taille. L'excès d'humidité paraît plus nuisible au cheval que le chaud ou le froid. Dans les îles Falkland, les chevaux souffrent beaucoup de l'humidité, et c'est peut-être ce qui explique ce fait singulier, qu'à l'est de la baie du Bengale[21], sur une région d'une étendue immense et humide, à Ava, Pégu, Siam, l'archipel Malais, les îles Loo-choo, et une grande partie de la Chine, on ne trouve pas un seul cheval de

19. Pallas, *Act. Acad., Saint-Pétersbourg*, 1777, part. II, p. 265. — Voir col. H. Smith, *Nat. Library*, vol. XII, p. 165 au sujet du grattage de la neige par les tarpans.

20. Franklin, *Narrative*, vol. 1, p. 87, note par sir J. Richardson.

21. M. J. H. Moor, *Not. of the Indian Archipelago, Singapore*, 1837, p. 189. — Un poney de Java envoyé à la reine n'avait que 70 centimètres de haut (*Athenæum*, 1842, p. 718). — Beechey, *Voyage*, 4e édit. I, p. 499 pour les îles Loo-choo.

taille ordinaire. Si nous avançons plus à l'est jusqu'au Japon, le cheval reprend son développement complet[22].

Dans la plupart de nos animaux domestiques, on élève des races en raison de leur curiosité ou de leur beauté ; le cheval est uniquement estimé pour son utilité. On n'a donc pas cherché à conserver les formes demi-monstrueuses, et toutes les races existantes se sont formées lentement soit par l'action directe des conditions extérieures, soit par la sélection de différences individuelles. Quant à la possibilité de la formation de races demi-monstrueuses, elle ne peut être mise en doute : ainsi M. Waterton [23] rapporte le cas d'une jument qui produisit successivement trois poulains sans queue, ce qui aurait pu donner naissance à une race privée de cet appendice, comme il en existe chez les chiens et les chats. Une race de chevaux russes a le poil frisé ; Azara [24] raconte qu'au Paraguay il naît quelquefois des chevaux qu'on détruit généralement, et dont le poil est semblable à celui de la tête du nègre ; cette particularité se transmet même aux métis ; un fait curieux de corrélation accompagne cette anomalie, en effet ces chevaux ont la queue et la crinière courtes, et leurs sabots ont une forme spéciale, ressemblant à ceux des mulets. Il est impossible de douter que la sélection longtemps continuée des qualités utiles à l'homme n'ait été l'agent essentiel de la formation des diverses races du cheval. Voyez le cheval de gros trait, comme il est bien adapté au service qu'on réclame de lui, la traction de poids lourds ; et combien il diffère par toute sa conformation et son aspect de tous les types sauvages du genre. Le cheval de course anglais procède comme on le sait d'un mélange des sangs arabe, turc et barbe ; mais la sélection et l'éducation en ont fait un animal en somme fort différent de ses ancêtres. Comme le dit un auteur écrivant dans l'Inde, et qui connaît bien la race arabe pure, « qui, en voyant notre race actuelle de chevaux de course, pourrait concevoir qu'elle est le résultat de l'union du cheval arabe et de la jument africaine? L'amélioration est si forte que, dans les courses pour la coupe Goodwood, on accordait aux premiers descendants des chevaux

22. Crawford, *Journal of Royal Unit. serv. Instit.* vol. IV.
23. *Essays on natural History* (2ᵉ série), p. 161.
24. *Quadrupèdes du Paraguay*, t. II. p. 333.

arabes, turcs et persans, une diminution de poids de 18 livres, réduction qu'on portait à 36 livres lorsque les deux ascendants appartenaient à ces races orientales[25]. » On sait que depuis fort longtemps les Arabes ont dressé des généalogies de leurs chevaux aussi minutieuses que les nôtres, ce qui implique de grands soins dans l'élevage et la reproduction. En voyant ce qu'on a obtenu en Angleterre par un élevage raisonné, nous ne pouvons douter que dans le cours des siècles les Arabes ne soient aussi arrivés à produire des effets marqués sur les qualités de leurs chevaux. Mais remontant plus en arrière, nous trouvons dans le livre le plus anciennement connu, la Bible, qu'il est question de haras destinés à l'élevage et de chevaux importés à grand prix de pays éloignés[26]. Nous pouvons donc conclure, quelle que soit d'ailleurs l'origine des diverses races existantes, et qu'elles descendent ou non d'une ou de plusieurs souches primitives, que les conditions extérieures directes ont déterminé une somme importante de modifications, mais que la sélection longtemps soutenue par l'homme de légères différences individuelles, a contribué pour la plus grande part au résultat.

Chez plusieurs quadrupèdes et oiseaux domestiques, certaines marques colorées sont fortement héréditaires, ou tendent à reparaître après avoir été longtemps perdues. Ce point ayant une assez grande importance, comme nous le verrons plus tard, je crois devoir exposer avec détails ce qui est relatif à la coloration des chevaux. Toutes les races anglaises, et plusieurs de celles de l'archipel Indien et Malais, quelque différentes qu'elles soient par leur taille et leur apparence, présentent cependant de grandes analogies dans la distribution et la diversification des couleurs. On dit que le cheval de course anglais n'est jamais isabelle[27]; mais comme cette couleur ainsi que la nuance café-au-lait, est considérée par les Arabes comme sans valeur, et bonne seulement pour les montures des Juifs[28], il se

25. Prof. Low, *Domesticat. Animals*, p. 546. — *India sporting review*, vol. II, p. 181. — Lawrence (*Horse*, p. 9) remarque qu'il n'y a pas d'exemple qu'aucun cheval de trois quarts de sang (c'est-à-dire, un cheval dont un des grands-parents n'était pas de sang pur), ait pu conserver sa distance en courant pendant deux milles avec des purs-sangs. On cite quelques rares cas où des chevaux sept huitièmes de sang ont pu réussir.

26. Prof. Gervais (*O. C.* p. 144) a réuni plusieurs faits sur ce point. Par exemple, Salomon (*Rois*, liv. I, chap. X, v. 28) acheta en Égypte des chevaux à un prix élevé.

27. *The Field*, July 13, 1861, p. 42.

28. E. Vernon Harcourt, *Sporting in Algeria*, p. 26.

peut que ces nuances aient été écartées par une sélection prolongée. Des chevaux de toutes couleurs, et de formes aussi
différentes que le sont les chevaux de gros trait, les doubles
poneys et les petits poneys, peuvent à l'occasion tous être pommelés[29], comme le sont d'une façon si apparente, les chevaux
gris. Ce fait ne jette pas grand jour sur la question de la coloration du cheval primitif; c'est un cas de variation analogique,
car l'âne même est quelquefois pommelé, et j'ai vu au Muséum
Britannique un métis de zèbre et d'âne pommelé sur la croupe.
J'entends par l'expression de variation analogique (expression
dont j'aurai fréquemment à me servir), une variation se présentant dans une espèce ou variété, et qui ressemble à un caractère normal chez une autre espèce ou variété bien distincte.
Ainsi que nous l'expliquerons ultérieurement, les variations
analogiques peuvent naître, ou de ce que deux ou plusieurs
formes de constitutions analogues auront été soumises à des
conditions semblables, — ou de ce que l'une d'elles aura réac-
quis, par retour, un caractère que l'autre forme a hérité et
conservé de l'ancêtre commun aux deux; — ou enfin de ce que
toutes deux auront fait retour vers un même caractère possédé
par l'ancêtre. Nous verrons d'abord que les chevaux ont parfois
une tendance à revêtir sur plusieurs parties du corps des bandes
ou raies foncées; or nous savons que dans plusieurs variétés du
chat domestique, ainsi que dans quelques espèces félines, les
bandes passent facilement à l'état de taches et de marques obscures; les lionceaux mêmes dont les parents sont uniformes de
couleur, présentent des taches obscures sur un fond clair; il se
pourrait donc que le pommelage du cheval, qui a paru étonner
quelques auteurs, soit un vestige ou une modification de la tendance qu'a le manteau du cheval à revêtir des raies, tendance
qui, à plusieurs points de vue, est fort intéressante.

Des chevaux appartenant aux races les plus diverses, de toutes couleurs
et dans toutes les parties du monde, présentent souvent une bande foncée

---

29. C'est le résultat de mes propres observations faites pendant plusieurs années sur les
couleurs des chevaux. J'ai vu des chevaux café-au-lait, isabelle clair, et gris-souris, qui
étaient pommelés; et je les mentionne parce qu'on a écrit (Martin, *Hist. of the Horse*,
p. 131) que les chevaux isabelle n'étaient jamais pommelés. Martin (p. 205) parle d'ânes
pommelés. — Le *Farrier* (Londres 1828, p. 453, 455) contient quelques bonnes remarques
sur le pommelage des chevaux; voir aussi l'ouvrage du col. H. Smith

s'étendant tout le long de l'épine dorsale, de la crinière à la queue ; ceci est assez connu pour que je n'aie pas besoin d'entrer dans plus de détails [30]. Les chevaux offrent parfois aussi des raies transversales, surtout à la face interne des jambes ; ils ont plus rarement une bande distincte sur l'épaule, comme l'âne, ou une large tache foncée, représentant une bande. Avant d'entrer dans les détails, je dois signaler parmi les diverses colorations qu'on peut observer chez les chevaux, trois teintes qui peuvent se grouper comme suit : 1° les nuances isabelles comprises entre le café-au-lait et le brun rougeâtre, passant graduellement au bai ou au fauve clairs ; 2° les nuances ardoisées ou gris-souris passant à une teinte cendrée ; 3° enfin, les nuances foncées entre brun et noir. J'ai remarqué sur un poney du Devonshire à manteau isabelle, d'une conformation légère, plutôt grand (fig. 1),

Fig. 1. — Poney isabelle du Devonshire, avec bandes sur l'épaule, l'épine dorsale et les jambes.

une bande très-apparente le long du dos, des raies transversales légères du côté interne des jambes de devant et quatre bandes parallèles sur chaque épaule. La bande postérieure était petite et faiblement marquée ; l'antérieure par contre, était longue et large, interrompue au milieu, tronquée à son extrémité inférieure, et ayant son angle antérieur prolongé et s'effilant en pointe. J'indique ce fait parce que la raie que les ânes portent sur l'épaule présente parfois exactement la même apparence. On m'a envoyé le dessin et la description d'un petit poney du pays de Galles de race pure, alezan clair, qui portait une bande dorsale, une seule bande transversale sur chaque jambe, et trois bandes scapulaires. La raie postérieure correspon-

---

30. Dans le *Farrier* (1828, p. 452, 453), on trouve quelques détails. Un des plus petits poneys que j'aie jamais vus, couleur souris, avait une bande très-apparente sur l'épine dorsale. Un petit poney marron, ainsi qu'un pesant cheval de gros trait de même manteau, l'avaient également. Les chevaux de course l'ont souvent.

dant à celle de l'âne était la plus longue, et les deux raies parallèles qui la
précédaient, partant de la crinière, allaient en décroissant, mais en sens
inverse de celles figurées ci-dessus sur le poney du Devonshire. J'ai vu
aussi un joli double poney, alezan clair, dont les jambes de devant étaient
intérieurement rayées d'une manière remarquable ; j'ai retrouvé les mêmes
raies moins fortement prononcées, chez un poney à manteau gris-souris
foncé : aussi chez un poulain alezan clair, trois quarts sang, des raies transversales sur les jambes ; chez un cheval de gros trait, alezan brûlé, une
bande dorsale très-apparente, des traces distinctes de la raie scapulaire,
mais point aux jambes. Mon fils m'a dessiné un cheval de trait belge, gros
et lourd, à manteau alezan fauve clair, qui portait aussi une bande dorsale
bien accentuée, des traces de raies aux jambes, et sur chaque épaule deux
bandes espacées de trois pouces, et longues de sept à huit pouces. J'ai vu
encore un cheval de trait à manteau café-au-lait foncé, dont les jambes
étaient rayées, et qui portait sur une épaule une grosse tache obscure et
mal déterminée, et sur l'autre deux raies parallèles et faiblement marquées.

Tous ces cas concernent les isabelles ou alezans de diverses nuances.
Mais M. W. Edwards a observé un cheval alezan foncé presque pur sang
qui avait la bande dorsale, et des raies aux jambes ; j'ai vu deux carros-
siers bais ayant les bandes dorsales noires ; l'un d'eux avait sur chaque
épaule une légère raie, et l'autre une bande noire large mais mal circonscrite qui descendait obliquement à mi-chemin sur l'une et l'autre épaule.
Ni l'un ni l'autre n'offraient de raies aux jambes.

Un des cas les plus intéressants que j'aie rencontrés est le suivant : une
jument baie (provenant d'une jument flamande bai foncé et d'un cheval
turcoman gris clair) fut donnée à Hercule, un pur sang bai foncé, dont les
parents étaient bais tous les deux. Le poulain finit par être définitivement
bai-brun ; mais à l'âge de quinze jours, il était d'un bai sale, nuancé de
gris-souris et un peu jaunâtre par places. Il présentait des traces de la
bande dorsale, et quelques raies transversales obscures sur les jambes ; le
corps tout entier était marqué par des bandes foncées et étroites, mais
assez faibles pour ne devenir visibles que sous certaines incidences de
lumière, comme celles qu'on observe sur les petits chats noirs. Ces bandes
étaient très-distinctes sur la croupe, d'où elles divergeaient de l'épine dorsale, en se portant en avant ; plusieurs d'entre elles en s'éloignant de la
ligne médiane se ramifiaient un peu comme chez le zèbre. Les raies les
plus apparentes se trouvaient sur le front entre les oreilles, et formaient
là une série d'arceaux pointus placés les uns sous les autres et décroissant
successivement de grandeur en descendant vers le museau ; on voit exactement ces mêmes marques sur le front du quagga et du zébre de Burchell.
A l'âge de deux ou trois mois, toutes ces raies avaient disparu. J'ai
retrouvé des marques semblables sur le front d'un cheval isabelle adulte,
pourvu de la bande dorsale, et de raies très-distinctes sur les jambes de
devant.

En Norwége le cheval indigène ou poney varie du café-au-lait au gris-
souris foncé, et l'animal n'est regardé comme de race pure, qu'autant

qu'il a la raie dorsale et les jambes barrées [31]. Mon fils a reconnu que dans une partie du pays, un tiers des individus ont les jambes barrées; il a compté sept barres sur les jambes de devant, et deux sur les jambes postérieures d'un poney; peu avaient la bande sur l'épaule; j'ai cependant entendu parler d'un fort poney importé de Norwége, portant sur l'épaule une bande aussi marquée que les autres. Le colonel Ham. Smith [32] signale des chevaux isabelles à raie dorsale dans les montagnes de l'Espagne, et les chevaux dérivés originairement d'Espagne et redevenus sauvages dans quelques parties de l'Amérique du Sud, sont encore de cette couleur. Sir W. Elliott m'apprend qu'ayant eu l'occasion d'examiner un troupeau de 300 chevaux américains importés à Madras, il en a remarqué un grand nombre portant des barres aux jambes et de courtes bandes sur l'épaule. L'individu le plus fortement marqué, dont on m'a envoyé le dessin colorié, était gris-souris et avait les bandes scapulaires légèrement fourchues. Dans le nord-ouest des Indes, les chevaux rayés de différentes races, paraissent plus communs que dans les autres parties du globe; j'ai eu à ce sujet des renseignements de plusieurs officiers, et particulièrement des colonels Poole et Curtis, du major Campbell, du brigadier Saint-John et autres. Les chevaux kattywars ont souvent de quinze à seize mains de haut, et sont bien mais légèrement bâtis. Ils sont de toutes couleurs, mais les différentes nuances dont nous avons parlé dominent, et sont si généralement accompagnées de raies foncées, qu'un cheval qui en est dépourvu, n'est pas regardé comme pur. Le colonel Poole croit que tous ont la raie dorsale: les barres aux jambes existent généralement, et la moitié environ des chevaux possèdent la bande scapulaire, qui est quelquefois double et triple. Le même a aussi souvent vu des raies sur les joues et les côtés des naseaux. Il a vu des raies sur les kattywars gris et bais à leur naissance, mais elles s'effacent promptement. J'ai eu d'autres renseignements sur l'existence de raies chez les chevaux de cette race, café-au-lait, bais, bruns et gris. Dans l'est de l'Inde, les poneys de Shan (au nord de Burmah), comme me le signale M. Blyth, possèdent la bande et les raies sur l'épaule et les jambes. Sir W. Elliott a vu deux poneys bais du Pégou marqués aux jambes. Les poneys de Burmah et de Java sont souvent isabelles et ont les trois sortes de bandes, au même degré qu'en Angleterre [33]. M. Swinhoe a examiné deux poneys isabelle clair de deux races chinoises (celles de Shangaï et d'Amoy), tous deux avaient la raie dorsale, et le dernier une bande à l'épaule peu distincte.

Nous voyons donc que dans toutes les parties du monde, les races de chevaux les plus diverses possibles, surtout celles dont la couleur du manteau comprend un assez grand nombre de teintes entre la nuance café-au-lait jusqu'au noir sale, plus rarement celles dont le manteau est bai, gris ou

31. Je dois aux professeurs Bœck, Rask et Esmarch ces renseignements sur les couleurs des poneys norwégiens, transmis par l'obligeance du consul général, M. J. Crowe. Voir *The Field*, 1861, p. 431.

32. Col. Ham. Smith, *Nat. Lib.*, vol. XII, p. 275.

33 Clark, *Ann. and Mag. of nat. Hist.* (2e série), v. II, 1818, p. 363. — M. Wallace a vu à Java un cheval isabelle, portant la raie dorsale, et les barres aux jambes.

alezan, présentent les trois sortes de raies. Je n'ai jamais vu de bandes chez les chevaux à manteau alezan avec crins blancs [34].

J'ai voulu chercher, pour des raisons qui seront expliquées au chapitre des retours ou de la réversion, à savoir si les chevaux appartenant à la catégorie des couleurs qui offrent plus souvent que les autres les bandes foncées, sont parfois le produit du croisement d'individus qui n'appartiennent ni l'un ni l'autre à cette catégorie. La plupart des personnes auprès desquelles j'ai pris des informations, pensent qu'un des deux parents au moins, doit y appartenir, et on admet généralement que, quand c'est le cas, le manteau et ses bandes sont fortement héréditaires [35]. J'ai observé le cas d'un poulain né d'une jument noire par un cheval bai, et qui, arrivé à son complet développement, prit un manteau alezan foncé avec une raie dorsale distincte, mais étroite. Hofacker [36] cite deux cas de chevaux à manteau gris-souris foncé, produits tous deux par des parents de couleur différente. J'ai essayé, mais sans grand succès, de déterminer si les raies sont plus ou moins distinctes dans le poulain que dans le cheval adulte. Le colonel Poole m'apprend que les bandes sont plus nettes lors de la naissance du poulain. Elles deviennent ensuite de moins en moins distinctes, jusqu'au renouvellement des poils, où elles reparaissent aussi fortes qu'avant ; souvent ensuite elles s'effacent avec l'âge. D'autres renseignements me confirment cette disparition des bandes chez les vieux chevaux dans l'Inde. Un autre auteur par contre, signale des poulains nés d'abord sans bandes, et chez lesquels il en est apparu plus tard. Trois autorités affirment qu'en Norwége les marques sont moins apparentes chez le poulain que chez l'adulte. Il n'y a peut-être pas de règle fixe. Dans le cas que j'ai décrit plus haut, du jeune poulain dont le corps entier était rayé, il ne peut y avoir de doute sur la disparition complète et précoce de ces marques. M. W. Edwards a examiné pour moi vingt-deux poulains de chevaux de course ; douze ont montré une raie dorsale plus ou moins distincte, fait qui, joint à quelques autres, me porte à croire que la bande dorsale disparaît souvent avec l'âge chez le coureur anglais. En somme, je conclus que les raies sont en général plus apparentes chez le jeune animal et tendent à s'effacer plus tard.

Les bandes sont variables pour la couleur, mais elles sont toujours plus foncées que le reste du corps. Elles ne coexistent pas toujours nécessairement dans toutes les parties du corps ; les jambes peuvent être rayées et pas l'épaule, ou l'inverse ; mais je n'ai jamais entendu parler des raies aux jambes ou à l'épaule sans la bande dorsale. Celle-ci est de beaucoup la plus commune de toutes, comme on peut s'y attendre, puis-

34. Voir *The Field*, July 27, 1861, p. 91.
35. *The Field*, 1861, p. 431, 493, 515.
36. *Ueber die Eigenschaften*, etc., 1828, p. 12. 13

qu'elle caractérise les sept ou huit autres espèces du genre. Il est remarquable qu'un caractère aussi insignifiant que celui de la duplication ou triplication de la bande de l'épaule se retrouve dans des races aussi différentes que les poneys du pays de Galles et du Devonshire, le poney shan, les chevaux de gros trait, les chevaux légers de l'Amérique du Sud, et la race légère des Kattywars. Le colonel Ham. Smith suppose qu'une de ces cinq souches primitives était isabelle et rayée, et que les raies de toutes les autres races résultent d'un croisement ancien avec cette race; mais il est excessivement peu probable que des races différentes vivant dans des parties du globe aussi éloignées les unes des autres aient pu toutes être croisées ainsi avec une souche primitivement distincte. Nous n'avons d'ailleurs aucune raison pour croire que les effets d'un croisement aussi ancien aient pu se propager pendant autant de générations que cette manière de voir semblerait l'impliquer.

Quant à ce qui concerne la couleur primitive du cheval que le colonel H. Smith[37] suppose avoir été isabelle, cet auteur a réuni un grand nombre de faits qui prouvent que cette teinte était très-commune en Orient, en remontant jusqu'à l'époque d'Alexandre, et que les chevaux de l'Asie occidentale et de l'Europe orientale offrent encore actuellement les diverses variantes de cette nuance. Il n'y a pas longtemps qu'on conservait dans les parcs royaux de Prusse, une race sauvage de cette même couleur avec la raie dorsale. En Hongrie et en Norwége les habitants regardent les chevaux isabelles à raie dorsale comme la souche primitive. Dans les parties montagneuses du Devonshire, du pays de Galles et de l'Écosse, où la race primitive doit avoir eu le plus de chances de se conserver, les poneys isabelles ne sont pas rares. Dans l'Amérique du Sud, du temps d'Azara, où le cheval était redevenu sauvage depuis 250 ans, les 0,90 des chevaux étaient bai châtain, et le reste zains, et pas plus de 1 sur 2,000 noir. Zain signifie généralement manteau foncé sans aucune trace de blanc, mais

37. *Naturalist's Library*, vol, XII, 1841, p. 109, 156, 163, 280, 281 — La teinte café-au-lait, passant à l'isabelle (c'est-à-dire, la couleur du linge sale de la reine Isabelle) paraît avoir été commune autrefois. Voir les récits de Pallas sur les chevaux sauvages d'Orient, où il parle de l'isabelle et du brun comme étant les couleurs prédominantes.

comme Azara parle de mules zain clair, je suppose que zain doit signifier isabelle. Dans quelques parties du globe, les chevaux redevenus sauvages ont une tendance prononcée vers le rouan [38]. Quand nous aborderons plus tard l'étude des pigeons, nous verrons que dans les races pures de couleurs variées, lorsqu'il se produit incidemment un oiseau bleu, cette coloration est invariablement accompagnée de certaines marques noires sur les ailes et la queue; et que aussi lorsque l'on croise les races de colorations diverses, on obtient fréquemment dans les produits, des oiseaux bleus portant les mêmes marques noires. Nous verrons plus tard dans ces faits une forte preuve à l'appui, et l'explication de l'opinion que toutes les races du pigeon domestique descendent du Biset ou *C. Livia*, espèce qui présente effectivement la même coloration et les mêmes marques. L'apparition des bandes dans les différentes races de chevaux, dont le manteau appartient à une certaine teinte, ne prouve pas cependant d'une manière aussi certaine leur descendance d'une souche primitive unique que dans le cas du pigeon; parce que nous ne connaissons aucun type de cheval réellement sauvage qui puisse servir de type de comparaison, que les bandes quand elles existent présentent des caractères variables, que nous n'avons pas de preuve évidente que l'apparition des bandes résulte du croisement de races distinctes; parce qu'enfin toutes les espèces du genre *Equus* ont la bande dorsale, et que plusieurs ont les raies aux jambes et à l'épaule. Néanmoins, la similitude qu'offrent les races les plus différentes quant à la série des colorations, le pommelage, et l'apparition incidente des raies aux jambes et des bandes doubles ou triples à l'épaule, tous ces faits pris dans leur ensemble, rendent probable l'opinion que les races actuelles descendent d'une souche primitive unique, plus ou moins rayée, à manteau isabelle, et vers le type duquel nos chevaux tendent parfois à faire retour.

38. Azara, *Des Quadrupèdes du Paraguay*, t. II, p. 307. — Pour la couleur des mules, p. 350. — Dans l'Amérique du Nord, Catlin (vol. II, p. 57) décrit les chevaux sauvages, qu'on croit descendus des chevaux espagnols du Mexique, comme offrant toutes les nuances, noirs, gris, rouans, et rouans tachetés d'alezan sauré. — F. Michaux (*Travels in North America*) décrit deux chevaux sauvages du Mexique comme rouans. Dans les îles Falkland, où le cheval n'est redevenu sauvage que depuis 60 à 70 ans, les nuances prédominantes sont le rouan et le gris de fer. Ces faits montrent que les chevaux ne font pas généralement retour à une teinte uniforme.

L'ANE.

Les naturalistes ont décrit quatre espèces d'ânes, et trois de zèbres ; il n'y a cependant presque pas à douter que notre âne domestique ne provienne d'une seule espèce, l'*Asinus tæniopus* d'Abyssinie [39]. On a quelquefois présenté l'âne comme un exemple d'un animal auquel la domestication, quoique fort ancienne, ainsi que nous pouvons le voir d'après l'Ancien Testament, n'a apporté que de très-minimes modifications. Ceci n'est pas très-exact, car dans la Syrie seule on en reconnaît quatre races [40] ; premièrement, une race légère et gracieuse, employée par les dames à cause de son allure agréable ; secondement, une race arabe réservée exclusivement à la selle ; troisièmement, une forme plus robuste, qui sert à la charrue et divers autres travaux ; et quatrièmement, la grande race de Damas, qui a le corps et les oreilles remarquablement longs. Dans nos pays, et généralement dans l'Europe centrale, quoique l'âne soit loin d'offrir un type tout à fait uniforme, il n'a pas cependant donné naissance comme le cheval, à des races bien distinctes. La raison probable en est que l'âne se trouve surtout en mains des gens pauvres, qui ne peuvent l'élever en nombre, ni apporter aucun soin au choix des individus destinés à la reproduction. Nous verrons ultérieurement, qu'une sélection attentive jointe à une bonne nourriture peuvent améliorer considérablement la force et la taille de cet animal, et nous pouvons en inférer qu'il en serait de même pour tous ses autres caractères. La petitesse de la taille de l'âne en Angleterre et dans le nord de l'Europe, est certainement due bien plus à l'absence de soins qu'à la température ; car dans l'ouest de l'Inde, où les classes inférieures l'emploient comme bête de somme, il est à peine plus grand que le chien de Terre-Neuve, et n'atteint généralement que de vingt à trente pouces de hauteur [41].

Les ânes varient beaucoup dans leur couleur ; et leurs

---

39. Dr. Sclater, *Proc. Zool. Soc.*, 1862, p. 161.
40. W. C. Martin, *Hist. of the Horse*, 1845, p. 207.
41. Col. Sykes, *Cat. of Mammalia.* — *Proc. of Zool. Soc.*, July 12, 1831. — Williamson, *Oriental Field Sports*, vol. II, p. 206 ; cité par Martin.

jambes, surtout celles de devant, soit en Angleterre, soit ailleurs, — en Chine, par exemple, — offrent les raies transversales plus distinctes qu'elles ne le sont chez le cheval isabelle. Nous avons expliqué pour le cheval par le principe du retour, l'apparition incidente des raies aux jambes, en supposant que la souche primitive de cet animal était rayée de la sorte ; cette manière de voir est d'autant mieux soutenable pour l'âne, que la forme parente, l'*Asinus tæniopus*, présente quoique à un faible degré, les mêmes raies aux jambes. Ces raies se remarquent plus fréquemment et sont plus distinctes chez l'âne domestique dans son jeune âge [42], comme cela paraît être le cas aussi chez le cheval. La raie de l'épaule, si caractéristique de l'espèce, varie cependant dans sa largeur, sa longueur et son mode de terminaison. J'en ai mesuré qui étaient quatre fois aussi larges que d'autres ; d'autres encore plus de deux fois plus longues. Dans un âne gris clair, la bande de l'épaule ne mesurait que six pouces de longueur et était étroite comme une cordelette ; chez un autre individu de même couleur, elle n'était indiquée que par une teinte sombre. J'ai eu connaissance de trois ânes blancs, mais non albinos, chez lesquels il n'y avait aucune trace de bandes, ni sur le dos ni sur l'épaule [43]; j'ai vu neuf autres ânes dépourvus de la raie sur les épaules et dont quelques-uns n'avaient même pas la bande dorsale. Sur les neuf, trois étaient gris clair, un gris foncé, un autre gris tirant sur le rouan ; les autres étaient bruns, et deux d'entre ces derniers avaient certains points du corps teintés en bai rougeâtre. Nous pouvons donc conclure de là que, si on eût appliqué avec constance la sélection aux ânes gris et brun rouge, la bande de l'épaule se serait aussi généralement et complétement perdue que dans le cas du cheval. La bande de l'épaule est quelquefois double chez l'âne ; M. Blyth a même vu jusqu'à trois et quatre bandes parallèles [44]. J'ai observé dix cas où les bandes scapulaires étaient brusquement tronquées à leur extrémité inférieure, l'angle antérieur de celle-ci se prolongeant en

42. Blyth, *Charlesworth Mag. of nat. Hist.* vol. IV, 1840, p. 83. — Un éleveur m'a confirmé le fait.

43. Martin (*The Horse*, p. 205) en cite un cas.

44. *Journal As. Soc. of Bengal*, vol. XXVIII, 1860, p. 231. — Martin, *Horse*, p. 205.

avant et s'effilant en pointe, exactement comme nous l'avons figuré dans le poney du Devonshire (fig. 1, p. 59). J'ai vu trois cas où la partie terminale était brusquement coudée, et deux cas d'une bifurcation très-distincte quoique faible. Le Dr Hooker a observé, en Syrie, cinq cas où la bande scapulaire était visiblement fourchue au-dessus de la jambe de devant. On la trouve aussi quelquefois fourchue dans le mulet commun. Lorsque je remarquai pour la première fois la bifurcation et la courbure angulaire de la bande scapulaire, j'avais vu assez des raies qui caractérisent les différentes espèces d'Equus, pour être convaincu que ce caractère, quoique peu important, devait avoir une signification déterminée, et c'est ce qui me poussa à l'étudier de plus près. J'ai trouvé que dans l'*Asinus Burchelli* et l'*Asinus quagga*, la raie qui correspond à la bande scapulaire de l'âne, ainsi que quelques-unes des raies du cou, se bifurquent, et que quelques-unes de celles qui avoisinent l'épaule, ont leurs extrémités recourbées et coudées en arrière. La bifurcation et la brisure des raies scapulaires paraissent être en rapport avec le changement de direction des raies latérales du corps et du cou qui sont presque verticales, pour passer à celles des jambes qui deviennent horizontales. Nous voyons finalement que la présence des raies aux jambes, à l'épaule et au dos chez le cheval — leur absence à l'occasion chez l'âne, — l'apparition chez tous les deux de bandes scapulaires doubles et triples, et l'analogie qui existe entre leurs terminaisons inférieures, — sont tous des cas de variation analogique dans le cheval et l'âne. Ces cas ne sont probablement pas dus à l'influence de conditions semblables agissant sur des constitutions semblables, mais à un retour partiel quant à la couleur, vers l'ancêtre commun de ces deux espèces, ainsi que de toutes les autres espèces du genre. Nous reviendrons ultérieurement sur ce sujet, que nous aurons à discuter plus complétement.

CHAPITRE III.

PORCS. — BÊTES BOVINES. — MOUTONS. — CHÈVRES.

PORCS, appartiennent à deux types distincts, *Sus scrofa* et *indica*. — Porc des tourbières. — Porc du Japon. — Fertilité des porcs croisés. — Modifications du crâne dans les espèces fortement améliorées — Convergence des caractères. — Gestation. — Porcs à sabot. — Appendices bizarres aux mâchoires. — Décroissance des crocs. — Raies longitudinales chez les jeunes. — Porcs marrons. — Races croisées.

BÊTES BOVINES. — Le zébu est une espèce distincte. — Descendance probable du bétail européen de trois espèces sauvages. — Races actuellement toutes fertiles entre elles. — Bétail anglais parqué. — Couleur des espèces primitives. — Différences constitutionnelles. — Races de l'Afrique du Sud. — Races de l'Amérique du Sud. — Bétail niata. — Origine des diverses races du bétail.

MOUTONS. — Races remarquables. — Variations du sexe mâle. — Adaptations à diverses conditions. — Gestation. — Modifications de la laine. — Races semi-monstrueuses.

CHÈVRES. — Variations remarquables.

L'étude des races du porc a été récemment poussée plus loin que celle d'aucun autre animal domestique, grâce aux travaux remarquables de Hermann von Nathusius, principalement dans son dernier ouvrage sur les crânes des différentes races, et de Rütimeyer dans sa faune des anciennes habitations lacustres de la Suisse[1]. Nathusius nous montre que toutes les races connues appartiennent à deux grands groupes, dont l'un descend sans aucun doute du sanglier ordinaire, auquel il ressemble par tous ses points importants, et qu'on peut désigner sous le nom de groupe du *Sus scrofa*. L'autre diffère du premier par plusieurs caractères ostéologiques essentiels et constants, et sa forme primitive sauvage est inconnue. Nathusius, conformément aux règles de priorité, lui a donné le nom de *Sus Indica* de Pallas, nom que nous conserverons, bien qu'il ne soit pas très-heureux, car la forme sauvage primitive n'ha-

---

1. H. V. Nathusius, *Die Racen des Schweines*, Berlin 1860 ; et *Vorstudien für Geschichte*, etc. — *Schweineschädel*, Berlin 1864. — Rütimeyer, *Fauna der Pfahlbauten*, Basel, 1861.

bite pas l'Inde, et les races domestiques les mieux connues
ont été importées de Siam et de la Chine.

Voyons d'abord les races dérivées du *Sus scrofa*, soit celles
qui ressemblent au sanglier sauvage. D'après Nathusius (*Schweineschädel*, p. 75), ces races existent encore dans différentes
régions du centre et du nord de l'Europe ; autrefois chaque
pays [2], et presque chaque province d'Angleterre avait sa race
propre, mais actuellement elles tendent partout à disparaître
pour être remplacées par des races améliorées dues au croisement avec la forme *Sus indica*. Le crâne des races du type *Sus
scrofa* ressemble par ses points importants à celui du sanglier
européen, mais il est devenu, relativement à sa longueur, plus
haut et plus large, et plus droit dans sa partie postérieure
(*Schweineschädel*, p. 63-68). Ces différences varient néanmoins
quant au degré, et bien que ressemblant au *Sus scrofa* par les
caractères essentiels du crâne, les races dérivées diffèrent notablement entre elles sous d'autres rapports, tels que la longueur
des oreilles et des jambes, la courbure des côtes, la couleur,
le développement du poil, la taille et les proportions du corps.

Le *Sus scrofa* sauvage offre une distribution très-étendue
qui, d'après les déterminations ostéologiques de Rütimeyer,
comprend l'Europe et l'Afrique du Nord, et encore l'Hindoustan, d'après Nathusius. Mais les sangliers de ces divers
pays diffèrent tellement les uns des autres par leurs caractères
extérieurs que plusieurs naturalistes les ont considérés comme
étant spécifiquement distincts. D'après M. Blyth, ces animaux,
même dans l'Hindoustan, forment dans les divers districts des
races très-reconnaissables ; dans les provinces du nord-ouest,
M. le révérend R. Everest m'apprend que le sanglier ne dépasse
jamais une hauteur de 36 pouces ; tandis qu'au Bengale, il en
a observé un qui mesurait 44 pouces. On sait qu'en Europe,
en Afrique et dans l'Hindoustan, il y a eu des croisements de
porcs domestiques avec les sangliers indigènes [3], et sir W.

---

2. Nathusius (*Die Racen des Schweines*, 1860) contient un excellent appendice indiquant
les dessins les plus exacts publiés et représentant les races de chaque pays.

3. Pour l'Europe, Bechstein, *Naturg. Deutschlands*, 1801, vol. 1, p. 505. — On a publié
plusieurs récits sur la fécondité des produits du croisement de porcs domestiques et sangliers ; voir Burdach, *Physiologie*, et Godron, *De l'Espèce*, t. I, p. 370. — Pour l'Afrique,
Bull. de la Soc. d'acclimat., t. IV, p. 389. — Pour l'Inde, Nathusius, *Schweineschädel*,
page 148.

Elliot[1], un excellent observateur de l'Hindoustan, après avoir signalé les différences entre les sangliers sauvages de l'Inde et ceux de l'Allemagne, fait la remarque « qu'on peut apprécier dans les deux pays les mêmes différences dans les individus domestiques. » Nous pouvons donc conclure que les races du type *Sus scrofa* ont eu pour origine, ou ont été modifiées par croisement avec elles, des formes qu'on peut regarder comme des races géographiques, mais que quelques naturalistes considèrent comme étant des espèces distinctes.

C'est sous la forme de la race chinoise que les porcs du type *Sus indica* nous sont le plus connus. Le crâne du *Sus indica*, décrit par Nathusius, diffère par quelques points de moindre importance de celui du *Sus scrofa*, ainsi par sa plus grande largeur et par quelques détails dans sa dentition, mais principalement par la brièveté des os lacrymaux, la largeur plus grande de la partie antérieure des os palatins et la divergence des dents molaires antérieures. Il faut noter que les races domestiques du *Sus scrofa* n'ont en aucune façon acquis ces caractères. Après avoir lu les descriptions et les observations de Nathusius, il me semble que c'est jouer sur les mots que de mettre en doute la distinction spécifique du *Sus indica*, car les différences qui viennent d'être signalées sont plus fortement accusées qu'aucune de celles qu'on pourrait signaler par exemple entre le loup et le renard, ou entre l'âne et le cheval. Nous avons déjà dit qu'on ne connaît pas le *Sus indica* à l'état sauvage; mais, d'après Nathusius, ses formes domestiques se rapprochent du *Sus vittatus* de Java et de quelques espèces voisines. Un porc trouvé sauvage dans les îles Aru (*Schweineschädel*, p. 169) paraît être identique au *Sus indica*, mais il n'est pas certain que cet animal soit réellement indigène. Les races domestiques de la Chine, de la Cochinchine et de Siam appartiennent à ce type. La race romaine ou napolitaine, les races andalouses, hongroises, les porcs dits « *Krause* » de Nathusius, habitant les parties sud-est de l'Europe et la Turquie, dont le poil est fin et frisé, enfin la petite race suisse de Rütimeyer, dite « *Bündtnerschwein*, » ont toutes les caractères crâniens essentiels du *Sus indica*, et ont dû vraisemblablement

---

1. Sir W. Elliot, *Catal. of Mammalia*, — Madras, *Journ of Litt. and Science*, v. X, p. 219.

avoir été largement croisées avec cette forme. Des porcs du même type ont existé pendant une longue période sur les bords de la Méditerranée, car on a trouvé dans les fouilles faites à Herculanum une figure très-semblable au porc napolitain actuel (*Schweineschädel*, p. 142).

Une découverte remarquable, due à Rütimeyer, est celle de l'existence contemporaine, pendant la dernière période de pierre ou néolithique, de deux formes domestiques du porc, le *Sus scrofa* et le *Sus scrofa palustris*, ou porc des tourbières (*Torfschwein*). Rütimeyer a constaté que ce dernier se rapproche des races orientales, et, d'après Nathusius, il appartient très-certainement au groupe du *Sus indica*; cependant Rütimeyer a ultérieurement montré qu'il en diffère par quelques caractères bien accusés. Cet auteur avait cru d'abord que le porc des tourbières existait à l'état sauvage pendant la première partie de l'âge de pierre et n'avait été domestiqué que vers la fin de la même période[5]. Tout en admettant le fait curieux observé en premier par Rütimeyer, de la possibilité de distinguer par la différence de leur aspect les os des animaux sauvages de ceux qui étaient domestiqués, Nathusius n'est pas convaincu de la certitude de la conclusion, en raison de quelques difficultés spéciales que présentent les ossements des porcs (*Schweineschädel*, p. 147), et Rütimeyer lui-même paraît maintenant avoir quelque doute sur ce point. Le porc des tourbières ayant été domestiqué à une époque aussi reculée, les restes appartenant à différentes périodes historiques ou préhistoriques[6], qu'on en retrouve dans diverses parties de l'Europe, enfin l'existence actuelle de formes voisines en Hongrie et sur les bords de la Méditerranée, nous devons croire que le *Sus indica* sauvage s'est autrefois étendu d'Europe en Chine, comme le *Sus scrofa* s'étend actuellement d'Europe en Hindoustan. A moins que, comme le pense Rütimeyer, il ne puisse y avoir anciennement existé en Europe et dans l'Asie orientale une troisième espèce voisine.

On peut grouper sous le type *Sus indica* plusieurs races différant par les proportions du corps, la longueur des oreilles,

---

5. Rütimeyer, *Pfahlbauten*, p. 163.

6. Rütimeyer, *Neue Beiträge... Torfschweine; Verhand. Naturf. Gesellsch. in Basel*, IV, 1865, p. 139.

la nature du poil, la couleur, etc., ce qui n'a rien d'étonnant vu l'extrême antiquité de la domestication de cette forme soit en Europe, soit en Chine. D'après un savant sinologue[7], elle remonterait, dans ce dernier pays, au moins à 4,900 ans en arrière. Le même auteur signale l'existence en Chine d'une foule de variétés locales du porc auxquelles les Chinois donnent des soins minutieux, ne leur permettant pas même de changer de place[8]. Aussi, comme le fait remarquer Nathusius[9], la race chinoise possédant au plus haut degré les caractères d'une race artificielle très-perfectionnée, doit à cette circonstance sa grande valeur pour l'amélioration de nos races européennes. Cet auteur (*Schweineschädel*, p. 138) constate que l'introduction dans une race du type *Sus scrofa*, de $1/32^e$ ou même seulement de $1/64^e$ de sang *Sus indica*, suffit pour modifier le crâne de la première. Ce fait singulier peut s'expliquer peut-être par ce que les principaux caractères qui distinguent le *Sus indica*, tels que le raccourcissement des os lacrymaux, etc., sont communs à plusieurs des espèces du genre, et on sait que dans les croisements les caractères qui existent dans plusieurs espèces tendent à devenir prépondérants sur ceux qui n'appartiennent qu'à un petit nombre.

Le porc du Japon (*Sus pliciceps*, de Gray), qui a été récemment exposé dans le Jardin zoologique, offre, par sa tête très-courte, son front et son groin très-larges, ses grandes oreilles charnues et les profonds sillons de sa peau, un aspect très-extraordinaire. La figure que nous en donnons est copiée de celle donnée par M. Bartlett[10]. Non-seulement la face est profondément sillonnée, mais d'épais replis d'une peau, plus dure que celle des autres parties du corps, pendent autour des épaules et de la croupe, comme les plaques du rhinocéros indien. Il est noir avec les pieds blancs et reproduit fidèlement son type. Il n'y a aucun doute que sa domestication ne soit fort ancienne, on aurait pu l'inférer du fait que les jeunes ne sont pas longitudinalement rayés, caractère qui est commun à toutes les espèces du genre *Sus* et genres voisins, à l'état

7. Stanislas Julien, cité par de Blainville, *Ostéographie*, p. 163.
8. Richardson, *Pigs, their origin*, etc., p. 26.
9. *Die Racen des Schweines*, p. 47, 61.
10. *Proc. Zoolog. Soc.*, 1861, p. 263.

sauvage [11]. Le docteur Gray [12] a décrit le crâne de cet animal,
qu'il regarde non-seulement comme une espèce distincte, mais
qu'il place même dans une section spéciale du genre. Néanmoins, après une étude très-approfondie du groupe entier,
Nathusius a constaté d'une manière positive (*Schweineschädel*,
p. 153-158) que par tous ses caractères essentiels son crâne

Fig. 2. — Tête du porc du Japon, ou porc masqué.

ressemble tout à fait à celui de la race chinoise à courtes
oreilles du type du *Sus indica*, et considère le porc du Japon
comme n'étant qu'une variété domestique de ce dernier. S'il
en est réellement ainsi, il y a là un exemple remarquable
de l'étendue des changements que la domestication peut effectuer.

Il a existé autrefois dans les îles centrales du Pacifique une

11. Sclater, *Proc. Zool. Soc.*, Fév. 26, 1861.
12. *Proc. Zool. Soc.*, 1862, p. 13.

race singulière de porcs. Décrite par le révérend D. Tyerman et G. Bennett[13], cette race est petite, bossue, à tête disproportionnellement longue, à oreilles courtes, tournées en arrière; elle porte une queue touffue, longue de deux pouces, qui par son mode d'insertion semble sortir du dos. D'après les mêmes auteurs, cinquante ans après l'introduction dans ces îles de porcs européens et chinois, la race indigène a disparu complétement à la suite de croisements répétés avec les formes importées. Les îles écartées, comme on pouvait s'y attendre, paraissent favorables à la production et à la conservation de races spéciales : ainsi dans les îles Orkney les porcs ont été décrits comme très-petits, à oreilles droites et pointues, et fort différents par leur apparence des porcs provenant du sud[14].

En voyant combien les porcs chinois appartenant au type du *Sus indica* diffèrent par leurs caractères ostéologiques et leur aspect extérieur des porcs du type *Sus scrofa*, au point qu'on peut les regarder comme spécifiquement distincts, il est digne de remarque que les porcs chinois et européens qui ont été croisés continuellement et de diverses manières n'ont pas cessé d'être complétement fertiles entre eux. Un grand éleveur qui s'est beaucoup servi de porcs chinois de pure race, m'apprend que la fécondité des métis croisés entre eux, et celle des produits du recroisement de leur progéniture n'avait fait qu'augmenter, et c'est une opinion générale chez les agriculteurs. Le porc du Japon ou *Sus pliciceps* de Gray, est si différent en apparence de tous les porcs ordinaires, qu'il semble impossible d'admettre que ce ne soit qu'une variété domestique, et cependant cette race est tout à fait fertile avec la race du Berkshire, et M. Eyton m'informe qu'ayant appareillé ensemble deux métis frère et sœur, il les a trouvés parfaitement fertiles ensemble.

Dans les races les plus fortement cultivées, les modifications du crâne sont étonnantes. Il faut, pour apprécier l'étendue des changements produits, étudier l'ouvrage et les excellentes figures de Nathusius. L'extérieur du crâne entier a été altéré dans toutes ses parties. La face postérieure, au lieu

<hr>

13. *Journal of voyages and travels*, de 1821 à 1829, vol. I, p. 300.

14. Rev. G. Low. *Fauna Orcadensis*, p. 10. Voir aussi la description des porcs des îles Shetland par le Dr. Hibbert.

de s'incliner en arrière est dirigée en avant, ce qui entraîne beaucoup de changements dans d'autres parties. Le devant de la tête est fortement concave; les orbites ont une forme différente, le méat auditif une direction et un aspect autres, les incisives opposées des mâchoires supérieure et inférieure ne se rencontrent pas, et restent dans l'une et l'autre mâchoire, au-dessus du plan des molaires; les canines de la mâchoire supérieure sont en face de celles de l'inférieure, anomalie remarquable; les faces articulaires des condyles occipitaux sont si fortement modifiées quant à leur forme, qu'ainsi que le remarque Nathusius (p. 133), aucun naturaliste voyant cette partie essentielle du crâne séparée du reste, ne pourrait supposer qu'elle ait appartenu au genre *Sus*. Ces modifications, ainsi que quelques autres, ne peuvent guère être considérées comme des monstruosités, parce qu'elles ne sont pas nuisibles et sont strictement héréditaires. L'ensemble de la tête est fort raccourci. En effet, le rapport de la longueur de la tête à celle du corps étant dans les races communes comme 1 à 6, il devient dans ces races améliorées, comme 1 à 9 et même comme 1 à 11[15]. Les figures ci-jointes, représentant, l'une, la tête d'un sanglier, l'autre, celle d'une truie de la grande race du Yorkshire, d'après une photographie, feront comprendre combien, dans la race améliorée, la tête a été modifiée et raccourcie.

Nathusius a fort bien discuté les causes des changements remarquables qu'ont subi le crâne et la forme du corps dans ces races fortement cultivées. Ces modifications se remarquent principalement dans les races pures et croisées du type *Sus indica*; mais on peut nettement en signaler un commencement dans les races légèrement améliorées du type *Sus scrofa*[16]. Nathusius constate positivement (p. 99, 103), comme résultat de l'expérience générale et de ses propres essais, qu'une nourriture riche et abondante, donnée pendant la jeunesse à ces animaux, tend directement à élargir et à raccourcir la tête; tandis qu'une pauvre nourriture produit l'effet contraire. Il insiste beaucoup sur le fait que tous les porcs sauvages ou semi-domestiques, en fouillant la terre avec leur groin pen-

15. *Die Racen des Schweines*, p. 70
16. *Schweineschädel*, p. 74, 135.

dant qu'ils sont jeunes, exercent fortement les muscles puissants qui s'attachent à la partie postérieure de la tête. Dans les races cultivées il n'en est plus de même, et il en résulte une modification de la forme de la partie occipitale du crâne, qui entraîne des changements dans d'autres parties. Il n'est pas douteux qu'un aussi grand changement d'habitudes ne doive affecter le crâne; mais jusqu'à quel point peut-on expliquer par là la réduction de sa longueur et sa forme concave? On sait (et Nathusius lui-même en cite beaucoup de cas, p. 104), que chez plusieurs animaux domestiques, tels que les bouledogues et les mopses, le bétail niata, les moutons, les pigeons culbutants à courte face, une variété de la carpe, on peut remarquer une tendance prononcée vers le raccourcissement des os de la face; H. Müller a montré que, pour le chien, cela paraît tenir à un état anomal du cartilage primordial. Nous pouvons admettre toutefois qu'une

Fig. 3. — Tête de sanglier et de *Golden Days*, porc de la grande race du Yorkshire, d'après une photographie. (Copié de l'édition de Sydney de l'ouvrage de Youatt, *The Pig*.)

nourriture substantielle et abondante, administrée continuellement pendant un grand nombre de générations, ait dû tendre à augmenter la taille du corps, tandis que par défaut d'usage, les membres devaient devenir plus fins et plus courts [17]. Nous verrons, dans un chapitre futur, qu'il y a entre le crâne et les

17. Nathusius, *Die Racen des Schweines*, p. 71.

membres une corrélation évidente, de sorte que tout changement dans l'une de ces parties tend à affecter l'autre.

Nathusius a fait l'observation intéressante, que les formes particulières qu'affectent la tête et le corps des races fortement cultivées, n'en caractérisent aucune spécialement, mais sont communes à toutes celles qui paraissent avoir atteint un degré égal d'amélioration. Ainsi les races anglaises, à corps grand, oreilles longues et dos convexe, et les races chinoises à corps petit, oreilles courtes et dos concave, élevées les unes et les autres à un degré semblable de perfection, se ressemblent beaucoup par la forme du corps et de la tête. Ce résultat paraît dû en partie à l'action sur les diverses races de la même cause modificatrice, et en partie à l'influence de l'homme qui, élevant le porc dans le but unique d'en obtenir la plus grande masse de chair et de graisse, a toujours poussé la sélection dans ce seul et même sens. Pour la plupart des animaux domestiques, la sélection a eu pour résultat la divergence des caractères; dans ce cas, elle a produit une convergence [18].

La nature de la nourriture a, au bout d'un grand nombre de générations, fini par affecter la longueur des intestins; car d'après Cuvier [19] leur longueur est à celle du corps comme 9 à 1 dans le sanglier, — dans le porc domestique comme 13,5 à 1, — et dans la race de Siam comme 16 à 1. Dans cette dernière race, l'augmentation de la longueur peut être due soit à la descendance d'une espèce distincte, soit à une domestication plus ancienne. La durée de la gestation, ainsi que le nombre des mamelles, varient. Une autorité [20] récente indique pour la période de gestation une durée de 17 à 20 semaines, mais je crois qu'il doit y avoir quelque erreur dans cette donnée, car d'après les observations de M. Tessier sur 25 truies, elle a varié de 109 à 123 jours. Le Rév. D. Fox m'a communiqué dix observations bien faites, dans lesquelles la durée a été de 101 à 116 jours. D'après Nathusius, la période est plus courte chez les races précoces, mais il ne paraît pas que chez elles le cours du développement en soit abrégé, car le jeune animal,

18. *Die Racen des Schweines*, p. 47. — *Schweineschädel*, p. 101. — Comparer les figures de l'ancienne race irlandaise et de la nouvelle dans Richardson, *The Pig*, 1847.

19. Cité par I. Geoffroy St.-Hilaire, *Hist. nat. gén.*, t. III, p. 441.

20. S. Sidney, *The Pig*, p. 61.

d'après son crâne, naît un peu moins développé, ou à un état plus embryonnaire [21] que les porcs communs, qui atteignent leur maturité à un âge plus avancé. Dans les races précoces et très-améliorées, les dents se développent aussi plus tôt.

On a souvent signalé la différence du nombre des vertèbres et des côtes dans les diverses sortes de porcs, nombre observé par M. Eyton [22] et que nous consignons dans le tableau suivant. La truie africaine appartient probablement au type *S. scrofa*, et M. Eyton m'apprend que depuis la publication de son travail, les croisements opérés entre les races anglaise et africaine ont été reconnus par lord Hill comme parfaitement fertiles.

	MALE anglais à longues jambes.	TRUIE africaine.	MALE chinois.	SANGLIER d'après Cuvier.	PORC domestique d'après Cuvier.
Vertèbres dorsales....	15	13	15	14	14
— lombaires ..	6	6	4	5	5
Dorsales et lombaires ensemble	21	19	19	19	19
Vertèbres sacrées.....	5	5	4	4	4
Total des vertèbres....	26	24	23	23	23

Nous devons mentionner quelques races monstrueuses. Depuis Aristote jusqu'à nos jours on a incidemment observé dans diverses parties du monde des porcs à sabot plein. Quoique cette particularité soit fortement héréditaire, il est peu probable que tous les animaux qui l'ont offerte soient descendus des mêmes ancêtres, mais plutôt qu'elle aura apparu en

21. *Schweineschädel*, p. 220.

22. *Proc. Zool. Soc.* 1837, p. 23. — Je ne donne pas les vertèbres caudales, parce que M. Eyton remarque qu'il a pu s'en perdre quelques-unes. J'ai ajouté ensemble les vertèbres lombaires et dorsales, sur la remarque d'Owen (*Journ. Linn. Soc.*, t. II p. 28) que la différence entre les vertèbres dorsales et lombaires ne dépend que du développement des côtes. Néanmoins il faut tenir compte chez les porcs de la différence du nombre des côtes.

divers lieux et époques. Le docteur Struthers[23] a dernièrement décrit et figuré la conformation de ces pieds; dans ceux de devant et de derrière les phalanges des deux grands doigts sont représentées par une phalange unique, grosse et ensabotée; dans les pieds de devant, les phalanges médianes sont représentées par un os dont l'extrémité inférieure est unique, mais dont l'extrémité supérieure porte deux articulations distinctes. D'autres rapports indiquent quelquefois l'existence d'un doigt surnuméraire.

Une autre anomalie curieuse est celle d'appendices décrits par M. Eudes Deslongchamps comme caractérisant fréquemment les porcs normands. Ces appendices sont toujours attachés au même endroit, aux angles de la mâchoire; ils sont cylindriques, longs de trois pouces, couverts de soies, et présentant un pinceau de soies sortant d'une cavité latérale; ils ont un centre cartilagineux, avec deux petits muscles longitudinaux, et se trouvent tantôt symétriquement des deux côtés à la fois, tantôt d'un seul. Richardson les figure sur l'ancien

Fig. 4. — Anciens porcs irlandais, avec appendices maxillaires.
(Copié de H. D. Richardson.)

porc maigre irlandais, et Nathusius constate qu'ils apparaissent parfois chez les races à longues oreilles, mais ne sont pas strictement héréditaires, car dans une même portée ils peuvent exister sur des individus et manquer à d'autres[24]. Comme on

23. *Édimb. New. philosop. Journ.* 1863. — Voir aussi de Blainville, *Ostéographie*, p. 128.
24. Eudes Deslongchamps, *Mém. de la Soc. Linn. de Normandie*, v. VII, 1842, p. 41.—Richardson, *Pigs, their origin*, etc., 1847, p. 30.—Nathusius, *Die Racen des Schweines*, 1860, p. 51.

ne connaît de pareils appendices chez aucune race sauvage, nous n'avons jusqu'à présent aucune raison pour les attribuer à un effet de retour, ce qui nous oblige d'admettre que certaines structures complexes, quoique inutiles en apparence, peuvent apparaître subitement sans l'aide de la sélection. Ceci jettera peut-être quelque jour sur l'apparition de ces hideuses protubérances charnues, d'ailleurs de nature toute différente des appendices ci-dessus mentionnés, qui se développent sur les joues du *Phacochœrus africanus*.

Tous les porcs domestiques ont les crocs beaucoup plus courts que les sangliers. Un grand nombre de faits montrent que dans tous les animaux l'état du poil est très-facilement affecté suivant qu'il est exposé ou soustrait à l'action directe des circonstances climatériques; et de même que nous avons vu chez les chiens turcs une corrélation assez curieuse entre l'état du poil et celui des dents (nous donnerons plus tard d'autres faits analogues), ne serait-il pas permis de supposer que la réduction des crocs chez le sanglier domestiqué est en relation avec la disparition des soies, et résulte de ce qu'il vit à l'abri des intempéries? D'autre part, comme nous le verrons immédiatement, dès que le porc retourne à la vie sauvage, et cesse ainsi d'être abrité, on voit reparaître les crocs et les soies. Il n'est pas étonnant que les crocs soient plus modifiés que les autres dents, car les parties qui fournissent des caractères sexuels secondaires sont toujours sujettes à varier.

On sait que les marcassins du sanglier d'Europe et de l'Inde[25] ont pendant les six premiers mois le corps marqué de bandes longitudinales claires. Ce caractère disparaît généralement par la domestication. Les jeunes porcs domestiques turcs[26], ainsi que ceux de Westphalie, quelle que soit leur nuance, ont cependant la livrée du marcassin. J'ignore si ces derniers appartiennent à la même race frisée que la turque. Les porcs qui sont redevenus sauvages à la Jamaïque et ceux à demi sauvages de la Nouvelle-Grenade, aussi bien les noirs que ceux

<hr>

25. D. Johnson, *Sketches of Indian Field Sports*, p. 272. — M. Crawfurd m'apprend que le même fait se présente chez les porcs sauvages de la péninsule Malaise.

26. Pour les porcs turcs, voir Desmarest, *Mammalogie*, 1820, p. 391. — Pour ceux de Westphalie, voir Richardson, *Pigs, their origin*, etc. 1847, p. 11.

qui sont noirs avec une bande blanche sous le ventre se réunissant communément sur le dos, ont repris ce caractère primitif et produisent des jeunes portant une livrée de lignes fauves comme les marcassins. Le même cas s'est présenté chez les porcs abandonnés dans l'établissement de Zambési sur la côte d'Afrique [27].

Autant que je puis le voir, c'est sur les porcs redevenus sauvages ou marrons que me paraît s'être fondée l'opinion, que les animaux domestiques rendus à l'état sauvage tendent à revenir complétement au type de leur souche primitive. Mais, même dans le cas spécial, cette opinion ne me semble pas suffisamment justifiée, car les deux types principaux du *Sus scrofa* et du *Sus indica* n'ont jamais été distingués à l'état sauvage. Ainsi que nous venons de le voir, la livrée du marcassin reparaît chez les jeunes, et les sangliers reprennent toujours les crocs. Ils font également retour, par la forme générale du corps, la longueur des jambes et du groin, vers le type sauvage, comme on doit s'y attendre en raison de l'exercice qu'une fois livrés à eux-mêmes ils sont obligés de prendre pour se procurer leur nourriture. A la Jamaïque, les porcs marrons n'atteignent jamais la taille du sanglier européen, car ils ne dépassent jamais 20 pouces de hauteur à l'épaule. Dans divers pays, ils reprennent le poil rigide et les soies du sanglier, mais à des degrés différents, selon le climat; ainsi les porcs redevenus à moitié sauvages dans les vallées chaudes de la Nouvelle-Grenade sont, d'après Roulin, très-chétivement couverts, tandis que chez ceux des Paramos, à une élévation

27. Voir Roulin, *Mém. prés. p. div. savants de l'Acad.*, Paris, t. VI, p. 326, pour les faits relatifs aux porcs redevenus sauvages. Ce récit ne s'applique pas à des porcs réellement redevenus sauvages, mais seulement introduits depuis longtemps dans le pays, et vivant à l'état demi-sauvage. — Pour ceux de la Jamaïque, voir Gosse, *Sojourn in Jamaïca*, 1851, p. 386. — Col. H. Smith, *Nat. Lib.* IX, p. 93. — Pour l'Afrique, voir Livingstone, *Expedition to the Zambesi* 1865, p. 153. Le récit le plus précis sur les crocs des sangliers des Indes occidentales est de P. Labat, mais il attribue l'état de ces porcs à leur provenance d'une race domestique qu'il a vue en Espagne. L'amiral Sulivan qui a eu l'occasion d'observer les porcs sauvages dans l'îlot Eagle des Falkland, m'apprend qu'ils ressemblent à des sangliers à gros crocs, et ont le dos couvert de soies. Les porcs qui sont redevenus sauvages dans la province de Buenos-Ayres (Rengger, *Säugethiere*, p. 331) n'ont pas fait retour au type sauvage. De Blainville (*Ostéographie*, p. 132) à propos de deux crânes de porcs domestiques envoyés de Patagonie par Alc. d'Orbigny, remarque qu'ils ont la crête occipitale du sanglier européen, mais que du reste, dans son ensemble leur tête est plus courte et plus ramassée. A propos de la peau d'un porc redevenu sauvage de l'Amérique du Nord, il dit, qu'il « ressemble tout à fait à un petit sanglier, mais qu'il est presque tout noir, et peut-être un peu plus ramassé dans ses formes. »

de 7,000 à 8,000 pieds, il se développe sous leurs soies une fourrure laineuse très-épaisse, comme celle du sanglier français; ces porcs sont petits et rabougris. Le sanglier sauvage de l'Inde porte, dit-on, à l'extrémité de la queue des soies arrangées comme les barbes d'une flèche, tandis que le sanglier d'Europe n'a qu'une simple touffe. La plus grande partie des porcs marrons de la Jamaïque, et qui descendent tous d'une souche espagnole, ont la queue en panache [28]. Quant à la couleur, les porcs redevenus sauvages font généralement retour vers celle du sanglier; mais dans certaines parties de l'Amérique du Sud, comme nous l'avons vu, quelques-uns d'entre eux ont une bande transversale blanche sous le ventre; dans certaines autres localités très-chaudes, les porcs sont rouges; cette couleur a été occasionnellement observée aussi à la Jamaïque. Nous pouvons voir par ces divers faits que les porcs redevenus libres offrent une forte tendance vers le retour au type sauvage, mais que cette tendance est puissamment influencée par le climat, l'exercice et les autres causes modificatrices auxquelles ces animaux ont pu être soumis.

Un dernier point digne d'attention est que nous avons d'excellentes preuves de la formation de différentes races actuellement très-fixes, par des croisements de races bien distinctes. Les porcs améliorés d'Essex, par exemple, se maintiennent exactement avec leurs caractères, et il n'y a aucun doute qu'ils ne doivent leurs excellentes qualités actuelles à des croisements faits par lord Western avec la race napolitaine, puis à des croisements ultérieurs avec la race du Berkshire (elle-même améliorée par la race napolitaine), et aussi probablement avec la race de Sussex [29]. Dans les races ainsi formées par des croisements complexes, on a reconnu qu'une sélection soigneuse et continuée sans interruption pendant un grand nombre de générations était indispensable. Par suite de ces croisements nombreux, quelques races bien connues ont subi de rapides changements; ainsi, d'après Nathusius [30], la race du

---

28. Gosse, *Jamaïca*, p. 386, avec citation de Williamson, *Oriental Field Sports*. — Col. H. Smith, *Nat. Lib.* vol. IX, p. 94.

29. Youatt, *On the Pig*, 1860, p. 7, 26, 27, 29, 30; édit. de S. Sydney.

30. *Schweineschädel*, p. 140.

Berkshire de 1780 est différente de celle de 1810, et depuis cette dernière époque au moins deux formes distinctes ont porté le même nom.

BÊTES BOVINES.

Les animaux domestiques de ce groupe descendent certainement de plus d'une forme sauvage, comme nous l'avons reconnu pour nos chiens et nos porcs. Les naturalistes ont généralement admis deux divisions principales dans le gros bétail : les espèces à bosse, habitant les pays tropicaux, appelées zébus dans l'Inde, et auxquelles on a appliqué le nom spécifique de *Bos indicus*; et les espèces sans bosse, qu'on désigne généralement sous celui de *Bos taurus*. Le bétail à bosse était déjà domestiqué au moins dès la douzième dynastie, soit 2100 ans avant J.-C., comme on peut le voir sur les monuments égyptiens. Il diffère du bétail ordinaire par plusieurs caractères ostéologiques, et même d'après Rütimeyer[31], à un degré plus considérable que ne diffèrent entre elles les espèces fossiles d'Europe, c'est-à-dire, les *Bos primigenius*, *longifrons* et *frontosus*. D'après les remarques de M. Blyth[32], qui a étudié particulièrement ce sujet, il en diffère encore par sa configuration générale, la forme des oreilles, le point de départ du fanon, la courbure typique des cornes, la manière de porter la tête au repos; par les variations ordinaires de couleur, surtout la présence fréquente aux pieds de marques analogues à celles de l'antilope nilgau, enfin par le fait que dès la naissance des jeunes les dents ont déjà percé les gencives. Leurs habitudes aussi sont totalement différentes ainsi que leur voix. Le bétail à bosse de l'Inde cherche rarement l'ombre, et ne va pas à l'eau pour s'y plonger à mi-jambe comme celui d'Europe. Il est redevenu sauvage, s'est répandu dans certaines parties de l'Oude et du Rohilcund, et peut se maintenir dans des régions

31. *Fauna der Pfahlbauten*, 1861, p. 109, 119, 222. — Geoff. Saint-Hilaire ; *Mém. du Mus. d'his. nat.*, t. X, p. 172; — et Isid. Geoff. Saint-Hilaire, *Hist. nat. gén.*, t. III, p. 69. — Vasey (*Delineations of the Ox tribe*, 1851, p. 127) dit que le zébu a quatre vertèbres sacrées, et le bœuf commun cinq. M. Hodgson a trouvé 13 ou 14 côtes. *Indian Field*, 1858, page 62.

32. *Indian Field*, 1858, p. 71, où M. Blyth cite ses autorités sur le bétail à bosse. — Pickering aussi, dans *Races of man*, 1850, p. 271, remarque le caractère particulier de la voix grognante du bétail à bosse.

infestées de tigres. Il a donné naissance à plusieurs races,
différant beaucoup par la taille, la présence d'une ou deux
bosses, la longueur des cornes et par d'autres caractères.
M. Blyth conclut à une différence spécifique entre le bétail à
bosse et le bétail ordinaire. Voyant en effet un aussi grand
nombre de différences dans la conformation extérieure, les
mœurs, les détails ostéologiques, et dans beaucoup de points
qui n'ont pas dû probablement être affectés par la domestication, on peut à peine mettre en doute, malgré l'avis contraire de quelques naturalistes, que ces deux catégories de
bêtes bovines, ne doivent être regardées comme constituant
effectivement deux espèces distinctes.

Les races européennes de gros bétail sont nombreuses. Le
professeur Low compte dix-neuf races anglaises dont un petit
nombre seulement sont identiques à celles du continent. Même
les îles de la Manche, Guernesey, Jersey et Alderney ont leurs
sous-races propres [33], qui elles-mêmes diffèrent de celles des
autres îles, telles que Anglesea, et les îles occidentales de
l'Écosse. Desmarest décrit quinze races françaises, en laissant de côté les sous-variétés et celles importées de pays
étrangers. Dans d'autres parties de l'Europe, il y a différentes races distinctes, ainsi le bétail hongrois, de couleur
pâle, au pas léger et libre, et dont les cornes énormes mesurent jusqu'à cinq pieds de pointe à pointe [34], ou le bétail
de la Podolie remarquable par la hauteur du garrot. Dans l'ouvrage le plus récent sur les bêtes bovines [35], cinquante-cinq
races européennes sont figurées; quelques-unes ne différant
que peu des autres ne sont peut-être que des synonymes. Il
ne faut pas croire que des races nombreuses n'existent que
dans les pays depuis longtemps civilisés, car nous verrons
bientôt que chez les sauvages de l'Afrique du Sud on en compte
plusieurs.

Nous savons déjà beaucoup sur l'origine de plusieurs races
européennes par le mémoire de Nilsson [36] et surtout par les

33. M. H. E. Marcuand, dans le *Times*, 23 juin 1856.
34. Vasey, *Delineations of the Ox tribe*, p. 124. — Brace, *Hungary*, 1851, p. 91. —
Selon Rütimeyer, le bétail hongrois descend du *Bos primigenius* (*Racen des zahmen Europ.
Rindes*, 1866, p. 13).
35. Moll et Gayot, *La connaissance du Bœuf*, Paris 1860, fig. 82, race podolienne.
36. Traduit dans les *Annals and Mag. of nat. Hist.* (2e série), v. IV, 1849.

travaux de Rütimeyer. Deux ou trois espèces du genre *Bos*, voisines de races domestiques actuelles, ont été trouvées à l'état fossile dans les dépôts tertiaires récents de l'Europe. Ce sont, d'après Rütimeyer, les suivantes :

Bos primigenius. — Cette magnifique espèce était domestiquée en Suisse pendant la période néolithique, et paraît avoir déjà varié un peu alors, probablement par suite de croisement avec d'autres races. Quelques-unes des grandes races du continent comme celle de la Frise, etc., et la race Pembroke en Angleterre, ressemblent, par les points essentiels de leur conformation, au *B. primigenius*, et en descendent sans doute ; c'est également l'opinion de Nilsson. Le *Bos primigenius* existait à l'état sauvage du temps de César, et se trouve encore, quoique bien dégénéré de taille, à l'état demi-sauvage, dans le parc de Chillingham : je tiens en effet du professeur Rütimeyer que, d'après l'inspection d'un crâne que lui a envoyé lord Tankerville, le bétail de Chillingham est de toutes les races connues, celle qui s'est le moins éloignée du vrai type du *Bos primigenius* [37].

Bos trochoceros. — Cette forme n'est pas comprise dans les trois espèces mentionnées ci-dessus, car Rütimeyer la considère actuellement comme étant la femelle d'une forme domestique ancienne du *B. primigenius*, et comme l'ancêtre de sa race *B. frontosus*. Je dois ajouter qu'on a donné des noms spécifiques à quatre autres bœufs fossiles, qu'on croit maintenant être identiques au *B. primigenius* [38].

Bos longifrons (ou *brachyceros*) d'Owen. — Cette espèce très-distincte était de petite taille, et avait le corps court et les jambes fines. On l'a trouvée en Angleterre associée aux restes de l'éléphant et du rhinocéros [39]. Pendant la première partie de la période néolithique, c'était en Suisse la forme domestique la plus commune. Elle était domestique en Angleterre pendant la période romaine et a servi à l'approvisionnement des légionnaires romains [40]. On en a trouvé quelques

37. Voir Rütimeyer, *Beiträge zur pal. Gesch. der Wiederkäuer*, Basel 1865, p. 54.

38. Pictet, *Paléontologie*, t. I, p. 365, 2e éd. — Pour le *B. trochoceros*, Rütimeyer, *Racen d. zahmen Europ. Rindes*, 1866, p. 26.

39. Owen, *British Fossil Mammals*, 1846, p. 510.

40. *British pleistocene Mammalia*, 1866, p. 15, par W. Dawkins et A. Sandford.

restes dans certains crannoges de l'Irlande, qu'on estime remonter à 843 - 933 après J.-C. [41]. Le professeur Owen [42] la regarde comme la souche probable du bétail du pays de Galles et des Highlands; et d'après Rütimeyer, elle serait aussi celle de quelques races suisses actuelles. Celles-ci offrent dans leur coloration quelques variétés de nuances depuis le gris clair jusqu'au brun noirâtre, avec une bande dorsale plus claire, mais n'ont jamais de taches blanches pures. Le bétail du pays de Galles ainsi que celui des Highlands est généralement noir ou foncé.

Bos frontosus de Nilsson. — Cette espèce, quoique voisine du *B. longifrons*, est regardée par de bons juges comme en étant distincte. Toutes deux ont coexisté en Scanie pendant la dernière période géologique [43] et toutes deux ont été trouvées dans les crannoges irlandais [44]. Nilsson croit reconnaître dans le *B. frontosus*, la souche du bétail montagnard de la Norwége, lequel porte sur le crâne et entre la base des cornes une forte protubérance. Le professeur Owen ayant supposé que le bétail des Highlands descendait de son *Bos longifrons*, nous devons remarquer qu'un juge compétent [45] n'a pas trouvé en Norwége de bétail analogue à celui de la race des Highlands, mais ressemblant plutôt à celle du Devonshire.

Nous voyons par là que trois formes ou espèces de *Bos* habitant originairement l'Europe, ont été domestiquées, fait qui n'offre rien d'improbable, car le genre *Bos* cède facilement à la domestication. Outre ces trois espèces et le zébu, on a encore domestiqué le yak, le gayal et l'arni [46] (sans parler du buffle ou genre *Bubalus*), ce qui fait un total de sept espèces de *Bos*. Le zébu et les trois espèces européennes, sont actuellement éteints à l'état sauvage, car le bétail qu'on trouve dans quelques parcs en Angleterre et appartenant au type du *B. primigenius* peut à peine être considéré comme

---

41. W. R. Wilde, *Essay on animal remains, etc. — Royal Irish Acad.* 1860, p. 29. — Aussi dans *Proc. of R. Irish Acad.*, 1858, p. 48.

42. Lecture. *Royal instit. of Great Britain*, Mai 2, 1856, p. 4. — *British fossil Mammals*, page 513.

43. Nilsson, *Ann. and Mag. of nat. Hist.*, 1849, vol. IV, p. 354.

44. W. R. Wilde, *ut supra*; Blyth, *Proc. Irish Acad.* March 5, 1851.

45. Laing, *Tour in Norway*, p. 110.

46. Isid. Geoff. Saint-Hilaire, *Hist. nat. gén.*, t. III, p. 95.

réellement sauvage. Bien que certaines races déjà domestiquées
en Europe dès une période très-reculée, descendent des trois
espèces fossiles ci-dessus mentionnées, il ne s'ensuit pas qu'elles
y aient été domestiquées en premier. Ceux qui attachent de
l'importance aux données philologiques croient que notre bétail
a été importé d'Orient [47]. Mais comme les races humaines en-
vahissant un pays auront très-probablement appliqué aux races
qu'ils y trouvaient domestiquées, leurs propres noms, l'argument ne paraît pas très-concluant. Il paraît probable que notre
bétail doit provenir d'une espèce qui a primitivement vécu
sous un climat tempéré ou froid, mais pas dans un pays où la
neige ait couvert longtemps le sol ; car ainsi que nous l'avons
vu dans le chapitre sur les chevaux, il ne paraît pas avoir
l'instinct de gratter la neige pour atteindre l'herbe sous-
jacente. Personne ne saurait voir les magnifiques taureaux
sauvages des froides îles Falkland dans l'hémisphère sud, et
douter que ce climat ne leur convienne parfaitement. Azara a
observé que dans les régions tempérées de la Plata, les vaches
portent dès l'âge de deux ans, tandis que dans le climat bien
plus chaud du Paraguay, elles ne portent qu'à trois ans, d'où
il conclut que le bétail ne réussit pas aussi bien dans les pays
chauds [48].

Les trois formes fossiles susmentionnées du *Bos*, ont été
regardées par presque tous les paléontologistes comme des
espèces distinctes, et il ne serait pas raisonnable de changer
leurs noms parce qu'on reconnaît aujourd'hui qu'elles sont les
ancêtres de nos diverses races domestiques. Mais ce qui nous
importe surtout, et prouve qu'elles méritent d'être considérées comme espèces différentes, est le fait qu'ayant coexisté
pendant la même période dans diverses parties de l'Europe,
elles sont cependant demeurées distinctes. D'autre part, leurs
descendants domestiques, si on ne les sépare pas, se croisent
librement et se mélangent entre eux. Les diverses races européennes ont été si fréquemment croisées. avec ou sans intention, que si de pareilles unions s'étaient trouvées stériles, on
en aurait fait la remarque. Les zébus habitant une région très-

47. Idem, *ibid*, t. III, p. 82, 91.
48. *Quadrupèdes du Paraguay*, t. II, p. 360.

éloignée et beaucoup plus chaude, et différant d'ailleurs par tant de caractères de notre bétail européen, j'ai cherché à savoir si les deux formes croisées entre elles étaient fertiles. Lord Powis avait importé quelques zébus, et les avait croisés avec le bétail commun du Shropshire; son régisseur m'a assuré que les métis provenus de ce croisement avaient été parfaitement fertiles avec les deux races mères. Dans l'Inde, d'après M. Blyth, les métis à divers degrés de mélange des deux sangs, sont fertiles, et cela est si connu que dans quelques localités on laisse les deux espèces se reproduire librement entre elles [49]. Presque tout le bétail introduit primitivement en Tasmanie était à bosse, de sorte qu'il y eut un temps où il existait là des milliers d'individus croisés, et M. B. O'Neile Wilson m'écrit de Tasmanie qu'il n'a jamais eu connaissance d'aucun cas de stérilité. Possesseur lui-même d'un troupeau de bétail ainsi croisé, dont tous les individus se sont trouvés fertiles, il ne se rappelle même pas un seul cas de vache ayant manqué de vêler. Ces divers faits fournissent une confirmation importante de la doctrine de Pallas, que les descendants d'espèces qui, croisées entre elles à l'origine de leur domestication, seraient restées à quelque degré stériles, deviennent parfaitement fertiles à la suite d'une domestication prolongée. Nous verrons dans un chapitre futur que cette doctrine éclaircit beaucoup le sujet difficile de l'hybridité.

J'ai parlé du bétail du parc de Chillingham qui, selon Rütimeyer, s'est très-peu écarté du type du *B. primigenius*. Ce parc est si ancien, qu'il en est fait mention dans un document de l'an 1220. Ce bétail est réellement sauvage par ses instincts et ses mœurs. Il est blanc, l'intérieur des oreilles est d'un brun rougeâtre, les yeux bordés de noir, le museau brun, les pieds noirs, et les cornes blanches sont noires à l'extrémité. Dans un laps de trente-trois ans il est né environ une douzaine de veaux portant sur les joues et le cou des taches brunes et bleues, mais qu'on a détruits ainsi que tous les animaux défectueux. D'après Bewick, il apparut vers l'an 1770 quelques veaux ayant les oreilles noires, que le gardien détruisit également; cette particularité ne s'est pas représentée depuis. Le bétail blanc sauvage du parc du duc d'Hamilton, où on a ob-

<hr>

49. Walther, *Das Rindvich*, 1817, p. 30.

servé la naissance d'un veau noir, est, d'après le témoignage de lord Tankerville, inférieur à celui de Chillingham.

Le bétail qu'a gardé jusqu'en 1780 le duc de Queensberry, mais qui est actuellement éteint, avait les oreilles, le mufle et les orbites des yeux noirs. Celui qui existe de temps immémorial à Chartley, ressemble de près au bétail de Chillingham, mais il est plus grand, et offre quelques petites différences dans la couleur des oreilles. Il tend souvent à devenir entièrement noir; il règne à ce propos dans le voisinage la superstition singulière que, lorsqu'il naît un veau noir, la noble maison de Ferrers est menacée de quelque calamité, et tous les veaux noirs sont détruits. Le bétail de Burton-Constable en Yorkshire, actuellement éteint, avait les oreilles, le mufle et l'extrémité de la queue noirs. Bewick cite qu'à Gisburne, aussi dans le Yorkshire, les animaux avaient quelquefois le mufle foncé, et seulement l'intérieur des oreilles brun; ailleurs on les indique comme bas de taille et sans cornes [50].

Les quelques différences dans le bétail des parcs, que nous venons d'indiquer, méritent d'être signalées parce que si légères qu'elles soient, elles montrent que les animaux vivant presque à l'état de nature, soumis à des conditions extérieures à peu près uniformes, mais ne pouvant errer librement et se croiser avec d'autres troupeaux, ne restent pas aussi semblables que les animaux réellement sauvages. Pour leur conserver un caractère uniforme, même dans un parc limité, on voit qu'un certain degré de sélection, c'est-à-dire ici, — la destruction des veaux de couleur foncée — est nécessaire.

Dans tous les parcs, le bétail est blanc; mais vu l'apparition occasionnelle de veaux de coloration foncée, il est peut-être douteux que la couleur du *Bos primigenius* primitif ait été le blanc. Toutefois les faits suivants semblent montrer qu'il y a chez le bétail sauvage ou rendu à la liberté, une tendance prononcée quoique pas absolue, à revenir au

---

50. Je suis redevable au comte actuel de Tankerville des renseignements sur son bétail sauvage, ainsi que sur le crâne envoyé au prof. Rütimeyer. — Le rapport le plus complet sur le bétail de Chillingham est de M. Hindmarsh, accompagné d'une lettre du dernier lord Tankerville dans *Ann. and Mag. of nat. Hist.*, vol. II, 1839, p. 274. — Bewick, *Quadrupeds*, 2e édit. 1791, p. 35, note. — Pour le bétail du duc de Queensberry, voir Pennant, *Tour in Scotland*, p. 109. — Pour celui de Chartley, Low, *Domesticated Animals of Britain*, 1845, p. 238. — Pour Gisburne, voir Berwick, *Quadrupeds*, et *Encyc. of rural Sports*, p. 101.

blanc avec les oreilles colorées, et cela dans les conditions les plus variées. Si on peut se fier aux vieux auteurs Boethius et Leslie[51], le bétail sauvage de l'Écosse était blanc et pourvu d'une forte crinière, mais la couleur des oreilles n'est pas indiquée. Une forêt primitive s'étendait autrefois à travers tout le pays depuis Chillingham à Hamilton, et sir Walter Scott regardait le bétail conservé dans ces deux parcs, aux deux extrémités de la forêt, comme un reste de ses habitants primitifs, ce qui nous paraît certainement très-probable. Dans le pays de Galles[52], au xe siècle, on a décrit le bétail comme étant blanc à oreilles rouges. Quatre cents têtes de bétail ainsi coloré furent envoyées au roi Jean, et un document ancien raconte le fait que cent têtes de bétail à oreilles rouges, ayant été exigées comme compensation pour une offense, il fut stipulé que si le bétail était de couleur foncée ou noire, on aurait à en livrer cent cinquante. Le bétail noir du pays de Galles paraît appartenir, comme nous l'avons vu, au petit type *longifrons*; et comme l'alternative offerte était entre cent cinquante têtes de bétail foncé, ou cent têtes de bétail blanc à oreilles rouges, nous pouvons présumer que ces derniers étaient les plus grands, et appartenaient au type *primigenius*. Youatt a remarqué que actuellement, quand les individus de la race à courtes cornes sont blancs, ils ont les extrémités des oreilles plus ou moins teintées de rouge.

Le bétail redevenu sauvage dans les Pampas, le Texas, et dans deux parties de l'Afrique a repris un manteau d'un rouge-brun foncé presque uniforme[53]. Dans les îles Ladrones, sur l'océan Pacifique, d'immenses troupeaux, qui étaient sauvages en 1741, sont décrits comme d'un blanc de lait, à l'exception des oreilles qui sont généralement noires[54]. Les îles Falkland situées très au sud, et où les conditions extérieures sont aussi différentes que possible de celles des Ladrones, offrent un cas

---

51. Boethius est né en 1470. *Ann. and Mag. of nat. Hist.*, vol. II, 1839, p. 281 ; et vol. IV, 1849, p. 421.

52. Youatt, *On Cattle*, 1834, p. 48. — p. 242 sur les courtes cornes. — Bell (*British Quadrupeds*., p. 423) constate qu'après une longue étude du sujet, il a trouvé que le bétail blanc a invariablement les oreilles colorées.

53. Azara, *Quadrup. du Paraguay*, t. II, p. 361. Il cite Buffon pour le bétail marron africain. — Pour le Texas, voir *Times*, févr. 18, 1846.

54. *Voyage*, d'Anson. Voir Kerr et Porter, *Collection*, vol. XII. p. 103.

plus intéressant. Il y a quatre-vingt ou quatre-vingt-dix ans que le bétail y est redevenu sauvage, et dans les parties méridionales, les animaux sont pour la plupart blancs, ayant les pieds, la tête, ou seulement les oreilles, noirs; l'amiral Sulivan[55] à qui je dois ces informations, ne croit pas qu'ils soient jamais complétement blancs. Dans ces deux archipels, nous voyons donc le bétail tendre à devenir blanc avec les oreilles colorées. Dans d'autres parties des îles Falkland, on voit prévaloir d'autres couleurs; près de Port-Pleasant le brun est la teinte commune; autour de Mont-Osborne, dans quelques troupeaux la moitié des individus sont gris de plomb ou souris, teinte qui ailleurs est rare. Ces derniers quoique habitant généralement les lieux élevés, paraissent porter un mois plus tôt que les autres, circonstance qui contribue à les maintenir distincts et à perpétuer leur nuance particulière. Mentionnons en passant que des marques bleues ou plombées se sont quelquefois montrées sur le bétail blanc de Chillingham. Les couleurs des différents troupeaux sauvages dans les diverses régions des îles Falkland sont si nettement distinctes, que l'amiral Sulivan me dit qu'en leur faisant la chasse, on cherchait les taches blanches dans un district, et les taches foncées dans un autre. Dans les localités intermédiaires on rencontre des couleurs également intermédiaires. Quelle qu'en puisse être la cause, la tendance qu'offre le bétail sauvage des îles Falkland, lequel descend tout entier de quelques bœufs importés de la Plata, à se grouper en troupeaux de trois couleurs différentes, constitue un fait intéressant.

Pour en revenir aux races anglaises, chacun connaît les différences frappantes qui existent dans l'apparence générale, entre les courtes cornes, les longues cornes (maintenant rares), les Hereford, le bétail des Highlands, les Alderney, etc. Une grande partie de ces différences sont sans doute dues à la descendance d'espèces primitives distinctes; mais nous pouvons être certains qu'il s'y est ajouté une quantité notable de variations. Déjà pendant la période néolithique, le bétail domestiqué n'était pas identique aux espèces indigènes. La plupart des races ont été plus récemment modifiées par une sélection métho-

---

55. Voir aussi Mackinnon, *Pamphlet on the Falkland islands*, p. 24.

dique et attentive. On peut juger de la puissance de l'hérédité des caractères ainsi acquis, par les prix qu'ont pu atteindre les individus de races améliorées; à la première vente des courtes cornes de Collins, onze taureaux ont été vendus à 214 livres en moyenne, et dernièrement des taureaux courtes cornes ont atteint le prix de 1,000 guinées, et ont été exportés dans toutes les parties du globe.

On peut signaler ici quelques différences constitutionnelles. Les courtes cornes sont beaucoup plus précoces que les races plus sauvages, telles que celles des Highlands et du pays de Galles. Ce fait a été démontré d'une manière intéressante par M. Simonds [56], dans un tableau où il donne la période moyenne de la dentition, et dans lequel on voit qu'il y a une différence de six mois dans le moment de l'apparition des incisives permanentes. D'après les observations de Tessier faites sur 1131 vaches, il peut y avoir entre la durée des plus courtes et des plus longues gestations une différence de quatre-vingt-un jours; et ce qui est plus intéressant, M. Lefour assure que la période de gestation est plus longue dans les grandes races allemandes, que dans les plus petites [57]. Quant à l'époque de la conception, il paraît certain que les vaches d'Alderney et de Zélande conçoivent plus tôt que celles des autres races [58]. Enfin comme un des caractères génériques du genre *Bos* [59] est d'avoir quatre mamelles bien développées, nous devons remarquer que chez nos vaches domestiques les deux mamelles rudimentaires se développent souvent et donnent du lait.

Les races nombreuses ne se trouvant généralement que dans les pays depuis longtemps civilisés, il est bon de montrer que, dans quelques contrées habitées par des populations barbares, souvent en guerre et par suite ne communiquant que peu entre elles, il existe actuellement, ou a autrefois existé, plusieurs races distinctes de bétail. En 1720, Leguat a observé au cap de Bonne-Espérance trois races [60]. D'autres voyageurs ont remarqué depuis les différences de ces races du midi de

---

56. *The age of the Ox, Sheep, Pig, etc.*, par le prof. J. Simonds.

57. *Annales de l'Agriculture, France*, avril 1837. (Je cite les observations de Tessier d'après Youatt, *Cattle*, p. 527.

58. *Veterinary*, vol. VIII, 681, et vol. X, p. 268.—Low, *Domest. Anim. of G. Britain*, p. 297.

59. Ogleby. *Proc. zool. Soc.*, 1836, p. 138, et 1840, p. 4.)

60. Leguat, *Voyage*, cité par Vasey, *Delineations of the Ox tribe*, p. 132.

l'Afrique. Il y a quelques années, Sir A. Smith me fit part de sa surprise de ce que les bestiaux appartenant à plusieurs tribus de Caffres, fussent si différents quoique habitant des contrées si voisines et si semblables, situées sous la même latitude. M. Anderson [61] a décrit le bétail Damara, Bechuana et Namaqua, et m'apprend que le bétail au nord du lac Ngami est encore différent; M. Galton dit qu'il en est de même du bétail de Benguela. Le bétail Namaqua ressemble d'assez près au bétail européen, a les cornes fortes et courtes, et de gros sabots. Celui du Damara est assez singulier, il a l'ossature forte, les jambes grêles et les pieds petits et durs; ses cornes sont extrêmement grandes, et sa queue se termine par une longue touffe de poils qui touche presque à terre. Le bétail Bechuana a les cornes encore plus grandes; un crâne de cette race qui est à Londres, mesure, d'une extrémité à l'autre des deux cornes, 8 pieds 8 pouces et quart, et 13 pieds 5 pouces en les mesurant suivant leur courbure. M. Anderson me dit dans sa lettre que sans vouloir entrer dans la description des différences qui existent entre les races appartenant aux nombreuses sous-tribus, elles n'en sont pas moins réelles, et très-facilement distinguées par les indigènes.

Nous pouvons conclure que, outre la descendance d'espèces distinctes, bien des races bovines doivent leur origine à la variation, par ce que nous voyons dans l'Amérique du Sud, où le genre *Bos* n'était pas indigène, et où le bétail, actuellement si abondant, descend de quelques individus importés d'Espagne et de Portugal. En Colombie, Roulin décrit deux races particulières [62]; les *pelones*, qui ont un poil très-fin et rare, et les *calongos*, qui sont absolument nus. D'après Castelnau, il y a au Brésil deux races, l'une semblable au bétail européen, l'autre différente pourvue de cornes remarquables. Au Paraguay, Azara en décrit une qui a certainement pris naissance en Amérique, où elle est appelée *chivos*, à cause de ses cornes verticales, étroites, coniques et très-larges à la base. Il en décrit encore une à Corrientes, race naine à membres courts et corps plus grand qu'à l'ordinaire. Le Paraguay a

61. *Travels in South-Africa*, p. 317, 336.
62. *Mém. d. Soc. étrang.* VI, 1835, p. 333 — Pour le Brésil, voir *Comptes rendus*, juin 1846. — Azara, *O. C.*, II, p. 359, 361.

aussi produit du bétail sans cornes, et d'autres ayant le poil renversé.

Une race monstrueuse, nommée *niatas* ou *natas*, dont j'ai pu observer deux petits troupeaux sur la rive nord du fleuve la Plata, est assez curieuse pour être plus complétement décrite. Cette race est aux autres races de bétail ce que les boule-dogues ou les mopses sont aux autres chiens, ou, d'après Na-thusius, ce que les porcs améliorés sont aux races communes [63]; Rütimeyer rattache ce bétail au type *primigenius* [64]. Le front est court et large, l'extrémité nasale du crâne, ainsi que le plan entier des molaires supérieures sont recourbés en dessus. La mâchoire inférieure se prolonge au delà de la supérieure, et présente la même courbure qu'elle. Il est intéressant de con-stater qu'une conformation presque semblable caractérise, à ce que m'apprend le Dr Falconer, le sivathérium de l'Inde, animal gigantesque et éteint : rien de semblable n'existe chez aucun autre ruminant. La lèvre supérieure est fortement retirée en arrière, les narines largement ouvertes sont placées très-haut, les yeux se projettent en dehors, et les cornes sont grandes. Ils ont le cou court et portent la tête basse en marchant. Com-parés aux membres de devant, ceux de derrière paraissent être plus longs que d'ordinaire. Leurs incisives découvertes, leur tête courte et leurs narines retroussées donnent à ces animaux un air suffisant et fanfaron des plus comiques. Le professeur Owen a ainsi décrit le crâne que j'ai présenté au collége des chirurgiens [65] : « Il est remarquable par le rabougrissement des os nasaux, des maxillaires supérieurs, et de l'extrémité de la mâchoire inférieure, qui se recourbe en dessus pour arriver au contact des maxillaires supérieurs. Les os nasaux n'ont que le tiers de la longueur ordinaire, mais conservent presque la largeur normale. Le vide triangulaire se trouve entre ces os,

---

63. *Schweineschädel*, 1861, p. 104. Nathusius constate que la forme crânienne caracté-ristique de la race niata apparaît parfois dans le bétail européen, mais il est dans l'erreur, comme nous le verrons plus tard, en supposant que ce bétail ne constitue pas une race distincte. Le professeur Wyman de Cambridge, États-Unis, m'apprend que la morue com-mune présente une monstruosité analogue, que les pêcheurs nomment « morue bouledogue ». Le même, après bien des informations prises à la Plata, constate que la race niata transmet bien ses particularités, et forme bien une race.

64. *Ueber Arten des zahmen Europ. Rindes*, 1866, p. 28.

65. *Descriptive Catal. of Ost. collect. of College of Surgeons*, 1853, p. 624. — Vasey dans *Delineations of the Ox tribe*, a donné une figure de ce crâne, dont j'ai envoyé une photo-graphie au professeur Rütimeyer.

les frontaux et les lacrymaux, et ces derniers s'articulant avec les maxillaires, il ne peut ainsi y avoir de contact entre ces os et les nasaux. » La connexion de quelques os se trouve donc ainsi changée. On peut signaler encore d'autres différences; ainsi le plan des condyles est quelque peu modifié, et le bord terminal des maxillaires supérieurs forme un arc. En fait, comparé au crâne d'un bœuf ordinaire, presque pas un os ne présente la même forme, et le crâne entier a une apparence tout à fait différente.

C'est Azara qui a publié la première courte notice sur cette race, de 1783-96. Don F. Muniz, de Luxan, qui a pris pour moi des renseignements sur ce sujet, m'apprend qu'en 1760, on gardait à Buenos-Ayres ces animaux comme curiosité. On ignore leur origine exacte, mais elle doit être postérieure à 1552, époque de la première introduction du bétail. Le señor Muniz m'informe qu'on croit que cette race a pris naissance chez les Indiens du sud de la Plata. Ceux élevés près de la rivière de la Plata témoignent d'une nature moins civilisée par plus de sauvagerie, et la vache abandonne souvent son premier veau, si on la visite trop souvent. La race est bien constante, et taureau et vache niatas produisent invariablement un veau niata; elle dure déjà depuis au moins un siècle. Les croisements d'une vache ordinaire avec un taureau niata, ou l'inverse, donnent des produits offrant des caractères intermédiaires, mais ceux de la race niata sont fortement accusés. D'après le señor Muniz, il est très-évidemment prouvé, contrairement à l'opinion ordinaire des agriculteurs en pareil cas, que la vache niata croisée avec le taureau commun, transmet ses caractères spéciaux plus fortement que ne le fait le taureau niata croisé avec la vache commune. Quand l'herbe est longue, ces animaux mangent comme le bétail ordinaire au moyen de la langue et du palais; mais pendant les longues périodes de sécheresse, alors que tant d'animaux périssent dans les Pampas, la race niata se trouve dans une position très-désavantageuse, et finirait par s'éteindre, si on ne venait à son aide: en effet, le bétail ordinaire et les chevaux peuvent encore se maintenir en vie, en broutant du bout des lèvres les branchilles des arbres: ceci étant impossible aux niatas dont les lèvres ne se joignent pas, ils sont donc condamnés à périr avant le bétail ordinaire. Ce fait me frappe comme un exemple propre à montrer combien peu nous pouvons juger, d'après les habitudes ordinaires d'un animal, des circonstances accidentelles ou survenant par intervalles dont peuvent dépendre sa rareté ou son extinction. Il nous montre encore comment la sélection naturelle aurait déterminé la destruction de la modification niata, si elle s'était produite à l'état de nature.

Après cette description de la race semi-monstrueuse des niatas, je dois signaler le cas d'un taureau blanc, amené, dit-on, d'Afrique, qui fut exposé à Londres en 1829, et dont M. Harvey a donné de bonnes figures [66]. Il avait une bosse et une crinière. Son fanon était singulier et se partageait entre les jambes de devant en divisions ou plis parallèles. Chaque année ses sabots latéraux tombaient après avoir atteint une longueur de cinq à six pouces. L'œil très-saillant, ressemblait à une tasse et une boule, permettant ainsi à l'animal de regarder de tous les côtés avec facilité; la pupille était petite et ovale, ou figurait plutôt un parallélogramme à angles abattus et placé en travers du globe oculaire. Une race nouvelle et bizarre eût pu être probablement formée par une sélection attentive appliquée à la progéniture de cet animal.

J'ai souvent réfléchi sur les causes probables qui ont fait que chaque district séparé de la Grande-Bretagne a eu autrefois sa race particulière de bétail; mais la question est peut-être plus embarrassante pour le cas de l'Afrique du Sud. Nous savons que les différences peuvent être attribuées en partie à une descendance d'espèces distinctes, mais cela ne suffit pas. Est-ce que les légères différences dans le climat et la nature des pâturages des différentes régions de l'Angleterre, ont directement entraîné des différences correspondantes dans le bétail? Nous avons vu que le bétail demi-sauvage des différents parcs n'est pas identique de couleur ni de taille, et que pour le conserver intact, il a fallu faire intervenir un certain degré de sélection. Il est à peu près certain qu'une nourriture abondante, continuée pendant beaucoup de générations affecte directement la taille d'une race [67]. L'action du climat

____

66. *London Mag. of nat. Hist.*, vol. 1, 1829, p. 113. Il donne des figures séparées de l'animal, de ses sabots, de l'œil et du fanon.

67. Low, *Domesticated Animals of British Isles*, p. 261.

sur l'épaisseur de la peau et des poils est également certaine ;
ainsi Roulin assure[68] que dans les Llanos chaudes, les peaux
du bétail sauvage sont toujours plus légères que celles des
animaux élevés sur le haut plateau de Bogota, et que celles-ci
sont encore moins pesantes et moins fournies de poils que celles
du bétail redevenu sauvage dans les hauteurs des Paramos.
On a observé la même différence entre les peaux des bestiaux
élevés dans les froides îles Falkland, ou dans les Pampas tempérés. D'après Low[69], le bétail habitant les parties les plus
humides de l'Angleterre a le poil plus long et le cuir plus
épais ; et le poil et les cornes sont tellement en corrélation
réciproque que, comme nous le verrons par la suite, ils
varient ensemble, de sorte que le climat peut affecter indirectement par la peau, la forme et les dimensions des cornes. Comparant le bétail très-amélioré de nos étables aux races plus
sauvages, ou comparant les races des montagnes à celles des
plaines, il est évident qu'une vie active, nécessitant le libre
usage et l'exercice des membres et des poumons, doit affecter
les formes et les proportions du corps entier. Il est probable
que quelques races, telles que la demi-monstrueuse race des
niatas, et quelques particularités, telles que l'absence de cornes, etc., ont dû surgir subitement de ce que nous pouvons
appeler une variation spontanée ; mais même dans ce cas une
espèce de sélection grossière et une séparation partielle des
animaux ainsi caractérisés ont dû intervenir. Cette espèce de
précaution paraît avoir été prise même dans des endroits peu
civilisés, et où on devait le moins s'y attendre ; dans les cas
par exemple des niatas, des chivos, et du bétail sans cornes
de l'Amérique du Sud.

Personne ne met en doute les merveilles opérées récemment pour l'amélioration de nos races, par la sélection méthodique. Pendant le cours de son application, il s'est parfois présenté des déviations de structure plus prononcées que ne le sont
de simples différences individuelles, sans cependant mériter
la qualification de monstruosités, et dont on a profité : ainsi le
fameux taureau à longues cornes, Shakespeare, quoique de

68. *Mém. de l'Institut; Savants étrangers*, t. VI, 1835, p. 332.
69. *O. C.*, p. 304, 368.

souche Canley pure, n'a hérité de presque aucun autre trait de
la race à longues cornes, que ses cornes ; et cependant ce taureau, entre les mains de M. Fowler, a grandement amélioré sa
race. Nous avons des raisons de croire que la sélection, bien
qu'exercée involontairement et sans aucune intention arrêtée
d'améliorer ou de changer les races, a dans le cours des temps
modifié la plupart de nos bestiaux, et que c'est par ce moyen,
aidé par une augmentation de nourriture, que toutes les races
anglaises des terrains bas ont considérablement augmenté de
taille et gagné en précocité depuis le règne de Henri VII[70]. Il
ne faut pas oublier que chaque année on abat un grand nombre d'animaux, et que chaque éleveur a constamment à déterminer ceux qu'il tuera et ceux qu'il conservera pour la reproduction. Dans chaque endroit, selon la remarque de Youatt, il
y a un préjugé en faveur de la race locale, de sorte que les
animaux possédant les qualités, quelles qu'elles soient, les plus
estimées dans chaque district, seront les plus souvent conservés, et cette sélection non méthodique n'en affectera pas
moins certainement, pendant une série de générations un peu
prolongée, les caractères de la race entière. Mais, dira-t-on
peut-être, une sélection même aussi grossière a-t-elle pu être
pratiquée par des barbares comme le sont les habitants du sud
de l'Afrique? Nous verrons, dans le chapitre sur la sélection,
que cela a certainement eu lieu jusqu'à un certain point. En
conséquence, quant à l'origine des nombreuses races de bétail
qui ont habité autrefois les différentes parties de l'Angleterre,
je conclus que, bien qu'une foule de circonstances, telles que
de légères différences dans la nature du climat, de la nourriture, des changements de conditions et d'habitudes, la corrélation de croissance, l'apparition incidente de causes inconnues
de déviations de structure; bien que toutes ces circonstances
aient probablement joué un certain rôle, cependant la conservation occasionnelle, dans chaque localité, des individus les
plus estimés par leurs propriétaires, est peut-être ce qui doit
avoir le plus contribué à la production des diverses races britanniques. Dès que, dans un district, il se sera formé une ou
deux races, ou qu'il s'y sera introduit des races nouvelles des-

70. Youatt, *On Cattle*, p. 116. — Lord Spencer a écrit sur ce même sujet.

cendant d'espèces distinctes, leurs croisements réciproques, surtout aidés par la sélection, auront multiplié le nombre et modifié les caractères des races plus anciennes.

MOUTONS.

Je traiterai ce sujet brièvement. La plupart des auteurs regardent nos moutons domestiques comme provenant de plusieurs espèces distinctes, mais on n'est pas fixé sur le nombre de celles qui existent encore. M. Blyth admet dans le monde entier quatorze espèces, dont l'une, le mouflon corse, lui paraît être l'ancêtre des formes plus petites, à queue courte, à cornes en forme de croissant, tels que les anciens moutons des Highlands. Les races plus grandes, à longue queue, à cornes à double courbure, telles que les Dorset, mérinos, etc., doivent, selon le même auteur, provenir d'une espèce inconnue éteinte. M. Gervais établit six espèces de moutons [71], mais conclut que notre mouton domestique forme un genre distinct actuellement éteint. Un naturaliste allemand [72] croit que nos moutons descendent de dix espèces primitives distinctes, dont une seule est encore vivante à l'état sauvage. Un autre observateur ingénieux [73], mais pas naturaliste, au mépris de toutes nos connaissances sur la distribution géographique, conclut à la provenance de nos moutons britanniques de onze formes indigènes. En face d'une incertitude pareille, il devient inutile de décrire les différentes races en détail, et je n'ajouterai que quelques remarques à leur sujet.

Le mouton a été domestiqué depuis une époque très-reculée. Rütimeyer [74] a trouvé dans les habitations lacustres de la Suisse, les restes d'une petite race à jambes hautes et grêles, à cornes semblables à celles de la chèvre, et qui diffère quelque peu de toutes les races actuellement connues. Presque chaque pays a sa propre race, et plusieurs en ont un certain

71. Blyth sur le genre *Ovis*, *Ann. and Mag. of nat. Hist.*, vol. VII, 1841, p 261. — Pour la parenté des races, voir les articles de Blyth dans *Land and Water*, 1867. p. 134 136 — Gervais, *Hist nat. des Mammifères*, 1855, t. II, p. 191.

72. D. L. Fitzinger, *Ueber die Racen des zahmen Schafes*, 1860, p. 86.

73. J. Anderson, *Recreations in Agricult. and nat. Hist.*, vol. II, p. 164.

74. *Pfahlbauten*, p. 127, 193.

nombre très-différentes les unes des autres. Une des plus fortement caractérisées est une race orientale à queue longue, pourvue, d'après Pallas, de vingt vertèbres, et si chargée de graisse que, pour l'empêcher de traîner par terre, on la place sur un chariot que l'animal tire après lui. Ces moutons, que Fitzinger regarde comme une forme primitive, paraissent porter dans leurs oreilles pendantes le cachet d'une domestication prolongée. Il en est de même pour les moutons qui portent sur le croupion deux grosses masses de graisse et ont une queue rudimentaire. La variété angola de la race à longue queue a des paquets de graisse remarquables sur le derrière de la tête et sous les mâchoires [75]. Dans un excellent travail sur les moutons de l'Himalaya, M. Hodgson [76] conclut d'après la distribution des diverses races, que cette augmentation caudale, dans la plupart de ses phases, est un cas de dégénérescence chez ces animaux éminemment alpestres. Les cornes présentent des variations infinies, elles manquent assez souvent, surtout dans le sexe féminin; dans d'autres cas, au contraire, on les trouve au nombre de quatre ou même de huit. Les cornes, quand elles sont nombreuses, surgissent d'une crête de l'os frontal, qui est relevé d'une façon particulière. La multiplicité des cornes est généralement accompagnée d'une toison longue et grossière [77]; cette corrélation n'est cependant pas invariable, car j'apprends de M. D. Forbes que les moutons espagnols du Chili ressemblent par leur toison et tous leurs autres caractères à leur race parente mérinos, à cela près qu'ils ont quatre cornes au lieu de deux. L'existence d'une paire de mamelles est un caractère générique du genre *Ovis*, ainsi que des formes voisines; cependant M. Hodgson a remarqué que ce caractère n'est pas absolument constant, même chez les vrais moutons, car il a une fois rencontré chez des cagias (race domestique du pied de l'Himalaya) des individus portant quatre tetines [78]. Ce cas est d'autant plus remarquable que, lorsqu'un organe ou une partie, comparés aux mêmes organes ou parties dans les groupes voisins, se trouvent en nombre ré-

75. Youatt, *Sheep*, p. 120.
76. *Journ. of the Asiat. Soc. of Bengal*, vol. XVI, p. 1007, 1016.
77. Youatt, *O. C.*, p. 142-169.
78. *Journ. Asiat. Soc. of Bengal*, vol. XVI, 1847, p. 1015.

duit, ils sont généralement peu sujets à varier. On a regardé
aussi la présence de poches interdigitales comme un caractère
générique du mouton, mais I. Geoffroy [79] a montré que ces
poches manquent dans quelques races.

On remarque chez les moutons que les caractères acquis
apparemment sous l'action de la domestication, présentent une
forte tendance à se fixer exclusivement sur le sexe mâle, ou au
moins à se développer beaucoup plus dans ce sexe que dans
l'autre. Ainsi, dans beaucoup de races, les cornes manquent
chez les brebis, ce qui arrive aussi parfois à la femelle du
mouflon sauvage. Chez les béliers de la race valaque, les cornes
s'élancent presque perpendiculairement de l'os frontal et prennent ensuite une magnifique forme spirale; dans les brebis,
elles sortent de la tête presque à angle droit et se tordent ensuite
d'une singulière manière [80]. M. Hodgson constate que le chan-
frein fortement arqué qui se développe à un degré si remarquable chez quelques races étrangères caractérise surtout le
bélier, et est apparemment un effet de domestication [81]. M. Blyth
m'apprend que dans les plaines de l'Inde, et chez les races à
grosse queue, l'accumulation de la graisse dans cet organe est
beaucoup plus considérable dans le mâle que dans la femelle,
et Fitzinger [82] fait remarquer que dans la race africaine à crinière, celle-ci est beaucoup plus développée chez le bélier
que chez la brebis.

Comme dans le gros bétail, les diverses races de moutons
présentent des différences constitutionnelles. Ainsi les races
améliorées arrivent plus tôt à maturité, ce qu'a bien montré
M. Simonds, d'après l'époque moyenne de la dentition. Les
diverses races se sont adaptées à différentes natures de pâturages et de climats; ainsi il est impossible d'élever des moutons
Leicester dans les régions montagneuses où réussissent les
Cheviot. Ainsi que le fait remarquer Youatt, dans toutes les
différentes localités de l'Angleterre, nous trouvons diverses
races de moutons admirablement adaptées à l'endroit qu'elles
occupent. On ne connaît pas leur origine, elles appartiennent

---

79. *Hist. nat. gen.*, t. III, p. 135.
80. Youatt, *O. C.*, p. 138.
81. *O. C.*, 1847, XVI, p. 1015, 1016.
82. *O. C.*, p. 77.

au sol, climat, pâturage, et au terrain qu'elles broutent; elles semblent avoir été formées pour lui et par lui[83]. Marshall[84] raconte que dans un troupeau composé de lourds moutons du Lincolnshire et de légers Norfolk, élevés ensemble dans un grand pâturage dont une partie était basse, humide et riche, et l'autre haute et sèche, les animaux se séparaient régulièrement les uns des autres, les gros moutons restant dans la partie basse, et les légers dans l'autre, de sorte que tant qu'il y avait de l'herbe en abondance, les deux races se maintenaient aussi distinctes que des pigeons et des corbeaux. On a, depuis de longues années, apporté de différentes parties du globe beaucoup de moutons au jardin zoologique de Londres, et Youatt, qui les a suivis comme vétérinaire, a remarqué qu'il n'en meurt que peu ou point de la pourriture, mais qu'ils deviennent phthisiques; pas un d'eux venant d'un climat torride ne passe la deuxième année, et quand ils périssent, leurs poumons sont tuberculeux[85]. Même dans certaines parties de l'Angleterre, il a été reconnu impossible de conserver certaines races de moutons: ainsi dans une ferme sur les bords de l'Ouse, les moutons Leicester furent si rapidement détruits par la pleurésie[86], que le propriétaire ne put les garder; les moutons à peau plus grossière n'en étaient aucunement atteints.

On regardait autrefois la durée de la gestation comme un caractère si invariable, qu'une différence supposée entre celle du loup et du chien fut regardée comme le signe certain d'une distinction spécifique entre ces deux formes; mais nous avons vu que cette durée est moindre chez les races améliorées du porc et dans les grandes races bovines, que chez toutes les autres formes de ces deux animaux. Nous savons maintenant par Nathusius[87], que les moutons mérinos et Southdown, ayant été observés longtemps dans des conditions exactement semblables, offrent dans la durée moyenne de leurs périodes de gestation les différences signalées dans le tableau suivant:

83. *Rural Economy of Norfolk*, v. II, p. 136.

84. Youatt, *On Sheep*, p. 312. — Sur le même sujet, voir *Gardeners Chronicle*, 1858, p. 868. — *Essais de croisements entre moutons Cheviot et Leicester*, Youatt, p. 325.

85. Youatt, *O. C.*, p. 491.

86. *The Veterinary*, v. X, p. 217.

87. Traduit dans *Bull. Soc. imp. d'acclimatation*, t. IX, 1862, p. 723.

Mérinos. . . . . 150.3 jours.
Southdowns . . . . 144.2 »
Métis, mérinos et Southdowns. . . . . 146.3 »
Trois-quarts Southdowns. . . . . 145.5 »
Sept-huitièmes   »   . . . . 144.2 »

On peut voir, par la différence graduée dans les animaux ayant diverses proportions de sang Southdown, combien les deux durées de la gestation se transmettent exactement. Nathusius remarque que les Southdowns, croissant avec une rapidité étonnante dès la naissance, il n'est pas surprenant que leur développement fœtal soit un peu abrégé. Il est possible que la différence entre ces deux races puisse être due à leur provenance d'espèces parentes distinctes, mais la précocité des Southdowns ayant depuis longtemps été l'objet de l'attention des éleveurs, la différence est bien plus probablement le résultat de leurs soins. Enfin, la fécondité des diverses races varie beaucoup; quelques-unes produisent généralement deux ou même trois petits par portée; les moutons Shangaï, récemment exposés au jardin zoologique de Londres, si curieux par leurs oreilles tronquées et rudimentaires, et leur grand museau romain, en sont un remarquable exemple.

Plus que tout autre animal domestique, le mouton est très-promptement affecté par l'action directe des conditions extérieures auxquelles il est exposé. D'après Pallas, et plus récemment d'après Erman, le mouton Kirghise, dont la queue est si chargée de graisse, dégénère au bout de quelques générations en Russie; la masse de graisse diminue graduellement, tant les herbages maigres et amers des steppes paraissent nécessaires à son développement. Pallas fait la même constatation à propos d'une des races de Crimée. Burnes dit que la race Karakool, qui produit une toison noire, fine, frisée et de grande valeur, la perd lorsqu'on la déplace de sa localité près de Bokhara, pour la transporter en Perse ou ailleurs[88]. Dans ces cas toutefois, il se peut qu'un changement quelconque dans les conditions extérieures, puisse causer la variabilité et par

---

88. Erman's *Travels in Siberia*, vol. I, p. 228. — Je cite Pallas d'après Anderson (*Sheep. of Russia*, 1794, p. 34). Pour les moutons de Crimée, voir Pallas, *Voyages*, vol. II, p. 154, trad. angl. — Pour les moutons de Karakool, voir Burnes, *Travels in Bokara*, vol. III, p. 151.

conséquent la perte de certains caractères, et non que certaines conditions soient nécessaires pour le développement de ces caractères.

L'élévation de température semble agir directement sur la laine ; on a publié plusieurs rapports sur les changements que subissent, dans les Indes occidentales, les moutons importés d'Europe. Le Dr Nicholson d'Antigua m'apprend, qu'après la troisième génération, la laine disparaît de tout le corps, à l'exception des reins ; l'animal offre alors l'aspect d'une chèvre couverte d'un paillasson sale. Un changement analogue a lieu sur la côte occidentale d'Afrique [89]. D'autre part, dans les plaines chaudes de l'Inde, il existe beaucoup de moutons laineux. Dans les vallées basses et chaudes des Cordillères, d'après Roulin, si on tond les agneaux aussitôt que la laine a atteint une certaine épaisseur, tout continue comme à l'ordinaire, mais si on ne les tond pas, la laine se détache par flocons, et elle est remplacée d'une manière constante par un poil court et brillant, semblable à celui de la chèvre. Ce résultat curieux paraît être l'exagération d'une tendance naturelle à la race mérinos ; car, comme le remarque lord Somerville, une autorité dans la matière, la laine de nos mérinos devient, après la tonte, si dure et si grossière, qu'il serait presque impossible de supposer que le même animal pût produire une laine d'une qualité si complétement opposée à celle qu'on vient de lui enlever ; mais à mesure que le froid s'avance, les toisons récupèrent leur douceur. Dans les moutons de toutes races, la toison consistant en poils plus longs et plus grossiers qui recouvrent une laine plus courte et plus douce, le changement qu'elle éprouve souvent dans les climats chauds, n'est probablement qu'un fait d'inégal développement, car même chez les moutons qui, comme les chèvres, sont couverts de poils, on peut toujours trouver un peu de laine sous-jacente [90]. Le mouton de montagne sauvage de l'Amérique du

89. Voir le *Rapport des Directeurs de la Comp. de Sierra Leone*, cité dans White's *Gradation of Man*, p. 95. — Pour les changements qu'éprouvent les moutons dans les Indes occidentales, voir Dr Davy, *Edinburgh new philos. Journal*, janv. 1852. — Pour l'assertion de Roulin, voir *Mem. des Savants étrangers*, t. VI, p. 317.

90. Youatt, *On Sheep*, p. 69, où lord Somerville est cité. Voir p. 117, sur la présence de la laine sous le poil. Toisons des moutons australiens, p. 185. — Sur la sélection comme contrariant la tendance au changement, p. 70, 117, 120, 168.

Nord, (*Ovis montana*), subit un changement de toison analogue : la laine commence à tomber au premier printemps, laissant à sa place une couche de poils semblables à ceux de l'élan ; ce changement de pelage est tout à fait différent de l'épaississement de la peau et du poil qui a lieu ordinairement en hiver chez presque tous les animaux velus, tels que le cheval, le bœuf, etc., lesquels se dépouillent de leur robe hibernale au commencement du printemps [91].

Une légère modification dans le climat ou la nourriture affecte quelquefois légèrement la toison, ce qui a été souvent observé dans différentes parties de l'Angleterre, et ce que prouve bien la grande douceur des laines importées d'Australie. Mais il faut remarquer, ainsi que Youatt le répète avec insistance, qu'on peut généralement contrebalancer par une sélection attentive cette tendance à la variation. M. Lasterye, après avoir discuté ce sujet, le résume comme suit : « La conservation de la race mérinos dans sa plus grande pureté, au cap de Bonne-Espérance, dans les marécages de la Hollande, et sous le climat rigoureux de la Suède, viennent à l'appui de mon principe invariable, qu'on pourra conserver les moutons à laine fine partout où il existera des hommes industrieux et des éleveurs intelligents. »

Personne, ayant connaissance du sujet, ne peut mettre en doute que la sélection méthodique n'ait apporté de grands changements aux différentes races de moutons. La race des Southdowns, améliorée par Ellman, en est un des plus frappants exemples. La sélection inconsciente ou occasionnelle a également produit lentement des effets considérables, ainsi que nous le verrons dans les chapitres où nous traiterons de la sélection. Le croisement a largement modifié quelques races, cela est incontestable ; mais, comme le dit M. Spooner, « pour produire l'uniformité dans une race croisée, une sélection très-soigneuse et une épuration rigoureuse sont indispensables [92]. »

Dans quelques cas, on a vu paraître subitement de nouvelles races ; ainsi, en 1791, il naquit au Massachusetts un agneau mâle avec les jambes courtes et tordues, et le dos

91. Audubon et Bachman, *Quadrupeds of North-America.* 1846, vol. V, p. 365.
92. *Journal of R. Agricult. Soc. of England*, vol. XX, p. 2 ; W. C. Spooner, sur les croisements.

allongé, comme un basset. C'est avec cet unique animal que
fût créée la race semi-monstrueuse des moutons *loutres* ou
ancons : ces moutons ne pouvant franchir les clôtures, on
pensa qu'il y aurait quelque avantage à les élever ; mais ils
ont été remplacés par les mérinos et ont ainsi disparu. Ces
moutons transmettaient leurs caractères avec une certitude si
parfaite que le colonel Humphrey [93] dit n'avoir jamais eu connaissance d'un seul cas où un bélier et une brebis ancon n'aient
pas produit des agneaux ancons. Croisés avec d'autres races,
les produits, au lieu d'être intermédiaires, ressemblaient toujours, à de rares exceptions près, à l'un ou l'autre des parents,
et ceci s'est présenté même dans les cas de jumeaux. Enfin,
mélangés dans les enclos avec d'autres moutons, les ancons se
séparaient du reste du troupeau pour faire bande à part.

Un cas plus intéressant enregistré dans le rapport du jury
pour la grande exposition de 1851, est celui d'un agneau
mâle mérinos de la ferme de Mauchamp, né en 1828, et remarquable par une laine longue, droite, lisse et soyeuse. En
1833, M. Graux avait élevé assez de béliers pour le service
de son troupeau entier, et put, quelques années après, vendre
des reproducteurs de sa nouvelle race. La laine en est si particulière et estimée, qu'elle se vend 25 pour cent au-dessus des
prix des meilleures laines mérinos : les toisons, même des
individus demi-sang, sont très-estimées et sont connues en
France sous le nom de Mauchamp-mérinos. Il est intéressant
de constater, comme montrant que généralement toute déviation marquée de la conformation est accompagnée d'autres
déviations, que le premier bélier et ses descendants étaient
de petite taille, avaient de grosses têtes, de longs cous, le
poitrail étroit, et les flancs allongés ; mais ces défauts ont été
corrigés par une sélection soignée et des croisements judicieux.
La longue laine douce était aussi en corrélation avec les cornes
lisses, corrélation dont nous pouvons comprendre la signification, puisque les poils et les cornes sont des formations
homologues. Si les races ancon et Mauchamp avaient apparu
il y a un ou deux siècles, nous n'aurions aucun document
sur leur origine, et cette dernière surtout eût sans aucun

93. *Philos. Transactions*, London, 1813, p. 88.

doute été regardée par plus d'un naturaliste comme la descendance de quelque forme primitive inconnue, ou au moins comme le produit d'un croisement avec cette forme.

CHÈVRES.

D'après les recherches récentes de M. Brandt, la plupart des naturalistes admettent que toutes nos chèvres descendent du *Capra ægagrus* des montagnes de l'Asie, peut-être mélangé avec une espèce voisine de l'Inde, le *C. Falconeri* [94]. Pendant la période de pierre en Suisse, la chèvre domestique était plus abondante que le mouton, et cette race fort ancienne ne différait sur aucun point de celle qui existe aujourd'hui dans le pays [95]. Les races nombreuses qu'on rencontre actuellement dans diverses parties du globe, diffèrent beaucoup entre elles [96], et autant qu'on a pu en faire l'essai, sont fertiles dans leurs croisements réciproques. Les races sont si variées, que M. Clark [97] en a décrit huit formes distinctes importées dans l'île de Maurice seule. Une d'elles a des oreilles énormes, mesurant, d'après M. Clark, 19 pouces de long, sur 4 3/4 de large. De même que pour l'espèce bovine, les mamelles des races qu'on trait régulièrement se développent beaucoup, et, selon M. Clark, il n'est pas rare d'en voir dont les tetines touchent le sol. Voici quelques cas présentant des faits marquants de variation. D'après Godron [98], les mamelles diffèrent considérablement par la forme, suivant les races ; elles sont allongées dans la chèvre commune, hémisphériques dans la race angora, bilobées et divergentes dans les chèvres de Syrie et de Nubie. D'après le même auteur, les mâles de certaines

94. Isid. Geoff. Saint-Hilaire, *Hist. nat. gen.*, t. III, p. 87. — M. Blyth, *Land and Water* 1867, p. 37, est arrivé à la même conclusion, mais pense que certaines races orientales sont peut-être en partie descendues d'une forme asiatique.

95. Rütimeyer, *Pfahlbauten*, p. 127.

96. Godron, *De l'Espèce*, t. 1, p. 402.

97. *Ann. and Mag. of natural History*, vol. 11 (2e série), 1848, p. 363.

98. *De l'Espèce*, t. 1, p. 406. — M. Clark signale aussi des différences dans la forme des mamelles. Godron constate que dans la race nubienne le scrotum est divisé en deux lobes ; M. Clark en donne une preuve comique, car il a vu à Maurice un bouc de la race muscate acheté à un haut prix pour une chèvre en pleine lactation. Ces différences dans le scrotum ne sont probablement pas dues à une provenance d'espèces distinctes, car M. Clark a constaté une grande variation de forme dans ces organes.

races ont perdu leur odeur désagréable ordinaire. Dans une des races indiennes, les mâles et les femelles ont des cornes de formes très-différentes [99], et dans quelques autres les femelles en sont dépourvues [100]. On a cru que la présence de poches interdigitales caractérisait le genre *Ovis*, et leur absence, le genre *Capra*; mais M. Hodgson les a observées sur les pattes de devant de la plupart des chèvres himalayennes [101]. Le même auteur a mesuré les intestins de deux chèvres de la race Dùgù, et a trouvé une assez grande différence dans la longueur proportionnelle du petit et du gros intestin. Dans l'une le cœcum mesurait 13 pouces, dans l'autre, pas moins de 36 pouces de longueur.

99. M. Clark, *Ann. and Mag. of nat. Hist.*, vol. II (2ᵉ série), 1848, p. 361.
100. Desmarest, *Enc. method. mammalogie*, p. 480.
101. *Journal of Asiatic Soc. of Bengal*, vol. XVI, 1847, p. 1020, 1025.

CHAPITRE IV.

LAPINS DOMESTIQUES.

Descendance du lapin domestique du lapin commun sauvage. — Domestication ancienne. — Sélection ancienne. — Lapins à oreilles pendantes. — Races diverses. — Fluctuation des caractères. — Origine de la race himalayenne. — Cas curieux d'hérédité. — Lapins redevenus sauvages à la Jamaïque et aux îles Falkland. — Lapins de Porto Santo redevenus sauvages. — Caractères ostéologiques. — Crâne. — Crâne des lapins demi-lopes. — Variations du crâne analogues aux différences de diverses espèces de lièvres. — Vertèbres. — Sternum. — Omoplates. — Effets de l'usage et du défaut d'usage sur les proportions des membres et du corps. — Capacité du crâne et petitesse du cerveau. — Résumé des modifications du lapin domestique.

Tous les naturalistes, à l'exception d'un seul, si je ne me trompe, s'accordent à admettre que les diverses races de lapins domestiques descendent de l'espèce sauvage commune; je les décrirai donc avec plus de détails que les cas précédents. Le professeur Gervais[1] s'exprime ainsi : « Le vrai lapin sauvage est plus petit que le lapin domestique; ses proportions ne sont pas absolument les mêmes, sa queue est plus petite, ses oreilles sont plus courtes et plus velues, et ces caractères, sans parler de ceux fournis par la couleur, sont autant d'indications contraires à l'opinion qui réunit ces animaux sous la même dénomination spécifique. » C'est là une opinion que partageront bien peu de naturalistes, car les minimes différences qui existent entre le lapin sauvage et domestique sont trop insuffisantes pour en permettre la distinction spécifique. Il serait bien plus extraordinaire que la captivité, l'apprivoisement, la nourriture, la reproduction, n'eussent pas, au bout d'un grand nombre de générations, produit quelque effet. Le lapin a été domestiqué dès une période fort ancienne. Confucius met le lapin au nombre des animaux propres à être sacrifiés aux dieux, et, comme il en prescrit la multiplication, il devait être, à cette époque reculée, déjà domestiqué. Plusieurs auteurs classiques

---

1. *Hist. nat. des Mammifères*, t. I, 1854, p. 288.

en font mention. En 1631, Gervaise Markham écrit : « Il ne
faut pas, comme pour l'autre bétail, regarder à leur forme,
mais à leur richesse, choisir les mâles parmi les plus grands
et les meilleurs; les peaux qu'on estime les meilleures sont
celles qui ont un mélange égal de poils noirs et blancs, le
noir plutôt dominant; la fourrure doit être épaisse, lisse et
brillante... Ils ont le corps plus grand et plus gras, et leurs
peaux valent deux shillings, quand celles des autres ne valent
que deux ou trois pence. » Cette description nous prouve qu'à
cette époque il existait en Angleterre des lapins gris argentés,
et, ce qui est plus important, qu'on s'occupait avec soin de leur
éducation et de leur sélection. En 1637, Aldrovande décrit,
d'après plusieurs anciens écrivains (comme Scaliger en 1557),
des lapins de diverses couleurs, dont quelques-uns ressemblaient au lièvre, et ajoute que P. Valerianus (mort très-âgé
en 1558) avait vu à Vérone des lapins quatre fois plus gros que
les nôtres [2].

Le lapin ayant été domestiqué d'ancienne date, c'est dans
l'hémisphère boréal de l'ancien monde, et dans ses régions
tempérées qu'il nous faut chercher sa forme souche primitive, car le lapin ne peut vivre sans protection dans les pays
aussi froids que la Suède, et, quoiqu'il soit redevenu sauvage dans l'île tropicale de la Jamaïque, il ne s'y est jamais
beaucoup multiplié. Il existe encore et a existé depuis longtemps dans les parties chaudes, mais tempérées, de l'Europe,
car on en a dans plusieurs endroits trouvé des restes fossiles [3].
Le lapin domestique retourne volontiers à l'état sauvage dans
ces mêmes pays, et, quand cela arrive à des animaux de
diverses couleurs, ils reviennent généralement à la couleur
grise ordinaire [4]. On peut, si on les prend jeunes, domestiquer
les lapins sauvages, mais ce n'est pas sans difficulté [5]. On croise
souvent entre elles les races domestiques, qu'on considère

2. U. Aldrovandi. *De Quadrupedibus digitatis*, 1637, p. 383.—Pour Confucius et Markham,
voir un écrivain qui a étudié le sujet dans *Cottage Gardener*, 1861. janvier 22, p. 250.
3. Owen, *British fossil Mammals*, p. 212.
4. *Pigeons and Rabbits*, 1854. p. 133, par E. S. Delamer. — Sir J. Sebright *Observations
on Instinct*, 1836, p. 10, sur la difficulté de domestiquer les lapins sauvages; cette difficulté
n'est pas constante; j'ai eu connaissance de deux cas bien réussis d'apprivoisement et de
reproduction du lapin sauvage. — Voir Brown, *Journal de la Physiologie*, t. II, p. 368.
5. Bechstein. *Naturg. Deutschlands*, 1801. vol. I. p. 1133. J'ai reçu des renseignements
analogues d'Angleterre et d'Écosse.

comme réciproquement fertiles, et on peut établir une gradation parfaite depuis les grandes races domestiques à oreilles énormément développées jusqu'à l'espèce sauvage. L'ancêtre primitif doit avoir été un animal fouisseur, habitude que ne possède, autant que j'ai pu le savoir, aucune autre espèce du grand genre *Lepus*. On ne connaît en Europe avec certitude que l'existence d'une seule espèce sauvage; mais le lapin du mont Sinaï (si c'est bien un lapin) et celui d'Algérie offrent de légères différences; aussi quelques auteurs les ont-ils considérés comme des espèces distinctes [6]. Mais ces légères différences nous aideraient peu à expliquer celles beaucoup plus considérables qui caractérisent les diverses races domestiques. Si celles-ci descendent de deux ou plusieurs espèces voisines, toutes, à l'exception du lapin commun, auraient été exterminées à l'état sauvage, ce qui est fort improbable, à en juger par la ténacité avec laquelle cet animal maintient son terrain. Nous pouvons, par ces diverses raisons, conclure avec assurance que toutes les races domestiques sont les descendants de l'espèce sauvage commune. Mais, d'après ce que nous avons appris du succès d'un récent croisement du lièvre et du lapin [7], il est possible, quoique improbable, vu la difficulté d'opérer le premier croisement, que quelques-unes des grandes races qui sont colorées comme le lièvre aient pu être modifiées par des croisements avec ce dernier animal. Néanmoins les différences principales entre les squelettes des diverses races domestiques ne peuvent d'ailleurs pas, comme nous le verrons, être dérivées d'un croisement avec le lièvre.

Plusieurs races transmettent leurs caractères avec plus ou moins de constance. Tout le monde a vu ces lapins à immenses oreilles qu'on expose chez nous; on élève sur le continent diverses sous-races voisines; ainsi celle qu'on nomme andalouse, qui possède une grande tête avec un front arrondi, et atteint une taille plus forte que toute autre; une autre grande race de Paris, à tête carrée, nommée rouennaise; le lapin patagonien, dont la tête est grande, ronde et les oreilles très-courtes. Je n'ai pas vu toutes ces races, mais je doute qu'elles

6. Gervais, *Hist. nat. des Mammifères*, t. I, p. 292.
7. Voir le mémoire du Dr Broca dans *Journal de Physiol. de Brown. Sequard*, vol. II, p. 367.

offrent des différences marquées dans la forme de leurs crânes [8]. Les lapins à grandes oreilles d'Angleterre pèsent souvent 8 ou 10 livres; on en a même exposé un pesant 18 livres, tandis qu'un lapin sauvage adulte ne pèse que 3 livres et quart. Le crâne, dans les lapins à oreilles pendantes que j'ai examinés, est, relativement à sa largeur, plus long que dans le lapin sauvage. Ils ont souvent sous la gorge des replis lâches de peau ou fanons qu'on peut étirer jusqu'à atteindre l'extrémité de la mâchoire. Les oreilles sont prodigieusement développées et pendent de chaque côté de la tête. On a montré un de ces lapins dont les deux oreilles étendues mesuraient ensemble 22 pouces de longueur; chaque oreille ayant 5 pouces 3/8 de large. Dans un lapin sauvage, j'ai trouvé 7 pouces 5/8 pour la longueur totale des deux oreilles mesurées bout à bout, et seulement 1 pouce 7/8 pour la largeur. Dans les grandes races de lapins, le poids du corps et le développement des oreilles étant surtout les qualités recherchées et primées dans les concours, ce sont celles auxquelles on a appliqué la sélection avec le plus de soin.

Le lapin couleur lièvre ou belge, comme on l'appelle quelquefois, ne diffère que par la couleur des autres grandes races; mais M. Young, de Southampton, grand éleveur de cette sorte de lapins, m'apprend que toutes les femelles qu'il a examinées n'avaient que six mamelles; c'était aussi le cas de deux femelles que j'ai eues en ma possession. M. B. P. Brent, m'assure toutefois que dans les autres lapins domestiques le nombre en est variable. Le lapin sauvage en a toujours dix. Le lapin angora est remarquable par la longueur et la finesse de sa toison, qui est encore très-longue sur la face plantaire des pieds. C'est la seule race qui paraisse différer des autres par ses qualités morales, car elle est plus sociable, et le mâle ne cherche pas à détruire sa progéniture [9]. On m'a apporté de Moscou, deux lapins vivants de la grosseur de l'espèce sauvage, mais ayant une fourrure douce et longue différant de celle de l'angora. Ils avaient les yeux roses et étaient d'un blanc de neige, à l'exception des oreilles, de deux taches près du nez,

8. *Journal of Horticulture*, 1861, p. 108.
9. *Journal of Horticulture*, 1861, p. 380.

I.

de la surface supérieure et inférieure de la queue et des tarses
postérieurs, qui étaient brun-noir. Bref, ils avaient à peu près
la coloration des lapins himalayens, que nous allons décrire,
et n'en différaient que par le caractère de leur fourrure. Deux
autres races ne diffèrent que par la couleur : ce sont les races
grise argentée et chinchilla. Enfin mentionnons le lapin hollandais qui varie de couleur, et est remarquable par sa petite
taille, quelques individus ne pesant qu'une livre et quart ; les
femelles de cette race forment d'excellentes nourrices pour
d'autres variétés plus délicates [10].

Certains caractères sont soumis à des fluctuations remarquables, ou sont faiblement transmis par les lapins domestiques ; ainsi j'apprends d'un éleveur que, dans les petites races,
il n'a presque jamais pu obtenir une portée entière de même
couleur ; dans les races à grandes oreilles [11], il est impossible
d'avoir une couleur certaine, mais on peut en approcher par
des croisements judicieux. L'éleveur doit connaître la provenance de ses sujets, et la couleur de leurs parents. Certaines
couleurs se transmettent cependant bien. Le fanon n'est pas
strictement héréditaire. Les lapins à oreilles pendantes, c'est-
à-dire retombant le long de la tête, ne transmettent pas fidèlement ce caractère. M. Delamer fait remarquer que, dans
les lapins de fantaisie, les parents peuvent être parfaitement
formés, avoir des oreilles modèles, être élégamment marqués,
sans que leurs produits soient invariablement pareils. Quand
un parent ou tous deux sont *lopes à rames* (c'est-à-dire ont les
oreilles se détachant à angle droit), quand l'un ou tous deux
sont *demi-lopes* (c'est-à-dire n'ayant qu'une oreille pendante),
il y a presque autant de chance que leur progéniture soit *lope
parfait* (deux oreilles pendantes), que si les parents l'avaient
été eux-mêmes.

Si les deux parents ont cependant les oreilles droites, il y
a fort peu de chance d'obtenir le lope parfait. Dans quelques
demi-lopes, l'oreille pendante est plus large et plus longue
que l'oreille droite [12], d'où résulte le cas peu normal d'un

10. *Journal of Horticulture*, 1861, p. 169.

11. *Id.*, p. 327. — Pour les oreilles, voir Delamer, *Pigeons and Rabbits*, 1854, p. 141,
ainsi que *Poultry Chronicle*, vol. II, p. 499, — le même pour 1854, p. 586.

12. Delamer, *O. C.*, p. 136. —*Journ. of Horticulture*, 1861, p. 375.

manque de symétrie entre les deux côtés. Cette différence dans
la position et la grandeur des deux oreilles indique probablement que la chute de l'oreille résulte de son poids et de sa
grande longueur, ainsi que de l'atrophie de ses muscles par
défaut d'usage. Anderson [13] signale une race n'ayant qu'une
oreille; et le professeur Gervais en indique une autre qui en
est dépourvue.

L'origine de la race himalayenne (qu'on appelle aussi chinoise, polonaise ou russe) est si curieuse, soit par elle-même,
soit par le jour qu'elle jette sur les lois complexes de l'hérédité,
qu'elle vaut la peine d'être examinée avec quelques détails.
Ces jolis lapins sont blancs, à l'exception des oreilles, du
museau, des quatre pattes et de la face supérieure de la
queue, parties qui sont toutes de couleur brune noirâtre;
mais, comme ils ont les yeux rouges, on peut les considérer

Fig. 5. — Lapin demi-lope. (Copié de l'ouvrage de M. E. S. Delamer.)

comme des albinos. Ils reproduisent fidèlement leurs caractères. On les a d'abord, à cause de leurs marques symétriques,
considérés comme constituant une espèce distincte, qu'on
désigna provisoirement sous le nom de *L. nigripes* [14]. Quelques auteurs pensant pouvoir découvrir certaines diffé-

13. *Account of different kinds of Sheep in Russian dominions*, 1791, p. 39.
14. *Proc. zool. Soc.*, 1857, p. 159.

rences dans leurs mœurs, soutinrent énergiquement leur distinction spécifique. Leur origine est maintenant bien connue.
En 1857 [15], un auteur annonça qu'il avait produit des lapins
himalayens comme suit. Mais il nous faut d'abord décrire
brièvement deux autres races. Les lapins gris argenté ont
généralement la tête et les pattes noires, et leur belle fourrure grise est parsemée de nombreux poils longs, noirs et
blancs. Ils se reproduisent fidèlement et sont depuis longtemps conservés dans les garennes. Lorsqu'ils s'échappent, et
se croisent avec le lapin commun, les produits, ainsi que me
l'apprend M. Wyrley Birch, de Wretham-Hall, ne sont point
un mélange des deux couleurs, mais tiennent les uns d'un
des parents, les autres de l'autre. Secondement, la race chinchilla a une fourrure plus courte, plus pâle, de couleur
souris ou ardoisée, parsemée de longs poils noirâtres ardoisés,
et de poils blancs [16]. Ces lapins se reproduisent fidèlement.
Or, l'auteur auquel nous avons fait allusion possédait une race
de chinchillas qui avait été croisée avec le lapin noir ordinaire ;
ce croisement donna comme produits des lapins noirs et des
chinchillas. Ceux-ci furent recroisés avec d'autres chinchillas
(qui avaient eux-mêmes été croisés avec des gris argenté), et
les résultats de ces croisements compliqués furent des lapins
himalayens. D'après ces documents et d'autres semblables,
M. Bartlett [17], ayant entrepris des essais suivis au Jardin
zoologique, trouva qu'en croisant simplement les chinchillas
avec les lapins gris argenté, il obtenait toujours quelques
himalayens ; et que ces individus, malgré leur brusque origine,
maintenus séparés, se reproduisaient en transmettant fidèlement leur type.

A leur naissance, les himalayens sont entièrement blancs, et
de vrais albinos ; mais ils acquièrent graduellement au bout de
peu de mois leur coloration des oreilles, du museau, des pieds
et de la queue. D'après M. W. A. Wooler et le rév. W. D. Fox,
il paraît qu'occasionnellement ils sont à leur naissance d'un
gris pâle, et j'en ai reçu des échantillons du premier de ces
messieurs. Cette teinte disparaît toutefois à mesure que l'ani-

15. *Cottage Gardener*, 1857, p. 111.
16. *Journal of Horticulture*, 1861, p. 35.
17. Bartlett, *Proc. zool. Soc.*, 1861, p. 40.

mal approche de sa maturité. Il y a donc chez ceux-ci une tendance, circonscrite au jeune âge, à revenir à la couleur de la souche gris argenté. D'autre part, les gris argenté et les chinchillas présentent dans leur jeune âge un contraste frappant, car ils naissent complétement noirs, et ne revêtent qu'ensuite leurs teintes caractéristiques grises ou argentées. La même chose arrive aux chevaux gris, qui sont généralement presque noirs étant poulains, et deviennent successivement gris, puis de plus en plus blancs à mesure qu'ils vieillissent. La règle est donc que les himalayens naissent blancs, et acquièrent ensuite des colorations plus foncées sur certaines parties de leur corps, tandis que les lapins gris argenté naissent noirs, et se saupoudrent de blanc par la suite. Mais dans les deux cas il peut se présenter parfois des exceptions opposées. Il naît quelquefois dans les garennes, comme me l'apprend M. W. Birch, des lapins gris argenté qui sont d'une couleur crème d'abord, mais deviennent ultérieurement noirs. D'autre part les himalayens peuvent produire, comme l'a constaté un amateur expérimenté [18], un seul petit noir dans une portée, lequel, au bout de deux mois, est redevenu complétement blanc.

Pour résumer ce cas curieux, on peut regarder les lapins sauvages gris argenté comme des lapins noirs qui deviennent gris d'assez bonne heure. Croisés avec le lapin ordinaire, les produits n'offrent pas un mélange des couleurs, mais tiennent de l'un ou de l'autre des parents, et ressemblent sous ce rapport aux variétés albinos ou mélaniques de beaucoup de quadrupèdes, qui transmettent souvent de la même manière leurs couleurs. Lorsqu'on les croise avec une sous-variété plus pâle, telle que le chinchilla, les jeunes sont d'abord albinos purs, mais prennent bientôt sur quelques parties de leur corps une couleur plus foncée, et s'appellent alors lapins himalayens. Ceux-ci toutefois, dans leur jeune âge, sont quelquefois d'un gris pâle, ou complétement noirs, mais dans les deux cas deviennent blancs après un certain temps. Je montrerai plus tard par un ensemble important de faits que, lorsqu'on croise deux variétés, l'une et l'autre d'une autre couleur que celle de

---

18. *Phenom. in Himalayan Rabbits*, dans le *Journ. of Horticulture*, 1865, p. 102.

leur forme souche, les produits ont une forte tendance à revenir à la couleur primitive de celle-ci; et ce qui est remarquable, c'est que ce retour survient parfois pendant la croissance de l'animal, et non avant sa naissance. Si on peut donc montrer que les races gris argenté et chinchilla sont la descendance d'un croisement entre des variétés noires et albinos dont les teintes se sont intimement mélangées, —supposition qui n'est point improbable et qu'appuie le fait observé dans les garennes de lapins gris, produisant des jeunes couleur crème ou blanchâtre, qui deviennent ultérieurement noirs, — les faits paradoxaux ci-dessus signalés de changements de couleur chez les lapins gris argenté et chez leurs descendants himalayens, ne seraient que des cas d'une réversion ou retour, survenant à différentes époques de croissance et à des degrés divers, vers l'une ou l'autre des variétés originelles parentes, soit la variété noire, soit l'albinos.

Il est aussi très-remarquable que les lapins himalayens, quoique apparaissant si brusquement, reproduisent fidèlement leur type. Mais comme ils sont albinos dans leur jeune âge, le cas rentre dans une règle très-générale, car on sait que l'albinisme est fortement héréditaire, ainsi dans les souris blanches et d'autres quadrupèdes, et même dans les fleurs. Pourquoi, demandera-t-on, les oreilles, le nez, la queue et les pieds, reviennent-ils, à l'exclusion de toute autre partie du corps, à la couleur noire? Ceci dépend probablement d'une loi, qui paraît aussi très-générale, c'est que les caractères communs à plusieurs espèces d'un même genre, — ce qui en fait implique une hérédité commune et prolongée de caractères appartenant à l'ancêtre du genre, — résistent avec beaucoup plus d'énergie, ou reparaissent, s'ils se sont perdus, avec plus de persistance que les caractères restreints aux espèces seulement. Or, dans le genre *Lepus*, la grande majorité des espèces ont les oreilles et la face supérieure de la queue teintées de noir; et la persistance de ces marques est particulièrement visible chez celles qui en hiver deviennent blanches; ainsi en Écosse, le *L. variabilis*[19] dans sa robe d'hiver offre une nuance de coloration sur le nez, et a le bout des oreilles noir. Les

19. Waterhouse, *Nat. History of Mammalia.* — *Rodents*, 1846, p. 52, 69, 105.

oreilles sont noires, la face supérieure de la queue est d'un gris noirâtre, et la plante des pieds est brune chez le *L. tibetanus*. Dans le *L. glacialis*, le manteau d'hiver est d'un blanc pur, la plante des pieds et les extrémités des oreilles exceptées. On remarque aussi cette tendance à une coloration plus foncée de ces mêmes parties, comparées au reste du corps, chez les lapins de fantaisie de toutes les couleurs. C'est ainsi, il me semble, qu'on peut chez le lapin himalayen, se rendre compte de l'apparition de ses marques colorées à mesure qu'il avance en âge. Je puis encore ajouter un cas analogue; les lapins de fantaisie ont souvent une étoile blanche sur le front, et le lièvre commun, en Angleterre, offre également, pendant qu'il est jeune, ainsi que je l'ai moi-même observé, une semblable étoile blanche frontale.

Lorsqu'en Europe on met en liberté des lapins de diverses couleurs, et qu'on les replace ainsi dans leurs conditions naturelles, ils reviennent généralement à la couleur grise primitive; ce qui est en partie dû à la tendance qu'ont tous les animaux croisés, comme nous l'avons observé, à revenir à leur état primordial. Mais cette tendance ne l'emporte pas toujours; ainsi les lapins gris argenté, conservés en garenne, restent ce qu'ils sont, quoique vivant presque à l'état de nature; mais il ne faut pas pourvoir la garenne à la fois de lapins gris argenté et de lapins communs, car alors, au bout de quelques années, on ne retrouve que de ces derniers [20]. Lorsque les lapins redeviennent sauvages dans les pays étrangers, dans des conditions différentes, ils ne reviennent pas toujours invariablement à leur couleur primitive. A la Jamaïque, les lapins sauvages sont décrits comme ayant une teinte ardoisée, saupoudrée de blanc sur le cou, les épaules et le dos, et virant au blanc bleuâtre sous le poitrail et l'abdomen [21]. Mais dans cette île tropicale, où les conditions ne favorisent pas leur propagation, ils ne se répandent pas beaucoup; et j'apprends de M. R. Hill qu'à la suite d'un incendie considérable des forêts, ils ont actuellement disparu. Depuis

20. Delamer, *On Pigeons and Rabbits*, p. 114.

21. Gosse, *Sojourn in Jamaica*, 1851, p. 441; description par un excellent observateur, M. R. Hill. C'est le seul cas connu de lapins redevenus sauvages dans un pays chaud. On en conserve cependant à Loando (Livingstone, *Travels*, p. 407). M. Blyth m'apprend qu'ils se propagent bien dans certaines parties de l'Inde.

bien des années, il y a des lapins redevenus sauvages dans les îles Falkland ; ils sont abondants dans certains endroits, mais ne s'étendent pas beaucoup. La plupart sont de la couleur grise ordinaire ; quelques-uns, d'après l'amiral Sulivan, sont de la couleur du lièvre, beaucoup sont noirs et ont souvent sur la face des marques symétriques blanches. C'est de là que M. Lesson a décrit la variété noire, comme une espèce distincte, sous le nom de *L. magellanicus*, erreur que j'ai déjà relevée ailleurs [22]. Les pêcheurs de phoques ont récemment approvisionné de lapins quelques petits îlots extérieurs du groupe des îles Falkland, et l'amiral Sulivan m'apprend que sur l'un d'eux, Pebble-Islet, les lapins sont en grande partie de la couleur du lièvre, tandis que sur un autre, Rabbit-Islet, la plupart sont d'une couleur bleuâtre qu'on ne voit nulle part ailleurs. On ignore quelle était la couleur des lapins qu'on a autrefois lâchés dans ces petites îles.

Dans l'île de Porto-Santo, près de Madère, il y a des lapins redevenus sauvages, qui méritent quelques détails. En 1418 ou 1419, Gonzalès Zarco [23] ayant eu à bord une lapine qui avait fait une portée pendant le voyage, les lâcha tous, mère et petits, dans cette île. Ces animaux s'accrurent si rapidement, et devinrent si incommodants, qu'on dut, à cause d'eux, abandonner de fait l'établissement. Cada Mosto, trente-sept ans plus tard, les décrit comme innombrables, ce qui ne doit pas étonner, car l'île n'était habitée par aucune bête de proie ni aucun animal terrestre. Nous ne connaissons pas les caractères de la lapine-mère, mais nous avons toute raison de croire que c'était la forme domestique ordinaire, car dans la péninsule espagnole, d'où Zarco était parti, l'espèce commune du lapin sauvage a abondé dès les temps historiques les plus reculés. Les lapins ayant d'ailleurs été embarqués pour la nourriture du bord, il n'y a aucune probabilité qu'ils aient dû appartenir à une race particulière. Le fait de la mise bas pendant le voyage montre que c'était une forme domestiquée. M. Wollaston m'a, sur ma demande, rapporté deux de

22. Darwin, *Journal of Researches*, p. 193 ; et *Zoology of Voyage of the Beagle ; Mammalia*, p. 92.

23. Kerr, *Coll. of Voyages*, vol. II, p. 177. — Cada Mosto, p. 205. — D'après un ouvrage publié à Lisbonne en 1717, intitulé *Historia insulana*, et écrit par un jésuite, les lapins auraient été lâchés en 1420. Quelques auteurs croient que l'île fut découverte en 1413.

ces lapins dans de l'esprit-de-vin, et j'en ai reçu depuis de M. W. Haywood trois individus conservés dans la saumure, et deux vivants. Quoique pris à différentes époques, ces sept échantillons se ressemblaient beaucoup, et l'état de leur squelette prouvait qu'ils étaient adultes. Bien que les conditions extérieures de Porto-Santo doivent être très-favorables au lapin, comme le montre leur multiplication incroyablement rapide, ils diffèrent beaucoup du lapin anglais par leur petite taille. Quatre lapins anglais ordinaires, mesurés des incisives à l'anus, ont varié de 17 à 17 pouces 3/4 pour la longueur, tandis que deux lapins de Porto-Santo n'avaient l'un que 14 1/2, l'autre 15 pouces. La diminution est encore plus sensible au poids. Quatre lapins sauvages anglais ont donné un poids moyen de 3 liv. 5 onces, tandis qu'un des lapins de Porto-Santo, qui avait vécu quatre ans au Jardin zoologique, mais y avait maigri, ne pesait que 1 livre 9 onces. En comparant les os des membres bien nettoyés d'un lapin de Porto-Santo tué dans l'île, aux mêmes os d'un lapin sauvage anglais, de taille ordinaire, j'ai trouvé qu'ils étaient entre eux dans le rapport d'un peu moins de 5 à 9. Les lapins de Porto-Santo ont donc diminué de près de 3 pouces dans la longueur, et perdu presque la moitié de leur poids [24]. La tête n'a pas diminué de longueur en proportion du corps, et nous verrons plus bas que la capacité de la boîte crânienne est singulièrement variable. J'ai préparé quatre crânes qui étaient plus semblables entre eux que ne le sont généralement les crânes des lapins sauvages anglais, mais ils ne présentaient pas d'autre différence dans leur conformation qu'une étroitesse plus grande des saillies sus-orbitaires des os frontaux.

Le lapin de Porto-Santo diffère beaucoup par sa couleur du lapin commun ; la partie supérieure est plus rouge, et n'est que rarement parsemée de poils noirs, ou de poils à pointe noire. Le poitrail et certaines parties inférieures sont d'un gris pâle ou plombé au lieu d'être blanches ; mais les différences les plus remarquables sont dans les oreilles et la queue. J'ai

24. Il est arrivé quelque chose d'analogue dans l'île de Lipari où, d'après Spallanzani (*Voyage dans les Deux-Siciles*, cité par Godron, *Sur l'Espèce*, p. 364) un paysan mit en liberté quelques lapins qui se multiplièrent prodigieusement, mais dit l'auteur, « les lapins de l'île de Lipari sont plus petits que ceux qu'on élève en domesticité. »

examiné un grand nombre de lapins communs, ainsi que la riche collection de peaux de tous les pays que possède le British Museum, et partout j'ai trouvé le dessus de la queue et l'extrémité des oreilles garnis d'une fourrure noir grisâtre ; ce qui, dans la plupart des ouvrages, est indiqué comme un des caractères spécifiques du lapin. Dans les sept lapins de Porto-Santo, le dessus de la queue était brun rougeâtre, et les extrémités des oreilles n'offraient aucune trace d'une bordure plus foncée. Ici nous rencontrons un fait singulier. En juin 1861, j'examinai deux de ces lapins qui venaient d'arriver au Jardin zoologique, et dont la queue et les oreilles étaient colorées comme je viens de le dire. Au mois de février 1865, on m'envoya le cadavre de l'un d'eux, dont les oreilles étaient nettement bordées, le dessus de la queue couvert d'une fourrure d'un gris noirâtre, et dont le corps entier était beaucoup moins rouge : cet individu avait donc, en un peu moins de quatre ans, recouvré, sous l'influence du climat anglais, sa véritable couleur propre.

Les deux petits lapins de Porto-Santo, pendant qu'ils ont vécu au Jardin zoologique, avaient un aspect remarquablement différent de celui de l'espèce commune. Ils étaient très-actifs et sauvages, et plusieurs personnes en les voyant trouvaient qu'ils ressemblaient plus à de gros rats qu'à des lapins. Ils avaient des habitudes nocturnes au plus haut degré, on n'a jamais pu dompter leur sauvagerie, et leur surveillant m'assurait qu'il n'avait jamais eu d'animal plus farouche sous sa garde. Ce fait est très-singulier, puisqu'ils descendent d'une race domestique, et j'en fus si surpris que je priai M. Haywood de s'informer sur les lieux si ces lapins étaient particulièrement poursuivis et chassés par les habitants, ou persécutés par les faucons, les chats ou autres animaux ; mais cela n'était pas le cas, et on ne sait quelle cause assigner à cette sauvagerie. Ils vivent dans la partie centrale haute et rocheuse du pays, près des falaises maritimes, et étant excessivement timides et farouches, n'apparaissent que rarement dans les districts inférieurs cultivés. On dit qu'ils font de quatre à six petits par portée, en juillet et août. Enfin encore un fait remarquable, leur gardien n'a jamais pu parvenir à faire reproduire ces deux lapins, tous deux mâles, avec les femelles de diverses races qu'à de nombreuses reprises on avait enfermées avec eux.

Si l'histoire des lapins de Porto-Santo n'eût pas été connue, la plupart des naturalistes, voyant leur taille réduite, leur coloration rougeâtre en dessus et grise en dessous, l'absence de noir sur la queue et à l'extrémité des oreilles, les auraient regardés comme une espèce distincte. Cette manière de voir eût été fortement confirmée par le fait qu'ils refusaient au Jardin zoologique tout rapprochement avec d'autres lapins. Et cependant l'origine de ce lapin, qui, sans aucun doute, aurait été classé comme espèce distincte, ne remonte pas au delà de l'année 1420. Enfin, les trois cas de lapins redevenus sauvages à Porto-Santo, à la Jamaïque et aux îles Falkland nous montrent que ces animaux, soumis à de nouvelles conditions d'existence, ne conservent pas et ne font pas nécessairement retour à leurs caractères primitifs, comme on l'a si généralement affirmé.

CARACTÈRES OSTÉOLOGIQUES.

Si on considère, d'une part, combien on a souvent affirmé que les parties essentielles de la conformation ne variaient jamais, et d'autre part, les faibles différences du squelette sur lesquelles on a fondé les espèces fossiles, la variabilité qui affecte le crâne et quelques autres os du lapin domestique est bien digne de toute notre attention. Il ne faut pas croire que les différences importantes que nous allons décrire caractérisent strictement une race donnée, mais on peut en dire qu'elles existent généralement dans certaines races. Nous devons avoir présent à l'esprit que la sélection n'a jamais été exercée en vue de fixer quelque caractère du squelette, et que les animaux n'ont pas eu à se maintenir par eux-mêmes dans des conditions ambiantes uniformes. Nous ne pouvons nous rendre compte de la plupart des différences du squelette, mais nous reconnaîtrons que l'augmentation de la taille, résultat d'une alimentation abondante et d'une sélection soutenue, a affecté la tête d'une certaine manière ; et que même l'allongement et la chute des oreilles ont influé en quelque mesure sur la forme générale du crâne. Le défaut d'exercice a aussi, selon toute apparence, modifié la longueur des membres, comparée à celle du corps.

J'ai, comme termes de comparaison, préparé deux squelettes de lapins sauvages de Kent, un des îles Shetland et un d'Antrim, en Irlande. Les os de ces quatre animaux provenant de localités très-éloignées les unes des autres, se ressemblant beaucoup, et ne m'ayant pas présenté de différences sensiblement appréciables, on peut en conclure à l'uniformité générale des caractères des os du lapin sauvage.

Crânes. J'ai examiné avec attention les crânes de dix lapins de fantaisie à oreilles pendantes, et ceux de cinq lapins domestiques ordinaires, qui ne différaient des premiers que par les moindres dimensions des oreilles et du corps, tous deux étant cependant plus développés que chez le lapin sauvage. Commençons par les dix lapins à oreilles pendantes : tous ont le crâne remarquablement long par rapport à sa largeur. Le crâne d'un lapin sauvage mesurait en longueur 3.15 de pouce, celui d'un des grands lapins de fantaisie en mesurait 4.30, la largeur de la boîte cérébrale restant presque la même chez les deux. Même en prenant comme terme de comparaison la partie la plus large de l'arcade zygomatique, les crânes des lapins à oreilles pendantes étaient encore de trois quarts de pouce trop longs à proportion de leur largeur. La hauteur de la tête a augmenté dans le même rapport que la longueur, et la largeur seule ne s'est pas accrue. Les os occipitaux et pariétaux renfermant le cerveau sont moins voûtés, dans le sens longitudinal et transversal, que dans le lapin sauvage, ce qui change en quelque mesure la forme du crâne. La surface est plus rude, moins proprement sculptée, et les sutures sont plus saillantes.

Bien que les crânes des grands lapins à oreilles pendantes soient, en comparaison de ceux du lapin sauvage, très-allongés par rapport à leur largeur, ils sont loin de l'être relativement à la grandeur du corps. Les lapins à oreilles pendantes que j'ai examinés pesaient, quoique non engraissés, plus du double des individus sauvages; mais les crânes n'étaient pas, tant s'en faut, deux fois aussi longs. Si nous prenons même la longueur du corps, du nez à l'anus, comme terme plus juste de comparaison, le crâne est en moyenne d'un tiers de pouce plus court qu'il ne devrait l'être. Dans le petit lapin de Porto-Santo, d'autre part, la tête comparée au corps se trouve d'un quart de pouce trop longue.

Cet allongement du crâne relativement à sa largeur est un caractère général, non-seulement des lapins à oreilles pendantes, mais de toutes les races artificielles, comme cela se voit bien sur le crâne de l'angora. D'abord très-étonné de ce fait, je ne pouvais m'expliquer pourquoi la domestication entraînait ce résultat uniforme; mais je crois qu'il doit tenir à ce que les races artificielles ayant été, pendant un grand nombre de générations, captives et étroitement enfermées, n'ont eu que peu d'occasions d'exercer leurs sens, leur intelligence, ou leurs muscles volontaires, et que, par conséquent, comme nous le verrons tout à l'heure avec détails, leur cerveau ne s'est pas développé dans la même proportion que leur corps.

Le cerveau n'augmentant pas, la boîte osseuse qui le renferme n'a   pas
augmenté davantage, ce qui par corrélation a affecté la largeur du   crâne
entier.

Dans les crânes de lapins à oreilles pendantes, les crêtes sus-orbitaires

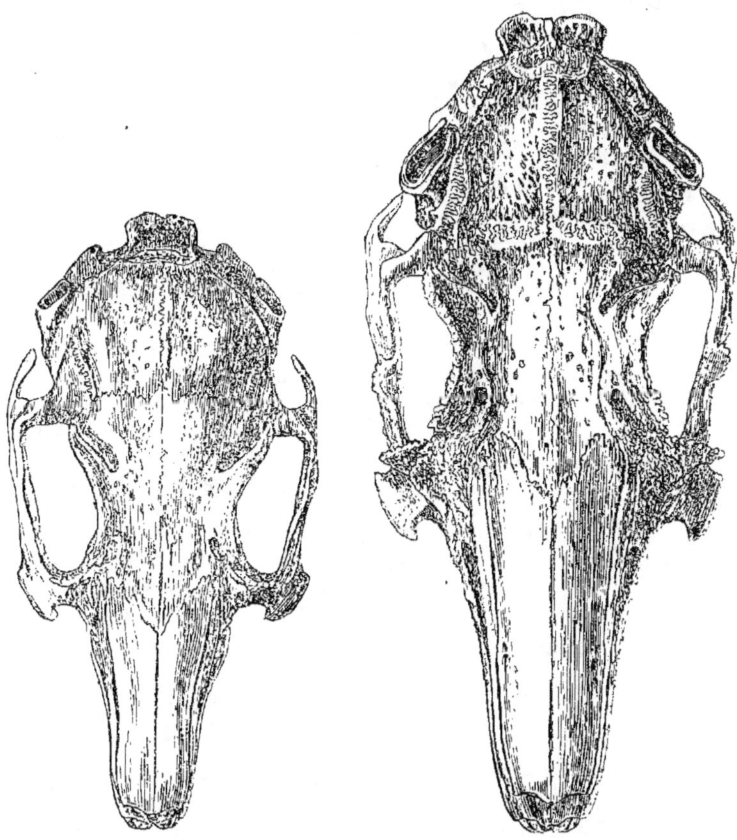

Fig. 6. — Crâne de lapin sauvage,   Fig. 7. — Crâne d'un grand lapin, oreilles
grandeur naturelle.   pendantes, grandeur naturelle.

des os frontaux sont plus larges que dans l'espèce sauvage et se relèvent
davantage. L'apophyse postérieure de l'os malaire dans l'arcade zygomatique
est plus large et plus mousse, ainsi qu'on peut le remarquer dans la fig. 8,
et son extrémité s'approche aussi beaucoup plus du trou auditif que dans
le lapin sauvage, fait qui résulte surtout du changement de direction de
ce trou. L'os inter-pariétal (fig. 9) diffère beaucoup dans sa forme suivant
les crânes ; il est en général plus ovale et plus large, suivant l'axe longitudinal du crâne, que dans le lapin sauvage. La marge postérieure de la

plate-forme élevée de l'occiput [25], au lieu d'être tronquée ou faiblement saillante comme dans le lapin sauvage, est pointue chez le lapin à grandes oreilles (fig. 9 C). Relativement à la grosseur du crâne, les apophyses mastoïdiennes sont généralement plus épaisses que dans le lapin sauvage.

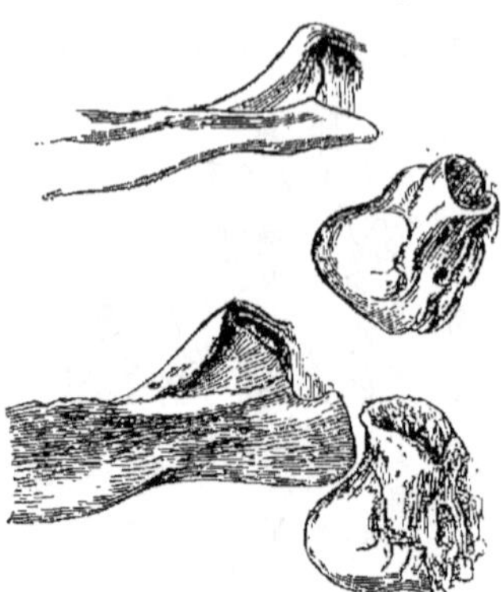

Fig. 8.— Partie de l'arcade zygomatique, montrant l'extrémité de l'os malaire et le méat auditif, de grandeur naturelle. Lapin sauvage, figure supérieure. — Lapin à oreilles pendantes, figure inférieure.

Le trou occipital (fig. 10) présente quelques différences remarquables : dans le lapin sauvage, son bord inférieur entre les condyles est fortement excavé, et le bord supérieur porte une profonde entaille carrée; d'où l'axe vertical est plus grand que le transversal. Dans les lapins à grandes oreilles, c'est l'axe transversal qui excède l'axe longitudinal, car dans aucun de leurs crânes le bord inférieur n'est aussi profondément échancré entre les condyles; cinq n'offraient aucune trace de l'entaille carrée supérieure; dans trois, l'entaille était légèrement indiquée, et dans deux elle était bien développée. Ces différences dans la forme du trou occipital sont remarquables, car c'est lui qui livre passage à la moelle épinière, quoiqu'il n'y ait pas apparence que le contour de celle-ci soit affecté par la forme de l'orifice osseux.

Dans tous les crânes des lapins à grandes oreilles, le méat auditif osseux est notablement plus grand que dans l'espèce sauvage. Sur un crâne ayant 4.3 de pouce de longueur, et dépassant à peine en largeur le crâne d'un lapin sauvage (long de 3.15 de pouce), le plus grand diamètre du méat était exactement du double. L'orifice est plus comprimé, son bord intérieur est plus élevé que l'extérieur, et

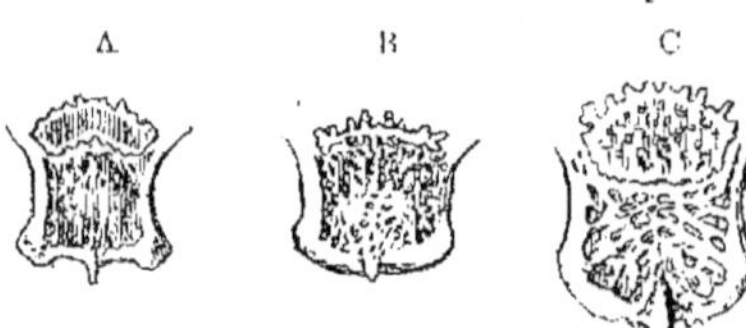

Fig. 9. — Extrémité postérieure du crâne, montrant l'os inter-pariétal. — A. Lapin sauvage. — B. Lapin de Porto-Santo. - C. Lapin à grandes oreilles, grandeur naturelle.

dans son ensemble le méat auditif est porté plus en avant. Comme en élevant ces lapins on cherche avant tout la longueur des oreilles, la chute qui en est la suite et leur position pendante le long des joues, il n'y a pas de doute que les modifications dans la grandeur, la forme et la direction du méat auditif ne soient dues à la sélection continue des individus ayant les oreilles toujours de plus en plus grandes. L'influence de l'oreille externe sur le conduit osseux se voit bien sur les crânes des demi-lopes (voir fig. 5), chez lesquels une des oreilles étant droite et l'autre, la plus longue, pendante, on remarque sur le crâne une différence très-ap-

<hr>

25. Waterhouse, *Nat. Hist. Mammalia*, vol. II, p. 36.

parente dans la forme et la direction des deux méats osseux des deux côtés. Ce qui est plus intéressant, c'est que le changement de direction et l'augmentation de grosseur du méat osseux ont affecté légèrement du même côté la conformation du crâne entier. Je donne ici (fig. 11) le dessin du crâne d'un demi-lope, sur lequel on peut remarquer que la suture entre les os pariétaux et frontaux n'est pas perpendiculaire à

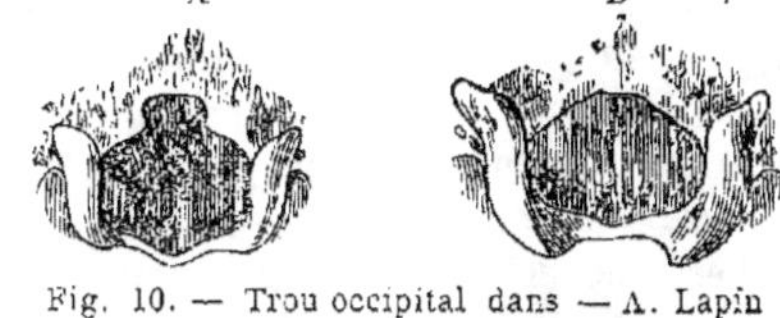

Fig. 10. — Trou occipital dans — A. Lapin sauvage. — B. Lapin à grandes oreilles.

l'axe longitudinal du crâne; l'os frontal gauche dépasse celui de droite, et les bords antérieur et postérieur de l'arcade zygomatique gauche sont plus en avant que les mêmes points du côté opposé. La mâchoire inférieure même en est affectée, et les condyles ne sont plus symétriques, celui de gauche se trouvant un peu plus avancé que le droit. Ceci me paraît un cas remarquable de corrélation de croissance. Qui aurait soupçonné qu'en maintenant pendant un grand nombre de générations un animal en captivité on obtiendrait, par défaut d'usage des muscles des oreilles, le développement de celles-ci, et qu'en choisissant toujours les individus ayant les oreilles les plus longues et les plus larges, on arriverait à affecter toutes les sutures du crâne et la forme de la mâchoire inférieure?

Quant à celle-ci, chez les lapins à grandes oreilles, elle ne diffère de celle du lapin sauvage que par le bord postérieur de sa branche montante, qui est plus large et plus infléchi. Les dents n'offrent pas de différence, si ce n'est que les petites incisives placées derrière les grandes sont proportionnellement un peu plus longues. Les molaires ont augmenté en proportion de l'accroissement de largeur du crâne, mesuré à l'arcade zygomatique, mais pas en proportion de l'accroissement de sa longueur. Le bord interne des alvéoles des dents molaires dans la mâchoire supérieure du lapin sauvage

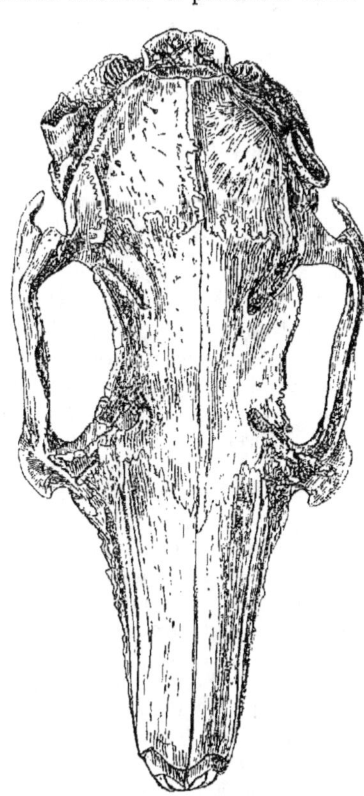

Fig. 11. — Crâne, grandeur naturelle, d'un lapin demi-lope, montrant la direction différente du méat auditif des deux côtés et la déviation générale du crâne qui en résulte. C'est l'oreille gauche de l'animal qui était pendante en avant.

forme une ligne parfaitement droite, mais dans quelques-uns des plus grands crânes du lapin à grandes oreilles, la ligne est nettement infléchie en dedans. Dans un individu, il y avait une molaire supplémentaire de chaque côté de la mâchoire supérieure, entre les molaires et les prémolaires; mais ces deux dents n'étant pas de dimensions correspondantes, et aucun rongeur n'ayant sept molaires, ce n'était qu'une monstruosité, mais curieuse toutefois.

Les cinq crânes de lapins domestiques communs, dont quelques-uns atteignaient presque à la dimension des plus grands crânes décrits ci-dessus, tandis que les autres n'excédaient que de peu celui du lapin sauvage, ont présenté une parfaite gradation dans toutes les différences que nous venons de reconnaître entre les crânes des plus grands lapins à oreilles pendantes et ceux du lapin sauvage. Dans tous toutefois, les crêtes ou plaques sus-orbitaires étaient plutôt plus grandes, ainsi que le méat auditif, vu l'augmentation de l'oreille externe, que chez le lapin sauvage. L'entaille inférieure du trou occipital n'était pas chez tous aussi forte que chez le lapin sauvage, mais dans les cinq l'entaille supérieure était bien développée.

Le crâne du lapin angora, comme les cinq derniers, est intermédiaire par ses proportions générales et par la plupart de ses autres caractères, entre ceux des lapins lopes et des lapins sauvages. Il présente cependant un singulier caractère : quoique bien plus long que le crâne sauvage, sa largeur mesurée entre les fissures sus-orbitaires postérieures reste d'un tiers au-dessous de la largeur de ce dernier. Les crânes des lapins *gris argenté, chinchillas* et *himalayens,* sont plus allongés et à crêtes sus-orbitaires plus larges que ceux de l'espèce sauvage, et à l'exception des entailles du trou occipital qui sont moins profondes et moins développées, ils n'en diffèrent que peu sous tous les autres rapports. Le crâne du lapin de Moscou n'en diffère presque pas. Dans le lapin de Porto-Santo les crêtes sus-orbitaires sont généralement plus étroites et plus pointues que chez notre lapin sauvage.

Plusieurs des lapins à grandes oreilles dont j'avais préparé les squelettes ayant la couleur du lièvre, et des croisements entre lièvres et lapins ayant été récemment obtenus en France, on pouvait supposer que quelques-uns des caractères que nous venons de décrire fussent le résultat d'un croisement ancien avec le lièvre. J'ai donc examiné des crânes de lièvres, mais sans y trouver aucun éclaircissement sur les particularités des crânes des grands lapins. Le fait de cette coloration n'en est pas moins intéressant, parce qu'il confirme la loi que les variétés d'une espèce revêtent souvent les caractères d'autres espèces du même genre. J'ai pu encore constater, en comparant les crânes de dix espèces de lièvres au British Museum, qu'ils différaient entre eux sur les mêmes points principaux que les races domestiques du lapin, à savoir : par les proportions générales, la forme et la dimension des crêtes sus-orbitaires, la forme de l'extrémité libre de l'os malaire, et par la ligne de la suture fronto-occipitale. En outre, deux caractères éminemment variables chez le lapin domestique, le contour du trou occipital et la configuration de la plate-forme élevée de l'occiput, se sont, dans deux cas, trouvés variables dans une même espèce de lièvre.

Vertèbres. — Dans tous les squelettes que j'ai examinés, j'ai trouvé le nombre de vertèbres uniforme, sauf deux exceptions, l'une sur un des petits lapins de Porto-Santo, et l'autre sur un des plus grands lapins à oreilles pendantes ; tous deux avaient comme d'ordinaire sept cervicales, douze dorsales à côtes, mais huit lombaires, au lieu de sept. Ceci est remarquable, car Gervais indique le nombre sept pour le genre *Lepus* entier. Il y a des différences de deux à trois dans les vertèbres caudales, mais je n'y ai pas attaché d'importance, parce qu'il est difficile de les compter avec certitude.

Dans la première vertèbre cervicale ou atlas, le bord antérieur de l'arceau supérieur de la vertèbre varie un peu dans les individus sauvages, étant tantôt lisse, ou pourvu d'un petit prolongement médian ; je figure ici l'exemple du prolongement le plus marqué que j'aie encore vu (fig. 12 *a*) ; on remarquera combien il diffère par sa forme et sa grandeur de celui qui se trouve sur la vertèbre de l'espèce à grandes oreilles. Dans celle-ci l'apophyse infra-médiane (*b*) est aussi proportionnellement beaucoup plus épaisse et plus longue. Les ailes ont un contour plus carré.

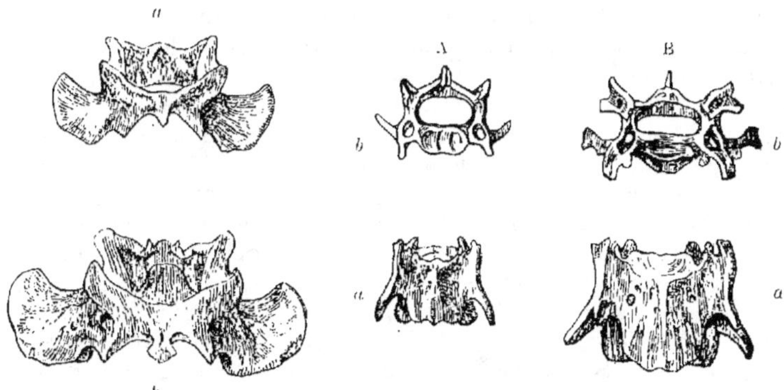

Fig. 12. — Atlas ; grandeur naturelle, surface inférieure vue obliquement. Figure supérieure, lapin sauvage. Figure inférieure , lapin à grandes oreilles , couleur de lièvre. — *a*. Apophyse supra-médiane. — *b*. Apophyse infra-médiane.

Fig. 13. — Troisième vertèbre cervicale, grandeur naturelle. — A. Lapin sauvage. — B. Lapin à grandes oreilles. — *a*, *a*. Surface inférieure.—*b*,*b*. Surfaces articulaires antérieures.

Troisième vertèbre cervicale. — Dans le lapin sauvage (fig. 13 ; A *a*), vue par sa face inférieure, cette vertèbre porte une apophyse transversale dirigée obliquement en arrière, et consiste en une barre unique ; mais qu se bifurque légèrement dans la quatrième vertèbre vers son milieu. Dans les lapins à grandes oreilles, cette apophyse (B *a*) est fourchue sur la troisième vertèbre, comme elle l'est sur la quatrième dans le lapin sauvage.

Les troisièmes cervicales diffèrent encore plus dans les deux races si on compare les surfaces articulaires antérieures (A *b*, B *b*); les apophyses antéro-dorsales ont leurs extrémités simplement arrondies dans le lapin sauvage, tandis qu'elles sont trifides dans le lapin à oreilles pendantes, et fortement évidées au centre. Dans ce dernier, le canal médullaire (B *b*) est plus étendu que chez l'espèce sauvage dans le sens transversal, et les trous des artères ont une forme un peu différente. Ces différences dans les vertèbres me paraissent mériter l'attention.

Première vertèbre dorsale. — La longueur de son apophyse dorsale varie chez le lapin sauvage; elle est quelquefois très-courte, mais généralement elle a la moitié de la longueur de celle de la seconde dorsale; dans deux lapins à oreilles pendantes, je l'ai trouvée égale aux trois quarts de celle de la seconde dorsale.

Neuvième et dixième dorsales. — Dans le lapin sauvage, l'apophyse dorsale de la neuvième vertèbre est un peu plus épaisse que celle de la huitième, et celle de la dixième est nettement plus épaisse et plus courte que celle de toutes les vertèbres antérieures. Dans les lapins à oreilles pendantes, les apophyses dorsales des dixième, neuvième, huitième, et à un faible degré celle de la septième, sont plus épaisses et de forme différente que celles du lapin sauvage. Cette partie de la colonne épinière diffère donc passablement par son apparence de celle du lapin sauvage, et ressemble singulièrement aux mêmes vertèbres dans quelques espèces de lièvres. Dans les lapins Angoras, Chinchillas et Himalayens, les apophyses dorsales des huitième et neuvième vertèbres sont un peu plus épaisses que dans l'espèce sauvage. D'autre part, dans un des lapins de Porto-Santo, qui pour la plupart de ses caractères dévie du lapin sauvage, précisément en sens inverse du lapin à oreilles pendantes, les apophyses dorsales des neuvième et dixième vertèbres n'étaient pas plus grandes que celles des vertèbres qui les précèdent. Dans ce même individu de Porto-Santo, la neuvième vertèbre ne portait aucune trace des apophyses antéro-latérales (fig. 14) qui sont bien développées dans tous les lapins sauvages anglais, et plus encore dans les races à oreilles pendantes. Dans un lapin demi-sauvage de Sandon Park [26], une apophyse ventrale assez bien développée se trouvait sur la face inférieure de la douzième vertèbre dorsale, ce que je n'ai vu nulle part ailleurs.

Vertèbres lombaires. — J'ai constaté, dans deux cas, huit au lieu de sept vertèbres lombaires. Dans un squelette de lapin sauvage commun, et dans celui d'un lapin de Porto-Santo, j'ai trouvé une apophyse ventrale sur la troisième vertèbre lombaire; cette même vertèbre portait une semblable apophyse bien développée dans quatre squelettes de lapins à oreilles pendantes et dans l'Himalayen.

Bassin. — Dans quatre individus sauvages, cet os était presque iden-

---

26. Ces lapins sont devenus sauvages depuis fort longtemps dans ce parc, et dans d'autres endroits du Staffordshire et du Shropshire. Ils descendent, à ce que m'a dit le garde, de lapins domestiques de toutes couleurs qu'on y a lâchés; beaucoup ont des couleurs symétriques, et sont blancs avec une bande le long de l'épine, les oreilles et quelques marques sur la tête gris noirâtre. Ils ont le corps plus long que les lapins communs

tiquement le même, mais on peut y reconnaître quelques différences dans les races domestiques. La partie supérieure de l'os des îles est plus droite et moins écartée en dehors chez les lapins à oreilles pendantes que chez le lapin sauvage, et la tubérosité de la lèvre interne de la partie antéro-supérieure de l'ilium est relativement plus saillante.

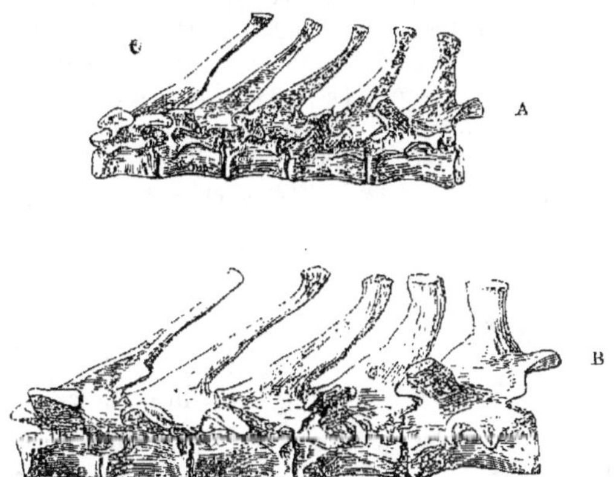

Fig. 14. — Vertèbres dorsales, vues latéralement, de la 6e-10e inclusivement, grandeur naturelle. — A. Lapin sauvage. — B. Grand lapin couleur de lièvre, dit lapin espagnol.

Sternum. — L'extrémité postérieure du dernier os sternal est mince

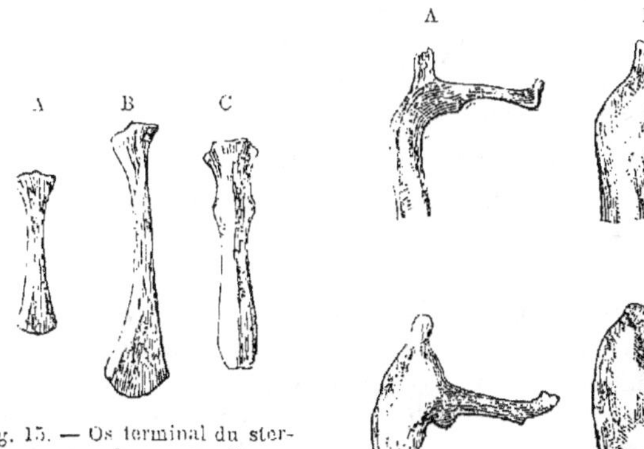

Fig. 15. — Os terminal du sternum, grandeur naturelle. —
A. Lapin sauvage. — B. Lapin
oreillard. — C. Lapin couleur
lièvre, espagnol. - (*N. B.*)
L'angle gauche de l'extrémité
articulaire supérieure de B a
été cassé, et accidentellement
représenté ainsi.

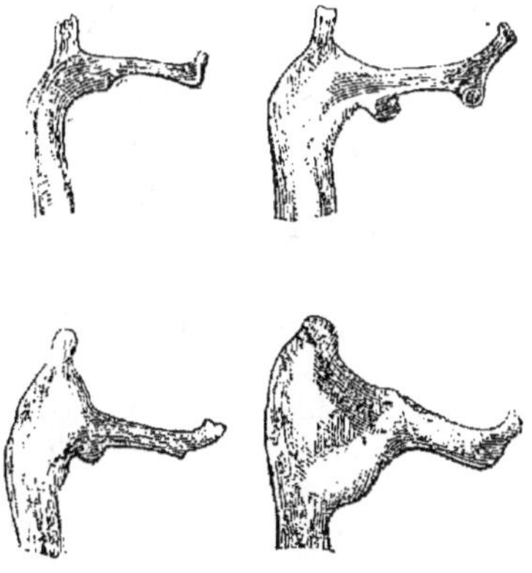

Fig. 16. — Acromion de l'omoplate, grandeur
naturelle. — A. Lapin sauvage. — B. C. D. Lapins à grandes oreilles.

(fig. 15 A) et un peu élargie chez le lapin sauvage; dans quelques-uns des lapins à oreilles pendantes (B) elle est plus large à l'extrémité, tandis que chez d'autres individus elle conserve la même largeur presque partout (C), mais s'épaissit à l'extrémité.

Omoplate. — L'acromion porte une apophyse à angle droit, se terminant par une protubérance oblique qui, dans le lapin sauvage (fig. 16, A), varie un peu en forme et en grandeur; il en est de même de l'acuïté du sommet de l'acromion, et de la largeur de la partie qui se trouve au-dessous de la naissance de l'apophyse. Ces variations légères chez le lapin sauvage, deviennent considérables chez les lapins à oreilles pendantes. Ainsi dans quelques individus (B) la protubérance oblique qui termine l'apophyse se prolonge en une courte tige, formant avec elle un angle obtus. Dans un autre échantillon (C) ces deux parties sont presque en ligne droite. Le sommet de l'acromion varie aussi passablement, comme le montre la comparaison des figures B. C et D.

Membres. — Je n'ai pas pu remarquer de variations dans les os des membres, et ceux des pieds étaient trop mal commodes à manier pour être aisément comparés.

J'ai maintenant décrit toutes les différences que j'ai pu observer dans les squelettes. Il est impossible de ne pas être frappé du haut degré de variabilité ou de plasticité d'un grand nombre de ces os. Nous voyons combien est erronée l'affirmation si souvent répétée que seules les arêtes osseuses servant de point d'attache aux muscles varient, et qu'il n'y a que les parties d'une importance insignifiante qui se modifient par la domestication. Personne ne dira, par exemple, que le trou occipital, l'atlas, ou la troisième vertèbre cervicale soient des parties de faible importance. Si les diverses vertèbres des lapins sauvages et à oreilles pendantes, que nous avons figurées, avaient été trouvées fossiles, les paléontologistes les auraient sans hésiter attribuées à des espèces distinctes.

Effets de l'usage et du défaut d'usage des parties. — Dans les lapins à oreilles pendantes, les proportions relatives des os d'un même membre, et celles des membres antérieurs et postérieurs comparés entre eux, sont restées à peu près les mêmes que dans le lapin sauvage; mais en poids, les os des membres postérieurs ne paraissent pas avoir augmenté relativement à ceux des membres antérieurs dans la proportion voulue. Le poids total des grands lapins que j'ai examinés était de deux à deux fois et demie celui des lapins sauvages; et le poids des os des membres antérieurs et postérieurs pris ensemble (en exceptant les pieds dont les nombreux petits os sont trop difficiles à bien nettoyer), s'est accru presque dans la même proportion chez les lapins à oreilles pendantes, et par conséquent bien en rapport avec le poids du corps qu'ils ont à porter. Si nous prenons pour terme de comparaison la longueur du corps, l'accroissement des membres des grands lapins est au-dessous de la proportionnalité voulue de un à un pouce et demi. Enfin, partant de la longueur du crâne qui, ainsi que nous l'avons vu, n'a pas, suivant cette dimension, augmenté proportionnellement au corps, les membres se trouveront, comparés à ceux du lapin sauvage, trop courts de demi à trois quarts de pouce. Donc, quelque terme de comparaison qu'on prenne, les os des membres des grands lapins à oreilles pendantes n'ont pas, proportionnellement aux autres parties de l'individu, augmenté en longueur, mais bien en poids, ce qui, à ce que je crois, peut s'expliquer par la vie inactive à laquelle ils ont été condamnés pendant un grand nombre de générations. L'omoplate n'a pas non plus pris en longueur un accroissement proportionnel à celui qu'a éprouvé le corps.

Un point plus intéressant est celui de la capacité du crâne que je fus conduit à examiner, en trouvant, comme je l'ai dit plus haut, que chez tous les lapins domestiques comparés au lapin sauvage, le crâne avait augmenté beaucoup plus en longueur qu'en largeur. Si nous possédions un grand nombre de lapins domestiques de même taille que l'espèce sauvage, rien ne serait plus facile que de mesurer et comparer leurs capacités crâniennes. Mais cela n'est pas le cas, presque toutes les races domestiques ont le corps plus gros que le type sauvage, et chez les races à grandes oreilles il pèse plus du double. Un petit animal ayant à exercer ses sens, son intelligence et ses instincts tout comme un gros, nous ne devons pas nous attendre à trouver qu'un animal double ou triple d'un autre, ait un cerveau deux ou trois fois plus grand [27]. Après avoir pesé les corps de quatre lapins sauvages, et ceux de quatre grands lapins à oreilles pendantes (non engraissés), j'ai trouvé comme rapport moyen en poids des lapins sauvages aux derniers, 1 à 2,17 ; et pour rapport moyen en longueur, 1 à 1,41 ; tandis que le rapport de la capacité crânienne (mesurée comme nous l'indiquerons plus bas) n'était que 1 à 1,15. D'où la capacité crânienne, et partant le volume du cerveau, n'a que fort peu augmenté relativement au corps ; ce qui explique l'étroitesse du crâne par rapport à sa longueur chez tous les lapins domestiques.

Dans la première moitié du tableau ci-après, j'ai donné les mesures des crânes de dix lapins sauvages, et dans la seconde, de onze variétés entièrement domestiquées. Tous ces lapins variant beaucoup par la taille, il fallait avoir un terme fixe qui permît de comparer les capacités de leurs crânes. J'ai choisi, comme le plus convenable, la longueur du crâne qui, ainsi que nous l'avons déjà constaté dans les grandes races, ne s'est pas autant allongé que le corps ; mais comme, ainsi que les autres parties, le crâne varie cependant de longueur, ce n'est pas encore là un terme de comparaison irréprochable.

La première colonne renferme, en pouces et décimales, la longueur totale du crâne. Je sais que ces mesures prétendent à plus d'exactitude qu'il n'est possible, mais j'ai préféré noter exactement les indications du

---

27. Voir sur ce sujet les remarques d'Owen, *Zool. significance of Brain, etc., of Man, etc.*, lu à la British Association 1862. — Pour les oiseaux, voir *Proc. zoological Society*, 11 janv. 1848, p. 8.

NOM DE LA RACE.	I. Longueur du crâne.	II. Longueur du corps des incisives à l'anus.	III. Poids total du corps.	IV. Capacité du crâne, mesurée en petit plomb.	V. Capacité crânienne calculée d'après la longueur du crâne relativement à celle du n° 1.	VI. Différence entre les capacités réelles et calculées.	VII. Expression en centièmes de la quantité dont le cerveau, calculé d'après la longueur du crâne, se trouve trop léger ou trop lourd, relativement au cerveau du lapin sauvage n° 1.
	Pouces.	Pouces.	Liv. Onc.	Grains.	Grains.	Grains.	
LAPINS SAUVAGES ET DEMI-SAUVAGES.							
1. Lapin sauvage, Kent...	3,15	17,4	3 5	972	»	»	
2. — — îles Shetland...	3,15	»	»	979	»	»	} 2 p. 0/0 trop pesant
3. — — Irlande...	3,15	»	»	992	»	»	comparé au n° 1.
4. — domestique, redevenu sauvage, Sandon...	3,15	18,5	»	977	»	»	
5. — sauvage, ordinaire, petit échantillon, Kent...	2,96	17,0	2 14	875	913	38	4 p. 0/0 trop léger.
6. — — couleur fauve, Écosse...	3,1	»	»	918	950	32	3 p. 0/0 — —
7. — gris argenté, petit exemplaire, garenne de Thetford...	2,95	15,5	2 11	938	910	28	3 p. 0/0 — pesant.
8. — redevenu sauvage, Porto-Santo...	2,83	»	»	893	873	20	2 p. 0/0 — —
9. — — — ...	2,85	»	»	756	879	123	16 p. 0/0 — léger.
10. — — — ...	2,95	»	»	835	910	75	9 p. 0/0 — —
Moyenne des trois lapins, Porto-Santo...	2,88	»	»	828	888	60	7 p. 0/0 — —
LAPINS DOMESTIQUES.							
11. Lapin Himalayen...	3,5	20,5	»	963	1,080	117	12 p. 0/0 — —
12. — Moscou...	3,25	17,0	3 8	803	1,002	199	21 p. 0/0 — —
13. — Angora...	3,5	19,5	3 1	697	1,080	383	54 p. 0/0 — —
14. — Chinchilla...	3,65	22,0	»	995	1,126	131	13 p. 0/0 — —
15. — grandes oreilles...	4,1	24,5	7 0	1,065	1,265	200	18 p. 0/0 — —
16. — — ...	4,1	25,0	7 13	1,153	1,265	112	9 p. 0/0 — —
17. — — ...	4,07	»	»	1,037	1,255	218	21 p. 0/0 — —
18. — — ...	4,1	25,0	7 4	1,208	1,265	57	4 p. 0/0 — —
19. — — ...	4,3	»	»	1,232	1,326	94	7 p. 0/0 — —
20. — — ...	4,25	»	»	1,124	1,311	187	16 p. 0/0 — —
21. — grand, couleur lièvre...	3,86	24,0	6 14	1,131	1,191	60	5 p. 0/0 — —
22. Moyenne des sept lapins à grandes oreilles...	4,11	21,62	7 4	1,136	1,268	132	11 p. 0/0 — —
23. Lièvre (*L. timidus*), échantillon anglais...	3,61	»	7 0	1,315	»	»	
24. — — — allemand...	3,82	»	7 0	1,455	»	»	

compas. Les deuxième et troisième colonnes donnent la longueur et le poids du corps. La quatrième contient la capacité du crâne exprimée en poids du petit plomb qui a servi à le remplir; ces chiffres ne prétendent qu'à une approximation de quelques grains. La cinquième colonne donne la capacité que devrait avoir la cavité crânienne calculée d'après la longueur du crâne, comparée à celle du lapin sauvage n° 1. La sixième contient la différence entre la capacité réelle et celle calculée. Enfin, dans la septième se trouvent exprimées en centièmes l'augmentation ou la diminution. Par exemple, le lapin sauvage n° 5, ayant un corps plus court et plus léger que le n° 1, nous pouvions nous attendre à lui trouver un crâne d'une capacité un peu moindre; sa capacité réelle exprimée en poids de petit plomb est de 875 grains, et est de 97 grains inférieure à celle du premier. Mais en comparant ces deux lapins sous le rapport des longueurs de leurs crânes, nous trouvons que cette longueur chez le n° 1 est de 3,15 de pouce, et chez le n° 5, de 2,96 de pouce ; d'après ce rapport, le cerveau du n° 5 devrait avoir une capacité de 913 grains de petit plomb, ce qui ne dépasse sa capacité réelle que de 38 grains. Ou pour présenter le cas autrement (colonne 7), le cerveau de ce petit lapin n° 5, pour chaque 100 grains de poids, n'est trop léger que de 4 p. 100, — c'est-à-dire, qu'il aurait dû, d'après le lapin type n° 1, être de 4 p. 100 plus pesant. — J'ai pris comme point de départ le lapin n° 1, parce que c'était, de tous les crânes ayant une bonne longueur moyenne, celui dont la capacité était la moindre ; c'est donc le moins favorable au résultat auquel je tends, à savoir que dans toutes les races domestiquées depuis longtemps, le cerveau a diminué de grosseur, soit absolument, soit relativement à la longueur de la tête et du corps, comparé au cerveau du lapin sauvage. Si j'eusse pris pour type de comparaison le lapin irlandais, n° 3, les résultats qui suivent n'en auraient été que plus frappants.

Revenons au tableau : les quatre premiers lapins sauvages ont des crânes de même longueur et ne différant que peu par leur capacité. Le lapin Sandon, n° 4, est intéressant parce que, quoique actuellement sauvage, on sait qu'il descend d'une race domestique, comme le prouve sa coloration particulière et la longueur de son corps; son crâne est néanmoins revenu à ses dimensions et à sa capacité normales. Les trois lapins suivants sont sauvages, mais petits, et leurs crânes ont des capacités un peu moindres. Les trois lapins de Porto-Santo, n°s 8 à 10, présentent un cas embarrassant : leurs corps sont considérablement réduits de taille, leurs crânes le sont aussi quant à leur longueur et leur capacité, mais à un degré moindre, comparés à ceux des lapins sauvages anglais. Mais en comparant les capacités des crânes des trois lapins Porto-Santo, nous remarquons une différence étonnante qui n'est nullement en rapport ni avec la longueur très-peu divergente de leurs crânes, ni avec celle de leurs corps, dont j'ai négligé de déterminer les poids. Je ne puis guère supposer que dans ces trois lapins vivant dans les mêmes conditions, la matière cérébrale ait pu différer autant que semblerait l'exiger la différence proportionnelle de leurs capacités crâniennes, et je ne sais pas si on peut admettre qu'un cerveau puisse contenir beaucoup plus de liquide qu'un autre. Je ne puis donc m'expliquer ce cas.

En étudiant la seconde moitié du tableau, donnant les mesures des lapins domestiques, nous voyons que chez tous, à des degrés variables, la capacité crânienne est moindre qu'on n'aurait pu le supposer d'après la longueur de leurs crânes comparés à celui du lapin sauvage, n° 1. La ligne 22 donne la moyenne de la mesure des crânes de sept lapins à grandes oreilles. Ici se pose la question : la capacité moyenne du crâne de ces sept lapins a-t-elle augmenté comme on devait s'y attendre d'après le fort accroissement de leurs corps? Nous pouvons répondre à cette question de deux manières : dans la première moitié de la table nous avons les mesures des crânes de six petits lapins sauvages, n°s 5 à 10, et nous trouvons que la moyenne de ces six mesures nous donne une longueur de 0.48 de pouce, et une capacité de 91 grains de moins, que la longueur et les capacités moyennes des trois premiers lapins sauvages de la liste. Les sept grands lapins ont donné pour longueur du crâne une moyenne de 4,11 pouces, et pour capacité une moyenne de 1,136 grains; de sorte que ces crânes ont augmenté plus de cinq fois autant en longueur que les crânes des six petits lapins n'ont diminué suivant cette dimension; on pouvait donc s'attendre à trouver chez les lapins à oreilles pendantes, une augmentation de capacité crânienne en rapport avec la diminution de celle des petits lapins, ce qui aurait donné un accroissement moyen de capacité de 455 grains, tandis que l'accroissement moyen réel n'est que de 155 grains.

Les grands lapins à oreilles pendantes ont le corps presque aussi grand et pesant que le lièvre, mais leurs têtes sont plus longues; par conséquent, si les lapins avaient été sauvages on aurait pu admettre que leurs crânes auraient eu à peu près la même capacité que celui du lièvre. Mais cela est loin d'être le cas, car la capacité moyenne des deux crânes de lièvres, n°s 23, 24, est tellement plus grande que la capacité moyenne de ceux des sept lapins, qu'il faudrait augmenter celle-ci de 21 p. 100 pour l'amener au niveau de celle du lièvre[28].

J'ai déjà remarqué que si nous eussions eu à notre disposition des lapins domestiques ayant la taille moyenne du lapin sauvage, il eût été facile de comparer leurs capacités crâniennes. Les lapins Himalayens, Angoras et de Moscou, n°s 11, 12, 13 du tableau, sont un peu plus grands de taille et ont les crânes un peu plus longs que l'animal sauvage, et nous voyons que leur capacité crânienne réelle est moindre que dans ce dernier, et beaucoup moindre que celle donnée par le calcul (colonne 7) établi sur les différences dans les longueurs des crânes. Les mesures extérieures démontrent très-évidemment l'étroitesse de la boîte crânienne. Le lapin Chinchilla, n° 14, est beaucoup plus grand que le lapin sauvage, et sa capacité crânienne ne dépasse que de très-peu celle de ce dernier. Le cas le plus remarquable est celui du lapin Angora, n° 13, animal auquel sa couleur d'un blanc pur et la longueur de son poil soyeux impriment le cachet d'une domesticité

---

28. Ce chiffre parait trop faible, car le Dr Crisp (*Proc. of zool. Soc.*, 1861, p. 86) donne 210 grains pour le poids du cerveau d'un lièvre pesant 7 livres, et 125 grains pour celui d'un lapin qui pesait 3 liv. 5 onces, c'est-à-dire le poids du lapin n° 1 de la liste. Le contenu du crâne du lapin n° 1 est dans le tableau de 972 grains en petit plomb, et, d'après le rapport du Dr Crisp, de 125 à 210, le crâne du lièvre aurait dû contenir 1632 grains de petit plomb, au lieu de 1,455, que j'ai trouvés pour le plus gros lièvre de mon tableau.

prolongée. Sa tête et son corps sont considérablement plus longs que dans le lapin sauvage, mais la capacité réelle de son crâne est même moindre que celle du petit lapin sauvage de Porto-Santo. Rapportée à la longueur de son crâne (colonne 7), sa capacité crânienne n'est que moitié de ce qu'elle devrait être. J'ai gardé cet animal vivant, et il ne paraissait ni malade ni idiot. Ce cas m'avait tellement surpris que je crus devoir reprendre toutes les mesures, que j'ai trouvées exactes. J'ai aussi comparé la capacité de son crâne à celle du lapin sauvage en partant d'autres bases, telles que la longueur et le poids du corps et le poids des os des membres ; tous les moyens s'accordent à donner un cerveau beaucoup trop petit, un peu moins toutefois d'après la comparaison avec les os des membres. Cette circonstance s'explique probablement par le fait que les membres ont dû subir une forte réduction de poids dans une race de domestication aussi ancienne, et condamnée depuis longtemps à une vie inactive. J'en conclus que la race Angora, qu'on dit être plus tranquille et plus sociable que les autres races, a subi réellement une réduction considérable de la capacité de sa boîte crânienne.

Des faits que nous venons d'exposer : premièrement, que la capacité crânienne des races Himalayenne, de Moscou, et Angora, est moindre que celle du lapin sauvage, quoique ces races aient des dimensions plus grandes ; secondement, que la capacité du crâne des grandes races n'a pas augmenté dans le rapport de la diminution de celle des petites races ; troisièmement, que la capacité crânienne de ces grands lapins est très-inférieure à celle du lièvre dont la taille est à peu près la même, je conclus, — malgré les différences qui se présentent dans les capacités crâniennes des petits lapins de Porto-Santo, ainsi que dans celles des lapins à grandes oreilles, — que, dans toutes les races domestiques, le cerveau n'a, en aucune façon, augmenté en proportion de l'accroissement de longueur qu'ont pris la tête et le corps, ou qu'il a de fait diminué de grosseur, relativement à ce qu'il aurait été si ces animaux avaient vécu à l'état de nature. Considérant que les lapins domestiqués, et tenus renfermés depuis un grand nombre de générations, n'ont pu exercer leurs facultés, leur instinct, leurs sens et leurs mouvements volontaires, soit pour échapper aux dangers, soit pour se procurer leur nourriture, nous devons en conclure que leur cerveau, par défaut d'exercice, a dû souffrir dans son développement. Ainsi se trouve soumis à la loi de décroissement par défaut d'usage, un des organes les plus essentiels et les plus compliqués de toute l'organisation.

Résumons maintenant les modifications les plus importantes qu'ont éprouvées les lapins domestiques, et, autant que nous pourrons les découvrir, leurs causes. Une nourriture riche et abondante, jointe au défaut d'exercice et à la sélection soutenue des individus les plus pesants, ont produit des races dont les individus ont atteint plus du double de leur poids primitif. Les os des membres ont augmenté de poids (les antérieurs plus que les postérieurs), dans la proportion voulue par l'accroissement de poids du corps; l'accroissement en longueur n'est pas dans la proportion voulue, ce qui peut provenir du défaut d'exercice. Avec l'augmentation de taille, la troisième vertèbre cervicale a acquis des caractères propres à la quatrième, et les huitième et neuvième dorsales ont pareillement acquis des caractères propres à la dixième et suivantes. Dans les grandes races le crâne s'est allongé, mais non en proportion avec l'allongement du corps; le cerveau n'a pas non plus augmenté de dimensions dans le rapport voulu, et a même réellement diminué, de sorte que la boîte osseuse du cerveau est restée étroite, et a par corrélation affecté les os de la face et la longueur totale du crâne. C'est ainsi que ce dernier a acquis son étroitesse caractéristique. Pour des raisons inconnues, les crêtes sus-orbitaires des os frontaux et les extrémités libres des os malaires se sont élargies, et dans les grandes races le trou occipital est généralement moins profondément entaillé que dans le lapin sauvage. Certaines parties de l'omoplate et les os terminaux du sternum sont devenus très-variables de forme. Les oreilles, par sélection soutenue, ont démesurément augmenté en longueur et en largeur; entraînées par leur poids, et grâce à l'atrophie de leurs muscles causée par défaut d'usage, elles sont devenues pendantes, ce qui a affecté la forme et la position du méat auditif osseux, et, par corrélation, altéré à un certain degré la position de presque tous les os de la partie supérieure du crâne, et jusqu'à celle des condyles de la mâchoire inférieure.

CHAPITRE V.

PIGEONS DOMESTIQUES.

Parmi les animaux dont la domestication paraît remonter à une époque ancienne, le Pigeon est de tous celui pour lequel on peut avec le plus d'évidence, démontrer la provenance d'une souche unique et connue, de toutes les races domestiques actuelles. J'ai été ainsi conduit à étudier ces dernières avec un soin tout particulier. Un grand nombre d'ouvrages en diverses langues, dont quelques-uns déjà anciens, ayant été publiés sur le Pigeon, il nous est possible de retracer l'histoire et l'origine de plusieurs de ses races. Enfin, par suite de causes que nous pouvons en partie comprendre, la somme des variations a, chez cet animal, été excessivement grande. Nous aurons dans cette étude sur les Pigeons, à entrer dans des détails qui pourront paraître fastidieux quelquefois, mais qui sont cependant indispensables pour bien comprendre la marche et l'étendue des changements qui peuvent s'opérer chez les animaux domestiques, et qu'aucun éleveur de Pigeons, ayant eu occasion d'observer les différences qui existent entre les races, ainsi que la constance avec laquelle elles perpétuent leur type propre, ne trouvera superflus. Car, même en ce qui me concerne, malgré les preuves évidentes que toutes les races de Pigeons dérivent d'une seule espèce, ce n'est qu'après plusieurs années d'études, que je suis arrivé à la conviction que toutes les différences existantes entre elles ont dû surgir depuis que l'homme a domestiqué pour la première fois le Bizet.

J'ai eu vivantes toutes les races les plus distinctes que j'ai pu me procurer, soit en Angleterre, soit sur le continent, et ai préparé des squelettes de toutes. J'ai reçu des peaux en grand nombre de la Perse, de l'Inde et d'autres parties du globe [1]. J'ai également, depuis mon admission dans deux clubs de Pigeons [2] de Londres, pu mettre à profit le concours bienveillant de plusieurs amateurs éminents.

Les races de Pigeons qu'on peut distinguer et qui reproduisent leur type fidèlement, sont très-nombreuses. MM. Boitard et Corbière [3] en décrivent avec détails 122, auxquelles je pourrais ajouter plusieurs variétés européennes qui ne leur étaient pas connues. Si j'en juge par les peaux que j'ai reçues de l'Inde, il y a dans ce pays bien des races inconnues en Europe, et j'apprends par Sir W. Elliot qu'une collection apportée à Madras par un marchand indien, et provenant du Caire et de Constantinople, renfermait plusieurs variétés inconnues dans l'Inde. Je ne doute pas qu'il n'existe plus de 150 variétés se reproduisant exactement et ayant reçu des noms distincts, mais dont la plupart ne diffèrent probablement les unes des autres que par des caractères peu importants. Je négligerai complétement des différences de cette nature, et ne m'attacherai qu'aux points plus essentiels de conformation, qui, comme nous ne tarderons pas à le voir, présentent un bon nombre de différences importantes. J'ai parcouru la magnifique

1. M. C. Murray m'a envoyé de Perse des exemplaires de grande valeur ; M. Keith Abbot, Consul de Sa Majesté, m'a procuré des renseignements sur les Pigeons de ce pays. Je dois à Sir W. Elliot une immense collection de peaux de Madras, accompagnée de renseignements à leur sujet. M. Blyth m'a largement communiqué ses nombreuses connaissances sur ces faits et autres sujets qui s'y rapportent. Le Rajah Sir J. Brooke m'a envoyé des échantillons de Bornéo, ainsi que le consul de S. M., M. Swinhoe, d'Amoy, en Chine, et le docteur Daniell, de la côte occidentale d'Afrique.

2. M. B.-P. Brent, bien connu par ses travaux sur les oiseaux de basse-cour, m'a aidé de toutes manières pendant plusieurs années, et avec une obligeance inépuisable, ainsi que M. Tegetmeier. Ce dernier, très-connu pour ses ouvrages sur le même sujet, et qui a élevé des Pigeons sur une grande échelle, a revu ce chapitre et les suivants. M. Buit m'a montré sa collection sans rivale de Pigeons Grosses-gorges et m'en a remis des échantillons. J'ai eu accès dans celle de M. Wicking, qui renferme un assortiment de plusieurs variétés comme on n'en saurait voir ailleurs, et dont le propriétaire m'a aidé par des échantillons et des renseignements donnés avec la plus grande obligeance. Je dois à MM. Haynes et Corker des exemplaires de leurs magnifiques Messagers ; de même à M. Harrison Weir. Je ne dois pas omettre l'aide que j'ai trouvée auprès de MM. J.-M. Eaton, Baker, Evans et J. Baily jeune ; ce dernier pour quelques précieux échantillons ; je prie toutes ces personnes d'accepter ici l'expression de ma sincère et cordiale reconnaissance.

3. *Les Pigeons de volière et de colombier.* Paris, 1824. Pendant quarante-cinq ans M. Corbière a été préposé aux soins des Pigeons de la duchesse de Berry.

collection des Colombides du British Museum, et, à l'exception
de quelques formes (telles que les Didunculus, Calaenas,
Goura, etc.), je n'hésite pas à affirmer que quelques-unes des
races domestiques du Bizet diffèrent entre elles par leurs
caractères extérieurs tout autant que peuvent le faire les
genres naturels les plus distincts. Parmi les 288 espèces
connues [1], nous chercherions en vain un bec aussi petit et
conique que celui du Pigeon Culbutant à courte face; ou aussi
large et court que celui du Barbe; ou aussi droit, long et étroit
avec ses énormes caroncules que celui du Messager anglais;
une queue aussi étalée et redressée que celle du Pigeon à queue
de paon; enfin un œsophage semblable à celui des Grosses-
gorges. Je ne veux point par là prétendre que les races domestiques diffèrent entre elles par l'ensemble de leur organisation
autant que les genres naturels distincts : je n'ai en vue que les
caractères extérieurs, sur lesquels, il faut cependant le reconnaître, la plupart des genres des oiseaux ont été établis.
Lorsque nous discuterons, dans un chapitre prochain, l'application du principe de la sélection par l'homme, nous verrons
clairement pourquoi les différences entre les races domestiques
sont presque toujours limitées aux caractères externes, ou du
moins aux caractères extérieurement visibles.

Vu l'étendue et les gradations de différences qui existent
entre les diverses races, je me suis trouvé obligé, dans la classification qui suit, de les ranger par groupes, races et sous-
races, auxquels il faut parfois ajouter des variétés et sous-
variétés, toutes transmettant leurs caractères propres. On peut
même souvent distinguer dans une même sous-variété des
branches ou familles différentes, suivant l'éleveur qui les a
produites et conservées pendant longtemps. Il n'y a aucun
doute que si les formes bien caractérisées des diverses races
de pigeons eussent été trouvées à l'état sauvage, toutes
eussent été regardées comme espèces distinctes, et plusieurs
d'entre elles placées certainement par les ornithologistes
dans des genres différents. Les nombreuses gradations des
formes, et leurs passages réciproques des unes aux autres,
rendent une bonne classification des diverses races domestiques

<hr>

1. Prince C.-L. Bonaparte, *Coup d'œil sur l'ordre des Pigeons*. Paris. 1855. Cet auteur
fait 288 espèces groupées dans 85 genres.

très-difficile, et il est curieux de remarquer combien dans une pareille tentative on rencontre exactement les mêmes difficultés, et comme on doit suivre les mêmes règles que pour la classification d'un groupe quelconque naturel, mais compliqué, d'êtres organisés. On pourrait plus facilement établir une classification artificielle qu'une naturelle, mais alors une foule d'affinités évidentes seraient méconnues. On peut aisément définir les formes extrêmes, mais les formes intermédiaires gênent et détruisent nos définitions. Il y a des formes présentant quelquefois comme des « aberrations, » qu'il faut comprendre dans des groupes auxquels elles n'appartiennent pas exactement. Il faut utiliser les caractères de tous genres, mais de même que, pour les oiseaux à l'état de nature, les meilleurs et les plus facilement appréciables sont ceux fournis par le bec, il n'est pas possible d'évaluer l'importance de tous les caractères qu'on peut employer, de manière à établir des groupes ou sous-groupes de valeur égale. Enfin, un groupe pourra ne contenir qu'une race, tandis qu'un autre groupe moins bien défini peut-être, devra comprendre plusieurs races et sous-races, et dans ce cas, comme cela arrive dans la classification des espèces naturelles, il est difficile d'éviter une surévaluation des caractères qui se trouvent communs à un grand nombre de formes.

Je ne me suis jamais fié uniquement à l'œil pour les mesures, et quand je parle d'une partie comme grande ou petite, c'est toujours relativement à mon terme de comparaison, le Bizet sauvage (*Columba livia*). Les mesures sont données en pouces et décimales [3].

---

[3]. Comme je dois fréquemment en référer aux dimensions de la *C. livia* ou Bizet, je crois devoir donner la moyenne des mesures de deux Bizets sauvages, que M. Edmondstone m'a envoyé des îles Shetland :

Longueur de la base du bec à l'extrémité de la queue	11,25
— — — la glande huileuse	9,50
— du bout du bec à l'extrémité de la queue	15,02
— des plumes de la queue	4,62
— envergure	26,75
— de l'aile repliée	9,25
Bec. Longueur de la pointe à la base emplumée	0,77
— Épaisseur mesurée verticalement à l'extrémité des narines	0,23
— Largeur mesurée à la même place	0,16
Pieds. Longueur de l'extrémité du doigt médian (sans ongle), à l'extrémité du tibia.	2,77
— — — — — à celle du doigt postérieur (sans ongle)	2,02
Poids, 14 onces 1/4.	

Je vais maintenant brièvement décrire les races principales. Le tableau suivant pourra faciliter au lecteur la connais-

Fig. 17. — Le Bizet ou *Columba livia*[6], la souche de tous les Pigeons domestiques.

sance de leurs noms et l'intelligence de leurs affinités. Ainsi
que nous le verrons dans le chapitre suivant, on peut en toute

6. Ce dessin est fait d'après l'oiseau mort. Les six figures suivantes ont été dessinées
avec grand soin par M. Luke Wells, sur des oiseaux vivants choisis par M. Tegetmeier. Les
caractères de ces six races figurées ne sont en aucune manière exagérés.

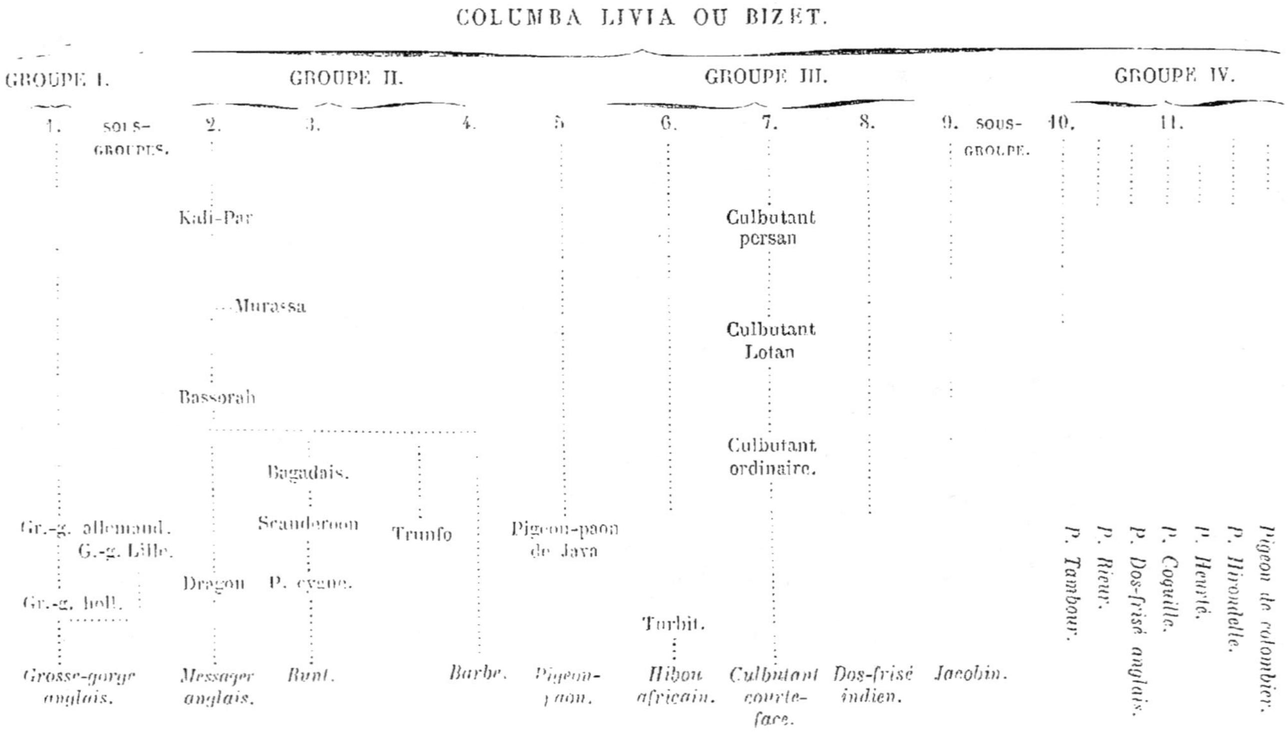

COLUMBA LIVIA OU BIZET.

GROUPE I.	GROUPE II.				GROUPE III.			GROUPE IV.		
1. sous-groupes.	2.	3.	4.	5.	6.	7.	8.	9. sous-groupe.	10.	11.
	Kadi-Par					Culbutant persan				
	Murassa					Culbutant Lotan				
	Bassorah					Culbutant ordinaire.				
Gr.-g. allemand. G.-g. Lille.		Bagadais. Scanderoon	Trunfo	Pigeon-paon de Java						
Gr.-g. holl.	Dragon	P. cygne.								
					Turbit.					
Grosse-gorge anglais.	Messager anglais.	Runt.	Barbe.	Pigeon-paon.	Hibou africain.	Culbutant courte-face.	Dos-frisé indien.	Jacobin.		

Pigeon de colombier.
P. Hirondelle.
P. Heurté.
P. Coquille.
P. Dos-frisé anglais.
P. Rieur.
P. Tambour.

sécurité considérer comme l'ancêtre commun de toutes nos races artificielles le Bizet (*C. livia*), en comprenant sous ce nom deux ou trois sous-espèces ou races géographiques très-voisines, et que nous décrirons ultérieurement. Les noms en italiques du côté droit du tableau indiquent les races les plus distinctes, ou celles qui ont subi la somme la plus considérable de modifications. La longueur des lignes ponctuées représente grossièrement le degré de différence entre chaque race et la souche mère, et les noms placés les uns sous les autres dans les colonnes indiquent les formes qui de plus ou moins près les relient entre elles. L'écartement des lignes ponctuées représente approximativement l'étendue des différences entre les diverses races.

GROUPE I.

Ce groupe ne comprend que la race des Grosses-gorges dont la sous-race la plus fortement caractérisée, le Grosse-gorge anglais amélioré, est peut-être, de tous les pigeons domestiques, le plus distinct.

RACE I. — *Pigeons Grosses-gorges* (Pouter Pigeons, Kropf-Tauben, Boulants).

OEsophage très-grand, à peine distinct du jabot, souvent gonflé.
Corps et membres allongés. Bec de dimensions moyennes.

Sous-Race I. — Le Grosse-gorge anglais amélioré offre un aspect réellement étonnant lorsque son jabot est complétement distendu. Tous les Pigeons domestiques ont l'habitude de gonfler un peu leur jabot, mais cette faculté est poussée à l'extrême chez le Grosse-gorge. Le jabot ne diffère de celui des autres Pigeons que par ses dimensions, mais il est moins nettement séparé de l'œsophage, dont la partie supérieure a un diamètre énorme, même tout près de la tête. J'ai eu en ma possession un de ces oiseaux dont le bec disparaissait entièrement quand le jabot était complétement distendu. Les mâles, surtout quand ils sont excités, se gonflent plus que les femelles, et paraissent tout glorieux de cette faculté. Lorsque l'oiseau refuse de « jouer, » selon le terme technique, on peut, comme je l'ai vu faire, en lui soufflant dans le bec, le gonfler comme un ballon, et ainsi plein d'air et d'orgueil, il se pavane en cherchant à conserver sa grosseur le plus longtemps possible. Les Grosses-gorges prennent souvent leur vol avec leur jabot ainsi dilaté; j'ai vu un des miens, après avoir avalé une bonne portion de petits pois et d'eau, s'envoler pour porter cette nourriture à ses petits, et j'entendais résonner les pois dans son jabot distendu comme dans une vessie. Pendant le vol, leurs ailes se choquent souvent l'une contre l'autre au-dessus du dos, et produisent ainsi un claquement particulier.

Fig. 18. — Grosse-gorge anglais.

Ces Pigeons se tiennent extrêmement droits, et ont le corps mince et allongé; les côtes sont plus larges et les vertèbres plus nombreuses que dans les autres races. Leur manière de se tenir fait paraître leurs membres plus longs qu'ils ne le sont réellement, bien qu'en fait leur jambes et pieds soient proportionnellement plus longs que ceux de la *C. livia*. Les ailes très-allongées en apparence, ne le sont réellement pas relativement à la longueur du corps. Le bec semble aussi être plus long, mais relativement au corps il est de fait un peu plus court d'environ 0.03 de pouce que chez le Bizet.

Le Pigeon Grosse-gorge, quoique peu corpulent, est un grand oiseau:

j'en ai mesuré un qui avait 34 pouces 1/2 d'envergure, et 19 pouces du
bout du bec à celui de la queue. Dans un Bizet sauvage des îles Shetland,
les mesures correspondantes n'étaient que de 28 pouces 1/4 et 14 pouces
3/4. Les Grosses-gorges offrent un grand nombre de sous-variétés de
couleurs diverses, mais dont il est inutile de nous occuper ici.

Sous-race II. — Grosse-gorge hollandais. — Il paraît être la forme
souche des Grosses-gorges améliorés d'Angleterre. J'en ai eu une paire que
je soupçonne cependant n'avoir pas été parfaitement pure. Ils sont plus
petits que les Grosses-gorges anglais, et paraissent avoir leurs caractères
spéciaux moins développés. Neumeister dit que leurs ailes se croisent au-
dessus de la queue, mais sans en atteindre l'extrémité[7].

Sous-race III. — Grosse-gorge de Lille. — Je ne connais cette race
que par description[8]. Elle se rapproche par sa forme générale du Grosse-
gorge hollandais, mais son œsophage gonflé prend une forme sphérique,
comme si l'oiseau avait avalé une grosse orange, arrêtée immédiatement
au-dessous du bec. Cette boule insufflée est figurée comme s'élevant au
niveau du sommet de la tête. Le doigt médian est seul emplumé.

MM. Boitard et Corbié décrivent une variété de cette sous-race appelée
le Claquant, qui ne se gonfle que peu, mais a l'habitude caractéristique de
frapper fortement ensemble ses ailes l'une contre l'autre, habitude que les
Grosses-gorges anglais ont aussi, mais à un moindre degré.

Sous-race IV. — Grosse-gorge allemand ordinaire. — Je ne connais
cet oiseau que d'après les figures et les descriptions qu'en donne l'exact
Neumeister, un des rares auteurs sur les pigeons en lesquels on puisse avoir
toute confiance. Cette sous-race paraît assez différente; la partie supérieure
de l'œsophage est beaucoup moins distendue, l'oiseau se tient moins relevé,
les pieds ne sont pas emplumés, et les jambes et le bec sont plus courts.
Il y a donc sous ces différents rapports un rapprochement vers la forme du
Bizet commun. Les pennes caudales sont très-longues, et cependant les
extrémités des ailes fermées dépassent le bout de la queue; la longueur du
corps, ainsi que l'envergure des ailes, sont plus grandes que dans la race
anglaise.

GROUPE II.

Ce groupe renferme trois races évidemment voisines les
unes des autres, et que nous désignons sous les noms de Messagers, Runts et Barbes. Il est vrai qu'il y a entre les Messagers et les Runts des passages si insensibles qu'on ne peut tirer
entre ces deux sous-races qu'une ligne tout à fait arbitraire;
les Messagers passent aussi graduellement au Bizet par l'intermédiaire de quelques races étrangères. Cependant si on eût

7. *Das Ganze der Taubenzucht.* Weimar, 1837; pl. 11 et 12.
8. Boitard et Corbié : *Les Pigeons*, etc., p. 177, pl. 6.

rencontré sauvages des Pigeons Messagers et Barbes bien caractérisés (fig. 19 et 20), pas un ornithologiste ne les eût placés
ensemble dans le même genre, ni avec le Bizet. Ce groupe
peut d'une manière générale se reconnaître à la longueur de
son bec; la peau qui recouvre les narines est turgescente et
souvent verruqueuse, ainsi que la peau dénudée qui entoure
les yeux. La bouche est large et les pieds grands. Cependant
les Barbes, qui doivent rentrer dans ce groupe, ont le bec
très-court, et quelques types de Runts ont très-peu de peau
nue autour des yeux.

RACE II. — *Messagers* (Pigeons Turcs, Dragons,
Türkische Tauben, Carriers).

Bec allongé, étroit, pointu; yeux entourés de beaucoup de peau nue
et caronculeuse; corps et cou allongés.

Sous-race I. — Le Messager anglais. — C'est un bel oiseau, grand,
dont le plumage serré est généralement de couleur foncée; son cou est
allongé. Le bec est atténué et très-long : mesuré de sa pointe à sa base
emplumée, il atteignait chez un individu 1,4 de pouce de long, soit presque
le double de celui du Bizet, qui n'a que 0,77. Pour comparer proportionnellement les différentes parties du corps du Messager et du Bizet, je
prends comme terme de comparaison leur longueur totale, mesurée de la
base du bec à l'extrémité de la queue; d'après cette donnée, le bec d'un
Messager se trouve plus long d'un demi-pouce que celui du Bizet. La
mandibule supérieure est souvent légèrement arquée. La langue est très-
longue; la peau caronculée prend autour des yeux, sur les narines, et sur
la mandibule inférieure, un développement prodigieux. Les paupières
mesurées longitudinalement se trouvaient, dans quelques exemplaires,
deux fois aussi longues que dans le Bizet. Les orifices extérieurs des
narines sont également deux fois aussi longs. La bouche ouverte mesure
0,75 de pouce dans sa partie la plus large, et seulement 0,4 chez le Bizet.
Cette grande largeur de la bouche se manifeste sur le squelette par les bords
déjetés des branches de la mâchoire inférieure. La tête est plate au sommet
et étroite entre les orbites. Les pieds sont grands et grossiers; leur longueur,
mesurée de l'extrémité du doigt postérieur à celle du médian (les ongles non
compris), s'est trouvée de 2,6 de pouce sur deux exemplaires, soit, relativement au Bizet, en excès d'environ un quart de pouce. Un beau Messager mesurait 34 pouces 1/2 d'envergure. Les oiseaux de cette sous-race
ont trop de valeur pour être employés comme Pigeons voyageurs.

Sous-race II. — Dragons: Messagers persans. — Le Dragon anglais
diffère du Messager amélioré par ses dimensions plus petites, il a moins de
peau caronculeuse autour des yeux et des narines, et point sur la mandibule inférieure. J'ai reçu de Sir W. Elliot, de Madras, un Messager de

Bagdad (appelé quelquefois Khandési), nom qui dénote son origine persane,
et qui en Angleterre ne serait regardé que comme un pauvre Dragon ; il

Fig. 19. — Messager anglais.

avait la taille du Bizet, avec un bec un peu plus long, mesurant 1 pouce
de son extrémité à sa base. La peau entourant l'œil n'était que peu caronculeuse, mais bien celle recouvrant les narines. J'ai reçu de M. C. Murray
deux Messagers venant de Perse, qui offraient presque les mêmes caractères que l'oiseau de Madras ; ils avaient à peu près la taille du Bizet ; mais
le bec de l'un d'eux mesurait 1,15 de pouce de longueur ; la peau des
narines n'était que faiblement caronculeuse, et celle des yeux presque pas.

Sous-race III. — *Bagadotten-Tauben de Neumeister* (Pavdotten ou

Hocker-Tauben). — Je dois à M. Baily un exemplaire de cette race singulière importée d'Allemagne, et qui, quoique certainement assez voisine
des Runts, doit cependant, vu ses affinités avec les Messagers, être décrite
ici. Le bec, long, est remarquablement recourbé en dessous et crochu,
comme le montre la figure que nous donnons plus loin (fig. 24 et 27, à
propos du squelette. Les yeux sont entourés d'une large zone de peau d'un
rouge vif qui, ainsi que celle des narines, n'est que peu verruqueuse. Le
sternum, très-saillant, est très-brusquement arqué en dehors. Les pieds et
les tarses sont très-longs, et plus grands que chez les Messagers anglais. L'oiseau est grand, mais les rémiges et les rectrices sont courtes relativement à
la grandeur du corps; un Bizet sauvage, de taille considérablement moindre,
avait les rectrices longues de 4,6 de pouce, tandis que dans un grand Pigeon
de la variété Bagadotten ces mêmes plumes ne dépassaient pas 4,1 de pouce.
Riedel [9] remarque que cet oiseau est très-silencieux.

Sous-race IV. — *Messager de Bassorah.* — J'ai reçu de Madras, de
Sir W. Elliot, deux exemplaires de cette sous-race, l'un en peau et l'autre
conservé dans l'alcool. Son nom indique son origine persane. Cet oiseau
est très-estimé dans l'Inde, où il est regardé comme distinct du Messager
de Bagdad, qui forme ma deuxième sous-race. J'ai pensé d'abord que ces
deux sous-races pouvaient être le résultat récent de croisements avec
d'autres, bien que l'estime qu'on a pour elles rende cette supposition peu
probable. Dans un traité persan [10], qu'on croit avoir été écrit il y a cent ans
environ, les races de Bassorah et de Bagdad sont décrites comme distinctes.
Le Messager de Bassorah est à peu près de la taille du Bizet sauvage. Par
la forme de son bec, portant un peu de peau caronculeuse sur les narines,
— l'allongement de ses paupières, — la largeur intérieure de sa bouche, —
l'étroitesse de sa tête, — la longueur, proportionnellement un peu plus
grande que chez le Bizet, de ses pattes, — par toute son apparence générale enfin, cet oiseau est incontestablement un Messager, bien qu'un des
exemplaires eût le bec égal à celui du Bizet. Dans l'autre, le bec était très-
peu plus long, de 0,8 de pouce seulement. Les yeux étaient entourés d'une
assez grande étendue de peau nue et légèrement caronculeuse, mais celle
des narines n'était qu'un peu rugueuse. Sir W. Elliot m'apprend que chez
l'oiseau vivant l'œil paraît très-grand et saillant, ce qu'indique également
le traité persan; l'orbite osseuse n'est cependant guère plus grande que
dans le Bizet.

Parmi les diverses races que Sir W. Elliot m'a envoyées de Madras se
trouvait une paire de *Kala Par*, oiseaux noirs à bec un peu allongé, passablement de peau nue sur les narines, et un peu autour des yeux. Cette
race paraît plus voisine du Messager que de toute autre race, étant presque
intermédiaire entre le Messager de Bassorah et le Bizet. Les noms que
portent les diverses variétés de Messagers dans les différentes parties de
l'Europe et de l'Inde, indiquent tous la Perse ou les pays voisins comme
patrie de cette race. Ceci mérite d'autant plus l'attention, que même en

9. *Die Taubenzucht.* Ulm, 1824, p. 42.
10. Ce traité a été écrit par Sayzid-Mohammed Musari, mort en 1770; je dois à l'obligeance de Sir W. Elliot la traduction de cet ouvrage curieux.

négligeant le Kala Par comme d'origine douteuse, nous avons une série à peine interrompue, depuis le Bizet, passant par le Bassorah, dont le bec n'est parfois pas plus long que celui du Bizet, et dont la peau nue des yeux et des narines n'est que peu volumineuse ou caronculeuse, par la sous-race de Bagdad et par le Dragon, pour arriver au Messager anglais amélioré, qui est si prodigieusement différent du Bizet ou *Columba livia*.

RACE III. — *Runts* (Scanderoon : Florentiner-Tauben et Hinkel-Tauben de Neumeister : Pigeon Bagadais, Pigeon Romain).

Bec long, massif; corps grand.

La plus grande confusion règne dans la classification, les affinités et les dénominations des Pigeons de cette race; car plusieurs des caractères qui dans les autres Pigeons sont généralement assez constants, tels que la longueur des ailes, de la queue, des pattes, du cou, l'étendue de peau dénudée autour des yeux, sont au contraire très-variables dans ceux-ci. Lorsque la peau nue des yeux et des narines se développe et devient caronculeuse, et que le corps n'est pas très-grand, ils passent si graduellement à la forme des Messagers, que toute distinction entre les deux devient arbitraire. C'est ce que prouvent les noms qui leur ont été donnés dans différentes parties de l'Europe. Néanmoins, en prenant les formes les plus distinctes, on peut reconnaître au moins cinq sous-races (quelques-unes comprenant des variétés bien accusées), différant entre elles par des points de conformation assez importants pour que, trouvées à l'état de nature, on les eût considérées comme de bonnes espèces.

Sous-race I. — Scanderoons des auteurs anglais (Florentiner et Hinkel-Tauben de Neumeister). — Les oiseaux de cette sous-race, dont j'ai conservé vivant un individu et observé depuis deux autres, ne diffèrent des Bagadotten de Neumeister que par un bec moins recourbé en dessous; la peau recouvrant les narines et entourant l'œil étant à peine verruqueuse. Néanmoins, j'ai cru devoir placer les Bagadotten dans la race II, ou celle des Messagers, et l'oiseau actuel dans la race III, celle des Runts. Le Scanderoon a une queue courte, étroite et relevée : les ailes sont très-courtes, leurs pennes primaires n'étant pas plus longues que celles d'un petit Pigeon Culbutant. Le cou est long, très-arqué, le sternum saillant. Bec allongé, ayant 1,15 de pouce de la pointe à sa base emplumée, assez épais verticalement et légèrement recourbé en dessous. La peau des narines est turgescente non verruqueuse; celle autour des yeux l'est légèrement, et assez élargie. Les jambes sont longues, les pieds très-grands. La peau du cou est d'un rouge vif, offrant souvent une ligne médiane dénudée; on remarque aussi une place nue et rouge à l'extrémité du radius de l'aile. L'oiseau, mesuré de la base du bec à la naissance de la queue, avait deux pouces de plus en longueur que le Bizet; la queue ne mesurant elle-même que 4 pouces, tandis que dans le Bizet, qui est un oiseau plus petit, la queue a une longueur de 4 5/8 de pouce.

Le *Hinkel* ou *Florentiner-Taube* de Neumeister (tab. xiii, fig. 1), s'accorde par tous les caractères signalés (il n'est pas parlé du bec) avec la description que je viens de donner ; Neumeister cependant dit expressément qu'il a le cou court, tandis que mon Scanderoon l'avait très-long et courbé. Le Pigeon Hinkel formerait donc une variété bien marquée.

Sous-race II. — *Pigeon Cygne et Bagadais* de Boitard et Corbié (Scanderoon des auteurs français). — J'ai gardé vivants deux de ces oiseaux venant de France. Ils différaient de la première sous-race ou du vrai Scanderoon par la plus grande longueur des ailes et de la queue, et par un bec plus court ; la peau dénudée que porte la tête était plus verruqueuse. La peau du cou est rouge, mais les places dénudées sur les ailes manquent. Un des oiseaux mesurait 38 pouces 1/2 d'envergure. En prenant pour terme de comparaison la longueur du corps, les deux ailes n'avaient pas moins de 5 pouces de plus en longueur que celles du Bizet. La queue était longue de 6 pouces 1/4, et dépassait donc de 2 pouces 1/4 celle du Scanderoon, oiseau à peu près de la même taille. Le bec est, relativement au corps de l'oiseau, plus long, plus épais et plus large que celui du Bizet. Les paupières, les narines et l'ouverture de la bouche sont, comme chez les Messagers, proportionnellement très-grandes. Le pied mesurait du bout du doigt postérieur à celui du médian, 2,85 de pouce, ce qui, relativement aux dimensions des deux oiseaux, excéderait de 0,32 de pouce la longueur de celui du Bizet.

Sous-race III. — *Runts Espagnols et Romains.* — Je ne suis pas sûr d'être bien fondé à classer ces Pigeons dans une sous-race distincte, mais cependant si nous prenons des oiseaux bien caractérisés, leur séparation est parfaitement justifiée. Ces oiseaux sont massifs et pesants, ils ont le cou, les jambes et le bec plus courts que les races précédentes. La peau des narines est turgescente, mais non caronculeuse ; le cercle de peau dénudée qui entoure les yeux n'est pas très-large et fort peu verruqueux : j'ai même vu un de ces oiseaux (dit Runt espagnol) qui n'en avait presque pas. Des deux variétés qu'on peut voir en Angleterre, l'une, la plus rare, a les ailes et la queue très-longues, et s'accorde assez bien avec notre dernière sous-race ; l'autre, dont les ailes et la queue sont plus courtes, paraît être le *Pigeon romain ordinaire* de MM. Boitard et Corbié. Ces Runts sont sujets à un tremblement comme les Pigeons Paons. Ils volent mal. M. Gulliver [11] en a exposé un il y a quelques années, qui pesait 1 liv. 14 onc. ; et j'apprends par M. Tegetmeier que deux exemplaires du midi de la France qui ont été récemment exposés au Palais de Cristal, pesaient 2 livres 2 onces 1/2. Un beau Bizet des îles Shetland ne pesait que 14 onces 1/2.

Sous-race IV. — *Tronfo d'Aldrovande* (Runt de Livourne). — Dans l'ouvrage publié par Aldrovande en 1600, se trouve une grossière figure sur bois représentant un grand Pigeon italien, ayant la queue relevée, les jambes courtes, le corps massif et le bec gros et court. J'avais pensé d'abord que ce dernier caractère, si anomal dans le groupe, était le résultat d'une

---

11. *Poultry chronicle,* vol. II, p. 573.

erreur de dessin, mais, dans son ouvrage publié en 1735, Moore dit avoir
possédé un Pigeon Runt de Livourne, dont le bec était fort court pour un
aussi gros oiseau. Sous d'autres points de vue, le Pigeon de Moore ressemblait à la première sous-race ou Scanderoon, car il avait un long cou
arqué, les jambes longues, le bec court, la queue relevée, et peu de
peau dénudée sur la tête. Les oiseaux d'Aldrovande et de Moore doivent
donc avoir constitué des variétés distinctes, qui paraissent actuellement
éteintes en Europe. Sir W. Elliot m'informe qu'il a vu à Madras un Runt
à bec court venant du Caire.

Sous-race V. — Murassa de Madras (Pigeon orné). — J'ai reçu de
Madras, par Sir W. Elliot, quelques peaux de ces animaux si magnifique-
ment diaprés. Ils sont plutôt un peu plus grands que les plus grands Bizets,
avec des becs plus longs et plus massifs. La peau des narines est développée et légèrement caronculeuse, l'œil est un peu bordé de peau nue;
les pieds sont grands. Cette race est intermédiaire entre le Bizet et une
variété inférieure de Messager ou de Runt.

Nous voyons par ces descriptions que, pour les pigeons de cette troisième race comme pour les Messagers, nous avons une gradation insensible
du Bizet (le Tronfo formant une branche distincte), aux pigeons gros et
massifs de notre troisième race. Mais d'après la série des affinités et bien des
points de ressemblance entre les Runts et les Messagers, je suis porté à
croire que ces deux races ne descendent pas du Bizet suivant deux lignes
indépendantes, mais bien de quelque parent commun, comme l'indique
le tableau, qui aurait déjà acquis un bec modérément long, portant sur les
narines un peu de peau turgescente, et une trace de peau légèrement
caronculeuse autour des yeux.

Race IV. — *Barbes* (Pigeons polonais; Indische Tauben).

Bec court, large, profond; peau nue autour des yeux, large et caronculée;
peau des narines légèrement turgescente.

Trompé par la brièveté extraordinaire et par la forme du bec, je n'avais
pas d'abord aperçu l'étroite affinité qui existe entre cette race et celle des
Messagers, affinité qui m'a été signalée par M. Brent. Lorsque ensuite j'étu-
diai le Messager de Bassorah, je vis qu'il ne fallait que peu de modifications
pour le transformer en Barbe. Cette affinité entre les Messagers et les
Barbes est confirmée par une différence analogue qui se remarque entre
les Runts à bec court et ceux à bec long, et encore plus par le fait que
pendant les premières vingt-quatre heures qui suivent leur éclosion, les
jeunes Barbes et les Dragons se ressemblent beaucoup plus que ne le font
les Pigeonneaux de toutes les autres races également distinctes.

A ce jeune âge, la longueur du bec, la turgescence de la peau qui
recouvre les narines, l'ouverture du bec et la grandeur des pieds, sont les
mêmes dans les deux, bien que toutes ces parties deviennent ultérieurement fort différentes. L'embryologie (si on ose toutefois appliquer ce terme
à la comparaison d'animaux très-jeunes), peut donc être utilisée pour la

classification des variétés domestiques comme elle l'est pour celle des espèces naturelles.

Fig. 20. — Pigeon-Barbe anglais.

Les éleveurs de Pigeons comparent, et avec raison, sous le rapport de la tête et du bec, le Pigeon Barbe au bouvreuil. Trouvé à l'état de nature, le Barbe eût certainement été rangé dans un genre nouveau créé pour le recevoir. Son corps est un peu plus gros que celui du Bizet, mais son bec est plus court de plus de 0,2 de pouce; il est, malgré cela, plus épais en tous sens. Par suite de l'inflexion en dehors des branches de la mâchoire inférieure, la bouche est intérieurement très-élargie, dans le rapport de 0,6 à 0,4, comparée à celle du Bizet. La tête est large. La peau des narines est tur-

gescente, et ne devient que légèrement caronculeuse sur les oiseaux âgés ;
celle qui entoure les yeux l'est par contre fortement, et très-élargie. Elle
se développe parfois à un degré tel qu'un oiseau appartenant à M. Harrison Weir ne pouvait qu'avec peine apercevoir sa nourriture par terre.
Dans un autre individu, les paupières étaient presque le double de celles
du Bizet. Les pattes sont fortes et grossières, plutôt proportionnellement
plus courtes que dans le Bizet. Le plumage est ordinairement foncé et
uniforme. On peut donc, en résumé, regarder les Barbes comme des Messagers à bec court, et étant, relativement à ceux-ci, ce que le Tronfo
d'Aldrovande est au Pigeon Runt commun.

GROUPE III.

Ce groupe est artificiel, et comprend une collection hétéro-
gène de formes distinctes. On peut le définir, dans les échantillons bien caractérisés des différentes races, par son bec,
plus court que dans le Bizet, et par le faible développement
de la membrane qui entoure ses yeux.

Race V. — *Pigeons Paons.*

Sous-race 1. — Races européennes (Pfauen-Tauben : Trembleurs).
*Queue étalée, redressée, composée de plumes nombreuses ; glande
huileuse atrophiée ; bec et corps un peu courts,*

Dans le genre Columba les rectrices sont normalement au nombre
de 12 ; chez les Pigeons Paons ce nombre peut varier depuis 12 jusqu'à 42.
d'après MM. Boitard et Corbié. Dans un oiseau que j'ai eu en ma possession,
j'en ai compté 33, et M. Blyth [12] en a compté 34 sur une queue *imparfaite* à
Calcutta. Sir W. Elliot m'informe qu'à Madras le nombre type est 32 ;
mais en Angleterre on estime moins le nombre des plumes que la position
de la queue et son expansion. Les plumes sont disposées irrégulièrement
sur deux lignes ; leur redressement et leur étalage permanents en forme
d'éventail constituent un caractère plus remarquable que leur nombre. La
queue est susceptible des mêmes mouvements que chez les autres Pigeons,
et peut s'abaisser jusqu'à balayer le sol. Sa base est plus élargie que dans
les pigeons ordinaires, et j'ai pu constater dans trois squelettes la présence
d'une ou deux vertèbres coccygiennes supplémentaires. Je n'ai trouvé
aucune trace de la glande huileuse dans un grand nombre d'individus
de toutes couleurs et de pays divers ; il y a donc là un cas curieux d'atrophie [13]. Le cou est mince et renversé en arrière, la poitrine large et saillante,

12. *Ann. and Mag. o nat. history*, vol. XIX, 1847, p. 105.

13. Cette glande se trouve dans la plupart des oiseaux ; cependant Nitsch (*Ptérylographie*,
1840, p. 55), en a constaté l'absence dans deux espèces de Columba, dans plusieurs espèces
de perroquets et d'outardes, et dans presque tous les oiseaux de la famille des autruches.
Les deux espèces de Columba, auxquelles manque la glande graisseuse, ont un nombre inu-
sité de plumes caudales, soit 16, et sous ce rapport ressemblent aux Pigeons Paons ; cette
coïncidence ne paraît guère devoir être accidentelle.

les pieds petits; ces Pigeons ont un port très-différent des autres : dans
les bons individus la tête touche les plumes de la queue, d'où il résulte un

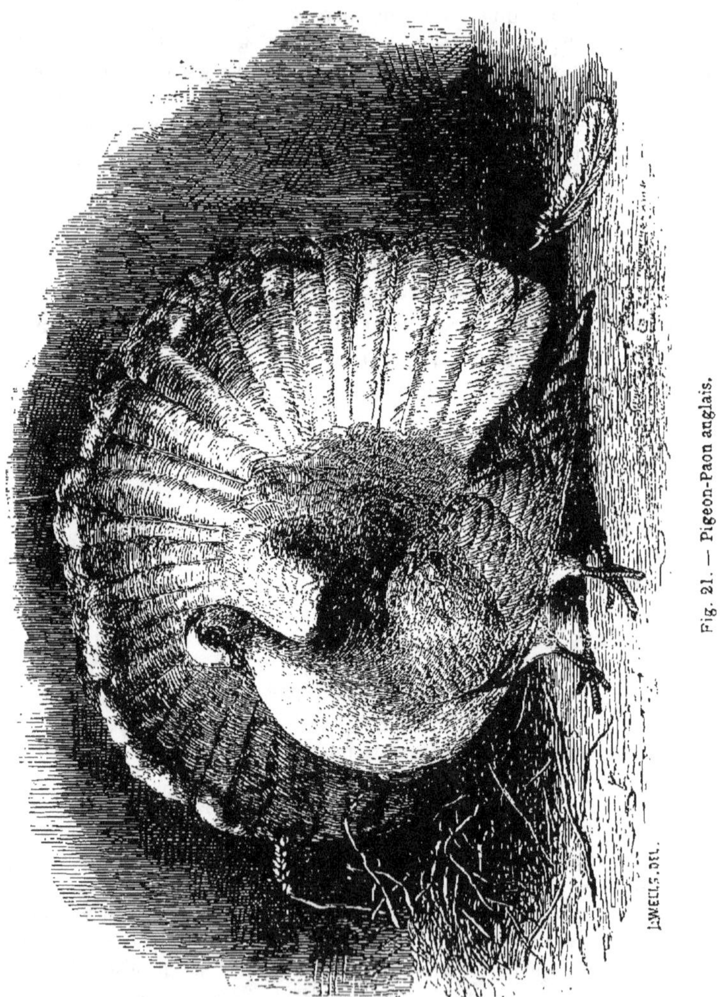

Fig. 21. — Pigeon-Paon anglais.

froissement habituel de celles-ci. Ils tremblent ordinairement beaucoup, et
leur cou présente un mouvement d'arrière en avant très-particulier et comme
convulsif. Ils ont une démarche singulière, dénotant une certaine roideur
dans les pattes. Ils volent mal par le vent, à cause du développement de
leur queue. Les variétés foncées sont généralement plus grandes que les
blanches.

Bien qu'entre les Pigeons Paons communs et les variétés perfectionnées qui existent actuellement en Angleterre, il y ait de grandes différences dans la position et la grandeur de la queue, dans le port de la tête et du bec, dans les mouvements convulsifs du cou, dans la démarche et dans la largeur de la poitrine, toutes passent si insensiblement les unes aux autres qu'il est impossible d'en faire plus d'une sous-race. Une ancienne et excellente autorité, Moore [14], nous raconte qu'en 1735 il y avait deux sortes de Trembleurs à large queue, dont l'une avait le cou plus long et plus grêle que l'autre. J'apprends aussi par M. B.-P. Brent, qu'il existe en Allemagne un Pigeon Paon dont le bec est plus gros et plus court.

Sous-race II. — Pigeon Paon de Java. — J'ai reçu d'Amoy, en Chine, envoyée par M. Swinhoe, la peau d'un Pigeon Paon d'une race originaire de Java. Il différait par sa couleur de tous les Pigeons Paons européens, et son bec était remarquablement court. Il n'avait que 14 pennes caudales, mais M. Swinhoe en a compté de 18 à 24 sur d'autres individus de la même race. Il résulte d'une esquisse, qui m'a été envoyée, que dans cette race la queue n'est ni aussi étalée, ni aussi redressée qu'elle l'est même chez les Pigeons Paons européens de second ordre. L'oiseau agite son cou comme les nôtres. La glande graisseuse est bien développée. Comme nous le verrons plus loin, les Pigeons Paons étaient déjà connus dans l'Inde avant l'an 1600, et il est probable que nous devons voir dans les individus de Java un état ancien et moins amélioré de la race.

RACE VI. — *Pigeons à cravate.* (Möven-Taube, Turbits et Owls.)

Plumes divergeant sur le devant du cou et du poitrail; bec court, plutôt épais verticalement; œsophage un peu agrandi.

Les Pigeons Turbits diffèrent légèrement des Pigeons Owls (hibou) par la présence d'une crête sur la tête, et par la courbure de leur bec, mais on peut cependant sans inconvénient les réunir dans le même groupe. Ces jolis oiseaux, dont quelques-uns sont fort petits, sont très-reconnaissables à une sorte de fraise qui se trouve sur le devant de leur cou, formée par une divergence irrégulière des plumes, analogue à celle qui s'observe, quoique à un moindre degré, sur la partie postérieure du cou du Jacobin. Cet oiseau a la singulière habitude d'enfler constamment, mais pour un instant, la partie supérieure de son œsophage, ce qui détermine un mouvement dans la fraise. L'œsophage d'un oiseau mort, insufflé, paraît plus grand et moins nettement séparé du jabot que dans les autres races. Le Grosse-gorge gonfle à la fois son jabot et son œsophage, le Turbit ne gonfle et à un degré bien moindre, que son œsophage. Le bec du Turbit est très-court, il a 0,28 de pouce de moins que celui du Bizet, relativement aux dimensions de son corps; il s'est même trouvé encore plus court dans

14. Voir les deux éditions publiées par M. Eaton, en 1852 et 1858. (*Treatise on Fancy Pigeons.*)

quelques individus de Pigeons Hiboux rapportés de Tunis par M. E. Ver-
rion Harcourt. Le bec est épais et peut-être un peu plus large, toute proportion gardée, que celui du Bizet.

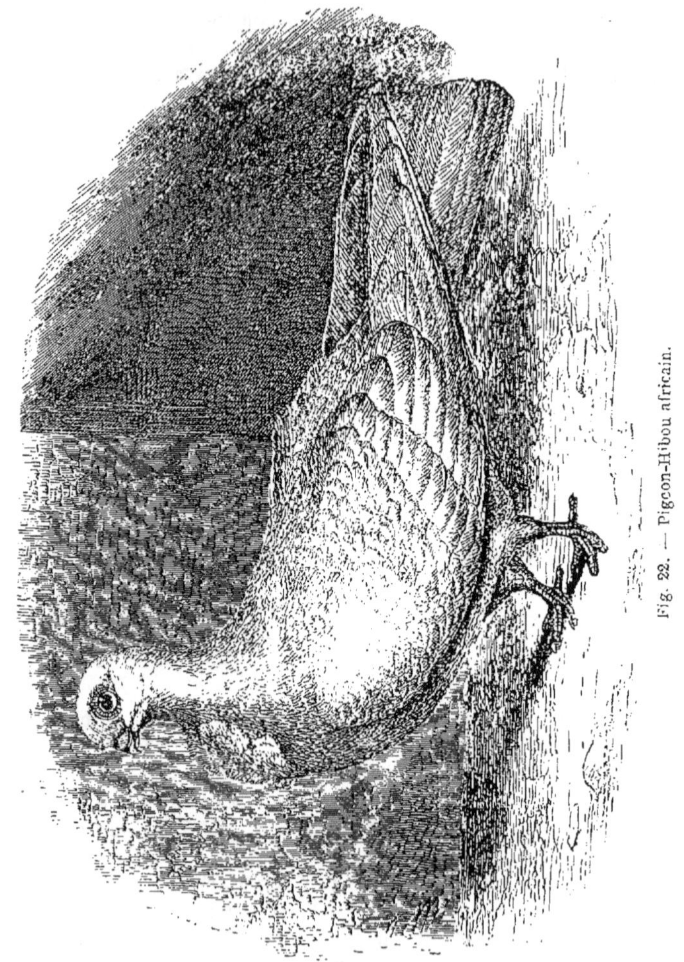

Fig. 22. — Pigeon-Hibou africain.

Race VII. — *Culbutants.* (Tümmler, ou Purzel-Tauben ; Tumblers.)

Culbutent en arrière pendant le vol ; corps généralement petit ;
bec généralement et parfois excessivement court et conique.

On peut diviser cette race en quatre sous-races qui sont : la sous-race
Persane, celle du Lotan, celle des Culbutants communs, et enfin celle des

Culbutants courtes-faces ; lesquelles comprennent encore plusieurs variétés qui reproduisent fidèlement leur type. Sur huit squelettes de Pigeons Culbutants, à l'exception d'un seul d'ailleurs incomplet et douteux, j'ai trouvé sept côtes au lieu des huit que possède le Bizet.

Sous-race I. — *Culbutants Persans.* — J'en ai reçu une paire de Perse, envoyée directement par l'honorable C. Murray. Ils sont plutôt plus petits que le Bizet sauvage, blancs et pommelés, les pattes sont légèrement garnies de plumes, et le bec est un peu plus court que chez le Bizet. M. Keith Abbot, consul de Sa Majesté, m'apprend que cette différence dans la longueur du bec est si faible, qu'en Perse il n'y a que les éleveurs exercés qui puissent distinguer ces Culbutants des Pigeons communs du pays. Ils volent par bandes à de grandes hauteurs et culbutent bien ; quelquefois ils paraissent avoir le vertige et tombent à terre, ce qui arrive aussi à quelques-uns de nos Pigeons Culbutants.

Sous-race II. — *Culbutants de Lotan ou Lowtun : Culbutants terriens indiens.* — Ces oiseaux présentent une habitude héréditaire des plus remarquables. Les individus que Sir W. Elliot m'a envoyés de Madras sont blancs, leurs pattes sont légèrement emplumées, et les plumes de la tête sont renversées, ils sont un peu plus petits que le Bizet et ont le bec légèrement plus court et plus mince que ce dernier. Légèrement secoués et posés par terre, ces oiseaux commencent une série de culbutes qu'ils continuent jusqu'à ce qu'on les relève pour les calmer, ce qui se fait en leur soufflant contre le museau, comme lorsqu'on veut réveiller un sujet magnétisé ou hypnotisé. Si on ne les relève pas, on prétend qu'ils continuent à se rouler par terre jusqu'à ce qu'ils en meurent. Ces particularités sont parfaitement établies, et le cas est d'autant plus digne d'attention, que cette habitude est héréditaire depuis l'an 1600, la race étant nettement décrite dans le « Ayeen Akbery [15]. » M. Evans en a gardé une paire à Londres, importée par le capitaine Vigne, et a observé qu'ils font la culbute dans l'air, aussi bien que sur le sol, de la manière ci-dessus décrite. Sir W. Elliot m'écrit cependant de Madras que ces Pigeons font exclusivement la culbute sur le sol, ou à une très-faible hauteur. Il mentionne aussi une autre sous-variété, nommée le Kalmi Lotan, qui commence à se rouler par terre dès qu'on lui touche le cou avec une baguette.

Sous-race III. — *Pigeons Culbutants ordinaires.* — Ils ont exactement les mêmes habitudes que les Pigeons Persans, mais font mieux la culbute. L'oiseau anglais est plutôt plus petit que le Persan et a le bec plus court. Comparé à celui du Bizet, son bec est, proportion gardée au corps, de 0,15 à 0,2 de pouce plus court, mais pas plus mince. On distingue plusieurs variétés dans les Pigeons Culbutants ordinaires, qu'on désigne sous les noms de Baldheads (Têtes chauves), de Beards (Barbes), et de Dutch Rollers (Roulants hollandais). J'ai eu de ces derniers vivants ; ils ont la tête

---

15. Traduction anglaise de F. Gladwin, 4e édit., vol. I. Cette habitude du Lotan est aussi décrite dans l'ouvrage persan publié il y a 100 ans, dont nous avons parlé ; à cette époque les Lotans étaient blancs et crêtés comme maintenant. M. Blyth : *Ann. and Mag. of nat. hist.*, vol. XIV, 1847, p. 101, décrit ces Pigeons et dit qu'on les voit chez tous les marchands d'oiseaux à Calcutta.

de forme un peu différente, le cou plus long et les pattes emplumées. Ils culbutent à un degré incroyable et, d'après M. Brent [16], « toutes les quelques secondes ils partent et font un, deux ou trois tours sur eux-mêmes. Çà et là un oiseau prend un mouvement brusque et rapide de rotation sur lui-même, en tournant comme une roue ; ils perdent parfois l'équilibre, font des chutes assez lourdes et se blessent quelquefois en tombant. » J'ai reçu de Madras plusieurs échantillons des Pigeons Culbutants ordinaires de l'Inde, qui diffèrent quelque peu entre eux par la longueur de leurs becs.

M. Brent m'a communiqué un individu mort, d'une variété écossaise, le Pigeon Culbutant [17] de maison (House-Tumbler), ne différant pas du Culbutant commun par son apparence générale ni par la forme de son bec. M. Brent m'apprend que ces oiseaux commencent en général à culbuter aussitôt qu'ils sont en état de bien voler ; à trois mois ils culbutent et volent encore avec puissance ; à cinq ou six mois, ils culbutent beaucoup et, à la seconde année, ils renoncent presque complétement au vol, à cause de la succession rapide de leurs culbutes à ras de terre. Quelques-uns s'envolent et décrivent quelques cercles autour du troupeau en faisant un saut complet à tous les quelques mètres, mais bientôt épuisés et étourdis, ils ne tardent pas à être obligés de se poser. On les appelle Culbutants aériens (Air Tumblers), et ils font ordinairement de vingt à trente tours, bien nets et distincts, par minute. J'ai eu occasion d'observer, montre en main, un Pigeon mâle qui en exécutait quarante dans la minute. D'autres font leur culbute différemment. Ils commencent par faire un seul saut, puis deux, et arrivent à un roulement continu qui met fin à leur vol ; car après un parcours de quelques mètres, ils atteignent le sol en roulant. J'ai vu un pigeon se tuer de cette manière et un autre se casser une jambe. Un grand nombre font la culbute à quelques pouces de terre seulement, et en feront deux ou trois dans leur vol pour regagner leur pigeonnier. On les appelle quelquefois Pigeons Culbutants de maison (House Tumblers), parce qu'ils culbutent ainsi même dans l'intérieur des maisons. Ce mouvement de culbute paraît être tout à fait involontaire, car l'animal semble même chercher à l'empêcher, et après avoir fait tous ses efforts pour voler directement sur un espace de quelques mètres, il semble qu'une impulsion contraire le repousse en arrière, tandis qu'il lutte pour avancer. Lorsqu'ils sont brusquement effrayés, ou dans un lieu étranger, ils paraissent moins aptes à voler que lorsqu'ils sont dans leur habitation ordinaire. Ces Pigeons Culbutants de maison diffèrent du Lotan en ce qu'ils n'ont pas besoin d'être secoués pour commencer leurs culbutes. Il est probable que la race aura été produite par une sélection des meilleurs Pigeons Culbutants ordinaires; il est aussi possible qu'ils aient pu anciennement être croisés avec les Lotans.

Sous-race IV. — *Pigeons Culbutants courtes-faces.* — Ce sont des oiseaux merveilleux, la gloire et l'orgueil des éleveurs. Par leur bec conique, aigu et très-court et le faible développement de leur membrane nasale, ils s'écartent presque du type des Colombides. Leur tête est globu-

---

16. *Journal of Horticulture*, 22 oct. 1861, p. 76.

17. Voir le récit des Pigeons Culbutants de Glasgow, dans *Cottage Gardener*, 1858, p. 285, ainsi que la notice de M. Brent dans *Journal of Horticulture*, 1861, p. 76.

leuse, à front redressé, ce qui l'a fait comparer par quelques amateurs [18]
« à une cerise dans laquelle on aurait planté un grain d'orge. » C'est la

Fig. 23. — Pigeon Culbutant courte-face anglais.

plus petite variété de Pigeons. M. Esquilant a eu en sa possession un
Pigeon à tête chauve âgé de deux ans, qui ne pesait à jeun que 6 onces et
5 drachmes; deux autres pesaient 7 onces. Nous avons trouvé pour poids

18. J.-M. Eaton, *Treatise on Pigeons*, 1852, p. 9.

11

du Bizet, 14 onces et 2 drs., et pour celui d'un Runt, 34 onces et 4 drs. Les Culbutants courtes-faces ont un port extrêmement redressé. la poitrine saillante, de très-petits pieds et les ailes pendantes. Dans un individu bien caractérisé, le bec ne mesurait de la pointe à la base emplumée que 0.4 de pouce ; il était exactement du double chez un Bizet sauvage. Il est vrai que les Culbutants étant plus courts que le Bizet doivent avoir effectivement le bec plus court, mais celui-ci, rapporté à la longueur du corps. se trouve encore de 0.28 de pouce trop court. Les pieds sont absolument de 0.45 de pouce, et relativement de 0,21 de pouce plus courts que ceux du Bizet. Le doigt médian ne porte que 12 ou 13 au lieu de 14 ou 15 scutelles. Les pennes primaires de l'aile sont fréquemment au nombre de neuf au lieu de dix. Les Pigeons très-améliorés de cette race courte-face ont presque perdu la faculté de culbuter; il y a cependant des exemples authentiques d'individus chez lesquels elle s'est conservée. Il existe quelques sous-variétés, telles que les Baldheads, Beards, Mottles et Almonds : cette dernière n'acquiert son plumage parfait qu'après qu'elle a mué trois ou quatre fois. On a de bonnes raisons pour croire que la plupart de ces sous-variétés, dont quelques-unes reproduisent exactement leur type, ont pris naissance depuis la publication de l'ouvrage de Moore en 1735 [19].

En résumé, et pour ce qui concerne le groupe de Pigeons Culbutants, il est difficile de concevoir une gradation plus parfaite que celle que nous avons pu suivre, depuis le Bizet, passant par les Culbutants Persans, Lotans et ordinaires, jusqu'à ces oiseaux à courte face si singuliers qu'aucun ornithologiste, ne jugeant que d'après la conformation extérieure, n'eût jamais placés dans un même genre avec le Bizet. Les différences qui se remarquent entre les termes successifs de cette série ne sont pas plus grandes que celles qu'on peut constater entre les Pigeons de colombier (*C. livia*) apportés de différents pays.

Race VIII. — *Frill-Back* (Dos-frisé) *Indien.*

Bec très-court; plumes renversées.

J'ai reçu de Madras, par Sir W. Elliot, un exemplaire de cet oiseau conservé dans l'alcool. Il diffère complétement du Frill-Back (Dos-frisé, qu'on montre souvent en Angleterre. C'est un oiseau à peu près de la taille du Culbutant ordinaire. mais son bec a les proportions de celui de nos Culbutants courtes-faces, et ne mesure que 0.46 de pouce de longueur. Toutes les plumes du corps sont renversées ou frisées en arrière. Si cet oiseau se fût rencontré en Europe, je l'eusse regardé comme une variété monstrueuse de notre Culbutant amélioré. mais les courtes-faces étant inconnus dans l'Inde, je crois qu'il faut le considérer comme une race distincte. C'est probablement la race observée au Caire par Hasselquist, en 1757, et qu'on disait importée de l'Inde.

19 J.-M. Eaton. *Treatise*, etc., edit. 1858, p. 76.

Race IX. — *Jacobin*. (Zopf ou Perrücken-Taube : Nonnains).

Plumes du cou formant un capuchon ; ailes et queue longues ; bec moyen.

Ce pigeon se reconnaît d'emblée par son capuchon qui enveloppe presque complétement la tête, et se rejoint sur le devant du cou. Ce capuchon ne paraît être que l'exagération de la crête des plumes renversées de la partie postérieure de la tête qui se remarque chez plusieurs sous-variétés, et qui dans le Latz-Taube [20], est intermédiaire entre le capuchon et la crête. Les plumes du capuchon sont allongées ; il en est de même des ailes et de la queue ; de sorte que le Jacobin, quoique plus petit comme oiseau, a l'aile repliée plus longue de 1 1/4 de pouce que celle du Bizet. En prenant pour terme de comparaison la longueur du corps sans la queue, l'aile repliée est proportionnellement à celle du Bizet, trop longue de 2 1/4 de pouce, et l'envergure trop longue de 5 1/4 de pouce. Cet oiseau est d'une nature tranquille, il remue peu et ne vole que rarement, ainsi que Bechstein et Riedel l'ont remarqué en Allemagne [21]. Ce dernier auteur signale aussi la longueur des ailes et de la queue. Le bec est proportionnellement à la grosseur du corps d'environ 0.2 de pouce plus court que dans le Bizet, mais la capacité interne de la bouche est beaucoup plus grande.

GROUPE IV.

On peut caractériser les oiseaux de ce groupe par leur ressemblance sur tous les points importants de leur structure et notamment le bec, avec le Bizet. Le Pigeon Tambour est le seul qui constitue une race bien accusée. Quant aux autres variétés et sous-races, très-nombreuses d'ailleurs, je ne signalerai que les plus distinctes parmi celles que j'ai moi-même vues et observées vivantes.

Race X. — *Pigeon Tambour*. (Glouglou ; Trommel-Taube ; Trumpeter.)

Une touffe de plumes rebouclées en avant et placées à la base du bec ; pieds emplumés ; voix très-particulière ; taille dépassant celle du Bizet.

C'est une race bien accusée dont la voix toute particulière ne ressemble en rien à celle d'aucun autre pigeon. Son roucoulement rapidement répété, se continue pendant plusieurs minutes. d'où leur nom de Tambours. Ils sont encore caractérisés par une touffe de plumes allongées, frisées au-dessus

20. Neumeister, *Taubenzucht*, tab. IV, fig. 1.
21. Riedel : *Die Taubenzucht*, 1824, p. 26. — Bechstein : *Naturg. Deutschlands*, vol. IV, p. 36, 1795.

de la base du bec, et qu'on ne rencontre dans aucune autre race. Leurs pattes sont si fortement emplumées, qu'elles ressemblent à de petites ailes. Quoique plus grands que le Bizet, leur bec a, à peu de chose près, la même longueur proportionnelle. Leurs pieds sont plutôt petits. Cette race, dont M. Brent signale deux variétés différant par la taille, était déjà bien caractérisée du temps de Moore, en 1735.

RACE XI. — *Conformation à peine différente de celle de la Columba livia sauvage.*

Sous-race I. — Laughers (Rieurs). *Taille inférieure à celle du Bizet; voix très-singulière.* — Je ne mentionne cet oiseau, qui, quoique un peu plus petit que le Bizet, lui ressemble par presque toutes ses proportions, qu'à cause de sa voix particulière, caractère qu'on regarde comme peu variable chez les oiseaux. Bien que la voix du Rieur soit fort différente de celle du Tambour, j'ai cependant eu un Tambour qui comme le Rieur ne poussait qu'une seule note. J'ai gardé deux variétés de Pigeons Rieurs qui ne différaient que par ce que l'une avait la tête couronnée; celle dont la tête était lisse et que je dois à l'obligeance de M. Brent, était remarquable, outre sa note particulière, par la nature agréable et toute spéciale de son roucoulement, qui nous a paru, tant à M. Brent qu'à moi-même, ressembler beaucoup à celui de la tourterelle. Les deux variétés viennent d'Arabie; la race était connue de Moore en 1735. On trouve mentionné dans le « Ayeen Akbery » en 1600, un Pigeon qui articule les deux sons yak-roo, et qui appartient probablement à cette même race. Sir W. Elliot m'a envoyé de Madras un pigeon nommé Yahui, qu'on dit originaire de la Mecque, et qui ne diffère pas du Rieur par son apparence; sa voix est profonde et mélancolique, et répète constamment yahu. Ce mot yahu signifie oh! Dieu; et Sayzid Mohammed Musari dans son ouvrage, écrit il y a cent ans environ, dit qu'on n'emploie pas ces oiseaux parce qu'il prononcent le nom du Dieu puissant. Je tiens cependant de M. Keith Abbott, qu'en Perse le Pigeon commun s'appelle Yahoo.

Sous-race II. — Frill-Back (Dos-frisé) *commun* (Die Strupp-Taube). *Bec plus long que chez le Bizet; plumes renversées.* — Cet oiseau est plus grand que le Bizet, et a le bec relativement au corps un peu (0,04 de pouce) plus long. Les plumes, surtout celles des couvertures de l'aile ont leurs pointes frisées en dessus ou en arrière.

Sous-race III. — Pigeons Coquilles (Nuns). — Ces élégants oiseaux sont plus petits que le Bizet; leur bec, égal en épaisseur à celui de ce dernier, est absolument de 0.17, et proportionnellement à la taille du corps, de 0,1 de pouce plus court. Les scutelles sur les tarses et les doigts sont de couleur noir plombé chez les jeunes, caractère remarquable (quoiqu'on l'observe à un moindre degré dans quelques autres races), parce que dans toutes les races, la couleur des pattes varie très-peu à l'état adulte. J'ai deux ou trois fois compté treize ou quatorze pennes caudales, ce qui se rencontre aussi dans une race à peine distincte qu'on nomme Casques. Les

Pigeons Coquilles sont symétriquement colorés, ils ont la tête, les pennes primaires des ailes, la queue et les tectrices caudales de même couleur, rouge ou noire, et le reste du corps blanc. Depuis Aldrovande qui écrivait en 1600, cette race a conservé ses caractères. J'ai reçu de Madras des oiseaux presque semblables par leur coloration.

Sous-race IV. — *Spots.* (Die Bläss-Taube; Pigeons Heurtés).—Très-peu plus grands que le Bizet, ces oiseaux ont un bec légèrement plus petit, mais des pieds décidément plus petits que le Bizet. La coloration est symétrique; ils ont une tache sur le front, les tectrices alaires et caudales d'une même couleur, le reste du corps étant blanc. Cette race existait en 1676 [22]; et en 1735 Moore a constaté qu'elle reproduisait déjà exactement son type comme cela est aujourd'hui le cas.

Sous-race V. — *Hirondelles.* — Ces oiseaux mesurés soit par leur envergure, soit de l'extrémité du bec à celle de la queue, sont plus grands que le Bizet, mais leur corps est moins massif, et leurs pattes plus petites. Le bec est de même longueur mais plus mince. Leur apparence générale est en somme assez différente de celle du Bizet. La tête et les ailes sont de même couleur, le reste du corps étant blanc. On dit qu'ils ont un vol particulier. La race paraît être récente, mais son origine est antérieure à 1795 en Allemagne, car elle est déjà décrite par Bechstein.

Outre les diverses races que nous venons de décrire, il a existé récemment en France et en Allemagne, quatre ou cinq sortes bien distinctes qui y existent peut-être encore. D'abord, le Pigeon Carme, que je n'ai point vu, mais qu'on décrit comme petit, ayant les jambes courtes, et un bec extrêmement court; ensuite le Finnikin, qui est actuellement éteint en Angleterre. Ce Pigeon, d'après Moore (1735) [23], portait à la partie postérieure de sa tête une touffe de plumes descendant le long du dos, et simulant une crinière. « A l'époque des amours, il s'élève au-dessus de la femelle et tourne autour d'elle trois ou quatre fois en battant des ailes, puis il se retourne et en fait autant de l'autre côté. » Le Turner (tournant) d'autre part, « dans les mêmes circonstances, ne tourne que d'un côté. » Je ne sais si on peut se fier à toutes ces affirmations, mais après ce que nous avons vu à propos du Pigeon Culbutant de l'Inde, on peut croire à l'hérédité de quelque habitude que ce soit. MM. Boitard et Corbié ont décrit un Pigeon [24] qui a l'habitude de planer fort longtemps dans l'air sans battement d'ailes, comme les oiseaux de proie. Depuis le temps d'Aldrovande en 1600 jusqu'à ce jour, il y a une inextricable confusion dans les récits publiés sur une foule de Pigeons, remarquables par le mode de leur vol. M. Brent a vu en Allemagne une de ces races dont les plumes alaires étaient fortement endommagées par le choc constant des deux ailes pendant le vol, mais il ne l'a pas vue voler. Un ancien échantillon de Finnikin conservé empaillé au British Museum, ne présente pas de caractère particulier. On trouve dans quelques traités, la mention d'un Pigeon à queue fourchue, et comme

22. Willoughby's *Ornithology*, édit. par Ray.
23. Édition de J.-M. Eaton, 1858, p. 98.
24. Pigeon-pattu-Plongeur. *Les Pigeons*, etc., p. 165.

Bechstein[25] décrit et figure cet oiseau avec une queue ayant tout à fait la structure de celle de l'hirondelle, il faut qu'il ait une fois existé, car cet auteur était trop bon naturaliste pour avoir pu confondre une espèce distincte avec un pigeon domestique.

Enfin, on a dernièrement exposé à la société Philoperisteron de Londres[26], un pigeon extraordinaire importé de Belgique, qui réunissait la couleur d'un Archange à la tête du Pigeon Bibou ou Barbe, et dont le caractère le plus frappant était la longueur des pennes caudales et alaires, celles-ci se croisant au delà de la queue, et donnant à l'oiseau l'apparence d'un martinet gigantesque, ou d'un faucon à longues ailes. M. Tegetmeier m'apprend que cet oiseau ne pesait que 10 onces, avait 15 pouces 1/2 de longueur du bout du bec à l'extrémité de la queue, et 32 pouces 1/2 d'envergure: le Bizet sauvage pèse 14 onces 1/2, mesure 15 pouces de l'extrémité du bec à celle de la queue, et n'a que 26 pouces 3/4 d'envergure.

J'ai maintenant décrit tous les Pigeons domestiques qui me sont connus, en en ajoutant quelques-uns d'après des autorités dignes de foi. Je les ai classés en quatre groupes (dont le troisième est artificiel), pour marquer leurs affinités réciproques et leurs degrés de différences. Les divers Pigeons que j'ai examinés forment onze races, comprenant plusieurs sous-races et présentant entre elles des différences auxquelles, s'il s'était agi d'animaux à l'état de nature, on aurait certainement attribué une valeur spécifique. Les sous-races comprennent de même bien des variétés constantes et héréditaires, de sorte que, comme nous l'avons déjà dit antérieurement, il doit exister environ 150 sortes de Pigeons qu'on peut bien distinguer, quoique pour la plupart par des caractères de faible importance. Un grand nombre des genres admis par les ornithologistes dans les Colombides, ne différant que peu les uns des autres, il n'est pas douteux que plusieurs de nos formes domestiques bien caractérisées, trouvées à l'état sauvage, n'eussent donné lieu à la formation d'au moins cinq genres nouveaux. Ainsi on en aurait établi un pour recevoir le Grosse-gorge anglais amélioré : un second pour les Messagers et les Runts, genre qui eût été étendu, car il eût dû comprendre les Runts espagnols ordinaires sans peau verruqueuse, les Becs-courts comme le Tronfo, et le Messager anglais amélioré. Un troisième genre eût dû être créé pour le Barbe, un quatrième

25. *Naturgeschichte Deutschlands.* vol. IV, p. 47.
26. W.-B. Tegetmeier : *Journal of Horticulture*, 20 janv., 1863, p. 58.

pour le Pigeon Paon, et enfin, un cinquième pour les Pigeons à bec court sans peau verruqueuse, comme les Pigeons à cravate, et les Culbutants courtes-faces. Les autres formes domestiques auraient pu être réunies avec le Bizet dans un même genre.

Variabilité individuelle. Variations remarquables. — Les différences que nous avons jusqu'à présent étudiées caractérisent certaines races; mais il en est d'autres qu'on a pu observer, soit dans certains individus, soit souvent dans certaines races, sans cependant en être caractéristiques. Ces différences individuelles ont de l'importance, car, dans la plupart des cas, elles auraient pu être conservées, accumulées par l'action de la sélection humaine, et devenir ainsi l'occasion de modifications dans les races existantes, ou de la formation de nouvelles. Les amateurs ne remarquent et ne choisissent que les différences légères qui sont extérieurement visibles; mais toutes les parties de l'organisation sont si intimement liées entre elles par la corrélation de croissance, qu'une modification sur un point est presque toujours accompagnée de changements sur d'autres. Pour notre but, toutes modifications, quelles qu'elles soient, ont de l'importance, mais leur importance sera d'autant plus grande, qu'elles porteront sur des parties qui ne varient pas ordinairement. Toute déviation visible d'un caractère dans une race bien affermie, est actuellement considérée comme une tare et rejetée, mais il n'en résulte pas pour cela qu'autrefois, avant que des races bien caractérisées eussent été formées, on ait toujours agi de même; on a dû au contraire conserver à titre de nouveauté ou de curiosité ces déviations qui se seront peu à peu augmentées sous l'influence d'une sélection inconsciente, comme nous le verrons clairement par la suite.

J'ai pris dans les diverses races un grand nombre de mesures des différentes parties du corps, et ne les ai presque jamais trouvées identiques dans les individus d'une même race; — les différences étaient plus grandes que cela n'a ordinairement lieu dans les espèces sauvages. Le nombre des pennes primaires des ailes et de la queue est généralement constant chez les oiseaux sauvages, et caractérise non-seulement des genres, mais quelquefois des familles. Quand les rectrices sont exceptionnellement nombreuses, comme dans le cygne, elles sont sujettes à varier quant au nombre, mais ceci ne s'applique pas aux espèces et genres des Colombidés qui, autant que j'ai pu m'en assurer, n'ont jamais moins de douze, ni plus de seize rectrices, nombres qui, à de rares exceptions près, caractérisent des sous-familles entières [27]. Le Bizet à douze rectrices. Dans les Pigeons Paons, nous avons vu que leur nombre varie de quatorze à quarante-deux. J'en ai compté vingt-deux et vingt-sept sur deux jeunes oiseaux d'un même nid. Les Grosses-gorges ont souvent des plumes supplémentaires, j'en ai plusieurs fois trouvé quatorze ou quinze chez mes oiseaux. Un individu appartenant à M. Bult, et vu par Yarrell, en avait dix-sept. J'ai eu un Pigeon *Nun* avec treize et un autre avec quatorze rectrices, et sur un Casque, forme à peine distincte de la précédente, j'en ai trouvé quinze. D'autre part un Dragon de M. Brent n'en avait que dix, et un des miens, descendant de ceux de M. Brent, onze. Chez un Culbutant à tête chauve, j'en ai trouvé dix, M. Brent a vu deux Pigeons Culbutants aériens dont l'un en avait ce même nombre et l'autre quatorze. Deux oiseaux de cette race élevés par M. Brent, présentaient quelques particularités : — l'un avait les plumes centrales de la queue un peu divergentes; l'autre avait les deux pennes extérieures un peu plus longues que les autres (de 3/8 de pouce), de sorte que dans ces deux cas la queue offrait une tendance à devenir fourchue, mais de deux manières différentes. Ceci nous explique comment une race à queue d'hirondelle, comme celle décrite par Bechstein, peut avoir été formée par une sélection suivie.

Le nombre de pennes primaires de l'aile est, chez les Colombidés, de neuf ou dix. Le Bizet en a dix, mais je n'en ai compté que neuf dans huit Culbutants courtes-faces; ce chiffre a été remarqué par les éleveurs, la présence de dix rémiges primaires de couleur blanche, étant un des traits saillants des Culbutants courtes-faces chauves. M. Brent a cependant vu un Pigeon Culbutant (non courte-face), qui avait onze rémiges primaires. M. Corker, célèbre éleveur de Messagers, me dit avoir compté onze pennes primaires chez quelques-uns de ses oiseaux. Sur deux Grosses-gorges, j'en ai trouvé onze sur une des ailes. Trois éleveurs m'assurent en avoir observé douze dans des Scanderoons, mais comme Neumeister a constaté dans le Pigeon Florentin voisin, que la rémige médiane est souvent double, le nombre douze a pu résulter de ce que deux des dix rémiges primaires portaient deux tiges sur une même base. Les rémiges secondaires sont difficiles à compter et paraissent varier de douze à quinze. Les longueurs de la queue et des ailes comparées soit entre elles, soit relativement au corps, varient certainement, et je l'ai surtout remarqué chez les Jacobins. Dans la superbe collection de Grosses-gorges de M. Bult, on remarque de grandes variations dans la longueur de la queue et des ailes, qui devient quelquefois telle que l'animal ne peut presque plus se redresser. Je n'ai observé que peu de variations dans la longueur relative des pennes primaires, et d'après M. Brent, la forme de la première penne primaire ne varie que très-légèrement. Mais la variation sur ces derniers points est excessivement

27. *Coup d'œil sur l'ordre des Pigeons*, par C.-L. Bonaparte. Comptes rendus, 1854-55. — Blyth : *Ann of nat. hist.*, vol. XIX, 1847, p. 11, mentionne le fait singulier de deux espèces d'Ectopistes, formes voisines, dont l'une a 11 plumes caudales, tandis que l'autre, le Pigeon Messager de l'Amérique du Nord, n'en a que le nombre ordinaire de 12.

faible, comparée à celle qu'on observe souvent dans les espèces naturelles des Colombides.

J'ai rencontré des différences considérables dans le bec d'oiseaux d'une même race, ainsi dans les Jacobins et les Tambours. Il y a souvent une différence très-marquée dans la forme et la courbure du bec chez les Messagers; il en est de même dans d'autres races : ainsi j'ai eu deux familles de Barbes noires, qui différaient sensiblement par la courbure de leur mandibule supérieure. Deux Pigeons Hirondelles m'ont présenté une grande différence dans la largeur de la bouche. J'ai vu des Pigeons Paons de premier choix, avoir le cou plus long et plus mince que d'autres. Nous avons constaté chez tous les Pigeons Paons (la sous-race de Java exceptée) l'atrophie de la glande graisseuse, et je puis ajouter que cette atrophie est héréditaire, au point que, dans quelques métis de Pigeons Paons et de Grosses-gorges (quoique pas chez tous), la glande graisseuse manque. J'ai constaté également son absence sur un Pigeon Hirondelle et sur deux Pigeons Coquilles.

Le nombre de scutelles des doigts varie souvent dans la même race, et diffère même sur les deux pattes du même animal; le Bizet du Shetland en a quinze sur le doigt médian et six sur le postérieur; un Runt en portait sur les mêmes doigts seize et huit, et un Culbutant courte-face douze et cinq. Dans le Bizet, il n'y a pas de membrane interdigitale appréciable, mais j'ai pu constater l'existence d'une membrane ayant 1/4 de pouce de développement entre les deux doigts internes d'un Pigeon Heurté et d'un Coquille. D'autre part, comme nous le verrons avec plus de détails, les pigeons dont les pattes sont emplumées, ont généralement les bases de leurs doigts externes réunies par une membrane. J'ai eu un Culbutant rouge, dont le roucoulement assez différent de celui de ses pareils, se rapprochait par l'intonation de celui du Rieur; cet oiseau avait à un degré que je n'ai vu chez aucun autre Pigeon, l'habitude de marcher avec ses ailes déployées et voûtées d'une manière fort élégante. Je n'ai pas besoin d'insister sur la grande variabilité qu'offrent toutes les races, quant à la taille, la coloration, l'emplumage des pattes, et le renversement des plumes sur le derrière de la tête; je mentionnerai cependant un Pigeon Culbutant [28] exposé au Palais de Cristal, et remarquable par une touffe irrégulière de plumes qui ornait sa tête, analogue à celle du coq huppé. M. Bult éleva accidentellement une femelle de Jacobin portant sur la cuisse des plumes assez longues pour toucher terre; un mâle présentant quoique à un moindre degré, la même particularité, il appaira ces deux oiseaux et en obtint des produits semblables, qui furent exposés au Philoperisteron Club. J'ai élevé un Pigeon métis qui avait des plumes fibreuses, et les pennes des ailes et de la queue si courtes et imparfaites qu'il ne pouvait pas même voler à un pied de hauteur.

Le plumage des Pigeons présente souvent des particularités singulières et héréditaires; ainsi certains Culbutants (Almond-

28. Décrit et figuré dans *Poultry chronicle*, vol. III, 1855, p. 82.

Tumblers), n'acquièrent leur plumage pommelé complet, qu'après trois ou quatre mues. Un autre (Kite-Tumbler) qui est d'abord moucheté de noir et de rouge avec aspect barré, devient, après la chute de ses premières plumes, presque noir, avec la queue ordinairement bleuâtre, et une teinte rougeâtre sur les barbes internes des rémiges primaires [29]. Neumeister décrit une race noire portant sur ses ailes des bandes blanches, et sur la poitrine une marque en forme de croissant de la même couleur ; ces marques sont généralement d'un rouge sale avant la première mue, mais elles changent après la troisième ou quatrième ; les rémiges et le sommet de la tête deviennent alors blancs ou gris [30].

Un fait important, qui, à ce que je crois, ne souffre pas une seule exception, est la variabilité excessive des caractères spéciaux pour lesquels on estime telle ou telle race ; ainsi, dans le Pigeon Paon, le nombre et la direction des plumes de la queue, le port de l'oiseau, le degré de tremblement de son corps, sont toutes choses extrêmement variables ; il en est de même, chez les Grosses-gorges, de la forme du jabot gonflé, et du degré de distension auquel il peut arriver ; chez le Messager, de la longueur, la largeur, la courbure du bec, et de la quantité de peau verruqueuse qui le recouvre ; chez les Culbutants courtes-faces, de la brièveté du bec, de la saillie du front et du port de l'ensemble [31] ; chez une variété (Almond-Tumbler), de la couleur du plumage ; chez les Culbutants communs, de la façon de culbuter ; chez les Barbes, de l'étendue de la peau dénudée autour des yeux et de la brièveté du bec ; de la taille chez les Runts ; de la fraise chez les Pigeons à cravate ; et enfin chez les Tambours, du roucoulement, ainsi que de la grosseur de la touffe de plumes qui surmonte les narines. Ces caractères, qui sont les traits distinctifs des diverses races, recherchés par les éleveurs et, à ce titre, l'objet d'une sélection soutenue et toute spéciale de leur part, sont tous excessivement variables.

Il est intéressant d'observer que les caractères principaux des diverses races sont ordinairement le plus fortement déve-

29. B.-P. Brent : *Pigeon Book.* 1859, p. 41.
30. *Die Staar halsige Taube.* O. C., p. 21, tab. 1 (1).
31. J.-M. Eaton : *Treatise on the Almond-Tumbler.* 1852, p. 8.

loppés chez les mâles. Dans les Messagers, cela se remarque pour le développement de la peau verruqueuse ; j'ai cependant vu une femelle de cette race appartenant à M. Haynes, et chez laquelle les caroncules étaient considérables. Sur vingt Pigeons Barbes appartenant à M. P. H. Jones, j'apprends, par M. Tegetmeier, que les anneaux de peau verruqueuse entourant les yeux étaient le plus developpés chez les mâles. M. Esquilant admet aussi cette règle, mais M. H. Weir, juge des plus compétents, élève quelques doutes sur ce point. Les Grosses-gorges mâles peuvent distendre leurs jabots à un bien plus haut degré que les femelles ; j'ai bien vu une femelle appartenant à M. Évans qui pouvait se gonfler très-fortement, mais le fait est exceptionnel. M. H. Weir, l'heureux éleveur de Pigeons Paons très-estimés, m'apprend que ces oiseaux mâles ont fréquemment un plus grand nombre de rectrices que les femelles. D'après M. Eaton [32], si deux Grosses-gorges mâle et femelle étaient d'égal mérite, la femelle vaudrait le double du mâle ; or, comme les Pigeons s'associent toujours par paires, ce qui exige pour la reproduction un nombre égal des deux sexes, il en résulte que les qualités de mérite sont plus rares chez les femelles que chez les mâles. Il n'y a pas de différence entre les deux sexes dans le développement de la fraise des Turbits, du capuchon des Jacobins, ou de la touffe des Tambours ; il n'y en a pas non plus dans les sauts périlleux des Culbutants. Je signalerai ici un cas un peu différent, celui de l'existence en France [33] d'une variété de Grosses-gorges de couleur vineuse, dont le mâle a généralement le plumage marqueté de noir, ce qui n'a jamais lieu pour la femelle. Le Dr Chapuis [34] signale aussi que chez certains Pigeons de couleur claire, les mâles ont les plumes marquées de stries noires, qui s'accroissent à chaque mue, de sorte que le mâle devient finalement tout tacheté de noir. Chez les Messagers, la peau dénudée et verruqueuse tant du bec que des yeux, et chez les Barbes celle des yeux, augmente avec l'âge. Ce renforcement des caractères avec l'âge, et surtout les différences que nous avons constatées entre les mâles et les femelles sont remar-

<hr>

32. *O. C.*, p. 10.
33. Boitard et Corbié : *O. C.*, p. 173.
34. *Le Pigeon voyageur belge*, 1865, p. 87.

quables, car chez le Bizet sauvage, on ne trouve à aucun âge
de différences sensibles entre les deux sexes, et très-rarement
dans toute la famille des Colombides [35].

CARACTÈRES OSTÉOLOGIQUES.

Il y a une grande variabilité dans les squelettes des différentes races; et bien que quelques différences se présentent
souvent, et d'autres rarement dans certaines races. il n'en
est aucune qu'on puisse regarder comme caractérisant absolument une race donnée. Si nous considérons que les races
domestiques fortement accusées, ont été principalement formées par la puissance de la sélection humaine, nous ne devons
pas nous attendre à trouver dans le squelette de différences ni
grandes ni constantes ; car les éleveurs ne voient ni ne s'inquiètent des modifications de conformation de la charpente
intérieure. Nous ne devons pas non plus nous attendre à trouver des changements dans le squelette par suite de changements d'habitudes ; car à l'état domestique, les races les plus
différentes sont toutes soumises au même régime, et ne sont
ni libres d'errer à l'aventure, ni obligées de se procurer leur
nourriture par des moyens divers. Au surplus, en comparant
les squelettes des *Columba livia. œnas, palumbus* et *turtur*,
que tous les classificateurs ont groupés sous deux ou trois
genres distincts quoique voisins, je ne vois entre eux que des
différences très-légères et certainement moindres que celles
qu'on peut constater entre les squelettes des races domestiques les plus distinctes. Je ne puis apprécier le degré de
constance du squelette du Bizet, n'ayant pu en examiner que
deux.

Crâne. Les os pris individuellement. et surtout ceux de la base. ne
diffèrent pas dans la forme. Mais le crâne entier. par son contour. ses proportions et les rapports réciproques des os. diffère beaucoup dans quelques
races. comme le montre la comparaison des figures du Bizet (A), du Cul-

---

35. Prof. A. Newton, *Proc. Zool. Soc.*. 1865, p. 716. dit qu'il ne connaît aucune espèce présentant quelque distinction sexuelle remarquable ; mais il est signalé dans *Nat. Lib. Birds*,
vol. IX, p. 117, que l'excroissance de la base du bec du *Carpophaga oceanica* est sexuelle ;
ce fait, s'il est exact, constituerait un point intéressant d'analogie avec le Messager mâle.
dont les caroncules de la base du bec sont beaucoup plus développés que chez la femelle.
M. Wallace m'apprend que dans la sous-famille des Treronidae. les sexes diffèrent souvent entre eux par l'éclat des couleurs.

butant courte-face (B), du Messager anglais (C), et du Messager Bagadotten (D) (de Neumeister). Dans le Messager, outre l'allongement des os
de la face, l'espace interorbitaire est proportionnellement plus étroit que
dans le Bizet. La mandibule supérieure du Bagadotten est fortement arquée,
et les maxillaires supérieurs sont proportionnellement plus larges. Le crâne

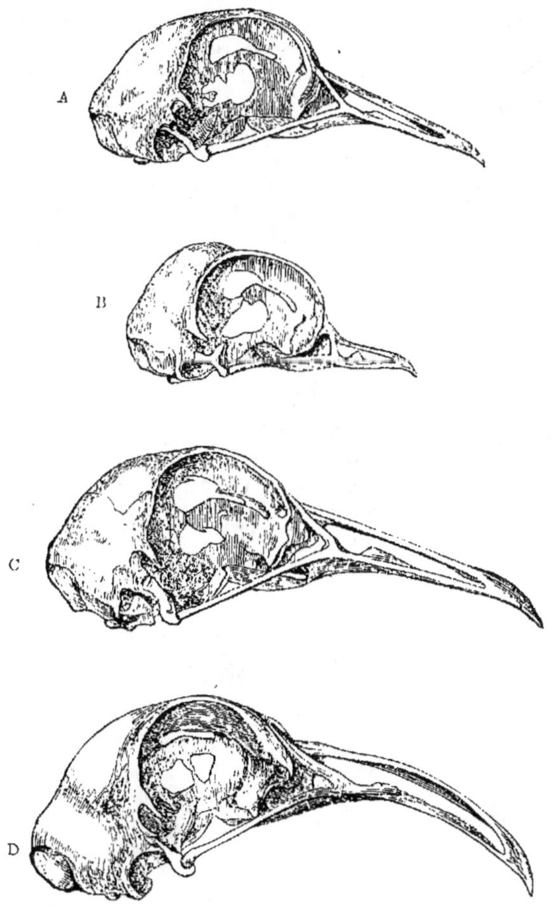

Fig. 24. — Crânes de pigeons, gr. nat., vus latéralement. — A. Bizet sauvage,
C. livia. — B. Culbutant courte-face. — C. Messager anglais. — D. Messager Bagadotten.

est plus globuleux chez le Culbutant courte-face; tous les os de la face sont
raccourcis, le devant du crâne et les os nasaux sont presque perpendicu-
laires: l'arcade maxillo-jugale et les maxillaires forment une ligne presque
droite; l'espace entre les bords saillants des orbites est déprimé. Dans le
Barbe, les maxillaires supérieurs sont fort raccourcis, leur portion anté-

rieure est plus épaisse que dans le Bizet, ainsi que la partie inférieure de
l'os nasal. Les branches ascendantes des maxillaires étaient atténuées à leur
extrémité, dans deux Pigeons Coquilles et, chez ces oiseaux comme chez
quelques autres, la crête occipitale était beaucoup plus saillante au-dessus
du trou occipital que dans le Bizet.

La surface articulaire de la mâchoire inférieure est, dans beaucoup de
races, proportionnellement plus petite que dans le Bizet, et le diamètre vertical de la partie extérieure de la surface articulaire est notamment beaucoup plus court. Ce fait ne s'explique-t-il pas par une diminution dans
l'activité des mâchoires, par suite de la nourriture abondante et riche que,
depuis une longue période, on met à la disposition des Pigeons améliorés?
Dans les Runts, les Messagers et les Barbes (et à un moindre degré dans
quelques autres races), le bord supérieur de la mâchoire inférieure est, du
côté de l'extrémité articulaire remarquablement recourbé en dedans, et, à
partir du milieu, se recourbe en dehors également d'une manière remarquable, comme le montre la figure 25 (B et C).

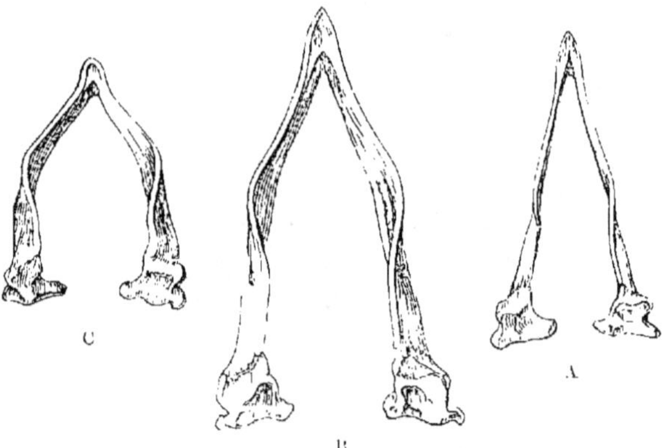

Fig. 25. — Mâchoires inférieures vues de dessus, gr. nat. — A. Bizet. — B. Runt.
— C. Barbe.

Cet écartement du bord supérieur de la mâchoire inférieure est évidemment en rapport avec la grande ouverture de la bouche, que nous avons
décrite chez ces races. Elle est bien apparente dans la tête du Runt vue en
dessus, fig. 26, où on remarque de chaque côté, entre les bords de la
mâchoire inférieure et ceux des maxillaires supérieurs, un large vide qui
n'existe pas dans le Bizet et quelques races domestiques, chez lesquelles
les bords de la mâchoire inférieure s'appliquent exactement contre les
maxillaires supérieurs.

Quelques races diffèrent encore, à un degré extraordinaire, par la courbure en dessous de la moitié terminale de la mâchoire inférieure, comme le
montre la fig. 27. Dans quelques Runts, la symphyse de la mâchoire inférieure est très-solide. Jamais personne n'aurait cru que des mâchoires

aussi différentes sur les points que nous venons d'indiquer, aient pu appartenir à la même espèce.

Vertèbres. Toutes les races ont douze vertèbres cervicales [36]. Dans un Messager Bassorah de l'Inde, la douzième portait une petite côte d'un quart de pouce de longueur et ayant une double articulation parfaite.

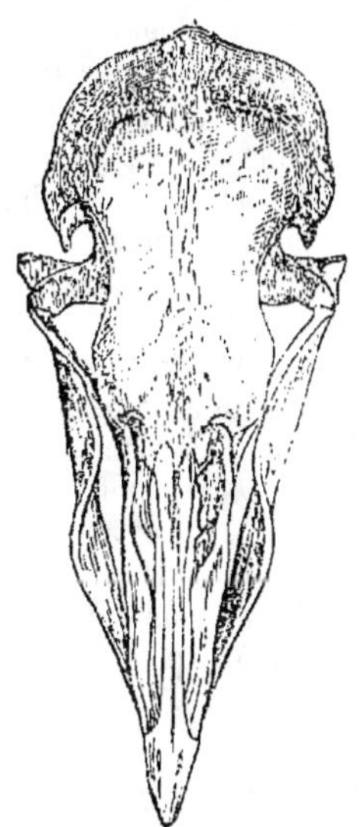

Fig. 26. — Crâne de Runt, vu en dessus, gr. nat., montrant le bord réfléchi de la partie antérieure de la mâchoire inférieure.

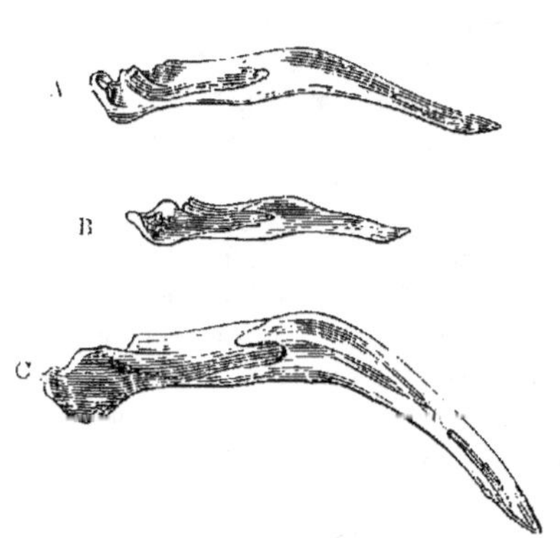

Fig. 27. — Vue latérale des mâchoires, gr. nat. — A. Bizet. — B. Culbutant courte-face. — C. Messager Bagadotten.

Les *vertèbres dorsales* sont toujours au nombre de huit, et portent toutes des côtes chez le Bizet; la huitième est très-mince, et la septième n'a pas d'apophyse. Chez les Grosses-gorges, toutes les côtes sont très-larges, et sur quatre squelettes que j'ai examinés, trois avaient la huitième côte deux et même trois fois plus large que celle du Bizet, et la septième portait des apophyses distinctes. Dans plusieurs races il n'y a que sept côtes ; c'est ce que j'ai trouvé dans sept squelettes de Culbutants sur huit, dans plusieurs squelettes de Paons et quelques autres encore. Dans ces races, la septième paire est petite, dépourvue d'apophyses, ce qui la fait différer de sa correspondante dans le Bizet.

J'ai constaté l'absence d'apophyse à la sixième côte chez un Culbutant ainsi que chez le Messager de Bassorah. L'apophyse inférieure de la seconde dorsale varie beaucoup dans son développement. Elle est quelquefois (chez

36. Je ne suis pas très-certain d'avoir désigné correctement les différentes espèces de vertèbres, car je remarque que les anatomistes suivent sous ce rapport des règles différentes; mais comme je me sers des mêmes termes dans la comparaison de tous les squelettes, le fait n'aura, je l'espère, pas d'importance.

les Culbutants, mais pas tous) presque aussi saillante que celle de la troisième dorsale, et les deux apophyses tendent à former ensemble une arcade osseuse. Le développement de l'arcade constituée par les apophyses inférieures des troisième et quatrième dorsales, varie aussi beaucoup, ainsi que la grandeur de l'apophyse inférieure de la cinquième vertèbre.

Le Bizet a douze *vertèbres sacrées ;* elles varient en nombre, en grandeur et sont plus ou moins distinctes suivant les races. Il y en a treize et même quatorze chez les Grosses-gorges dont le corps est allongé ; nous constaterons aussi tout à l'heure chez ces oiseaux un nombre supplémentaire de vertèbres caudales. Les Messagers et les Runts en ont ordinairement douze, mais dans un Runt j'en ai une fois rencontré onze seulement, ainsi que dans le Messager de Bassorah. Les Culbutants ont de onze à treize vertèbres sacrées.

Les *vertèbres caudales* sont au nombre de sept chez le Bizet. Il y en a huit ou neuf (une fois dix) chez les Pigeons Paons, dont la queue est si fortement développée ; elles sont un peu plus longues que dans le Bizet, et leur forme varie considérablement. Les Grosses-gorges ont aussi huit ou neuf vertèbres caudales. J'en ai vu huit dans un Jacobin et un Coquille. Les Culbutants ont toujours le nombre normal de sept ainsi que les Messagers, à l'exception d'un individu chez lequel je n'en ai trouvé que six.

La table suivante résume les déviations les plus remarquables que j'aie observées dans le nombre des vertèbres et des côtes :

	BIZET.	GROSSE-GORGE de M. Bult.	CULBUTANT hollandais.	MESSAGER de Bassorah.
Vertèbres cervicales..	12	12	12	12 La 12ᵉ portait une petite côte.
Vertèbres dorsales...	8	8	8	8
Côtes...............	8 La 6ᵉ paire avec apophyse, la 7ᵉ sans.	8 Les 6ᵉ et 7ᵉ paires avec apophyses.	7 Les 6ᵉ et 7ᵉ paires sans apophyses.	7 Les 6ᵉ et 7ᵉ paires sans apophyses.
Vertèbres sacrées....	12	14	11	11
Vertèbres caudales...	7	8 ou 9	7	7
Vertèbres totales...	39	42 ou 43	38	38

Le *bassin* diffère très-peu dans les diverses races. Le bord antérieur de l'ilion est parfois plus également arrondi, l'ischion plutôt plus allongé, et le trou obturateur, comme dans beaucoup de Culbutants, moins développé que dans le Bizet. Les bords de l'ilion sont très-saillants chez la plupart des Runts. Je n'ai pas remarqué de différences dans les os des extrémités, si ce n'est dans leurs longueurs relatives. Ainsi le métatarse d'un Grosse-gorge mesurait 1,65 de pouce, celui d'un Culbutant courte-face n'avait que 0,95 de pouce ; la différence est donc bien plus grande qu'elle ne devrait l'être d'après les proportions des corps ; mais les jambes longues chez le Grosse-gorge et courtes chez le Culbutant sont précisément les points sur lesquels les éleveurs ont exercé leur sélection. L'omoplate est plus droite dans quelques Grosses-gorges, et la pointe moins allongée dans quelques Culbutants que dans le Bizet ;

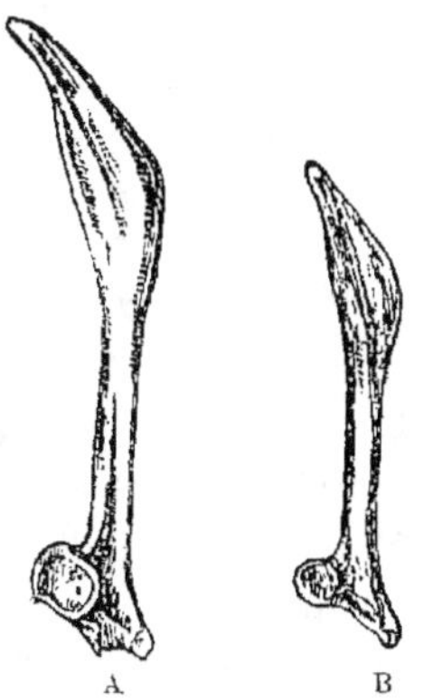

Fig. 28. — Omoplates, gr. nat. — A. Bizet. — B. Culbutant courte-face.

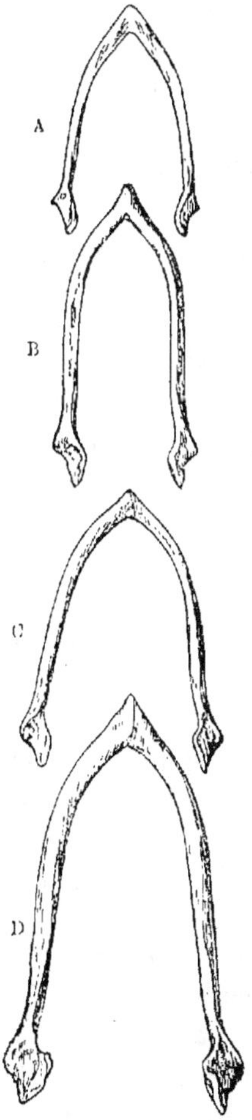

nous donnons, fig. 28, l'omoplate du Bizet (A) et celle d'un Culbutant courte-face (B). Dans quelques Culbutants, les apophyses coracoïdes qui reçoivent les extrémités de la fourchette, forment une cavité plus parfaite que chez le Bizet : dans les Grosses-gorges, ces apophyses sont plus grandes et d'une autre forme ; et l'angle externe de l'extrémité coracoïdienne qui s'articule au sternum est plus obtus.

Les deux bras de la *fourchette* divergent moins relativement à leur longueur, dans les Grosses-gorges que dans le Bizet, et la symphyse est pointue et plus forte. Le degré de divergence des deux branches de la fourchette varie considérablement. Dans la fig. 29, B et C représentent les fourchettes de deux Pigeons Paons, et montrent visiblement que celle représentée en B a ses branches moins divergentes que celles du petit Pigeon Culbutant courte-face (A) ; tandis que celle figurée en C les a aussi divergentes que le Bizet, ou que le Grosse-gorge (D), bien que ce dernier soit un oiseau plus grand. Le contour des extrémités de la fourchette, s'articulant aux apophyses coracoïdes, varie beaucoup.

Fig. 29. — Fourchettes, g. nat. A. Culbutant courte-face. — B. C. Pigeons Paons. — D. Grosse-gorge.

Les différences de forme sont légères dans le *sternum* à l'exception des dimensions et des contours des perforations, qui sont quelquefois petites même dans les grandes races, circulaires ou allongées comme c'est souvent le cas dans les Messagers. Les perforations postérieures sont souvent incomplètes, restant ouvertes en arrière. Les apophyses marginales qui forment les perforations antérieures varient beaucoup dans leur développement ; il en est de même du degré de convexité de la partie postérieure du sternum, qui devient parfois presque plate. Le manubrium est plus saillant dans quelques individus que dans d'autres, et l'orifice qui se trouve au-dessous varie beaucoup dans sa grandeur.

Corrélation de croissance. — Je désigne par cette expression la liaison intime qui existe entre toutes les parties de l'organisation, et qui est telle, que toute variation d'une d'entre elles entraîne des variations dans d'autres. Quant à déterminer laquelle de deux variations coexistantes doit être regardée comme cause ou effet de l'autre, c'est ce que nous ne pouvons presque jamais faire ; mais le point intéressant pour nous est celui-ci, que les éleveurs ayant par une sélection soutenue de variations légères, modifié fortement certaines parties de l'organisation, ont en même temps et involontairement produit, par ce fait, des modifications sur d'autres points. Ainsi la sélection a agi sur le bec ; celui-ci augmentant ou diminuant de longueur, la langue a aussi augmenté ou diminué, quoique peut-être pas en proportion exacte ; car dans un Barbe et un Courte-face, ayant tous deux le bec très-court, la langue comparée à celle du Bizet, ne se trouvait pas assez raccourcie ; tandis que dans deux Messagers et un Runt, la langue, proportionnellement au bec, n'était pas assez allongée. Dans un Messager anglais de premier ordre, dont le bec mesuré de la pointe à la base emplumée, avait trois fois la longueur de celui d'un Culbutant Courte-face, la langue n'était que deux fois aussi longue. La longueur de la langue varie du reste indépendamment de celle du bec : ainsi dans un Messager, le bec ayant 1,2, la langue avait 0,67 de pouce de longueur ; tandis que dans un Runt égal par son envergure et sa taille au Messager, le bec avait 0,92, la langue 0,73 de pouce de longueur, et était par conséquent réellement plus longue que celle du Messager au long bec. La langue du Runt était aussi très-large à sa racine. De deux Runts, l'un avait le bec plus long de 0,23, et la langue plus courte de 0,14 de pouce que l'autre.

La longueur de la fente qui constitue l'orifice externe des narines, varie suivant l'accroissement ou la diminution du bec, mais pas dans une proportion exacte, car prenant pour terme

de comparaison le Bizet, l'orifice nasal du Culbutant courte-
face n'était pas raccourci proportionnellement à son petit bec.
D'un autre côté (chose qu'on ne pouvait prévoir) dans trois
Messagers anglais, un Bagadotten, et dans un Pigeon Cygne,
l'orifice nasal était, toutes proportions gardées, et comparé au
Bizet, trop long d'un dixième de pouce. Dans un Messager,
l'orifice des narines était trois fois plus long que dans le Bizet,
bien que, par sa taille et sa longueur de bec, il fût loin d'être
le double de ce dernier. Cette augmentation de longueur des
ouvertures nasales paraît être en corrélation avec l'augmentation de la peau verruqueuse qui surmonte la mandibule
supérieure et les narines, caractère recherché par les éleveurs, et qui est pour eux un objet de sélection. Il en est de
même du large cercle de peau nue et verruqueuse qui entoure
les yeux des Messagers et des Barbes, lequel est en corrélation
évidente avec le développement des paupières qui, mesurées
longitudinalement sont, proportion gardée, plus du double de
ce qu'elles sont dans le Bizet.

La grande différence (fig. 27) dans la courbure de la
mâchoire inférieure dans le Bizet, le Culbutant et le Messager
Bagadotten, est évidemment en corrélation avec la courbure
de la mâchoire supérieure, et plus particulièrement avec l'angle
que forment les maxillaires supérieurs et l'arcade zygomatique. Mais, dans les Messagers, Runts et Barbes, l'inflexion
singulière du bord supérieur de la partie médiane de la
mâchoire inférieure (fig. 25) n'est pas en corrélation rigoureuse
avec la largeur ou la divergence des maxillaires supérieurs
(fig. 26), mais bien avec la largeur des parties molles et cornées de la mandibule supérieure, qui sont toujours recouvertes
par les bords de l'inférieure.

L'allongement du corps chez les Grosses-gorges, est aussi le
résultat d'une sélection ; les côtes, comme nous l'avons vu,
sont devenues très-larges, et la septième paire porte des apophyses; les vertèbres sacrées et caudales ont augmenté de
nombre; le sternum s'est également allongé (sans augmentation de la hauteur de la crête) de 0,4 de pouce en plus de ce
qu'il devrait avoir proportionnellement à la taille de l'oiseau,
comparé au Bizet. Le nombre et la longueur des vertèbres
caudales ont augmenté chez le Pigeon Paon. On voit donc que

pendant le cours de la sélection et des variations graduelles qui en ont été le résultat, la charpente osseuse interne et les formes extérieures ont été modifiées jusqu'à un certain point d'une manière corrélative.

Les ailes et la queue peuvent varier de longueur d'une manière indépendante, mais elles tendent cependant généralement à s'allonger ou à se raccourcir ensemble. Cela se voit chez les Jacobins et encore mieux chez les Runts, où certaines variétés ont la queue et les ailes très-courtes. Pour les Jacobins, la longueur remarquable des pennes des ailes et de la queue n'est pas un caractère dû à une sélection intentionnelle des éleveurs; mais ceux-ci ayant depuis longtemps, au moins depuis 1600, cherché à augmenter la longueur des plumes renversées du cou, de façon que le capuchon pût enfermer plus complétement la tête, on peut admettre que l'allongement des rémiges et des rectrices soit un fait de corrélation avec le développement des plumes du cou. Chez les Culbutants courtes-faces, les ailes, proportionnellement à la taille réduite de cette race, sont courtes, mais il est intéressant de remarquer, vu la constance, dans la plupart des oiseaux, du nombre des rémiges primaires, que chez eux on n'en trouve que neuf au lieu de dix. Je l'ai moi-même observé dans huit individus : et la «Original Columbarian Society» [37] a fixé pour type des Culbutants à tête chauve, neuf rémiges blanches au lieu de dix, estimant qu'il n'était pas juste qu'un oiseau ne pût pas concourir et mériter un prix parce qu'il n'aurait pas dix rémiges *blanches*. D'autre part, chez les Messagers et les Runts qui ont le corps grand et les ailes longues, on a parfois constaté la présence de onze rémiges primaires.

M. Tegetmeier m'a signalé un cas curieux et inexplicable de corrélation ; c'est que les Pigeonneaux de toutes les races qui, adultes, deviennent blanches, jaunes, argentées (c'est-à-dire d'un bleu excessivement pâle), ou fauves, naissent presque nus ; tandis que tous les autres Pigeons colorés naissent bien couverts de duvet. M. Esquilant a cependant observé que les jeunes Messagers fauves sont moins nus que les jeunes Barbes ou Culbutants de même nuance. M. Tegetmeier a vu

---

37. J.-M. Eaton, *O. C.*, éd. 1858, p. 78.

dans le même nid deux jeunes oiseaux provenant de parents de couleurs diverses, et qui différaient beaucoup par le degré de développement du premier duvet.

J'ai observé un autre cas de corrélation qui, au premier abord, paraît inexplicable, mais sur lequel, ainsi que nous le verrons par la suite, la loi de la similitude des variations des parties homologues paraît jeter quelque jour. Lorsque les pieds sont fortement emplumés, les racines des plumes sont réunies par une fine membrane, qui paraît être en corrélation avec la réunion, par une assez notable étendue de peau, des deux doigts extérieurs. J'ai observé ce fait dans un grand nombre de Pigeons Culbutants, Tambours, Hirondelles, Roulants (observés aussi par M. Brent), et à un moindre degré dans d'autres Pigeons à pattes emplumées.

Les pattes des races plus petites ou plus grandes sont naturellement plus petites ou plus grandes que dans le Bizet, mais les écailles qui recouvrent les doigts et les tarses ont changé non-seulement dans leurs dimensions, mais aussi dans leur nombre. Ainsi, j'ai compté huit écailles sur le doigt postérieur d'un Runt, et seulement cinq sur celui d'un Culbutant courteface. Le nombre des écailles des pattes est ordinairement un caractère constant chez les oiseaux à l'état de nature. Il y a une corrélation très-apparente entre la longueur des pattes et celle du bec, mais comme il est probable que le défaut d'usage a dû affecter les dimensions du pied, le cas peut rentrer dans la discussion suivante.

Effets du défaut d'usage. — Avant d'aborder la discussion des proportions relatives des pieds, du sternum, de la fourchette, des omoplates et des ailes, je dois prévenir le lecteur que toutes les mesures ont été prises de la même manière, et que toutes celles relatives aux parties extérieures ont été relevées sans aucune intention préconçue d'en tirer les données suivantes.

Tous les oiseaux qui m'ont passé par les mains ont été mesurés depuis la base emplumée du bec (vu la grande variabilité de la longueur du bec lui-même), jusqu'à l'extrémité de la queue, et jusqu'à la glande graisseuse, malheureusement pas (sauf quelques cas), jusqu'à la naissance de la queue. J'ai également mesuré l'envergure de chaque oiseau, ainsi que la longueur de la partie terminale de l'aile repliée, depuis l'extrémité des rémiges

TABLE I.

PIGEONS A BEC GÉNÉRALEMENT PLUS COURT, RELATIVEMENT A LA TAILLE
DE LEUR CORPS, QUE CELUI DU BIZET.

RACE	LONGUEUR réelle des pieds.	DIFFÉRENCE entre les longueurs réelles et calculées, relativement à celles des pieds et du corps du Bizet.	
		Trop court de	Trop long de
Bizet sauvage (moyenne).............	2,02		
Culbutant courte-face (chauve).........	1,57	0,11	»
— — (almond)..........	1,60	0,16	»
— — (pic rouge).......	1,75	0,19	»
— rouge ordinaire (mesuré jus-qu'à l'extrémité de la queue)........	1,85	0,07	»
Culbutant chauve ordinaire............	1,85	0,18	»
— roulant....................	1,80	0,06	»
Turbit.............................	1,75	0,17	»
—	1,80	0,01	»
—	1,84	0,15	»
Jacobin............................	1,90	0,02	»
Tambour, blanc.....................	2,02	0,06	»
— pommelé...................	1,95	0,18	»
Pigeon Paon (mesuré au bout de la queue).............................	1,85	0,15	»
Pigeon Paon (mesuré au bout de la queue).............................	1,95	0,15	»
Pigeon Paon (variété à crête), mesuré au bout de la queue...................	1,95	»	»
Dos-frisé indien....................	1,80	0,19	»
— anglais....................	2,10	0,03	»
Coquille.	1,82	0,02	»
Rieur.............................	1,65	0,16	»
Barbe.............................	2,00	0,03	»
—	2,00	»	0,03
Heurté............................	1,90	0,02	»
—	1,90	0,07	»
Hirondelle rouge....................	1,85	0,18	»
— bleue......................	2,00	»	0,03
Grosse-gorge.......................	2,12	»	0,11
— allemand...................	2,30	»	0,09
Messager de Bassorah...............	2,17	»	0,09
Nombre d'individus......	28	22	5

TABLE II.

PIGEONS A BEC PLUS LONG, RELATIVEMENT A LA TAILLE DE LEUR CORPS,
QUE CELUI DU BIZET.

RACE.	LONGUEUR des pieds. —	DIFFÉRENCE entre les longueurs réelles et calculées, relativement à celles des pieds et du corps du Bizet.	
		Trop court de	Trop long de
Bizet sauvage (moyenne)............	2,02		
Messager.	2,60	»	0,31
—	2,60	»	0,25
—	2,40	»	0,21
— Dragon.......	2,25	»	0,06
— Bagadotten...................	2,80	»	0,56
Scanderoon blanc....................	2,80	»	0,37
Pigeon Cygne...................	2,85	»	0,29
Runt...............................	2,75	»	0,27
Nombre d'individus......	8	»	8

primaires jusqu'à l'articulation radiale. J'ai mesuré les pattes sans les
ongles, depuis l'extrémité du doigt médian jusqu'à celle du doigt postérieur, et le tarse avec le médian. Dans chaque cas j'ai pris, comme
terme de comparaison, la moyenne des mesures de deux Bizets sauvages des îles Shetland. Le tableau suivant donne la longueur réelle des
pieds de chaque oiseau, et la différence entre la longueur qu'ils devraient
avoir d'après la taille de l'oiseau, comparés aux mêmes parties dans le
Bizet ; ces différences sont calculées (sauf quelques exceptions indiquées),
en prenant pour terme de comparaison la longueur des corps mesurée de
la base du bec à la glande graisseuse. J'ai dû adopter de préférence cette
mesure, à cause de la variabilité de la longueur de la queue. J'ai répété les
mêmes calculs en prenant comme termes de comparaison soit l'envergure,
soit la longueur du corps, mesurée de la base du bec à l'extrémité de la
queue, et j'ai obtenu des résultats très-concordants. Pour en citer un exemple : le premier oiseau du tableau, un Culbutant courte-face, étant beaucoup
plus petit que le Bizet, doit naturellement avoir les pieds plus petits ; or,
en les calculant relativement à la longueur de l'oiseau, mesurée de la base
du bec à la glande huileuse, et comparés à ce qu'ils sont dans le Bizet, ils
se trouvent être dans le Courte-face trop courts de 0,11 de pouce. En comparant les mêmes oiseaux sous le rapport de l'envergure ou de la longueur
totale du corps, j'ai trouvé également les pieds du Culbutant trop courts
d'à peu près la même quantité. Je sais que ces mesures prétendent à plus
d'exactitude que cela n'est possible, mais j'ai préféré inscrire les mesures
réelles, telles que me les indiquait le compas.

Dans la première table vingt-deux individus avaient les pieds trop courts de 0,107 de pouce en moyenne, et cinq les avaient de 0,07 de pouce en moyenne trop longs. Quelques-uns de ces derniers cas un peu exceptionnels sont explicables; ainsi pour les Grosses-gorges, c'est à l'allongement des pieds et des jambes que la sélection a surtout été appliquée, ce qui a dû nécessairement contrebalancer toute tendance naturelle vers une diminution de ces parties. Dans les Pigeons Hirondelles et Barbes, tous les calculs basés sur d'autres termes de comparaison que celui employé (corps mesuré de la base du bec à la glande graisseuse), ont donné une dimension trop faible des pieds.

Dans le deuxième tableau, nous avons huit oiseaux ayant le bec, tant absolument que relativement au corps, plus long que dans le Bizet; ils ont aussi les pieds notablement plus longs à proportion d'environ 0,29 de pouce en moyenne. Je dois dire que le tableau I offre quelques exceptions partielles quant au raccourcissement du bec relativement à celui du Bizet : ainsi le bec du Pigeon Dos-frisé anglais est à peine plus long, tout comme celui du Messager de Bassorah, que dans le Bizet. Les becs des Pigeons Heurtés, Hirondelles et Rieurs ne sont que très-peu plus courts ou aussi longs, mais plus grêles. Néanmoins, ces deux tableaux, pris dans leur ensemble, indiquent suffisamment une certaine corrélation entre la longueur du bec et celle des pieds. Les éleveurs de chevaux et de bétail admettent une relation analogue entre la longueur des membres et celle de la tête, et prétendent qu'un cheval de course avec la tête d'un cheval de gros trait, ou un lévrier avec une tête de boule-dogue, seraient des produits monstrueux. Les Pigeons de fantaisie étant généralement renfermés dans de petites volières, où on les nourrit avec abondance, sans qu'ils puissent prendre d'exercice suffisant, il est infiniment probable que la réduction appréciable des pieds des vingt-deux oiseaux de la première table est due au défaut d'usage [38], et a par corrélation réagi sur les becs de la plus grande partie d'entre eux. D'autre part, le bec s'étant allongé par la sélection soutenue de légers accroissements successifs. les pieds par corrélation se sont aussi allongés relativement à ceux du Bizet sauvage, malgré le défaut d'usage.

Les mesures de l'extrémité du doigt médian à celle du postérieur, prises sur les trente-six oiseaux dont il vient d'être question, soumises à un calcul analogue à celui qui précède, ont donné les mêmes résultats, à savoir que, dans les races à bec court, à peu d'exceptions près, le doigt médian et le tarse ont diminué de longueur; tandis qu'ils ont augmenté dans les races à bec long, d'une manière moins uniforme cependant que dans le cas précédent, car dans quelques variétés de Runts, la jambe varie passablement de longueur.

Dispensés que sont les Pigeons à l'état domestique, d'avoir à rechercher la nourriture dont ils ont besoin, ils ont depuis bien des générations, eu à

---

38. D'une manière analogue mais inverse, quelques groupes naturels de Colombides, ayant des mœurs plus terrestres que d'autres groupes voisins, ont aussi les pieds plus grands. Voir *Coup d'œil sur l'ordre des Pigeons*, du prince Bonaparte.

se servir infiniment moins de leurs ailes que le Bizet sauvage. J'en inférai la probabilité que toutes les parties du squelette, jouant un rôle dans le vol, devaient avoir subi une certaine réduction. Je mesurai donc avec soin la longueur du sternum dans douze oiseaux de races diverses, et dans deux Bizets des îles Shetland. Pour établir une comparaison proportionnelle, j'ai dans tous essayé trois mesures : la longueur du corps mesurée de la base du bec à la glande graisseuse; celle mesurée du même point à l'extrémité de la queue; enfin l'envergure. Dans les trois cas, le résultat a été le même, le sternum s'est invariablement trouvé être proportionnellement plus court que dans le Bizet sauvage. Les résultats calculés d'après la longueur mesurée de la base du bec à la glande graisseuse, étant à peu près la moyenne des résultats obtenus par les deux autres modes de mensuration, ce sont ceux que je consignerai dans le tableau suivant :

LONGUEUR DU STERNUM.

RACE.	Longueur réelle.	Trop court de	RACE.	Longueur réelle.	Trop court de
Bizet sauvage........	2,55	»	Barbe............ ..	2,35	0,34
Scanderoon.........	2,80	0,60	Coquille...........	2,27	0,15
Messager Bagadotten.	2,80	0,17	Grosse-G^e. allemand..	2,36	0,54
Dragon............	2,45	0,41	Jacobin............	2,33	0,22
Messager..........	2,75	0,35	Dos-frisé anglais.....	2,40	0,43
Culbutant courte-face.	2,05	0,28	Hirondelle.........	2,45	0,17

Ce tableau montre que, dans ces douze races, le sternum est en moyenne d'un tiers de pouce (exactement 0,332), plus court que dans le Bizet, proportionnellement à la grandeur de leurs corps; le sternum a donc subi une réduction d'un septième à un huitième de sa longueur totale, ce qui est considérable.

J'ai mesuré aussi, sur vingt et un oiseaux, y compris les douze ci-dessus, la hauteur de la crête du sternum comparée à sa longueur, et indépendamment de la taille de l'oiseau. Deux sur les vingt et un oiseaux m'ont offert une crête sternale relativement aussi développée que chez le Bizet; elle était plus saillante dans sept, mais sur cinq individus de ces sept, un Paon, deux Scanderoons, et deux Messagers anglais, on peut, jusqu'à un certain point, expliquer ce développement par le fait qu'une poitrine très-saillante étant un caractère fort prisé des éleveurs, ils ont dû chercher à le développer par sélection. Dans les douze oiseaux restants, la saillie de la crête sternale était moindre. Il résulte de là que la crête du sternum manifeste une tendance légère, mais incertaine, à se réduire un peu plus que ne le fait l'os entier relativement à la taille de l'oiseau, comparé au Bizet.

J'ai mesuré sur neuf différentes races grandes et petites, la longueur de l'omoplate; dans toutes, cet os s'est trouvé proportionnellement plus court que dans le Bizet. La réduction était en moyenne d'environ un cinquième de pouce, soit un neuvième environ de la longueur de l'omoplate du Bizet.

Les branches de la fourchette, relativement à la taille, paraissent, dans tous les individus que j'ai examinés, différer moins que dans le Bizet; la fourchette entière est proportionnellement plus courte. Dans un Runt, dont l'envergure mesurait 38 pouces 1/2, la fourchette n'était que fort peu plus longue et à branches à peine plus divergentes que dans un Bizet qui n'avait que 26 pouces 1/2 d'envergure. Dans un Barbe, qui sous tous les rapports était plus grand que le Bizet, la fourchette se trouvait de 1/4 de pouce plus courte. Dans un Grosse-gorge, la fourchette ne s'était pas allongée proportionnellement à l'augmentation de longueur du corps. Dans un Culbutant courte-face, dont l'envergure était de 24 pouces, soit plus courte de 2 pouces 1/2 que celle du Bizet, la fourchette était à peine des deux tiers de celle de cet oiseau.

Nous voyons donc clairement que le sternum, les omoplates, et la fourchette, sont tous réduits quant à leur longueur proportionnelle; mais si nous examinons les ailes, nous trouvons un résultat bien différent en apparence et tout à fait inattendu. A ce sujet, je ferai remarquer que je n'ai point choisi mes échantillons et que je me suis servi indistinctement de toutes les mesures que j'ai eu occasion de relever. Prenant pour terme de comparaison la longueur comprise entre la base du bec et l'extrémité de la queue, je trouve que, sur trente-cinq oiseaux de races différentes, vingt-cinq ont les ailes proportionnellement plus longues, et dix les ont proportionnellement plus courtes que le Bizet. Mais comme il y a une corrélation entre la longueur des pennes des ailes et de celles de la queue, il vaut mieux prendre pour terme de comparaison la longueur du corps mesurée de la base du bec à la glande huileuse: d'après cette donnée, j'ai trouvé que, sur vingt-six des mêmes oiseaux ainsi mesurés, vingt et un, comparés au Bizet, avaient les ailes trop longues, et que cinq les avaient trop courtes, dans la proportion moyenne de 1 1/3 de pouce pour les premiers, et de 0,8 de pouce pour les seconds. Très-surpris de voir les ailes d'oiseaux tenus en captivité ainsi augmentées dans leur longueur, il me vint à l'idée que cet effet pouvait résulter de l'allongement des pennes alaires, ce qui est le cas chez le Jacobin, dont l'aile a une longueur inusitée. Comme j'avais, dans presque tous les cas, mesuré les ailes repliées, je n'avais qu'à retrancher la longueur de leur partie terminale de la longueur totale des ailes étendues, pour obtenir avec une exactitude suffisante la longueur des ailes comprise entre une extrémité radiale et l'autre. Mesurées sur les mêmes vingt-cinq oiseaux, le résultat fut tout différent; car, relativement aux ailes du Bizet, elles se trouvaient trop courtes dans dix-sept, et trop longues dans huit oiseaux seulement. Sur ces huit, cinq avaient le bec long [39], ce qui semble indiquer qu'il y a quelque corrélation entre la longueur du bec et celle des os de l'aile, comme pour les pieds et les tarses. On doit probablement attribuer au défaut d'usage le raccourcissement de l'humérus et du radius dans les dix-sept oiseaux précités, ainsi que celui de l'omoplate et de la fourchette, auxquelles s'attachent les os de l'aile; l'allongement des rémiges, et l'extension de l'aile qui en est la conséquence, étant, d'autre part, aussi complétement indépendants de l'usage ou du défaut d'usage que peuvent l'être le développement du poil chez nos chiens à longs poils, et celui de la laine de nos moutons à grande toison.

En résumé, nous pouvons admettre que le sternum, la saillie de sa crête, les omoplates et la fourchette, comparés à ce que ces mêmes os sont dans le Bizet, ont, quant à la longueur, subi une réduction qu'on peut sûrement attribuer à un défaut d'usage et au manque d'exercice. Les ailes, mesurées de l'extrémité d'un radius à l'autre ont également diminué de longueur; mais par suite de l'allongement des rémiges, les ailes mesurées d'une extrémité à l'autre, sont généralement plus longues que dans le Bizet. Les pieds, les tarses et le doigt médian ont aussi, dans la plupart des cas, été réduits, probablement par défaut d'usage; cependant ce fait paraît plutôt dénoter quelque corrélation entre le bec et les pattes qu'un effet de défaut d'usage. Une corrélation semblable paraît aussi exister entre le bec et les os principaux de l'aile.

39. Il faut peut-être observer que, outre ces cinq oiseaux, deux des huit étaient Barbes, lesquels, comme je l'ai montré, doivent être classés avec les Messagers et les Runts à long bec, dans le même groupe. On pourrait appeler les Barbes des Messagers à bec court. Il semblerait donc que, pendant que leur bec subissait une réduction, leurs ailes aient conservé un peu de l'excès de longueur qui caractérise leurs parents les plus voisins et leurs ancêtres.

Résumé des points de différence entre les diverses races domestiques et entre les individus. — Le bec ainsi que les os de la face diffèrent considérablement par la longueur, la largeur, la forme et la courbure. Le crâne diffère par sa forme, et beaucoup par l'angle que forment ensemble les os maxillaires, nasaux et jugaux. La courbure de la mâchoire inférieure et l'inflexion de son bord supérieur, ainsi que l'ouverture de la bouche, diffèrent d'une manière remarquable. La langue varie beaucoup dans sa longueur, soit absolument, soit relativement à celle du bec. Il en est de même du développement de la peau dénudée et verruqueuse qui surmonte les narines et entoure les yeux. Les paupières ainsi que les orifices extérieurs des narines varient de longueur, et paraissent être, jusqu'à un certain point, en corrélation avec le développement de la peau verruqueuse. La forme et les dimensions de l'œsophage et du jabot varient énormément, ainsi que leur dilatabilité ; il en est de même de la longueur du cou. Les changements dans la forme du corps sont accompagnés de variations dans le nombre et la largeur des côtes, de l'apparition d'apophyses, et de modifications dans le nombre des vertèbres sacrées, ainsi que dans la longueur du sternum. Les vertèbres coccygiennes varient en grandeur et en nombre, fait qui paraît être en corrélation avec l'accroissement de la queue. La grandeur et la forme des perforations du sternum, la grandeur de la fourchette et la divergence de ses branches diffèrent. Le développement de la glande graisseuse est variable, elle est parfois totalement atrophiée. La direction et la longueur de certaines plumes sont quelquefois profondément modifiées, comme on le voit dans le capuchon du Jacobin, et la fraise du Turbit. Les rémiges et les rectrices varient généralement ensemble de longueur quelquefois cependant elles varient indépendamment les unes des autres et de la taille de l'oiseau. Les rectrices varient d'une manière incroyable quant au nombre et à la position. Les rémiges primaires et secondaires paraissent occasionnellement varier de nombre, en corrélation avec la longueur des ailes. La longueur des jambes, celle des pieds, et le nombre des scutelles sont variables. Les bases des deux doigts intérieurs sont quelquefois réunies par une membrane, et lorsque les pattes sont emplumées, il en est presque invariablement de même des deux doigts externes.

Il y a de grandes différences dans les dimensions du corps : un Runt peut peser jusqu'à cinq fois autant qu'un Culbutant courte-face. Les œufs diffèrent par la grosseur et la forme. D'après Parmentier [40], quelques races emploient beaucoup de paille pour la construction de leurs nids, d'autres très-peu, mais je n'ai trouvé aucune confirmation récente de cette assertion. La durée de l'incubation des œufs est uniforme dans toutes les races, mais il y a des différences dans les périodes où les oiseaux revêtent le plumage caractéristique de leur race, et auxquelles interviennent certains changements de couleur. Le développement du duvet dont les Pigeonneaux sont revêtus à l'éclosion est assez variable, et il est en corrélation singulière avec la coloration du plumage définitif. On remarque les différences les plus bizarres dans le mode de vol ; dans certains mouvements héréditaires, tels que le claquement des ailes, les sauts périlleux ou culbutes soit en l'air, soit sur le sol ; et dans la manière dont les mâles courtisent les femelles. Les races diffèrent par leur naturel ; quelques-unes sont très-silencieuses, d'autres ont des roucoulements tout particuliers.

Bien que, comme nous le verrons plus complétement plus loin, beaucoup de races aient conservé depuis plusieurs siècles leurs caractères propres, il y a cependant dans les races les plus constantes plus de variations individuelles que dans les oiseaux à l'état de nature. Une règle, qui paraît ne souffrir presque aucune exception, est que ce sont les caractères les plus recherchés par les éleveurs, et ceux auxquels ils s'attachent le plus, qui varient aussi le plus, et sont par conséquent, encore aujourd'hui, en voie d'amélioration par sélection continue. C'est ce que reconnaissent indirectement les éleveurs de fantaisie, lorsqu'ils constatent combien il leur est plus difficile d'amener les Pigeons de races supérieures au type voulu de perfection désiré, que de produire des Pigeons de fantaisie, qui ne sont que de simples variétés de couleur, lesquelles, une fois acquises, ne sont pas susceptibles d'une amélioration ou d'une augmentation continue. Quelques carac-

40. Temminck, *Hist. nat. gén. des Pigeons et des Gallinacés*, t. I, 1813, p. 170.

tères se fixent plus fortement sur le mâle que sur la femelle, sans cause connue; de sorte que, dans certaines races, on remarque une tendance à l'apparition de caractères sexuels secondaires [41], dont le Pigeon Bizet n'offre pas d'exemple.

41. Ce terme a été appliqué par J. Hunter aux différences de conformation entre les mâles et les femelles qui ne sont pas directement en rapport avec l'acte de la reproduction, comme la queue du paon, les cornes du cerf, etc.

CHAPITRE VI.

PIGEONS (*suite*).

Souche primitive des diverses races domestiques. — Mœurs. — Races sauvages du
Bizet. — Pigeons de colombier. — Preuves de la descendance des diverses races de
la *Columba livia*. — Fertilité des races croisées. — Retour au plumage du Bizet sauvage. — Circonstances favorables à la formation des races. — Antiquité et histoire
des races principales. — Mode de leur formation. — Sélection. — Sélection inconsciente. — Soins apportés par les éleveurs à la sélection de leurs oiseaux. —Familles
légèrement différentes devenant graduellement des races bien distinctes. — Extinction
des formes intermédiaires. — Permanence ou variabilité de certaines races. —
Résumé.

Les différences que, dans le chapitre précédent, nous venons
de décrire, tant entre les onze races domestiques principales,
qu'entre les individus d'une même race, n'auraient que peu
de signification, si toutes n'étaient pas descendantes d'une
souche sauvage unique. La question de leur origine a donc
une importance fondamentale, et, vu les différences considérables qu'on observe entre les diverses races, dont quelques-
unes sont fort anciennes, et la constance avec laquelle elles
ont perpétué leur type jusqu'à ce jour, mérite une discussion
approfondie. Les éleveurs de Pigeons de fantaisie croient presque tous que les races domestiques proviennent de plusieurs
souches sauvages, tandis que la plupart des naturalistes
admettent leur descendance du Bizet, ou *Columba livia*.

Temminck a bien observé[1], et M. Gould a fait la même
remarque, que la souche primitive a dû être une espèce
vivant et nichant dans les rochers; j'ajouterai qu'elle doit
avoir été sociable. En effet, toutes les races domestiques le sont
à un haut degré, et on n'en connaît pas qui perchent habituellement ou nichent sur les arbres. A voir la gaucherie avec
laquelle quelques Pigeons, que je gardais dans un pavillon

1. Temminck, *Hist. nat. gén. des Pigeons*, etc., t. I, p. 191.

d'été, s'abattaient quelquefois sur les branches dégarnies d'un vieux noyer voisin, la chose me paraît évidente [2]. Néanmoins, j'apprends par M. R. Scot Skirving, qu'il a souvent vu, dans la Haute-Égypte, des bandes de Pigeons s'abattre sur les arbres peu élevés, mais pas sur les palmiers, plutôt que sur les huttes de boue des indigènes. M. Blyth [3] m'informe que, dans l'Inde, la *C. livia* sauvage, var. *intermedia*, perche quelquefois sur les arbres. Je puis donner ici un exemple curieux d'un changement d'habitudes forcé : à la latitude de 28° 30', le Nil est, sur un long parcours, bordé de falaises à pic, de sorte que, lorsque les eaux sont hautes, les Pigeons ne peuvent s'abattre sur la rive pour boire ; M. Skirving, dans ces circonstances, les a vus maintes fois se poser sur l'eau, et boire pendant qu'ils flottaient entraînés par le courant. De loin ces bandes de Pigeons ressemblaient à des troupes de mouettes à la surface de la mer.

S'il y avait une race domestique descendant d'une espèce non sociable, et perchant ou nichant sur les arbres [4], l'œil exercé des éleveurs aurait certainement découvert quelques traces d'une habitude primitive aussi différente. Nous avons en effet des raisons pour admettre une conservation assez durable d'habitudes primitives, même après une domestication prolongée. Ainsi nous voyons, comme trace de la vie originelle de l'âne dans le désert, la forte répugnance qu'il éprouve à traverser le plus petit courant d'eau, et le plaisir avec lequel il se roule dans la poussière. Le chameau, qui est cependant domestiqué depuis longtemps, éprouve la même répugnance à traverser les ruisseaux. Les jeunes porcs, quoique bien apprivoisés, se tapissent lorsqu'ils sont effrayés, et cherchent ainsi à se dissimuler même sur une place nue et découverte. Les jeunes dindons et même les poulets, lorsque la poule donne le

2. J'ai appris, par sir C. Lyell, de Mlle Buckley, que quelques métis Messagers gardés plusieurs années près de Londres, se posaient régulièrement le jour sur des arbres, et finirent par y percher la nuit, après avoir été dérangés dans leur pigeonnier, où on leur avait enlevé leurs petits.

3. *Ann. Mag. of nat. Hist.* (2e série), t. XX, 1857, p. 509, et dans un volume récent du journal de la Société Asiatique.

4. J'ai souvent remarqué dans les ouvrages sur les Pigeons écrits par les éleveurs, la croyance erronée qu'il n'arrive jamais aux espèces qu'on peut appeler terriennes de percher ou de nicher sur les arbres. On prétend, dans ces mêmes ouvrages, qu'il existe dans différentes parties du monde des espèces sauvages ressemblant aux principales races domestiques, mais que ces espèces sont totalement inconnues aux naturalistes.

signal du danger, se sauvent et cherchent à se cacher, comme le font les jeunes perdrix et faisans, pour que la mère puisse prendre son vol; ce qu'à l'état domestique elle n'est plus capable de faire. Le canard musqué (*Dendrocygna viduata*) dans son pays perche souvent et niche sur les arbres [5], et nos canards musqués domestiques, quoique très-indolents, « aiment à se percher sur les murs, les granges, etc., et, si on les laisse libres de passer la nuit dans les poulaillers, les canes vont volontiers percher à côté des poules, mais le canard mâle est trop lourd pour y monter facilement [6]. » Nous savons que, quoique abondamment et régulièrement nourri, le chien enfouit souvent, comme le renard, la nourriture dont il n'a pas besoin; nous le voyons encore tourner longtemps sur lui-même sur un tapis comme pour fouler l'herbe à la place où il veut se coucher; enfin il gratte avec ses pieds de derrière le pavé comme pour recouvrir et cacher ses excréments, ce qu'il ne fait même pas du reste, lorsqu'il est sur de la terre nue. Nous trouvons enfin dans le plaisir avec lequel les agneaux et les chevreaux se groupent ensemble et folâtrent sur le plus petit mamelon de terrain à leur portée, les vestiges de leurs anciennes habitudes alpestres.

Nous avons donc de bonnes raisons pour admettre que toutes nos races de Pigeons descendent d'une ou de plusieurs espèces, vivant et nichant sur les rochers, et de nature sociable. Comme il n'existe que cinq ou six espèces sauvages ayant ces habitudes et s'approchant du Pigeon domestique par leur conformation, je vais en donner l'énumération.

1° La *Columba leuconota* ressemble, par son plumage, à quelques variétés domestiques, à une différence près très-marquée et invariable, qui est l'existence d'une bande blanche en travers de la queue à peu de distance de son extrémité. Cette espèce habitant l'Himalaya à la limite des neiges éternelles, ne peut guère, comme le remarque M. Blyth, être la souche de nos races domestiques qui prospèrent dans les pays les plus chauds : 2° la *C. rupestris* de l'Asie centrale, intermédiaire [7] entre les *C. leuconota* et *livia,* mais ayant la queue colorée comme la première : 3° la *C. littoralis,* d'après Temminck, niche et vit sur les rochers de l'archipel Malais; cet oiseau est blanc, à l'exception de quelques parties de l'aile et du bout

5. Sir G. Schomburck, *Journ. R. geog. Soc.*, XII, 1841, p. 32.
6. Rev. E.-L. Dixon, *Ornamental Poultry*, 1848, p. 63-66.
7. *Proc. zool. Soc.* 1859, p. 400.

de la queue, qui sont noirs ; les jambes sont de couleur livide, caractère qui ne se rencontre chez aucun Pigeon domestique adulte ; j'aurais, du reste, pu laisser de côté cette espèce ainsi que la *C. luctuosa* sa voisine, car toutes deux appartiennent au genre *Carpophaga* ; 4° La *C. Guinea*, qui s'étend de la Guinée[8] au Cap, et se tient, suivant la nature du pays, tantôt sur les arbres, tantôt sur les rochers. Cette espèce appartient au genre *Strictœnas* de Reichenbach, voisin du genre *Columba* ; elle est, jusqu'à un certain point, colorée comme certaines races domestiques, et on la dit domestiquée en Abyssinie ; mais M. Mansfield Parkyns, qui a collectionné les oiseaux de ce pays et connaît l'espèce, m'affirme que cela n'est pas. La *C. Guinea* est en outre remarquable par des entailles particulières de l'extrémité des plumes du cou, caractère qui n'a été observé dans aucune race domestique : 5° la *C. Œnas* d'Europe qui perche sur les arbres et construit son nid dans des trous, soit d'arbres, soit en terre ; cette espèce pourrait, comme caractères extérieurs, être la souche de plusieurs races domestiques ; mais, quoique se croisant avec le vrai Bizet, nous verrons bientôt que les produits de ce croisement sont stériles, ce qui n'arrive jamais aux produits des croisements réciproques des races domestiques. Nous devons aussi faire observer qu'en admettant, contre toute probabilité, qu'une ou plusieurs des cinq ou six espèces précédentes aient pu être les ancêtres de quelques-uns de nos Pigeons domestiques, il n'en résulterait aucune explication des différences principales qui existent entre les onze races les mieux caractérisées.

Nous arrivons maintenant au Pigeon le mieux connu, le Pigeon de roche ou Bizet, *Columba livia*, et que les naturalistes regardent comme l'ancêtre de toutes les races domestiques. Ce Pigeon ressemble par tous ses caractères essentiels aux races de Pigeons domestiques qui n'ont été que peu modifiées. Il diffère des autres espèces par sa couleur qui est d'un bleu ardoisé, par deux barres noires sur les ailes, et par son croupion blanc. On rencontre quelquefois, aux Hébrides et aux îles Feroë, des individus chez lesquels deux ou trois taches noires remplacent les barres, forme que Brehm[9] a dénommée *C. Amaliæ*, mais que les autres ornithologistes n'ont pas admise comme une espèce distincte. Graba[10] a signalé aussi une différence dans les barres des ailes dans le même oiseau aux Feroë. Une autre forme encore plus distincte, sauvage ou qui l'est redevenue sur les falaises d'Angleterre, a été d'abord désignée par M. Blyth[11], sous le nom de *C. affinis*, mais actuellement il ne la considère plus lui-même comme une espèce. Cette *C. affinis* est un peu plus petite que le Bizet des îles d'Écosse, et présente une apparence assez différente, car elle a les tectrices des ailes tachetées de noir, et souvent des marques de même

8. Temminck, *Hist. nat. gén. des Pigeons*, t. I. — Voir aussi *Les Pigeons*, par Mme Knip et Temminck. — Bonaparte, *Coup d'œil*, etc., a insisté qu'on confond sous ce nom deux espèces voisines. Temminck estime que la *C. leucocephala* des Indes occidentales est un Bizet, mais M. Gosse m'apprend que c'est une erreur.

9. *Handbuch der Naturgeschichte*. — *Vögel Deutschlands*.

10. *Tagebuch. Reise nach Färör*, 1830, p. 62.

11. *Ann. and Mag. of nat. Hist.*, XIX, 1847, p. 102. Travail excellent sur les Pigeons et qui mérite d'être consulté.

couleur sur le dos. Ces tachetures sont formées par une large marque noire
occupant les deux côtés, mais surtout le côté externe de chaque plume. Les
barres des ailes du vrai Bizet et de la variété tachetée sont produites également par des taches plus grandes traversant symétriquement la rémige
secondaire et les plus grandes plumes tectrices. Les tachetures ne sont donc
que l'extension, à d'autres parties du plumage, des marques ordinaires. Les
oiseaux tachetés ne sont pas circonscrits aux côtes d'Angleterre, car Graba
les a trouvés aux Feroë, et M. Thompson [12] dit qu'à Islay, la moitié des
Bizets sauvages sont tachetés. Le colonel King de Hythe, a peuplé son
pigeonnier de jeunes oiseaux sauvages capturés par lui dans les îles Orkney,
et m'en a obligeamment envoyé plusieurs individus qui étaient tous nettement tachetés. Nous voyons donc que les Pigeons tachetés se rencontrant
dans trois sites distincts, aux Feroë, aux Orkney et à Islay, parmi les Bizets, il n'y a aucune importance à attacher à cette variation naturelle du
plumage.

Le prince C. L. Bonaparte [13], sépare de la *C. livia*, avec un point d'interrogation, la *C. turricola* d'Italie, la *C. rupestris* de Daouria, et la *C.
Schimperi* d'Abyssinie ; mais ces oiseaux ne diffèrent du Bizet que par des
caractères insignifiants. Il y a, au Muséum Britannique, un Pigeon tacheté d'Abyssinie qui est probablement le *C. Schimperi* de Bonaparte.
On peut y joindre le *C. gymnocyclus* de G. R. Gray, de l'Afrique occidentale, qui est un peu plus distinct, et porte autour de l'œil un peu plus
de peau dénudée que le Bizet, mais d'après des informations que je
tiens du Dr Daniell, il est douteux que cet oiseau soit sauvage, car,
comme je m'en suis assuré, on élève sur la côte de Guinée des Pigeons
de colombier.

Le Bizet sauvage de l'Inde (*C. intermedia* de Strickland) a été plus
généralement admis comme une espèce distincte. Il diffère surtout par la
couleur du croupion qui est bleue au lieu d'être blanche, mais cette teinte
varie, selon M. Blyth, et devient quelquefois albescente. Domestiquée,
cette forme fournit des oiseaux tachetés, comme cela arrive en Europe avec
le vrai Bizet. Nous avons, au surplus, la preuve que la couleur du croupion est éminemment variable, car Bechstein [14] nous apprend qu'en Allemagne ce caractère du plumage est chez le Pigeon de colombier de tous le
plus changeant. Nous devons en conclure qu'on ne doit pas considérer la
C. intermedia comme spécifiquement distincte de la *C. livia*.

On trouve à Madère un Bizet que quelques ornithologistes supposent
être distinct de la *C. livia*. J'en ai examiné un grand nombre d'individus
recueillis par MM. Harcourt et Mason. Ils sont plutôt plus petits que les
Bizets des îles Shetland, leurs becs sont plus minces et varient d'épaisseur
suivant les individus. Ils offrent une diversité remarquable dans leur plumage ; quelques individus sont plume pour plume identiques au Bizet
shetlandais, d'autres sont tachetés comme la *C. affinis* des falaises d'Angle-

---

12. *Natural Hist. of Ireland. — Birds*, v. II, 1850, p. 11. — Pour Graba, voir l'ouvrage
cité, note 10.
13. *Coup d'œil sur l'ordre des Pigeons.* Comptes rendus, 1854-55.
14. *Naturgesch. Deutschlands*, vol. IV, 1795, p. 14.

terre, mais plus fortement, ayant le dos presque entièrement noir. D'autres sont identiques à la soi-disant *C. intermedia* de l'Inde par la coloration bleue du croupion ; d'autres enfin ont cette partie très-pâle ou d'un bleu très-foncé, et sont de même tachetés. Une variabilité aussi considérable me porte à soupçonner que ces oiseaux sont des Pigeons domestiques redevenus sauvages.

Il résulte de ces faits que les *C. livia, affinis, intermedia*, ainsi que les formes marquées d'un point d'interrogation par Bonaparte, doivent toutes être regardées comme une même espèce. Il est, du reste, très-indifférent qu'elles soient ainsi classées ou non, et que quelques-unes de ces formes ou toutes soient considérées comme les ancêtres de nos races domestiques, en tant qu'il s'agisse d'expliquer les différences qui existent entre les races les plus distinctes. En comparant les Pigeons de colombier ordinaires élevés dans différentes parties du monde, il ne peut y avoir aucun doute sur leur provenance d'une ou de plusieurs des variétés sauvages de la *C. livia* que nous venons de citer. Mais avant de faire quelques remarques sur les Pigeons de colombier, nous devons signaler que, dans plusieurs pays, on a remarqué la facilité avec laquelle on pouvait apprivoiser le Bizet. Nous avons vu que le colonel King, à Hythe, a, il y a plus de vingt ans, peuplé son colombier de Pigeonneaux sauvages pris aux îles Orkney, qui ont considérablement multiplié depuis. Macgillivray [15] dit avoir complètement apprivoisé un Bizet aux Hébrides, et on connaît plusieurs cas de ces oiseaux qui ont reproduit dans des pigeonniers dans les îles Shetland. Je tiens du capitaine Hutton que le Bizet sauvage de l'Inde s'apprivoise facilement, et reproduit librement avec le Pigeon domestique ; M. Blyth [16] m'assure que les individus sauvages viennent souvent dans les pigeonniers, et se mêlent à leurs habitants. On trouve dans l'ancien « Ayeen Akbery » signalé le fait que si on prend quelques Pigeons sauvages, des milliers d'individus de leur espèce ne tardent pas à les rejoindre.

Il y a des Pigeons qu'on conserve dans des colombiers à un état semi-domestique, dont on ne prend aucun soin particulier, et qui se procurent eux-mêmes leur nourriture sauf pendant les grands froids. En Angleterre et en France, d'après l'ouvrage de MM. Boitard et Corbié, ce Pigeon commun ressemble exactement à la variété tachetée de la *C. livia*, mais j'en ai vu des individus venant du Yorkshire, qui, semblables au Bizet shetlandais, n'offraient aucune trace de ces tachetures. Les Pigeons des îles Orkney domestiqués depuis plus de vingt ans par le colonel King, différaient légèrement entre eux par le degré d'intensité de coloration de leur plumage, et l'épaisseur de leurs becs, dont les plus minces étaient un peu plus épais que les plus forts dans les oiseaux de Madère. D'après Bechstein le Pigeon de colom-

---

15. *History of British Birds*, vol. 1, p. 275-281. — M. Andrew Duncan a apprivoisé un Bizet aux îles Shetland. — M. J. Barclay et M. Smith de Uyea Sound, affirment tous deux que le Bizet s'apprivoise facilement, et le premier dit que l'oiseau apprivoisé fait quatre pontes par an. — Le docteur Lawrence Edmonstone m'apprend qu'un Bizet sauvage, après s'être installé dans son colombier, dans les îles Shetland, s'était apparié avec ses Pigeons ; il m'a aussi donné d'autres exemples de Bizets sauvages qui, pris jeunes, avaient reproduit en captivité.

16. *Annals and Magaz. of nat. History*, vol. XIX, 1847, p. 103, et 1857, p. 512.

bier d'Allemagne n'est pas tacheté. Ils le sont souvent dans l'Inde et quelquefois offrent des taches blanches; d'après M. Blyth, le croupion devient
aussi presque blanc. J'ai reçu de Sir J. Brooke quelques Pigeons de colombier provenant des îles Natunas de l'archipel Malais, et qui avaient été
croisés avec ceux de Singapore; ils étaient petits, et la variété la plus
foncée ressemblait beaucoup à la variété foncée et tachetée à croupion bleu
de Madère, avec un bec moins mince, quoiqu'il le fût davantage que celui du
Bizet shetlandais. J'ai aussi reçu de Foochow, en Chine, par M. Swinhoe,
un pigeon de colombier qui était de même petit, et ne différait d'ailleurs pas
des précédents. Le Dr Daniell m'a envoyé de Sierra-Leone [17] quatre Pigeons
de colombier vivants, qui étaient aussi grands que les Bizets shetlandais et
même plus corpulents. Quelques-uns leur étaient identiques par le plumage,
avec un peu plus de brillant dans les tons métalliques, d'autres, à croupion
bleu, ressemblaient à la variété indienne tachetée, *C. intermedia;* quelques-
uns étaient assez fortement tachetés pour paraître presque noirs. Le bec différait un peu dans ces quatre oiseaux, mais en somme il était plus court,
plus massif et plus fort que dans le Bizet shetlandais ou le Pigeon de
colombier anglais. Il y a une assez grande différence entre le bec de ces
Pigeons africains et celui des Pigeons de Madère, car il est d'un fort tiers
plus épais verticalement dans les premiers que dans les seconds; on aurait
donc, au premier abord, pu être tenté de les regarder comme spécifiquement distincts; mais toutes les variétés que nous venons de mentionner
forment une série si parfaitement graduée, qu'il est impossible d'établir
entre elles aucune séparation tranchée.

En résumé, la *C. livia* sauvage, en y comprenant les *C. affinis, intermedia* et autres races géographiques encore plus
voisines, offre une distribution immense s'étendant depuis la
côte méridionale de la Norwége et des îles Feroë, jusqu'aux
bords de la Méditerranée, Madère et les îles Canaries, l'Abyssinie, l'Inde et le Japon. Le Bizet varie beaucoup par son
plumage, qui est souvent tacheté; il peut avoir le croupion
blanc ou bleu, les dimensions du corps et du bec peuvent aussi
présenter quelques variations. Les Pigeons de colombier, dont
personne ne conteste la provenance d'une ou de plusieurs des
formes sauvages ci-dessus indiquées, offrent une semblable
série de variations, mais un peu plus étendues, dans la coloration du plumage, la grandeur du corps, et la longueur et
l'épaisseur du bec. Il semble exister, entre la couleur bleue ou
blanche du croupion et la température des pays qu'ils habitent,

<hr>

17. J. Barbut, dans sa *Description de la côte de Guinée* (p. 215), publiée en 1746, mentionne le Pigeon domestique ordinaire comme y étant très-commun, et il est supposé, d'après
le nom qu'ils portent, qu'ils ont dû avoir été importés.

la même relation tant chez le Pigeon de colombier que chez le Bizet, car, dans le nord de l'Europe, tous les Pigeons de colombier ont, comme le Bizet, le croupion blanc; et presque tous les Pigeons de colombier de l'Inde ont, comme la *C. intermedia* sauvage de ce pays, le croupion bleu. Le Bizet, s'étant partout, dans divers pays, montré d'un apprivoisement facile, il est extrêmement probable que les Pigeons de colombier sont les descendants de deux souches sauvages, ou peut-être plus, mais qu'on ne peut, ainsi que nous venons de le voir, considérer comme spécifiquement distinctes.

Nous pouvons, en ce qui concerne la variation de la *C. livia*, faire, sans craindre d'être contredits, un pas de plus. Les éleveurs de Pigeons qui croient que les races principales, telles que les Messagers, les Grosses-gorges, les Pigeons Paons, etc., descendent de souches primitives distinctes, admettent cependant que les Pigeons de fantaisie, qui ne diffèrent guère du Bizet que par la couleur, descendent de cet oiseau. Nous désignons ainsi ces innombrables variétés de formes auxquelles on a donné les noms de Heurtés, Coquilles, Casques, Hirondelles, Prêtres, Moines, Porcelaines, Souabes, Archanges, Boucliers et autres, tant en Europe que dans l'Inde. Il serait aussi absurde de supposer que toutes ces formes descendent d'autant de souches sauvages distinctes, qu'il le serait de l'admettre pour toutes les variétés de groseilles, de dahlias ou de pensées que nous connaissons. Cependant tous ces Pigeons reproduisent fidèlement leur type, et il en est de même d'un grand nombre de leurs sous-variétés actuelles. Ils diffèrent considérablement les uns des autres et du Bizet par leur plumage, un peu par les dimensions et les proportions du corps, la grandeur des pattes, la longueur et l'épaisseur du bec; sur ces divers points, ils diffèrent entre eux beaucoup plus que ne le font les Pigeons de colombier. Bien que nous puissions admettre que ces derniers qui varient peu, ainsi que les Pigeons de fantaisie qui varient beaucoup plus par suite de leur état de domestication plus complet, soient les uns et les autres les descendants de la *C. livia* (en comprenant sous ce nom les races géographiques sauvages précédemment énumérées), la question se complique lorsque nous envisageons les onze races principales, dont la plupart ont été si profondément modifiées. On peut cependant, par des moyens indirects, mais concluants, démontrer que ces races principales ne descendent pas d'un nombre égal de souches sauvages, et ceci admis, on ne peut guère contester leur provenance de la *C. livia*, qui, par ses mœurs et la plupart de ses caractères, s'accorde si étroitement avec elles, varie aussi dans l'état de nature, et a certainement éprouvé des modifications considérables. Nous verrons, au surplus, combien certaines circonstances favorables ont pour beaucoup contribué à augmenter les modifications dans les races qui ont été plus particulièrement l'objet des soins des éleveurs.

On peut grouper, sous les six chefs suivants, les raisons qui permettent de conclure que les races domestiques principales ne descendent pas d'autant de souches primitives et inconnues : — 1° Si les onze races principales ne résultent pas de la variation d'une espèce, y compris ses races géographiques, elles doivent provenir de plusieurs espèces primitives extrèmement distinctes; car des croisements, si étendus qu'on les suppose, entre six ou sept formes sauvages, n'auraient jamais pu produire des races aussi divergentes que les Grosses-gorges, les Messagers, les Runts, les Paons, les Culbutahts courtes-faces, les Jacobins et Tambours. Comment, par exemple, un Grosse-gorge ou un Paon auraient-ils pu résulter d'un croisement, sans que les parents primitifs supposés possédassent les caractères particuliers de ces races? Je sais que quelques naturalistes, suivant l'opinion de Pallas, croient que le croisement détermine une forte tendance à la variation, indépendamment des caractères hérités de l'un et de l'autre parent. Ils admettent qu'il serait plus facile de produire un Grosse-gorge ou un Pigeon Paon par le croisement de deux espèces distinctes, ne possédant ni l'une ni l'autre les caractères de ces races, que de les faire dériver d'une espèce unique. Je ne trouve que peu de faits favorables à cette doctrine, et n'y crois qu'à un faible degré ; j'aurai, du reste, dans un chapitre futur, à revenir sur ce sujet, qui n'est pas essentiel pour le point que nous discutons dans ce moment. La question dont nous avons à nous occuper est celle de savoir si, depuis la première domestication du Pigeon par l'homme, il a apparu chez ce type des caractères nouveaux, nombreux et importants. D'après l'opinion ordi-

naire, la variabilité .est due au changement des conditions
extérieures; d'après la doctrine de Pallas, la variabilité, ou
l'apparition de caractères nouveaux, est due à quelque effet
mystérieux, résultat du croisement de deux espèces, ne possédant ni l'une ni l'autre les caractères en question. On peut
croire que, dans quelques cas peu nombreux (et encore
plusieurs raisons le rendent peu probable), il a pu naître, de
croisements, des races bien accusées; par exemple, un Barbe
aurait pu se former par un croisement entre un Messager à
long bec, ayant un large cercle de peau verruqueux autour
des yeux, et un Pigeon à bec court. On peut même admettre
comme presque certain que beaucoup de races ont été à
quelque degré modifiées par des croisements, et que certaines
variétés de nuances de coloration proviennent de croisements
entre des variétés diversement colorées. Nous devons donc,
d'après la doctrine que les différentes races doivent leurs différences caractéristiques à leur descendance d'espèces distinctes,
admettre qu'il existe encore quelque part, ou qu'il a autrefois existé, huit ou neuf ou plus probablement une douzaine d'espèces, actuellement éteintes comme oiseaux sauvages,
et ayant toutes eu les mêmes habitudes, vivant en société, perchant et faisant leurs nids sur les rochers. Mais si on considère avec quel soin on a, dans le monde entier, recueilli les
Pigeons sauvages, oiseaux remarquables, surtout lorsqu'ils
vivent dans les rochers, il est extrêmement improbable que
huit ou neuf espèces, domestiquées depuis longtemps, et qui
ont donc dû habiter un pays anciennement connu, puissent
encore exister à l'état sauvage, et avoir échappé aux ornithologistes.

L'hypothèse que ces espèces ayant existé autrefois, se
soient éteintes depuis, pourrait être un peu plus probable,
quoiqu'il soit passablement téméraire d'admettre, dans les
limites de l'époque historique, l'extinction d'un aussi grand
nombre d'espèces, lorsqu'on voit le peu d'influence que l'homme
a pu avoir sur l'extermination du bizet commun, qui, sous
tous les rapports, se rapproche tellement des races domestiques.
Le *C. livia* existe actuellement et prospère dans les petites îles
Feroë, sur un grand nombre d'îles de la côte d'Écosse, en
Sardaigne, sur les rives de la Méditerranée et dans le centre

de l'Inde. Des éleveurs ont supposé que les espèces souches auraient été primitivement circonscrites dans de petites îles, où elles auraient pu facilement être exterminées; mais les faits que nous venons de rappeler ne sont justement pas en faveur de la probabilité d'une pareille extinction, même dans les petites îles. Il n'est pas non plus probable, d'après ce qu'on sait de la distribution des oiseaux, que les îles européennes aient été habitées par des espèces particulières de Pigeons; et si nous admettons que des îles océaniques éloignées aient été la patrie des espèces primitives parentes, nous devons nous rappeler que les voyages anciens étaient fort lents, et que les navires étant alors mal approvisionnés de nourriture fraîche, il n'aurait pas été facile de rapporter des oiseaux vivants. J'ai dit voyages anciens, car presque toutes les races de Pigeons étaient connues avant l'an 1600, de sorte que les espèces sauvages supposées doivent avoir été capturées et domestiquées avant cette époque.

2° La doctrine de la descendance des principales races domestiques de souches primitives multiples, impliquerait que plusieurs espèces auraient autrefois été assez complétement domestiquées pour avoir pu se croiser entre elles et se reproduire librement. Bien que la plupart des oiseaux sauvages soient faciles à apprivoiser, l'expérience nous apprend qu'il est très-difficile de les faire reproduire en captivité; cette difficulté est cependant moindre pour les Pigeons que pour d'autres oiseaux. Depuis deux ou trois siècles on a gardé bien des oiseaux en cage, sans qu'on ait pu en ajouter à peine un de plus à notre liste d'espèces complétement apprivoisées; et pourtant, d'après la doctrine en question, nous serions obligés d'admettre qu'autrefois on a dû apprivoiser et domestiquer environ une douzaine d'espèces de Pigeons, actuellement inconnues à l'état sauvage.

3° La plupart de nos animaux domestiques sont redevenus sauvages dans plusieurs parties du monde, moins fréquemment les oiseaux que les mammifères, apparemment par suite de la perte partielle de la faculté du vol. J'ai trouvé cependant quelques exemples de nos oiseaux de basse-cour devenus marrons dans l'Amérique du Sud et peut-être dans l'Afrique occidentale, ainsi que dans plusieurs îles; le dindon a été autrefois presque marron sur les bords du Parana, et la pintade est redevenue tout à fait sauvage à l'Ascension et à la Jamaïque. Dans cette dernière île, le paon est aussi redevenu marron. Le canard commun s'éloigne de son habitation et redevient presque sauvage dans le comté de Norfolk. On a tué des métis du canard musqué et du canard commun dans l'Amérique du Nord, en Belgique, et près de la mer Caspienne. L'oie est redevenue sauvage à la Plata. Le Pigeon de colombier ordinaire est marron à Juan-Fernandez, l'île de Norfolk, l'Ascension, probablement à Madère, sur les côtes d'Écosse, et, à ce qu'on assure, sur les rives de l'Hudson, dans l'Amérique du Nord [18]. Mais quelle différence si nous revenons aux onze principales races domestiques du Pigeon, que quelques auteurs regardent comme descendant d'autant d'espèces distinctes ! Personne n'a jamais prétendu qu'elles aient été trouvées sauvages dans aucune partie du monde ; on les a cependant transportées partout, et quelques-unes ont dû être ramenées dans leur patrie primitive. En les considérant comme les produits de la variation, nous comprenons pourquoi elles ne sont pas redevenues sauvages, l'étendue des modifications qu'elles ont éprouvées dénotant une domestication ancienne et profonde, qui devait les rendre impropres à la vie sauvage.

4° En admettant que les différences caractéristiques des diverses races domestiques soient dues à leur descendance de plusieurs espèces primitives, nous devrions conclure que l'homme aurait autrefois, soit intentionnellement, soit par hasard, choisi, pour les domestiquer, une collection des Pigeons les plus anomaux, car on ne peut contester que, comparées aux membres existants de la grande famille des Pigeons, des espèces comme les Grosses-gorges, les Paons, les Barbes, les

18. Pour les Pigeons marrons, voir, pour Juan-Fernandez, Bertero. *Ann. scienc. nat.*, XXI, p. 351 ; — pour l'île Norfolk, Rév. E. S. Dixon, *Dovecote*. 1851, p. 11, d'après M. Gould ; — pour l'Ascension, je me base sur une relation manuscrite de M. Layard ; — pour l'Hudson, voir Blyth, *Ann. of nat. Hist.*, vol. XX, p. 511, 1857 ; — pour l'Écosse, Macgillivray, *British Birds*, vol. 1. p. 275, et aussi Tompson, *Nat. Hist. of Ireland ; — Birds*, vol. II, p. 11 ; — pour les canards, v. E. S. Dixon, *Ornamental Poultry*, 1847. p. 122 ; — pour les métis marrons des canards musqués et communs, voir Audubon, *American Ornithology*; et Selys Deslongchamps, *Hybrides dans la famille des Anatides:* — pour l'oie, I. G. Saint-Hilaire, *Hist. nat. gén.*, t. III. p. 198 ; — pour les pintades, Gosse, *Sojourn in Jamaica.* p. 124, et *Birds of Jamaica.* J'ai vu à l'Ascension la pintade sauvage ; — pour le paon, voir *A week at Port-Royal*, p. 12, par M. Hill ; — pour les dindons, je m'en rapporte à des informations orales, après m'être assuré que ce n'étaient pas des Hoccos.

Messagers, les Culbutants, etc., seraient singulières au plus haut degré. Nous serions forcés de supposer, non-seulement que l'homme a réussi à domestiquer complétement plusieurs espèces fort exceptionnelles, mais encore que ces mêmes espèces se sont toutes éteintes depuis, ou nous sont du moins inconnues. Ces deux circonstances sont si improbables que, pour soutenir l'existence d'autant d'espèces anomales, il faudrait des preuves indiscutables. Si, au contraire, toutes ces races dérivent de la *C. livia*, nous pouvons comprendre, ainsi que nous l'expliquerons plus tard, comment une légère déviation d'un caractère apparaissant une fois, a dû s'augmenter continuellement par la conservation des individus chez lesquels elle était le mieux accusée, et la sélection étant mise en jeu par l'homme et pour sa fantaisie, et non pour le bien de l'oiseau, l'importance de la déviation ainsi accumulée, devait certainement, comparée à la conformation des Pigeons vivant à l'état de nature, paraître anomale.

J'ai déjà mentionné ce fait remarquable que les différences caractéristiques des principales races domestiques sont éminemment variables ; nous le voyons clairement dans la différence du nombre des pennes rectrices du Pigeon Paon, dans le développement du jabot chez les Grosses-gorges, dans la longueur du bec des Culbutants, dans l'état des membranes verruqueuses des Messagers, etc. Ces caractères étant le résultat de variations successives accumulées par la sélection, leur variabilité est compréhensible, car elle porte précisément sur les parties qui ont varié depuis la domestication du Pigeon, et qui, variant encore aujourd'hui, toujours sous l'action soutenue de la sélection humaine, n'ont encore pu acquérir aucune fixité.

5° Toutes les races domestiques s'apparient bien entre elles, et ce qui est également important, leur progéniture hybride est tout à fait fertile. En vue de vérifier ce point, j'ai fait beaucoup d'expériences consignées dans la note ci-après, et de semblables essais auxquels s'est tout récemment livré M. Tegetmeier lui ont donné les mêmes résultats [19]. L'exact Neu-

19. J'ai dressé une longue table des croisements variés opérés par les éleveurs sur les diverses races domestiques, mais qu'il est inutile de publier ici. De mon côté, et pour vérifier le fait spécial, j'ai fait beaucoup de croisements qui ont tous été fertiles. J'ai réuni sur un seul oiseau cinq des races les plus distinctes, et les aurais certainement réunies toutes avec

204 PIGEONS DOMESTIQUES.

meister [20] assure que lorsqu'on croise les Pigeons de colombier avec des Pigeons d'autres races, les métis sont très-fertiles
et vigoureux. MM. Boitard et Corbié [21] assurent, d'après leurs
expériences, que plus les races qu'on croise sont distinctes,
plus les métis obtenus par ces croisements sont productifs.

J'admets la grande probabilité de la doctrine formulée par
Pallas, bien qu'elle ne soit pas absolument prouvée, à savoir
que les espèces voisines qui, croisées à l'état de nature
ou après leur capture, restent stériles à un degré plus ou
moins prononcé, perdent cette stérilité après une période de
domestication prolongée; cependant lorsque nous considérons
la grande différence qui existe entre des races comme les
Grosses-gorges, Messagers, Paons, etc., le fait de la fertilité
complète et même augmentée qui se remarque chez les produits de leurs croisements les plus complexes, constitue un
argument puissant en faveur de leur descendance commune
d'une espèce unique. Cet argument acquiert une force nouvelle, quand on voit (je donne dans la note ci-dessous [22] tous

de la patience. Ce cas d'un mélange de cinq races différentes, sans action sur la fertilité, est
important, parce que Gærtner a montré que, très-généralement (quoique pas universellement
comme il le croit), les croisements compliqués entre plusieurs espèces sont extrêmement
stériles. Je n'ai rencontré que deux ou trois cas de stérilité constatée dans la progéniture de
certaines races croisées. Von Pistor (*Das Ganze der Feld-Taubenzucht*, 1831, p. 15, assure
que les métis des Barbes et des Pigeons Paons sont stériles; j'ai démontré que c'était une
erreur, non-seulement en croisant ces métis avec d'autres métis de même provenance, mais
encore par l'épreuve plus sévère du croisement de métis frères et sœurs *inter se*, et qui
se montrèrent *complétement* fertiles. Temminck (*Hist. nat. gén. des Pigeons*, t. 1, p. 197), dit
que le Pigeon-Hibou ne se croise pas avec les autres races; mais les miens, laissés à eux-
mêmes, se sont librement croisés avec des Culbutants et des Tambours, et le même fait s'est
présenté entre des Turbits et des Pigeons Coquilles et de colombier (Rev. E. Dixon, *The
Dovecot*, p. 107). J'ai croisé des Turbits et des Barbes, ainsi que M. Boitard (p. 31), qui dit
que les métis sont tout à fait fertiles. Des métis d'un Turbit et d'un Pigeon Paon ont produit *inter se* (Riedel, *Taubenzucht*, p. 25) et Bechstein (*Naturg. Deutschl.*, vol. IV, p. 14). On
a croisé des Turbits (Riedel, l. c. p. 26) avec des Grosses-gorges et des Jacobins, et même
avec un métis Jacobin-Tambour (Riedel, l. c. p. 27). Ce dernier auteur donne quelques faits
vagues sur la stérilité des Turbits appariés avec certaines autres races croisées. Mais je ne doute
pas que l'explication qu'en donne Rev. E. S. Dixon ne soit exacte, à savoir qu'il y a des
individus qui sont occasionnellement stériles tant dans les Turbits que dans les autres races.

20. *Das Ganze der Taubenzucht*, p. 18.

21. *Les Pigeons*, etc., p. 35.

22. Les Pigeons domestiques s'apparient facilement avec le *C. œnas* (Bechstein, l. c. IV,
p. 3), et M. Brent a opéré plusieurs fois le même croisement, mais les jeunes mouraient
généralement au bout de dix jours. Un métis élevé par lui (d'un *C. œnas* et d'un Messager
d'Anvers), s'appariа avec un Dragon, mais ne pondit point d'œufs. Bechstein (p. 26) assure
que le Pigeon domestique s'apparie avec les *C. palumbus*, *Turtur risorio* et *T. vulgaris*, mais
il ne dit rien de la fécondité des hybrides; si on s'était assuré du fait, il en aurait certainement été fait mention. Au Zoological Garden (d'après un rapport manuscrit de M. J. Hunt),
un métis mâle de *Turtur vulgaris* et un Pigeon domestique se sont appariés avec différentes

les cas que j'ai pu recueillir) qu'on connaît à peine un seul cas bien constaté de métis de deux vraies espèces de Pigeon, qui se soient trouvés fertiles, *inter se*, ou même seulement croisés avec leurs parents de race pure.

6° A l'exception de quelques différences caractéristiques importantes, les races principales sont, sous tous les autres rapports, très-voisines les unes des autres et de la *C. livia*. Toutes, comme nous l'avons déjà remarqué, sont éminemment sociables ; toutes répugnent à percher, ou à construire leurs nids sur les arbres ; toutes pondent deux œufs, ce qui n'est pas une règle universelle chez les Colombides : chez toutes, autant que j'ai pu le savoir, l'incubation des œufs a la même durée ; toutes peuvent supporter de grandes différences de climat, toutes préfèrent la même nourriture et sont très-avides de sel ; toutes (le Finnikin et le Tournant exceptés, qui ne diffèrent pas d'ailleurs par les autres caractères), affectent les mêmes allures quand ils courtisent les femelles, et toutes (à l'exception du Rieur et du Tambour) ont le même roucoulement particulier, qui ne ressemble en rien à la voix d'aucun Pigeon sauvage. Toutes les races colorées présentent sur la poitrine les mêmes teintes métalliques spéciales, caractère qui est loin d'être général chez les Pigeons.

Chaque race offre à peu près les mêmes séries de variations

espèces de Pigeons et de tourterelles, mais aucun des œufs ne furent bons. Les métis de *C. œnas* et *gymnophthalmos* furent stériles. Dans le *London Mag. of nat. Hist.*, vol. VII, 1834, p. 154, il est rapporté qu'un métis mâle (produit d'un *Turtur vulgaris* mâle, et d'un *T. risoria* femelle) s'apparia pendant deux ans avec une femelle de *T. risoria*, qui, pendant ce temps, pondit beaucoup d'œufs, mais tous stériles. MM. Boitard et Corbié (l. c. p. 235) assurent que les métis de ces deux tourterelles sont toujours stériles, tant entre eux qu'avec l'un et l'autre des parents purs. M. Corbié tenta avec une espèce d'obstination l'essai, qui fut répété encore par MM. Manduyt et Vieillot. Temminck a également constaté la stérilité des hybrides de ces deux espèces. Par conséquent, lorsque Bechstein (l. c. p. 101), assure que les métis de ces deux oiseaux se reproduisent *inter se* aussi bien qu'avec l'espèce pure, et qu'un écrivain dans le *Field* (nov. 10, 1858), confirme cette assertion, il doit y avoir une erreur ; j'ignore laquelle, car Bechstein doit avoir connu la variété blanche de *T. risoria* ; ce serait un fait sans exemple que les mêmes espèces pussent donner naissance à des produits tantôt *très-fertiles*, tantôt *très-stériles*. Dans le rapport manuscrit du *Zoological Gardens*, les métis des *Turtur vulgaris* et *T. suratensis*, du *T. vulgaris* et de l'*Ectopistes migratorius*, sont signalés comme inféconds. Deux de ces derniers métis mâles appariés avec des individus des races parentes pures, le *T. vulgaris* et l'*Ectopistes* et aussi avec *T. risoria* et *Columba œnas*, ont produit beaucoup d'œufs mais stériles. A Paris, (I. Geoff. Saint-Hilaire, *Hist. nat. gén.*, t. III, p. 180), on a obtenu des métis du *T. aurilus* avec les *T. cambayensis* et *Suratensis*, mais il n'est rien dit de leur fécondité. Au *Zoological Gardens*, à Londres, les *Goura coronata* et *Victoria* donnèrent un métis qui, apparié avec un *Goura coronata* pur, pondit plusieurs œufs qui se montrèrent inféconds. En 1860, les *Columba gymnophthalmos* et *maculosa* produisirent au même endroit des métis.

dans les couleurs, et dans la plupart nous remarquons la même corrélation particulière entre le développement du duvet chez les jeunes oiseaux et la couleur du plumage de l'adulte. Toutes ont la même longueur proportionnelle des doigts, des rémiges primaires, caractères qui peuvent différer dans les divers membres du groupe des Colombides. Dans les races qui présentent des déviations remarquables de structure, comme la queue des Pigeons Paons, le jabot des Grosses-gorges, le bec des Messagers et des Culbutants, etc., les autres parties restent presque inaltérées. Maintenant tout naturaliste accordera qu'il serait presque impossible de trouver dans aucune famille une douzaine d'espèces naturelles, très-semblables par leur conformation générale et leurs mœurs, et cependant différant énormément les unes des autres par un petit nombre de caractères seulement. La sélection naturelle explique ce fait, car chaque modification successive de conformation est, dans chaque espèce naturelle, conservée uniquement parce qu'elle est utile : de pareilles modifications largement accumulées, impliquent nécessairement de profonds changements dans les habitudes, qui en entraînent d'autres dans toute l'organisation. D'autre part, si les diverses races de Pigeons sont le résultat de variations auxquelles l'homme a appliqué la sélection, nous comprenons aisément pourquoi elles conservent une ressemblance dans leurs habitudes et dans les divers caractères dont l'homme ne s'est ni inquiété ni occupé, tandis qu'elles diffèrent si considérablement sur les points qui ont pu frapper son œil ou flatter sa fantaisie.

Il y a encore un point de ressemblance entre les races domestiques du Pigeon et le Bizet qui mérite d'être tout spécialement mentionné. Le Bizet sauvage est d'une couleur bleu ardoisé, et les ailes sont traversées par deux barres noires : le croupion, variable, est généralement blanc chez le Bizet européen, bleu chez l'indien : la queue porte près de son extrémité une barre noire, et les bords externes des rectrices extérieures sont marqués de blanc, excepté à leur extrémité. Ces caractères ne se trouvent réunis chez aucun autre Pigeon sauvage que la *C. livia*. En parcourant attentivement la grande collection de Pigeons du Muséum britannique, j'ai trouvé que la barre obscure, près de l'extrémité de la queue, est commune.

et que la bordure blanche des rectrices extérieures n'est pas rare ; mais le croupion blanc l'est extrêmement, et les deux barres noires des ailes ne se rencontrent dans aucun autre Pigeon que les espèces alpines *C. leuconota* et *rupestris* d'Asie.

Pour en revenir aux races domestiques, il est très-remarquable, comme me l'a signalé un éleveur distingué, M. Wicking, que toutes les fois que, dans une race quelconque, il naît un oiseau bleu, les ailes portent presque invariablement les doubles barres noires [23]. Les rémiges primaires peuvent être blanches ou noires et le corps d'une couleur quelconque ; mais si les rectrices des ailes sont seules bleues, les deux barres noires apparaissent sûrement. J'ai vu par moi-même, et sais par des documents dignes de foi [24], qu'il existe des oiseaux bleus portant les barres noires sur les ailes, à croupion blanc ou variant d'un bleu très-pâle au foncé, à queue à barre noire terminale et à rectrices externes bordées de blanc ou de couleur très pâle, dans les races pures qui suivent : les Grosses-gorges, Paons, Culbutants, Jacobins, Turbits, Barbes, Messagers, trois variétés distinctes de Runts, Tambours, Hirondelles, et dans

23. Une sous-variété du P. Hirondelle d'Allemagne, figurée par Neumeister, fait exception. L'oiseau est bleu mais sans barres sur les ailes ; mais pour le but que nous nous proposons de tracer la descendance des races principales, cette exception a d'autant moins de signification que la var. Hirondelle se rapproche beaucoup par sa conformation de la *C. livia*. Dans d'autres sous-variétés, les barres noires sont remplacées par des barres de diverses couleurs. Les figures de Neumeister suffisent pour montrer que, si les ailes seules sont bleues, les barres noires des ailes apparaissent.

24. J'ai observé des oiseaux bleus, portant toutes les marques ci-dessus décrites dans les races suivantes présentées dans diverses expositions, et toutes pures : Grosses-gorges, ayant les doubles barres noires sur les ailes, à croupion blanc, barre noire terminale sur la queue, rectrices externes bordées de blanc ; dans des Turbits, les mêmes caractères, ainsi que dans les Pigeons Paons ; dans quelques-uns le croupion était bleuâtre ou bleu pur : M. Wicking a obtenu des Pigeons Paons bleus de deux Pigeons noirs. Des Messagers (compris les Bagadotten de Neumeister), avec toutes les marques ; deux que j'ai examinés avaient le croupion blanc, deux autres l'avaient bleu, pas de bordure blanches sur les rectrice externes. M. Corker, un éleveur célèbre, m'assure que, si on appareille pendant plusieurs générations successives des Messagers noirs, leur progéniture devient d'abord cendrée, puis bleue avec les barres alaires noires. Des Runts de la race allongée m'ont montré les mêmes marques, mais le croupion était d'un bleu pâle, et les rectrices externes étaient bordées de blanc. Neumeister figure le Pigeon Florentin bleu avec des barres noires. Les Jacobins sont rarement bleus, j'ai cependant connaissance de deux cas authentiques de Jacobins bleus à barres noires. M. Brent en a obtenu qui provenaient de Pigeons noirs. J'ai vu des Culbutants ordinaires, tant anglais qu'indiens, et des Courtes-faces bleus à barres noires sur les ailes, avec la barre noire à l'extrémité de la queue, et les rectrices externes bordées de blanc ; dans tous le croupion était bleu, quelquefois d'un bleu très-pâle, mais jamais blanc. Les Barbes et Tambours bleus sont très-rares, cependant Neumeister figure des variétés bleues des deux races, ayant aussi les barres noires sur les ailes. M. Brent m'informe qu'il a vu un Barbe bleu, et j'apprends par M. Tegetmeier que M. B. Weir a obtenu un Barbe argenté (ce qui signifie d'un bleu très-pâle) de deux Pigeons jaunes.

un grand nombre de Pigeons de fantaisie qu'il est inutile d'énumérer. Donc nous voyons, dans toutes les races pures connues en Europe, reparaître occasionnellement des oiseaux
bleus ayant toutes les marques caractéristiques de la *C. livia*,
marques dont l'ensemble ne se rencontre dans aucune autre
espèce sauvage. M. Blyth a pu faire la même observation sur
les diverses races domestiques du Pigeon connues dans l'Inde.

Certaines variations de plumage sont également communes
dans le Bizet sauvage, le Pigeon de colombier et dans les races
les plus fortement modifiées. Ainsi, dans tous, le croupion
varie du blanc au bleu, étant le plus ordinairement blanc en
Europe et très-généralement bleu dans l'Inde [25]. Nous avons
vu que la *C. livia* sauvage en Europe, et les Pigeons de colombier dans toutes les parties du monde, ont souvent les
tectrices supérieures des ailes tachetées de noir, et que, dans
toutes les races les plus distinctes, on rencontre chez les individus bleus des tachetures tout à fait semblables. Ainsi j'ai vu
des Grosses-gorges, Paons, Messagers, Turbits, Culbutants
(indiens et anglais), Hirondelles et une foule de Pigeons de
fantaisie, bleus et tachetés. M. Esquilant a vu un Runt tacheté,
et j'ai moi-même obtenu de deux Culbutants bleus de pure
race un oiseau tacheté.

Les faits que nous venons d'examiner se rapportent à l'apparition occasionnelle dans les races pures, d'individus soit
bleus et portant des barres noires sur les ailes, soit bleus et
tachetés; nous allons maintenant voir que, lorsqu'on croise
deux oiseaux appartenant à des races distinctes, dont ni l'un
ni l'autre n'ont, et n'ont probablement eu pendant de nombreuses générations, aucune trace de bleu dans leur plumage,
ni de barres sur les ailes, ou d'autres marques caractéristiques, les produits de ces croisements sont très-fréquemment
bleus, quelquefois tachetés, ont les barres noires sur les ailes,
etc.; s'ils ne sont pas bleus, ils peuvent cependant présenter

---

25. D'après M. Blyth, toutes les races domestiques dans l'Inde ont le croupion bleu, mais
ce fait n'est pas invariable, car je possède un Pigeon Simmali bleu pâle, dont le croupion est
entièrement blanc, et que Sir W. Elliot m'a envoyé de Madras. Un Pigeon Nakshi, bleu et
tacheté, a sur le croupion quelques plumes blanches. Dans quelques autres Pigeons indiens
il y a quelques plumes blanches sur le croupion, fait que j'ai observé aussi sur un Messager
persan. Le Pigeon Paon javanais, importé à Amoy, d'où il m'a été envoyé, a le croupion
parfaitement blanc.

à un degré plus ou moins prononcé les diverses marques caractéristiques. L'assertion de MM. Boitard et Corbié [26], que les
croisements entre certaines races ne donnaient que rarement
autre chose que des Bizets ou des Pigeons de colombier, c'est-
à-dire, comme nous le savons, des oiseaux bleus avec leurs
marques spéciales, m'a conduit à entreprendre quelques expériences sur le sujet. Vu l'intérêt que ces recherches peuvent
avoir, même en dehors du point spécial qui nous occupe actuellement, je crois devoir les exposer avec quelques détails.
J'ai choisi pour mes essais des races qui, lorsqu'elles sont
pures, ne produisent que très-rarement des oiseaux bleus,
ayant les barres sur les ailes et la queue.

Le Pigeon Coquille est blanc, avec la tête, la queue, et les
rémiges primaires noires ; la race existe depuis l'an 1600. J'ai
croisé un mâle de cette race avec une femelle du Culbutant
commun rouge, variété qui reproduit bien son type. Aucun des
parents n'avait donc la moindre trace de bleu dans son plumage, ni de barres sur les ailes ou la queue. Les Culbutants
communs sont rarement bleus en Angleterre. Le croisement en
question me produisit plusieurs petits ; l'un avait le dos tout
entier rouge, et sa queue était aussi bleue que chez le Bizet ;
la barre terminale manquait, mais les rectrices externes étaient
bordées de blanc ; un second et un troisième ressemblaient au
premier, et portaient tous deux une trace de barre à l'extrémité de la queue ; un quatrième était brunâtre, avec traces de
la barre double sur les ailes ; un cinquième avait la poitrine,
le dos, le croupion et la queue d'un bleu pâle, mais le cou et
les rémiges primaires étaient rougeâtres ; les ailes portaient
deux barres distinctes de couleur rouge ; la queue n'avait pas
de barre, mais les rectrices externes étaient bordées de blanc.
J'ai croisé ce dernier oiseau, si curieusement coloré, avec un
métis noir d'origine complexe, car il provenait d'un Barbe noir,
d'un Pigeon Heurté et d'un Culbutant (Almond Tumbler) ; de
sorte que les deux produits de ce croisement contenaient le
sang de cinq variétés, dont aucune n'avait la moindre trace de
bleu, ni de barres alaires ou caudales ; un de ces deux oiseaux
était d'un noir brunâtre, avec des barres alaires noires ; l'autre

26. O. C., p. 37.

était d'un fauve rougeâtre, avec barres alaires rougeâtres, plus claires que le reste du corps, et avait le croupion d'un bleu pâle, la queue bleuâtre, avec traces d'une barre terminale.

M. Eaton [27] a appareillé deux Culbutants courtes-faces, ni l'un ni l'autre bleus ou barrés, et a obtenu d'un premier nid un oiseau bleu parfait, et d'un second un oiseau d'un bleu pâle; ces deux oiseaux ont dû sans doute, d'après l'analogie, présenter les marques caractéristiques ordinaires.

J'ai croisé deux Barbes mâles noirs, avec deux Pigeons Heurtés femelles. Ces derniers ont le corps entier et les ailes blancs, et une tache sur le front, la queue et les tectrices caudales rouges; la race existait déjà au moins en 1676, et reproduit fidèlement son type, ce qui était déjà le cas en 1735 [28]. Les Barbes sont des oiseaux unicolores, n'ayant que rarement des traces de barres sur les ailes et la queue, et se reproduisant d'une manière constante. Les métis ainsi obtenus furent noirs ou presque noirs, brun pâle ou foncé, parfois légèrement pie; six d'entre eux présentèrent les barres alaires doubles; dans deux elles étaient noires et très-apparentes; sept montrèrent quelques plumes blanches sur le croupion, trois une trace de la barre terminale sur la queue; dans aucun les rectrices terminales n'étaient bordées de blanc.

J'ai croisé des Barbes noirs de deux branches excellentes avec des Paons de race pure, d'un blanc de neige. Les métis furent généralement noirs, avec quelques rémiges et rectrices blanches; d'autres furent d'un brun rougeâtre foncé, et d'autres d'un blanc de neige; dans aucun il n'y avait trace de barres alaires ou de croupion blanc. J'appariai ensuite deux de ces métis, un noir avec un brun, et leurs produits manifestèrent des barres sur les ailes, légèrement indiquées, mais d'un brun plus foncé que le reste du corps. Dans une seconde couvée des mêmes parents, j'ai obtenu un oiseau brun qui portait sur le croupion quelques plumes blanches.

J'ai croisé un Dragon fauve mâle, appartenant à une famille qui, pendant plusieurs générations n'avait pas dévié de la couleur fauve et n'avait jamais présenté de barres alaires, avec une femelle Barbe d'un rouge uniforme (produite par deux Barbes

<hr>

27. *Treatise on Pigeons*, 1858, p. 145.
28. J. Moore, *Columbarium*, 1735, dans l'édition de J. M. Eaton, 1852, p. 71.

noirs) : je constatai chez les produits des traces faibles mais nettes de barres alaires. J'ai croisé un Runt mâle d'un rouge uniforme avec un Tambour blanc ; les produits eurent la queue d'un bleu ardoisé, avec barre terminale, et les rectrices extérieures bordées de blanc. J'ai croisé aussi une femelle de Tambour tachetée de blanc et de noir (d'une autre famille que la précédente), avec un Culbutant mâle. Aucun des deux n'offrait de traces de bleu, ni de barre caudale, ni de blanc au croupion, et il n'est pas probable que leurs ancêtres aient, depuis bien des générations, manifesté aucun de ces caractères (car je n'ai jamais entendu parler d'un Pigeon Tambour bleu, et mon Culbutant était de race pure), et cependant le métis, produit de ce croisement, avait la queue bleuâtre, terminée par une large bande noire, et le croupion parfaitement blanc. On peut remarquer que, dans plusieurs de ces cas, c'est la queue qui montre la première la tendance à revenir au bleu, mais ce fait de la persistance de la couleur dans la queue et les tectrices caudales [29] n'étonnera aucune personne ayant eu l'occasion de s'occuper du croisement des Pigeons. Je citerai comme dernier cas un des plus curieux. J'appariai un métis femelle Barbe-Paon avec un métis mâle Barbe-Heurté ; ni l'un ni l'autre n'offrant la moindre trace de bleu. Remarquons que la coloration bleue est excessivement rare chez les Barbes, et que les Pigeons Heurtés étaient déjà parfaitement caractérisés en 1676, et reproduisent fidèlement leur type ; il en est de même des Paons blancs, au point que je ne connais pas de cas de Paons blancs ayant procréé des oiseaux d'une autre couleur. Les produits des deux métis dont nous parlons eurent néanmoins le dos et les ailes exactement de la même nuance bleue que le Bizet shetlandais sauvage ; les deux barres des ailes étaient aussi marquées, la queue était en tous points identique, et le croupion était d'un blanc pur. La tête teintée légèrement de rouge, ce qui provenait évi-

---

29. Je pourrais en donner de nombreux exemples, je me bornerai à en citer deux. Un métis dont les quatre grands-parents étaient, un Turbit blanc, un Tambour blanc, un Paon blanc et un Grosse-gorge bleu, était blanc à l'exception de quelques plumes sur la tête et les ailes, mais toute la queue et les tectrices étaient d'un gris bleu foncé. Un autre métis, dont les grands-parents avaient été un Runt rouge, un Tambour blanc, un Paon blanc et le même Grosse-gorge bleu, fut entièrement blanc, la queue et les tectrices caudales exceptées, lesquelles étaient d'un fauve pâle ; sur les ailes il y avait trace de deux barres de la même couleur.

demment du Pigeon Heurté, était, ainsi que la poitrine, d'ur
bleu un peu plus pâle que chez le Bizet. Ainsi deux Barbes
noirs, un Pigeon Heurté rouge et un Pigeon Paon blanc ont,
comme grands-parents de pure race, donné naissance à ur
oiseau ayant la même couleur générale et toutes les marques
caractéristiques de la *C. livia* sauvage.

Pour ce qui concerne le fait que les croisements des races
produisent souvent des oiseaux tachetés de noir, et ressemblant
sous tous les rapports au Pigeon de colombier et à la variété
tachetée du Bizet sauvage, l'assertion rappelée ci-dessus de
MM. Boitard et Corbié pourrait suffire ; je citerai cependant trois
exemples de l'apparition de pareils oiseaux dans des croisements où l'un des parents ou grands-parents était bleu, mais
non tacheté. J'ai croisé un Turbit bleu mâle avec un Tambour
blanc, et, l'année suivante, avec un Culbutant courte-face d'un
brun plombé foncé ; les produits du premier croisement furent
aussi bien tachetés qu'aucun Pigeon de colombier, et ceux du
second le furent au point d'être presque aussi noirs que les
Bizets tachetés les plus foncés de Madère. Un autre oiseau, dont
les grands-parents furent un Tambour blanc, un Paon blanc,
un Heurté blanc (taches rouges), un Runt rouge et un Grosse-
gorge bleu, fut bleu ardoisé et tacheté exactement comme un
Pigeon de colombier. Je puis ajouter ici une remarque de
M. Wicking, l'homme d'Angleterre qui a le plus d'expérience
dans l'élevage des Pigeons de diverses couleurs ; c'est que
quand un oiseau bleu, ou bleu et tacheté, ayant des barres
alaires noires, paraît une fois dans une race, et qu'on le laisse
reproduire, ces caractères se transmettent avec une telle énergie, qu'il est excessivement difficile de les extirper.

Que devons-nous donc conclure de cette tendance qu'offrent
toutes les principales races domestiques, lorsqu'elles sont pures
et qu'on les croise entre elles, à donner naissance à des produits bleus, portant les mêmes marques caractéristiques que
le Bizet, et variant comme lui? Si nous admettons la descendance de toutes ces races de la *C. livia*, aucun éleveur n'hési-
tera à expliquer cette apparition occasionnelle d'oiseaux bleus
avec les marques noires, par le principe bien connu de la
réversion, ou retour vers le type originel. Nous ne savons pas
positivement pourquoi le croisement détermine si fortement

cette tendance au retour, mais nous aurons occasion, par la suite, de donner de ce fait des preuves nombreuses et évidentes. Il est probable que j'eusse pu, pendant un siècle, produire des Barbes noirs purs, des Pigeons Heurtés, Coquilles, Paons blancs, Tambours, etc., sans obtenir un seul oiseau bleu ou barré; et en croisant ces races j'ai, dès la première et seconde génération dans le cours de trois ou quatre ans au plus, obtenu un grand nombre de jeunes oiseaux plus ou moins colorés en bleu, et portant pour la plupart les marques caractéristiques qui accompagnent ce plumage. Lorsqu'on croise des oiseaux blancs et noirs, ou noirs et rouges, il semble que les deux parents aient une tendance à produire des rejetons bleus, et que cette tendance ainsi combinée, l'emporte sur la tendance séparée qu'a chacun des parents à transmettre sa propre coloration noire, blanche ou rouge.

Si nous rejetons l'opinion que toutes les races de Pigeons soient la descendance modifiée de la *C. livia*, pour admettre qu'elles proviennent d'autant de souches primitives, nous avons à choisir entre trois hypothèses. Premièrement, qu'il a autrefois existé huit ou neuf espèces primitives ayant diverses colorations, mais qui ont ultérieurement varié si exactement de la même manière qu'elles sont toutes arrivées à acquérir celle de la *C. livia*; cette hypothèse n'explique nullement l'apparition de ces colorations et des marques qui les accompagnent dans les produits obtenus par le croisement de ces races. Secondement, on pourrait supposer que les espèces primitives ont toutes eu la coloration bleue, ainsi que les marques caractéristiques du Bizet, mais cette supposition est improbable au dernier point, puisque, cette espèce exceptée, on ne trouve ces caractères réunis sur aucun membre existant du grand groupe des Colombides, et qu'il serait impossible de trouver aucun autre cas d'espèces identiques par le plumage, et cependant sur plusieurs points de leur conformation aussi différentes que le sont les Grosses-gorges, les Messagers, les Culbutants, etc. Troisièmement enfin, nous pourrions supposer que toutes les races, qu'elles descendent de la *C. livia* ou de plusieurs espèces primitives, bien qu'ayant été élevées avec les plus grands soins et si hautement prisées par les éleveurs, auraient toutes, dans le cours d'une douzaine ou au plus d'une vingtaine de générations, été croisées avec le Bizet, et ainsi acquis cette tendance à reproduire des oiseaux bleus avec les marques diverses qui caractérisent ce plumage. Je dis que ce croisement de chaque race avec le Bizet aurait dû avoir eu lieu dans le cours d'une douzaine ou d'une vingtaine de générations au plus, parce qu'il n'y a aucune raison pour croire qu'une progéniture croisée retourne jamais vers le type de l'un de ses ancêtres après un plus grand nombre de générations. Dans une race qui n'a été croisée qu'une fois, la tendance au retour diminue naturellement dans les générations suivantes, à mesure que la proportion de sang de la race étrangère diminue ; mais lorsqu'il n'y a pas eu de croisement avec une race distincte, et qu'il y a chez les deux parents une tendance au retour vers un caractère perdu depuis longtemps, cette tendance peut, d'après tout ce que nous sommes à même de constater, être transmise intégralement pendant un nombre indéfini de générations. Ces deux cas distincts de retour sont souvent confondus par les auteurs qui ont écrit sur l'hérédité.

Considérant, d'une part, l'improbabilité des trois suppositions que nous venons de discuter, et, d'autre part, la simplicité avec laquelle les faits s'expliquent par le principe du retour, nous pouvons conclure que l'apparition occasionnelle dans toutes les races (soit lorsqu'elles se reproduisent pures et sans mélange, soit surtout lorsqu'on les croise) de produits bleus, quelquefois tachetés, avec deux barres sur les ailes, le croupion blanc ou bleu, une barre à l'extrémité de la queue, et les rectrices externes bordées de blanc, fournit un argument d'un grand poids en faveur de l'opinion qu'elles proviennent toutes du Bizet, *C. livia*, comprenant sous cette dénomination les trois ou quatre variétés ou sous-espèces sauvages que nous avons énumérées plus haut.

Résumons les six arguments précédents, contraires à l'idée que les races domestiques soient les descendants de neuf ou peut-être de douze espèces, car le croisement d'un nombre moindre ne saurait rendre compte des différences caractéristiques des diverses races : 1° l'improbabilité qu'il puisse exister encore quelque part autant d'espèces inconnues aux ornithologistes, ou qu'elles aient pu s'éteindre dans les limites de la période historique, l'homme ayant eu si peu d'ac-

tion sur l'extermination du Bizet sauvage; 2° l'improbabilité
que l'homme ait autrefois domestiqué complétement et rendu
fécondes en captivité autant d'espèces différentes; 3° ces espèces
différentes n'étant nulle part redevenues sauvages; 4° le fait
extraordinaire que l'homme ait, avec intention ou par hasard, choisi pour les domestiquer, plusieurs espèces très-anor-
males par leurs caractères, ce qui est d'autant plus improbable que les points de conformation sur lesquels portent les
anomalies de ces espèces supposées sont actuellement au plus
haut degré variables; 5° le fait que toutes les races, malgré
leurs différences sur plusieurs points essentiels de leur conformation, produisent des métis tout à fait fertiles; tandis que
tous ceux qu'on a obtenus par le croisement d'espèces très-
voisines de la famille des Pigeons se sont trouvés stériles;
6° la tendance remarquable qu'ont toutes les races, à donner
(surtout quand on les croise) des produits qui font retour aux
caractères du Bizet sauvage, par des menus détails de coloration, et qui varient d'une manière semblable. Ajoutons à ces
arguments l'improbabilité qu'il ait autrefois existé un certain
nombre d'espèces différant considérablement les unes des
autres par quelques points de conformation, et se ressemblant
entre elles par d'autres comme la voix, les mœurs et toutes
leurs habitudes, autant que le font les races domestiques.
Tous ces faits et ces arguments étant loyalement pris en considération, il faudrait, pour nous autoriser à admettre la descendance de nos races domestiques de plusieurs souches primitives, un ensemble écrasant de preuves évidentes qui, jusqu'à
présent, nous font absolument défaut.

L'opinion que nous combattons doit, sans aucun doute, son
origine à l'improbabilité apparente que d'aussi fortes modifications de conformation aient pu être effectuées depuis la
domestication du Bizet par l'homme; aussi ne suis-je point
surpris qu'on ait hésité à admettre leur origine commune, car
autrefois, lorsque je contemplais dans mes volières des oiseaux
comme les Grosses-gorges, les Messagers, Barbes, Culbutants
courtes-faces, etc., je ne pouvais me persuader que tous pussent descendre d'une même souche primitive et que toutes ces
modifications remarquables ne fussent, en quelque sorte,
qu'une création de l'homme. C'est pour cette raison que j'ai

cru devoir, à propos de leur origine, entrer dans des développements qui pourront peut-être paraître superflus.

Finalement, à l'appui de la provenance de toutes les races d'une souche unique, nous avons dans le Bizet une espèce encore vivante, distribuée sur une immense étendue, et qui peut être et a été domestiquée dans divers pays. Cette espèce, par la plupart des points de son organisation, et par ses habitudes aussi bien que par tous les détails de son plumage, ressemble aux diverses races domestiques. Elle s'apparie librement avec elles et produit des descendants fertiles. Elle varie [30] à l'état de nature, encore plus à l'état semi-domestique, ce que montre la comparaison des Pigeons de Sierra-Leone avec ceux de l'Inde, ou avec les Pigeons marrons de l'île de Madère. Elle a subi des variations encore bien plus considérables dans le cas des nombreux Pigeons de fantaisie, que personne ne suppose être descendants d'espèces distinctes, et dont plusieurs transmettent cependant leurs caractères depuis des siècles. Pourquoi donc hésiter à admettre les variations plus étendues nécessaires pour la formation des onze races principales? Il faut avoir présent à l'esprit ce fait, que, dans deux des races les plus tranchées et les plus fortement caractérisées, les Messagers et les Culbutants courtes-faces, les formes les plus extrêmes de ces deux types peuvent être reliées avec leurs formes parentes, par des gradations qui ne sont pas plus considérables que celles qu'on observe entre les Pigeons de colombier de différents pays, ou entre les diverses sortes de Pigeons de fantaisie, gradations qu'on ne peut attribuer qu'à la variation.

Nous allons maintenant montrer que les circonstances ont été particulièrement favorables à la modification du Pigeon par la variation et la sélection. La première mention du Pigeon domestique, comme me l'a indiqué le professeur Lipsius, remonte à la cinquième dynastie égyptienne, soit environ trois mille ans avant J.-C. [31] ; mais M. Birch du British Museum, m'informe qu'il est déjà question du Pigeon dans un menu

---

30. Relativement à la variation en général, nous devons remarquer que non-seulement la *C. livia* présente plusieurs formes sauvages, que quelques naturalistes regardent comme des espèces, d'autres comme des sous-espèces ou seulement des variétés, mais que cela arrive aussi à des espèces de plusieurs genres voisins. D'après M. Blyth, c'est le cas des genres *Treron*, *Palumbus* et *Turtur*.

31. *Denkmäler*, Abth. II. Bl. 70.

de repas datant de la dynastie précédente. Les Pigeons domestiques sont mentionnés dans la Genèse, le Lévitique et Ésaïe [32].
Nous apprenons par Pline [33], qu'au temps des Romains on
offrait des prix énormes pour les Pigeons, et qu'on en était
arrivé à tenir compte de leur généalogie et de leur race. Les
Pigeons étaient fort estimés dans l'Inde, en 1600, du temps
d'Akber-Khan; la cour transportait avec elle vingt mille de ces
oiseaux, et les marchands en apportaient des collections de
grande valeur. Les monarques d'Iran et de Turan lui envoyè-
rent des races fort rares, et l'historien de la cour ajoute, « qu'en
croisant les races, chose qui ne s'était jamais faite auparavant,
Sa Majesté les avait améliorées d'une manière étonnante [34]. »
Akber-Khan possédait dix-sept sortes distinctes, dont huit
étaient estimées pour leur beauté seulement. A cette même
époque, en 1600, d'après Aldrovande, les Hollandais étaient
aussi passionnés pour les Pigeons que l'avaient été les anciens
Romains. Les races d'Europe et de l'Inde du XVe siècle paraissent avoir été différentes les unes des autres. Dans son voyage
en 1677, Tavernier, comme le fait Chardin en 1735, parle du
grand nombre de pigeonniers de la Perse, et remarque que
comme il était défendu aux chrétiens de garder des Pigeons,
quelques-uns se faisaient mahométans dans le seul but de pouvoir en élever. L'empereur du Maroc avait un gardien de
Pigeons favori, ainsi que le dit Moore dans son traité paru
en 1737. On a publié en Angleterre, depuis le temps de Willughby, en 1678, jusqu'à ce jour, et aussi en France et en Allemagne, un grand nombre de traités sur les Pigeons. Il a paru,
il y a une centaine d'années, dans l'Inde, un traité persan, que
l'auteur ne considérait point comme une chose de peu d'importance, car il le commence par une invocation solennelle
« au nom du Dieu bon et miséricordieux. » Beaucoup de grandes
villes en Europe et aux États-Unis ont maintenant leurs sociétés

32. Rev. E. S. Dixon, *The Dovecote*, 1851, p. 11-13. — Adolphe Pictet, dans ses *Origines
Indo-Européennes*, 1859, p. 399, constate qu'il y a dans l'ancien langage sanscrit de vingt-cinq
à trente noms pour le Pigeon, et quinze à seize noms persans, dont aucun ne se retrouve
dans les langues européennes. Ce fait indique l'antiquité de la domestication du Pigeon en
Orient.

33. *Hist. naturelle*, liv. X, ch. XXXVII... « Nobilitatem singularum et origines narrant... »
Et « L. Axius eques romanus ante bellum civile Pompeianum denariis quadringentis singula
paria vendidavit... »

34. *Ayeen Akbery*, traduit par Gladwin. Édit. in-4, vol. 1, p. 270.

d'amateurs de Pigeons ; à Londres il y en a actuellement trois. Dans l'Inde, M. Blyth m'apprend que les habitants de Delhi et de quelques autres villes sont de zélés amateurs. D'après M. Layard, on élève à Ceylan la plupart des races connues. En Chine, d'après MM. Swinhoe d'Amoy, et le Dr Lockhart de Shangaï, les bonzes ou prêtres s'adonnent avec ardeur à l'élève des Messagers, des Culbutants et autres variétés de Pigeons. Les Chinois fixent aux rectrices de leurs Pigeons des espèces de sifflets, qui produisent un son très-doux pendant le vol de l'oiseau. Abbas-Pacha était, en Égypte, un grand amateur et éleveur de Pigeons Paons. On en élève beaucoup au Caire et à Constantinople, et j'apprends par Sir W. Elliot qu'on en a récemment importé dans l'Inde méridionale, où ils se sont vendus à des prix élevés.

On voit, par ce qui précède, que depuis fort longtemps et dans plusieurs pays on s'est adonné avec passion à l'élève des Pigeons. Voici les paroles d'un amateur enthousiaste de nos jours : « Si chacun savait le charme et le plaisir qu'il y a à élever les Almond-Tumbler (Culbutant-amande), lorsqu'on commence à comprendre leurs facultés, je crois qu'il n'y aurait pas un propriétaire qui ne voulût avoir sa volière de Pigeons de cette race [35]. » Le goût de ce genre de distraction a de l'importance, en ce qu'il conduit ceux qui s'y livrent à noter soigneusement toutes les déviations de conformation, et à conserver celles qui les frappent et plaisent à leur fantaisie. Les Pigeons étant presque toujours captifs pendant toute leur vie, n'ont pas dans cet état, la nourriture variée qui leur est naturelle ; ils ont été transportés fréquemment d'un climat sous un autre, et tous ces changements dans les conditions extérieures ont dû occasionner des variations. Il y a cinq mille ans que le Pigeon est domestiqué et a été élevé dans une foule de lieux ; le nombre des individus ainsi produits sous la domestication a dû être énorme, fait qui a une haute importance, car il augmente de beaucoup les chances d'apparition de rares modifications de structure. Des variations légères de toutes espèces ont dû être observées, et, grâce aux circonstances suivantes, lorsqu'elles avaient quelque valeur, être conservées et pro-

---

35. J. M. Eaton, *Treatise on the Almond Tumbler*, 1851. Préface, p. 6.

pagées avec une grande facilité. Seuls, parmi tous les autres
animaux domestiques, les Pigeons des deux sexes s'associent par couples pour la vie, et, quoique mélangés avec d'autres Pigeons, se montrent rarement infidèles l'un à l'autre;
même lorsque le mâle quitte sa compagne, ce n'est pas d'une
manière permanente. J'ai élevé dans les mêmes volières bien
des Pigeons de types différents sans jamais en trouver un seul
qui ne fût pas pur. Il en résulte que l'éleveur peut, avec la
plus grande facilité, choisir et apparier ses oiseaux, et voir
promptement les résultats de ses essais, car le Pigeon se mul-
tiplie avec une grande rapidité. Il peut aisément utiliser les
oiseaux inférieurs qui, à l'état jeune, sont une excellente nourriture. En résumé, les Pigeons peuvent être facilement appa-
reillés, conservés et triés; on en a élevé des quantités immenses,
dans plusieurs pays on s'est livré avec ardeur à leur production, ce qui a dû conduire les éleveurs à les examiner de très-
près, soit pour obtenir quelques particularités nouvelles, soit
pour surpasser d'autres éleveurs par la perfection des individus de races déjà créées.

HISTOIRE DES PRINCIPALES RACES DU PIGEON [36].

Avant de discuter les voies et moyens par lesquels les principales races
se sont formées, je crois devoir donner quelques détails historiques, car,
si peu que ce soit, nous en savons beaucoup plus sur l'histoire des Pigeons
que sur celle d'aucun autre animal domestique. Quelques cas sont intéressants, parce qu'ils prouvent combien ou peut maintenir longtemps une
race avec ses mêmes, ou à peu près ses mêmes caractères; d'autres, par
contre, sont encore plus intéressants, en montrant comment certaines
races ont été lentement, mais constamment, modifiées dans le cours
des générations successives. J'ai indiqué dans le chapitre précédent que
les Rieurs et les Tambours, tous deux si remarquables par leur genre
de voix, étaient déjà parfaitement caractérisés en 1735, et que les Rieurs
étaient probablement connus dans l'Inde avant 1600. Les Pigeons Heurtés
en 1676, et les Coquilles du temps d'Aldrovande, avant 1600, étaient colorés exactement comme ils le sont aujourd'hui. Les Culbutants ordinaires et
les Culbutants terriens présentaient dans leur vol, dans l'Inde, avant 1600,
les mêmes particularités que de nos jours, car elles sont parfaitement décrites dans le *Ayeen Akbery*. Ces races peuvent toutes avoir existé
depuis une époque plus ancienne; nous savons seulement qu'elles étaient

---

36. Comme je parle souvent dans la discussion suivante, du temps présent, je dois indiquer que ce chapitre a été terminé en 1858.

déjà parfaitement caractérisées aux dates ci-dessus indiquées. La longueur moyenne de la vie du Pigeon domestique étant de cinq à six ans environ, quelques-unes de ces races auraient donc conservé leurs caractères pendant au moins quarante ou cinquante générations.

Grosses-gorges. — Ces oiseaux, autant qu'une très-courte description permet d'en juger, paraissent avoir été bien caractérisés du temps d'Aldrovande [37], avant l'an 1600. Les deux points essentiels recherchés de nos jours sont la longueur du corps et des jambes. En 1755 (édit. Eaton), Moore, — qui était un amateur de premier ordre, — dit avoir une fois vu un oiseau dont le corps avait 20 pouces de longueur et les jambes 7 pouces, bien qu'on considère comme de très-bonnes dimensions de 17 à 18 pouces pour la longueur du corps, et de 6 1/2 à 6 3/4 pour celle des jambes. M. Bult, l'éleveur de Grosses-gorges le plus heureux qu'il y ait eu au monde, m'apprend qu'actuellement (1858) la longueur ordinaire du corps est de 18 pouces, mais qu'il l'a trouvée de 19 chez un individu, et a entendu parler d'oiseaux de 20 et 22 pouces de long, mais ces cas lui paraissent douteux. La longueur normale des pattes est de 7 pouces actuellement ; M. Bult l'a trouvée de 7 1/2 pouces dans deux de ses élèves. Il ressort de là que dans les cent vingt-trois années qui se sont écoulées depuis 1735, la longueur du corps n'a pas sensiblement augmenté, car on considérait autrefois une longueur de 17 à 18 pouces comme bonne, et 18 pouces sont actuellement la longueur minimum ; la longueur des jambes semble toutefois s'être accrue, car Moore n'a jamais observé de cas de jambes atteignant complétement 7 pouces ; la moyenne est actuellement de 7, et dans deux oiseaux de M. Bult elles mesuraient 7 1/2 pouces de longueur. Le peu d'amélioration des Grosses-gorges pendant cette dernière période peut être expliqué en partie, comme me l'apprend M. Bult, par la négligence dont jusqu'à ces vingt ou trente dernières années cette race a été l'objet. Il y eut, vers 1765 [38], un changement dans la mode, qui fit préférer à des membres nus et grêles des pattes plus fortes et plus emplumées.

Pigeons Paons. — La première mention faite de cette race se trouve dans l'*Ayeen Akbery*, ouvrage indien, antérieur à 1600 [39] : à cette date, à en juger par Aldrovande, elle était inconnue en Europe. En 1677, Willughby parle d'un Pigeon Paon ayant 26 rectrices ; en 1735, Moore en vit un qui en portait 36 ; et en 1824 MM. Boitard et Corbié constatent qu'on pouvait facilement trouver en France des oiseaux qui en portaient 42. Actuellement, en Angleterre, on tient moins au nombre qu'au redressement et à l'expansion des rectrices, et on s'attache surtout au port général de l'oiseau. Les anciennes descriptions ne nous permettent pas, vu leur insuffisance, de juger s'il y a eu, sous ce dernier rapport, une grande amélioration ; mais il est probable que si autrefois il eût existé comme aujourd'hui des Pigeons Paons, dont la tête et la queue pussent se toucher, le fait aurait été mentionné. Les Paons qu'on trouve dans l'Inde

37. *Ornithologie*, 1600, vol. II, p. 360.

38. *Treatise on domestic Pigeons*, dédié à M. Mayor, 1765, Préface, p. xiv.

39. M. Blyth a traduit une partie de l'*Ayeen Akbery*, dans *Ann. and Mag. of nat. History*, vol. XIX, 1857, p. 104.

doivent probablement montrer l'état de la race, quant au port du moins, telle qu'elle était lors de son introduction en Europe; j'ai eu vivants quelques oiseaux de cette race, dits importés de Calcutta, et qui étaient très-inférieurs à ceux qu'on voit en Angleterre. Le Pigeon Paon de Java présente les mêmes différences dans le port, et bien que M. Swinhoe ait compté de 18 à 24 rectrices dans cet oiseau, un individu de bonne race qui m'a été envoyé n'en portait que 14.

Jacobins. — Cette race existait avant 1600; mais à en juger par la figure qu'en donne Aldrovande, le capuchon n'enveloppait pas la tête aussi complétement qu'à présent; la tête n'était pas non plus blanche, et les ailes et la queue étaient moins longues; ce dernier caractère peut toutefois avoir été mal rendu par le dessinateur. A l'époque de Moore (1735), le Jacobin était regardé comme le Pigeon le plus petit, et son bec était indiqué comme très-court. Il faut donc que le Jacobin, ou les variétés auxquelles on le comparait alors, aient été considérablement modifiés depuis; car la description de Moore (qui était un des juges les plus compétents) n'est évidemment pas, en ce qui concerne les dimensions du corps et du bec, applicable à nos Jacobins actuels. On voit, d'après Bechstein, qu'en 1795 la race avait déjà acquis les caractères qu'elle possède aujourd'hui.

Turbits. — Les anciens auteurs qui ont écrit sur les Pigeons ont généralement supposé que le Turbit est le Cortbeck d'Aldrovande; mais, dans ce cas, il serait singulier que la fraise caractéristique de cet oiseau n'eût pas été remarquée. Toutefois le bec du Cortbeck, tel qu'il est décrit, ressemble beaucoup à celui du Jacobin, ce qui indique une modification dans l'une des deux races. Willughby a, en 1677, décrit le Turbit sous son nom actuel, et avec sa fraise caractéristique; il compare son bec à celui du bouvreuil, comparaison bonne, mais maintenant mieux applicable au bec du Barbe. La sous-race, désignée sous le nom de Owl (hibou), était connue du temps de Moore (1735).

Culbutants. — Des Pigeons Culbutants communs, ainsi que des Culbutants terriens, parfaits quant à la faculté de culbuter, existaient dans l'Inde avant l'an 1600; et déjà à cette époque on paraît, comme cela est encore le cas dans l'Inde, s'être surtout attaché aux divers modes de vol, tels que le vol de nuit, vol à de grandes hauteurs, et au mode de descente. Belon [40] a vu, en Paphlagonie, en 1555, ce qu'il décrit comme une chose nouvelle, des Pigeons qui s'élevaient à une telle hauteur qu'on les perdait de vue, et revenaient ensuite au colombier sans s'être séparés. Cette manière de voler caractérise nos Culbutants actuels; mais il est évident que si les Pigeons décrits par Belon eussent eu la faculté de culbuter, il l'eût remarquée et signalée. Les Culbutants étaient inconnus en Europe en 1600, car Aldrovande, qui discute le vol du Pigeon, n'en fait aucune mention. Willughby, en 1687, y fait allusion comme étant de petits Pigeons qui ressemblent en l'air à de petits ballons. La race Courte-face n'existait pas alors, car des oiseaux aussi remarquables par leur petite taille et la brièveté de leur bec n'auraient pas échappé à Willughby. Nous pouvons même

---

40. *Histoire de la nature des Oiseaux*, p. 314.

retracer quelques points de la marche suivie par cette race dans sa formation. En 1735, Moore énumère très-exactement les points principaux qui font son mérite, mais sans décrire les diverses sous-races, d'où M. Eaton [11] conclut que la race Courte-face n'avait pas encore atteint sa perfection. Moore signale le Jacobin comme étant le plus petit Pigeon. Trente ans plus tard, en 1765, dans un ouvrage dédié à Mayor, les Courtes-faces-Amandes (Almond-Tumblers) sont complétement décrits; mais l'auteur, un éleveur de Pigeons de fantaisie, dit expressément dans sa préface (p. xiv), qu'après beaucoup de dépenses et de soins, ils étaient arrivés à un tel point de perfection et si différents de ce qu'ils étaient vingt ou trente ans auparavant, qu'un ancien éleveur les aurait condamnés pour la seule raison qu'ils n'étaient pas conformes au type que de son temps on regardait comme le bon. Il semblerait qu'il y ait eu à cette époque un changement un peu subit dans les caractères du Culbutant courte-face, et on peut croire qu'il a dû apparaître alors un oiseau nain et un peu monstrueux, qui serait l'ancêtre des différentes sous-races Courtes-faces actuelles. Cette supposition me paraît justifiée par le fait que les Culbutants courtes-faces naissent avec un bec court, mais, comme chez les adultes, proportionné à la grandeur de leur corps; différant par là beaucoup des autres races, qui n'acquièrent que lentement, pendant le cours de leur croissance, leurs caractères spéciaux.

Il y a eu depuis 1765 un changement dans un des caractères principaux du Culbutant courte-face, la longueur du bec. Les amateurs mesurent la tête et le bec depuis l'extrémité de celui-ci, jusqu'à l'angle antérieur du globe de l'œil. Vers l'année 1765, on regardait comme bons une tête et un bec qui, mesurés de la manière usitée, avaient 7 8 de pouce de longueur; actuellement ils ne doivent pas dépasser 5 8 de pouce; « il est possible cependant, » avoue naïvement M. Eaton, « de regarder comme encore convenable un oiseau dont ces parties ne dépassent pas 6/8 de pouce, mais au delà il n'est digne d'aucune attention. » Le même auteur n'a jamais rencontré plus de deux ou trois individus dont la tête et le bec n'excédassent pas un demi-pouce de longueur; mais il espère que dans quelques années ces parties pourront être encore raccourcies, et que des individus où elles ne dépasseront pas le demi-pouce ne seront plus une curiosité aussi rare que maintenant. A en juger par le succès soutenu avec lequel M. Eaton gagne les primes aux expositions de Pigeons, nous ne doutons pas de la réalisation de ses espérances. Nous pouvons finalement conclure des faits qui précèdent que le Culbutant importé d'Orient a été introduit en Europe, d'abord en Angleterre, et qu'il ressemblait alors à notre Culbutant commun, ou plus probablement au Culbutant persan ou indien, dont le bec n'est qu'insensiblement plus petit que celui du Pigeon de colombier ordinaire. Quant au Culbutant courte-face, qui est inconnu en Orient, il n'est pas douteux que les modifications remarquables qu'ont subies les dimensions de la tête, du bec, du corps, des membres, et son port

<hr>

11. *Treatise on Pigeons*, 1852, p. 61.
12. J. M. Eaton, *Treatise on the Breeding and Managing of the Almond Tumbler*, 1851, page v de la préface, pp. 9 et 32.

en général, ne soient le résultat d'une sélection soutenue pendant les deux derniers siècles, et remontant probablement à la naissance d'un oiseau semi-monstrueux, vers l'année 1750.

Runts. — Nous ne savons que peu de leur histoire. Les Pigeons de Campanie étaient les plus grands connus du temps de Pline, fait sur lequel quelques auteurs se basent pour admettre que c'étaient des Runts. Il en existait en 1600, du temps d'Aldrovande, deux sous-races dont l'une, celle à bec court, est actuellement éteinte en Europe.

Barbes. — Malgré toutes les assertions contraires, il me paraît impossible de reconnaître le Barbe dans les figures et descriptions d'Aldrovande ; il existait toutefois, en 1600, quatre races qui étaient évidemment voisines des Barbes et des Messagers. Pour montrer combien il est difficile de reconnaître quelques-unes des races décrites par Aldrovande, je vais rappeler les opinions différentes qui ont été émises sur les quatre races qu'il a nommées : *C. Indica, Cretensis, gutturosa* et *Persica.* Willughby regardait la *C. Indica* comme un Turbit, M. Brent croit que c'était un Barbe inférieur. La *C. Cretensis,* dont le bec court a la mandibule supérieure renflée, n'est pas reconnaissable ; la *C.* (faussement appelée) *gutturosa,* qui, par son *rostrum breve, crassum et tuberosum,* me paraît se rapprocher du Barbe, est un Messager pour M. Brent ; enfin la *C. Persica* et *Turcica,* de l'avis de M. Brent, avis que je partage, n'est qu'un Messager à bec court, avec peu de peau verruqueuse. Le Barbe était connu en Angleterre en 1687 ; Willughby décrit son bec comme semblable à celui du Turbit ; mais on ne peut admettre que son Barbe ait pu avoir un bec comme celui des Barbes actuels, car un observateur aussi exact n'aurait pu méconnaître sa grande largeur.

Messager anglais. — Nous chercherions en vain dans l'ouvrage d'Aldrovande un oiseau ressemblant à nos Messagers améliorés ; les *C. Persica* et *Turcica,* qu'on dit s'en rapprocher le plus par leur bec court et épais, en différaient considérablement et devaient être voisins des Barbes. En 1677, du temps de Willughby, nous reconnaissons clairement le Messager ; mais comme il ajoute que son bec n'était pas court, mais d'une longueur modérée, sa description est inapplicable à nos Messagers actuels, si remarquables par l'allongement extraordinaire de leurs becs. Les noms anciens que le Messager a portés en Europe, ainsi que ceux qu'il porte encore dans l'Inde, signalent son origine persane. La description qu'en donne Willughby s'applique parfaitement au Messager de Bassorah, tel qu'il existe aujourd'hui à Madras. Nous pouvons retracer partiellement les changements qu'ont ultérieurement éprouvés nos Messagers anglais. Moore, en 1735, dit qu'on regarde comme long un bec de 1 1/2 pouce, bien que dans de bons individus il ne dépasse pas 1 1/4. Ces oiseaux ont dû ressembler ou avoir été un peu supérieurs aux Messagers décrits précédemment qui existent aujourd'hui en Perse. Actuellement, en Angleterre, d'après M. Eaton [43], on trouve chez les Messagers des becs mesurant (du bout du bec au bord de l'œil) 1 pouce 3/4, et quelquefois même 2 pouces de longueur.

13. *O. C.,* 1852, p. 11.

Nous voyons par ces détails historiques que presque toutes les races domestiques principales existaient avant l'an 1600. Quelques-unes, remarquables par la couleur, paraissent avoir été identiques à nos races actuelles, quelques-unes presque semblables; d'autres étaient fort différentes, enfin un certain nombre se sont éteintes. Quelques races, telles que les Finnikins, les Tournants, le Pigeon à queue d'hirondelle de Bechstein, et le Carmélite, semblent avoir pris naissance et disparu dans cette période. Quiconque visiterait aujourd'hui une volière anglaise bien assortie, désignerait certainement comme types distincts, le Runt massif; le Messager avec son bec allongé et ses gros caroncules; le Barbe avec son bec élargi, court, et son large cercle de peau nue autour des yeux; le Culbutant courte-face avec son petit bec conique; le Grosse-gorge avec son jabot dilaté, son corps et ses membres allongés; le Pigeon Paon avec sa queue redressée, largement étalée et bien fournie en plumes; le Turbit avec sa fraise et son bec court et mousse; et le Jacobin avec son capuchon. Qui eût pu passer en revue les Pigeons élevés avant 1600 par Akber-Khan dans l'Inde, et par Aldrovande en Europe, eût probablement vu le Jacobin avec un capuchon moins parfait, le Turbit sans fraise, le Grosse-gorge à jambes plus courtes, et sous tous les rapports moins remarquable, — si toutefois le Grosse-gorge d'Aldrovande ressemblait à l'ancienne race allemande : — le Paon moins singulier dans son apparence, et ayant une queue moins fournie; il eût vu d'excellents Culbutants aériens, mais aurait en vain cherché des formes à courte-face; il eût vu des oiseaux voisins, mais différents de nos Barbes actuels; et enfin il eût rencontré des Messagers dont le bec et les caroncules devaient être incomparablement moins développés qu'ils ne le sont maintenant chez les Messagers anglais. Il eût pu classer la plupart des races dans les mêmes groupes, mais les différences entre les groupes devaient alors être bien moins prononcées qu'elles ne le sont aujourd'hui. Bref, les diverses races n'avaient pas à ce moment-là divergé à un si haut degré de leur ancêtre commun, le Bizet sauvage.

MODE DE FORMATION DES PRINCIPALES RACES.

Examinons maintenant la marche probable qu'ont dû suivre dans leur formation les principales races. Aussi longtemps qu'on garde les Pigeons à l'état semi-domestique dans des colombiers et dans leur pays natal, sans prendre aucun soin pour la sélection ou l'appariage des individus, ils ne varient guère plus que le Bizet sauvage, et, comme lui, par la taille, les tachetures des ailes et la coloration bleue ou blanche du croupion. Lorsque cependant on transporte ces Pigeons dans divers pays, tels que Sierra-Leone, l'archipel Malais, Madère (où la *C. livia* sauvage n'existe pas), soumis alors à de nouvelles conditions extérieures, ils paraissent varier à un degré plus prononcé. Tenus captifs, soit pour le plaisir de les observer, soit pour éviter qu'ils ne s'échappent, ils se trouvent exposés, même dans leur pays natal, à des conditions fort différentes, car ils ne peuvent se procurer cette nourriture diversifiée qu'ils trouvent à l'état de nature, et, ce qui est probablement plus important, sont abondamment nourris sans pouvoir prendre un exercice suffisant. Par analogie avec les autres animaux domestiques, nous devons, dans ces circonstances, nous attendre à trouver chez ces oiseaux une somme plus grande de variabilité individuelle que chez le Pigeon sauvage, ce qui est en effet le cas. Le défaut d'exercice tend à réduire les proportions des pattes et des organes du vol, et affecte, par suite de corrélation de croissance, celles du bec. D'après ce que nous voyons arriver occasionnellement dans nos volières, nous pouvons croire que des variations subites, telles que l'apparition d'une huppe sur la tête, de plumes sur les pattes, d'une nuance nouvelle de coloration, de plumes supplémentaires à l'aile ou à la queue, ont dû quelquefois surgir pendant la longue série de générations qui se sont succédées depuis la première domestication du Pigeon. Actuellement on rejette de pareilles variations brusques comme des tares, et il règne un tel mystère dans l'élevage des Pigeons, que les détails relatifs à l'apparition d'une variation ayant quelque valeur, sont soigneusement tenus secrets. Avant les cent cinquante dernières années, il n'y a pas d'exemple que l'histoire d'une pareille variation ait été enregistrée. Il ne suit pas de là qu'autrefois, alors que les Pigeons avaient éprouvé bien moins de variations, de pareilles anomalies aient toujours été répudiées. Nous ignorons la cause de toute variation brusque et spontanée en apparence, ainsi que celle des nuances innombrables qui peuvent se rencontrer chez les membres d'une même famille, mais nous verrons, dans un chapitre futur, que les variations de cette nature paraissent être le résultat indirect de changements quelconques dans les conditions extérieures.

Nous pouvons donc, dans le cours d'une domestication prolongée, nous attendre à trouver dans le Pigeon beaucoup de variabilité individuelle, occasionnellement de brusques variations, ainsi que de légères modifications résultant du défaut d'usage de certaines parties, combinées avec les effets de la corrélation de croissance. Tout cela ne produirait qu'un résultat insignifiant ou nul, sans la sélection; car, sans l'intervention de celle-ci, toutes les différences, de quelque nature qu'elles soient, ne tarderaient pas à disparaître pour deux causes. Dans un lot de Pigeons vigoureux, on détruit, pour les manger, plus d'individus qu'on n'en conserve; il en résulte qu'un oiseau offrant un caractère spécial court fortement la chance d'être détruit, s'il n'est pas l'objet d'une sélection; et s'il n'est pas détruit, le croisement libre de cet individu avec les autres, fera presque certainement disparaître sa particularité. Si cependant, il arrivait qu'occasionnellement la même variation se répétât plusieurs fois, par suite de l'influence de conditions extérieures spéciales et uniformes, elle pourrait alors se maintenir et prévaloir indépendamment de toute sélection. Mais tout change dès que celle-ci est mise en jeu, car elle est la pierre de fondation de toute formation de race nouvelle, et ainsi que nous l'avons déjà vu, les circonstances sont, dans le cas du Pigeon, éminemment favorables à la sélection. Lorsqu'on a conservé un oiseau présentant quelque variation marquante, choisi dans sa progéniture les individus convenables pour les apparier, les faire reproduire de nouveau, et continué ainsi pour les générations suivantes, la perpétuation de cette variation chez les descendants est un fait si connu, qu'il est inutile d'y insister davantage. C'est ce qu'on peut appeler de la *sélection méthodique*, car l'éleveur a en vue un but défini, ou de conserver un caractère effectivement apparu, ou même de réaliser une amélioration conçue et déterminée d'avance dans son esprit.

Une autre forme de la sélection, qui est même plus importante, et à laquelle les auteurs qui ont discuté ce sujet ont à peine fait attention, est celle qu'on peut appeler la *sélection inconsciente*. L'éleveur, en effet, tout en choisissant sans intention, sans méthode, et d'une manière inconsciente ses oiseaux, peut produire lentement, mais sûrement, un grand résultat. Il suffit de voir les effets qui peuvent résulter de ce que chaque éleveur, après s'être, pour commencer, procuré les meilleurs oiseaux, cherche ensuite, selon son habileté, à en produire toujours de meilleurs, c'est-à-dire des individus se rapprochant le plus de ce qui est le type de la perfection du moment. Il ne cherche pas à modifier la race d'une manière permanente, il ne regarde pas vers un avenir éloigné, ni ne spécule sur le résultat final que donnera l'accumulation lente, pendant de nombreuses générations, de légers changements successifs; il lui suffit de posséder une bonne souche, et son but est surtout de l'emporter dans les concours sur ses rivaux. Du temps d'Aldrovande, l'éleveur de 1600, qui admirait ses Messagers, ses Grosses-gorges ou ses Jacobins, n'a jamais songé à ce que seraient leurs descendants en 1860; il serait certainement fort étonné de voir nos races actuelles correspondantes; il nierait probablement qu'elles soient les descendants de ses souches si admirées; peut-être même ne les estimerait-il point, par la seule raison, comme nous l'avons vu plus haut, dans la citation d'un ouvrage de 1765, « qu'elles ne ressemblent pas à celles qu'on estimait à l'époque où lui-même s'occupait d'élevage de Pigeons. » Personne n'attribuera à l'action immédiate et directe des conditions extérieures, le long bec du Messager, le bec court du Culbutant courte-face, la jambe allongée du Grosse-gorge, le capuchon plus complet du Jacobin, etc., tous changements effectués depuis l'époque d'Aldrovande, et même beaucoup plus tard. Ces races ont en effet été modifiées dans des directions très-diverses, et même directement opposées, bien qu'élevées sous le même climat, et traitées sous tous les rapports d'une manière analogue. Toute modification légère dans la longueur du bec, de la jambe, etc., a certainement eu pour cause indirecte et éloignée, quelque changement dans les conditions auxquelles l'oiseau s'est trouvé soumis, mais le résultat final doit être attribué, comme cela est manifeste dans les cas sur lesquels nous possédons des données historiques, à la sélection continue et à l'accumulation, d'un grand nombre de variations légères et successives.

L'action de la sélection inconsciente, pour ce qui est du Pigeon, a été déterminée par un fait inhérent à la nature humaine, le désir de rivaliser avec, et de l'emporter sur ses voisins. Nous voyons cela dans toutes les modes passagères, même à propos de toilette, et c'est ce sentiment qui pousse chaque éleveur à exagérer toute particularité propre à ses races. Une autorité dans la matière nous dit[44] que les amateurs n'admirent pas un type moyen qui n'est ni ceci, ni cela, un entre-deux ; il leur faut des extrêmes. Après avoir remarqué que l'éleveur de Culbutants à courte-face tend à arriver au bec très-court, tandis que l'éleveur de Culbutants à longue-face recherche le bec très-allongé, il ajoute que, pour le cas d'un bec de longueur intermédiaire « il n'y a pas à en douter ; ni l'un ni l'autre ne voudra d'un oiseau pareil : l'un n'y verra aucune beauté, l'autre aucune utilité, etc. » Ces passages comiques, bien qu'écrits sérieusement, nous montrent quels sont les principes qui ont toujours dirigé les éleveurs de fantaisie, et ont provoqué et déterminé, dans toutes les races domestiques, ces énormes modifications qu'on estime uniquement pour leur beauté ou leur bizarrerie.

La mode dure longtemps dans l'élevage du Pigeon ; on ne peut pas changer la conformation d'un oiseau aussi promptement que la coupe d'un habit. Il n'est pas douteux que du temps d'Aldrovande, le Grosse-gorge ne dût être d'autant plus estimé, qu'il enflait davantage son jabot. Néanmoins la mode change jusqu'à un certain point ; on s'attache tantôt à un trait de conformation, tantôt à un autre ; et certaines races sont estimées et admirées à différents moments et dans des pays différents. L'auteur que nous venons de citer remarque que la fantaisie va et vient. Actuellement aucun éleveur accompli ne s'abaissera à élever des Pigeons de fantaisie, à la production desquels on se livre maintenant en Allemagne. Des races très-

---

44. Eaton, *Treatise on Pigeons*, 1858, p. 86.

estimées dans l'Inde n'ont aucune valeur en Angleterre. Lorsqu'on néglige les races, elles dégénèrent sans doute, mais tant qu'on les maintient dans les mêmes conditions, les caractères acquis peuvent être conservés longtemps, et devenir le point de départ d'une nouvelle série de sélections.

On ne peut objecter à cette appréciation de l'action de la sélection inconsciente, que les éleveurs n'observent ni ne s'inquiètent de très-légères différences. Il faut les avoir suivis de près, pour pouvoir apprécier le degré de discernement qu'ils acquièrent par une longue pratique, et se faire une idée du travail et des soins qu'ils peuvent prodiguer à leurs oiseaux de prédilection. J'en ai connu un qui, chaque jour, étudiait patiemment ses oiseaux, pour décider lesquels il devait apparier ou rejeter, sujet difficile et à propos duquel M. Eaton, un des éleveurs les plus expérimentés, dit ce qui suit : « Je dois particulièrement vous mettre en garde contre la tendance de vouloir élever une trop grande variété de Pigeons, parce qu'ainsi vous saurez quelque peu sur chaque sorte, mais rien de ce qu'il faudrait bien savoir sur une. Il est possible qu'il se trouve quelques éleveurs qui aient une connaissance générale des différentes sortes de Pigeons, mais un grand nombre s'exposent à des déceptions en se figurant qu'ils connaissent ce qu'ils ne connaissent pas. » Parlant exclusivement d'une sous-variété d'une seule race, le Culbutant courte-face Amande, et après avoir remarqué que quelques amateurs sacrifient toutes les qualités pour obtenir une bonne tête et un bon bec, tandis que d'autres ne visent qu'au plumage, il ajoute : « Quelques jeunes amateurs trop pressés cherchent à obtenir les cinq qualités à la fois, et en récompense de leur peine n'obtiennent rien du tout. » M. Blyth m'informe que, dans l'Inde aussi, on choisit et on apparie les Pigeons avec le plus grand soin. Nous ne devons pas juger des légères différences qui ont pu être prisées autrefois, d'après celles qu'on estime actuellement depuis la formation de races nombreuses, dont chacune a son type de perfection propre, et que nos nombreux concours tendent à maintenir uniforme. La difficulté de dépasser les autres éleveurs dans les races établies, est déjà assez grande pour satisfaire amplement l'ambition de l'éleveur le plus déterminé, sans qu'il cherche à en créer de nouvelles.

Le lecteur se sera peut-être déjà demandé ce qui a pu pousser les éleveurs à tenter la création de races bizarres comme les Grosses-gorges, les Paons, Messagers, etc. C'est précisément ce qu'explique parfaitement la sélection inconsciente. Jamais aucun éleveur n'a fait intentionnellement une tentative de cette nature. Mais il suffit d'admettre, pour point de départ, une variation assez marquée pour avoir frappé l'œil de quelque ancien éleveur; la sélection inconsciente des individus présentant cette variation continuée pendant un grand nombre de générations, sans autre but que celui de rivaliser avec d'autres éleveurs ses concurrents, a fait le reste. Nous pouvons par exemple admettre, dans le cas du Pigeon Paon, que le premier ancêtre de cette race avait la queue un peu redressée comme on le voit encore chez certains Ruuts[1], avec peut-être une augmentation dans le nombre des rectrices, comme cela a lieu chez quelques Coquilles. Pour les Grosses-gorges, on peut supposer qu'un oiseau a pu dilater son jabot un peu plus que les autres, comme cela existe à un faible degré chez le Turbit. Nous ne connaissons nullement l'origine du Culbutant ordinaire, mais nous pouvons admettre qu'il a dû naître une fois un oiseau, chez lequel une affection cérébrale a pu déterminer des sauts convulsifs dans l'air. Cela est d'autant plus explicable qu'avant 1600, on estimait, dans l'Inde surtout, les Pigeons remarquables par les particularités de leur vol, et qu'on les appariait avec une persévérance et des soins infinis, d'après les ordres de l'empereur Akber-Khan.

Nous avons, dans les cas précédents, supposé l'apparition d'une variation subite et assez apparente pour frapper l'attention de l'éleveur; mais une telle brusquerie dans la variation n'est point indispensable, pour expliquer la formation d'une race nouvelle. Quand une forme de Pigeon a été maintenue pure, et produite pendant une longue période par plusieurs éleveurs différents, on peut souvent reconnaître de légères divergences entre les diverses familles. C'est ainsi que j'ai pu voir des Jacobins d'excellente race, en mains d'un amateur, différer légèrement par plusieurs de leurs caractères de ceux élevés par un autre. J'ai eu en ma possession quelques Barbes

[1] [illegible]

excellents, descendants d'une paire qui avait été primée dans un concours, et une autre série de Barbes provenant de la souche du célèbre éleveur Sir John Sebright; ces derniers différaient visiblement des précédents par la forme de leur bec, mais par des modifications trop faibles pour pouvoir être exprimées par une description. Les Culbutants anglais et hollandais diffèrent encore à un degré assez prononcé, par la forme de la tête et la longueur du bec. On ne peut pas plus s'expliquer la cause de ces légères variations, qu'on ne peut expliquer pourquoi un homme a un long nez tandis qu'un autre l'a court. Dans les branches maintenues pendant longtemps distinctes chez différents éleveurs, ces variations sont si communes, qu'on ne peut les attribuer à l'existence de différences égales chez les oiseaux choisis primitivement comme souches. Il est probable qu'il faut en chercher la cause dans l'application d'une séloction un peu différente dans chaque cas, car jamais deux éleveurs n'ont exactement les mêmes goûts, et par conséquent ne préfèrent et ne choisissent, pour les apparier, exactement les mêmes oiseaux. Chacun admirant naturellement ses propres produits, va constamment en augmentant, et en exagérant les particularités qu'ils peuvent présenter. Cela arrivera surtout aux éleveurs qui, habitant des pays étrangers, ne peuvent comparer leurs différents produits, et ne visent pas à un type uniforme de perfection. Il en résulte que, lorsqu'une branche s'est ainsi formée, la sélection inconsciente tendant toujours à augmenter la somme des différences, finit par la convertir en sous-race, et finalement celle-ci en une variété ou race bien accusée.

Il ne faut pas non plus perdre de vue la corrélation de croissance. Dans la plupart des Pigeons, probablement par suite du défaut d'usage, les pattes ont subi une réduction, et en corrélation avec ce fait, le bec paraît diminuer de longueur. Le bec étant un organe apparent, dès qu'il sera devenu sensiblement plus petit, les éleveurs auront voulu le réduire toujours davantage, par la sélection des oiseaux ayant les plus petits becs; tandis qu'en même temps d'autres éleveurs, comme cela a effectivement eu lieu, auront cherché au contraire à obtenir des becs de plus en plus longs. La langue suivant le bec dans son accroissement, s'allonge aussi; les paupières se développent en même temps que la peau verruqueuse qui entoure les yeux; les scutelles varient en nombre suivant la diminution ou l'augmentation de la grandeur des pattes; le nombre des rémiges primaires varie avec la longueur de l'aile, et celui des vertèbres sacrées du Grosse-gorge, augmente avec l'allongement de son corps. Ces différences importantes de conformation, ne caractérisent pas absolument une race donnée, mais si on y eût fait attention et qu'on leur eût appliqué la sélection, comme on l'a fait pour les différences extérieures plus apparentes, il n'y a pas à douter qu'on ne fût parvenu à les rendre constantes. On eût certainement obtenu une race de Culbutants à neuf au lieu de dix rémiges primaires, car ce nombre reparaît souvent sans aucune intention de l'éleveur, et même contrairement à son désir, dans le cas des variétés à ailes blanches. De même, si les vertèbres eussent été visibles, et que les éleveurs eussent porté leur attention sur elles, rien n'eût été plus facile que d'en fixer de supplémentaires chez les Grosses-gorges. Ces derniers caractères une fois fixés et rendus constants, jamais nous n'eussions soupçonné leur grande variabilité antérieure, ni leur provenance d'une corrélation avec la brièveté des ailes dans le premier cas, avec la longueur du corps dans le second.

Pour comprendre comment les races domestiques principales sont devenues très-distinctes les unes des autres, il faut avoir présent à l'esprit, que les éleveurs cherchant toujours à faire reproduire les meilleurs individus, laissent par conséquent de côté, dans chaque génération, ceux qui sont inférieurs quant aux qualités recherchées; de sorte qu'après un certain temps, les souches parentes et un grand nombre de formes intermédiaires subséquentes, s'éteignent et disparaissent. C'est ce qui est arrivé pour les Grosses-gorges, Turbits et Tambours: ces races très-améliorées sont en effet actuellement isolées, sans aucune forme intermédiaire qui les relie soit entre elles, soit avec la souche primitive, celle du Bizet. Dans d'autres pays, où on n'a pas eu les mêmes soins ou suivi les mêmes modes, les formes anciennes ayant pu rester longtemps intactes ou légèrement modifiées, nous pouvons quelquefois remonter la série et retrouver les chaînons intermédiaires. C'est le cas en Perse et dans l'Inde pour le Messager et le Culbutant, qui, dans ces pays, diffèrent peu du Bizet par les proportions du bec. De même, le Pigeon Paon de Java n'a que quatorze rectrices, et sa queue étant beaucoup moins relevée et étalée que celle de nos oiseaux améliorés, il forme l'intermédiaire entre le type anglais le plus parfait et le Bizet.

Une race peut quelquefois être conservée intacte pendant très-longtemps dans le même pays, pour quelque qualité particulière, en même temps et à côté d'autres sous-races, auxquelles elle-même a donné naissance, et présentant des modifications considérables, parce qu'on aura développé chez ces dernières les particularités qui les faisaient rechercher. Nous en avons un exemple en Angleterre, où le Culbutant commun, qu'on n'estime que pour son vol, diffère peu de son ancêtre, le Culbutant oriental; tandis que le Culbutant courte-face se trouve prodigieusement modifié, parce qu'on a recherché dans cette variété d'autres qualités que celle du vol. Le Culbutant commun d'Europe a cependant déjà commencé à se séparer en quelques sous-races un peu différentes, telles que le Culbutant commun anglais, le Roulant hollandais, le Culbutant de maison de Glasgow, le Longue-face etc., etc., et, dans le cours des temps, à moins que la mode ne change beaucoup, ces sous-races, sous l'action lente et insensible de la sélection inconsciente, iront en divergeant et en se modifiant de plus en plus. Plus tard, les chaînons parfaitement gradués, qui actuellement relient toutes ces sous-races les unes aux autres, se perdront, car la conservation d'une pareille foule de sous-variétés intermédiaires, serait très-difficile et d'ailleurs sans objet.

Le principe de la divergence, joint à l'extinction des nombreuses formes intermédiaires existant antérieurement, est si essentiel pour l'intelligence de l'origine des races domestiques et de celle des espèces naturelles, que je m'étendrai un peu plus sur ce sujet. Notre troisième groupe principal comprend les Messagers, les Barbes et les Runts, qui, tout en étant clairement voisins, diffèrent cependant singulièrement entre eux par plusieurs caractères importants. D'après l'opinion que nous avons émise dans le chapitre précédent, ces trois races proviennent probablement d'une race inconnue, intermédiaire par ses caractères, et descendant elle-même du Bizet. Leurs différences essentielles doivent être attribuées au goût des divers éleveurs, qui, à une époque ancienne, admirant et recherchant différents points ou particularités de conformation, ont, en suite de cette tendance reconnue qui pousse vers les extrêmes, continué à élever, sans aucune préoccupation d'avenir, toujours les meilleurs oiseaux, — les amateurs de Messagers préférant le bec long, avec beaucoup de peau verruqueuse, — les amateurs de Barbes recherchant le bec court et gros, avec beaucoup de peau autour des yeux, — et les éleveurs de Runts ne se souciant ni de l'un ni de l'autre, mais s'attachant surtout à la taille et au poids du corps. Cette marche a amené naturellement l'extinction des oiseaux antérieurs, inférieurs et intermédiaires, et c'est ainsi que ces trois races se trouvent actuellement en Europe si considérablement distinctes les unes des autres. Mais dans l'Inde, d'où elles ont été importées, la mode a été différente, et nous y trouvons des races qui relient le Messager anglais si largement amélioré, au Bizet, et d'autres qui, jusqu'à un certain point, relient les Messagers et les Runts. En remontant jusqu'à l'époque d'Aldrovande, nous voyons qu'avant 1600, il existait en Europe quatre races très-voisines des Messagers et des Barbes, mais qu'on ne peut point identifier avec nos races actuelles, pas plus que les Runts d'Aldrovande ne peuvent s'identifier avec les nôtres. Ces quatre races étaient loin de différer les unes des autres, autant que diffèrent entre elles nos races actuelles de Messagers, Barbes et Runts. Tout cela est exactement ce qu'on pouvait prévoir. S'il nous était possible de rassembler tous les Pigeons qui ont vécu depuis avant le temps des Romains jusqu'à nos jours, nous pourrions les grouper suivant plusieurs séries, partant toutes de la souche primitive, le Bizet. Chaque série serait formée d'une suite d'échelons gradués d'une manière insensible, parfois rompue par quelque variation un peu plus prononcée, devenue le point de départ d'un embranchement nouveau, dont nos formes actuelles les plus modifiées seraient les points culminants. On trouverait un grand nombre de chaînons anciens de la série, disparus et éteints sans avoir laissé de postérité, tandis que d'autres, quoique éteints, se trouveraient être les ancêtres des races actuelles.

J'ai souvent entendu considérer comme étrange, le fait

que nous apprenions de temps à autre l'extinction locale ou complète de races domestiques, tandis que nous n'entendons jamais parler de leur origine. Comment, s'est-on demandé, ces pertes se sont-elles compensées, et plus que compensées, puisque pour tous les animaux domestiques, les races ont considérablement augmenté en nombre depuis le temps des Romains? Cette contradiction apparente est, d'après notre manière de voir, très-compréhensible. L'extinction d'une race dans les temps historiques, est un événement qui doit être remarqué et enregistré; mais sa modification graduelle, presque insensible par une sélection inconsciente, et sa divergence ultérieure, — soit dans le pays, soit, ce qui est le cas le plus fréquent, dans des pays éloignés, — en deux ou plusieurs branches, devenant ensuite lentement des sous-races et finalement des races bien accusées, sont des événements qui échappent, et sont à peine remarqués. On enregistrera la mort d'un arbre qui aura atteint des dimensions gigantesques, l'attention ne sera nullement éveillée par la croissance lente et l'augmentation numérique d'arbres plus petits.

La puissance de la sélection, comparée au peu d'action directe qu'exercent les changements de conditions, autrement qu'en déterminant une variabilité et une plasticité générales de l'organisation, explique parfaitement pourquoi de temps immémorial, les Pigeons de colombier sont restés à peu près intacts; et pourquoi, quelques Pigeons de fantaisie, qui ne diffèrent du reste des précédents que par la couleur, ont conservé depuis plusieurs siècles les mêmes caractères. En effet, une fois un de ces Pigeons arrivé à une coloration élégante et symétrique, — comme par exemple un Pigeon Heurté ayant apparu avec le sommet de la tête, la queue, les tectrices caudales d'une couleur uniforme, le reste du corps étant d'un blanc de neige, — il n'y pas de raison pour y apporter aucun changement ou aucune amélioration ultérieure. Il n'est pas non plus étonnant que d'autre part, pendant ce même laps de temps, nos Pigeons très-travaillés et améliorés, aient subi des changements considérables, car nous ne connaissons pas de limites à la variabilité de leurs caractères, et nous ne pouvons en assigner aucune, aux caprices et à la fantaisie des éleveurs. Qu'est-ce qui arrêtera l'éleveur cherchant à donner à son Messager un

bec de plus en plus long, ou de plus en plus court à un Culbutant? Encore la limite extrême de la variabilité du bec, s'il y
en a une, a-t-elle été atteinte? Malgré les améliorations réalisées
récemment sur le Culbutant courte-face, M. Eaton fait observer,
« que le champ d'exploration ouvert à de nouveaux concurrents est aussi vaste qu'il y a un siècle; » assertion peut-être
un peu exagérée, car les jeunes individus de toutes les races
artificielles très-perfectionnées, sont sujets aux maladies, et
meurent facilement.

On a objecté que la formation des diverses races domestiques, ne jette aucun jour sur l'origine des espèces de Colombides sauvages, parce que les différences entre ces dernières
ne sont pas de même nature. Ainsi les races domestiques
diffèrent à peine, ou pas du tout, par les longueurs relatives
ou les formes des rémiges primaires, par celles des doigts
postérieurs, par les habitudes, telles que percher ou nicher
sur les arbres. Cette objection montre combien on a peu
compris le principe de la sélection. Il n'est pas vraisemblable
que les caractères, auxquels le caprice de l'homme a appliqué la
sélection, aient dû être précisément ceux que les circonstances
naturelles eussent conservés, soit en raison des avantages directs
ou de l'utilité qui devait en résulter pour l'espèce, soit par suite
de la corrélation qui pouvait exister entre eux et d'autres conformations avantageuses et utiles. Tant que l'homme ne cher-
chera pas à trier ses oiseaux d'après la longueur relative de leurs
rémiges ou de leurs doigts, etc., on ne doit pas s'attendre à
voir ces parties se modifier; et encore l'homme serait-il im-
puissant à y rien changer, si ces parties ne variaient pas d'elles-
mêmes, sous l'influence de la domestication. Je n'affirmerai pas
positivement que cela soit le cas, bien que j'aie observé des
traces de variabilité dans les rémiges, et surtout dans les
rectrices. Il serait étrange que le doigt postérieur ne variât pas
du tout, quand on voit combien le pied peut varier, soit par ses
dimensions, soit par le nombre de ses scutelles. Quant au fait
que les races domestiques ne perchent ni ne nichent sur les
arbres, il est évident que jamais aucun éleveur n'a dû s'attacher
à choisir de pareilles modifications d'habitudes: mais nous
avons vu qu'en Égypte, les Pigeons qui paraissent avoir quelque
répugnance à s'établir sur les petites huttes de boue des indi-

gènes, sont par ce fait contraints à se percher par bandes sur les arbres. Si donc nos races domestiques se fussent trouvées fortement modifiées sur les divers points précités, points dont les éleveurs ne se sont jamais préoccupés, et qui ne paraissent être en aucune corrélation avec d'autres caractères recherchés par eux, le fait de leur modification, d'après les principes soutenus dans ce chapitre, eût été fort embarrassant à expliquer.

Résumons rapidement les deux chapitres que nous venons de consacrer au Pigeon. Nous pouvons, en toute sécurité, conclure que les races domestiques, malgré les différences qui existent entre elles, descendent toutes de la *Colomba livia*, en comprenant sous cette dénomination quelques races sauvages. Les différences que présentent ces dernières, ne jettent toutefois aucun jour sur les caractères qui distinguent les races domestiques. Dans chaque race ou sous-race, les individus sont plus variables qu'ils ne le sont à l'état de nature, et parfois ils varient fortement et subitement. Cette plasticité de l'organisation résulte apparemment du changement des conditions extérieures. Le défaut d'usage réduit certaines parties du corps. La corrélation de croissance relie si intimement entre elles toutes les parties de l'organisation, que toute variation de l'une d'elles entraîne une variation correspondante dans une autre. Lorsque plusieurs races ont été formées, leurs croisements réciproques ont facilité la marche des modifications, et ont souvent causé l'apparition de nouvelles sous-races. Mais, de même que dans la construction d'un bâtiment, les pierres et les briques seules, sont de peu d'utilité sans l'art du constructeur, de même dans la création de nouvelles races, l'action dirigeante et efficace a été celle de la sélection. Les éleveurs peuvent agir par sélection, aussi bien sur de minimes différences individuelles, que sur des différences plus importantes. L'éleveur emploie la sélection méthodiquement, quand il cherche à améliorer ou à modifier une race, pour l'amener à un type de perfection préconçu et déterminé ; ou bien, il agit sans méthode et d'une manière inconsciente, lorsqu'il n'a d'autre but que d'élever les meilleurs oiseaux possibles, sans aucune intention ni désir de modifier la race. Les progrès de la sélection conduisent inévitablement à l'abandon des formes antérieures et moins parfaites, qui par conséquent s'éteignent: il en est de même des chaînons intermédiaires de chaque ligne de descendance. C'est ainsi que la plupart de nos races actuelles sont devenues si considérablement différentes les unes des autres, et du Bizet, leur premier ancêtre.

CHAPITRE VII.

RACES GALLINES.

Description des diverses races. — Arguments en faveur de leur descendance de plusieurs espèces. — Arguments en faveur de la descendance de toutes les races du *Gallus Bankiva*. - Retour, quant à la couleur, vers la souche primitive. — Variations analogiques. — Histoire ancienne de la poule. — Différences extérieures entre les races. — Œufs. — Poulets. — Caractères sexuels secondaires.— Rémiges et rectrices, voix, naturel, etc. — Différences ostéologiques du crâne, des vertèbres, etc. — Effets de l'usage et du défaut d'usage sur certaines parties. — Corrélation de croissance.

D'après ce que j'ai pu apprendre et voir, des échantillons de races gallines apportés des diverses parties du globe, je crois que la plupart des formes principales ont été importées en Angleterre, bien qu'un certain nombre de sous-races puissent y être encore inconnues. La discussion à laquelle, après avoir brièvement décrit [1] les races gallines principales, nous aurons à nous livrer sur leur origine et leurs différences caractéristiques, aura nous le croyons quelque intérêt pour le naturaliste, quoiqu'elle n'ait aucunement la prétention d'être complète. Autant que je puis le voir, une classification naturelle des races n'est pas possible, car elles diffèrent les unes des autres à des degrés divers, et n'offrent pas de caractères subordonnés les uns aux autres, qui permettent de les classer par groupes sous d'autres groupes. Elles semblent toutes avoir divergé d'un type unique par des voies différentes et indépendantes. Chaque race principale comprend des sous-variétés diversicolores, dont la plupart reproduisent fidèlement leur type, mais qu'il sera inutile de décrire. J'ai groupé sous la race du Coq

1. J'ai puisé à diverses sources les éléments de ce court synopsis ; mais j'en dois la plus grande partie aux renseignements que m'a fournis M. Tegetmeier, qui a revu ce chapitre en entier, et dont les connaissances sur le sujet sont une garantie de l'exactitude de son contenu. M. Tegetmeier m'a également aidé de toutes manières pour me procurer des informations et des échantillons. Je saisis cette occasion pour témoigner à M. B. P. Brent, l'auteur bien connu d'ouvrages sur les oiseaux de basse-cour, toute ma reconnaissance pour son infatigable assistance, et pour ses dons d'un grand nombre de spécimens.

Huppé, à titre de sous-races, toutes les variétés portant une touffe de plumes sur la tête, mais je doute fort que cet arrangement soit naturel, conforme aux véritables affinités, et indique bien les vrais rapports de parenté. Il est presque impossible de ne pas surévaluer l'importance des races les plus nombreuses et les plus communes, relativement à celles qui sont plus rares, et certaines races étrangères auraient peut-être été élevées au rang de races principales, si elles avaient été plus généralement répandues dans le pays. Plusieurs races offrent des caractères anormaux, c'est-à-dire différant sur certains points de ceux de tous les Gallinacés sauvages. L'essai que j'ai fait d'une division des races en normales et anormales m'ayant donné des résultats tout à fait insuffisants, j'ai dû y renoncer.

1. Race de Combat. — Cette race peut être regardée comme la race type, car elle ne dévie que très-légèrement du *Gallus Bankiva* sauvage, ou, comme on l'a nommé plus correctement, *ferrugineus*. Bec fort; crête droite et simple; ergot long et aigu. Plumes serrées au corps. Queue portant le nombre normal de quatorze rectrices. Œufs souvent d'un chamois pâle. Caractère très-courageux, se manifestant même chez la poule et les poussins. Il en existe une infinité de variétés de diverses couleurs, telles que les rouges avec poitrail noir ou brun, les noires, les blanches, les ailes de canard, etc., avec les pattes de couleurs variées.

2. Race Malaise. — Corps grand, tête, cou et jambes allongés; port redressé; queue petite, inclinée, formée généralement de seize rectrices; crête et caroncules petits; lobe de l'oreille et face rouges; peau jaunâtre, plumes serrées; plumes sétiformes du cou étroites, dures et courtes. Œufs souvent chamois pâle. Les poussins prennent tardivement leurs plumes. Naturel sauvage. Originaire d'Orient.

3. Race Cochinchinoise ou de Shangaï. — Taille grande; rémiges courtes, arquées, cachées dans un plumage doux et duveté; à peine capable de vol; queue courte, formée ordinairement de seize rectrices, se développant tardivement chez les jeunes mâles; jambes épaisses, emplumées. Ergots courts et épais; ongle du doigt médian aplati et large; présence fréquente d'un doigt additionnel; peau jaunâtre. Crête et caroncules bien développés; crâne portant un profond sillon médian; trou occipital triangulaire, allongé verticalement. Voix particulière. Œufs rugueux, couleur chamois. Naturel très-tranquille. Originaire de Chine.

4. Race Dorking. — Taille grande; corps carré, compacte; un doigt additionnel aux pattes; crête bien développée, mais de forme variable; caroncules bien développés; coloration du plumage variable. Crâne remarquablement large entre les orbites. Origine anglaise.

Le Dorking blanc peut être regardé comme une *sous-race* distincte, car c'est un oiseau moins massif.

5. RACE ESPAGNOLE (fig. 30). — Taille élevée, port majestueux; tarses longs; crête simple, profondément dentelée et de grandes dimensions; caroncules très-développés; lobes auriculaires grands et blancs, ainsi que les côtés de la face. Plumage noir, lustré de vert. Ne couve pas. Constitution délicate, la crête étant souvent endommagée par le gel. Œufs blancs, lisses et grands. Les poulets prennent tardivement leurs plumes, mais les

Fig. 30. — Coq Espagnol.

jeunes coqs chantent et acquièrent de bonne heure les caractères de leur sexe. Cette race a une origine Méditerranéenne.

On peut regarder la race *Andalouse* comme une sous-race; sa coloration est d'un bleu ardoisé, et les poussins sont bien emplumés. Quelques auteurs ont décrit comme distincte, une sous-race Hollandaise, plus petite et à jambes courtes.

6. RACE DE HAMBOURG (fig. 31). — Taille moyenne, crête aplatie, rejetée en arrière, et couverte de petits points nombreux: caroncules de dimensions moyennes; lobes auriculaires blancs: jambes minces, bleuâtres.

Ne couve pas. Sur le crâne, les extrémités des branches ascendantes des maxillaires supérieurs, ainsi que les os nasaux, sont un peu écartés les uns des autres; le bord antérieur des frontaux est un peu moins déprimé qu'à l'ordinaire.

Il y a deux sous-races; celle des Hambourgs *pailletés*, d'origine anglaise, dont les plumes sont marquées à leur extrémité d'une tache foncée: et celle des Hambourgs *barrés*, d'origine hollandaise, qui a le corps un peu plus petit, et des lignes foncées au travers de chaque plume. Ces deux

Fig. 31. — Race de Hambourg.

sous-races, comme quelques autres, comprennent des variétés dorées et argentées. On a obtenu des Hambourgs noirs par un croisement avec la race Espagnole.

7. RACE HUPPÉE (Polish fowl., fig. 32). — Tête portant une grande touffe arrondie de plumes, supportée par une protubérance hémisphérique des os frontaux, contenant la partie antérieure du cerveau. Les branches ascendantes des maxillaires supérieurs sont très-raccourcies, ainsi que les apophyses internes des os nasaux. Les orifices des narines sont relevés et en forme de croissant. Bec court. Crête absente, ou petite et en forme de croissant; caroncules présents, ou remplacés par une touffe de plumes semblable à une barbe. Jambes d'un bleu plombé. Ne couve pas. Les diffé-

rences sexuelles n'apparaissent que tard. Plusieurs variétés magnifiques diffèrent entre elles par la couleur, et légèrement sur quelques autres points.

Les sous-races suivantes ont une huppe plus ou moins développée, et une crête qui, lorsqu'elle existe, est en forme de croissant. Leur crâne offre les mêmes particularités remarquables que celui de la vraie race Huppée.

Fig. 32. — Race Huppée.

Sous-race (a) Sultans. — Race turque, ressemblant à la race Huppée blanche, avec une grosse huppe, une barbe, et les jambes courtes et emplumées. La queue porte des pennes en faucille additionnelles. Ne couve pas[2].

Sous-race (b) Ptarmigans. — Race inférieure, voisine de la précédente, blanche, plutôt petite. Pattes très-emplumées, huppe pointue; crête petite, excavée; caroncules petits.

---

2. On trouve la meilleure description des Sultans dans *The Poultry Yard*, 1856, p. 79, par Mlle Watts. — M. Brent a eu l'obligeance d'examiner pour moi quelques exemplaires de cette race.

Sous-race (c) Ghoondooks. — Autre race turque, d'apparence extraordinaire; noire et sans queue; huppe et barbe grandes; pattes emplumées. Les apophyses internes des os nasaux sont en contact l'une avec l'autre, par suite de l'absorption complète des branches montantes des maxillaires supérieurs. J'ai vu une race voisine provenant de Turquie, blanche et sans queue.

Sous-race (d) Crève-cœur. — Race française de grande taille, à peine capable de vol, à pattes courtes et noires, tête huppée; crête se prolongeant en deux pointes en forme de cornes, quelquefois un peu branchues comme les bois d'un cerf; barbe et caroncules. Œufs grands. Naturel tranquille [3].

Sous-race (e) Cornue. — Une petite huppe. Crête prolongée en deux grandes pointes, et supportée sur deux protubérances osseuses.

Sous-race (f) Houdan. — Race française, taille moyenne, à pattes courtes et cinq doigts; ailes bien développées; plumage marbré de noir, de blanc et de jaune-paille; elle porte sur la tête une huppe, et une triple crête placée transversalement. Une barbe et des caroncules [4].

Sous-race (g) de Guelderlands. — Pas de crête, tête surmontée d'une huppe longitudinale de plumes douces et veloutées; narines en croissant; caroncules bien développés; pattes emplumées; couleur noire. De l'Amérique du Nord. La poule Bréda paraît en être très-voisine.

8. RACE BANTAM. — Originaire du Japon [5], caractérisée par sa petite taille; port droit et hardi. Il y en a plusieurs sous-races, telles que les Bantams Cochinchinois, de Combat, et de Sebright, dont plusieurs sont le produit de divers croisements récents. Le Bantam noir a le crâne de forme différente, et le trou occipital comme celui de la poule Cochinchinoise.

9. RACES SANS CROUPION. — Trop variables par leurs caractères [6] pour mériter le nom de race; oiseaux monstrueux par leurs vertèbres caudales.

10. POULES SAUTEUSES OU RAMPANTES. — Sont caractérisées par la brièveté presque monstrueuse de leurs pattes, qui est telle qu'elles sautent plutôt qu'elles ne marchent; on dit qu'elles ne grattent pas la terre. J'en ai vu une variété de Burmah, dont le crâne présentait une forme inaccoutumée.

11. POULES FRISÉES OU CAFRES. — Communes dans l'Inde, ont les plumes frisées en arrière; rémiges et rectrices primaires imparfaites; périoste noir.

12. POULES SOYEUSES. — Plumes soyeuses, rémiges et rectrices primaires imparfaites; peau noire ainsi que le périoste; crête et caroncules d'un bleu plombé foncé; lobules auriculaires teintés de bleu; pattes minces, offrant souvent un doigt additionnel. Taille plutôt petite.

13. POULES NÈGRES. — Race indienne, blanche et comme enfumée; peau et périoste noirs: les femelles seules sont ainsi caractérisées.

---

3. Décrite et figurée dans *Journal of Horticulture*, 10 juin 1862, p. 206.

4. *Journal of Horticulture*, 1862, p. 186. Quelques auteurs décrivent la crête comme bicorne.

5. Crawfurd, *Dict. of Indian islands*, p. 113. J'apprends par M. Birch, du *British Museum*, que les Bantams sont mentionnés dans une ancienne Encyclopédie japonaise.

6. *Ornamental and domestic Poultry*, 1848.

On voit par ce résumé que les diverses races varient beaucoup, et qu'elles pourraient avoir pour nous autant d'intérêt que celles des pigeons, si nous avions des preuves aussi évidentes de leur descendance d'une espèce primitive unique. La plupart des éleveurs croient à leur provenance de plusieurs souches originelles, opinion que soutient énergiquement le Rév. E. S. Dixon[7]. A l'exception d'un petit nombre, entre autres Temminck, les naturalistes admettent la provenance de toutes les races, d'une espèce unique; mais en pareille matière, l'autorité d'un nom n'a que peu de poids. Dans leur ignorance des lois de la distribution géographique, les éleveurs cherchent dans toutes les parties du globe les origines possibles de leurs souches inconnues. Ils savent bien que les différentes formes reproduisent exactement leur type, même pour la couleur, et attribuent, mais, comme nous le verrons, sur des bases insuffisantes, à la plupart des races une grande ancienneté. Frappés des différences remarquables qui existent entre les principales formes, ils se demandent si des diversités de climat, de nourriture ou de traitement, ont pu produire des oiseaux aussi dissemblables que le majestueux coq Espagnol noir, le petit et élégant Bantam, le pesant Cochinchinois avec ses particularités, et le coq Huppé avec son immense touffe et son crâne saillant. Mais, tout en reconnaissant et même exagérant les effets des croisements des diverses races, les éleveurs ne tiennent pas assez compte de la probabilité, pendant le cours de plusieurs siècles, de l'apparition occasionnelle d'oiseaux présentant des particularités anomales et héréditaires; ils méconnaissent les effets de la corrélation de croissance, ceux de l'usage continuel ou du défaut d'usage des organes, et les résultats directs des changements de climat et de nourriture, point qui n'est cependant pas encore démontré d'une manière suffisante. Enfin, autant que je le sache, tous méconnaissent entièrement le fait capital de la sélection inconsciente, non méthodique, quoique sachant fort bien que leurs oiseaux sont individuellement différents, et qu'ils peuvent améliorer leurs produits, en choisissant même pendant un petit

---

7. *Ornamental and dom. Poultry*, 1848.

nombre de générations, et les réservant pour la reproduction, leurs meilleurs oiseaux.

Voici ce qu'écrit un amateur [8]. « Le fait que les oiseaux de basse-cour n'ont que tout récemment attiré l'attention de l'éleveur, et ne sont restés jusque-là qu'un objet de production pour le marché, suffit pour montrer l'improbabilité qu'on ait dû apporter à leur reproduction, cette attention soutenue et incessante qui est nécessaire pour déterminer, dans la progéniture de deux oiseaux, des formes transmissibles non apparentes chez les parents. » Ceci à première vue, paraît vrai ; mais dans un chapitre futur sur la sélection, nous apporterons des faits nombreux, qui montreront qu'à une époque déjà fort ancienne, des races humaines à peine civilisées ont pratiqué une véritable sélection. Dans le cas du coq, je ne puis pas citer de faits directs prouvant l'emploi ancien de la sélection : mais on sait qu'au commencement de l'ère chrétienne, les Romains avaient déjà six ou sept races, et Columelle recommande comme les meilleures « les sortes qui ont cinq doigts et les oreilles blanches [9]. » On connaissait en Europe, au xve siècle, plusieurs races qui ont été décrites ; et à peu près à la même époque, en Chine, il y en avait sept portant des noms distincts. Actuellement, dans une des îles Philippines, les naturels, quoique à demi barbares, distinguent par des noms différents non moins de neuf sous-races de volaille [10]. Azara [11], qui écrivait à la fin du siècle dernier, raconte que, dans l'intérieur de l'Amérique du Sud, où on se serait le moins attendu à trouver des soins de cette nature, on élevait une race à peau et os noirs, parce qu'elle était productive, et sa chair bonne pour les malades. Or tous ceux qui se sont occupés de l'élevage de la volaille, savent combien il est impossible de maintenir les races distinctes, sans prendre les plus grandes précautions pour séparer les sexes. Peut-on donc admettre que, autrefois et dans des pays peu civilisés, ceux qui ont pris la peine de conserver distinctes des races qui avaient

8. Ferguson, *Illustrated series of rare and prize Poultry*. 1854. Préface, p. XI.

9. Rev. E. S. Dixon, *Ornamental Poultry*, p. 203, analyse de l'ouvrage de Columelle.

10. M. Crawfurd, *On the relation of domesticated Animals to civilization*, p. 6 ; lu à *British Association* à Oxford ; 1860.

11. *Quadrupèdes du Paraguay*, t. II, p. 324.

pour eux une certaine valeur, n'aient pas parfois détruit les oiseaux inférieurs, et conservé les meilleurs? Il n'en faut pas davantage. Nous ne prétendons pas qu'autrefois, personne ait songé à créer une race nouvelle, ou à modifier une race existante d'après un type de perfection idéal, mais ceux qui s'occupaient de la volaille, devaient chercher à obtenir et à élever les meilleurs oiseaux possibles; cette marche, dont le résultat était la conservation des oiseaux les plus parfaits, devait à la longue modifier la race aussi sûrement, quoique beaucoup moins rapidement que ne le fait de nos jours la sélection méthodique. Il suffit d'une personne sur cent ou même mille, se livrant à un élevage attentif de cette nature, pour que ses produits deviennent supérieurs aux autres, et tendent à former une nouvelle famille, dont les différences spéciales augmentant lentement et graduellement, comme nous l'avons vu précédemment, finissent par acquérir l'importance de carac tères d'une sous-race ou même d'une race. Les races négligées peuvent s'altérer, tout en conservant partiellement leurs caractères, mais revenant ensuite à la mode, elles peuvent être ramenées à un degré de perfection très-supérieur à celui de leur type précédent; c'est ce qui est arrivé tout récemment aux races Huppées. Une race entièrement négligée disparaît toutefois et s'éteint, comme cela a été le cas pour une sous-race Huppée. Lorsque dans le cours des siècles passés, il est né un oiseau offrant quelque point anomal de conformation, tel qu'une huppe d'alouette sur la tête, il est probable qu'il aura dû être conservé, en vertu de cette passion pour la nouveauté qui a, par exemple, conduit quelques personnes à produire et à élever en Angleterre, des races sans croupion, ou des oiseaux frisés dans l'Inde. De pareilles anomalies sont ensuite conservées avec le plus grand soin, comme indice de la pureté et de la bonté de la race; c'est d'après ce principe que, il y a dix-huit siècles, les Romains estimaient le plus chez leurs volailles, un cinquième doigt et les lobes auriculaires blancs.

Ainsi, l'apparition incidente de caractères anomaux, même très-légers au premier abord; les effets de l'usage ou du défaut d'usage; peut-être ceux de l'influence directe du climat et de la nourriture; la corrélation de croissance; le retour occasionnel vers d'anciens caractères depuis longtemps perdus; les croisements des races, quand il s'en est déjà formé un certain nombre; mais, par-dessus tout, une sélection inconsciente poursuivie pendant une longue série de générations, sont autant de circonstances qui, à mon avis, lèvent toutes les difficultés qui semblent s'opposer à l'admission de l'opinion, que toutes les races descendent d'une souche primitive unique. Peut-on nommer une espèce qui puisse raisonnablement être considérée comme cette souche? Le *Gallus Bankiva* me paraît réunir toutes les conditions requises. Je viens de résumer de mon mieux les arguments favorables à l'origine multiple des diverses races; je vais maintenant exposer ceux qui militent en faveur de leur descendance commune du *G. Bankiva*.

Une description préalable de toutes les espèces connues du genre *Gallus* me paraît ici nécessaire. Le *G. Sonneratii* ne s'étend pas dans les parties septentrionales de l'Inde; d'après le col. Sykes [12], il offre à différentes hauteurs des Ghauts, deux variétés bien marquées, méritant peut-être le nom d'espèces. Cet oiseau a été regardé longtemps comme la souche de nos races domestiques, preuve qu'il s'en rapproche beaucoup par sa conformation générale; mais ses plumes sétiformes consistent en lames cornées très-particulières, transversalement barrées de trois couleurs, caractère qui, à ma connaissance, n'a été observé chez aucune race domestique [13]. Cette espèce diffère aussi beaucoup de nos races communes par la fine dentelure de sa crête, et par l'absence de vraies plumes sétiformes sur les reins. Sa voix est toute différente. Elle se croise aisément avec la poule domestique dans l'Inde; M. Blyth [14] a obtenu une centaine de poussins métis, mais fort délicats, et qui périrent presque tous jeunes. Ceux qu'on put élever demeurèrent entièrement stériles, tant entre eux qu'avec l'un et l'autre des parents. Quelques métis ayant la même origine, élevés au Jardin zoologique, se sont cependant montrés moins inféconds. M. Dixon m'informe que, d'après quelques recherches sur ce sujet faites par lui avec le concours de M. Yarrell, il a pu, sur une cinquantaine d'œufs, obtenir cinq ou six poulets. Quelques-uns de ces métis, recroisés avec un de leurs parents, un Bantam, ont donné quelques poulets extrêmement faibles. Des croisements semblables, opérés de diverses manières par M. Dixon, lui ont donné des produits plus ou moins inféconds: il en a été de même d'expériences qui ont été entreprises sur une grande échelle au Jardin zoolo-

12. *Proc. zoolog. Soc.*, 1832, p. 151.

13. J'ai examiné les plumes de quelques métis d'un mâle *G. Sonneratii* et d'une poule rouge élevée au Jardin zoologique, qui possédaient tous les caractères de celles des *G. Sonneratii*, les lames cornées étaient seulement plus petites.

14. Lettre de M. Blyth sur les oiseaux de basse-cour dans l'Inde, dans *Gardener's Chronicle*, 1851, p. 619.

gique [15]. Sur cinq cents œufs, produits de croisements variés entre les
G. Sonneratii, Bankiva, et *varius,* on n'a obtenu que douze poussins,
dont trois seulement provenaient d'hybrides appariés *inter se.* Ces faits,
joints aux différences marquées dont nous avons parlé plus haut, entre le
G. Sonneratii et la poule domestique, doivent donc nous faire rejeter
l'opinion que cette espèce soit la souche d'aucune race domestique.

On trouve à Ceylan un oiseau indigène, le *G. Stanleyii,* espèce qui, à
l'exception de la crête, est si voisine des formes domestiques, que MM. E.
Layard et Kellaert [16] l'auraient regardé comme une de leurs souches
parentes, sans une différence très-singulière de sa voix. Comme le précédent, cet oiseau se croise avec les poules domestiques, et visite et ravage
les fermes solitaires. Deux métis, mâle et femelle, produits d'un pareil
croisement, se sont, d'après M. Mitford, montrés stériles, et avaient tous
deux hérité de la voix particulière du *G. Stanleyii.* On ne peut donc
encore pas regarder cette espèce comme une des souches des races domestiques.

A Java et dans les îles qui sont à l'est jusqu'à Flores, habite le *G. varius*
(ou *furcatus*), mais qui est si distinct par plusieurs de ses caractères, —
plumage vert, crête non dentelée, caroncule médiane unique, — que personne n'admet qu'il ait pu être une des souches de nos races domestiques.
Cependant, d'après M. Crawfurd [17], on élève à cause de leur grande
beauté, des métis du *G. varius* mâle et de la poule domestique, mais ils
sont invariablement stériles. Il paraît pourtant qu'il n'en a pas été ainsi
pour des métis obtenus au Jardin zoologique. Ces métis ont autrefois été
regardés comme une espèce distincte, qu'on nommait *G. æneus.* M. Blyth
et quelques autres, croient que le *G. Temminckii* [18], dont l'histoire est
inconnue, est aussi un métis. Parmi quelques peaux de volailles domestiques que Sir. J. Brooke m'avait envoyées de Bornéo, il s'en trouvait une
dont la queue portait des bandes transversales bleues, semblables à celles
qu'il avait remarquées sur les rectrices d'un métis du *G. varius,* élevé au
Jardin zoologique. Ce fait semblerait indiquer que quelques oiseaux de
Bornéo ont été affectés par un croisement avec le *G. varius;* mais ce peut
être aussi un cas de variation analogique. Je dois mentionner le *G. gigan-
teus,* si souvent indiqué dans les ouvrages sur les Gallinacés comme une
espèce sauvage; mais Marsden [19], qui l'a décrit le premier, en parle
comme d'une race apprivoisée; et l'échantillon du British Museum a évidemment tout l'aspect d'une variété domestique.

Il nous reste à parler de la dernière espèce, le *G. Bankiva,* dont la
distribution géographique est beaucoup plus étendue que celle des trois
précédentes. Elle habite l'Inde du Nord jusqu'à Sinde à l'ouest; l'Himalaya
jusqu'à une hauteur de quatre mille pieds; Burmah; la péninsule Malaise,

15. Mr S. J. Salter, *Nat. Hist. Review,* avril 1863, p. 276.

16. Mr Layard, *Annals and Magaz. of Nat. Hist.* (2e série), t. XIV, p. 62.

17. Crawfurd, *Descriptive Dict. of Indian islands,* 1856, p. 113.

18. G. R. Gray, *Proc. zool. Soc.,* 1849, p. 62.

19. Cité par M. Dixon dans *Poultry Book,* p. 176. — Aucun ornithologiste ne regarde
actuellement cet oiseau comme une espèce distincte.

les pays Indo-Chinois, les îles Philippines; et à l'est, l'archipel Malay jusqu'à Timor. Elle varie beaucoup à l'état sauvage. D'après M. Blyth, les échantillons venus de l'Himalaya, sont plus pâles de coloration que ceux des autres parties de l'Inde, tandis que ceux de la péninsule Malaise et de Java ont des couleurs plus éclatantes que les Indiens. Dans les exemplaires de ces pays que j'ai vus, la différence de nuance des plumes sétiformes était très-apparente. Les poules Malaises ont le poitrail et le cou plus rouge que les Indiennes. Les coqs Malais ont généralement le lobule de l'oreille rouge, tandis qu'il est blanc chez l'Indien; cependant M. Blyth a vu un de ces derniers sans le lobule blanc. Les pattes sont d'un bleu plombé dans les échantillons Indiens, elles sont plutôt jaunâtres dans les exemplaires Malais et Javanais. M. Blyth trouve le tarse très-variable de longueur chez les premiers. D'après Temminck [20], les échantillons de Timor sont, comme race locale, différents de ceux de Java. Ces diverses variétés sauvages n'ont pas encore été classées comme espèces distinctes, mais dussent-elles l'être par la suite, comme cela est probable, cette distinction spécifique n'aurait aucune portée, en ce qui concerne la question de leurs relations de parenté avec nos races domestiques. Le *G. Bankiva* sauvage ressemble beaucoup, par la couleur et sous d'autres rapports, à notre race de Combat rouge à poitrine noire, sauf qu'il est plus petit et porte la queue plus horizontale. Mais le port de la queue est très-variable dans nos races; elle est très-inclinée dans les Malais, relevée dans les races de Combat et quelques autres, et plus que redressée dans les Dorkings, Bantams, etc. Une autre différence, d'après M. Blyth, est que, chez le *G. Bankiva*, après la première mue, les plumes sétiformes du cou sont pendant deux ou trois mois, remplacées non par d'autres plumes semblables, comme dans nos formes domestiques, mais par de courtes plumes noirâtres [21]. D'après les observations de M. Brent, ces plumes noires persistent dans l'oiseau sauvage après le développement des plumes sétiformes inférieures, et apparaissent dans l'oiseau domestique en même temps qu'elles: la seule différence gît donc dans le remplacement, plus tardif chez l'oiseau sauvage que chez le domestique, des plumes sétiformes inférieures, fait qui n'a aucune importance, car on sait d'ailleurs que la captivité a souvent pour effet d'affecter le plumage des oiseaux mâles. Un point essentiel, noté par M. Blyth et d'autres, est la ressemblance de la voix du *G. Bankiva*, mâle et femelle, avec celle des deux sexes de nos oiseaux domestiques, la dernière note du chant de l'oiseau sauvage étant un peu moins prolongée. Le capitaine Hutton, connu par ses recherches sur l'histoire naturelle de l'Inde, a observé plusieurs croisements de l'espèce sauvage avec le Bantam chinois: ces métis reproduisaient librement avec les Bantams, mais on n'a pas essayé de les croiser *inter se*. Le même observateur s'est procuré des œufs de *G. Bankiva*, et en a élevé les poulets, qui d'abord très-sauvages, s'étaient ensuite complétement apprivoisés. Il n'a pas réussi à

---

20. *Coup d'œil général sur l'Inde Archipélagique*, t. III (1846), p. 177. — Voir aussi M. Blyth dans *Indian Sporting Review*, t. II, p. 5, 1856.

21. M. Blyth, *Ann. and Mag. of Nat. Hist.*, 2e série, t. I, 1848, p. 455.

les conserver jusqu'à l'état adulte, et remarque à ce propos, qu'aucun Gallinacé sauvage nourri de grains durs ne prospère bien dans les commencements. M. Blyth a eu également beaucoup de peine à conserver en captivité le *G. Bankiva*. Les naturels des îles Philippines paraissent cependant mieux réussir, car ils gardent des coqs sauvages pour lutter avec leurs coqs de Combat domestiques [22]. Je tiens de Sir W. Elliot qu'il existe à Pégu une race domestique indigène, dont la poule ne peut pas être distinguée de celle du *G. Bankiva*; et les naturels attrapent constamment des coqs sauvages en les faisant combattre dans les bois avec des coqs apprivoisés [23]. M. Crawfurd a fait la remarque que, d'après l'étymologie, on pourrait conclure à la domestication première du coq sauvage par les Malais et les Javanais [24]. M. Blyth m'a signalé le fait curieux, que les individus sauvages du *G. Bankiva*, provenant des pays à l'est de la baie du Bengale sont beaucoup plus faciles à apprivoiser que ceux de l'Inde; ce fait n'est du reste pas sans exemple, car, ainsi que Humboldt l'a remarqué il y a longtemps, une même espèce peut offrir plus de dispositions à l'apprivoisement, dans un pays que dans un autre. En admettant le fait de la première domestication du *G. Bankiva* dans la Malaisie, nous pouvons nous expliquer une autre observation de M. Blyth, que les races domestiques de l'Inde ne ressemblent pas au *G. Bankiva*, plus que ne le font celles de l'Europe.

D'après l'extrême ressemblance qui existe dans la couleur, la conformation générale et surtout la voix, entre le *G. Bankiva* et nos races ordinaires; d'après leur fertilité dans les croisements, autant qu'on a pu la vérifier; d'après la facilité de l'apprivoisement de l'espèce sauvage, et ses variations dans cet état, nous pouvons sûrement la considérer comme la souche primitive et l'ancêtre de la forme la plus typique de toutes nos races domestiques, le coq de Combat. Il est à remarquer que presque tous les naturalistes de l'Inde, tels que Sir W. Elliot, M. S.-N. Ward, M. Layard, M. J.-C. Jerdon, M. Blyth [25], auxquels le *G. Bankiva* est familier, sont d'accord pour le regarder comme l'ancêtre de la plupart, sinon de toutes nos races domestiques. Mais même en admettant que le *G. Bankiva* soit l'origine de nos races de Combat, on peut encore se

22. Crawfurd, *O. c.*, p. 112.

23. A Burmah, d'après M. Blyth, les formes sauvages et domestiques se croisent continuellement ensemble; il en résulte une foule de formes de transition très-irrégulières.

24. *O. c.*, p. 113.

25. Jerdon, dans *Madras Journal of Litt. and Science*, v. XXII, p. 2, parlant du *G. Bankiva*, dit : « La souche incontestable de la plupart des variétés de nos races communes. » — Pour M. Blyth, *Gardener's Chron.*, 1851, p. 619; et *Ann. and Mag. of Nat. Hist.*, v. XX, 1847, p. 388.

demander si les autres races ne peuvent pas descendre de quelques autres espèces sauvages, qui existent peut-être encore quelque part inconnues, ou se sont éteintes. Cette extinction de plusieurs espèces est une hypothèse improbable, si nous considérons que les quatre espèces connues ne se sont pas éteintes dans les régions si anciennement et si fortement peuplées de l'Orient. On ne connaît réellement qu'une seule espèce d'oiseau domestique, dont la souche primitive sauvage soit encore inconnue ou éteinte, c'est l'oie de Chine, ou *Anser cygnoïdes*. Ce n'est pas, comme le font les éleveurs, dans le monde entier, que nous devons chercher à découvrir de nouvelles, ou à retrouver d'anciennes espèces de *Gallus*; car, ainsi que le fait remarquer M. Blyth [26], les grands Gallinacés ont généralement une distribution restreinte. Nous le voyons très-nettement dans l'Inde, où le genre *Gallus*, qui habite le pied de l'Himalaya, est remplacé plus haut par le Gallophasis, et plus haut encore par le Faisan. Comme patrie d'espèces inconnues du genre, l'Australie et ses îles sont hors de question. Il serait encore aussi peu probable de trouver des *Gallus* dans l'Amérique du Sud [27], que de rencontrer des oiseaux-mouches dans l'ancien monde. D'après les caractères qu'offrent les autres Gallinacés africains, il est aussi fort peu probable que le genre *Gallus* puisse se trouver en Afrique. Il est inutile de chercher dans les parties occidentales de

26. *Gardener's Chronicle*, 1851, p. 619.

27. M. Sclater, une autorité dans la matière, que j'ai consulté à ce sujet, pense que je ne me suis point trop fortement prononcé sur ce fait. Un ancien auteur, Acosta, parle de coqs ayant habité l'Amérique du Sud lors de sa découverte, et plus récemment, en 1795, Olivier de Serres signale des Gallinacés sauvages dans les forêts de la Guyane, mais qui étaient probablement des oiseaux marrons. Le Dr Daniell croit qu'il y a des coqs redevenus sauvages sur la côte occidentale de l'Afrique équatoriale; mais il est possible que ce ne soient pas de vrais coqs, mais des Gallinacés appartenant au genre *Phasidus*. L'ancien voyageur Barbut dit que les coqs ne sont pas indigènes en Guinée. Le capitaine W. Allen (*Narrative of Niger expedition*, 1818, vol. II, p. 42) décrit des coqs sauvages à Ihla dos Rollas, une île près de Saint-Thomas, sur la côte occidentale d'Afrique, et qui, d'après le dire des naturels du pays, provenaient d'un navire naufragé longtemps auparavant. Ils étaient très sauvages, leur cri était fort différent de celui des races domestiques, et leur apparence était quelque peu changée, de sorte que, malgré l'assertion des indigènes, il y a doute si ces oiseaux étaient réellement redevenus sauvages. Il est certain que, dans plusieurs îles, les coqs d'origine domestique sont redevenus sauvages. D'après un juge compétent, M. Fry, ceux qui sont marrons dans l'île de l'Ascension ont repris leurs couleurs primitives, les coqs rouges et noirs, et les poules d'un gris enfumé. Nous ne connaissons malheureusement pas les couleurs des oiseaux qu'on y a rendus à la liberté. Il y en a aussi dans les îles Nicobar (Blyth, *Indian Field*, 1858, p. 62) et dans les Ladrones (voyage d'Anson). Ceux qu'on a trouvés dans les îles Pelion (Crawland), sont supposés être redevenus sauvages; enfin on assure qu'il en est de même dans la Nouvelle-Zélande; mais je ne sais si cette affirmation est exacte.

l'Asie, car MM. Blyth et Crawfurd, qui se sont occupés de cette question, doutent que le genre *Gallus* ait jamais existé à l'état sauvage aussi loin vers l'ouest que la Perse. Il est probable que, bien que les premiers auteurs grecs parlent du coq comme d'origine persane, il n'y là qu'une indication de la direction générale de sa ligne d'importation. C'est vers l'Inde, l'Indo-Chine, et les parties nord de l'archipel Malais, que nous devons diriger nos recherches pour découvrir des espèces inconnues. Les parties méridionales de la Chine semblent les plus favorables, mais, ainsi que le remarque M. Blyth, on a depuis fort longtemps importé de Chine bien des peaux, et on conserve dans ce pays trop d'oiseaux vivants, pour qu'une espèce indigène de *Gallus* ait pu nous rester inconnue. D'après des passages d'une encyclopédie chinoise publiée en 1609, mais compilée d'après des documents plus anciens, et dont je dois la traduction à M. Birch, du British Museum, il résulte que les coqs sont des oiseaux venus de l'ouest, et introduits dans l'est (c'est-à-dire la Chine) sous une dynastie régnant 1400 ans avant Jésus-Christ. Quoi qu'on puisse penser de cette date reculée, nous voyons que les Chinois regardaient autrefois, comme la patrie des Gallinacés domestiques, les régions indiennes et indo-chinoises. C'est donc, d'après ces diverses considérations, vers les parties sud-est de l'Asie, la patrie actuelle du genre, que nous devrions chercher les espèces qui, actuellement inconnues à l'état sauvage, auraient été autrefois domestiquées ; mais les ornithologistes les plus expérimentés ne regardent pas cette découverte comme probable.

Dans ces considérations sur la possibilité de la provenance des races domestiques d'une espèce unique, le *G. Bankiva*, ou de plusieurs, il ne faut ni méconnaître ni exagérer l'importance de la fertilité comme critère de spécificité. La plupart de nos races ont été si fréquemment croisées, et leurs métis si abondamment produits, qu'il est presque impossible que le moindre degré d'infertilité eût pu passer inaperçu. D'autre part, nous avons vu que les quatre espèces connues de *Gallus*, croisées entre elles ou avec les races domestiques, ont, à l'exception du *G. Bankiva*, donné des métis inféconds.

Finalement, nous n'avons pas, pour le coq, une démonstration aussi évidente que pour le pigeon de la provenance de toutes ses races d'une souche primitive unique. Dans les deux cas, l'argument tiré de la fertilité a quelque valeur; pour les deux, il y a la même improbabilité que l'homme ait anciennement réussi à domestiquer à fond plusieurs espèces supposées, — la plupart de ces espèces supposées devant d'ailleurs être fort anomales, comparées aux formes naturelles dont elles sont voisines, — et qui toutes seraient inconnues ou éteintes, tandis que presque pas une des souches primitives d'aucun autre oiseau domestiqué ne s'est perdue. Mais si nos recherches, sur les souches parentes supposées des races du pigeon, ont pu être restreintes à l'examen de quelques espèces caractérisées par des habitudes particulières, il n'en est pas de même pour les coqs, rien dans leurs habitudes ne les distinguant d'une manière marquée des autres Gallinacés. Nous avons montré que, dans les pigeons, les oiseaux purs de toutes les races, ainsi que les produits du croisement de races distinctes, ressemblent souvent ou font retour au Bizet sauvage, par leur coloration générale et certaines marques caractéristiques. Nous verrons chez les races gallines des faits analogues, mais moins prononcés, et que nous allons discuter.

Retour et variations analogiques. — Chez les races pures, de Combat, Malaise, Cochinchinoise, Dorking, Bantam, et d'après M. Tegetmeier, chez la poule Soyeuse, on peut rencontrer occasionnellement, des individus dont le plumage est identique à celui du *G. Bankiva* sauvage. Le fait est digne d'attention, car les races que nous venons d'énumérer comptent parmi les plus distinctes. Les oiseaux ainsi colorés sont désignés par les éleveurs comme étant rouges à poitrine noire. Les Hambourgs ont un plumage fort différent, et cependant j'apprends par M. Tegetmeier, qu'une des grandes difficultés qu'on rencontre dans la production des coqs de la variété pailletée dorée, est la tendance qu'ils ont à revêtir la poitrine noire et le dos rouge. Les mâles Bantams et Cochinchinois blancs prennent souvent, en atteignant l'état adulte, une teinte jaunâtre de safran, et les longues plumes sétiformes des coqs Bantams noirs[28], deviennent fréquemment rouges lorsqu'ils ont deux ou trois ans; ces mêmes coqs prennent les ailes bronzées,

---

28 M. Hewitt, dans *Poultry Book*, par W. B. Tegetmeier, 1866, p. 218.

ou même rouges à la mue. Ces divers cas montrent donc une tendance évidente au retour vers les nuances du *G. Bankiva*, même pendant la vie de l'individu. Je n'ai eu connaissance d'aucun cas d'oiseau rouge à poitrine noire, chez les races Espagnole, Huppée, Hambourg pailletée d'argent, Hambourg rayée, et quelques autres races moins communes.

L'expérience que j'avais des pigeons m'a conduit à essayer les croisements suivants. Après avoir détruit tous les oiseaux de ma basse-cour, je me suis procuré, par l'intermédiaire de M. Tegetmeier, un coq Espagnol noir de premier ordre, et des poules des races suivantes parfaitement pures, — poule de Combat blanche, Cochinchinoise blanche, Huppée pailletée d'argent, Hambourg pailletée d'argent, Hambourg argentée rayée, et une Soyeuse blanche. Aucune de ces races, conservée dans toute sa pureté, n'a jamais, à ma connaissance, présenté une plume rouge, fait qui ne serait pas improbable chez les races de Combat blanches et les Cochinchinois de même couleur. La majorité des poussins obtenus de ces six croisements furent noirs, le duvet aussi bien que le premier plumage ; quelques-uns furent blancs, fort peu furent marbrés de noir et de blanc. Dans un lot de onze œufs mélangés, provenant de la poule de Combat et de la Cochinchinoise par le coq Espagnol noir, sept poulets furent blancs et quatre seulement noirs. Je mentionne ce fait, pour montrer que le plumage blanc est fortement héréditaire, et que l'opinion admise de la prépondérance qu'a le mâle de transmettre sa couleur n'est pas toujours exacte. L'éclosion des poussins eut lieu au printemps, et, à la fin d'août, plusieurs des jeunes coqs commencèrent à manifester des changements qui continuèrent, chez quelques-uns, pendant les années suivantes. Ainsi un jeune coq provenant de la poule Huppée pailletée d'argent, eut son premier plumage d'un noir de jais, et par sa crête, sa huppe, ses caroncules et sa barbe, réunissait les caractères des deux parents ; à l'âge de deux ans, les rémiges secondaires devinrent fortement et symétriquement marquées de blanc, et partout où, chez le *G. Bankiva*, les plumes sétiformes sont rouges, elles furent, dans cet oiseau, d'un noir verdâtre sur la tige, étroitement bordées de noir brunâtre, puis largement bordées d'un brun jaunâtre pâle ; de sorte que, par son apparence générale, le plumage était devenu pâle au lieu de rester noir. Ce cas a donc présenté un grand changement avec l'âge, mais aucun retour vers la coloration rouge du *G. Bankiva*.

Un coq, provenant d'une des poules Hambourg, fut aussi d'abord tout noir, mais en moins d'une année les plumes sétiformes du cou devinrent blanchâtres, et celles des reins prirent une teinte marquée d'un jaune rougeâtre; voilà donc un premier symptôme de retour; le même fait s'est présenté chez plusieurs autres jeunes coqs, mais qu'il est inutile de décrire. Un éleveur [29] a obtenu, du croisement de deux poules de Hambourg argentées et d'un coq Espagnol, un grand nombre de poulets noirs, dont les mâles eurent les plumes sétiformes dorées, et les poules brunes, présentant donc encore une tendance évidente au retour.

Deux jeunes coqs provenant de ma poule de Combat blanche, furent d'abord d'un blanc de neige; par la suite, l'un prit des plumes sétiformes de couleur orangée pâle, surtout sur les reins, et chez l'autre, elles devinrent d'un rouge-orange sur le cou, les reins et les tectrices alaires supérieures. Ici encore il y a un retour partiel mais décisif aux couleurs du *G. Bankiva*. Ce second coq était par le fait coloré comme un coq de Combat inférieur de la variété *Pile*: sous-race qui peut être obtenue, d'après M. Tegetmeier, en croisant un coq de Combat rouge à poitrine noire avec une poule blanche; la sous-race *Pile* ainsi produite peut ensuite se propager par elle-même. Nous avons ainsi le fait curieux que le coq Espagnol, qui est d'un beau noir, et le coq de Combat, qui est rouge à poitrine noire, donnent l'un et l'autre des produits à peu près de même couleur, lorsqu'on les croise avec des poules de Combat de la variété blanche.

J'ai élevé plusieurs oiseaux, provenant de la poule Soyeuse blanche par le coq Espagnol; tous furent d'un noir de jais, et tous accusèrent leur parenté maternelle par leurs crêtes et os noirâtres, mais aucun ne présenta les plumes soyeuses; d'autres ont déjà remarqué que ce caractère n'était pas héréditaire. En avançant en âge, chez un de ces coqs, les plumes sétiformes devinrent d'un jaune blanchâtre, ce qui le fit ressembler beau-

9. *Journal of Horticulture*. 1862, p. 325.

coup au produit du croisement de la poule Hambourg; un autre devint un oiseau splendide, à tel point qu'une de mes connaissances l'a conservé et fait empailler uniquement pour sa beauté. Il ressemblait beaucoup par ses allures au *G. Bankiva*, mais il avait les plumes rouges plus foncées, et en différait assez fortement par ses rémiges primaires et secondaires, qui, au lieu d'être bordées de teintes rouges ou jaunes, comme dans le *G. Bankiva*, l'étaient de vert noirâtre. La partie du dos qui porte des plumes d'un vert foncé, était plus large, et la crête noirâtre; mais du reste, sous tous les autres rapports, jusque dans des détails insignifiants du plumage, la ressemblance était complète. C'était tout à fait curieux de comparer cet oiseau avec le *G. Bankiva* d'abord, puis avec son père, le brillant coq Espagnol d'un beau vert noir, et enfin avec sa mère, la petite poule Soyeuse blanche. Ce cas de retour est d'autant plus remarquable, que la race Espagnole se reproduit exactement depuis fort longtemps, et qu'on ne connaît aucun cas de réapparition chez elle, d'une seule plume rouge. La poule Soyeuse se reproduit également d'une manière constante, et paraît ancienne, car avant 1600, Aldrovande fait probablement allusion à cette race, qu'il décrit comme couverte de laine. Les particularités de plusieurs de ses caractères l'ont fait regarder, par plusieurs auteurs, comme une espèce distincte; cependant, comme nous venons de le voir, croisée avec la race Espagnole, elle donne des produits très-voisins du *G. Bankiva* sauvage.

M. Tegetmeier ayant, à ma demande, répété le croisement entre la poule Soyeuse et le coq Espagnol, a obtenu des résultats semblables; il a produit ainsi, outre une poule noire, sept coqs qui tous avaient le corps foncé, mais les plumes sétiformes d'un rouge plus ou moins orangé. L'année suivante, il appairia la poule noire avec un de ses frères, et en obtint trois coqs colorés comme le père, et une poule noire marbrée de blanc.

Dans les six croisements décrits ci-dessus, les poules n'ont montré aucune tendance à revenir au plumage marbré de brun de la femelle du *G. Bankiva*; toutefois l'une d'elles, provenant de la Cochinchinoise blanche, devint légèrement brune, comme enfumée, après avoir été d'abord d'un noir de jais. Plusieurs poules, après avoir été longtemps d'un blanc de neige, ont pris en vieillissant quelques plumes noires. Une poule provenant de la poule de Combat blanche, fut d'abord, pendant assez longtemps, entièrement noire et lustrée de vert, puis, à l'âge de deux ans, prit quelques rémiges primaires d'un blanc grisâtre, et une grande partie des plumes de son corps devinrent symétriquement et fortement piquetées de blanc. J'avais pensé que, pendant qu'ils avaient leur duvet, quelques-uns des poulets auraient présenté les raies longitudinales qui sont si générales chez les jeunes gallinacés; mais cela n'est pas arrivé une seule fois. Deux ou trois étaient d'un brun rougeâtre autour de la tête. Ayant malheureusement perdu presque tous les poulets blancs des premiers croisements, la couleur noire a prévalu dans les produits de la seconde génération, mais avec beaucoup de variété; quelques-uns étaient enfumés, d'autres marbrés; un poulet noirâtre avait entre autres ses plumes bizarrement terminées et barrées de brun.

J'ajouterai quelques faits mélangés se rattachant soit au principe du retour, soit à celui des variations analogiques. Ce dernier, comme nous l'avons déjà indiqué précédemment, en vertu duquel les variétés d'une espèce, ressemblent souvent à d'autres espèces voisines mais distinctes, s'explique, d'après ma manière de voir, par le fait que les espèces d'un même genre proviennent d'une forme primitive unique. La poule Soyeuse, à peau et os noirs, dégénère dans nos climats, comme l'ont observé M. Hewitt et M. Orton, c'est-à-dire, que sa peau et ses os reviennent graduellement à la couleur ordinaire des races communes, tout croisement ayant d'ailleurs été évité avec soin. On a observé en Allemagne [30] la même dégénérescence chez une race distincte à os noirs, et dont le plumage est noir, mais non soyeux.

M. Tegetmeier m'apprend, que lorsqu'on croise des races distinctes, il se produit fréquemment des individus, dont les plumes sont marquées de lignes transversales étroites d'une couleur plus foncée. Ce fait peut s'expliquer par un retour direct vers la forme souche, la poule *Bankiva*, chez laquelle tout le plumage supérieur est finement marbré d'un brun foncé ou rougeâtre, les marbrures étant en partie et obscurément

---

30. *Die Hühner- und Pfauenzucht*. Ulm, 1827. p. 17. — Pour M. Hewitt, *Poultry Book*, par W. Tegetmeier. 1866. p. 222. — M. Orton m'a transmis sa communication par lettre

disposées suivant des lignes transversales. Cette tendance
est probablement renforcée par la loi des variations analogiques, car, chez les poules de plusieurs autres espèces de *Gallus*,
le rayage tranversal est beaucoup mieux marqué, et les femelles
d'un grand nombre de gallinacés appartenant à d'autres genres,
comme la Perdrix, ont leurs plumes transversalement rayées.
M. Tegetmeier m'a aussi fait remarquer, que bien que nous
voyions chez le pigeon domestique la plus grande diversité de
colorations, nous n'y rencontrons jamais des plumes rayées ou
pailletées, ce qui se comprend d'après le principe des variations analogiques, puisque ni le bizet, ni aucune des espèces qui
en sont voisines, n'offrent de plumes ayant ce caractère.
L'apparence fréquente des plumes barrées dans les oiseaux
croisés, rend probablement compte de l'existence, dans les races
de Combat, Huppées, Dorkings, Cochinchinoises, Andalouses et
Bantams, des sous-races dites « Coucou ». Les oiseaux Coucous
ont le plumage gris ou bleu ardoisé, et chaque plume est transversalement barrée de lignes plus foncées, ce qui fait que leur
plumage ressemble à un certain point à celui du Coucou; il est
curieux de remarquer que le plumage des mâles n'étant jamais
barré dans aucune espèce du genre *Gallus*, ce caractère se soit
cependant transporté sur quelques coqs, et particulièrement sur
celui de la variété Coucou des Dorkings; ce fait est d'autant
plus singulier que dans les Hambourgs rayés, tant dorés qu'argentés, chez lesquels le rayage est caractéristique de la race,
le mâle n'en offre presque pas, cette particularité du plumage
étant spéciale à la femelle.

L'apparition de sous-races pailletées, dans les races de
Hambourg, Huppées, Malaises et Bantams, est encore un cas
de variation analogique. Les plumes pailletées ont, à leur extrémité, une marque foncée en forme de croissant, tandis que les
plumes barrées sont marquées de plusieurs raies transversales.
Le pailletage ne peut pas être attribué à un retour vers le *G.
Bankiva*; il ne se manifeste pas non plus souvent à la suite
des croisements de races distinctes, comme me l'apprend
M. Tegetmeier; mais c'est un cas de variation analogique, car,
un grand nombre d'oiseaux gallinacés ont les plumes pailletées, le Faisan commun, par exemple. Aussi, donne-t-on souvent aux races pailletées, le nom de races « Faisanes » (phea-

sant-fowls). On rencontre dans quelques races domestiques un cas de variation analogique embarrassant; les poussins des races noires suivantes, Espagnoles, de Combat, Huppées et Bantams, ont tous, pendant qu'ils sont encore couverts de duvet, la gorge et le poitrail blancs, et souvent un peu de blanc sur les ailes[31]. L'éditeur du *Poultry Chronicle*[32], fait remarquer que toutes les races qui ont normalement les lobules auriculaires rouges, produisent occasionnellement des oiseaux avec ces mêmes lobules blancs. Cette observation s'applique plus spécialement à la race de Combat, de toutes, celle qui se rapproche le plus du *G. Bankiva*. Nous avons vu qu'à l'état de nature, les lobules auriculaires varient de couleur dans cette espèce, étant rouges dans les contrées Malaises, et généralement, quoique pas invariablement, blancs dans l'Inde.

Pour résumer cette partie de mon sujet, il existe donc une espèce de *Gallus*, le *Gallus Bankiva*, qui est commune, largement répandue, variable, d'un apprivoisement facile, féconde dans ses croisements avec les races ordinaires, et ressemble, par toute sa conformation, son plumage et sa voix, à la race de Combat; on peut donc sans hésitation, la regarder comme la souche de celle-ci, le type par excellence des races domestiques. Nous avons vu les difficultés qui s'opposent à ce qu'on admette que d'autres espèces, actuellement inconnues, aient pu être les formes parentes des autres races domestiquées. Nous savons que toutes nos races sont très-voisines, comme le prouvent la similitude de la plupart des points de leur conformation, de leurs habitudes, et les analogies de leurs variations. Nous avons encore vu que plusieurs des races les plus distinctes peuvent, habituellement ou occasionnellement, ressembler de très-près au *Gallus Bankiva* par leur plumage, et que les produits croisés d'autres races qui n'ont pas cette coloration, manifestent une tendance plus ou moins prononcée à faire retour à ce même plumage. Quelques races fort distinctes, dont on pourrait le moins soupçonner la descendance du *Gallus Bankiva*, telles que la race Huppée, avec son crâne protubérant et mal ossifié; la Cochinchinoise, avec sa queue

---

31. Dixon, *Ornamental and domestic Poultry*, p. 253, 321, 335. — Pour la race de Combat. Ferguson, *Prize Poultry*, p. 260.
32. Vol. II, p. 71.

imparfaite et ses petites ailes, accusent fortement par ces caractères leur origine artificielle. Nous savons que, dans ces dernières années, la sélection méthodique a été considérablement améliorée, et a fixé bien des caractères ; et nous avons toute raison de croire que la sélection inconsciente, poursuivie pendant une longue suite de générations, a dû sûrement augmenter toute particularité nouvelle, et donner ainsi naissance à de nouvelles races. Deux ou trois races étant une fois formées, l'intervention de croisements divers entre elles, aura encore eu pour résultat, en modifiant leurs caractères, d'en augmenter le nombre. D'après une publication récente faite en Amérique, la race Brahmapoutra offre un cas intéressant d'une race provenant d'un croisement récent, et se conservant par elle-même. Les Bantams-Sebright en sont un autre exemple analogue. Nous pouvons donc conclure que, non-seulement la race de Combat, mais toutes nos autres races, descendent de la variété Malaise ou Indienne du *Gallus Bankiva*. Cette espèce aurait donc considérablement varié depuis sa première domestication ; mais, comme nous allons le montrer, elle a eu bien amplement le temps de le faire.

Histoire des races gallines. — Rütimeyer n'en a pas trouvé de restes dans les anciennes habitations lacustres de la Suisse, et ces oiseaux ne sont ni mentionnés dans l'Ancien Testament, ni figurés sur les antiques monuments égyptiens [33]. Ni Homère ni Hésiode n'en parlent (environ 900 ans avant J.-C.) ; mais Théognis et Aristophane en font mention (de 400 à 500 ans avant J.-C.). Il en est de figurés sur quelques cylindres babyloniens, dont M. Layard m'a envoyé une empreinte (vi[e] ou viie siècle avant J.-C.), et sur la tombe des Harpies en Lycie

33. Le Dr Pickering, dans *Races of Man*, 1850, p. 374, dit qu'on portait la tête et le cou d'une volaille dans une procession à Thoutmousis III (1445 av. J.-C.) ; mais M. Birch, du *British Museum*, doute qu'on puisse affirmer que la figure représente bien une tête de volaille. En ce qui concerne l'absence de figures de ces oiseaux sur les monuments égyptiens, il faut tenir compte du préjugé très-répandu dont ils étaient l'objet. Sur la côte orientale de l'Afrique, du 4e au 6e degré au sud de l'Équateur, la plupart des tribus païennes ont encore aujourd'hui une aversion profonde pour la volaille. Les naturels des îles Peliou refusent d'en manger, ainsi que les Indiens de certaines parties de l'Amérique du Sud. Pour l'histoire ancienne de l'espèce galline, voir Volz, *Beiträge zur Culturgeschichte*, 1852, p. 77 ; — 1. Geoffroy Saint-Hilaire, *Hist. nat. gén*, t. III, p. 61. — M. Crawfurd en a donné une histoire remarquable dans *Relation of domesticated Animals to civilisation*, lu à la *British Association*, Oxford, 1860, et depuis publié à part. C'est d'après ce travail que je cite Théognis, le poëte grec, et la description de la tombe des Harpies de Sir C. Fellowes. Ce qui est relatif aux institutions de Manou est tiré d'une lettre de M. Blyth.

(environ 600 ans avant J.-C.). Nous pouvons donc fixer à peu près vers le vi° siècle avant J.-C., l'époque de l'arrivée en Europe de l'espèce galline. Au commencement de notre ère, elle devait déjà avoir voyagé plus à l'Ouest, car Jules César l'a trouvée en Bretagne. Elle devait déjà être domestiquée dans l'Inde, lorsque les institutions de Manou furent écrites, c'est-à-dire d'après Sir W. Jones 1200 ans, mais d'après l'autorité plus récente de M. H. Wilson, seulement 800 ans avant J.-C., — car l'usage de la volaille domestique y est défendu, tandis que celui de l'oiseau sauvage y est permis. Si, comme nous l'avons déjà remarqué, on peut se fier à l'ancienne Encyclopédie chinoise, l'époque de la domestication de l'espèce galline, serait de plusieurs siècles antérieure, puisqu'il y est dit qu'elle fut importée en Chine, venant de l'Ouest, 1400 avant J.-C.

Les matériaux qui se trouvent à notre disposition, sont insuffisants pour retracer l'histoire des diverses races. Au commencement de l'ère chrétienne, Columelle parle d'une race de combat à cinq doigts, et de quelques races de province, mais nous ne savons rien de plus sur leur compte. Il fait aussi allusion à des formes naines, mais qui ne peuvent être les mêmes que nos Bantams, car celles-ci, comme l'a montré M. Crawfurd, ont été importées du Japon, à Bantam dans l'île de Java. J'apprends de M. Birch que, dans une ancienne Encyclopédie du Japon, il est question d'une race naine, qui est probablement la vraie Bantam. Dans une Encyclopédie chinoise, publiée en 1596, et compilée de sources diverses, dont quelques-unes remontent à une haute antiquité, il est fait mention de sept races, comprenant des formes comme celles que nous appelons rampantes ou sauteuses, et aussi des oiseaux à plumage, os et chair noirs. Aldrovande, dans son ouvrage publié en 1600, et qui est le plus ancien document qui soit à notre disposition pour déterminer l'âge de nos races gallines européennes, en décrit sept ou huit. Le *Gallus Turcicus* semble être certainement un Hambourg barré; mais M. Brent croit qu'Aldrovande a évidemment figuré ce qu'il a rencontré par hasard, et non ce qu'il y avait de mieux dans la race. Il considère même tous les oiseaux d'Aldrovande comme étant de race impure; mais il est plus probable que toutes nos races ont, depuis cette époque, été considérablement modifiées et améliorées, car, puisqu'il s'est donné la peine de réunir autant de figures, il doit probablement avoir cherché à se procurer des échantillons caractéristiques. Quoi qu'il en soit, la poule Soyeuse existait déjà alors dans l'état où elle est aujourd'hui, ainsi que la race frisée ou à plumes renversées. M. Dixon[34] regarde la variété de Padoue d'Aldrovande, comme une variété de la race Huppée ; mais M. Brent croit qu'elle était plus voisine de la race Malaise. En 1656, P. Borelli a signalé les particularités anatomiques du crâne de la race Huppée. Je puis ajouter qu'une sous-variété de cette race, celle à plumage doré et pailleté, était connue en 1737 ; mais, à en juger par la description d'Albin, la crête était alors plus grande, la huppe beaucoup plus petite, la poitrine plus grossièrement tachetée, et l'abdomen et les cuisses plus noirs. Dans ces conditions, un coq Huppé pailleté-doré serait aujourd'hui sans valeur.

Différences dans les conformations externes et internes des diverses races : Variabilité individuelle. — Les races gallines ont été soumises à des conditions extérieures très-diverses, et nous venons de voir que le temps pendant lequel elles ont pu subir leur action, jointe à celle de la sélection inconsciente, a été amplement suffisant pour déterminer une variabilité considérable. Comme il y a de fortes raisons pour croire que toutes les races descendent du *G. Bankiva,* une description détaillée des principaux points de différence qu'on peut constater entre elles, ne sera pas inutile. Après les œufs et les poulets, nous examinerons les caractères sexuels secondaires, et ensuite les divergences dans la conformation extérieure, et dans celle du squelette. Les détails qui suivent, ont surtout pour but de montrer à quel point, sous l'influence de la domestication, presque tous les caractères ont pu devenir variables.

Œufs. — D'après les observations de M. Dixon[35], à chaque poule correspondent quelques particularités individuelles dans la forme, la couleur ou la grandeur de son œuf, qui ne changent pas sa vie durant, tant qu'elle est en bonne santé, et qui sont aussi familières à ceux qui s'occupent de l'élevage de ces gallinacés, et se reconnaissent aussi facilement qu'on reconnaît l'écriture d'une personne de connaissance. Je crois ceci généralement vrai, et qu'on peut, en effet, presque toujours distinguer les œufs de

<hr>

34. *Ornamental and domestic Poultry,* 1847, p. 185 ; — Passages traduits de Columelle, p. 312. — Pour les Hambourgs dorés, voir Albin, *Natural History of Birds,* 3 vol., avec planches, 1731-38.

35. *Ornamental and domestic Poultry,* p. 152.

différentes poules, lorsqu'elles ne sont pas trop nombreuses. La grosseur des œufs varie naturellement avec la taille de la race, mais cependant pas toujours dans une proportion rigoureusement exacte. Ainsi la race Malaise est plus grande que l'Espagnole, mais elle fait *généralement* des œufs moins gros; les œufs des Bantams blancs sont plus petits que ceux des autres Bantams [36]: par contre, d'après M. Tegetmeier, les poules Cochinchinoises blanches pondent des œufs plus grands que les Cochinchinoises blondes. Les œufs des diverses races offrent des caractères très-différents; ainsi, M. Ballance [37] raconte que de jeunes poules Malaises de l'année précédente avaient pondu des œufs égaux en grosseur à ceux d'une cane, tandis que d'autres poules de même race, et âgées de deux ou trois ans, n'avaient donné que des œufs à peine plus gros que ceux d'une Bantam ordinaire. Les uns étaient aussi blancs que ceux d'une poule Espagnole, d'autres variaient d'une couleur crème claire, au chamois foncé ou même au brun. La forme varie aussi: dans les Cochinchinoises, les deux pôles de l'œuf sont plus également arrondis que dans les races de Combat ou Espagnole. Les œufs de cette dernière sont plus lisses, ceux de la Cochinchinoise sont généralement grenus, et leur coquille est, ainsi que celle des œufs de la race Malaise, plus épaisse que celle des races de Combat et Espagnole: on assure qu'il en est de même pour une sous-race de cette dernière, celle de Minorque [38]. Les œufs varient beaucoup par la couleur: — ils sont chamois chez les Cochinchinoises, un peu plus pâles chez les Malaises, et encore plus pâles chez les poules de Combat. Il paraîtrait que les œufs de coloration plus foncée caractérisent les races récemment importées d'Orient, ou celles qui sont encore très-voisines des races vivant actuellement dans cette région. D'après Ferguson, la couleur du jaune ainsi que celle de la coquille diffèrent un peu dans les variétés de la race de Combat et paraissent être, à quelque degré, en corrélation avec la couleur du plumage. Je tiens de M. Brent que les poules Cochinchinoises, dont le plumage est sombre comme celui de la perdrix, pondent des œufs plus foncés que les autres variétés de la même race. La richesse et le goût de l'œuf diffèrent certainement, et la productivité varie aussi beaucoup suivant les races: les poules Espagnoles, Huppées et de Hambourg ont perdu l'instinct de l'incubation.

Poulets. — Comme tous les jeunes gallinacés, pendant qu'ils sont encore revêtus de leur duvet, portent des bandes longitudinales sur le dos. — caractère dont, à l'âge adulte, aucun des sexes ne conserve la moindre trace. — on pouvait s'attendre à trouver de semblables marques sur les poulets de toutes nos races domestiques [39], en exceptant cependant celles

---

36. Ferguson, *Rare Prize Poultry*, p. 297. D'après ce que j'apprends, on ne peut pas, généralement, se fier à cet auteur. Il donne toutefois des figures et beaucoup de renseignements sur les œufs. Voir p. 31 et 235 sur ceux de la poule de Combat.

37. *Poultry Book*, 1866, p. 78, 81.

38. *The Cottage Gardener*, octobre 1855, p. 13. — Pour la minceur des œufs de la poule de Combat, voir Mowbray, *On Poultry*, 7e édit., p. 13.

39. Les renseignements sur les poulets en duvet sont principalement extraits du livre de M. Dixon, *Ornamental and domestic Poultry*, et de communications par lettre que je dois à MM. B. P. Brent et Tegetmeier. J'indique ci-dessous par le nom entre parenthèses mon autorité

dont le plumage adulte a, dans les deux sexes, sùbi un assez grand changement pour être devenu noir ou blanc. Dans les variétés blanches des
diverses races, les poussins sont uniformément d'un jaune pâle, passant
au jaune-canari vif chez la race Soyeuse à os noirs. C'est aussi généralement le cas pour les poussins des Cochinchinoises blanches, mais je
tiens de M. Zurhost, qu'ils ont quelquefois une coloration chamois ou
brune, et que tous ceux présentant cette couleur, et qui ont été suivis,
ont donné des mâles. Les poussins des Cochinchinois chamois sont d'un
jaune doré, très-distinct de la nuance plus pâle des Cochinchinois blancs,
et sont souvent longitudinalement rayés de nuances foncées; ceux des
Cochinchinois de coloration cannelle argentée sont presque toujours chamois. Les poussins des races de Combat et Dorking blanches montrent
parfois, sous certaines incidences de lumière (d'après M. Brent), de faibles
traces de raies longitudinales. Dans les variétés noires des races Espagnole, de Combat, Huppée et Bantam, les poussins présentent un caractère
nouveau, car ils ont la poitrine et la gorge plus ou moins blanches, et quelquefois un peu de blanc ailleurs. On remarque aussi parfois chez
les poulets Espagnols (Brent) que les premières plumes qui occupent les
points où le duvet était blanc, sont pendant quelque temps terminées de
blanc. Les poussins de la plupart des sous-races de Combat (Brent, Dixon),
des Dorkings, présentent le caractère primitif des raies longitudinales sur
le duvet; il en est de même dans les sous-races Cochinchinoises à plumage
de perdrix ou de coq de bruyère (Brent), mais pas dans les autres; et enfin
dans la sous-race Faisane, à l'exclusion des autres sous-races, de la race
Malaise (Dixon). Dans les races et sous-races suivantes, les poussins sont à
peine, ou pas du tout rayés longitudinalement; les Hambourgs barrés,
dorés et argentés, qu'on peut à peine distinguer les uns des autres lorsqu'ils sont en duvet, ont tous deux, sur la tête et le croupion, des taches
foncées, et parfois une raie longitudinale sur la partie postérieure du cou
(Dixon). Je n'ai vu qu'un seul poussin de la variété Hambourg pailletée
argentée, et il portait des raies longitudinales obscures. Les poussins de la
variété Huppée pailletée dorée (Tegetmeier), sont d'un brun roux chaud:
ceux de la variété argentée sont gris, quelquefois tachés d'ocre sur la tête,
les ailes et le poitrail (Dixon). Les poussins Coucous, ont le duvet gris
(Dixon), ceux des Sebright-Bantams (Dixon), sont d'un brun foncé uniforme, tandis que ceux des Bantams rouges à poitrail brun sont noirs avec
un peu de blanc sur le poitrail et la gorge. Nous voyons par là que les
poussins des différentes races, et même ceux d'une même race principale,
diffèrent beaucoup par leur duvet, et que les raies longitudinales, qui
caractérisent les jeunes de tous les gallinacés sauvages, disparaissent dans
plusieurs races domestiques. On peut admettre comme règle principale,
que plus le plumage de l'adulte diffère de celui du *G. Bankiva*, plus la
disparition des raies chez les poussins est complète.

Quant à l'époque à laquelle apparaissent les caractères

dans chaque cas. — Pour les poulets de la race Soyeuse blanche, voir Tegetmeier, *Poultry
Book*, 1866, p. 221.

propres à chaque race, il est évident que des conformations, telles que des doigts supplémentaires, doivent se former longtemps avant la naissance. Dans la race Huppée, la protubérance remarquable de la partie antérieure du crâne est bien développée chez le poulet avant sa sortie de l'œuf[40]; mais la huppe qui repose sur cette protubérance est très-petite, et ne prend son développement complet qu'à la seconde année. Le coq Espagnol est remarquable par sa magnifique crête, qui se développe de très-bonne heure, ce qui permet déjà de distinguer les jeunes mâles à l'âge de quelques semaines seulement, par conséquent beaucoup plus tôt que dans les autres races : ils commencent aussi à chanter de très-bonne heure, à six semaines environ. Dans la sous-variété Hollandaise, les lobules auriculaires blancs se développent plus tôt que dans la race Espagnole ordinaire[41]. Les Cochinchinois sont caractérisés par une petite queue, qui ne se développe chez les jeunes coqs qu'excessivement tard[42]. La race de Combat est connue pour son humeur querelleuse, et on voit les jeunes coqs chanter, frapper des ailes, et se battre entre eux avec obstination, pendant qu'ils sont encore sous la surveillance maternelle[43]. « J'ai vu souvent, dit un auteur[44], des couvées entières à peine emplumées, complétement aveuglées par le combat, et les couples rivaux réengager la lutte, aussitôt qu'après un temps de repos, ils commençaient à revoir la lumière. » Les mâles des gallinacés se livrent leurs combats pour la possession des femelles, de sorte que cette propension qu'ont les poulets de se battre aussi jeunes est non-seulement sans objet, mais leur est nuisible, parce qu'ils souffrent beaucoup de leurs blessures. Il se peut que cette disposition querelleuse dès le jeune âge, soit naturelle chez le *G. Bankiva*; mais comme depuis bien des générations, l'homme a constamment choisi les coqs les plus belliqueux, il est plus probable que cette aptitude a été augmentée artificiellement, et transmise de même, et d'une manière précoce, aux jeune mâles. Il est probable aussi que le développement extraor-

---

40. Voir *Proc. Zoolog. Soc.*, 1856, p. 366. — Pour le développement tardif de la huppe, voir *Poultry Chronicle*, vol. II, p. 132.

41. *Poultry Chronicle*, III, p. 166; et Tegetmeier, *Poultry Book*, 1866, p. 105 et 121.

42. Dixon, *Ornamental*, etc., p. 273.

43. Ferguson, *On rare and Prize Poultry*, p. 261.

44. Mowbray, *On Poultry*, 7e édit., 1834, p. 13

dinaire de la crête du coq Espagnol a été, de la même manière,
inintentionnellement transmis aux jeunes coqs, car les éleveurs n'ont pas dû s'inquiéter de la grosseur de la crête chez
les jeunes oiseaux, mais choisir pour la reproduction les adultes
qui avaient la plus belle crête, quelle qu'ait pu être d'ailleurs
la précocité de son développement. Nous devons encore signaler le fait que, quoique les poulets Malais et Espagnols soient
bien couverts de duvet, ils ne prennent leurs plumes défini-
tives qu'assez tard, de sorte qu'à un certain moment, les jeunes
oiseaux sont partiellement nus, et souffrent alors du froid.

Caractères sexuels secondaires. — Dans la forme parente,
le *Gallus Bankiva*, les deux sexes diffèrent beaucoup par leur
coloration. Dans nos races domestiques, la différence entre les
deux sexes n'est jamais plus grande, mais elle est quelquefois
moindre, et varie beaucoup quant au degré, même dans les
subdivisions d'une race principale. Dans certaines races de
Combat, la différence est aussi grande que dans la forme
parente ; dans les sous-races blanches et noires, elle est nulle.
M. Brent a observé deux familles de la race de Combat rouge à
poitrail noir, chez lesquelles les coqs étaient identiques ; mais
dans l'une, le plumage des poules était d'un brun-perdrix, et
dans l'autre, d'un brun fauve. Un cas semblable a été remarqué
dans des familles de la race de Combat rouge à poitrail brun.
La poule de la race de Combat à « aile de canard, » est extrêmement belle, et diffère beaucoup de celles de toutes les autres
sous-races de Combat ; mais généralement, on peut observer
dans la plupart d'entre elles une certaine relation dans la variation des plumages des mâles et des femelles [45] ; cette relation
se voit aussi très-bien, dans diverses variétés de la race Cochinchinoise. On remarque une ressemblance générale des couleurs
et des marques du plumage, dans les deux sexes des variétés
chamois, pailletées, dorée et argentée de la race Huppée, en
exceptant bien entendu les plumes sétiformes, la huppe et la
barbe. Dans les Hambourgs pailletés, il y a également une
grande similitude entre les deux sexes. Dans les Hambourgs
barrés, par contre, c'est l'inverse ; les barres transversales, qui

---

45. Voir la description complète des variétés de la race de Combat, dans Tegetmeier
Poultry Book, 1866, p. 131. — Pour les Dorkings Coucous, p. 97.

caractérisent le plumage de la poule, manquent presque complétement chez les coqs des deux variétés, dorée et argentée. Mais, comme nous l'avons déjà vu, on ne peut pas dire qu'en général, les mâles n'aient jamais les plumes barrées, car les Dorkings Coucous sont précisément remarquables par le fait que les deux sexes présentent presque les mêmes marques.

Il est fort singulier de voir, dans certaines sous-races, les mâles perdre quelques-uns de leurs caractères secondaires masculins, et ressembler beaucoup à leurs poules par le plumage. Les avis sur la fécondité de ces mâles sont très-partagés; il paraît positif qu'ils sont quelquefois partiellement stériles [46], mais ceci peut être le résultat de croisements consanguins. Il est d'autre part évident qu'ils ne sont pas complétement inféconds, et que le cas n'a aucune analogie avec celui des vieilles femelles, acquérant des caractères masculins, puisque plusieurs de ces sous-races *poules* se sont propagées longtemps. Les mâles et les femelles des Sebright Bantams, dorés et argentés, ne se distinguent les uns des autres que par la crête, les caroncules et les ergots, car ils ont la même couleur, et les mâles n'ont pas de plumes sétiformes, ni de pennes caudales en forme de faucille. Une sous-race de Hambourg à queue de poule, était récemment fort estimée. Il y a aussi une race de Combat, dont les mâles et les femelles se ressemblent tellement, que des coqs ont souvent, dans l'arène, pris leurs adversaires à plumage féminin pour des poules, erreur qui leur a coûté la vie [47]. Quoique revêtus d'un plumage de poule, ces coqs sont des oiseaux pleins d'ardeur, et qui ont souvent fait leurs preuves de courage; on a même, une fois, publié la gravure d'un vainqueur à queue de poule célèbre. M. Tegetmeier [48] rapporte le cas remarquable d'un coq de Combat rouge à poitrail brun, qui, après avoir revêtu son plumage masculin parfait, prit à l'automne de l'année suivante un plumage de poule, mais sans perdre sa voix, ses ergots, sa force, ni ses qualités prolifiques. Cet oiseau a conservé ce même caractère durant

---

46. M. Hewitt, dans Tegetmeier, *Poultry Book*, 1856, p. 177 et 216. — Voir p. 131, pour les coqs de Combat à queue de poule.

47. *The Field*, 20 avril 1861. L'auteur dit avoir vu une demi-douzaine de coqs ainsi perdus.

48. *Proc. of Zoolog. Soc.*, 1861, p. 102. La figure du coq à plumage de poule dont il est question, a été montrée à la société.

cinq saisons successives, et a, pendant ce temps, procréé des mâles, les uns à plumage masculin, les autres à plumage féminin. M. Grantley F. Berkeley raconte le fait encore plus singulier, d'une famille de la race de Combat de la variété putois, dans chaque couvée de laquelle, se trouvait un unique coq à plumage de poule. Un de ces oiseaux offrait une singularité bizarre, car suivant les saisons, il n'était pas toujours coq à plumage féminin, ni toujours de la couleur dite putois, qui est noire. Pendant une saison, ayant le plumage féminin et putois, il revêtit, après la mue, le plumage masculin parfait rouge à poitrine noire, et l'année suivante, revint à son plumage précédent [49].

Dans mon Origine des espèces, j'ai déjà fait remarquer que les caractères sexuels secondaires sont sujets à de grandes variations dans les espèces d'un même genre, et sont extraordinairement variables dans les individus d'une même espèce. C'est, comme nous venons de le voir, ce qui arrive aux races Gallines pour la coloration du plumage; il en est de même pour les autres caractères sexuels secondaires. La crête diffère beaucoup dans les diverses races [50], et sa forme est tout à fait caractéristique de chaque type, en exceptant toutefois les Dorkings, chez lesquels les éleveurs n'ont encore fixé par sélection, aucune forme de crête déterminée. La forme typique, et la plus commune, est celle d'une crête simple et profondément dentelée. Elle est très-développée dans la race espagnole; dans une race locale nommée « Bonnets-rouges, » elle a quelquefois plus de trois pouces de largeur dans sa partie antérieure, et plus de quatre pouces de longueur [51]. La crête est double dans quelques races, et, lorsque ses deux extrémités sont soudées ensemble, elle forme une « crête en coupe » ; la « crête en rose » est aplatie, couverte de petites saillies, et très-développée en arrière; elle porte deux cornes dans la race à cornes et celle de Crèvecœur; elle est triple dans une race de Brahmas; courte et tronquée chez la race Malaise, et manque dans celle de Guelders. Dans une variété de la race de Combat, quelques plumes

<hr>

49. *The Field*, 20 avril 1861.
50. Je dois à M. Brent la description, accompagnée de dessins, de toutes ces variations qui lui sont connues de la crête, ainsi que celles de la queue, qui vont être indiquées.
51. *The Poultry Book*, etc., 1866, p. 234.

allongées, prennent naissance à la partie postérieure de la crête, et dans un grand nombre d'autres, une huppe de plumes remplace celle-ci. Cette huppe est implantée sur une masse charnue, quand elle est petite; mais lorsqu'elle est forte, elle part d'une protubérance hémisphérique du crâne. Dans les beaux coqs Huppés, elle est si développée, que j'en ai vu qui pouvaient à peine picoter par terre leur nourriture, et un auteur allemand assure que cette particularité les expose beaucoup aux attaques des oiseaux de proie [52]. Des conformations monstrueuses de ce genre seraient donc promptement supprimées à l'état de nature. Les caroncules varient aussi beaucoup de grandeur: ils sont petits dans les races Malaises et quelques autres, et sont remplacés, dans certaines sous-races Huppées, par une forte touffe de plumes qu'on appelle une barbe.

Les plumes sétiformes ne diffèrent pas beaucoup dans les diverses races, mais sont courtes et roides chez les Malaises, et manquent dans les mâles à plumage féminin. Dans quelques ordres d'oiseaux, les mâles portent quelquefois des plumes de formes assez extraordinaires, telles que des plumes à tiges nues terminées par des disques, etc.; or, dans le *G. Bankiva* sauvage et dans nos races domestiques, les barbes qui partent de chaque côté des extrémités des plumes sétiformes, sont nues ou dépourvues de barbules, ce qui les fait ressembler à des soies. M. Brent m'a communiqué quelques plumes sétiformes scapulaires de la variété « aile de canard » du coq de Combat, dans lesquelles les barbes nues étaient fortement garnies de barbules à leurs extrémités, de sorte que celles-ci, d'une couleur foncée et brillant d'un éclat métallique, séparées des parties inférieures, par la portion nue et transparente des barbes, paraissaient autant de petits disques métalliques distincts.

Les plumes de la queue, recourbées en forme de faucille, qui sont au nombre de trois paires, et sont éminemment caractéristiques du sexe mâle, varient beaucoup suivant les races. Au lieu d'être longues et flottantes, comme dans les races typiques, elles sont en forme de cimeterre dans quelques Hambourgs. Elles sont très-courtes chez les coqs Cochinchinois, et manquent chez les coqs à plumage de poule. Les coqs

---

52. *Die Hühner- und Pfauenzucht*, 1827, p. 11.

de Combat et Dorkings les portent relevées, comme la queue entière; elles sont tombantes dans les coqs Malais, et quelques Cochinchinois. Les Sultans sont caractérisés par un nombre supplémentaire de plumes latérales en faucille. Les ergots varient par leur position sur la jambe; ils sont longs et acérés chez les coqs de Combat, courts et mousses chez les Cochinchinois. Ces derniers paraissent avoir la conscience de l'insuffisance de leurs ergots comme armes, car bien qu'ils s'en servent quelquefois, ils combattent le plus souvent en se saisissant et se secouant mutuellement avec leurs becs. M. Brent a reçu d'Allemagne quelques coqs de Combat indiens, qui portaient sur chaque patte, trois, quatre et même cinq ergots. Quelques Dorkings ont aussi deux ergots sur chaque patte [53], et dans les oiseaux de cette race, l'ergot est souvent placé presque à l'extérieur de la jambe. Les doubles ergots sont mentionnés dans l'ancienne Encyclopédie chinoise. Ce fait des ergots doubles peut être considéré comme un cas de variation analogique, car quelques gallinacés sauvages, le Polyplectron par exemple, en portent aussi deux.

A en juger d'après les différences qui distinguent généralement les sexes dans les gallinacés, il semble que, dans nos races domestiques, certains caractères aient été transférés d'un sexe à l'autre. Dans toutes les espèces (le Turnix excepté), lorsqu'il y a une différence considérable entre le plumage du mâle et celui de la femelle, c'est toujours celui du mâle qui est le plus beau. Dans la variété Hambourg pailletée dorée, la poule est aussi belle que le coq, et incomparablement plus élégante qu'aucune femelle de quelque espèce naturelle de *Gallus* que ce soit; il y a donc eu là, transport à la femelle d'un caractère masculin. D'autre part, dans les variétés Coucou des Dorkings et autres races, le rayage des plumes qui, dans les *Gallus*, est l'attribut de la femelle, se trouve transféré aussi aux mâles; d'après le principe des variations analogiques, ce transport n'a rien de surprenant, puisque, dans un grand nombre de genres de gallinacés, les mâles ont les plumes rayées en travers. Les ornements de toute nature sont généralement plus développés dans le mâle que dans la femelle; mais, dans la race Huppée, la

53. *Poultry Chronicle*, vol. I, p. 595. — M. Brent m'a signalé le même fait. -- Voir *Cottage Gardener*, Sept. 1860, p. 380, pour la situation des ergots chez les Dorkings.

touffe qui, chez le mâle, remplace la crête, est également développée dans les deux sexes. Dans quelques sous-races, dont les
poules portent une petite huppe, une crête droite et simple
remplace quelquefois complétement la huppe chez le mâle [54].
D'après ce dernier fait, et quelques autres que nous allons
signaler à propos de la protubérance du crâne de la race Huppée, on doit peut-être regarder, dans cette race, la huppe comme
un caractère féminin transporté au mâle. Dans la race Espagnole, le mâle a, comme nous le savons, une crête énorme,
caractère qui a été partiellement transmis à la femelle, laquelle
porte aussi une crête d'une grandeur inusitée, quoique non
droite. Le naturel hardi et sauvage du coq de Combat est aussi
celui de sa femelle [55], chez laquelle, on trouve même quelquefois
le caractère éminemment masculin des ergots. On connaît un
grand nombre de cas d'existence d'ergots chez les poules, et
en Allemagne, d'après Bechstein [56], ceux de la poule Soyeuse
sont quelquefois très-longs. Il mentionne aussi une autre race
offrant le même caractère, et dont les poules sont d'excellentes pondeuses, mais sujettes à déranger et à briser leurs
œufs avec leurs ergots.

M. Layard [57] nous a fait connaître une race de Ceylan
à peau, os, et caroncules noirs, et dont il compare le
plumage à celui d'une poule blanche qu'on aurait fait passer
dans une cheminée sale. Un fait curieux, ajoute le même auteur, c'est qu'il est aussi rare de rencontrer un oiseau mâle de
cette variété à plumage enfumé, qu'il le serait de trouver un
chat tricolore mâle. M. Blyth confirme le même fait pour cette
race à Calcutta. D'autre part, les mâles et femelles de la race
européenne à os noirs et à plumes soyeuses, ne diffèrent pas
les uns des autres; de sorte que, dans une des races, la peau,
les os noirs, et un plumage identique, sont communs aux deux
sexes, tandis que dans l'autre, les mêmes caractères appartiennent exclusivement aux femelles.

Actuellement, dans toutes les races Huppées, la protubé-

54. Dixon, *Ornamental*, etc., p. 320.

55. M. Tegetmeier dit que les poules de Combat sont devenues si belliqueuses, qu'à tellement on est obligé de les exposer leurs ours dans des compartiments séparés.

56. *Naturg. Deutschlands*, vol. II [1793], p. 389, 107.

57. *Ornithology of Ceylon*, dans *Annals and Mag. of Nat. Hist.* 2e série, XIV [1854],
p. 63.

rance osseuse du crâne, qui porte la huppe et renferme une
partie du cerveau, est également développée dans les deux
sexes. Mais il paraît qu'autrefois en Allemagne, cette particularité ne se rencontrait que sur la poule. Blumenbach [58], qui
a étudié d'une manière spéciale les anomalies des animaux
domestiques, a constaté, en 1813, ce fait que Bechstein avait
déjà observé en 1793. Ce dernier a décrit avec soin les effets
causés par la présence de la huppe sur le crâne, non-seulement
des poules, mais aussi sur celui des Canards, des Oies et des
Canaris. Il a reconnu que chez les poules, la huppe, lorsqu'elle
est peu développée, repose sur une masse de graisse, mais
toujours sur une protubérance osseuse, lorsqu'elle atteint des
proportions un peu considérables. Il décrit bien les particularités de cette excroissance osseuse, et quant aux effets qui
résultent de la modification dans la forme du cerveau sur l'intelligence de l'oiseau, il conteste l'assertion de Pallas, qui dit
qu'ils sont stupides. Il constate ensuite qu'il n'a jamais observé
cette protubérance chez les coqs. Il est donc certain, qu'autrefois, en Allemagne, ce caractère remarquable du crâne de la
race huppée était propre à la femelle, et ne s'est transmis aux
mâles que depuis.

DIFFÉRENCES EXTERNES, NON LIÉES AU SEXE, ENTRE LES RACES ET ENTRE LES INDIVIDUS.

La taille varie beaucoup. M. Tegetmeier a vu un Brahma pesant
dix-sept livres, et un coq Malais dix, tandis qu'un Sebright Bantam pèse
à peine plus d'une livre. Dans ces vingt dernières années, on a considérablement augmenté par sélection méthodique, la grosseur de quelques-unes
de nos races, et diminué celle de quelques autres. Nous avons déjà vu combien la couleur varie dans la même race ; nous savons que le *G. Bankiva*
sauvage varie légèrement sous ce rapport, et qu'il en est de même pour
tous les animaux domestiques ; et cependant quelques éleveurs ont si peu
de foi dans la variabilité, qu'ils soutiennent sérieusement que les principales sous-races de Combat, qui ne diffèrent que par la couleur, sont les
descendants d'espèces sauvages distinctes. Le croisement cause souvent
d'étranges modifications dans la couleur. D'après M. Tegetmeier, lorsqu'on

---

58. Je cite Blumenbach d'après M. Tegetmeier, qui a donné quelques détails fort intéressants sur le crâne des races Huppées dans *Proc. Zoolog. Soc.* 25 Nov. 1856, mais l'auteur
ignorant les assertions de Bechstein, conteste l'exactitude de celles de Blumenbach. Pour
Bechstein, voir *Naturg. Deutschlands;* vol. III, p. 399, 1793, note. — J'ajouterai qu'à une
exposition d'oiseaux de basse-cour au Jardin Zoologique en mai 1845, j'ai vu quelques oiseaux,
dont les poules étaient huppées, mais dont les coqs portaient une crête.

croisé des Cochinchinois blancs et chamois, quelques poulets viennent presque invariablement noirs. D'après M. Brent, le croisement des Cochinchinois noirs et blancs, produit parfois des poulets d'une teinte bleu ardoisé, teinte qu'on obtient aussi par le croisement de Cochinchinois blancs avec la race Espagnole noire, ou de Dorkings blancs avec les Minorques noirs[59]. Un bon observateur[60] raconte qu'une poule Hambourg pailletée argentée perdit peu à peu les marques caractéristiques de sa race, car le galonnage noir de ses plumes disparut, et ses pattes passèrent du bleu plombé au blanc; une autre poule, sœur de la première, changea d'une manière analogue, mais moins fortement, et les poulets qu'elle produisit furent d'abord d'un blanc presque pur, mais acquirent en muant des colliers noirs, et quelques plumes pailletées de marques peu prononcées: c'est un cas intéressant d'apparition d'une nouvelle variété. Dans les diverses races la peau est très-variable de couleur: elle est blanche dans les variétés communes, jaune dans les Malaises et Cochinchinoises, et noire dans la poule Soyeuse; reproduisant ainsi, comme le remarque M. Godron, les trois principaux types de la peau des races humaines[61]. Le même auteur ajoute que, puisque différents oiseaux, vivant dans différentes parties du globe, distantes et isolées les unes des autres, ont la peau et les os noirs, cette variation doit avoir apparu à diverses époques et dans divers endroits.

La forme de la tête, celle du corps et le port général de ce dernier, diffèrent considérablement. Le bec varie un peu par sa longueur et sa courbure, mais infiniment moins que dans les pigeons. Dans les races les plus fortement huppées, les narines offrent la particularité d'être en forme de croissant. Les rémiges primaires sont courtes dans les Cochinchinois: dans un mâle de cette race, qui pesait plus du double d'un *G. Bankiva*, elles égalaient en longueur celles de ce dernier. J'ai compté avec M. Tegetmeier les rémiges primaires de treize coqs et poules de diverses races: dans quatre, savoir, deux Hambourgs, un Cochinchinois et un Bantam de Combat, il y en avait dix, au lieu du nombre ordinaire de neuf: mais j'ai, en comptant ces plumes, suivi l'usage des éleveurs, et n'ai pas compris la première penne primaire, qui est petite, et n'a que trois quarts de pouce de longueur. Ces plumes diffèrent beaucoup par leur longueur relative, la quatrième, cinquième ou sixième étant les plus longues, et la troisième étant tantôt égale à la cinquième, tantôt plus courte qu'elle. Dans les Gallinacés sauvages, le nombre des rémiges et rectrices principales est extrêmement constant, ainsi que leurs longueurs relatives.

La queue diffère beaucoup par sa position et sa grandeur: elle est petite chez les Malais, et très-petite chez les Cochinchinois. Sur treize oiseaux de diverses races que j'ai examinés, cinq avaient le nombre normal de quatorze rectrices, y compris les deux plumes en faucille médianes:

59. *Cottage Gardener*, 3 Janv. 1860, p. 218.

60. M. Williams, cité dans *Cottage Gardener*, 1856, p. 161.

61. *O. C.* p. 112. — Pour les races à os noirs de l'Amér. du Sud, voir Roulin, *Mém. sur... Étrangers*, t. VI, p. 351; et Azara, *Quadr. du Paraguay*, t. II, p. 324. J'ai reçu de Madras une poule Frisée dont les os étaient noirs.

six autres (un coq Cafre, un coq Huppé pailleté d'or, une poule Cochin-chinoise, une poule Sultane, une de Combat et une Malaise) en portaient seize; enfin deux (un vieux coq Cochinchinois et une poule Malaise) en avaient dix-sept. La race sans croupion est privée de queue; j'en ai gardé un individu vivant, dont la glande huileuse était atrophiée, mais qui, bien que son coccyx fût excessivement imparfait, avait encore un vestige d'une queue représentée par deux plumes un peu longues, occupant à peu près la situation des caudales externes. Cet oiseau provenait d'une famille dont la race s'était conservée intacte depuis vingt ans; mais les races sans crou-pion produisent souvent des poulets ayant une queue[62]. Un physiologiste éminent[63] a récemment parlé de cette race comme étant une espèce dis-tincte, conclusion à laquelle il ne serait jamais arrivé, s'il eût examiné les déformations du coccyx; il a été probablement trompé par une assertion qu'on trouve dans quelques livres, sur l'existence, à Ceylan, de gallinacés sauvages sans queue, mais que M. Layard et le Dr Kellaert, qui ont étudié d'une manière approfondie les oiseaux de cette île, déclarent être absolu-ment fausse.

Les tarses sont de longueur variable; dans les races Espagnole et Frisée, ils sont, relativement au fémur, beaucoup plus longs, et dans les races Ban-tam et Soyeuse, beaucoup plus courts, que dans le *G. Bankiva* sauvage, chez lequel du reste, comme nous l'avons vu, les tarses varient de lon-gueur. Ils sont souvent emplumés. Dans plusieurs races, les pattes portent des doigts additionnels. Les individus de la race Huppée pailletée d'or[64], ont la peau interdigitale très-développée; M. Tegetmeier a observé ce fait sur un oiseau, mais il n'en était pas de même dans celui que j'ai examiné. On dit que dans les Cochinchinois, le doigt médian[65] a à peu près le double de la longueur des doigts latéraux, et serait par conséquent bien plus long que dans le *G. Bankiva* ou dans d'autres races, mais je ne l'ai pas trouvé ainsi dans deux cas que j'ai pu observer. Dans cette même race, l'ongle du doigt médian est remarquablement large et aplati, quoiqu'à un degré variable; chez le *G. Bankiva* on ne trouve qu'une légère trace de cette structure de l'ongle.

D'après M. Dixon, la voix diffère légèrement dans presque chaque race. Les Malais[66] ont un cri fort profond et un peu prolongé, mais présentant beaucoup de différences individuelles. Le colonel Sykes fait remarquer que le coq domestique Kulm de l'Inde n'a pas le cri perçant et clair du coq an-glais, et que l'étendue de son clavier semble plus restreinte. Le Dr Hooker a été frappé de la nature du cri hurlant et prolongé des coqs de Sikhim[67]. Le chant du Cochinchinois est notoirement et comiquement différent de celui du coq commun. Les dispositions des différentes races sont fort dis-

62. M. Hewitt, dans *Poultry Book* de M. Tegetmeier, 1866, p. 231.
63. Dr Broca, *Journal de Physiologie* de Brown-Séquard, t. II, p. 361.
64. Dixon; *Ornamental Poultry*, p. 325.
65. *Poultry Chronicle*, v. I, p. 485. — Tegetmeier, *Poultry Book*, 1866, p. 41, 46.
66. Ferguson, *Prize Poultry*, p. 187.
67. Col. Sykes, *Proc. Zoolog. Soc.* 1832, p. 151. — Dr Hooker, *Himalayan Journals*, v. 1, p. 311.

semblables, et varient du naturel défiant et sauvage du coq de Combat, à celui très-pacifique des Cochinchinois. Ces derniers, à ce qu'on assure, broutent beaucoup plus que les autres variétés. La race Espagnole souffre davantage du gel que les autres races.

Avant d'arriver au squelette, étudions l'étendue des différences qu'on peut constater entre les diverses races et le *G. Bankiva*. Quelques auteurs considèrent comme une des plus distinctes, la race Espagnole, ce qui est vrai pour son aspect général, mais ses différences caractéristiques ne sont pas importantes. La race Malaise paraît être plus distincte, par sa haute taille, par sa petite queue tombante, formée de plus de quatorze rectrices, et par la petitesse de sa crête et de ses caroncules; il y a cependant une sous-race Malaise qui est colorée presque exactement comme le *G. Bankiva*. Quelques auteurs regardent la race Huppée comme très-distincte; mais c'est plutôt une race semi-monstrueuse, comme le prouvent la protubérance et les perforations irrégulières de son crâne. La race Cochinchinoise, avec ses os frontaux fortement sillonnés, la forme particulière de son trou occipital, ses rémiges courtes, sa queue formée de plus de quatorze rectrices, l'ongle large de son doigt médian, son plumage, ses œufs rugueux et foncés, et surtout sa voix toute particulière, est probablement la plus distincte de toutes. Et si une de nos races devait être considérée comme descendant d'une espèce inconnue et différente du *G. Bankiva*, ce serait la Cochinchinoise, bien que les preuves à l'appui de cette supposition nous fassent défaut. Toutes les différences qui caractérisent la race Cochinchinoise sont variables, et peuvent être reconnues dans les autres races, à un degré plus ou moins prononcé. Une de ses sous-races est colorée, comme le *G. Bankiva*. Leurs pattes emplumées, pourvues souvent d'un doigt supplémentaire, leurs ailes impropres au vol, leur naturel tranquille, témoignent d'une domestication très-ancienne; enfin ces oiseaux viennent de la Chine, où nous savons que plantes et animaux ont été l'objet de grands soins dès une époque fort reculée, et où, par conséquent, nous devons nous attendre à trouver des races domestiques profondément modifiées.

Différences ostéologiques. — J'ai examiné vingt-sept squelettes et cinquante-trois crânes de diverses races (y compris ceux de trois *G. Bankiva*), dont je dois environ la moitié à l'obligeance de M. Tegetmeier, et trois squelettes à celle de M. Eyton.

Le *Crâne* diffère beaucoup par sa grosseur, suivant les races. Dans les plus grands Cochinchinois il est double en longueur, mais pas en largeur de celui des Bantams. Les os de la base du crâne, depuis le trou occipital jusqu'à l'extrémité antérieure (y compris les os carrés et ptérygoïdiens), sont identiques par la *forme* dans tous les crânes. Il en est de même de la mâchoire inférieure. On distingue souvent sur la partie frontale du crâne de légères différences entre les mâles et les femelles, dues évidemment à la présence de la crête. Je prendrai dans tous les cas comme terme de comparaison le crâne du *G. Bankiva*. Je n'ai pas trouvé de différences dignes d'être notées dans quatre poules de Combat, une Malaise, un coq Africain, un coq Frisé de Madras et deux poules Soyeuses à os noirs. Dans trois coqs Espagnols, la forme du front entre les orbites était très-différente; il était fortement déprimé sur l'un, plutôt saillant chez les deux autres, et portant un profond sillon médian; la poule avait le crâne lisse. Dans trois crânes de Bantams de Sebright, le vertex est plus globuleux et descend plus brusquement vers l'occiput que dans le *G. Bankiva*. Dans un Bantam de Burmah, ces caractères sont encore plus fortement prononcés, et la partie sus-occipitale du crâne est plus pointue. Moins globuleux dans un Bantam noir, le crâne avait un trou occipital très-large, et un contour presque triangulaire comme celui que nous allons décrire chez les Cochinchinois; les deux branches ascendantes des maxillaires supérieurs étaient singulièrement recouvertes par les apophyses des os nasaux, mais comme je n'ai eu à ma disposition qu'un seul exemplaire, il est possible que quelques-unes de ces différences aient pu être individuelles. J'ai examiné sept crânes de Cochinchinois et de Brahmas, (cette dernière étant une race croisée très-voisine de la Cochinchinoise). Au point où les branches montantes des maxillaires supérieurs s'appuient contre l'os frontal, la surface du crâne présente une forte dépression, de laquelle part un profond sillon médian, qui se prolonge en arrière à une distance variable; les bords de cette fissure sont très-saillants, ainsi que le sommet du crâne en arrière et au-dessus des orbites. Ces caractères sont moins développés chez les poules. Les ptérygoïdiens et les apophyses de la mâchoire inférieure sont, relativement à la grosseur de la tête, plus larges que dans le *G. Bankiva,* ce qui a lieu aussi chez les Dorkings de forte taille. La bifurcation terminale de l'hyoïde est, chez les Cochinchinois, deux fois aussi large que dans le *G. Bankiva,* tandis que la longueur des autres os de l'hyoïde n'est que dans le rapport de trois à deux. Mais le caractère le plus remarquable est celui de la forme du trou occipital : chez le *G. Bankiva* (fig. 33, A), sa largeur horizontale excède sa hauteur verticale, et son contour est à peu près circulaire; tandis que dans les Cochinchinois (B), son contour est triangulaire, et sa hauteur est plus grande que sa largeur. On rencontre aussi cette forme chez les Bantams noirs, certains Dorkings et quelques autres races s'en approchent quelquefois à un faible degré.

J'ai examiné trois crânes de Dorkings, dont un, appartenant à la sous-race blanche, m'a présenté le caractère remarquable d'une grande largeur des os frontaux, n'ayant sur leur partie médiane qu'un sillon médiocrement profond. Ce crâne, qui n'avait qu'une fois et demie la longueur

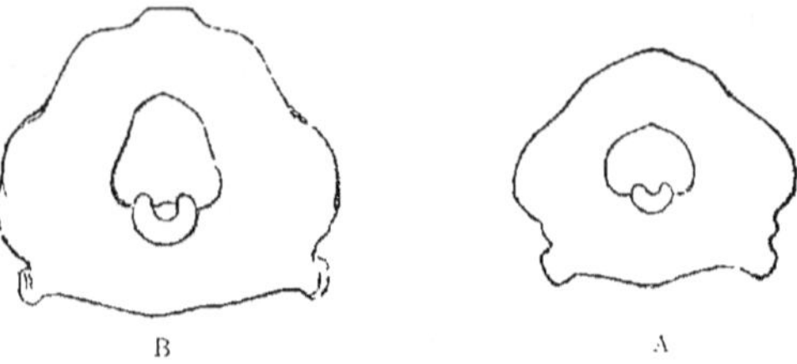

Fig. 33. Trou occipital de grandeur naturelle. — A. *Gallus Bankiva* sauvage.
B. Coq Cochinchinois.

du crâne du *G. Bankiva*, était, comme largeur entre les deux orbites, exactement du double. J'ai examiné quatre crânes de Hambourgs (mâles et femelles), de la sous-race rayée, et un (mâle) de la sous-race pailletée : les os nasaux sont très-écartés, mais d'une manière variable : de sorte qu'il

Fig. 34. Crânes vus de dessus un peu obliquement, grandeur naturelle.
A. *Gallus Bankiva* sauvage. — B. Coq Huppé blanc.

reste, entre les extrémités des deux branches ascendantes des maxillaires supérieurs, qui sont un peu courtes, et entre elles et les os nasaux, des intervalles étroits couverts d'une membrane. La surface du frontal, sur laquelle s'appuient les extrémités des branches des maxillaires supérieurs,

est très-peu déprimée. Ces particularités sont, sans aucun doute, en quelque
corrélation étroite avec la large crête aplatie et en forme de rose, qui caractérise la race de Hambourg.

J'ai eu à ma disposition quatorze crânes de diverses *races Huppées*.
Leurs différences sont extraordinaires. Neuf crânes de quelques sous-races
anglaises portaient les protubérances hémisphériques des os frontaux[68]
représentées dans les figures ci-jointes (fig. 34), dans lesquelles B est une
vue oblique, et d'en haut, du crâne d'un coq Huppé blanc, et A celle d'un
crâne du *G. Bankiva,* dans la même situation. La figure 35 représente les
coupes longitudinales des crânes d'un coq Huppé, et comme comparaison,
d'un coq Cochinchinois de même taille. Dans tous les individus huppés, la
protubérance occupe la même situation, mais varie pour la grosseur. Sur
un de mes neuf exemplaires, elle était très-faible. Le degré d'ossification de
la protubérance est très-variable, des portions plus ou moins grandes
d'os étant souvent remplacées par une membrane. Dans un exemplaire, il
n'y avait qu'un seul trou béant; mais généralement, il y en a plusieurs
d'ouverts et de formes diversifiées, l'os formant comme un réseau irré-
gulier. Il subsiste ordinairement une espèce de ruban osseux longitudinal
et voûté, qui occupe le milieu de la protubérance, mais dans un cas je n'ai
trouvé aucune portion osseuse recouvrant celle-ci, et le crâne nettoyé
était largement ouvert en dessus. La forme de la boîte crânienne étant
considérablement changée, le cerveau est modifié d'une manière correspondante, comme le montrent les coupes longitudinales ci-jointes, qui
méritent toute notre attention. Des trois cavités qu'on peut distinguer dans
l'intérieur du crâne, les plus grandes modifications portent sur la cavité
antéro-supérieure. Elle est évidemment plus considérable que celle du crâne
Cochinchinois de même grandeur, et s'étend beaucoup plus en avant, au-
dessus de la cloison interorbitaire, mais elle est moins profonde latéralement. Il est douteux que cette cavité soit entièrement remplie par le cerveau. Dans le crâne du Cochinchinois et de tous les individus ordinaires,
une large lame osseuse interne sépare la cavité antérieure de la centrale;
cette lame manque complétement dans le crâne du coq Huppé que nous
avons figuré. La cavité centrale, qui dans ce crâne est circulaire, se trouve
allongée dans celui du Cochinchinois. La forme de la cavité postérieure,
ainsi que la grandeur, la position et le nombre des trous servant au passage des nerfs, diffèrent beaucoup dans ces deux crânes. Une fosse qui
pénètre profondément dans l'occipital du Cochinchinois, manque complètement dans le crâne huppé, mais je l'ai trouvée bien développée, dans un
autre exemplaire, qui différait d'ailleurs du premier, par l'ensemble de la
forme de sa cavité postérieure. Des coupes de deux autres crânes, — l'un
provenant d'un individu Huppé, dont la protubérance était très-peu développée, l'autre d'un Sultan chez lequel elle était un peu plus saillante, —

68. Voir Tegetmeier, *Proc. zoolog. Soc.* 25 Nov. 1856; description, avec figures, du
crâne des races Huppées. — Pour d'autres renseignements, voir Isid. Geoff. Saint-Hilaire,
Hist. gén. des anomalies, t. I, p. 287. — M. C. Dareste, *Recherches sur les conditions de la
vie,* etc. Lille, 1863, p. 36, soupçonne que la protubérance est le résultat de l'ossification de
la dure-mère, et n'est pas formée par les os frontaux.

placées entre les deux figurées ci-dessous (fig. 35), montrèrent une parfaite
gradation dans la configuration de la surface intérieure. Dans le crâne huppé
à protubérance faible, la cloison qui sépare la cavité antérieure de la médiane,
était visible mais basse ; et dans le Sultan elle était remplacée par un sillon
étroit, porté sur une éminence large et élevée.

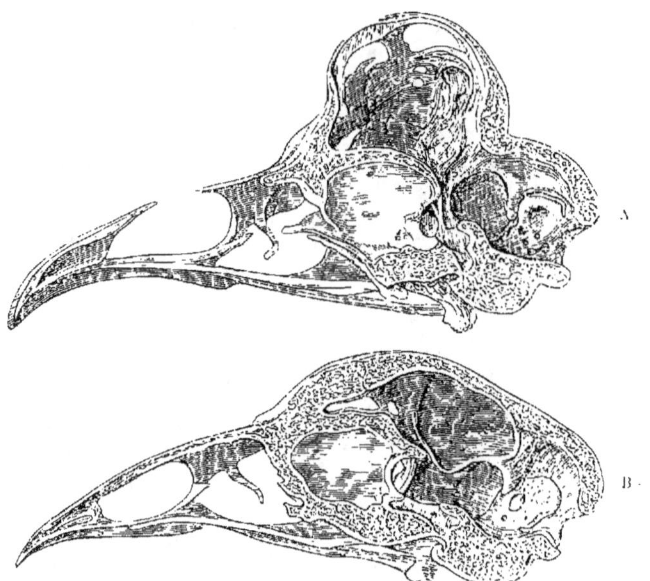

Fig. 35. Coupe longitudinale des crânes, grandeur naturelle, vue latéralement.
A. Coq Huppé. — B. Coq Cochinchinois.

On doit naturellement se demander si ces modifications dans la forme
du cerveau, affectent l'intelligence des oiseaux qui portent ces huppes:
quelques auteurs ont dit qu'ils étaient très-bêtes, mais Bechstein et M. Tegetmeier ont montré que cela n'est nullement général. Toutefois, Bechstein[69]
assure avoir eu une poule Huppée qui était comme folle, et errait toute la
journée d'une manière inquiète. Une poule que j'ai eue en ma possession,
était solitaire et souvent absorbée dans une rêverie continue qui permettait
de l'approcher et même de la toucher; elle manquait à tel point de la faculté
de retrouver son chemin, que, si elle s'éloignait d'une centaine de pas de
l'endroit où était sa nourriture, elle ne savait pas se retrouver, et se dirigeait toujours avec obstination dans une fausse direction. J'ai eu aussi
beaucoup de renseignements analogues sur l'apparence idiote et stupide des
coqs Huppés[70].

69. *Naturgeschichte Deutschlands*, vol. III, p. 100, (1793).
70. *The Field*, 11 Mai, 1861. — J'ai reçu de MM. Brent et Tegetmeier plusieurs communications analogues.

Revenons au crâne. Sa partie postérieure vue du dehors, diffère peu de celle du *G. Bankiva*. Dans la plupart des individus, l'apophyse postéro-latérale de l'os frontal et celle de l'os écailleux, marchent ensemble et se soudent près de leurs extrémités; la réunion de ces deux os n'est cependant constante dans aucune race, et dans onze sur quatorze crânes huppés, j'ai trouvé les apophyses parfaitement distinctes. Lorsqu'elles ne se réunissent pas, au lieu d'être inclinées en avant comme dans les races ordinaires, elles descendent perpendiculairement à la mâchoire inférieure, et, dans ce cas, le plus grand axe de la cavité osseuse de l'oreille est également plus perpendiculaire que dans les autres races. Lorsque l'apophyse de l'os écailleux est libre, son extrémité, au lieu d'être élargie, devient fine et pointue et de longueur variable. Les os ptérygoïdiens et carrés n'offrent pas de différences. Les palatins sont un peu plus recourbés à leur extrémité postérieure, et les frontaux sont, au devant de la protubérance, très-larges comme chez les Dorkings, mais à un degré variable. Les os nasaux peuvent tantôt, comme chez les Hambourgs, être séparés, tantôt être en contact: dans un cas, je les ai trouvés soudés ensemble. Chaque os nasal se prolonge en avant, par deux apophyses égales en forme de fourchette; mais dans tous les crânes huppés, à l'exception d'un seul, le prolongement interne était passablement raccourci et un peu retroussé. Dans tous, un seul excepté, les deux branches ascendantes des maxillaires supérieurs, au lieu de remonter entre les apophyses des os nasaux, et de s'appuyer sur l'ethmoïde, étaient raccourcies et se terminaient en pointe mousse, un peu relevée. Dans les crânes où les os nasaux sont très-rapprochés ou soudés ensemble, il serait impossible aux branches ascendantes des maxillaires supérieurs, d'atteindre les ethmoïdes et les frontaux, de sorte que, dans ce cas, même les connexions réciproques des os se trouvent changées. Le relèvement des branches ascendantes des maxillaires supérieurs et des apophyses internes des os nasaux, paraît être la cause de la saillie des orifices externes des narines, et de leur forme en croissant.

J'ajouterai encore quelques mots sur quelques races Huppées étrangères. Le crâne d'un individu d'une race Turque, blanche, huppée et sans croupion, était peu saillant et ne présentait que peu de perforations; les branches ascendantes des maxillaires supérieurs étaient bien développées. Dans une autre race Turque, celle des *Ghoondooks,* le crâne était très-proéminent et perforé; les branches ascendantes des maxillaires supérieurs étaient si atrophiées, qu'elles ne s'avançaient que de 1/15ᵐᵉ de pouce; il en était de même des apophyses internes de l'os nasal. Ces deux os ont donc été extrêmement modifiés. J'ai pu examiner deux crânes de Sultans (encore une race Turque), chez lesquels la protubérance était beaucoup plus forte chez la femelle que chez le mâle. Dans les deux crânes, les branches montantes des maxillaires supérieurs étaient très-courtes, et les portions basilaires des apophyses internes des nasaux étaient soudées ensemble. Ces crânes Sultans différaient de ceux de la race Huppée anglaise, par une largeur moindre des os frontaux, en avant de la protubérance.

Je décrirai un dernier et unique crâne qui m'a été prêté par M. Tegetmeier; il ressemble, par la plupart de ses caractères, au crâne de la race

Huppée, mais n'offre pas la grande protubérance frontale; il porte deux grosseurs arrondies d'une nature différente, et placées plus en avant, au-dessus des os lacrymaux.

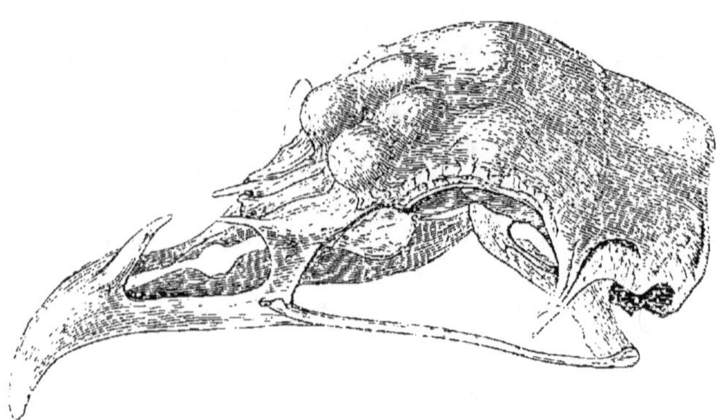

Fig. 36. Crâne d'un oiseau cornu, vu de dessus, un peu obliquement.
(Appartenant à M. Tegetmeier.)

Ces mamelons singuliers, dans lesquels le cerveau ne pénètre pas, sont séparés par un profond sillon médian, sur lequel se trouvent quelques petites perforations. Les os nasaux sont un peu écartés, et leurs apophyses internes, ainsi que les branches ascendantes des maxillaires supérieurs, sont raccourcies et relevées. Les deux saillies supportent très-probablement les deux prolongements en forme de cornes de la crête.

Nous voyons donc par ce qui précède, combien quelques-uns des os du crâne peuvent varier dans les races gallines Huppées. La protubérance, ne ressemblant à rien de ce qu'on observe dans la nature, peut certainement être sous ce rapport, considérée comme une monstruosité; mais comme d'autre part, elle n'est pas nuisible à l'oiseau, et qu'elle est rigoureusement héréditaire, on peut à peine lui donner ce nom. On peut établir une série, commençant par la poule Soyeuse à os noirs, qui n'a qu'une huppe très-petite, et la partie du crâne qui la porte, percée de quelques minimes ouvertures seulement; la série continue par les oiseaux dont la huppe moyenne, d'après Bechstein, repose sur une masse charnue, et dont le crâne ne présente aucune protubérance. J'ai vu une masse charnue ou fibreuse analogue au-dessous de la huppe d'un canard Huppé, dont le crâne n'offrait point de protubérance, mais était devenu un peu plus globuleux. Enfin nous arrivons aux individus à huppe fortement développée, chez lesquels le crâne devient extrêmement saillant, et présente une foule de perforations irrégulières. Il est encore un fait qui prouve les rapports intimes existant entre la huppe et la protubérance osseuse du crâne, et que m'a signalé M. Tegetmeier: c'est que si, dans une couvée récemment éclose, on choisit les poussins qui ont la plus forte saillie du crâne, ce sont précisément ceux qui, à l'état adulte, présenteront la huppe la plus développée. Il est évident qu'autrefois, les éleveurs de cette race n'ont porté leur attention que sur la huppe et non sur le crâne; néanmoins, en développant la huppe, ce à quoi ils ont merveilleusement réussi, ils ont, sans intention, augmenté à un haut degré la protubérance crânienne et ont, par corrélation de croissance, agi en même temps sur la forme et les connexions réciproques des os maxillaires supérieurs et nasaux, sur la largeur des frontaux, la forme de l'orifice des narines, celle des apophyses latérales postérieures des os frontaux et écailleux, sur la direction de l'axe de la cavité osseuse de l'oreille, et enfin sur la configuration interne de la boîte crânienne, et la forme générale du cerveau.

Vertèbres. — Le *G. Bankiva* a quatorze vertèbres cervicales, sept dorsales à côtes, quinze lombaires et sacrées, et six caudales[71]; mais les vertèbres lombaires et sacrées sont si fortement soudées, que je ne suis pas certain de leur nombre; aussi la comparaison du nombre total des vertèbres est-elle, par ce fait, très-difficile à faire dans les diverses races. J'ai dit qu'il y avait six vertèbres caudales, parce que la vertèbre basilaire est presque entièrement soudée au bassin; mais si nous en admettons sept, leur nombre concorde dans tous les squelettes. Les cervicales paraissent être au nombre de quatorze; mais, sur vingt-trois squelettes en état d'être examinés, dans cinq d'entre eux, appartenant à deux individus de Combat, deux Hambourgs rayés et un Huppé, la quatorzième portait des côtes qui, quoique petites, étaient bien développées avec une double articulation. La présence de ces petites côtes n'est cependant pas un fait bien important, car toutes les cervicales portent les représentants des côtes; mais leur développement sur la quatorzième cervicale, réduisant la dimension des passages dans les apophyses transverses, rend cette vertèbre analogue à la première dorsale. Cette addition de petites côtes n'affecte pas seulement la quatorzième cervicale, car les côtes de la première dorsale vraie sont dépourvues d'apophyses: mais dans quelques squelettes, dont la quatorzième cervicale portait de petites côtes, la première paire de vraies côtes avait des apophyses bien développées. Mais lorsque nous voyons que le moineau n'a que neuf vertèbres cervicales, tandis que le cygne en a vingt-trois[72], il n'y aurait rien d'étonnant à ce que, dans les races gallines, le nombre en fût variable.

Il y a sept vertèbres dorsales pourvues de côtes; la première n'est jamais soudée aux quatre suivantes, qui sont généralement ankylosées entre elles. Dans un Sultan, cependant, les deux premières étaient libres. Dans deux squelettes, la cinquième était libre; la sixième est ordinairement libre (comme dans le *G. Bankiva*), mais quelquefois seulement à son extrémité postérieure, par laquelle elle s'articule à la septième. Celle-ci était, dans tous les squelettes, un coq Espagnol excepté, soudée aux vertèbres lombaires. Il y a donc des variations quant à la manière dont les vertèbres dorsales médianes sont soudées entre elles.

71. Il paraît que je n'ai pas désigné bien correctement les divers groupes de vertèbres, car une grande autorité, M. W. K. Parker, *Transact. zool. Soc.* vol. V, p. 198, admet pour ce genre 16 vertèbres cervicales, 4 dorsales, 15 lombaires et 6 caudales. J'ai du reste employé les mêmes termes dans toutes mes descriptions.

72. Macgillivray, *British Birds*, vol. I, p. 25.

Le nombre normal des vraies côtes est de sept, mais, dans deux squelettes de Sultans (chez lesquels la quatorzième cervicale était dépourvue de petites côtes), il y en avait huit; la huitième semblait portée par une vertèbre correspondant à la première lombaire du *G. Bankiva;* la portion terminale des septième et huitième côtes n'atteignait pas le sternum. Dans quatre squelettes chez lesquels les petites côtes existaient sur la quatorzième cervicale, il y avait huit paires de côtes, en comprenant les petites cervicales; mais dans un coq de Combat, ayant également les côtes cervicales, il n'y avait que six paires de vraies côtes dorsales; et dans ce cas la sixième paire, n'ayant pas d'apophyses, ressemblait à la septième des autres squelettes; dans ce coq, autant qu'on pouvait en juger par l'aspect des vertèbres lombaires, il manquait donc une dorsale entière avec ses côtes. Nous voyons ainsi que, suivant que l'on compte ou non la petite paire attachée à la quatorzième cervicale, le nombre des côtes varie de six à huit paires. La sixième est fréquemment dépourvue d'apophyses. La portion sternale de la septième paire, est très-large et complétement soudée chez les Cochin-

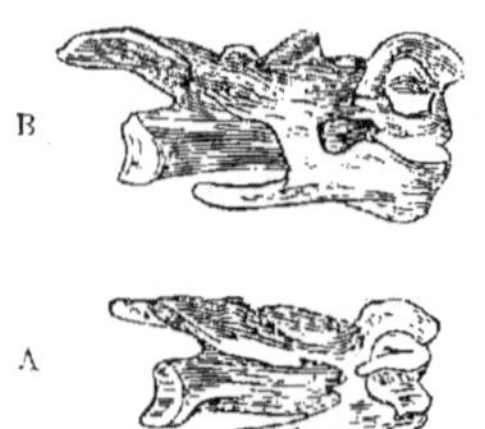

Fig. 37. Sixième vertèbre cervicale, grandeur naturelle, vue de côté. — A. *G. Bankiva* sauvage. — B. Coq Cochinchinois.

chinois. Il n'est guère possible de compter les vertèbres lombaires et sacrées: mais il est certain que, par la forme et le nombre, elles ne se correspondent pas dans les divers squelettes. Les vertèbres caudales se ressemblent dans tous, sans autre différence que la vertèbre basilaire est tantôt soudée au bassin, tantôt libre: elles varient même à peine de longueur, car elles ne sont pas plus petites dans les Cochinchinois, qui ont la queue si courte, que dans les autres races: je les ai cependant trouvées un peu plus longues dans un coq Espagnol. Dans trois individus sans croupion, les vertèbres caudales étaient en petit nombre, et soudées ensemble en une masse informe. Dans les vertèbres prises individuellement, les différences de structure sont légères. Dans l'Atlas, la cavité du condyle occipital forme parfois un anneau ossifié, ou est, comme dans le *Bankiva*, ouverte à son bord supérieur. L'arc supérieur du canal spinal est un peu plus voûté dans les Cochinchinois, (en conformité avec la forme de leur trou occipital), qu'il ne l'est dans le *G. Bankiva*. J'ai pu observer dans plusieurs squelettes, une particularité, de peu d'importance d'ailleurs, qui commence à la quatrième, se montre plus prononcée sur la sixième, septième ou huitième vertèbre cervicale, et qui consiste en une apophyse inférieure fixée par une sorte d'arc-boutant à la vertèbre. Cette conformation, qui peut se rencontrer chez les races Cochinchinoises, Huppées, quelques Hambourgs et probablement d'autres, manque ou se voit à peine chez les races de Combat, Dorking, Espagnole, Bantam et quelques-unes encore. Dans les Cochinchinois, la surface dorsale de la sixième cervicale porte trois points saillants, plus développés qu'ils ne le sont dans la vertèbre correspondante de la poule de Combat ou du *G. Bankiva*.

Bassin. — Cet os diffère sur quelques points dans les divers squelettes,

Le bord antérieur de l'ilion paraît varier beaucoup par son contour, ce qui est principalement dû au degré de l'ossification de la partie du bassin qui est soudée à la colonne épinière; dans les Bantams l'os est plus tronqué, et il est plus arrondi dans certaines races, comme les Cochinchinois. Le contour du trou ischiatique est très-variable, il est circulaire dans les Bantams, ovoïde dans le *Bankiva*, et plus régulièrement ovale dans quelques autres, comme dans le coq Espagnol. Le trou obturateur est moins long dans quelques squelettes. Mais la plus grande différence porte sur l'os pubien, qui est peu large chez le *Bankiva*, s'élargit graduellement chez les Cochinchinois, un peu moins chez d'autres races, et très-brusquement chez les Bantams; cet os, chez un oiseau de cette race, dépassait de très-peu l'extrémité de l'ischion, et le bassin tout entier du même oiseau était, par toutes ses proportions, fort différent de celui du *Bankiva*, surtout par l'augmentation de sa largeur relativement à sa longueur.

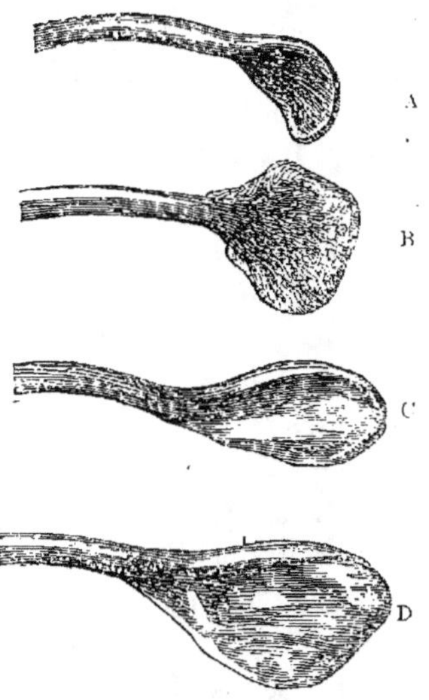

Fig. 38. Extrémité de la fourchette, vue latérale, grandeur naturelle. — A. *G. Bankiva* sauvage. — B. Race Huppée pailletée. — C. Race Espagnole. — D. Dorking.

Sternum. — Cet os est si considérablement déformé qu'il est presque impossible de comparer rigoureusement sa forme dans les diverses races. Celle de l'extrémité triangulaire des apophyses latérales peut varier beaucoup. Le bord antérieur de la crête est plus ou moins perpendiculaire, et varie ainsi que la courbure de son extrémité postérieure et de sa surface inférieure. Le profil du manubrium diffère aussi; il est cunéiforme dans le *Bankiva* et arrondi dans la race Espagnole. La *fourchette* diffère aussi par son degré de courbure, et, comme on peut le voir dans la fig. 38, par la forme de ses palettes terminales; dans deux squelettes du *Bankiva* sauvage, j'ai trouvé ces parties un peu différentes. Il n'y a pas de différences appréciables dans les *coracoïdiens*. Les *omoplates* varient de forme; elles ont une largeur à peu près uniforme dans le *Bankiva*, sont un peu élargies vers leur milieu dans les oiseaux Huppés, et brusquement rétrécies vers leur sommet dans deux Sultans.

J'ai comparé avec soin les os séparés de la jambe et de l'aile, aux mêmes os du *Bankiva* sauvage, dans les races suivantes, que je pensais devoir sous ce rapport présenter le plus de différences : à savoir, les Cochinchinoises, Dorkings, Espagnoles, Huppées, Bantams de Burmah, Indiennes frisées, et Soyeuses à os noirs; et j'ai été étonné de voir combien tous ces os, quoique différant beaucoup par leurs dimensions, se ressemblaient dans les détails de leurs apophyses, surfaces articulaires, perforations, et cela d'une manière beaucoup plus rigoureuse que pour les autres parties du squelette. Cette ressemblance ne s'étendait pas cependant à l'épaisseur relative ou à la longueur des différents os, car, sous ces deux points de vue, les tarses présentaient de notables variations; mais quant à leur longueur proportionnelle, les autres os des membres différaient fort peu.

En somme, je n'ai pas examiné assez de squelettes pour pouvoir affirmer que les différences que nous venons de voir, à l'exception de celles des crânes, soient caractéristiques des diverses races. Il en est qui paraissent plus fréquentes dans certaines races que dans d'autres, telles qu'une côte supplémentaire à la quatorzième vertèbre cervicale chez les races de Combat et de Hambourg, et l'élargissement de l'extrémité de l'os pubien chez les Cochinchinois. Les deux squelettes de Sultans avaient huit vertèbres dorsales, et les sommets des omoplates un peu atténués. Le profond sillon médian des os frontaux, ainsi que l'allongement du diamètre vertical du trou occipital, paraissent caractériser les Cochinchinois; la grande largeur des os frontaux, les Dorkings; les espaces vides entre les extrémités des branches montantes des maxillaires supérieurs, et entre les os nasaux, ainsi que la faible dépression de la partie antérieure du crâne, les Hambourgs; la forme globuleuse du derrière du crâne, certains Bantams; et enfin la grande protubérance du crâne, l'atrophie partielle des branches montantes des maxillaires supérieurs, et quelques particularités déjà indiquées, sont essentiellement caractéristiques des races Huppées.

Le résultat le plus frappant de notre étude du squelette est la grande variabilité de tous ses os, ceux des extrémités exceptés. Nous pouvons jusqu'à un certain point, comprendre pourquoi le squelette présente dans sa structure autant de fluctuations; les races gallines ont été soumises à des conditions extérieures artificielles, ce qui a dû rendre l'ensemble de leur organisation fort variable; mais l'éleveur est toujours resté complétement indifférent aux changements du squelette, et ce n'est jamais à ce dernier qu'il a intentionnellement appliqué la sélection. Si l'homme ne fait aucune attention à certains caractères externes, tels que le nombre et les longueurs relatives des rémiges et rectrices, qui, chez les oiseaux sauvages, sont généralement des parties très-constantes, nous les voyons subir, chez nos oiseaux domestiques, autant de fluctuations que les diverses parties du squelette. Le doigt additionnel qui, chez les

Dorkings, est un « point recherché », est devenu dans cette
race un caractère fixe, mais est resté variable chez les races
Cochinchinoise et Soyeuse. Dans la plupart des races, et même
des sous-races, la couleur du plumage et la forme de la crête
sont éminemment fixes ; dans les Dorkings, chez lesquels on
n'a pas recherché ces caractères, ils sont variables. Lorsqu'une
modification du squelette s'est trouvée liée à quelque caractère
externe apprécié par l'homme, elle a pu, dans ce cas, et sans
intention de la part de l'éleveur, subir l'action de la sélection, et devenir plus ou moins fixe. C'est ce que nous montre
très-évidemment l'étonnante protubérance crânienne, qui porte
la touffe de plumes des races Huppées, et a, en même temps,
par corrélation, affecté d'autres parties du crâne. Nous voyons
un résultat analogue dans les deux protubérances osseuses qui
supportent les deux prolongements de la crête dans la race
Cornue, ainsi que dans le front déprimé de la race de Hambourg, qui est lié à l'aplatissement de leur large crête en forme
de rose. Nous ne savons nullement si les côtes supplémentaires,
les changements dans la forme du trou occipital, dans celle de
l'omoplate ou de la fourchette, sont en corrélation avec d'autres
points de conformation, ou s'ils sont le résultat des modifications dans les conditions extérieures et les habitudes, auxquelles nos races ont été soumises par la domestication, mais
nous ne pouvons point douter que ces changements divers
apportés à certaines parties du squelette, n'eussent, par sélection directe, ou par sélection d'autres points de conformation
en corrélation avec elles, pu être rendus aussi constants et
caractéristiques de chaque race, que le sont actuellement la
taille ou la forme du corps, de la crête, et la couleur du plumage.

EFFETS DU DÉFAUT D'USAGE DES ORGANES.

A en juger par les habitudes de nos gallinacés européens, le *G. Ban-
kira*, à l'état sauvage, doit se servir de ses pattes et de ses ailes, plus que ne
le font nos oiseaux domestiques, qui ne prennent guère leur vol que pour
monter à leur juchoir. Les races Soyeuse et Frisée ne peuvent pas voler
du tout, à cause de l'état incomplet de leurs rémiges ; et tout nous porte à
croire que ces deux races sont assez anciennes, pour que, depuis bien des
générations, leurs ancêtres n'aient pu voler davantage. Il en est de même des

Cochinchinois, qui, grâce à leurs ailes courtes et leur corps pesant, peuvent à peine atteindre un perchoir placé très-bas. On devait donc, chez ces races, et surtout chez les deux premières, s'attendre à trouver une diminution notable des os des ailes, ce qui n'est cependant pas le cas. Après avoir, sur chaque oiseau, désarticulé et nettoyé les os, j'ai comparé entre elles les longueurs relatives des deux os principaux de l'aile, et celles des os des jambes, puis aux mêmes parties du *G. Bankiva*; et, à l'exception des tarses, j'ai trouvé exactement les mêmes proportions relatives. Le fait est curieux en ce qu'il montre, combien les proportions d'un organe peuvent se conserver par hérédité, quoique non exercé pendant une longue série de générations. Ayant ensuite comparé les longueurs du fémur et du tibia, avec celles de l'humérus et du cubitus, puis ces os avec les correspondants du *G. Bankiva*, je trouvai comme résultat que, dans toutes les races (la Sauteuse de Burmah, dont les pattes sont monstrueusement courtes, exceptée), les os de l'aile étaient un peu raccourcis relativement aux os de la jambe; mais cette diminution était si faible que, comme il est possible qu'elle fût due à ce que l'exemplaire de *G. Bankiva* qui m'a servi de terme de comparaison, ait pu peut-être avoir les ailes un peu plus longues qu'à l'ordinaire, je crois inutile de donner les résultats des mesures. Mais je dois faire remarquer que les races Soyeuse et Frisée, auxquelles tout vol est impossible, sont de toutes celles chez lesquelles la réduction des ailes relativement aux jambes était la moindre. Dans les pigeons domestiques, nous avons vu que les os de l'aile sont un peu diminués quant à la longueur, tandis que les rémiges primaires ont augmenté suivant cette dimension, et il serait possible, quoique peu probable, que chez les deux races Soyeuse et Frisée, la tendance au décroissement de longueur des os de l'aile, résultat du défaut d'usage, ait pu, en vertu de la loi de compensation, être contrebalancée par la diminution des rémiges. Dans ces deux races, les os de l'aile se trouvent cependant un peu réduits en longueur, lorsqu'on les mesure en prenant pour termes de comparaison les longueurs du sternum ou de la tête, relativement aux mêmes parties du *G. Bankiva*.

La table suivante donne dans les deux premières colonnes, les poids des os principaux de l'aile et de la jambe dans douze races. La troisième colonne renferme les rapports calculés des poids des os de l'aile à ceux de la jambe, comparés à ceux du *G. Bankiva*, dont le poids est représenté par cent [73].

---

73. Voici comment j'ai établi le calcul pour les chiffres de la troisième colonne. Dans le *G. Bankiva*, les os de la jambe sont à ceux de l'aile comme 86 : 54; ou comme (négligeant les décimales) 100 : 62; — dans les Cochinchinois, comme 311 : 162; ou comme 100 : 52. Dans les Dorkings, comme 557 : 218; ou comme 100 : 41; et ainsi de suite pour les autres races. Nous avons ainsi la série de 62, 52, 41, pour les poids relatifs des os de l'aile des *G. Bankiva*, Cochinchinois, Dorkings, etc. Maintenant, en prenant 100 au lieu de 62, pour le poids des os de l'aile du *G. Bankiva*, une règle de trois nous donne 83 comme poids de ceux des Cochinchinois; 70 pour les Dorkings, et ainsi de suite pour le reste de la troisième colonne.

TABLE I.

RACES.		POIDS du fémur et du tibia.	POIDS de l'humérus et du cubitus.	POIDS des os de l'aile relativement à celui des os des jambes comparés au G. BANKIVA.
		Grains.	Grains.	
Gallus Bankiva..........	mâle.	86	54	100
1 Cochinchinoise..........	—	311	162	83
2 Dorking	—	557	248	70
3 Espagnole (Minorque).....	—	386	183	75
4 Huppée pailletée dorée...	--	306	145	75
5 Combat (poitrine noire)...	—	293	143	77
6 Malaise................	femelle.	231	116	80
7 Sultane................	mâle.	189	94	79
8 Indienne frisée..........	—	206	88	67
9 Sauteuse de Burmah......	femelle.	53	36	108
10 Hambourg (rayée)	mâle.	157	104	106
11 *Idem.*	femelle.	114	77	108
12 Soyeuse (os noirs)........	—	88	57	103

Dans les huit premiers oiseaux, appartenant à des races distinctes, nous remarquons une réduction très-notable dans les poids des os de l'aile. Dans la race Indienne Frisée. qui ne peut voler, la réduction est la plus forte et se monte à trente-trois pour cent de leur poids proportionnel. Dans les quatre suivants, comprenant la poule Soyeuse, qui ne peut également pas voler, nous voyons que relativement aux jambes, les ailes ont légèrement augmenté de poids. Mais remarquons que dans ces oiseaux, si, par une cause quelconque, les jambes se trouvaient avoir subi une réduction. il en résulterait la fausse apparence d'une augmentation relative dans le poids des ailes. Or, c'est certainement ce qui est arrivé chez la poule Sauteuse de Burmah, qui a les pattes monstrueusement courtes, et chez les Hambourgs et la poule Soyeuse, dont les pattes, bien que non raccourcies, sont formées par des os remarquablement minces et légers. Je n'avance pas ces assertions simplement d'après le coup d'œil, mais sur les calculs des rapports des poids des os de la jambe à ceux du *G. Bankiva,* et d'après les seuls termes de comparaison que j'eusse à ma disposition, les longueurs relatives du sternum et de la tête. ne connaissant pas le poids du corps du *G. Bankiva.* D'après ces termes de comparaison, les os des jambes de ces quatre races sont beaucoup plus légers que dans toutes les autres. On peut donc conclure que, dans tous les cas où les pattes n'ont pas été, par une cause inconnue, fortement réduites en poids, les os de l'aile, comparés à ceux du *G. Bankiva,* ont, relativement aux os

de la jambe, subi une réduction de poids, qu'on peut certainement attribuer à un défaut d'usage.

Pour rendre la table ci-dessus tout à fait satisfaisante, il aurait fallu
montrer que dans les huit premiers oiseaux, les os des jambes n'avaient
pas réellement augmenté de poids, hors de proportion avec le reste du
corps; mais je n'ai pu le faire, comme je l'ai déjà dit, ne connaissant pas
le poids du *Bankiva* sauvage[74]. Je suis disposé à croire que dans le Dorking
n° 2, les os de la jambe sont proportionnellement trop pesants, mais l'oiseau était très-grand, car quoique maigre il pesait 7 livres 2 onces. Les
os de ses jambes étaient plus de dix fois aussi pesants que ceux de la poule
Sauteuse de Burmah. J'ai cherché à obtenir les longueurs des os de l'aile
et de la jambe, relativement à celle d'autres parties du corps et du squelette,
mais dans ces oiseaux, toute l'organisation est devenue si variable par
suite de leur longue domestication, qu'on ne peut arriver à aucune conclusion certaine. Ainsi dans le coq Dorking, dont il est question plus
haut, les jambes étaient, relativement à la longueur du sternum, de trois
quarts de pouce trop courtes, et relativement à celle du crâne, de trois
quarts de pouce trop longues, comparées aux mêmes parties du
G. Bankiva.

TABLE 11.

RACES.		LONGUEUR du sternum.	HAUTEUR de la crête sternale.	HAUTEUR de la crête, relativement à la longueur du sternum, comparée au G. Bankiva.
		Pouces.	Pouces.	
Gallus Bankiva	mâle.	4.20	1.40	100
1 Cochinchinoise	—	5.83	1.55	78
2 Dorking	—	6.95	1.97	84
3 Espagnole	—	6.10	1.83	90
4 Huppée.................	...	5.07	1.50	87
5 Combat.................	—	5.55	1.55	81
6 Malaise.................	femelle.	5.10	1.50	87
7 Sultane.................	mâle.	4.47	1.36	90
8 Frisée..................	—	4.25	1.20	84
9 Sauteuse de Burmah......	femelle.	3.06	1.85	81
10 Hambourg	mâle.	5.08	1.40	81
11 *Id.*	femelle.	4.55	1.26	81
12 Soyeuse	—	4.49	1.01	66

74. M. Blyth, *Ann. and Mag. of nat. Hist.* 2e série, v. 1, p. 455, 1848, donne comme
poids d'un mâle adulte de *G. Bankiva* 3 liv. 1, 4; mais d'après ce que j'ai pu voir des peaux
et squelettes de diverses races, je ne puis croire que mes deux échantillons aient pesé
autant.

Dans la table II qui précède, les deux premières colonnes nous donnent en pouces et décimales la longueur du sternum, et la hauteur de sa crête, sur laquelle s'attachent les muscles pectoraux. Dans la troisième, sont inscrites les hauteurs de la crête du sternum, calculées d'après la longueur de l'os entier, et comparées à ces mêmes parties dans le *G. Bankiva*[75].

La troisième colonne nous montre que partout, le rapport de la hauteur de la crête à la longueur du sternum, a subi une diminution de 10 à 20 pour cent, de ce qu'il est dans le *G. Bankiva,* mais sa valeur varie beaucoup, probablement à cause de la fréquente déformation du sternum. Dans la poule Soyeuse, qui ne peut pas voler, la crête sternale est de 34 °/₀ moins haute qu'elle ne devrait l'être. On doit probablement attribuer à cette réduction de la crête dans toutes les races, la grande variabilité que nous avons déjà constatée dans la courbure de la fourchette, et dans la forme de son extrémité sternale. Les médecins attribuent la forme anormale de l'épine dorsale qui s'observe si fréquemment chez les femmes des hautes classes, au défaut d'exercice suffisant des muscles qui s'y attachent. Il en est de même de nos poules domestiques, dont les muscles pectoraux ne travaillent que fort peu ; car sur vingt-cinq sternums que j'ai examinés, je n'en ai vu que trois qui fussent parfaitement symétriques, dix étaient un peu tordus, et les douze derniers extrêmement difformes.

Nous devons, en résumé, et pour ce qui concerne les diverses races gallines, conclure que les principaux os de l'aile ont éprouvé un faible raccourcissement; que dans toutes les races où les os des pattes ne sont pas devenus anormalement courts ou délicats, les os de l'aile se sont relativement à eux un peu allégés; que la crête sternale, surface d'attache des muscles pectoraux, a invariablement diminué de hauteur, le sternum entier devenant aussi très-sujet à des déformations. Tous ces résultats peuvent être attribués au défaut d'usage des ailes.

Corrélation de croissance. — Voici quelques faits que j'ai pu recueillir sur ce sujet important, mais obscur. Chez les poules Cochinchinoises et de Combat, il y a quelque relation entre la couleur du plumage et l'intensité de la teinte de la coquille de l'œuf et même de celle du vitellus. Dans les Sultans, les pennes caudales supplémentaires en forme de faucille sont apparemment en relation avec l'abondance générale du plumage, se manifestant par une huppe et une barbe touffues, ainsi que par l'emplumage des pattes. J'ai remarqué l'atrophie de la glande huileuse dans deux oiseaux sans queue. D'après les ob-

75. Cette troisième colonne est établie sur les mêmes calculs que ceux expliqués dans la note 73.

servations de M. Tegetmeier, une huppe très-développée concorde toujours avec une diminution considérable, ou même l'absence presque totale de la crête ; il en est de même pour les plumes sétiformes, en présence d'une barbe touffue. Ces cas paraissent rentrer dans la loi de compensation ou de balancement de croissance. Une grande barbe suspendue à la mâchoire inférieure, et une touffe sur la tête, vont souvent ensemble. Lorsque la crête présente des formes particulières, comme chez les races Cornue, Espagnole, ou de Hambourg, elle paraît affecter d'une manière correspondante la partie sous-jacente du crâne, ainsi que nous l'avons déjà constaté chez la race Huppée, dont la touffe de plumes est si développée. La saillie des os frontaux modifie beaucoup la forme de la boîte crânienne et celle du cerveau. La présence d'une huppe a aussi une influence inconnue sur le développement des branches montantes des maxillaires supérieurs, des apophyses internes des os nasaux, et sur la forme de l'orifice externe des narines. Une corrélation très-apparente et singulière existe entre la huppe de plumes et l'état d'ossification incomplet du crâne, et le fait est non-seulement vrai pour les races gallines Huppées, mais s'observe aussi chez les canards huppés, et d'après le D\u02b3 Günther, chez les oies huppées en Allemagne.

Enfin, dans les coqs Huppés, les plumes qui constituent la huppe ressemblent aux plumes sétiformes et diffèrent beaucoup, par leur forme, de celles des huppes de la poule. Le cou, les tectrices alaires, et les reins sont chez le mâle bien recouverts de plumes sétiformes, et il semblerait que les plumes de cette nature se soient, par corrélation, étendues jusque sur la tête du coq. Ce petit fait a de l'intérêt, parce que, quoique certains gallinacés sauvages portent dans les deux sexes les mêmes ornements céphaliques, il y a souvent une différence dans la dimension et la forme des plumes qui constituent leurs huppes. Dans quelques cas en outre, tels que dans les faisans mâles (*Phasianus pictus* et *Amherstii*), il y a de grands rapports de couleur et de structure entre les plumes de la tête et celles des reins. Il semblerait donc que l'état des plumes de la tête et du corps soit soumis à la même loi, aussi bien dans les espèces vivant dans leurs conditions naturelles, que dans celles qui ont varié sous l'action de la domestication.

CHAPITRE VIII.

CANARDS. — OIES. — PAONS. — DINDONS.

PINTADES. — CANARIS.

POISSONS DORÉS. — ABEILLES. — VERS A SOIE.

CANARDS. — Diverses races. — Domestication. — Leur provenance du canard sauvage commun. — Différences des races. — Différences ostéologiques. — Effets de l'usage et du défaut d'usage sur les os des membres.

OIES. — Domestication ancienne. — Variation faible. — Race de Sébastopol.

PAONS. — Origine de la race à épaules noires.

DINDONS. — Races. — Croisements avec l'espèce des États-Unis. — Effets du climat.

PINTADES. — CANARIS. — POISSONS DORÉS. — ABEILLES.

VERS A SOIE. — Espèces et races. — Domestication ancienne. — Soins apportés à leur sélection. — Différences entre les races. — Différences entre les œufs, chenilles et cocons. — Hérédité des caractères. — Ailes imparfaites. — Instincts perdus. — Caractères en corrélation.

Je commencerai, comme dans les cas précédents, par une courte description des principales races domestiques du canard :

Race I. — *Canard domestique commun.* — Varie beaucoup par sa couleur et ses proportions, et diffère du canard sauvage par ses instincts et son naturel. On y distingue plusieurs sous-races : — 1° La sous-race *Aylesbury*, de grande taille, blanche, avec le bec et les pattes d'un jaune pâle, et sac abdominal fortement développé. — 2° La sous-race de *Rouen*, grande, colorée comme le canard sauvage, bec vert ou marbré; sac abdominal bien développé. — 3° Sous-race *Huppée*, portant une touffe de belles plumes duvetées, reposant sur une masse charnue, au-dessous de laquelle le crâne se trouve perforé. Dans un canard que j'ai importé de Hollande, la touffe avait deux pouces et demi de diamètre. — 4° Sous-race du *Labrador* (du Canada, de Buenos-Ayres ou de l'Inde); plumage tout noir; bec plus large relativement à sa longueur que dans le canard sauvage; œufs légèrement teintés de noir. Cette sous-race pourrait peut-être compter

comme une race : elle comprend deux sous-variétés, une aussi grande que
le canard domestique commun, et que j'ai gardée vivante, l'autre plus
petite et capable de vol[1]. Je suppose que c'est cette dernière qu'on a décrite en France[2] comme volant bien, étant un peu sauvage, et ayant le
goût du canard sauvage; toutefois cette variété est polygame comme les
autres canards domestiques, ce qui n'est pas le cas de l'espèce sauvage.
Ces canards du Labrador noirs reproduisent fidèlement leur type; cependant le Dr Turral a signalé le cas d'un canard de cette sous-variété ayant
produit, en France, des jeunes présentant sur le cou et la tête quelques
plumes blanches et une tache de couleur ocre sur la poitrine.

RACE II. — *Canard à bec courbé* (Hook-billed Duck). — La courbure
inférieure du bec de cet oiseau lui donne une apparence extraordinaire:
sa tête est souvent huppée. Il est ordinairement blanc, quelquefois il est
coloré comme le canard sauvage. C'est une race ancienne, car il en est
fait mention en 1676[3]. Elle témoigne par sa fécondité de l'antiquité de sa
domestication, car elle pond presque constamment des œufs[4].

RACE III. — *Canard Chanterelle* (Call-Duck). — Remarquable par sa
petite taille et la loquacité extraordinaire de la femelle. Bec court. Ces
oiseaux sont blancs ou colorés comme l'espèce sauvage.

RACE IV. — *Canard Pingouin.* — Cette race, la plus remarquable de
toutes, paraît originaire de l'archipel Malai. Elle marche avec le corps
très-redressé, et le cou tendu et relevé. Bec plutôt court. Queue retroussée,
portant dix-huit rectrices. Fémur et métatarse allongés.

Presque tous les naturalistes admettent la descendance de
ces diverses races du canard sauvage commun (*Anas boschas*):
les éleveurs par contre ont d'autres idées à ce sujet[5]. A moins
de nier que la domestication, prolongée pendant des siècles,
ne puisse affecter des caractères aussi peu importants que ceux
de la couleur, de la taille, et un peu les dimensions proportion-
nelles, et le naturel, il n'y a pas à mettre en doute la provenance du canard domestique de l'espèce sauvage commune,
car il ne diffère de ce dernier par aucun caractère important.
Quelques documents historiques peuvent nous renseigner sur
l'époque et les progrès de la domestication du canard. Il était
inconnu[6] aux anciens Égyptiens, aux Juifs de l'Ancien Tes-

1. *Poultry Chronicle* (1854), vol. II, p. 91, et vol. I, p. 320.

2. Dr Turral, *Bull. Soc. d'Acclimat.*, t. VII, 1860, p. 511.

3. Willughby, *Ornithology*, par Ray, p. 381. Aussi figurée par Albin en 1731, dans *Nat. Hist. of Birds*, vol. II, p. 86.

4. F. Cuvier, *Ann. du Muséum*, t. IX, p. 128, dit qu'il n'y a que la mue et l'incubation qui puissent arrêter la ponte chez ces canards. Aussi Brent dans *Poultry Chronicle*, 1855, v. III, p. 512.

5. Rev. E. S. Dixon, *Ornamental Poultry*, (1848), p. 117. — Brent, *Poultry Chron.*, v. III, p. 512, 1855.

6. Crawfurd, *Relation of domesticated Animals to civilisation* etc., 1860.

tament et aux Grecs de la période Homérique. Columelle[7] et
Varron, il y a dix-huit cents ans, mentionnent la nécessité de
tenir les canards dans des enclos fermés comme les autres
oiseaux sauvages; ce qui montre qu'à cette époque, on crai-
gnait qu'ils ne s'échappassent. En outre, le conseil que donne
Columelle à ceux qui désiraient augmenter le nombre de leurs
canards, de recueillir les œufs de l'oiseau sauvage, et de les
mettre sous une poule, prouve qu'alors le canard n'était pas
encore devenu l'hôte naturalisé et prolifique de la basse-cour
romaine. Presque toutes les langues d'Europe témoignent de
la provenance du canard domestique de l'espèce sauvage, car
toutes désignent sous le même nom l'une et l'autre forme. Le
canard sauvage offre une immense distribution, qui s'étend
depuis l'Himalaya jusqu'à l'Amérique du Nord. Il s'apparie
librement avec la forme domestique, et donne des produits
métis entièrement fertiles. On a constaté, tant en Amérique
qu'en Europe, que l'apprivoisement du canard sauvage est
facile, et qu'il reproduit sans peine en captivité. L'essai a été
fait en Suède par Tiburtius, qui réussit à en élever trois générations, sans observer chez eux la moindre variation, bien qu'il
les traitât comme des canards domestiques. Les canetons souffraient de ce qu'on les laissait aller dans l'eau froide[8], ce qui,
comme on le sait, est aussi le cas, bien qu'il soit étrange, pour
les jeunes canetons domestiques. Un observateur bien connu
d'Angleterre[9], a décrit avec détails ses essais répétés et réussis
sur la domestication du canard sauvage. On obtient aisément
l'éclosion des petits, en faisant couver les œufs par une poule
Bantam; mais pour réussir, il ne faut pas mettre sous la même
poule, à la fois des œufs de canard sauvage et de canard domestique, car alors les canetons sauvages ne tardent pas à périr,
laissant à leurs frères plus robustes, la jouissance complète des
soins de leur mère adoptive. C'est le résultat certain des diffé-

7. Dureau de la Malle, *Ann. des Sciences naturelles*, t. XVII, p. 164 et t. XXI, p. 55.
— Rev. E. S. Dixon, *Ornamental Poultry*, p. 118. — Le canard domestique n'était pas
connu du temps d'Aristote, comme le fait remarquer Volz, *Beiträge zur Kulturgeschichte*,
1852, p. 78.

8. Cité d'après *Die Enten, Schwanenzucht*, Ulm, 1828, p. 143. — Audubon, *Ornithological Biography*, v. III, p. 168, sur l'apprivoisement du canard au Mississipi. — Pour l'Angleterre, Waterton, dans Loudon's *Mag. of nat. Hist.* vol. VIII, 1835, p. 542, et St-John,
Wild Sports and nat. Hist. of the Highlands, 1846, p. 129.

9. R. Hewitt, *Journal of Horticulture*, 1862, p. 773, et 1863, p. 39.

rences de tempérament qui existent au début entre ces différents canetons fraîchement éclos. Les canetons sauvages se
montraient dès le commencement très-familiers pour ceux qui
les soignaient, tant qu'ils portaient les mêmes vêtements, et
étaient accoutumés aux chiens et chats de la maison. Mais
la vue d'hommes ou de chiens étrangers les effrayait énormément. Contrairement à ce qui a été observé en Suède,
M. Hewitt a toujours trouvé que ses jeunes canards chan-
geaient et dégénéraient dans le cours de deux ou trois générations, tout croisement avec le canard domestique ayant d'ailleurs été évité avec le plus grand soin. Ses canards, après la
troisième génération, perdaient le port élégant de l'espèce sauvage, et commençaient à prendre les allures du canard commun. A chaque génération ils augmentaient de taille, et leurs
pattes perdaient de leur finesse. Le collier blanc autour du cou
du canard devenait plus large et moins régulier, et quelques-
unes des plus longues rémiges primaires devenaient plus ou
moins blanches. M. Hewitt détruisait alors ses canards, et se
procurait de nouveaux œufs de nids sauvages, de sorte qu'il
n'a jamais poussé la même famille à plus de cinq ou six
générations. Ses oiseaux continuaient à s'associer par couples,
et ne sont jamais devenus polygames comme le canard domestique ordinaire. Je donne ces détails, parce que je ne connais
aucun autre cas d'une observation aussi complète, et faite par
un homme plus compétent, sur les changements progressifs
qu'éprouvent les oiseaux sauvages, soumis pendant plusieurs
générations à l'influence de la domestication.

Il ne peut donc y avoir de doute, sur le fait que le canard
sauvage ne soit la souche primitive de la forme domestique
ordinaire, et il n'est point besoin de chercher d'autres espèces
distinctes comme souches des autres races domestiques plus
marquées que nous avons énumérées plus haut. Je ne renou-
vellerai pas les arguments invoqués déjà dans les chapitres
précédents, sur l'improbabilité que l'homme ait autrefois domestiqué plusieurs espèces inconnues ou éteintes, puisque les
canards à l'état sauvage ne sont pas facilement exterminés;
sur la présence, chez ces espèces primitives supposées, de caractères anormaux relativement à ceux des autres espèces du
genre, tels que les canards à bec courbé et les Pingouins; sur

la fertilité réciproque de toutes les races entre elles [10] ; sur les dispositions générales, instincts, etc., qui sont les mêmes chez toutes les races. Mais nous devons, dans ce cas particulier, noter le fait que, dans la grande famille des canards, une seule espèce, l'*A. boschas* mâle, a les quatre rectrices caudales médianes frisées et recourbées en dessus ; or, dans toutes les races domestiques ci-dessus nommées, on retrouve ces pennes frisées ; et, en leur supposant une origine distincte, il faudrait admettre que l'homme ne serait autrefois précisément tombé que sur des espèces possédant toutes ce caractère, actuellement unique. En outre, dans chaque race, il y a des sous-variétés colorées exactement comme le canard sauvage, ainsi que je l'ai vu dans les races les plus grandes et les plus petites, telles que la race de Rouen et la race Chanterelle ; il en est de même, d'après M. Brent [11], chez les canards à bec courbé. Dans les produits d'un croisement, fait entre un canard Aylesbury blanc, et une cane Labrador noire, se trouvaient quelques canetons qui prirent en grandissant le plumage du canard sauvage.

Je n'ai vu que peu de canards Pingouins, et leur coloration n'était pas exactement celle de l'espèce sauvage ; mais sur trois individus provenant de Lombok et Bali, dans l'archipel Malais, et dont Sir J. Brooke m'a envoyé les peaux, les deux femelles étaient plus pâles et un peu plus rousses, que le canard sauvage, et le mâle avait tout son plumage, à l'exception du cou, des tectrices caudales, de la queue et des ailes, d'un gris argenté, finement barré de lignes foncées, et très-analogue à certaines parties du plumage de l'espèce sauvage. Mais cet oiseau s'est trouvé identique, plume pour plume, à une variété de la race commune, provenant d'une ferme du comté de Kent, et dont j'ai eu occasion de revoir ailleurs des individus semblables. Cette circonstance d'un canard, provenant d'un climat aussi spécial que celui de l'archipel Malais (où l'espèce sauvage n'existe pas), et ayant un plumage identique à celui qu'on

---

10. J'ai eu connaissance de plusieurs faits sur la fertilité des produits des croisements de plusieurs races ; M. Yarrell m'apprend que le canard Chanterelle et le canard commun sont parfaitement fertiles ensemble. J'ai croisé ce dernier avec des becs courbés, un Pingouin avec un Labrador ; les produits de ces croisements furent fertiles, mais on ne les a pas croisés *inter se*, de sorte que l'essai n'a pas été complet. Quelques métis Pingouin et Labrador recroisés avec le Pingouin, que j'ai ultérieurement appariés entre eux, se sont montrés tout à fait fertiles.

11. *Poultry Chronicle*, 1855, vol. III, p. 312.

trouve occasionnellement dans nos basses-cours, est bien digne d'attention. Il paraît que le climat de l'archipel Malais favorise les variations dans le plumage du canard, car Zollinger [12], à propos de la race Pingouine, remarque qu'à Lombok il y a une variété étonnante et exceptionnelle de ces oiseaux. J'ai gardé vivant un canard Pingouin mâle, qui différait de ceux dont j'avais reçu les peaux de Lombok, par sa poitrine et son dos partiellement teintés de brun marron, ce qui le rapprochait encore davantage du canard sauvage.

Ces divers faits, surtout la présence des plumes frisées chez les mâles de toutes les races, et la ressemblance fréquente du plumage de certaines sous-variétés de chacune d'elles, à celui du canard sauvage, nous autorisent à conclure avec certitude, que toutes les races domestiques proviennent de l'*A. boschas.*

Je vais maintenant signaler quelques particularités caractérisant les diverses races. La coloration des œufs varie; quelques canards communs pondent des œufs d'un vert pâle, dans d'autres ils sont blancs. Les premiers œufs de chaque saison pondus par la cane Labrador noire, sont teintés de noir, comme si on les avait frottés d'encre. Il y a donc, comme chez les poules, une certaine corrélation entre la couleur du plumage et celle de la coquille de l'œuf. Un bon observateur m'a informé que ses canes Labrador, ayant une année pondu des œufs entièrement blancs, les vitellus se trouvèrent pendant la saison d'un vert-olive sale, au lieu d'être comme à l'ordinaire d'un jaune d'or, de sorte que la teinte noire semblait s'être portée à l'intérieur. Un autre cas curieux, qui montre quelles variations singulières peuvent parfois se produire et être héréditaires, est celui signalé par M. Hansell [13], d'une cane de la race commune, dont les œufs avaient invariablement le vitellus d'un brun foncé, semblable à de la colle fondue; les jeunes femelles provenant de ces œufs, et qui furent élevées, pondirent aussi des œufs semblables, et on fut obligé de détruire la race.

Le canard à bec courbé a une apparence très-remarquable (fig. 39 crâne); cette forme de bec remonte au moins à l'année 1676, et, par sa structure, est évidemment analogue à celui que nous avons décrit chez le pigeon messager Bagadotten. M. Brent [14] assure que, lorsqu'on croise les canards à bec courbés avec la race ordinaire, un grand nombre des jeunes qui proviennent de ce croisement, naissent avec la mandibule supérieure plus courte que l'inférieure, ce qui cause fréquemment la mort de l'oiseau. La présence d'une touffe de plumes sur la tête n'est point une chose rare, et se rencontre d'abord dans la vraie race huppée, chez les Becs-courbés et chez

12. *Journal of the Indian Archipelago*, vol. V, p. 334.
13. *The Zoologist*, vol. VII, VIII (1849-50), p. 2353.
14. O. C., 1855, vol. III, p. 512.

le canard de ferme ordinaire; je l'ai trouvée aussi sur un canard qui m'avait été envoyé de l'archipel Malais, et qui n'offrait d'ailleurs aucune autre particularité. La huppe est intéressante en ce qu'elle affecte le crâne, qu'elle rend plus globuleux, et qui présente alors de nombreuses perforations. Les canards Chanterelles sont remarquables par leur excessive loquacité; les mâles ne font que siffler comme les canards mâles communs; cependant, lorsqu'on les apparie avec les canes de la race ordinaire, ils transmettent à leur progéniture femelle une voix très-bruyante. La voix varie dans les différentes races, M. Brent [15] dit que les canards à bec courbé sont très-bruyants, et que les Rouens ont un cri triste et monotone, qu'une oreille exercée reconnaît facilement. Il peut paraître singulier que la domestication ait développé la loquacité de certains canards; mais, le canard Chanterelle étant employé comme appeau, et comme tel étant utile par ses cris, il est probable que sa voix aura été développée par sélection. Le col. Hawker dit, par exemple, que, lorsqu'on ne peut se procurer de jeunes canards sauvages pour appeaux, on peut, comme pis-aller, choisir des canards domestiques les plus criards, quand même ils n'auraient pas la coloration de l'espèce sauvage [16]. On a affirmé à tort que les canards Chanterelles couvaient moins longtemps que la race commune [17].

La race Pingouine est de toutes la plus remarquable; elle porte son cou mince et son corps très-relevé; ses ailes sont petites: sa queue est retroussée, et elle a les fémurs et les métatarses beaucoup plus allongés que ces os ne le sont dans le canard sauvage. J'ai compté sur cinq individus, dix-huit rectrices, au lieu de vingt comme dans le canard sauvage; et j'en ai trouvé dix-huit et dix-neuf dans deux Labradors. Dans trois individus, le doigt médian portait 27 et 28 scutelles; il y en avait 34 et 32 dans deux canards sauvages. Croisée, la race Pingouine transmet fortement à sa progéniture, la forme particulière de son corps et sa démarche; c'est ce qu'ont montré très-évidemment quelques métis obtenus au Jardin Zoologique d'un de ces oiseaux et de l'oie Égyptienne [18] (*Tadorna Ægyptiaca*), ainsi que des métis que j'ai élevés moi-même, et produits du croisement d'un Pingouin et d'un Labrador. Je ne suis point surpris que quelques auteurs aient soutenu l'opinion de la descendance de cette race d'une espèce distincte et inconnue, mais pour les raisons déjà données, je crois plus probable qu'elle provient de l'*A. boschas*, bien que profondément modifiée par le climat et la domestication.

CARACTÈRES OSTÉOLOGIQUES. — Les crânes des diverses races ne diffèrent entre eux, et de celui du canard sauvage, que peu, si ce n'est par les proportions et la courbure des maxillaires supérieurs. Ces os sont courts chez le canard Chanterelle, offrant un profil droit, tandis qu'il est concave chez le canard ordinaire : leur crâne ressemble donc à celui d'une petite

---

15. *The Zoologist*, 1855, vol. III, p. 312. — Pour les Rouens, 1851, vol. I, p. 167.

16. Col. Hawker's *Instructions to young Sportsmen*, cité par Dixon dans *Ornamental Poultry*, p. 125.

17. *Cottage Gardener*, 9 avril 1861.

18. M. Selys Longchamps a décrit ces métis dans *Bulletins de l'Acad. royale de Bruxelles*, t. XII, n° 10.

oie. Dans le canard à bec courbé (fig. 39), les maxillaires supérieurs, ainsi que les inférieurs, sont recourbés en dessous d'une manière remarquable. Le Labrador, a les maxillaires supérieurs plutôt plus larges que le canard sauvage et j'ai observé sur deux crânes, une forte saillie des crêtes verticales qui se trouvent de chaque côté de l'occipital supérieur. Les maxillaires supérieurs sont, chez le canard Pingouin, plus courts, et les apophyses mastoïdiennes plus saillantes que dans l'espèce sauvage. Sur un canard Hollandais huppé, dont la touffe de plumes était énorme, le crâne était plus

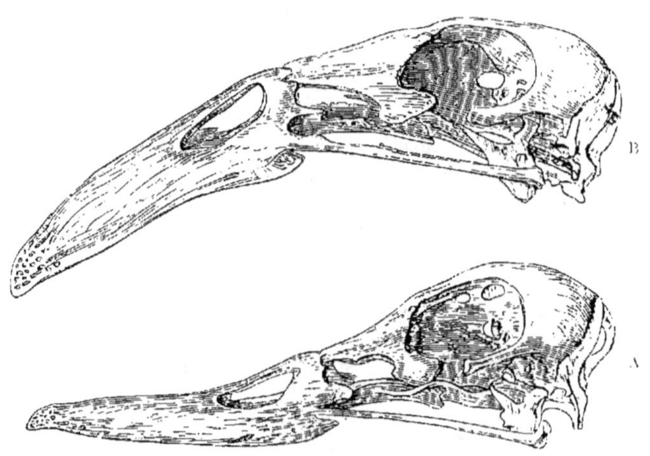

Fig. 39. Crânes, vus de côté, deux tiers de grandeur naturelle.
A. Canard sauvage. — B. Canard à bec courbé.

globuleux et présentait deux perforations: les os lacrymaux étaient beaucoup plus reculés, avaient une forme différente, et se rapprochant jusqu'à presque toucher les apophyses latérales des os frontaux, complétaient à peu près l'orbite osseuse de l'œil. Les os carrés et ptérygoïdiens étant très-compliqués, et en connexion avec un grand nombre d'autres os, je les ai comparés avec beaucoup de soin dans les diverses races, mais sans y remarquer de différences autres que dans la grandeur.

Vertèbres et côtes. — Sur un squelette de canard Labrador, j'ai compté les nombres habituels, de quinze vertèbres cervicales, et de neuf dorsales portant des côtes: sur un autre, j'ai trouvé quinze cervicales et dix dorsales à côtes, fait qui, autant que je puis en juger, n'est pas dû au développement d'une côte sur la première vertèbre lombaire, car dans les deux squelettes, les vertèbres lombaires étaient semblables par le nombre, la forme et la grandeur, à celles du canard sauvage. Dans deux squelettes de canard Chanterelle, il y avait quinze vertèbres cervicales et neuf dorsales: sur un troisième squelette, la quinzième cervicale portait de petites côtes, faisant ainsi dix paires de côtes, mais qui ne correspondaient ni ne dépendaient des mêmes vertèbres que les dix signalées précédemment chez le Labrador. Dans le canard Chanterelle, dont la 15e cervicale portait de petites côtes, les apophyses inférieures des 13e et 14e cervicales, et celle de la 17e dorsale, correspondaient aux apophyses des 14e, 15e et 18e vertèbres du canard sauvage : chacune de ces vertèbres avait donc ainsi acquis la conformation particulière à celle qui la suit. Dans le même canard, la 12e cervicale (fig. 40, B), avait les deux branches de son apophyse inférieure plus rapprochées que dans le canard sauvage (A), et leur portion descendante très-raccourcie. Dans le canard Pingouin, le cou, d'ailleurs mince et que l'oiseau porte très-relevé, paraît à cause de cela fort allongé, ce qui n'est du reste pas le cas, ainsi que le prouvent les mesures directes, et il n'y a pas de différence dans les vertèbres cervicales et dorsales. Toutefois, les dorsales postérieures sont plus complétement soudées au bassin que dans le canard sauvage. Le canard Aylesbury a quinze vertèbres cervicales, et dix dorsales pourvues de côtes, mais, autant que j'ai pu m'en assurer, il a le même nombre de vertèbres lombaires, sacrées et caudales que l'oiseau sauvage. Ses vertèbres cervicales (fig. 40, D), étaient

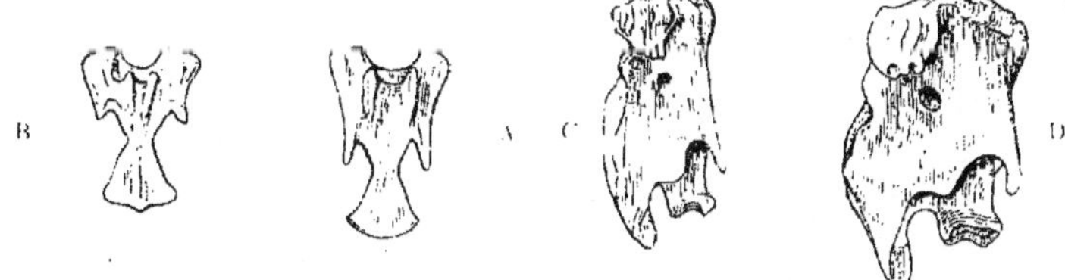

Fig. 40. Vertèbres cervicales de grandeur naturelle. — A. Huitième vertèbre cervicale de canard sauvage, vue en dessous. — B. Huitième vertèbre cervicale du canard Chanterelle, vue en dessous. — C. Douzième cervicale du canard sauvage, vue latéralement. — D. Douzième cervicale du canard Aylesbury, vue latéralement.

beaucoup plus larges et épaisses, par rapport à leur longueur, que dans l'espèce sauvage (C), comme on peut le voir par l'inspection des figures représentant dans les deux oiseaux la huitième cervicale. Ces faits nous montrent que la 15e cervicale se modifie quelquefois, et se transforme en une vertèbre dorsale, et que, lorsque cela arrive, toutes les vertèbres adjacentes sont modifiées. Nous voyons encore qu'il peut se développer occasionnellement une vertèbre dorsale additionnelle portant une côte, pendant que le nombre des cervicales et lombaires reste le même qu'à l'ordinaire.

L'élargissement osseux de la trachée chez les mâles est identiquement le même chez les races Pingouine, Chanterelle, Bec-courbé, Labrador et Aylesbury.

Le *bassin* est assez uniforme; sa partie antérieure est passablement arquée en dedans, sur le squelette du canard à bec courbé, et le trou ischiatique est moins allongé chez l'Aylesbury et quelques autres races. Le sternum, la fourchette, les coracoïdiens et l'omoplate n'offrent que des différences trop faibles et trop variables, pour qu'il vaille la peine de les mentionner : je me bornerai à signaler une forte atténuation de la portion terminale, des omoplates chez le canard Pingouin.

Je n'ai pas observé de modification dans la forme des os des jambes et de l'aile. Dans les Pingouins et les Becs-courbés, les phalanges terminales des ailes sont un peu raccourcies : dans les premiers, le fémur et le métatarse (mais non le tibia) sont considérablement allongés, tant relativement aux mêmes os dans le canard sauvage, qu'aux os de l'aile dans les deux oiseaux. Cet allongement des os de la jambe est très-apparent chez l'oiseau vivant, et doit sans doute être en rapport avec sa démarche tout particulièrement redressée. Dans un grand canard Aylesbury, j'ai trouvé, d'autre part, que le tibia était le seul os qui, relativement aux autres os de la jambe, fût un peu allongé.

Effets de l'augmentation et de la diminution de l'usage des membres. — Dans toutes les races, les os des ailes, mesurés séparément, après nettoyage complet, et comparés à ceux du canard sauvage, se sont, relativement aux os des membres, un peu raccourcis, comme le montre la table suivante :

RACES.	LONGUEUR des FEMUR, TIBIA ET MÉTATARSE ensemble.	LONGUEUR des HUMÉRUS, RADIUS ET MÉTATARSE ensemble.	RAPPORT.
	Pouces.	Pouces.	
Canard sauvage........	7.14	9.28	100 : 129
Aylesbury	8.64	10.43	100 : 120
Huppé (hollandais).........	8.25	9.83	100 : 119
Pingouin	7.12	8 78	100 : 123
Chanterelle...............	6.20	7.87	100 : 125
	LONGUEUR des mêmes os.	LONGUEUR de tous les os de l'aile.	RAPPORT.
Canard sauvage (autre exemplaire	6.85	10.07	100 : 117
Canard domestique ordinaire.	8.15	11.26	100 : 138

Cette table nous prouve que, comparés aux os de l'aile du canard sauvage, ceux des races domestiques ont subi une réduction petite mais générale, et que la réduction la plus faible se trouve chez le canard Chanterelle, lequel a conservé l'habitude et le pouvoir de voler. La table suivante montre que, quant au poids, la différence entre les os des jambes et ceux de l'aile est encore plus considérable.

RACES.	POIDS des FÉMUR, TIBIA et MÉTATARSE.	POIDS des HUMÉRUS, RADIUS et MÉTACARPIEN.	RAPPORT.
	Grains.	Grains.	
Canard sauvage............	54	97	100 : 179
Aylesbury................	164	204	100 : 124
Bec-courbé..............	107	160	100 : 149
Huppé (hollandais)........	111	148	100 : 133
Pingouin................	75	90.5	100 : 120
Labrador................	141	165	100 : 117
Chanterelle..............	57	93	100 : 163
	POIDS de tous les os de la jambe et du pied.	POIDS de tous les os de l'aile.	RAPPORT. —
Canard sauvage (autre exemplaire................	66	115	100 : 173
Canard domestique ordinaire.	127	158	100 : 124

Dans ces oiseaux domestiques, le poids considérablement moindre des os de l'aile, (dont la moyenne est d'environ 25 p. 0/0 de leur poids proportionnel), ainsi que leur diminution de longueur, relativement aux os' des jambes, pourraient provenir, non d'une diminution réelle des os de l'aile, mais d'un accroissement du poids et de la longueur des os de la jambe. Dans la première table que nous donnons plus bas, on peut voir que, relativement au poids du squelette entier, les os des jambes ont effectivement augmenté de poids; mais la deuxième table montre que, d'après le même terme de comparaison, les os de l'aile ont aussi effectivement diminué de poids: il en résulte que la disproportion relative que signalent les deux tables précédentes entre les os des ailes et des jambes, comparés à ceux du canard sauvage, est en partie due à une augmentation dans le poids et la longueur des os des jambes, et en partie à la diminution du poids et de la longueur de ceux des ailes.

Quant aux tables qui suivent, je dois dire que je les ai vérifiées en prenant un autre squelette de canard sauvage et de canard domestique, et en comparant le poids total des os des jambes à celui de tous les os de l'aile; le résultat a été le même. D'après la première table, nous voyons que dans chaque cas, les os des membres ont effectivement augmenté de poids. On devait s'attendre à ce que les os des jambes seraient plus ou moins pesants, en proportion de l'augmentation ou de la diminution du poids du squelette entier; mais on ne peut expliquer leur accroissement relatif de poids dans toutes les races que par le fait que celles-ci marchent et se servent de leurs pattes beaucoup plus que les oiseaux sauvages, car elles ne volent jamais, et les plus artificielles nagent rarement. La deuxième table nous montre qu'à l'exception d'un cas, les os de l'aile ont subi une réduction marquée, résultat évident d'une diminution d'usage. Le cas exceptionnel que présente un des canards Chanterelle, n'est à vrai dire pas une exception.

RACES.	POIDS DU SQUELETTE entier. *Nota.* On a enlevé à tous les squelettes un métatarse et un pied, ces parties ayant été ecartées sur deux d'entre eux.	POIDS des FÉMUR, TIBIA et MÉTATARSE.	RAPPORT.
	Grains.	Grains.	
Canard sauvage............	839	54	1000 : 67
Aylesbury.................	1925	164	1000 : 85
Huppé (hollandais).........	1404	111	1000 : 79
Pingouin..................	871	75	1000 : 86
Chanterelle (de M. Fox)......	717	57	1000 : 79

RACES.	POIDS du squelette entier.	POIDS des humerus, radius et métacarpien.	RAPPORT.
	Grains.	Grains.	
Canard sauvage............	839	97	1000 : 115
Aylesbury.................	1925	204	1000 : 105
Huppé (hollandais).........	1404	148	1000 : 105
Pingouin..................	871	90	1000 : 103
Chanterelle (de M. Baker)....	914	100	1000 : 109
Chanterelle (de M. Fox)......	713	92	1000 : 129

car cet oiseau avait l'habitude de voler presque constamment, et tous les jours, pendant un temps très-long, il décrivait dans l'air des cercles de plus d'un mille de diamètre. Bien loin d'avoir subi une diminution, les os des ailes de cet oiseau ont réellement augmenté de poids, relativement à ceux du canard sauvage, ce qui probablement est la conséquence de la légèreté et de la minceur de tous les os de son squelette.

J'ai enfin pesé les fourchettes, les coracoïdiens et les omoplates d'un canard sauvage et d'un canard domestique commun, et j'ai trouvé que les poids de ces os, relativement à celui du squelette entier, étaient comme 100 à 89 ; 100 représentant le poids du squelette du premier, d'où les os de l'oiseau domestiqué ont perdu 11 0 0 de leur poids proportionnel. La saillie de la crête sternale est aussi fort réduite relativement à la longueur du sternum, dans toutes les races domestiques. Ces changements sont évidemment le résultat de la diminution de l'usage des ailes.

On sait que plusieurs oiseaux appartenant à divers ordres,

et habitant des îles Océaniques, ont des ailes considérablement réduites et sont dans l'impossibilité de voler. Dans mon
Origine des Espèces, j'avais émis l'idée que, ces oiseaux
n'ayant pas d'ennemis à redouter, leurs ailes s'étaient graduellement réduites par défaut d'usage. On pouvait par conséquent
s'attendre à ce que, pendant les premières périodes de ce commencement de diminution, les oiseaux dans ce cas ressemblas-
sent à nos canards domestiques, par l'état de leurs organes du
vol. C'est précisément ce qui est pour la poule d'eau de Tris-
tan d'Acunha (*Gallinula nesiotis*) qui peut voltiger un peu,
mais, pour se sauver, se sert surtout de ses jambes et non de
ses ailes. M. Sclater [19] ayant examiné cet oiseau, a trouvé que
ses ailes, son sternum, ses os coracoïdiens, sont réduits en
longueur, et la crête sternale en profondeur, si on les compare
aux mêmes os de la poule d'eau européenne (*G. chloropus*);
d'autre part, le fémur et le bassin, comparés à ceux de la poule
d'eau ordinaires sont plus grands, le premier de quatre lignes.
Il s'est donc opéré, à un degré un peu plus prononcé, sur le
squelette de cette espèce naturelle, les mêmes changements
que sur nos canards domestiques; je crois que personne ne
pourra contester que, dans le cas en question, ils ne soient dus
à une diminution de l'usage des ailes et à une augmentation
de celui des jambes.

OIES.

De tous les animaux dont la domestication est ancienne, il
n'en est presque pas qui aient aussi peu varié que l'oie. L'antiquité de la domestication de cet oiseau nous est révélée par
quelques vers d'Homère, et par les oies conservées au Capitole
de Rome (388 ans avant Jésus-Christ), et dont la consécration
à Junon impliquait une haute antiquité [20]. Le désaccord qui
règne entre les naturalistes, relativement à l'espèce sauvage
dont elle peut descendre, montre que l'oie a varié dans certaines
limites; il est vrai, que dans ce cas, la difficulté provient surtout
de l'existence de trois ou quatre espèces sauvages européennes,
très-voisines les unes des autres [21]. La plupart des observateurs

19. *Proc. zool. Society*, 1851, p. 231.
20. Sir J. E. Tennent, *Ceylon*, 1859, vol. I, p. 485 — J. Crawfurd, O. C., 1860. — Rev.
E. S. Dixon, *Ornament. Poultry*, 1848, p. 132. — L'oie figurée sur les monuments égyptiens
paraît avoir été l'oie rouge d'Égypte.
21. Macgillivray, *British Birds*, vol. IV, p. 593.

compétents rattachent nos oies domestiques à l'oie sauvage, *A. ferus*, dont les jeunes s'apprivoisent facilement [22], et sont domestiqués par les Lapons. Cette espèce, croisée avec l'oie domestique a produit, en 1849, au Jardin Zoologique, des métis parfaitement fertiles [23]. La partie inférieure de la trachée de l'oie domestique est, d'après Yarrell [24], quelquefois aplatie, et la base du bec est aussi parfois entourée d'un anneau de plumes blanches. A première vue, ces caractères sembleraient indiquer un croisement antérieur avec l'oie à front blanc, *A. albifrons*; mais dans cette espèce l'anneau blanc est variable, et il ne faut pas méconnaître la loi des variations analogiques, en vertu de laquelle les individus d'une espèce peuvent revêtir certains caractères d'une espèce voisine.

Puisque l'action d'une domestication très-prolongée, paraît n'avoir que peu influencé les caractères de l'oie, voyons quelle est l'importance des modifications qu'on peut déceler chez elle. Elle a augmenté de taille et de fécondité [25], et varie en couleur du blanc au foncé. Plusieurs observateurs [26] ont remarqué que les mâles sont plus souvent blancs que les femelles, et deviennent presque invariablement blancs, lorsqu'ils sont vieux, ce qui n'est cependant pas le cas de la forme souche, l'*A. ferus*. Ici encore, il peut y avoir un cas de variation analogique, car tous ceux qui ont traversé les détroits de Tierra del Fuego ou visité les îles Falkland, ont pu remarquer sur la grève le singulier spectacle du mâle blanc comme neige de l'oie de rocher (*Bernicla antarctica*), accompagné de sa femelle foncée. Quelques oies portent des huppes, et ont alors, ainsi que nous l'avons dit plus haut, la partie sous-jacente du crâne perforée. On a tout récemment formé une race dont les plumes de la partie postérieure de la tête et du cou sont renversées [27]. Le bec varie un peu de grandeur, et a une teinte plus jaune que

---

22. Strickland, *Ann. and Mag. of nat. Hist.* 3e série, vol. III, 1859, p. 122, a élevé quelques jeunes oies sauvages, qui étaient par tous leurs caractères et leurs habitudes, identiques à l'oie domestique.

23. Hunter, *Essays* (édité par Owen), vol. II, p. 322.

24. Yarrell, *British Birds*, vol. III, p. 142, signale la domestication de l'oie par les Lapons.

25. L. Lloyd, *Scandinavian Adventures*, 1854, v. II, p. 413, dit que l'oie sauvage pond de cinq à huit œufs, nombre bien inférieur à celui des œufs de l'oie domestique.

26. Observation du Rev. L. Jenyns dans *British Animals*. Voir aussi Yarrell et Dixon dans *Ornament. Poultry* (p. 139), et *Gardener's Chronicle*, 1857, p. 45.

27. M. Bartlett a exposé le cou et la tête d'une oie ainsi caractérisée à la Zoological Society, Fév. 1860.

celui de l'oie sauvage, cependant sa couleur ainsi que celle des pattes sont légèrement variables [28]. Ce dernier point est important, parce que la coloration des ces organes est fort utile pour la distinction des diverses formes sauvages, voisines les unes des autres [29]. On expose à nos concours deux races, celles d'Embden et de Toulouse, qui ne diffèrent absolument que par la couleur [30]. On a récemment importé de Sébastopol [31] une variété singulière, dont M. Tegetmeier m'a envoyé deux exemplaires, et qui est remarquable par ses plumes scapulaires très-allongées, frisées, et même tordues en spirale. Les bords de ces plumes ont un aspect duveteux par suite de la divergence des barbes et des barbules, et ressemblent un peu à celles qui garnissent le dos du cygne Australien noir. Ces plumes sont encore remarquables par leur tige centrale mince, transparente, et comme refendue en fins filaments qui, distincts sur une certaine étendue, se ressoudent plus loin ensemble. Ces filaments sont garnis régulièrement et de chaque côté d'un duvet fin ou de barbules, identiques à ceux qui se trouvent sur les vraies barbes des plumes. Cette structure des plumes se transmet aux métis. Dans le *Gallus Sonneratii*, les barbes et barbules se soudent ensemble, et forment ainsi dé minces lames cornées de même nature que la tige ; dans cette variété de l'oie, la tige se divise en filaments qui portent des barbules et ressemblent par conséquent aux vraies barbes de la plume.

Bien que l'oie domestique diffère certainement de toutes les espèces sauvages connues, elle a cependant subi beaucoup moins de variations que la plupart des autres animaux domestiques, ce qui s'explique par le fait que la sélection lui a été peu appliquée. Une foule d'oiseaux offrant beaucoup de races distinctes, sont appréciés comme ornements ou comme favoris, ce qui n'a jamais été le cas pour l'oie, dont le nom même, dans plus d'une langue, est un terme de mépris. On apprécie dans l'oie sa taille, sa saveur et sa fécondité ; la blancheur de ses plumes augmente sa valeur ; c'est sur ces points, par lesquels

28. W. Thompson, *Nat. Hist. of Ireland*, 1851, t. III, p. 31. — Je dois au Rev. E. Dixon les renseignements sur les variations des couleurs du bec et des pattes.

29. Strickland, *O. C.*, p. 122.

30. *Poultry Chronicle*, vol. I, 1854, p. 498 ; vol. III, p. 210.

31. *Cottage Gardener*, 4 Sept. 1860, p. 318.

elle diffère de sa forme souche, qu'a surtout porté la sélection. Déjà anciennement les gourmets romains estimaient le foie de l'oie *blanche*, et Pierre Belon[32], en 1555, en mentionne deux variétés, dont l'une était plus grande, plus féconde et d'une meilleure couleur que l'autre; il note expressément que les bons éleveurs faisaient très attention à la couleur des jeunes oiseaux, afin de déterminer quels étaient ceux qu'ils devaient choisir et conserver pour la reproduction.

LE PAON.

Cet oiseau est encore un de ceux qui n'ont presque pas varié sous l'influence de la domestication, si ce n'est un peu par la couleur, car il y en a qui sont blancs ou pies. M. Waterhouse, qui a comparé avec soin des peaux de l'oiseau indien sauvage et de la race domestique, les a trouvées identiques, à cela près que le plumage de cette dernière est un peu plus touffu. On est dans le doute au sujet de leur origine, et on ignore si nos paons descendent de ceux qui furent introduits en Europe du temps d'Alexandre, ou s'ils ont été importés depuis. Ils ne se reproduisent pas très-facilement chez nous, et sont rarement gardés en grand nombre, deux circonstances peu favorables à une sélection graduelle et à la formation de nouvelles races.

Un fait étrange relatif au paon, est celui de l'apparition en Angleterre d'une variété dite « à épaules noires, » qu'on a récemment, sur l'autorité de M. Sclater, séparée comme espèce distincte sous le nom de *Pavo nigripennis*, et que cet auteur croit devoir exister à l'état sauvage dans quelque pays, mais pas dans l'Inde, où elle est certainement inconnue. Ces oiseaux diffèrent considérablement du paon commun par la couleur des rémiges secondaires, des plumes scapulaires, des tectrices alaires et des cuisses; les femelles sont plus pâles, et d'après M. Bartlett, les jeunes aussi sont différents. Ils se propagent d'une manière constante. Bien qu'ils ne ressemblent pas aux métis qu'on a obtenus du croisement des *P. cristatus* et

32. *Hist. de la nature des oiseaux*, par P. Belon, 1555, p. 156. — Voir pour la préférence qu'avaient les Romains pour les foies de l'oie blanche, I. Geoffroy Saint-Hilaire, *Hist. nat. gén.* t. III, p. 58.

muticus, ils sont cependant, sous quelques rapports, intermédiaires entre ces deux espèces par leurs caractères, fait qui, selon M. Sclater, est favorable à l'idée qu'ils doivent former une espèce naturelle distincte [33].

Sir R. Heron assure, d'autre part [34], que cette race a apparu, subitement, dans un grand troupeau de paons ordinaires blancs, et pies, appartenant à Lord Brownlow. Le même fait s'est présenté dans un troupeau entièrement composé de paons communs chez Sir J. Trevelyan, et dans celui de M. Thornton, comprenant des paons ordinaires et pies. Chose remarquable, dans ces deux derniers cas, la variété à épaules noires se multiplia jusqu'à extermination de la race existant précédemment. J'ai aussi appris de M. Hudson Gurney, par l'intermédiaire de M. Sclater, qu'il avait, plusieurs années auparavant, élevé une paire de paons à épaules noires, provenant du paon commun ; un autre ornithologiste, le professeur A. Newton a eu aussi, il y a quelques années, un oiseau femelle semblable sous tous les rapports à celle de la variété à épaules noires, provenant d'une famille de paons communs qu'il possédait, et dont aucun n'avait, depuis plus de vingt ans, été croisé avec aucun oiseau d'une autre branche. Nous avons donc là, cinq cas bien distincts d'oiseaux à épaules noires, surgissant subitement dans des troupeaux de l'espèce commune, qu'on élève en Angleterre. On ne pourrait désirer de preuves plus claires de l'apparition d'une nouvelle variété.

Si nous rejetons cette manière de voir, et considérons le paon à épaules noires comme une espèce distincte, il faut supposer, dans tous les cas, que la race commune a dû autrefois avoir été croisée par le *P. nigripennis* supposé, qu'elle a perdu depuis, toute trace de ce croisement, et que cependant, elle a occasionnellement produit des individus revêtant subitement et complètement, par voie de retour, les caractères du *P. nigripennis*. Or jamais un cas pareil ne s'est présenté dans les règnes animal ou végétal. Pour saisir l'improbabilité absolue d'une pareille occurrence, supposons par exemple, qu'à quelque époque antérieure, une race de chiens ait été croisée avec un loup, et ait depuis perdu toutes traces des caractères de cet

33. Sclater, *Proc. zool. Soc.*, 21 Avril 1863.
34. *Proc. zool. Soc.*, 14 Avril 1835.

animal; que cependant ladite race de chiens ait, dans cinq cas peu éloignés les uns des autres, et dans le même pays, donné naissance à des loups parfaits sous tous les rapports: il nous faudrait encore supposer que, dans deux des cas, les loups nouvellement produits se seraient ensuite multipliés au point d'exterminer la souche mère. Une forme aussi remarquable que le *P. nigripennis*, nouvellement importée, eût eu une grande valeur; il est donc improbable que son introduction ait pu passer inaperçue, et que son histoire se soit ultérieurement perdue. En somme, les faits me paraissent évidemment favorables à l'opinion que la race à épaules noires est une variation, due soit à l'action du climat de l'Angleterre, soit à une autre cause, telle que le retour à un état primitif et éteint de l'espèce. Si donc le paon à épaules noires est une variété, c'est l'exemple le plus remarquable qui ait jamais été enregistré de l'apparition soudaine d'une forme nouvelle, ressemblant assez à une véritable espèce pour tromper un de nos ornithologistes les plus experts.

DINDON.

M. Gould[35] paraît avoir suffisamment établi, d'après ce que nous savons de sa première introduction, que le dindon descend d'une espèce Mexicaine sauvage (*Meleagris Mexicana*), que les indigènes avaient déjà domestiquée avant la découverte de l'Amérique, et que l'on considère généralement comme spécifiquement distincte de l'espèce sauvage commune des États-Unis. Quelques naturalistes, toutefois, pensent que les deux formes ne sont que des races géographiques bien accusées. Quoi qu'il en soit, le cas mérite d'être examiné, parce que, dans les États-Unis, les dindons mâles sauvages s'apparient très-facilement avec les femelles de la race domestique, qui elle-même provient de la forme mexicaine[36].

On a plusieurs récits de jeunes oiseaux provenant d'œufs de

<hr>

35. *Proc. zool. Soc.*, 8 Avril 1856, p. 61. — Le professeur Baird (cité dans l'Eggetmeier, *Poultry Book*, 1866, p. 269), croit que nos dindons proviennent d'une espèce des Indes occidentales actuellement éteinte. Mais à l'improbabilité qu'un oiseau se soit éteint dans ces grandes îles si luxuriantes, il faut encore ajouter ce fait que, le dindon dégénérant dans l'Inde, il n'a pas dû être primitivement un habitant des basses régions tropicales.

36. Audubon, *Ornithological Biograph.*, vol. 1, 1831, p. 4-13, — et *Naturalist's Library*, vol. XIV, *Birds*, p. 138.

l'espèce sauvage, et élevés aux États-Unis, qui se sont croisés
et mélangés avec la race ordinaire. On a aussi conservé dans
des parcs séparés, en Angleterre, des oiseaux de cette même
espèce ; le Rev. W. D. Fox s'en est procuré qui se sont librement croisés avec la race domestique, et pendant plusieurs
années, me dit-il, les dindons de son voisinage portaient des
marques très-évidentes du croisement dont leurs parents
avaient été l'objet. C'est là un exemple d'une race domestique
modifiée par croisement avec une espèce distincte, ou au moins
une race sauvage. F. Michaux[37], en 1802, pensait que le dindon domestique ne provenait pas de l'espèce des États-Unis
seule, mais aussi d'une forme méridionale ; il allait même
jusqu'à admettre que les dindons d'Angleterre et de France
différaient entre eux par des proportions variées du sang des
souches parentes.

Les dindons anglais sont plus petits que l'une ou l'autre
des formes sauvages. Ils n'ont pas varié d'une manière considérable ; mais on peut cependant distinguer quelques races,
telles que les Norfolk, Suffolk, Blancs, Cuivrés (ou Cambridge),
qui toutes, lorsqu'on évite de les croiser avec d'autres races,
propagent leur type d'une manière constante. De toutes ces
formes, la plus distincte est le petit dindon robuste noirâtre
de Norfolk, dont les petits sont noirs, et ont quelquefois des
taches blanches sur la tête. Les autres ne diffèrent guère que
par la couleur, et leurs jeunes sont généralement marbrés de
gris brunâtre[38]. La touffe de poils sur le poitrail, qui est particulière au mâle seul, apparaît occasionnellement sur la femelle
domestique[39]. Les tectrices caudales inférieures varient de
nombre, et, d'après une superstition allemande, la femelle pond
autant d'œufs qu'il y a de ces plumes chez le mâle[40]. D'après
Temminck, il y avait autrefois en Hollande, une race magnifique d'un jaune-chamois, pourvue d'une ample huppe blanche.
M. Wilmot[41] a décrit un dindon mâle blanc, portant une huppe
formée de plumes longues de quatre pouces, dont les tiges nues
étaient garnies à l'extrémité d'une petite touffe de duvet blanc

37. F. Michaux, *Voyage dans l'Amérique du Nord*, 1802.
38. Rev. E. S. Dixon, *Ornament. Poultry*, 1848, p. 34.
39. Id., *ibid.*, 1848, p. 35.
40. Bechstein, *O. C.*, v. III, 1793, p. 309.
41. *Gardener's Chronicle*, 1852, p. 699.

et soyeux. La plupart des dindonneaux héritaient de cette espèce
de huppe, mais elle tombait ensuite, ou était arrachée par les
autres oiseaux. Ce cas est intéressant, parce qu'avec des soins
on aurait probablement pu former une nouvelle race, et qu'une
huppe de cette nature aurait été, jusqu'à un certain point, analogue à celle que portent les mâles dans plusieurs genres voisins, comme les *Euplocomus, Lophophorus* et *Puro*.

On a conservé dans les parcs des lords Powis, Leicester,
Hill et Derby, des dindons sauvages qu'on croit avoir été tous
importés des États-Unis. Le Rev. W. D. Fox ayant étudié les
oiseaux des deux premiers de ces parcs, me dit qu'ils différaient certainement un peu les uns des autres, par la forme du
corps et par leurs ailes à plumage barré. Ils différaient aussi des
oiseaux de lord Hill, dont quelques-uns conservés à Oulton par
Sir P. Egerton, tout croisement avec le dindon ordinaire ayant
été soigneusement évité, produisirent occasionnellement des
oiseaux beaucoup plus pâles, et un qui fut presque blanc, mais
non albinos. Ce cas de dindons semi-sauvages différant légèrement les uns des autres, est analogue à celui du bétail sauvage,
qui existe encore dans quelques parcs anglais. Nous devons
supposer que ces différences sont le résultat de l'empêchement
du libre croisement d'oiseaux, dont la distribution géographique est très-étendue, et des changements dans les conditions extérieures auxquelles ils se sont trouvés soumis en
Angleterre. Le climat de l'Inde paraît avoir occasionné des
changements considérables chez le dindon, car M. Blyth[12] le
décrit comme fort dégénéré de taille, tout à fait incapable de
s'élever sur ses ailes, de couleur noire, et ayant les longs
appendices placés au-dessus du bec énormément développés.

PINTADE.

La pintade domestique descend, suivant l'opinion des naturalistes, de la *Numida ptilorhyncha*, qui habite des régions
très-chaudes et en partie très-arides, de l'Afrique orientale;
elle a donc été, dans nos pays, soumise à des conditions extérieures bien différentes. Elle a néanmoins peu varié, si ce n'est
par le plumage qui est tantôt plus pâle, tantôt plus foncé. Cet

<hr>

12. E. Blyth, *Ann. and Mag. of nat. Hist.*, 1847, vol. XX, p. 391.

oiseau, et le fait est singulier, varie davantage de couleur dans les Indes occidentales, sous un climat chaud et humide, qu'en Europe[43]. La pintade est redevenue complétement sauvage à la Jamaïque et à Saint-Domingue[44], et a diminué de taille ; ses pattes sont noires, tandis qu'elles sont grises chez l'oiseau africain. Ce petit changement est à noter, à cause de l'assertion souvent répétée, que tous les animaux redevenus sauvages reviennent par tous leurs caractères à leur type primitif.

CANARIS.

Cet oiseau n'ayant été domestiqué que récemment, soit depuis trois cent cinquante ans environ, sa variabilité mérite attention. Il a été croisé avec neuf ou dix espèces de Fringillidés, et a produit des métis, dont quelques-uns ont été presque complétement fertiles ; nous n'avons cependant pas la preuve qu'il soit résulté de ces croisements aucune race distincte. Malgré la récente domestication du canari, un grand nombre de variétés ont été créées ; déjà avant 1718 on publiait en France[45] une liste de 27 variétés, et en 1779, la « Société des Canaris de Londres » fit imprimer un long inventaire des qualités désirables à obtenir chez ces oiseaux, de sorte qu'on leur a depuis fort longtemps appliqué la sélection méthodique. La plupart des variétés ne diffèrent que par la couleur et les marques de leur plumage. Quelques races diffèrent cependant de forme ; ainsi les canaris Voûtés, et les canaris Belges dont le corps est fortement allongé. M. Brent[46] a mesuré un de ces oiseaux, dont le corps avait huit pouces de longueur, tandis que celui du canari sauvage n'a que cinq pouces et un quart. Il existe des canaris huppés, et, fait curieux, lorsqu'on apparie deux oiseaux huppés, les petits, au lieu d'avoir des huppes, sont généralement chauves, ou même présentent une plaie sur la

---

43. Roulin, *Mém. savants étrangers*, t. VI, 1835, p. 349. — M. Hill, de Spanish Town, m'envoie dans une lettre la description de cinq variétés de la pintade à la Jamaïque. J'en ai vu des variétés singulières de couleurs pâles, importées des Barbades et de Demerara.

44. Pour Saint-Domingue, voir A. Salle, *Proc. zool. Soc.*, 1857, p. 236. — M. Hill, dans sa lettre, me signale la couleur des pattes des oiseaux marrons de la Jamaïque.

45. B. P. Brent, *The Canary, British Finches*, etc., p. 21-30.

46. *Cottage Gardener*, 11 Déc. 1855, p. 184, description des variétés. — E. V. Harcourt ; même ouvrage, 25 Déc. 1855, p. 223, pour les mesures des oiseaux sauvages.

tête[47]. Il semblerait que la huppe fût due à quelques conditions morbides, qui s'accroissent au point de devenir nuisibles, lorsque les deux parents en sont pourvus. On connaît une race à pattes emplumées, et une autre qui porte le long du poitrail une sorte de fraise. Il est un autre caractère qui mérite d'être signalé, parce qu'il n'existe que pendant une période de la vie de l'oiseau, et est rigoureusement héréditaire à cette même période, c'est, chez les canaris de prix, la couleur des rémiges, et des rectrices, qui sont noires jusqu'à la première mue : après celle-ci, cette particularité disparaît[48]. Les canaris diffèrent beaucoup par leur naturel et un peu par leur chant. Ils pondent trois ou quatre fois par an.

POISSONS DORÉS.

En dehors des mammifères et des oiseaux, il n'y a que fort peu d'animaux appartenant aux autres grandes classes, qui aient été domestiqués, mais je crois nécessaire de dire quelques mots des poissons dorés, des abeilles et du bombyx du mûrier, pour montrer combien la loi, que les animaux, sortis de leurs conditions naturelles, sont sujets à varier et à former des races lorsqu'on leur applique la sélection, est générale.

Le poisson doré (*Cyprinus auratus*), n'a été introduit en Europe que depuis deux ou trois siècles ; mais on croit qu'en Chine, il a été conservé en captivité depuis une époque très-reculée. D'après les variations analogiques d'autres poissons, M. Blyth[49] a été conduit à soupçonner que les poissons dorés n'existent pas à l'état de nature. Ces poissons vivent souvent dans les conditions les moins naturelles, et leur variabilité de taille, de couleur et de quelques points importants de conformation, est considérable. M. Sauvigny en a décrit et publié des dessins coloriés de quatre-vingt-neuf variétés[50]. Plusieurs d'entre elles, comme celle à triple nageoire caudale, etc., devraient être regardées comme des monstruosités, bien qu'il soit difficile d'établir une ligne de démarcation précise, entre

47. Bechstein, *Naturg. der Stubenvögel*, 1840, p. 243 ; p. 252 sur l'hérédité du chant des canaris. Pour leur calvitie, W. Kidd, *Treatise on Song-Birds*.
48. W. Kidd, O. C., p. 18.
49. *Indian Field*, 1858, p. 255.
50. Yarrell, *British Fishes*, vol. 1, p. 319.

une variation et une monstruosité. Les poissons dorés n'étant
que des objets d'ornement ou de curiosité, et que les Chinois[51]
sont précisément gens à réserver une variété accidentelle
pour la propager, il est à peu près certain que la sélection a
dû être largement mise en jeu par eux dans la formation de
races nouvelles. Il est toutefois singulier que quelques-unes
des monstruosités ou variations ne soient pas héréditaires; car
Sir R. Heron[52], ayant observé un grand nombre de ces poissons, et ayant placé dans un réservoir spécial, tous les poissons
difformes, tels que ceux privés des nageoires dorsales, ou ayant
deux nageoires anales ou une triple caudale, a pu constater
que ces poissons anormaux ne produisaient pas une plus forte
proportion de poissons difformes que les autres.

Laissant de côté la diversité presque infinie des colorations,
nous rencontrons chez ces animaux les modifications les plus
extraordinaires dans la structure. Ainsi, sur environ deux dou-
zaines d'individus pris à Londres, M. Yarrell a observé, chez
les uns, la nageoire dorsale occupant plus de la moitié de la
longueur du dos; chez d'autres, cette nageoire était réduite à
cinq ou six rayons seulement; un n'en avait point du tout.
Les nageoires anales sont quelquefois doubles; et la caudale
est souvent triple. Cette dernière déviation semble généralement avoir lieu aux dépens de tout ou partie d'une autre
nageoire[53]: cependant Bory de Saint-Vincent[54] a vu à Madrid,
des poissons dorés ayant à la fois la dorsale et une queue triple.
Il y a une variété caractérisée par une bosse dorsale située près
de la tête, une autre variété des plus singulières, importée de
Chine, a été décrite par le Rev. L. Jenyns[55]; sa forme est
presque globuleuse comme celle de Diodon, la partie charnue
de sa queue est supprimée, et la nageoire caudale est implantée
un peu en arrière de la dorsale et immédiatement au-dessus de
l'anale. Les nageoires caudale et anale étaient doubles, cette
dernière étant verticalement attachée au corps; les yeux
étaient aussi très-grands et saillants.

<hr>

51. M. Blyth, *Indian Field*, 1858, p. 255.
52. *Proc. zool. Soc.*, 25 Mai 1842.
53. Yarrell, *O. C.*, vol. 1, p. 319.
54. *Dict. class. d'Hist. nat.* t. V, p. 276.
55. *Observations in nat. Hist.* 1846, p. 211. — Dr Gray a décrit dans *Annals and Mag. of nat. Hist.*, 1860, p. 151, une variété semblable, mais privée de nageoire dorsale.

ABEILLES.

La domestication des abeilles est fort ancienne, si toutefois on doit les regarder comme des animaux domestiques, puisqu'elles cherchent elles-mêmes leur nourriture, sauf celle qu'on leur fournit ordinairement pendant l'hiver. Au lieu d'un trou dans un arbre, elles habitent une ruche. Toutefois, comme elles ont été transportées dans presque toutes les parties du globe, les actions climatériques ont dû exercer sur elles toute l'influence directe dont elles sont capables. On a souvent constaté que dans les différentes parties de l'Angleterre, les abeilles varient de taille, de coloration et d'humeur ; Godron [56] dit que dans le midi de la France elles sont généralement plus grandes que dans les autres régions ; on a aussi affirmé que les petites abeilles brunes de la haute Bourgogne, transportées en Bresse, deviennent grosses et jaunes dès la seconde génération ; mais ces assertions demandent à être confirmées. En ce qui concerne la taille, on sait que les abeilles nées dans de très-vieux rayons sont plus petites, les cellules se trouvant rapetissées par la présence des coques des générations précédentes. Les meilleures autorités [57] s'accordent à admettre qu'à l'exception de l'espèce ou race Ligurienne, dont nous allons parler, il n'existe, ni en Angleterre, ni sur le continent, de races distinctes d'abeilles. Il y a cependant, dans un même essaim, quelques variations de couleur. Ainsi M. Woodbury [58] assure avoir vu à plusieurs reprises, des reines de l'espèce commune annelées de jaune comme les reines Liguriennes, et inversement, des reines de cette dernière race, ayant la couleur foncée des reines ordinaires. Il a aussi observé des variations dans la couleur des bourdons, sans que les reines ou ouvrières de la même ruche, présentassent des différences correspondantes. Le grand apiculteur Dzierzon [59], répondant à mes questions sur ce sujet,

---

56. *De l'Espèce*, 1859, p. 459. — Pour les abeilles de Bourgogne, voir Gérard, article Espèce, dans *Dict. universel d'Hist. nat.*, 1849, t. V. p. 438.

57. Voir *Journal of Horticulture*, 1862, p. 225, 242 et 281, une discussion sur ce sujet en réponse à une question que j'avais posée.

58. *Journal of Horticulture*, 11 Juillet. 1863. p. 39.

59. *Ibid.*, 9 Sept. 1862. p. 463. — Voir sur le même sujet M. Kleine (11 Nov. p. 643), qui conclut que, sauf quelque variabilité de couleur, on ne peut reconnaître de différences constantes ou appréciables chez les abeilles d'Allemagne.

dit qu'en Allemagne, les abeilles de certaines ruches sont foncées, tandis que d'autres sont remarquables par leur couleur
jaune. Dans certaines régions, les abeilles paraissent avoir des
habitudes différentes, car Dzierzon ajoute : « Lorsque plusieurs
ruches et leur progéniture sont plus disposées à essaimer,
tandis que d'autres sont plus riches en miel, ce qui fait que
quelques apiculteurs ont pu distinguer des abeilles « récoltant le miel, » et des abeilles « essaimantes, » ces habitudes
deviennent une seconde nature, et paraissent résulter du mode
adopté dans le traitement des ruches, et du genre de nourriture
que leur offre la localité. Il y a, par exemple, sous ce rapport,
une grande différence entre les abeilles des landes de Lunebourg
et celles de ce pays..... On peut là-bas d'une manière infaillible, empêcher la colonie la plus considérable d'essaimer, et
éviter la production des bourdons, en substituant à une vieille
reine une jeune de l'année courante ; tandis que le même
moyen appliqué au Hanovre n'aurait aucune efficacité. » Je me
suis procuré une ruche d'abeilles mortes de la Jamaïque, que
j'ai comparées avec le plus grand soin avec nos abeilles
ordinaires, sans pouvoir déceler entre les unes et les autres
la moindre différence.

On peut s'expliquer cette uniformité remarquable de l'abeille
par la difficulté, ou plutôt l'impossibilité où l'on est de faire
intervenir la sélection, en appariant certaines reines et bourdons, puisque ces insectes ne s'accouplent que pendant le vol.
Aussi, à une seule et unique exception près, n'a-t-on aucun
exemple de la séparation d'une ruche, et de la propagation
d'abeilles présentant quelque particularité appréciable. Pour
former une nouvelle race, comme nous le savons maintenant,
l'isolement complet des abeilles à propager, de toutes les
autres, serait une condition indispensable ; car on a reconnu
qu'en Allemagne et en Angleterre, depuis l'introduction de
l'abeille Ligurienne, les bourdons de cette race peuvent
s'éloigner de leurs ruches à plus de deux milles à la ronde,
et se croiser souvent avec les reines de l'espèce commune [60].
L'abeille Ligurienne, quoique parfaitement fertile lorsqu'elle
se croise avec l'abeille ordinaire, est regardée par la plupart

60. M. Woodbury a publié plusieurs faits de ce genre dans *Journal of Agriculture*, 1861
et 1862.

des naturalistes comme une espèce distincte ; d'autres la considèrent comme une variété naturelle, mais, comme il n'y a aucune raison pour croire qu'elle soit un résultat de la domestication, nous n'avons pas à insister sur ce point. L'abeille Égyptienne et quelques autres, contre l'avis de quelques naturalistes compétents, sont regardées également comme des races géographiques par le Dr Gerstäcker [61], lequel fonde cette conclusion principalement sur le fait que, dans quelques endroits, comme à Rhodes et en Crimée, l'abeille varie tellement par sa couleur, qu'on y trouve des formes intermédiaires qui relient étroitement entre elles les diverses races géographiques.

J'ai fait allusion à un seul cas de séparation et de conservation d'une souche particulière d'abeilles. M. Lowe [62], s'étant procuré quelques abeilles chez un campagnard des environs d'Édimbourg, remarqua qu'elles différaient de l'abeille ordinaire par les poils de la tête et du thorax, qui étaient plus abondants et plus clairs de couleur. La date de l'introduction de l'abeille Ligurienne en Angleterre, excluait toute possibilité d'un croisement avec cette dernière forme. M. Lowe propagea cette variété, mais n'ayant malheureusement pas séparé cette lignée de ses autres abeilles, le nouveau caractère se perdit au bout de trois générations. « Cependant, ajoute-t-il, un grand nombre de mes abeilles ont encore conservé quelques faibles traces du caractère de la colonie primitive. » Ce cas montre ce qu'on pourrait obtenir par une sélection soigneuse et prolongée, appliquée exclusivement aux ouvrières, car, comme nous l'avons dit, il n'est pas possible de choisir et d'apparier les reines et les mâles.

BOMBYX OU VER A SOIE.

Ces insectes offrent pour nous quelque intérêt, surtout par les variations qu'ils présentent dans les premières phases de leur existence, et qui sont devenues héréditaires aux périodes correspondantes. La valeur de cet insecte dépendant entièrement de son cocon, l'attention s'est portée sur tous les chan-

61. *Ann. and Mag. of nat. Hist.* (3e série) vol. XI. p. 339.
62. *Cottage Gardener*, Mai 1860, p. 110 et *Journal of Horticulture*, 1862, p. 242.

gements qui ont pu affecter la structure et les qualités de ce
dernier; et des races très-différentes par leurs cocons, bien
que très-semblables à l'état adulte, ont été ainsi produites.
Dans les races des autres animaux domestiques, ce sont les
jeunes qui se ressemblent, et les adultes qui diffèrent le plus
entre eux.

Il serait inutile, même si cela était possible, de décrire
toutes les sortes de vers à soie. Il en existe, dans l'Inde et en
Chine, plusieurs espèces distinctes, qui produisent de l'excellente soie, et dont quelques-unes peuvent se croiser librement
avec l'espèce commune, ainsi qu'on s'en est récemment assuré
en France. Le capitaine Hutton [63] constate qu'on a, dans le
monde entier, domestiqué au moins six espèces de vers à soie:
et il croit que ceux qu'on élève en Europe, appartiennent à
deux ou trois d'entre elles. Ceci n'est toutefois pas l'opinion
de plusieurs juges très-compétents, qui se sont tout particulièrement occupés en France de l'éducation de cet insecte, et
s'accorde mal avec quelques faits que nous allons exposer.

Le ver à soie commun (*Bomby x mori*), fut apporté à Constantinople au VIe siècle, de là introduit en Italie, puis en 1494
en France [64]. Tout a favorisé la variation de cet insecte. Sa
domestication en Chine est supposée devoir remonter jusqu'à
2,700 ans avant Jésus-Christ. Il a été conservé et élevé dans
les conditions les plus diverses et les moins naturelles, puis
transporté dans une foule de pays. La nature de la nourriture
qu'on donne à la chenille paraît influer jusqu'à un certain point
sur le caractère de la race [65]. Le défaut d'usage a apparemment restreint le développement des ailes chez le papillon.
Mais l'élément essentiel de la production des nombreuses races
très-modifiées qui existent actuellement a été, sans aucun
doute, l'attention qu'on a donnée, depuis fort longtemps et
dans beaucoup de pays, à toute variation promettant quelque
avantage. On sait quels soins on apporte en Europe à la sélection des meilleurs cocons et papillons [66], et en France, la pro-

---

63. *Transact. entom. Soc.*, (3e série), vol. III, p. 143-173 et p. 295-331.

64. Godron, *O. C.*, t. I, p. 460. L'antiquité du ver à soie est donnée sur l'autorité de Stanislas Julien.

65. Remarques du professeur Owen et autres, à la réunion de la Société entomologique
de Londres, en Juillet 1861.

66. A. de Quatrefages, *Études sur les maladies actuelles du ver à soie*, 1859, p. 101.

duction des œufs constitue une branche distincte de l'industrie de la soie. Il résulte des recherches faites par le Dr Falconer, que, dans l'Inde, les habitants pratiquent cette sélection avec les mêmes soins. En Chine, la production des œufs est restreinte à certaines localités favorables, et la loi interdit à ceux qui s'en occupent, l'élevage des vers, pour que toute leur attention et leurs soins soient concentrés sur ce point spécial [67].

Les détails qui suivent, sur les différences des diverses races, sont, toutes les fois qu'il n'est pas stipulé le contraire, empruntés à l'excellent ouvrage de M. Robinet [68], travail fait avec beaucoup de soin, et qui dénote chez son auteur une grande expérience. Dans les diverses races, les *œufs* varient de couleur, de forme (ronds, elliptiques ou ovales), et de grandeur. Les œufs pondus en juin dans le midi de la France, et en juillet dans le centre, n'éclosent que le printemps suivant; et c'est en vain, dit M. Robinet, qu'on les expose à une température graduellement croissante, pour hâter le développement de la larve. Toutefois il arrive que, sans cause connue, quelques amas d'œufs parcourent immédiatement leurs phases ordinaires, et éclosent dans les vingt ou trente jours. On peut conclure de ce fait et de quelques autres analogues, que les vers à soie Trevoltini d'Italie, dont les œufs éclosent dans les quinze à vingt jours, ne constituent pas nécessairement, comme on l'a soutenu, une espèce distincte. Quoique les races qui vivent dans les pays tempérés, donnent des œufs qu'on ne peut pas immédiatement faire éclore par la chaleur artificielle, lorsqu'on les transporte dans un climat chaud, elles acquièrent graduellement la faculté de se développer plus promptement, comme la race Trevoltini [69].

Vers. — Ceux-ci varient beaucoup quant à la taille et à la couleur. Leur peau est généralement blanche, quelquefois marbrée de noir ou de gris, et occasionnellement tout à fait noire. La couleur, même dans les races pures, n'est toutefois, d'après M. Robinet, pas constante: il faut en excepter la race tigrée, ainsi nommée parce qu'elle est marquée de raies transversales noires. La couleur générale du ver n'étant pas en corrélation avec celle de la soie [70], les sériciculteurs n'ont fait aucune attention à ce caractère, et il n'a pas été fixé par sélection. Le capitaine Hutton a démontré que les marques tigrées foncées qui apparaissent si fréquemment sur les vers de différentes races, pendant les dernières mues, sont dues à un fait de retour, car les chenilles de plusieurs espèces sauvages, et voi-

---

67. Je donnerai au chapitre sur la sélection mes autorités pour ces assertions.

68. *Manuel de l'Éducateur de vers à soie*, 1848.

69. Robinet, *O. C.*, p. 12, 318. — Je puis ajouter que les œufs de vers à soie de l'Amérique du Nord, transportés aux îles Sandwich se sont développés très-irrégulièrement; et les papillons obtenus pondirent des œufs qui se comportèrent encore plus mal sous ce rapport. Quelques-uns furent éclos dans dix jours, d'autres après un intervalle de plusieurs mois. On aurait sans doute fini par obtenir quelque caractère régulier. Voir *Athenæum*, 1844, p. 329, et *Scenes in the Sandwich Islands*, de J. Jarves.

70. *Art d'élever les vers à soie*, traduit du comte Dandolo, 1825, p. 23.

sines du Bombyx, présentent des marques et une couleur semblables. Ayant mis à part quelques vers aux marques tigrées, presque tous les vers qu'il obtint le printemps suivant, provenant de ceux qu'il avait séparés, furent tigrés foncés, et leur teinte devint encore plus foncée à la troisième génération. Les papillons obtenus de ces vers [71] furent aussi plus foncés, et ressemblaient par la couleur au *B. Huttoni* sauvage. Les marques tigrées étant dues à un retour, on comprend facilement la persistance avec laquelle elles se transmettent.

Il y a quelques années, Mme Whitby, élevant des vers à soie sur une grande échelle, me fit savoir que quelques-uns de ses vers avaient, autour des yeux, des marques foncées comme des sourcils. C'était probablement un premier pas vers le retour aux marques tigrées, et curieux de savoir si un caractère aussi insignifiant serait héréditaire, je la priai de mettre à part une vingtaine de ces vers, ce qu'elle fit. Les papillons ayant été tenus séparés, les vers provenant de leurs œufs eurent tous, sans exception, des sourcils plus foncés chez les uns que chez les autres, mais bien apparents chez tous. On voit parfois dans les vers ordinaires, apparaître des vers noirs; mais le fait est si variable, que, d'après M. Robinet, on voit la même race produire exclusivement des vers blancs une année, et la suivante en donner beaucoup de noirs ; je tiens toutefois de M. A. Bossi, de Genève, que, si on élève à part les vers noirs, les œufs pondus par les papillons qui en proviennent, donnent des vers de la même couleur; mais les cocons et les papillons n'offrent aucune différence.

En Europe, le ver à soie mue ordinairement quatre fois avant de faire son cocon; mais il y a des races à trois mues; c'est le cas pour la race Trevoltini. Il semblerait qu'une différence physiologique de cette importance n'aurait pas pu être le fait de la domestication; mais M. Robinet [72] a constaté que, d'une part, les vers ordinaires filent parfois leur cocon après trois mues seulement, et, d'autre part, que « presque toutes les races à trois mues que nous avons expérimentées, ont fait quatre mues à la seconde ou à la troisième année, ce qui semble prouver qu'il a suffi de les placer dans des conditions favorables pour leur rendre une faculté qu'elles avaient perdue sous des influences moins favorables. »

Cocons. — En s'enfermant dans son cocon, le ver perd à peu près 50 p. 100 de son poids; mais la perte varie suivant les races, ce qui a quelque importance pour le sériciculteur. Le cocon présente des différences caractéristiques suivant les races; il peut être grand ou petit; presque sphérique, sans étranglement, comme dans la *race de Loriol*, ou cylindrique avec un étranglement plus ou moins prononcé, ou enfin avec un ou ses deux bouts plus ou moins pointus. La soie varie de finesse et de qualité; elle peut être presque blanche, de deux teintes, ou jaune. Généralement, la couleur de la soie n'est pas strictement héréditaire, et, dans le chapitre de la sélection, je raconterai le fait curieux, comment, en France, on est parvenu, dans le cours de soixante-cinq générations, à réduire dans une race, de cent à trente-cinq pour mille, le nombre des cocons jaunes.

---

71. Hutton, *O. C.*, p. 159, 308.
72. *O. C.*, p. 317.

Selon M. Robinet, par suite d'une sélection soigneuse, poursuivie pendant les dernières soixante-quinze années, la race blanche, dite Sina « est arrivée à un tel degré de pureté, qu'on ne trouve pas un seul cocon jaune dans des millions de cocons blancs [73]. » Il y a quelquefois des cocons qui sont totalement dépourvus de soie, mais donnent cependant le papillon : un accident a malheureusement empêché Mme Whitby de vérifier si ce fait était héréditaire.

État adulte. — Je ne trouve pas de documents relatifs à aucune différence constante chez les papillons des races les plus distinctes. Mme Whitby n'en a point constaté dans les diverses races qu'elle a élevées, et je tiens d'un naturaliste éminent, M. de Quatrefages, la confirmation du même fait. Le capitaine Hutton [74] remarque que les papillons de toutes les sortes varient beaucoup de couleur, mais toujours d'une manière inconstante. Ce point est intéressant, si on considère combien, dans les différentes races, les cocons sont différents, et doit probablement s'expliquer de la même manière que les fluctuations variables de la couleur chez le ver à soie, c'est-à-dire, parce que l'éleveur n'a pas de raison pour choisir et perpétuer aucune variation particulière.

Les mâles des Bombycidés sauvages volent rapidement dans le jour et dans la soirée, mais les femelles sont ordinairement apathiques et inactives [75]. Dans plusieurs papillons de cette famille, les femelles ont les ailes atrophiées, mais on ne connaît aucun exemple de mâles incapables de vol, auquel cas l'espèce risquerait de ne pouvoir se perpétuer. Dans le Bombyx du ver à soie, les deux sexes ont des ailes imparfaites, froissées, et ne peuvent pas voler; mais il reste cependant une trace de la distinction caractéristique entre les deux sexes, car bien qu'on ne voie pas de différence dans le développement des ailes des mâles et des femelles, je tiens de Mme Whitby que, dans les papillons qu'elle avait élevés, les mâles se servaient de leurs ailes plus que les femelles, et pouvaient voleter un peu en descendant, mais non en montant. Elle a remarqué aussi, qu'à leur sortie du cocon, les ailes des femelles étaient moins étalées que celles des mâles. Le degré d'imperfection des ailes, varie d'ailleurs beaucoup dans les différentes races, suivant les circonstances. M. de Quatrefages [76] dit avoir vu beaucoup de papillons, dont les ailes étaient réduites au tiers, au quart, ou au dixième de leurs dimensions normales, quelquefois même à n'être que des moignons droits et courts : « il semble qu'il y ait là un véritable arrêt de développement partiel. » D'autre part, il décrit les papillons femelles de la race André-Jean, comme « ayant leurs ailes larges et étalées. Un seul présente quelques courbures irrégulières et des plis anomaux. » Comme les papillons de tous genres, provenant de chenilles sauvages et éclos en captivité, ont souvent les ailes rabougries, la même cause, quelle qu'elle puisse être, a probablement agi sur les Bombyx des vers à soie; mais on

---

73. Robinet, *O. C.*, p. 306-317.
74. *O. C.*, p. 317.
75. *Illustrations Haustellata*, vol. II, p. 35, de Stephens. — Voir aussi Cap. Hutton, *O. C.*, p. 152.
76. *O. C.*, p. 304, 305.

peut admettre que le défaut d'usage de leurs ailes, pendant autant de générations, a dû contribuer pour une forte part à ce résultat.

Dans plusieurs races, les femelles ne collent pas leurs œufs aux surfaces sur lesquelles elles les déposent[77], ce qui, d'après le capitaine Hutton[78], provient seulement de ce que les glandes de l'oviducte sont affaiblies.

De même que pour d'autres animaux dès longtemps domestiqués, les instincts du Bombyx ont été altérés. Les vers à soie placés sur un mûrier, commettent souvent l'étrange erreur de ronger la tige de la feuille sur aquelle ils se trouvent, et tombent par conséquent à terre; mais, d'après M. Robinet[79], ils sont capables de remonter par le tronc. Cette capacité leur fait cependant quelquefois défaut, car M. Martins[80], ayant posé quelques vers sur un arbre, ceux qui tombèrent ne purent remonter, et périrent de faim; il ne leur était même pas possible de passer d'une feuille sur une autre.

Quelques-unes des modifications subies par le Bombyx du ver à soie sont en corrélation mutuelle. Ainsi les œufs des femelles qui produisent des cocons blancs, diffèrent légèrement par la teinte de ceux qui donnent des cocons jaunes. Les pattes abdominales des vers à cocons blancs sont toujours blanches, tandis que celles des vers à cocons jaunes sont invariablement jaunes aussi[81]. Nous avons vu que les vers tigrés de bandes foncées donnent des papillons qui sont plus obscurs que les autres. Il paraît assez bien établi[82] qu'en France, les vers des races produisant la soie blanche, et certains vers noirs ont, mieux que les autres, résisté à la maladie qui a récemment ravagé les districts séricicoles. Enfin, les races présentent des différences constitutionnelles, car il en est qui ne réussissent pas aussi bien que d'autres, sous un climat tempéré; et un climat humide n'est pas également nuisible à toutes[83].

Les divers faits qui précèdent nous montrent que les vers à soie, comme les animaux supérieurs, varient sous l'influence d'une domestication prolongée. Ils nous apprennent en outre le fait plus important, que les variations peuvent se présenter à différentes époques de la vie, et être héritées à des époques correspondantes. Enfin ils nous montrent encore que le grand principe de la sélection peut aussi s'appliquer aux insectes.

77. Quatrefages, O. C., p. 214.
78. O. C., p. 151.
79. O. C., p. 26.
80. Godron, de l'Espèce, etc., p. 162.
81. Quatrefages, O. C., p. 12, 209, 214.
82. Robinet, O. C., p. 303.
83. Id., ibid., p. 15.

CHAPITRE IX.

PLANTES CULTIVÉES : PLANTES CULINAIRES
ET CÉRÉALES.

REMARQUES PRÉLIMINAIRES sur le nombre et l'origine des plantes cultivées. — Premiers degrés de culture. — Distribution géographique des plantes cultivées.

CÉRÉALES. — Incertitude sur le nombre des espèces. — Froment et ses variétés. — Variabilité individuelle. — Changements d'habitudes. — Sélection. — Histoire ancienne des variétés. — Maïs, sa grande variation. — Action directe du climat sur le maïs.

PLANTES CULINAIRES. — Chou : ses variétés par le feuillage et la tige, mais pas par d'autres parties. — Leur origine. — Autres espèces de *Brassica*. - Pois : importance des différences entre les diverses sortes, surtout dans les gousses et les graines. — Constance et variabilité de quelques variétés. — Ne s'entrecroisent pas. - Fèves. — Nombreuses variétés de pommes de terre. — Différences entre les tubercules. — Caractères héréditaires.

Je n'entrerai pas, au sujet de la variabilité des plantes cultivées, dans autant de détails que je l'ai fait pour les animaux domestiques. Le sujet offre des difficultés considérables. Les botanistes ont généralement négligé, comme indignes de leur attention, les variétés cultivées. Dans beaucoup de cas, le prototype sauvage est douteux ou inconnu, et dans d'autres, il est presque impossible de distinguer entre les sauvageons échappés et les plantes vraiment sauvages, de sorte qu'on n'a aucun terme de comparaison sûr, qui permette d'apprécier l'étendue des changements survenus. Beaucoup de botanistes croient que plusieurs de nos plantes anciennement cultivées ont été si profondément modifiées, qu'il est actuellement impossible de reconnaître les formes primitives dont elles descendent. On est également très-embarrassé pour savoir si quelques-unes proviennent d'une seule espèce, ou de plusieurs, inextricablement mélangées par des croisements et modifiées par variation. Les variations passent souvent à des monstruosités dont on ne peut les distinguer ; un grand nombre de variétés ne se propagent que par greffes, bourgeons, marcottes, bulbes, etc., et très-fréquemment, on ignore jusqu'à quel point leurs particularités peuvent se transmettre par la graine. On peut cependant glaner quelques faits qui ont de l'importance, et dont nous aurons à parler plus loin. Le but principal des deux chapitres qui vont suivre est de démontrer combien presque tous les caractères de nos plantes cultivées sont devenus variables.

Faisons précéder les détails de quelques remarques générales sur l'origine des plantes cultivées. Dans une admirable discussion sur ce sujet, qui dénote chez son auteur une grande étendue de connaissances, M. Alph. de Candolle[1] donne une liste de 157 plantes cultivées parmi les plus utiles, dont il estime qu'environ 85, sont presque certainement connues à l'état sauvage, point sur lequel cependant d'autres juges compétents paraissent élever quelques doutes[2]. Pour 40 d'entre elles, M. de Candolle admet une origine douteuse, soit à cause de certaines dissemblances qu'elles présentent avec les formes sauvages les plus voisines auxquelles on peut les comparer, soit à cause de la probabilité que ces dernières ne soient pas réellement des plantes sauvages, mais les produits de graines échappées à la culture. Sur les 157 plantes, d'après M. de Candolle, il n'y en a que 32 dont l'état primitif soit complétement inconnu. Mais il faut observer qu'il ne comprend pas dans sa liste, plusieurs plantes à caractères mal définis, comme les diverses formes de courges, de millet, de sorgho, de haricots, de dolichos, de capsicum et d'indigo, non plus que les fleurs ; or plusieurs des fleurs les plus anciennement cultivées, telles que certaines roses, le lis impérial ordinaire, la tubéreuse et même le lilas, sont inconnues à l'état sauvage[3].

D'après les chiffres relatifs donnés plus haut, et d'autres arguments d'une grande valeur, M. de Candolle conclut que ce n'est que rarement que les plantes ont été assez fortement modifiées par la culture, pour qu'on ne puisse plus les identifier avec leurs prototypes sauvages. Mais, d'après cette manière de voir, si nous considérons qu'il n'est pas probable que les sauvages aient choisi des plantes rares pour les cultiver ; que les plantes utiles sont généralement remarquables, et qu'elles ne devaient pas habiter des déserts ni des îles écartées et récem-

---

1. *Géographie botanique raisonnée*, 1855, p. 810-991.
2. *Historical notes on cultiv. plants*, par Dr A. Targioni-Tozzetti ; analyse de M. Bentham dans *Hortic. Journal*, vol. IX, 1855, p. 133. — Voir aussi *Edinburgh Review*, 1866, p. 510.
3. *Historical notes*, etc.

ment découvertes, il me paraît étrange qu'il y ait autant de plantes cultivées, dont les formes primitives soient encore douteuses ou inconnues. Si, d'autre part, un grand nombre de ces plantes ont été profondément modifiées par la culture, la difficulté disparaît; elle serait également levée par l'hypothèse de l'extermination des formes sauvages pendant les progrès de la civilisation, mais M. de Candolle démontre l'improbabilité que cela ait dû arriver souvent. Dès qu'une plante aura été cultivée dans une localité, ses habitants demi-civilisés n'auront plus eu besoin de la chercher sur toute l'étendue du pays, ce qui pouvait entraîner son extirpation complète, et même en supposant que cela ait pu arriver momentanément, pendant une disette, il en serait resté des graines dans le sol. Ainsi que Humboldt l'a remarqué depuis longtemps, dans les pays tropicaux, la luxuriance de la nature sauvage est au-dessus des faibles efforts de l'homme. Dans les pays tempérés anciennement civilisés, où la surface entière du sol a été considérablement changée, quelques plantes ont pu, sans aucun doute, être exterminées, néanmoins M. de Candolle a montré que toutes les plantes que, par les données historiques, on sait avoir été en premier lieu cultivées en Europe, y existent encore à l'état sauvage.

MM. Loiseleur-Deslongchamps [4] et de Candolle ont remarqué que nos plantes cultivées, et particulièrement les céréales, doivent avoir primitivement existé à peu près dans leur état actuel, car autrement, on ne les aurait pas remarquées et appréciées comme nourriture. Mais ces auteurs n'ont pas songé aux descriptions qu'ont données les voyageurs de la misérable nourriture que recueillent les sauvages. J'ai lu un récit relatif à des sauvages australiens qui, pendant une disette, avaient dû apprêter de diverses façons une foule de végétaux pour les rendre inoffensifs et plus nourrissants. Le Dr Hooker trouva les habitants à moitié affamés d'un village dans le Sikhim souffrant gravement pour avoir mangé des racines d'arum [5].

---

4. *Considérations sur les Céréales*, 1842, p. 37. — *Géogr. bot.*, 1855, p. 930. « Plus on suppose l'agriculture ancienne, et remontant à une époque d'ignorance, plus il est probable que les cultivateurs ont dû choisir des espèces offrant à l'origine même un avantage incontestable. »

5. Le Dr Hooker m'a transmis ces renseignements. Voir aussi son *Himalayan Journal*, 1854, vol. II, p. 49.

qu'ils avaient pilées et laissées fermenter pendant plusieurs jours, pour leur enlever une partie de leurs propriétés vénéneuses; il ajoute qu'ils cuisaient et mangeaient plusieurs autres plantes délétères. Dans l'Afrique du Sud, Sir A. Smith m'informe que, dans les moments de disette, on consomme un grand nombre de fruits et de feuilles succulentes, et surtout des racines. Les naturels connaissent même les propriétés d'une grande quantité de plantes, que, dans des moments de détresse, ils ont reconnues mangeables, nuisibles à la santé, ou meurtrières. Il rencontra un parti de Baquanas, qui, expulsés par le conquérant Zulus, avaient, depuis quelques années, vécu de racines et de feuilles contenant fort peu de nourriture, mais qui, en leur distendant l'estomac, calmaient les angoisses de la faim. Ils semblaient des squelettes ambulants, et souffraient horriblement de constipation. Sir A. Smith m'apprend aussi que, dans ces circonstances, et pour se guider par leur exemple, les naturels observent ce que mangent les animaux sauvages, surtout les singes.

C'est par des expériences innombrables faites par les sauvages de tous les pays, sous l'empire de la nécessité, et dont la tradition a transmis les résultats, qu'ont été découvertes les propriétés nutritives, stimulantes ou médicinales des plantes. Il semble, à première vue, étonnant que l'homme sauvage ait, dans trois parties éloignées du globe, découvert au milieu d'une multitude de plantes indigènes, que les feuilles du thé et les baies du caféier renfermaient une essence nutritive et stimulante, dont l'analyse chimique a plus tard démontré l'identité. Nous voyons aussi que les sauvages, souffrant de la constipation, ont dû observer naturellement quelles étaient parmi les racines qu'ils mangeaient, celles qui avaient des propriétés apéritives. Nous devons ainsi probablement toutes nos connaissances sur les usages et les vertus des plantes, au fait que l'homme, ayant à l'origine vécu à l'état barbare, a souvent été contraint par le besoin à essayer comme nourriture à peu près tout ce qu'il pouvait *mâcher et avaler*. D'après ce que nous savons des habitudes des sauvages dans les différentes parties du globe, il n'y a pas de raison pour supposer que nos céréales aient primitivement existé à leur état actuel, si précieux pour l'homme. Voyons ce qu'il en est dans le continent africain.

Barth[6] raconte que, sur une grande partie de la région centrale, les esclaves recueillent régulièrement les graines d'une herbe sauvage, le *Pennisetum distichum :* il a vu, dans une autre contrée, les femmes ramassant les graines d'un Poa en promenant une sorte de panier, au travers des herbages des riches prairies. Près de Tête, Livingstone a vu les naturels récoltant les graines d'une herbe sauvage ; et, plus au midi, d'après Anderson, les habitants font grand usage d'une graine grosse comme celle du panais, qu'ils font bouillir dans l'eau. Ils mangent aussi les racines de certains roseaux, et tout le monde sait que les Boschimans déterrent, pour s'en nourrir, diverses racines au moyen de pieux en bois durcis au feu. On pourrait citer d'autres faits analogues sur l'emploi des graines d'herbes sauvages dans d'autres parties du globe[7].

Accoutumés que nous sommes à nos excellents légumes et à nos fruits savoureux, nous nous persuadons difficilement que les racines astringentes de la carotte, ou les petits rejetons de l'asperge sauvage, ou les fruits des pommiers et pruniers sauvages, etc., aient jamais pu avoir quelque valeur ; et cependant ce que nous savons des habitudes des Australiens et des sauvages de l'Afrique du sud, ne peut nous laisser aucun doute à cet égard. Pendant la période de la pierre, les habitants de la Suisse récoltaient, sur une vaste échelle, les prunes et les pommes, les fruits de l'églantier, du sureau, les faînes, et autres baies et fruits sauvages[8]. Jemmy Button, un natif de la Terre de Feu, qui était à bord du *Beagle*, me disait que les pauvres cassis acides de cette localité étaient encore trop doux pour son goût.

Dans chaque pays, les habitants sauvages ayant, à la suite de rudes expériences, reconnu les plantes qui pouvaient être utilisées telles quelles, ou le devenir moyennant certains apprêts culinaires, ont dû faire le premier pas vers leur culture.

6. *Voyages dans l'Afrique centrale*, vol. I, p. 529 et 390 ; vol. II, p. 29, 265, 270. (Trad. anglaise). — *Voyages de Livingstone*, p 551.

7. Ainsi dans l'Amérique du Nord et du Sud. — M. Edgeworth, *Journ. Proc. Linn. Soc.* vol. VI, bot. 1862, p. 181, dit que, dans les déserts du Pendjab, de pauvres femmes ramassent dans des paniers de paille, les graines de quatre genres d'herbes, qui sont les genres *Agrostis Panicum, Cenchrus* et *Pennisetum*, ainsi que celles d'autres genres appartenant à des familles distinctes.

8. Professeur O. Heer. *Die Pflanzen der Pfahlbauten*, 1865, *Neujahr. Naturforsch. Gesellschaft*, 1866, et Dr Christ dans Rütimeyer, *Fauna der Pfahlbauten*, 1861, p. 226.

en les plantant dans le voisinage de leurs habitations. Living-stone[9] raconte que les sauvages Batokas laissaient des arbres fruitiers sauvages dans leurs jardins, et quelquefois en plantaient, chose qui ne se faisait nulle part ailleurs chez les indigènes. Du Chaillu a vu un palmier et quelques arbres à fruits, qui avaient été plantés, et qu'on regardait comme une propriété particulière. Un second pas vers la culture, mais qui demande déjà un peu de prévoyance, est de semer les graines des plantes utiles ; et, comme le sol voisin des huttes des naturels[10], est à quelque degré fumé, des variétés améliorées peuvent tôt ou tard y prendre naissance. Ou bien une variété nouvelle et meilleure d'une plante indigène, peut avoir attiré l'attention d'un vieux sauvage plus sagace, qui la transplante ou en sème la graine. Il est très-certain qu'on rencontre occasionnellement des variétés supérieures d'arbres à fruits sauvages, comme l'a signalé le professeur Asa Gray[11] dans les espèces américaines d'aubépines, de prunes, de cerises, de raisins et de noyers. Downing parle aussi de quelques variétés sauvages de noyers américains, comme étant plus grandes et ayant une saveur plus fine que l'espèce commune. J'ai parlé des arbres fruitiers américains, parce qu'il n'y a aucune possibilité que leurs variétés aient pu provenir de sauvageons échappés de cultures artificielles. Quant au fait de transplanter des variétés supérieures ou de semer des graines, il ne suppose pas plus de prévoyance qu'on ne pouvait en attendre à une époque reculée d'une grossière civilisation. Même les barbares australiens ont pour principe de ne jamais arracher une plante après sa floraison, et Sir G. Grey[12] n'a jamais vu violer cette loi, évidemment établie pour la conservation de la plante. La même pensée semble inspirer cette superstition des natifs de la Terre de Feu, que, si on tue les oiseaux aquatiques trop jeunes, il s'ensuivra beaucoup de pluie, de neige et de vent[13]. Comme exemple de prévoyance chez des barbares des plus

9. *Voyages*, p. 535. — Du Chaillu, *Adventures in equatorial Africa*, 1861, p. 445.

10. A Tierra del Fuego on peut déjà à une grande distance reconnaître les emplacements des anciens wigwams par la teinte plus brillante de la végétation locale.

11. *American Acad. of Arts and Sciences*, 10 Avril 1860, p. 413. — Downing, *The Fruits of America*, 1845, p. 261.

12. *Journals of Exped. in Australia*, 1841, vol. II, p. 292.

13. Darwin, *Journal of Researches*, 1845, p. 215.

inférieurs, j'ajouterai que, lorsque les habitants de la Terre de Feu trouvent une baleine échouée sur la plage, ils en ensevelissent dans le sable la plus grande partie, et, lors des famines auxquelles ils sont fréquemment exposés, ils reviennent de fort loin pour en chercher les restes à demi putréfiés.

On a souvent remarqué [14] que ni l'Australie, ni le cap de Bonne-Espérance — quoique les espèces indigènes y abondent, — ni la Nouvelle-Zélande, ni l'Amérique au sud de la Plata et selon quelques auteurs au nord du Mexique, ne nous ont fourni une seule plante utile. A l'exception du blé des Canaries, je ne crois pas que nous ayons tiré aucune plante comestible ou de quelque valeur, d'une île océanique ou inhabitée. Si presque toutes nos plantes utiles, natives d'Europe, d'Asie et de l'Amérique du Sud, avaient primitivement existé dans leur état actuel, l'absence complète de plantes utiles semblables dans les grands pays que nous venons de nommer, serait certes un fait bien étonnant. Mais, si ces plantes ont été assez profondément modifiées et améliorées par la culture pour ne plus ressembler de près à aucune espèce naturelle, nous pouvons comprendre pourquoi les contrées ci-dessus mentionnées ne nous ont fourni aucune plante utile, car elles étaient habitées par des hommes qui, comme en Australie et au Cap, ne cultivaient pas du tout la terre, ou ne la cultivaient que très-imparfaitement, comme dans certaines parties de l'Amérique. Ces pays produisent bien des plantes utiles à l'homme sauvage : le Dr Hooker [15] n'en énumère pas moins de 107 qui sont dans ce cas dans la seule Australie ; mais ces plantes n'ont pas été améliorées, et ne peuvent par conséquent pas lutter avec celles qui, depuis des milliers d'années, ont été cultivées et perfectionnées dans le monde civilisé.

Le cas de la Nouvelle-Zélande, île magnifique à laquelle nous ne devons encore aucune plante un peu généralement cultivée, peut paraître en opposition avec cette manière de voir, car, lors de sa première découverte, les naturels cultivaient bien certaines plantes ; mais tous les investigateurs admettent, en conformité des traditions des indigènes, que les

14. De Candolle a résumé les faits d'une manière intéressante dans sa *Géographie botanique*, p. 986.

15. *Flora of Australia*, etc.

premiers colonisateurs polynésiens avaient apporté avec eux des graines, des racines, ainsi que le chien, qui tous avaient été sagement conservés pendant leur long voyage. Les Polynésiens se sont si souvent perdus sur l'Océan, qu'ils devaient prendre en s'embarquant des précautions de ce genre. Les premiers colonisateurs de la Nouvelle-Zélande, non plus que les colons européens plus récents, ne devaient donc avoir de motifs pressants pour se livrer à la culture des plantes indigènes. D'après M. de Candolle, nous devons au Mexique, au Pérou et au Chili, trente-trois plantes utiles; ce fait n'a rien d'étonnant, si nous songeons à l'état de civilisation auquel étaient parvenus ces pays, à en juger par les travaux pour l'irrigation artificielle, les tunnels percés dans des roches dures sans le secours du fer ou de la poudre, exécutés par leurs habitants, qui, en ce qui concerne les animaux, et par conséquent probablement aussi les plantes, connaissaient et appliquaient le principe de la sélection. Le Brésil nous a fourni quelques plantes, et les anciens voyageurs, entre autres Vespuce et Cabral, décrivent le pays comme très-peuplé et cultivé. Dans l'Amérique du Nord [16], les naturels cultivaient du maïs, des courges, des fèves et des pois, tous différents des nôtres, et le tabac; et nous ne sommes nullement autorisés à affirmer qu'aucune de nos plantes actuelles ne puisse pas descendre de ces formes de l'Amérique du Nord. Si ce pays avait été civilisé depuis une aussi longue période, et aussi fortement peuplé que l'Asie et l'Europe, il est probable que la vigne indigène, le mûrier, les pommiers et pruniers auraient, après une culture prolongée, donné naissance à une foule de variétés, dont plusieurs fort différentes de leur souche primitive, et dont les produits échappés auraient probablement, tant dans le nouveau monde que dans l'ancien, singulièrement compliqué les questions relatives à leur distinction spécifique et à leur origine [17].

16. Pour le Canada, voir J. Cartier, *Voyage* en 1534. — Pour la Floride, voyages de Narvaez et de Ferd. de Soto, dont je ne puis indiquer exactement les renvois aux pages ayant consulté ces anciens voyages dans plusieurs collections différentes. Voir aussi pour plusieurs renseignements, Asa Gray, *American Journal of Science*, vol. XXIV, 1857, p. 441. Pour les traditions des indigènes de la Nouvelle-Zélande, voir Crawfurd, *Grammar and Dict. of the Malay language*, 1852, p. 260.

17. Voir *Cybele Britannica*, vol. 1, p. 330, 331 etc., remarques sur nos pruniers, cerisiers et pommiers sauvages, par M. H. C. Watson. — Van Mons, *Arbres fruitiers*, 1835, t. 1, p. 414, déclare qu'il a trouvé les types de toutes nos variétés cultivées dans des sauvageons, mais alors il considère ces sauvageons comme autant de souches originelles.

Céréales. — Abordons maintenant les détails. Les céréales cultivées en Europe appartiennent à quatre genres, qui sont : le froment, le seigle, l'orge et l'avoine. Les autorités modernes les plus compétentes [18] admettent quatre, cinq et même sept espèces distinctes de froment, une de seigle, trois d'orge, et deux, trois ou quatre d'avoine, soit en tout, d'après les divers auteurs, de dix à quinze espèces différentes. qui ont donné naissance à une multitude de variétés. Il est remarquable que les botanistes ne s'accordent sur la forme primitive d'aucune céréale. Ainsi, l'un d'eux écrivait, en 1855 : [19] « Nous n'hésitons pas à affirmer notre conviction, basée sur les preuves les plus évidentes, qu'aucune de nos céréales cultivées, n'existe ni n'a existé à l'état sauvage dans son état actuel. mais que toutes sont des variétés cultivées d'espèces qui se trouvent encore en abondance, dans l'Europe méridionale ou l'Asie occidentale. » M. Alph. de Candolle [20] a, d'autre part, montré que le froment commun (*Triticum vulgare*), a été trouvé sauvage dans différentes parties de l'Asie, où on ne peut pas le considérer comme échappé de culture. M. Godron fait. à ce sujet, la remarque que, même en supposant que ces plantes doivent leur origine à des graines échappées à l'agriculture [21], puisqu'elles se sont propagées par elles-mêmes pendant de nombreuses générations à l'état sauvage, leur ressemblance persistante au froment cultivé est une preuve probable que ce dernier a conservé ses caractères primitifs.

M. de Candolle appuie fortement sur l'apparition fréquente. en Autriche, de seigle et d'une espèce d'avoine dans un état, en apparence sauvage. Exceptant ces deux cas. qui sont à la vérité un peu douteux. et deux autres formes de froment et une d'orge, que M. de Candolle croit avoir été reconnues à l'état vraiment sauvage, cet auteur ne paraît pas être complétement satisfait des autres formes qu'on a présentées comme les souches primitives de nos céréales. D'après M. Buckman [22]. quelques années de culture soigneuse et de sélection peuvent convertir l'*Avena fatua*, espèce sauvage d'avoine anglaise, en des formes presque identiques à deux races cultivées et fort distinctes. En somme. l'origine et la distinction spécifique des diverses céréales, sont des sujets très-difficiles à traiter ; peut-être pourrons-nous mieux établir un jugement. après avoir étudié l'étendue des variations que. dans le cours prolongé de sa culture. le froment a éprouvées.

18. Alph. de Candolle, *O. C.*, p. 928 et suivantes. — Godron, *O. C.*, t. II, p. 79. — Metzger, *Die Getreidearten*, etc.. 1841.

19. M. Bentham, dans *Hist. notes on cultivated plants. etc. Journal of Hort. Soc.*, vol. IX, 1855, p. 133.

20. *O. C.*, p. 928.

21. Godron, *de l'Espèce*, t. II, p. 72. — Les excellentes observations de M. Fabre. faites il y a quelques années, mais mal interprétées. avaient conduit quelques personnes à croire que le froment était le descendant modifié de l'*Egilops* : mais M. Godron (t. I, p. 165 , a démontré par des expériences soigneuses, que le premier terme de la série, l'*Egilops triticoïdes*, est un métis du froment et de l'*Egilops ovata*. La fréquence avec laquelle ces métis se manifestent spontanément, et la transformation graduelle de l'*E. triticoïdes* en vrai froment laissent encore planer quelques doutes sur ce sujet.

22. *Report to British Association for* 1857, p. 207.

Metzger décrit sept espèces de froment, Godron cinq et de Candolle quatre seulement. Il n'est pas improbable, qu'outre les formes connues en Europe, il puisse, dans différentes parties éloignées du globe, y en exister d'autres bien nettement caractérisées ; car Loiseleur-Deslongchamps [23] mentionne trois nouvelles espèces ou variétés envoyées, en 1822, en Europe, de la Mongolie chinoise, et qu'il regarde comme indigènes à ce pays. Moorcroft [24] parle aussi du froment Hasora de Ladakh, comme très-particulier. Si les botanistes, qui admettent l'existence d'au moins sept espèces primitives de froment, ont raison, les variations que cette céréale a éprouvées sous l'action de la culture, quant à ses caractères importants, sont légères ; mais s'il n'y a eu, dans l'origine, que quatre espèces ou même moins, il est alors évident qu'il s'est formé des variétés assez tranchées, pour que des juges compétents aient pu les regarder comme spécifiquement distinctes. Toutefois, l'impossibilité où nous sommes de déterminer lesquelles formes doivent être considérées comme espèces, et lesquelles comme variétés, rend inutile la spécification détaillée des différences qui se remarquent entre les diverses sortes de froment. Les organes de la végétation, pris dans leur ensemble, varient peu [25] ; mais quelques formes croissent serrées et droites, tandis que d'autres s'étalent et traînent par terre. La paille diffère de qualité, et peut être plus ou moins creuse. Les épis [26], varient de couleur et de forme, et peuvent être quadrangulaires, comprimés ou cylindriques ; les fleurons diffèrent par leur degré de rapprochement, leur pubescence et leur plus ou moins grande longueur. La présence ou l'absence de barbes dans les épis, constitue une différence très-apparente, et sert même de caractère générique pour certaines graminées [27] ; bien que, comme Godron le fait remarquer [28], la présence des barbes varie dans quelques herbes sauvages, et surtout dans celles qui, comme le *Bromus secalinus* et le *Lolium temulentum*, croissant mélangées parmi nos céréales, se sont ainsi trouvées accidentellement soumises à la culture. Les grains varient de grosseur, de poids et de couleur ; ils peuvent être plus ou moins duvetés à une de leurs extrémités, lisses ou ridés, globuleux, ovales ou allongés ; enfin, ils peuvent différer par leur structure, étant tantôt tendres ou durs et même cornés, et par la proportion de gluten qu'ils contiennent.

Presque toutes les races ou espèces de froment, ainsi que le fait remarquer Godron [29], varient d'une manière parfaitement parallèle, — par les grains qui sont tomenteux ou glabres ; par la couleur, par la présence ou l'absence de barbes sur les fleurons, etc. — Ceux qui admettent la descendance commune des différentes variétés, d'une espèce sauvage unique, peuvent expliquer cette variation parallèle, comme la conséquence de l'héritage d'une

23. *Considérations sur les Céréales*, 1812,-43, p. 29.
24. *Travels in the Himalayan Provinces*, etc. 1811, vol. 1, p. 224.
25. Col. J. Le Couteur, *Varieties of Wheat*, p. 23, 79.
26. Loiseleur-Deslongchamps, *Consid. sur les Céréales*, p. 11.
27. Hooker, *Journ. of Botany*; vol. VIII, p. 82, note.
28. *O. C.*, t. II, p. 73.
29. *O. C.*, t. II, p. 75.

même constitution, d'où une tendance à varier de la même manière. Ceux qui croient à la théorie générale de la descendance avec modifications, peuvent étendre leur manière de voir aux diverses espèces de froment, si jamais elles ont existé à l'état de nature.

Quoique peu de variétés de froment présentent des différences très-marquées, leur nombre est considérable. Pendant trente ans, Dalbret en a cultivé de cent cinquante à cent soixante sortes, qui toutes ont conservé leur type, en exceptant la qualité du grain : le colonel Le Couteur en possédait plus de cent cinquante variétés, et Philippar trois cent vingt-deux [30]. Le froment étant annuel, nous voyons combien des différences insignifiantes peuvent rester strictement héréditaires pendant un grand nombre de générations. Le colonel Le Couteur appuie fortement sur ce fait : dans ses tentatives persévérantes et heureuses pour créer, par sélection, de nouvelles variétés, il commença par choisir les plus beaux épis, mais trouvant que, dans un même épi, les grains différaient beaucoup les uns des autres, il fut conduit à trier les grains séparément, et chaque grain transmit généralement ses caractères propres. Il y a, dans les plantes d'une même variété, une variabilité remarquable, qu'un œil exercé par une longue expérience peut seul bien apprécier ; ainsi, le colonel Le Couteur raconte [31] que, dans un de ses champs de froment, qu'il considérait comme aussi pur que possible, le professeur La Gasca trouva vingt-trois variétés ; le professeur Henslow a observé des faits analogues. À côté de variations individuelles de ce genre, il apparaît souvent subitement des formes assez accusées, pour qu'on les remarque et qu'on les propage sur une grande échelle ; c'est ainsi que M. Sheriff a, pendant sa vie, eu la bonne fortune de créer sept variétés, qui sont actuellement répandues et largement cultivées dans plusieurs parties de l'Angleterre [32].

Parmi toutes ces variétés, comme cela est le cas pour beaucoup d'autres plantes, il en est quelques-unes, tant anciennes que nouvelles, dont les caractères sont plus constants que dans d'autres. C'est ainsi que le colonel Le Couteur s'est vu obligé de rejeter quelques-unes de ses sous-variétés, comme trop capricieuses, et que, pour ce fait, il soupçonnait être des produits de croisements. Metzger [33] donne, sur cette tendance à la variation, quelques cas intéressants qu'il a observés. Il décrit trois sous-variétés espagnoles, dont l'une, connue pour être très-constante en Espagne, ne manifesta, en Allemagne, ses caractères propres que dans les étés chauds ; une autre variété ne se maintenait que dans une bonne terre : cependant, après une culture de vingt-deux ans, elle devint plus constante. Il mentionne encore deux autres sous-variétés qui, inconstantes d'abord, s'habituèrent ultérieurement, sans sélection apparente, à leurs nouvelles conditions, et

---

30. Loiseleur-Deslongchamps. *O. C.*, p. 15, 70, pour Dalbret et Philippar — Le Couteur *O. C.*, p. 6.

31. *Varieties of Wheat*. Introd. p. VI. — Marshall, *Rural Economy of Yorkshire*, vol. II, p. 9, remarque que, dans chaque champ de blé, il y a autant de variétés que dans un troupeau de bêtes à cornes.

32. *Gardener's Chronicle* et *Agric. Gazette*, 1862, p. 963.

33. *Getreidearten*, 1841, p. 66, 91, 92, 116, 117.

conservèrent leurs caractères propres. Ces faits montrent que de petits changements dans les conditions extérieures peuvent causer la variabilité, et en outre, qu'une variété peut finir par s'y habituer. On serait d'abord porté, avec Loiseleur-Deslongchamps, à conclure que le froment cultivé dans le même pays se trouve dans des conditions tout à fait uniformes ; mais les engrais diffèrent, les graines sont portées d'un sol à un autre, et ce qui est plus important, on évite aux plantes toute lutte avec les autres, ce qui leur permet d'exister dans des conditions diversifiées. A l'état de nature, chaque plante est limitée à la station particulière et au genre de nourriture qu'elle peut arracher aux plantes voisines qui l'entourent.

Le froment prend très-promptement de nouvelles habitudes. Linné avait classé, comme espèces distinctes, les froments d'été et d'hiver. Mais M. Monnier [34] a montré que la différence entre les deux n'est que temporaire. Il sema au printemps le froment d'hiver, dont quatre plantes seulement sur cent donnèrent des grains mûrs ; ceux-ci, semés et resemés, donnèrent, au bout de trois ans, des plantes dont tous les grains arrivèrent à maturité. Inversement, toutes les plantes levées du froment d'été, semées en automne, périrent par le gel ; cependant quelques-unes échappèrent, mûrirent, et, au bout de trois ans, la variété d'été se trouva convertie en variété d'hiver. Il n'est donc pas étonnant que le froment finisse par s'acclimater jusqu'à un certain point, et que des grains importés de pays éloignés et semés en Europe, végètent d'abord et même pendant assez longtemps [35], d'une manière autre que nos variétés européennes. Au Canada, les premiers colons, d'après Kalm [36], trouvèrent les hivers trop rigoureux pour le froment d'hiver qu'ils avaient apporté de France, et les étés souvent trop courts pour leur froment d'été ; et, jusqu'à ce qu'ils se fussent procuré du froment d'été des parties septentrionales de l'Europe, qui réussit fort bien, ils crurent que la culture du blé était impossible dans le pays. La proportion de gluten varie beaucoup suivant le climat, et celui-ci affecte rapidement le poids du grain. Loiseleur-Deslongchamps [37] ayant semé dans les environs de Paris, cinquante-quatre variétés provenant du midi de la France et de la mer Noire, trouva dans les produits de cinquante-deux d'entre elles, les grains de dix à quarante pour cent plus pesants que ceux des souches parentes. Ces grains plus pesants renvoyés et semés dans le midi de la France, produisirent immédiatement des grains plus légers.

Tous les observateurs qui ont étudié le sujet, insistent sur l'adaptation remarquable des nombreuses variétés de froment, aux divers sols et climats dans un même pays, et c'est ce qui fait dire au colonel Le Couteur [38] « que c'est par cette adaptation d'une variété spéciale à un sol donné, que le fermier peut arriver à payer son fermage en cultivant cette variété, tan-

34. Godron, *O. C.*, II, p. 74. — Metzger, *O. C.*, p. 18, dit la même chose des orges d'été et d'hiver.

35. Loiseleur-Deslongchamps, *O. C.*, II, p. 224. — Le Couteur, *O. C.*, p. 70.

36. *Travels in North America*, 1753-1761, t. III, p. 165 (trad. anglaise).

37. *O. C.*, part. II, p. 179-183.

38. *O. C.*, Introd. p. 7. — Marshall, *O. C.*, vol. II, p. 9. — Voir pour quelques cas analogues d'adaptation des variétés d'avoine, quelques travaux intéressants dans *Gardener's Chron. et Agricult. Gazette*, 1850, p. 204, 219.

dis qu'il serait dans l'impossibilité de le faire, s'il voulait lui en substituer une autre, peut-être meilleure en apparence. » Ce résultat peut être en partie dû, à ce que chaque sorte s'est habituée à ses conditions extérieures, ainsi que le prouvent les essais de Metzger, mais probablement surtout à des différences innées qui existent entre les diverses variétés.

On a beaucoup écrit sur la dégénérescence du froment ; il est presque certain que la qualité de la farine, la grosseur du grain, l'époque de floraison, et la rusticité, peuvent être modifiées par le sol et le climat ; mais, il n'y a pas de raison pour croire qu'une sous-variété puisse, dans son ensemble, se transformer en une autre sous-variété distincte. Ce qui doit arriver, d'après Le Couteur [39], c'est que, parmi les nombreuses sous-variétés qu'on peut reconnaître dans un même champ, il s'en trouve une qui, plus forte ou plus prolifique que les autres, finit par graduellement supplanter celle qui avait été semée la première.

Quant à ce qui est relatif aux croisements naturels entre les diverses variétés, les faits sont contradictoires, mais semblent cependant indiquer que de tels mélanges ne sont pas fréquents. Plusieurs auteurs admettent que la fécondation a lieu dans la fleur fermée, mais mes observations m'autorisent à affirmer que cela n'est pas le cas, du moins dans les variétés que j'ai examinées. Mais comme j'aurai à discuter ce sujet dans un autre ouvrage, je le laisserai pour le moment de côté.

Pour conclure, tous les auteurs admettent l'existence de nombreuses variétés de froment, mais dont les différences sont peu importantes, à moinsc ependant que les soi-disantes espèces ne soient considérées comme étant elles-mêmes des variétés. Ceux qui admettent l'existence primitive de quatre à sept espèces de *Triticum* sauvage, dans des conditions analogues à celles où elles sont aujourd'hui, basent surtout leur opinion sur la grande antiquité des diverses formes [40]. Nous avons eu récemment connaissance, par les admirables recherches de Heer [41], du fait important que les habitants de la Suisse, déjà dès la période néolithique, ne cultivaient pas moins de dix céréales, dont cinq sortes de froment, sur lesquelles quatre sont o dinairement regardées comme des espèces distinctes : trois d'orge ; un *Panicum* et une *Setaria*. Si on pouvait prouver que, dès les tout premiers commencements de l'agriculture,

39 *O. C.*, p. 59. — M. Sheriff, dont l'autorité est incontestable dit dans *Gardener's Chronicle* et *Agricult. Gazette*, 1862, p. 963 : « Je n'ai jamais vu de grains qui aient été assez améliorés ou dégénérés par la culture, pour transmettre leurs changements à la récolte suivante. »

40. Alph. de Candolle, *O. C.*, p. 930.

41. *Pflanzen der Pfahlbauten*, 1865.

on cultivait cinq sortes de froment et trois d'orge, nous serions obligés de considérer ces formes comme des espèces distinctes. Mais, comme le remarque Heer, même à l'époque des habitations lacustres, l'agriculture avait déjà fait de grands progrès, car outre les dix céréales, on cultivait encore les pois, les pavots, le lin, et probablement la pomme. On peut aussi inférer d'une variété de froment dite égyptienne, et de ce qu'on sait du pays d'origine du *Panicum* et de la *Setaria,* ainsi que de la nature des herbes qui croissaient parmi les récoltes, que les habitants lacustres avaient, ou conservé des rapports commerciaux avec quelques peuples méridionaux, ou étaient eux-mêmes comme colons, venus du Midi.

Loiseleur-Deslongchamps [42] a objecté que, puisque nos céréales ont été fortement modifiées par la culture, il aurait dû en être de même des herbes qui croissent habituellement mélangées avec elles. Mais cet argument montre combien on méconnaît le principe de la sélection. M. H. C. Watson et le professeur Asa Gray, assurent que ces herbes n'ont pas varié, ou du moins ne varient pas beaucoup actuellement; mais, qui peut prétendre qu'elles ne varient pas autant que les plantes individuelles d'une même sous-variété de froment? Nous avons déjà vu que des variétés de froment pures, cultivées dans le même champ, présentent de légères variations qu'on peut trier et propager séparément; et qu'il apparaît occasionnellement, des variations plus prononcées, qui, ainsi que l'a montré M. Sheriff, méritent d'être propagées en grand. L'argument tiré de la constance des mauvaises herbes, sous l'influence d'une culture non intentionnelle, n'a aucune valeur, tant qu'on n'aura pas donné à la variabilité et à la sélection de ces herbes, l'attention qu'on a apportée à la céréale. La sélection nous donne l'explication du pourquoi les organes de la végétation diffèrent si peu dans les diverses variétés cultivées du froment; car une plante qui apparaîtrait avec des feuilles particulières, n'attirerait aucunement l'attention, si en même temps les grains de blé n'étaient pas supérieurs en grosseur ou en qualité. La sélection des grains de blé était fortement recommandée dans les temps anciens par Columelle et Celsus, car, comme le dit

42. *O. C.,* p. 94.

I.						22

Virgile [43] : « J'ai vu que les semences, choisies et examinées avec le plus grand soin, dégénèrent encore, si chaque année la main de l'homme n'en choisit les plus belles. » Nous pouvons cependant douter, que la sélection ait été bien méthodiquement poursuivie dans les temps anciens, à en juger par la peine que M. Le Couteur a dû se donner pour l'appliquer. Malgré l'importance de la sélection, le résultat minime auquel l'homme est arrivé, après des efforts incessants pendant des milliers d'années [44], pour rendre les plantes plus productives, ou les grains plus nutritifs qu'ils ne l'étaient du temps des anciens Égyptiens, semblerait infirmer son efficacité. Mais il ne faut pas oublier qu'à chaque période successive, ce sont l'état de l'agriculture, et la quantité d'engrais fournis à la terre, qui ont déterminé le degré maximum de sa productivité, car il ne serait pas possible de cultiver une variété très-productive, dans une terre qui ne contiendrait pas la proportion voulue des éléments chimiques nécessaires.

Nous savons maintenant que, dès une époque excessivement reculée, l'homme était assez civilisé pour cultiver la terre, de sorte que le froment pouvait déjà avoir été depuis fort longtemps amélioré jusqu'au point de perfection compatible avec l'état existant de l'agriculture d'alors. Quelques faits semblent appuyer cette idée de l'amélioration lente et graduelle de nos céréales. Dans les plus anciennes habitations lacustres de la Suisse, où les hommes n'employaient que des instruments de pierre, le froment qu'ils cultivaient était une sorte particulière, dont les épis et les grains étaient fort petits [45]. Tandis que les grains des formes modernes ont de sept à huit millimètres de longueur, les plus grands des habitations lacustres n'ont que six, rarement sept, et les plus petits quatre millimètres de longueur. L'épi est ainsi plus étroit, et les épillets plus horizontaux que dans nos formes actuelles. De même pour l'orge, l'espèce la plus ancienne et la plus abondamment cultivée,

<hr>

43.   « Vidi lecta diu, et multo spectata labore,
          Degenerare tamen, ni vis humana quotannis
          Maxima quæque manu legeret : ..... »
(Géorgiques; lib. I, 197-199). — Columelle et Celsus, cités par Lecouteur. O. C., p. 16.
44. Alph. de Candolle. O. C., p. 932.
45. O. Heer. *Die Pflanzen,* etc. — Dr Christ, dans *Die Fauna der Pfahlbauten* du prof. Rutimeyer 1861, p. 225.

avait les épis petits, et ses grains étaient moins gros, plus courts, plus compactes que dans l'espèce que nous cultivons; ils avaient (sans les glumes), 2 1/2 lignes de long, et 1 1/2 de large, tandis que dans notre espèce, ils atteignent pour la même largeur une longueur de 3 lignes [46]. Heer croit que ces variétés de froment et d'orge à petits grains sont les formes parentes de certaines variétés voisines actuelles, qui ont supplanté leurs premiers ancêtres.

Heer donne un intéressant aperçu de la première apparition et de la disparition finale des diverses plantes qui, pendant d'anciennes périodes successives, ont été cultivées en Suisse en plus ou moins grande abondance, et qui généralement différaient de nos variétés actuelles. L'espèce la plus commune pendant la période de pierre, était la forme de froment à petits grains et épis dont nous venons de parler; elle a duré jusqu'à l'époque helvético-romaine, et a disparu. Une seconde forme, d'abord rare, devint plus tard plus abondante. Une troisième, le froment égyptien (*T. turgidum*), qui était rare pendant l'époque de pierre, n'est pas identique à la variété actuelle. Une quatrième (*T. dicoccum*), diffère de toutes les variétés connues de cette forme. Une cinquième (*T. monoccum*), dont on a pu reconnaître l'existence pendant la période de pierre, grâce à la découverte d'un épi unique. Une sixième sorte, le *T. spelta* commun, n'a été introduite en Suisse qu'à l'âge du bronze. Quant à l'orge, outre la forme à épis courts et à petits grains, deux autres étaient encore cultivées, dont une, assez rare, ressemblait à notre *H. distichum* commun. Le seigle et l'avoine ont été introduits pendant l'âge de bronze; les grains d'avoine étaient quelque peu plus petits que ceux de nos variétés actuelles. Le pavot était largement cultivé pendant la période de pierre, probablement pour son huile, mais on ne connaît pas la variété qui existait alors. Un pois particulier à petits grains, a duré de l'âge de pierre à celui du bronze, et s'est alors éteint; tandis qu'une fève, ayant également les graines petites, a apparu lors de la période du bronze, et a duré jusqu'au temps des Romains. Ces détails ressemblent aux descriptions que peut donner un paléontologiste, des muta-

16. Heer, cité par C. Vogt, *Leçons sur l'Homme*, p. 468.

tions dans les formes, de la première apparition, de la rareté croissante, et enfin de l'extinction des espèces fossiles enfouies dans les couches successives d'une formation géologique.

Finalement, chacun doit juger par lui-même, s'il est plus probable que les différentes formes de froment, d'orge, de seigle et d'avoine, proviennent de dix ou quinze espèces, dont la plupart sont inconnues ou éteintes; ou si elles sont descendues de quatre à huit espèces, qui peuvent, ou avoir ressemblé de près à nos formes actuellement cultivées, ou en avoir été trop différentes pour pouvoir leur être identifiées. Dans ce cas, nous devons conclure, que l'homme a dû cultiver les céréales dès une période infiniment ancienne, et qu'il n'est pas improbable que dans cette culture, il ait dû pratiquer une certaine sélection. Nous pouvons aussi admettre que, sous l'influence des premières cultures, les grains et les épis auront promptement grossi, de la même manière qu'on voit les racines de la carotte sauvage augmenter rapidement de volume, lorsqu'on les soumet à la culture.

MAïS. (*Zea mais*). — Les botanistes sont à peu près unanimes pour admettre que toutes les formes cultivées de cette plante appartiennent à la même espèce. Le maïs est incontestablement d'origine américaine [47], et était cultivé par les indigènes, dans tout le nouveau continent depuis la Nouvelle-Angleterre jusqu'au Chili. Sa culture doit remonter à une époque fort ancienne, car Tschudi [48] en décrit deux espèces, actuellement inconnues au Pérou ou éteintes, et qu'on a trouvées dans des tombeaux antérieurs à la dynastie des Incas. Comme preuve encore plus convaincante de l'antiquité du maïs, je citerai le fait que, sur les côtes du Pérou [49], j'ai déterré des têtes de maïs, accompagnant dix-huit espèces de coquilles de mollusques récents, enfouis dans le sable d'une plage qui avait été soulevée à quatre-vingt-cinq pieds au-dessus du niveau de la mer. Comme conséquence de cette ancienne culture, le maïs a donné naissance à un grand nombre de variétés américaines, mais on n'a pas encore découvert à l'état sauvage, la forme primitive. On a prétendu, mais sur des données insuffisantes, qu'une sorte particulière [50], dans laquelle les grains, au lieu d'être

47. Alph. de Candolle, *O. C.*, p. 942. — Pour la Nouvelle-Angleterre, voir Silliman's *American Journal*, vol. XLIV, p. 99.

48. *Travels in Peru.*, p. 177.

49. *Geolog. Observ. on S. America*, 1846, p. 49.

50. Ce maïs est figuré dans le magnifique ouvrage de Bonafous, *Hist. nat. du maïs*, 1836, pl. V bis; et dans *Journ. of Hort. Soc.*, 1846, vol. I, p. 115, se trouve une description du résultat obtenu en semant sa graine. Un jeune Indien guaranien en voyant ce maïs, dit à Auguste Saint-Hilaire, qu'il croissait sauvage dans les forêts humides de sa patrie. (De Can-

nus, étaient cachés dans des glumes longues de onze lignes, se trouvait sauvage au Brésil. Il est à peu près certain que la forme primitive doit avoir eu ses graines ainsi protégées [51], mais celles de la variété brésilienne, d'après ce que j'apprends du professeur Asa Gray, et de ce que je trouve dans deux publications, donnent tantôt du maïs commun, tantôt du maïs à glumes, et on ne peut guère admettre qu'une espèce sauvage puisse varier si promptement et si fortement dès la première culture.

Le maïs a varié d'une manière extraordinaire. Metzger [52], qui a étudié avec une attention toute particulière la culture de cette plante, y distingue douze races (Unterart), comprenant de nombreuses sous-variétés, parmi lesquelles il en est de très-constantes, et d'autres qui ne le sont pas. Les différentes races peuvent, quant à la hauteur, varier de 15-18 pieds à 16-18 pouces, comme dans une variété naine décrite par Bonafous. L'épi varie de forme, et peut être long et étroit, ou court et épais, ou branchu. Il existe une variété dans laquelle l'épi est plus de quatre fois plus long que dans la variété naine. Les grains peuvent être disposés sur l'épi en rangées variant de six à vingt, ou être placés irrégulièrement. Quant à la couleur, ils peuvent être blancs, jaune pâle, orangés, rouges, violets, ou élégamment bigarrés de noir [53], et on rencontre quelquefois des grains de deux couleurs sur un même épi. J'ai trouvé que, en poids, un seul grain d'une variété pouvait être égal à celui de sept d'une autre. La forme des grains varie beaucoup ; ils peuvent être aplatis, globuleux ou ovales, plus larges que longs, ou plus longs que larges, sans pointe, ou se prolongeant en une dent aiguë, qui est quelquefois recourbée. Une variété (*rugosa* de Bonafous) a les grains ridés, d'où un aspect singulier de tout l'épi. Une autre (*cymosa* de Bonafous) porte des épis si serrés les uns contre les autres, qu'on l'a appelée *maïs à bouquet*. Les grains de quelques variétés contiennent de la glucose au lieu de fécule. Des fleurs mâles apparaissent quelquefois parmi des fleurs femelles, et M. J. Scott a récemment observé le cas plus rare, de fleurs femelles sur une panicule mâle, et aussi des fleurs hermaphrodites [54]. Azara a vu au Paraguay [55], une variété dont les grains sont très-tendres, et a constaté que plusieurs autres sont susceptibles d'être apprêtées de diverses manières. Il y a dans les variétés des différences dans la précocité, et dans leur aptitude à résister à la dessiccation et à l'action des vents violents [56]. Parmi les différences que nous venons de mentionner, il en est un certain nombre, auxquelles on eût certainement accordé une valeur spécifique, s'il se fût agi de plantes à l'état de nature.

D'après le comte Ré, les graines de toutes les variétés cultivées par lui,

dolle, *O. C.*, p. 951.) M. Teschemacher dans *Proc. Boston Soc. nat. Hist.* 19 Oct. 1842, donne un récit de la semaille de ses graines.

51. Moquin-Tandon, *Éléments de tératologie*, 1841, p. 126.

52. *O. C.*, 1841, p. 208. J'ai modifié quelques assertions de Metzger d'après des renseignements consignés dans le grand ouvrage de Bonafous, *Hist. nat. du maïs*, 1836.

53. Godron, *O. C.*, t. II, p. 80 ; — Alph. de Candolle, *O. C.*, p. 951.

54. *Transactions Bot. Soc. Edinburgh*, vol. VIII, p. 60.

55. *Voyages dans l'Amér. mérid.*, t. I, p. 147.

56. *O. C.*, p. 31.

auraient à la longue pris une couleur jaune; mais Bonafous [57] a trouvé que la teinte de la plupart de celles qu'il a semées pendant dix ans, était restée constante; il ajoute que dans les Pyrénées et les plaines du Piémont, on cultive depuis plus d'un siècle un maïs blanc qui n'a éprouvé aucun changement.

Les variétés hautes croissant sous les latitudes méridionales, où elles sont par conséquent soumises à une température élevée, mûrissent leurs graines au bout de six à sept mois : les espèces plus petites, qui croissent dans les climats plus froids, mûrissent dans trois ou quatre mois [58]. P. Kalm [59], dit qu'aux États-Unis, les plantes diminuent de taille en allant du midi au nord. Les graines provenant de la Virginie sous 37° de latitude, et semées dans la Nouvelle-Angleterre sous 43°-44°, donnent des plantes dont la graine ne mûrit qu'avec la plus grande difficulté, et même pas du tout. Il en est de même des graines transportées de la Nouvelle-Angleterre à 45°-47° de latitude, au Canada. Avec des soins et après quelques années de culture, les variétés méridionales arrivent à bien mûrir plus au nord, fait analogue à celui que nous avons déjà vu de la conversion de froment d'été en froment d'hiver, et *vice versâ*. Lorsqu'on plante ensemble des maïs de grande et de petite taille, les derniers sont en pleine floraison, avant que les premiers aient poussé une seule fleur, et en Pensylvanie ils mûrissent six semaines plus tôt que les grands maïs. Metzger parle d'un maïs d'Europe, qui mûrit un mois plus tôt qu'aucune des autres formes européennes. D'après ces faits, qui témoignent si évidemment de l'hérédité de l'acclimatation, nous pouvons sans peine croire Kalm, lorqu'il assure qu'on a pu, dans l'Amérique du Nord, pousser graduellement la culture du maïs, toujours plus vers le nord. Tous les auteurs sont d'accord que, pour conserver les variétés de maïs pures, il faut les planter séparément afin d'éviter les croisements.

Les effets du climat européen sur les variétés américaines sont très-remarquables. Metzger a semé et cultivé en Allemagne, des graines de maïs provenant de plusieurs parties de l'Amérique, et voici entre autres quels ont été les changements observés dans une variété [60] de haute taille, originaire des parties plus chaudes de ce pays (*Zea altissima,* Breit-körniger Mays). A la première année, les plantes atteignirent douze pieds de hauteur, mais ne donnèrent qu'un petit nombre de graines mûres : les grains inférieurs de l'épi conservèrent leur forme propre, mais les supérieurs présentèrent quelques changements. A la seconde génération, les plantes donnèrent plus de graines mûres, mais ne dépassèrent pas une hauteur de huit à neuf pieds; la dépression de la partie extérieure des grains avait disparu, et leur couleur primitivement d'un blanc pur, s'était un peu ternie. Quelques grains étaient même devenus jaunes, et approchaient de la forme de ceux du maïs européen par leur rondeur. A la troisième génération, ils ne ressemblaient presque plus du tout à la forme originelle

57. *Voyages dans l'Amér. mérid.,* t. I. p. 13.
58. Metzger, O. C., p. 206.
59. *Description du maïs,* par P. Kalm, 1752, dans *Actes suédois,* vol. IV.
60. Metzger, O. C., p. 208.

et très-distincte du maïs d'Amérique. Enfin, à la sixième génération, ce maïs était identique à une variété européenne, que l'auteur décrit comme la seconde sous-variété de la cinquième race. Cette variété était encore, lorsque Metzger publia son livre, cultivée près de Heidelberg, où elle se distinguait de la forme commune, par une croissance plus vigoureuse. Des résultats analogues ont été obtenus par la culture d'une autre variété américaine, celle « à dents blanches, » chez laquelle la dent disparut déjà, dès la seconde génération. Une troisième race, dite « maïs de poulet, » ne se modifia que peu, et seulement par l'apparence de son grain, qui devint moins uni et transparent.

Les faits que nous venons de voir, nous fournissent l'exemple le plus remarquable que je connaisse, des effets prompts et directs du climat sur une plante. On pouvait bien s'attendre à ce que la taille de la plante, l'époque de sa végétation et de la maturation de sa graine, seraient en quelque sorte modifiées, mais les changements rapides et considérables qui se sont produits dans la graine sont surprenants. Toutefois, comme les fleurs, et leur produit qui est la graine, sont le résultat d'une métamorphose de la tige et des feuilles, toute modification dans ces derniers organes doit, par corrélation, tendre à affecter les organes de la fructification.

Chou. (*Brassica oleracea*). — Chacun sait combien les diverses sortes de choux varient par leur apparence. Sous l'action combinée d'une culture particulière et du climat, une tige a pu, dans l'île de Jersey, atteindre une hauteur de seize pieds, et supporter un nid qu'une pie avait construit sur son sommet. Les troncs ligneux hauts de dix à douze pieds ne sont pas rares, et sont employés comme chevrons et pour faire des cannes [61]. Ceci nous rappelle que, dans certains pays, les plantes appartenant à l'ordre généralement herbacé des Crucifères, peuvent se développer en arbres. Chacun peut apprécier la différence entre les grands choux à tête unique verts ou rouges; les choux de Bruxelles avec leur nombreux capitules; les broccolis et les choux-fleurs, avec leurs nombreuses fleurettes avortées, incapables de produire de la graine, et réunies en un corymbe serré, au lieu de former une panicule ouverte; les choux de Savoie avec leurs feuilles ridées et pustulées; et les choux verts qui se rapprochent davantage de la forme primitive sauvage. Il y a encore des choux divers frisés et découpés; d'autres offrant de magnifiques couleurs, dont Vilmorin, dans son catalogue de 1851, signale dix variétés, qu'on élève uniquement comme ornement, et qui se propagent par graines. Quelques sortes sont moins connues, telles que le « Couve Tronchuda » portugais, qui a les côtes des feuilles très-épaissies;

61. Bois de chou, *Gardener's Chronicle*, 1856, p. 744, citation de Hooker, *Journ. of Botany*. Au musée de Kew, est exposée une canne faite d'une tige de chou.

les choux-raves, aux tiges renflées au-dessus du sol en grosses masses
semblables à des raves ; une forme toute récente de choux-raves [62], dont
la partie renflée se trouve sous terre, comme dans le navet, et dont on
compte déjà neuf sous-variétés.

Malgré les différences considérables que nous remarquons dans la
forme, la couleur, la taille, la disposition, et le mode de croissance des
tiges et des feuilles, ainsi que dans les pédoncules des fleurs du broccoli
et du chou-fleur, il n'y a que fort peu et même pas de différences dans
les fleurs elles-mêmes, les gousses et les graines [63]. J'ai comparé les fleurs
de toutes les formes principales; celles de la Couve Tronchuda sont blanches, et un peu plus petites que celles du chou commun; celles du broccoli
de Portsmouth, ont les sépales plus étroits, et les pétales plus petits et
moins allongés, mais je n'ai pu déceler aucune différence dans les autres
choux. Quant aux siliques, elles ne diffèrent que dans le chou-rave
pourpre, par une forme un peu plus allongée et plus étroite qu'à l'ordinaire. J'ai réuni les graines de vingt-huit sortes différentes, dont la plupart ne pouvaient pas être distinguées les unes des autres, ou ne présentaient que des différences insensibles. Ainsi les graines de divers broccolis
et choux-fleurs, prises en masse, étaient un peu plus rouges ; celles du
chou vert d'Ulm précoce un peu plus petites; celles du chou Bréda un
peu plus grandes que d'habitude, mais pas plus que celles du chou sauvage des côtes du pays de Galles.

Mais quel contraste si nous comparons les tiges, feuilles, fleurs, siliques
et graines des diverses sortes de choux, avec les parties correspondantes
de nos variétés de froment et de maïs! L'explication en est évidente: dans
les céréales on n'estime que les graines, et c'est sur leurs variations qu'on
a fait porter la sélection : dans les choux au contraire, on a complétement
négligé les graines, leurs enveloppes et les fleurs, tandis qu'on a remarqué et conservé les variations utiles qu'ont pu présenter les tiges et les
feuilles, depuis une époque fort reculée, car les anciens Celtes cultivaient
déjà les choux [64].

Il est inutile de donner la classification et la description [65] des nombreuses races, sous-races et variétés du chou. je me bornerai à mentionner
le système récemment proposé par le Dr Lindley [66], et basé sur l'état du
développement des bourgeons foliifères, terminaux et latéraux, ainsi que
des bourgeons florifères. Ainsi, 1° tous les bourgeons foliifères actifs et
ouverts comme dans le chou sauvage, etc.; 2° tous les bourgeons foliifères
actifs, mais formant des capitules, choux de Bruxelles, etc.; 3° bourgeon
foliifère terminal seul actif, formant une tête, comme dans le chou commun,
le chou de Savoie, etc.: 4° bourgeon foliifère terminal seul actif et ouvert,
la plupart des fleurs étant avortées et succulentes, choux-fleurs et broc-

62. *Journ. de la Soc. imp. d'Horticulture*, 1855, p. 251.
63. Godron, *O. C.*, t. II, p. 52. — Metzger, *Syst. Beschreibung der Kult. Kohlarten*, 1833, p. 6.
64. Regnier, *de l'Économie publique des Celtes*, 1818, p. 138.
65. Aug. P. de Candolle, *Transactions of Hort. Soc.*, vol. V. — Metzger, *O. C.*
66. *Gardener's Chronicle*, 1859, p. 992.

colis; 5° tous les bourgeons foliifères actifs et ouverts, avec la plupart des fleurs avortées et succulentes, comme le chou broccoli à jets. Cette dernière variété toute nouvelle, est exactement au broccoli ordinaire, ce qu'est le chou de Bruxelles au chou commun; elle a fait son apparition au milieu d'une plantation de broccolis ordinaires, et s'est trouvée apte à se propager et à transmettre fidèlement ses caractères remarquables et nouvellement acquis.

Au XVIe siècle les principales sortes de choux ayant été déjà connues [67], un grand nombre de modifications de structure ont dû avoir été héréditaires depuis une longue période. Le fait est d'autant plus remarquable, qu'il a fallu beaucoup de soins pour éviter les croisements entre les diverses variétés. Pour en citer une preuve, j'ai levé 233 plantons de plusieurs sortes de choux, qui ont été ensuite placés à côté les uns des autres; sur ce nombre 155 furent nettement altérés et mélangés, et aucun des 78 restants ne fut parfaitement pur. On peut douter que beaucoup de variétés permanentes aient pu naître de croisements intentionnels ou accidentels, car les plantes qui sont le produit de pareils mélanges, sont très-inconstantes. On prétend cependant avoir récemment produit une variété constante, en croisant le « chou-kale » commun avec le chou de Bruxelles, et recroisant avec le broccoli pourpre [68], mais les plantes que j'ai moi-même élevées, étaient loin de se montrer aussi constantes dans leurs caractères, que le chou commun.

Bien que la plupart des variétés restent constantes si l'on a soin d'éviter les croisements, il faut cependant chaque année visiter les plantons, car il s'en trouve souvent qui ne sont pas purs; mais même dans ce cas la puissance de l'hérédité se manifeste en ce que, ainsi que le fait remarquer Metzger [69] à propos du chou de Bruxelles, les variations ne s'écartent pas de la race principale (Unterart). Pour propager avec constance une variété, il ne faut pas qu'il survienne des changements trop considérables dans les conditions extérieures; ainsi les choux ne forment pas de têtes dans les pays chauds, et la même chose a été observée sur une variété anglaise plantée près de Paris, et qui avait crû pendant un automne chaud et très-humide [70]. Un sol pauvre affecte aussi les caractères de certaines variétés.

La plupart des auteurs admettent que toutes les races cultivées descendent du chou sauvage qu'on trouve sur les côtes occidentales de l'Europe; mais Alph. de Candolle [71], s'appuyant sur des bases historiques et sur quelques autres raisons, regarde comme plus probable qu'elles doivent leur origine au mélange de deux ou trois espèces voisines, généralement considérées comme distinctes, et vivant encore actuellement dans les régions méditerranéennes. Mais comme nous l'avons déjà montré pour les animaux domestiques, la supposition d'une origine multiple ne jette aucun jour sur les différences caractéristiques qui se remarquent entre les di-

---

67. Alph. de Candolle, *Géogr. Bot.*, p. 812 et 989.
68. *Gardener's Chronicle*, 1858, p. 128.
69. *O. C.*, p. 22.
70. Godron, *O. C.*, t. III, p. 52. — Metzger, *O. C.*, p. 22.
71. *O. C.*, p. 840.

verses formes cultivées. Si nos choux sont les descendants de trois ou quatre espèces distinctes, toute trace d'une stérilité qui peut avoir primitivement existé entre elles est actuellement perdue, car si on ne prend les plus grands soins pour éviter les croisements entre les variétés, il est impossible de les conserver distinctes.

D'après l'opinion de Godron et de Metzger[72], les autres formes cultivées du genre *Brassica* descendraient de deux espèces, les *B. napus* et *rapa*; d'autres botanistes en admettent trois, d'autres enfin soupçonnent fortement toutes ces formes tant sauvages que cultivées, d'appartenir à une seule et unique espèce. Le *Brassica napus* a donné naissance à deux grands groupes, qui sont: les navets de Suède (que quelques-uns regardent comme d'origine hybride[73]) et les colzas, dont les graines fournissent de l'huile. Le *Brassica rapa* (de Koch) a aussi produit deux races, la rave ordinaire, et la navette, qui fournit de l'huile: plantes qui, malgré les différences de leur apparence extérieure, appartiennent évidemment à la même espèce; Koch et Godron ont vu la rave perdre ses grosses racines dans un sol inculte, et lorsqu'on sème ensemble les raves et les navettes, elles s'entrecroisent à un tel point qu'à peine trouve-t-on une plante qui soit restée fidèle à son type[74]. Metzger a pu, par la culture, transformer la navette d'hiver et bisannuelle en la variété d'été annuelle, — variétés regardées comme spécifiquement distinctes par quelques auteurs[75].

Dans la production de grosses tiges, charnues comme celles des raves, nous trouvons donc dans trois formes qu'on considère comme des espèces distinctes, un cas de variation analogique. Peu de modifications paraissent être plus promptement acquises que ce développement des racines ou des tiges, qui ne sont qu'un approvisionnement de nourriture accumulée pour l'usage de la plante future. Nous voyons cela dans les radis, les bettes, dans une variété moins commune du céleri, dont les racines ressemblent à des raves, et dans le finocchio ou variété italienne du fenouil. M. Buckman a récemment, par des expériences fort intéressantes, montré comme on peut rapidement augmenter le volume des racines du panais sauvage, chose que Vilmorin avait précédemment prouvée aussi pour la carotte[76]. Cette dernière plante à l'état cultivé, ne diffère dans presque aucun de ses caractères de l'espèce sauvage d'Angleterre, autrement que par le développement et la qualité de ses racines; mais on cultive de celles-ci en Angleterre[77] dix variétés différant par leur couleur, leur

72. Godron, O. C., t. II, p. 54. — Metzger, O. C., p. 19.
73. *Gardener's Chronicle*, [illegible], 1856, p. 729.
74. *Ibid.*, 1855, p. 730.
75. O. C., p. 51.
76. Ces essais de Vilmorin ont été cités par [illegible] de ces auteurs. M. [illegible] a récemment soulevé des doutes sur ce sujet, par suite des résultats [illegible] tels que ceux-ci ne peuvent avoir la valeur de résultats positifs. [illegible] par M. [illegible] (*Gard. Chronicle*, 1865, p. 1154) [illegible] de la carotte [illegible] loin de toute terre cultivée, [illegible] diffèrent cependant par leurs formes plus [illegible] et [illegible] plus [illegible] breuses que celles de la plante sauvage [illegible].
77. Loudon, *Encyclop. of Gardening*, [illegible].

forme et leur qualité, et dont quelques-unes se reproduisent par graines. D'après ce qui est arrivé à la carotte et à quelques autres plantes, telles que les nombreuses variétés et sous-variétés du radis, on aurait tort de conclure que les parties estimées de l'homme et ayant pour lui de la valeur aient été les seules à varier. Il est vrai que ce n'est qu'à ces variations-là qu'il a appliqué la sélection, et les jeunes plantes ayant hérité de la tendance à varier de la même manière, les modifications analogues ont encore été choisies et conservées, jusqu'à ce qu'il en soit résulté des changements considérables.

Pois (*Pisum sativum*). — Les botanistes considèrent le pois de jardin comme spécifiquement distinct du pois des champs (*P. arvense*). Ce dernier se trouve sauvage dans l'Europe méridionale, mais l'ancêtre primitif du premier paraît avoir été rencontré en Crimée[78]. Andrew Knight a croisé le pois des champs avec une variété bien connue dans les jardins, le pois prussien, croisement qui s'est montré parfaitement fertile. Le docteur Alefeld a récemment étudié ce genre avec soin[79], et après en avoir cultivé une cinquantaine de variétés, il est arrivé à la conclusion qu'elles appartenaient certainement toutes à la même espèce. D'après O. Heer[80], les pois trouvés dans les habitations lacustres de la Suisse des périodes de la pierre et du bronze, appartiennent à une variété éteinte, voisine du pois des champs, *P. arvense*, et dont les grains sont excessivement petits. Le pois ordinaire des jardins offre un grand nombre de variétés, qui peuvent différer considérablement les unes des autres. J'ai, à titre de comparaison, planté ensemble quarante et une variétés anglaises et françaises, dont je vais pour cette fois signaler les différences. Les variétés diffèrent beaucoup par leur taille — allant depuis 6-12 pouces jusqu'à 8 pieds[81], — par leur mode de croissance et l'époque de leur maturité. Quelques-unes offraient déjà un aspect différent lorsqu'elles n'avaient que deux ou trois pouces de hauteur. Les tiges du pois prussien sont très-branchues. Dans les grandes variétés les feuilles sont plus grandes que dans les petites, mais pas dans une proportion exacte avec leur hauteur : — dans la variété *Monmouth naine* (*Hair's Dwarf Monmouth*), les feuilles sont très-grandes ; dans le *Pois nain hâtif* et la variété moyenne *bleue prussienne,* les feuilles ont à peu près les deux tiers de celles des variétés les plus hautes. Dans les *Danecroft,* les folioles sont petites et un peu pointues, plutôt arrondies dans la *Queen of Dwarfs* (Reine des Naines), grandes et larges dans la *Reine d'Angleterre*. Dans ces trois sortes de pois, de légères variations de couleur accompagnent les différences dans la forme des feuilles. Dans le *Pois géant sans parchemin,* dont les fleurs sont pourpres, les folioles sont bordées de rouge dans les jeunes plantes, et dans

---

78. Alph. de Candolle, *Géogr. bot.*, p. 960. — M. Bentham, *Hort. Journ.*, vol. IX, 1855, p. 141, croit que les pois de jardin et des champs appartiennent à la même espèce, opinion qui n'est pas celle du Dr Targioni.

79. *Botanische Zeitung*, 1860, p. 204.

80. *O. C.*, 1866, p. 23.

81. Une variété dite *Rouncival* atteint cette hauteur d'après M. Gordon, dans *Transact. Hort. Soc.*, (2e série), vol. I, 1835, p. 374, auquel j'ai emprunté quelques faits.

tous les pois à fleurs pourpres, les stipules sont marquées de rouge.

Dans les diverses variétés, une, deux ou plusieurs fleurs formant une petite grappe, sont portées sur un même pédoncule, différence qui chez quelques Légumineuses est regardée comme ayant une valeur spécifique. Dans toutes les variétés, les fleurs ne diffèrent que par la taille et la couleur. Elles sont généralement blanches, quelquefois pourpres, mais la couleur n'est pas constante dans une même variété. Dans la *Warner's Emperor,* qui est de haute taille, les fleurs ont presque le double de celles du *Pois nain hâtif,* mais le *Hair's Dwarf Monmouth,* qui a de grandes feuilles, a aussi de grandes fleurs. Le calice est grand dans la *Victoria Marrow,* et les sépales sont un peu étroits dans le *Bishop's Long Pod.* Il n'y a pas de différences dans la fleur des autres sortes.

Les gousses et les graines, dont les caractères sont si constants dans les espèces naturelles, varient beaucoup dans les variétés cultivées du pois, ce qui doit être, puisque ce sont les parties recherchées, et celles auxquelles par conséquent on a appliqué la sélection. Les *Pois sucrés* ou *Pois sans parchemin* ont des gousses remarquablement minces, qu'on cuit et qu'on mange entières lorsqu'elles sont jeunes; dans ce groupe, qui, d'après M. Gordon, comprend onze sous-variétés, c'est la gousse qui diffère le plus; ainsi la variété de pois *Lewis negro-podded* (Pois de Lewis à gousse nègre), a une gousse droite, large, lisse et d'un pourpre foncé, à parois moins minces que dans d'autres sortes : dans une autre la gousse est fortement arquée ; celle du *Pois géant* est pointue à son extrémité; et dans la variété à *grandes cosses,* on voit les grains si bien au travers de leur enveloppe que, lorsqu'elle est sèche, la gousse est à peine reconnaissable pour être celle d'un pois.

Dans les variétés ordinaires, les gousses diffèrent beaucoup par la grosseur et par la couleur ; — celles de la *Woodford's Green Marrow* séchées, sont d'un vert clair au lieu d'être brun pâle, la couleur de la variété à gousses pourpres est celle qu'indique son nom ; — par l'état de la surface, celles de la *Dancecroft* étant très-lisses, et celles de la *Nec plus ultra,* très-rugueuses, — les unes sont cylindriques, d'autres plates et larges ; — pointues à l'extrémité comme dans la *Thurston's Reliance,* ou tronquées comme dans l'*American Dwarf.* Dans le *Pois d'Auvergne,* l'extrémité de la gousse est recourbée en dessus. Dans la *Queen of Dwarfs* et le *Pois Scimitar,* la gousse a une forme elliptique. Je donne ci-joints les dessins des quatre formes de gousses que j'ai trouvées les plus distinctes dans les plantes que j'ai moi-même cultivées.

Dans le pois lui-même nous avons presque toutes les teintes, depuis le blanc presque pur, jusqu'au brun, jaune, et vert intense ; dans les variétés du pois sucré on observe les mêmes teintes, et de plus le rouge passant par le pourpre, jusqu'au chocolat foncé. Les couleurs sont uniformes ou distribuées en taches, ou en raies, ou autrement; elles dépendent dans quelques cas, de la coloration des cotylédons vus au travers de la pellicule propre du pois; dans d'autres, de la couleur propre de celle-ci. Le nombre des grains contenus dans une gousse peut, d'après M. Gordon, varier de dix ou douze à quatre ou cinq seulement. Les plus gros grains sont à peu

près le double des plus petits, mais ceux-ci ne se trouvent pas toujours
sur les variétés les plus naines. Les pois varient de forme, et peuvent
être lisses et sphériques ou oblongs, presque ovales dans la var. *Queen of
Dwarfs,* et presque cubiques et plissés dans plusieurs des grandes variétés.

Quant à la valeur des différences qui s'observent entre les principales

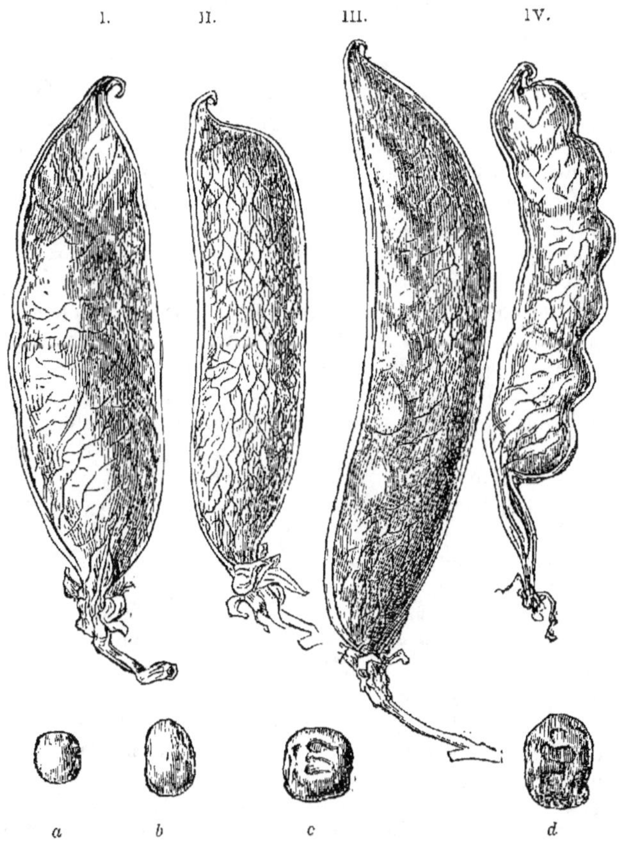

Fig. 41. — Gousses et grains de Pois. — I. *Queen of Dwarfs.* — II. *American Dwarf.* —
III. *Thurston's Reliance.* — IV. Pois *géant sans parchemin.* — a. Pois *Dan O'Rourke.* —
b. *Queen of Dwarfs.* — c. *Knight's Tall white Marrow.* — d. *Lewis Negro.*

variétés, il est incontestable que si on trouvait la grande variété du *pois
sucré,* à fleurs pourpres, à gousses minces et d'une forme extraordinaire,
renfermant des pois pourpres foncés, croissant à l'état sauvage à côté de la
petite *Queen of the Dwarfs,* à fleurs blanches, à feuilles d'un vert grisâtre
et arrondies, à gousses en forme de cimeterre, contenant des pois oblongs,
lisses, pâles, mûrissant à une époque différente: ou encore à côté d'une de

ces formes géantes comme le *Champion d'Angleterre*, à feuilles énormes, à gousses pointues, dont les gros pois sont ridés, verts, et presque cubiques, — toutes les trois seraient regardées comme espèces distinctes.

A. Knight [82] a remarqué que les variétés de pois se maintiennent très-constantes, parce que les insectes ne contribuent pas à déterminer des croisements entre elles. J'apprends de M. Masters, de Canterbury, très-connu comme le créateur de plusieurs variétés nouvelles, que quelques variétés se sont conservées pendant fort longtemps, ainsi la variété *Knight's Blue Dwarf*, qui a paru en 1820 [83]; mais la plupart n'ont qu'une existence très-courte; ainsi Loudon [84] remarque que des formes qui étaient très-recherchées en 1821, ne se trouvaient plus nulle part en 1833; et en comparant les catalogues de 1833 avec ceux de 1855, je vois que presque toutes les variétés ont changé. La nature du sol paraît, chez quelques variétés, déterminer la perte de leurs caractères. Ainsi que pour d'autres plantes, certaines variétés peuvent se propager telles quelles, tandis que d'autres ont une tendance prononcée à varier; ainsi M. Masters ayant trouvé dans une même gousse deux pois différents, l'un rond et l'autre plissé, remarqua chez les plantes provenant du pois plissé, une forte tendance à produire des pois ronds. Le même, après avoir obtenu d'une plante quatre sous-variétés distinctes, dont les pois étaient bleus et ronds, blancs et ronds, bleus et plissés, blancs et plissés, sema ces quatre variétés séparément pendant plusieurs années consécutives, et chacune d'elles lui donna toujours les quatres formes de pois indistinctement mélangées.

Quant aux croisements des variétés entre elles, je me suis assuré que le pois, différant en cela de quelques autres Légumineuses, est parfaitement fécondable sans le secours des insectes. J'ai cependant vu les abeilles suçant le nectar des fleurs, se couvrir si fortement de pollen, que celui-ci ne pouvait manquer de se déposer sur le pistil des fleurs visitées ensuite par l'insecte. D'après les informations que j'ai obtenues auprès de plusieurs grands cultivateurs de pois, peu les sèment séparément; la plupart ne prennent pas de précautions; et de fait j'ai pu m'assurer par mes propres observations, qu'on peut pendant plusieurs générations, obtenir des graines pures de différentes variétés croissant près les unes des autres [85]. M. Fitch m'apprend que dans ces conditions il a pu conserver pendant vingt ans une variété, sans qu'elle ait cessé d'être constante. Par analogie avec les haricots [86], je me serais attendu à ce qu'occasionnellement, après de longs intervalles, et une disposition à une légère stérilité survenant par suite d'une fécondation en dedans trop prolongée, des variétés ainsi rapprochées se fussent croisées entre elles; et au onzième chapitre je signalerai deux cas de variétés distinctes, entre lesquelles a eu lieu un croisement spontané, le pollen de l'une ayant directement agi sur les graines de l'autre. Le renouvellement incessant des variétés est-il dû en partie à des

82. *Phil. Transactions*, 1799, p. 196.
83. *Gardener's Magazine* I, p. 153, 1825.
84. *Encyclop. of Gardening*, p. 823.
85. Voir Dr Anderson dans *Bath Soc. Agric. Papers*, vol. IV, p. 87.
86. Ces expériences sont détaillées dans *Gardener's Chronicle*, 25 Oct. 1855.

croisements accidentels de cette nature, et leur existence passagère à des
fluctuations de la mode; ou encore les variétés qui naissent après une
longue période de fécondation en dedans, sont-elles plus faibles et plus
sujettes à périr; c'est ce que je ne saurais dire. On peut toutefois noter
que plusieurs des variétés d'Andrew Knight, qui ont duré plus longtemps
que beaucoup d'autres, sont nées vers la fin du siècle dernier de croisements artificiels. Quelques-unes étaient encore vigoureuses en 1860, mais
en 1865 [87], un auteur parlant de quatre variétés de Knight, dit qu'elles
avaient acquis une histoire fameuse, mais que leur réputation était partie.

Quant aux fèves (*Faba vulgaris*) je serai bref. Le Dr Alefeld [88] a
donné une courte diagnose de quarante variétés. Il suffit d'en voir une collection pour être frappé de la différence qu'elles présentent dans la forme,
l'épaisseur, les proportions de longueur et largeur, la couleur et la grosseur. Comme pour le pois, nos variétés actuelles ont été, pendant l'âge de
bronze, en Suisse, précédées par une forme spéciale portant de très-petites
fèves, et actuellement éteinte [89].

POMME DE TERRE (*Solanum tuberosum*). — Il n'y a pas de doute à concevoir sur l'origine de cette plante, dont les variétés cultivées diffèrent extrêmement peu par leur apparence générale, de l'espèce sauvage qu'on reconnaît au premier coup d'œil [90] dans son pays natal. Les variétés cultivées
en Angleterre sont nombreuses; Lawson [91] en décrit 175 sortes. J'ai planté
dans des raies voisines, dix-huit sortes différentes; les tiges et feuilles différaient peu, et dans plusieurs cas il y avait, sous ce rapport, autant de
différences entre les individus d'une même variété, qu'entre les diverses
variétés elles-mêmes. Les fleurs varient de grandeur, et du blanc au
pourpre pour la couleur, mais pas sous d'autres rapports, une seule forme
exceptée, chez laquelle les sépales étaient un peu allongés. On a décrit
une variété singulière, qui produit toujours deux sortes de fleurs, dont
les unes sont doubles et stériles, les autres simples et fertiles [92]. Les baies
varient aussi, mais très-légèrement [93].

Les tubercules, d'autre part, offrent une variété étonnante, et confirment
le principe que les modifications les plus étendues affectent toujours, dans
toutes les productions cultivées, les parties recherchées et estimées de
la plante. Ils diffèrent beaucoup par la forme et la couleur, et sont sphériques, ovales, aplatis, réniformes ou cylindriques. On a décrit [94] une
variété du Pérou comme droite, pas plus grosse qu'un doigt et ayant six
pouces de longueur. Les yeux ou bourgeons diffèrent aussi par la forme, la
position et la couleur. La disposition des tubercules sur les tiges varie;

87. *Gardener's Chronicle*, 1865, p. 387.

88. *Bonplandia*, X, 1862, p. 348.

89. O. Heer, *Die Pflanzen*, etc., 1866, p. 22.

90. Darwin. *Journal of Researches*, 1845. p. 285.

91. *Synopsis of vegetable products of Scotland*, cité dans Wilson. *British Farming*, p. 317.

92. Sir G. Mackensie, *Gardener's Chronicle*, 1845, p. 790.

93. *Putsche and Vertuch, Versuch einer Monographie der Kartoffeln*, 1819, p. 9, 15. —
Anderson, *Recreations on Agriculture*, vol. IV, p. 325.

94. *Gardener's Chronicle*, 1862, p. 1052.

ainsi, dans les *Gurken-Kartoffeln,* ils forment une pyramide dont le sommet est en bas, et dans une autre variété ils s'enfouissent profondément dans le sol. Les racines elles-mêmes sont tantôt profondément enfoncées dans le sol, et tantôt à fleur de terre. Les tubercules varient par l'état plus ou moins lisse de leur surface, par la couleur, qui peut être extérieurement blanche, rouge, pourpre ou presque noire, et blanche, jaune ou presque noire en dedans. Ils diffèrent encore par leur goût, et peuvent être gras ou farineux; par l'époque de leur maturation, et par leur aptitude à une conservation plus ou moins longue.

Comme dans beaucoup d'autres plantes qui ont longtemps été propagées par bulbes, tubercules, boutures, etc., circonstances par suite desquelles l'individu est exposé pendant une longue période à des conditions très-diverses, les plantes de pomme de terre levées de graine, présentent généralement d'innombrables différences. Plusieurs variétés, ainsi que nous le verrons dans le chapitre sur les variations de bourgeons, sont loin d'être constantes, même lorsqu'on les propage par les tubercules. Le Dr Anderson [95] ayant semé des graines d'une pomme de terre pourpre irlandaise, qui croissait isolée et loin de toute autre variété, de sorte que cette génération du moins ne pouvait avoir subi aucun croisement, obtint des plants tellement variés, qu'il n'y en avait presque pas deux de semblables. Quelques plantes très-analogues par leur partie extérieure, produisirent des tubercules dissemblables; des tubercules, en apparence identiques, diffèrent entièrement par la qualité, une fois cuits. Même dans ces cas de variabilité considérable, la souche mère avait quelque influence sur sa progéniture, car la plupart des plantes ressemblaient à quelque degré à la pomme de terre irlandaise. On doit ranger parmi les races les plus cultivées et les plus artificielles, la Vitelotte (*Kidney potato*), dont les particularités se transmettent cependant rigoureusement par la graine. M. Rivers, une grande autorité [96] dans la matière, assure que les plantes levées de graine de la Vitelotte à feuilles de frêne, ressemblent toujours beaucoup à la souche dont elles proviennent. Les plantes provenant de la graine d'une variété de Vitelotte (*Fluke Kidney*), sont encore plus remarquables sous ce rapport, car en ayant pendant deux saisons observé un très-grand nombre, je n'ai pu constater aucune différence en précocité, productivité, grandeur ou forme de leurs tubercules.

95. *Bath Soc. Agric. Papers,* vol. V, p. 127. — *Recreations on Agricult.,* vol. V, p. 86.
96. *Gardener's Chronicle,* 1863, p. 613.

CHAPITRE X.

PLANTES (*Suite*). — FRUITS. — ARBRES D'ORNEMENT.
FLEURS.

FRUITS. — Raisins. — Variations insignifiantes et bizarres. — Mûres. — Oranges. — Résultats singuliers de croisements. — Pêches et brugnons. — Variations de bourgeons. — Variation analogique. — Rapports avec l'amande. — Abricots. — Prunes. — Variation de leurs noyaux. — Cerises. — Variétés singulières. — Pommes. — Poires. — Fraises. — Mélanges des formes primitives. — Groseilles. — Accroissement constant de la grosseur du fruit. — Variétés. — Noix. — Noisettes. — Plantes cucurbitacées. — Leurs variations surprenantes.

ARBRES D'ORNEMENT. — Genre et degré de leurs variations. — Frêne. — Pin d'Écosse. — Aubépine.

FLEURS. — Origine multiple de beaucoup de fleurs. — Variations de particularités constitutionnelles. — Genre de variation. — Roses. — Espèces cultivées. — Pensées. — Dahlias. — Histoire et variation de la jacinthe.

LA VIGNE (*Vitis vinifera*). — Tous nos raisins sont, d'après nos meilleures autorités, regardés comme les descendants d'une espèce unique, qui croît encore sauvage dans l'Asie occidentale, existait dans le même état en Italie[1] pendant l'âge de bronze, et a été récemment trouvée fossile dans un dépôt tuffeux du midi de la France[2]. Quelques auteurs toutefois, se basant sur le grand nombre de formes à demi sauvages qu'on trouve dans le midi de l'Europe, et notamment celle provenant d'une forêt en Espagne, décrite par Clemente[3], conçoivent des doutes sur la descendance de toutes nos variétés cultivées d'une souche unique; mais comme le raisin se sème facilement dans l'Europe méridionale, et que ses formes principales transmettent leurs caractères par la graine[4], tandis que d'autres sont extrêmement variables, il doit certainement y avoir des formes échappées à la culture dans les pays où cette plante a été cultivée dès l'antiquité la plus reculée. La quantité considérable de variétés qui ont pris naissance depuis les plus anciens documents historiques que nous possédions, est une preuve de la variabilité de la vigne lorsqu'elle est propagée de graines. Presque chaque année voit éclore quelques nouvelles variétés de serre, et comme

1. Heer, *Pflanzen der Pfahlbauten*, 1866, p. 28.
2. Alph. de Candolle, *Géog. bot.*, p. 872. — Dr Targioni-Tozzetti, *Journ. Hort. Soc.*, vol. IX. p. 133. Pour la vigne fossile trouvée par le Dr Planchon, voir *Hist. nat. Review*, 1865, p. 224.
3. Godron, *de l'Espèce*, t. II, p. 100.
4. Expériences de M. Vibert, décrites par A. Jordan, *Mém. de l'Acad. de Lyon*, 1852, t. II, p. 108.

I. 23

exemple [5] on a tout récemment, en Angleterre, obtenu une variété dorée provenant, sans l'intervention d'aucun croisement, d'un raisin rouge. Van Mons [6] a obtenu de la graine d'une seule vigne, complétement isolée, de manière à exclure toute possibilité de croisement, des plantes présentant les analogues de toutes les sortes, et différant entre elles par presque tous les caractères possibles des fruits et des feuilles.

Les variétés cultivées sont extrêmement nombreuses; le comte Odart estime qu'il peut en exister 800, peut-être même 1000, mais dont un tiers sont sans valeur. Un catalogue, publié en 1842, des fruits cultivés dans le Jardin d'Horticulture de Londres, en énumère 99 variétés. Partout où la vigne est cultivée, elle en présente; Pallas en décrit 24 en Crimée, et Burnes 40 dans le Caboul. Leur classification a fort embarrassé les auteurs, et le comte Odart en a été réduit à adopter un système géographique. Sans entrer dans les détails des grandes et nombreuses différences qui existent entre ces variétés, je me bornerai à signaler quelques particularités curieuses, uniquement pour montrer la variabilité dont la plante est susceptible, et que j'emprunterai toutes à l'ouvrage très-estimé d'Odart [7]. La vigne a été groupée par Simon sous deux divisions principales, comprenant celle à feuilles tomenteuses et celle à feuilles glabres; mais il admet que dans une variété, la Rebazo, les feuilles peuvent être l'un ou l'autre, et Odart (p. 70) constate que dans quelques variétés, les nervures seules, et dans d'autres les jeunes feuilles, sont tomenteuses, tandis qu'elles sont glabres dans les vieilles. Le raisin Pedro-Ximenes (Odart, p. 397) se laisse reconnaître, parmi une foule d'autres variétés, par la particularité que, lorsqu'il approche de sa maturation, les nervures de ses feuilles et même leur surface entière, deviennent jaunes. Le Barbera d'Asti offre quelques caractères bien marqués (p. 426), entre autres celui de quelques-unes de ses feuilles, toujours les plus basses, devenant subitement d'un rouge foncé. Plusieurs auteurs ont, dans leurs essais de classification, fondé leurs divisions principales sur la forme ronde ou oblongue des grains du raisin, et Odart admet la valeur de ce caractère, bien qu'il y ait une variété, le Maccabeo (p. 74), chez laquelle on trouve souvent sur la même grappe, des grains petits et ronds avec d'autres gros et oblongs. Les raisins de la variété Nebbiolo (p. 429), se reconnaissent au caractère constant d'une légère adhérence de la partie de la pulpe qui entoure les pepins, au reste de la baie, lorsqu'on coupe celle-ci en travers. Il mentionne une variété Rhénane (p. 228) qui aime un sol sec; le raisin mûrit bien, mais se pourrit facilement quand il pleut beaucoup lors de sa maturation; une variété Suisse (p. 243) est d'autre part estimée, parce qu'elle résiste bien à une humidité prolongée. Cette dernière variété pousse tardivement au printemps, mais mûrit tôt; d'autres (p. 362) ont le défaut d'être trop excitées par le soleil d'avril, et souffrent par conséquent du gel. Une variété Styrienne (p. 254) a ses pédoncules très-cassants, et ses grappes sont facilement arrachées par les forts vents: on dit aussi qu'elle attire tout particu-

5. *Gardener's Chronicle*, 1864, p. 188.
6. *Arbres fruitiers*, 1836, t. II, p. 290.
7. *Ampelographie universelle*, 1849.

lièrement les guêpes et les abeilles. D'autres variétés ont les pédoncules robustes, et résistent bien au vent. Parmi les innombrables variations qui pourraient encore être signalées, celles que nous venons d'indiquer suffisent pour montrer combien la vigne peut varier par mille détails de conformation. Pendant la durée de la maladie de la vigne en France, il est des groupes entiers de variétés[8] qui ont souffert infiniment plus que d'autres, de l'envahissement de l'oïdium. Ainsi le groupe du Chasselas, si riche en variétés, n'a pas offert un seul cas d'une exception heureuse, tandis que d'autres, comme le vieux plant de Bourgogne par exemple, ont relativement échappé à la maladie, et le Carminat y a bien résisté. Les vignes américaines, qui appartiennent à une espèce distincte, n'ont nullement été affectées par la maladie en France. Il semblerait donc que les variétés européennes qui ont le mieux résisté au mal, ont dû acquérir dans une certaine limite les particularités constitutionnelles de l'espèce américaine.

MÛRE BLANCHE (*Morus alba*). — Je mentionne cette plante parce que par certains caractères, tels que la texture et la qualité de ses feuilles, elle présente des variations de nature à les approprier à la nourriture des vers à soie, différentes de celles qu'on observe dans d'autres plantes, et qui n'ont été que le résultat d'une sélection de certaines variations du mûrier, qu'on a ainsi rendues à peu près constantes. M. de Quatrefages[9] a décrit brièvement six sortes de cette plante qu'on cultive dans une seule vallée en France; l'*amouroso* produit d'excellentes feuilles, mais est actuellement en voie d'être abandonnée parce qu'elle donne trop de fruits; l'*antofino* porte des feuilles profondément découpées et de qualité très-fine, mais en quantité faible; on recherche la variété *claro* à cause de la facilité avec laquelle on peut récolter ses feuilles; enfin la var. *roso* donne en abondance des feuilles fortes et robustes, mais qui ont l'inconvénient de ne bien convenir aux vers qu'après leur quatrième mue. MM. Jacquemet-Bonnefont, de Lyon, dans leur catalogue de 1862, font toutefois remarquer qu'on a confondu sous le nom de *roso* deux sous-variétés, dont l'une a les feuilles trop épaisses pour les vers, tandis que l'autre est précieuse parce qu'on peut facilement en cueillir les feuilles sur les branches, sans déchirer l'écorce de celles-ci.

Dans l'Inde, le mûrier a aussi donné naissance à un grand nombre de variétés. Plusieurs botanistes considèrent la forme Indienne comme une espèce distincte; mais, ainsi que le fait remarquer Royle[10], la culture a fait naître une telle quantité de variétés, qu'il est difficile de déterminer si toutes appartiennent à une seule espèce; car elles sont presque aussi nombreuses que les variétés du ver à soie.

GROUPE DES ORANGES. — La plus grande confusion règne dans ce groupe quant à la distinction spécifique et l'origine de ses diverses formes. Gallesio[11], qui a presque consacré sa vie à l'étude de ce fruit, y reconnaît

8. Bouchardat, *Comptes rendus*, 1er déc. 1851.

9. *Études sur les maladies actuelles du ver à soie*, 1859, p. 321.

10. *Productive Resources of India*, p. 130.

11. *Traité du Citrus*, 1811. — *Teoria della riproduzione vegetale*, 1816, ouvrage que je

quatre espèces, qui sont, les oranges douces, les amères, les limons et les citrons, et dont chacune a donné naissance à des groupes nombreux de variétés, de monstruosités, et de métis supposés. Une autre autorité compétente [12], regarde ces quatre formes réputées espèces, comme des variétés du *Citrus medica* sauvage, et pense que le *Citrus decumana* (Pamplemousse) qu'on ne connaît pas à l'état sauvage, forme une espèce distincte, fait dont doute fortement un autre écrivain, le Dr Buchanan Hamilton. D'autre part, Alph. de Candolle [13], — et on ne saurait trouver un juge plus compétent, — apporte des preuves, à son avis suffisantes, pour établir que l'orange, (la spécificité des sortes amères et douces lui paraissant douteuse), le limon et le citron ayant été trouvés sauvages, doivent par conséquent être considérés comme des formes distinctes. Il mentionne comme espèces incontestables, deux formes cultivées au Japon et à Java ; mais parle avec doute de l'orange pamplemousse, qui varie beaucoup, et n'a pas été trouvée sauvage ; il regarde enfin quelques formes, telles que la pomme d'Adam et la Bergamotte, comme étant probablement des hybrides.

J'ai donné un rapide aperçu de ces diverses manières de voir, pour faire comprendre à ceux qui ne se sont jamais occupés de pareils sujets, combien ils sont embarrassants et douteux. Il est donc tout à fait inutile d'entrer dans plus de détails sur les différences qui s'observent entre les diverses formes, dont un assez grand nombre, qu'on ne peut considérer que comme des variétés, transmettent cependant intégralement leurs caractères par graine. Les oranges amères et douces ne diffèrent aucunement par d'autres caractères que celui de leur saveur, et d'après Gallesio [14], se propagent toutes les deux d'une manière constante par graine, d'où, conséquent avec son principe, il les considère comme formant deux espèces distinctes ; ce qu'il fait aussi pour les amandes douces et amères, et pour la pêche et le Brugnon (pêche lisse), etc. Cependant, comme il admet que la variété du Pin à graines à coque tendre, produit non-seulement des Pins à coque tendre, mais souvent aussi des Pins à coque dure, il en résulterait d'après sa règle, qu'il suffirait d'un peu plus de force dans l'hérédité, pour ériger le Pin à graines à coque tendre à la dignité d'espèce primitive. L'assertion de Macfayden [15], qu'à la Jamaïque, les pepins de l'orange douce produisent des oranges tantôt douces et tantôt amères, suivant le sol dans lequel on les sème, doit probablement être erronée, car j'apprends de M. de Candolle que, depuis la publication de son grand ouvrage, il a reçu de la Guyane, des Antilles, et de l'île Maurice, des renseignements qui constatent que, dans ces localités, l'orange douce transmet rigoureusement son caractère à ses descendants. Gallesio a constaté que l'oranger à feuilles de saule, ainsi que le petit oranger chinois, reproduisent bien leurs feuilles et leurs

---

cite surtout. En 1839, Gallesio a publié *Gli Agrumi dei Giard. Bot. di Firenze*, dans lequel il donne un tableau curieux des rapports supposés de parenté qui relient entre elles les diverses formes.

12. M. Bentham, *Journ. of Hort. Soc.*, vol. IX, p. 133.
13. *Géog. Bot.*, p. 863.
14. *O. C.*, p. 52-57.
15. Hooker, *Bot. Misc.*, vol. I, p. 302, vol. II, p. 111.

fruits, mais que les plantes levées de semis ne sont pas tout à fait égales
en mérite à leurs parents. L'orange à pulpe rouge ne transmet pas cette
particularité. Gallesio a aussi observé que les graines de plusieurs autres
variétés singulières reproduisaient bien des arbres ressemblant partiellement à la forme parente, mais ayant tous une physionomie spéciale. Un
oranger à feuilles de myrte (que tous les auteurs regardent comme une
variété, bien que l'ensemble de son aspect soit très-distinct) qui se trouvait dans la serre de mon père, après avoir végété pendant bien des années
sans produire de graines, en donna enfin une fois, et l'arbre provenant du
semis de l'une d'elles fut identique avec le premier.

Il est encore une autre circonstance plus sérieuse, et qui rend fort difficile la détermination des différentes formes, c'est la fréquence avec
laquelle elles se croisent entre elles; ainsi Gallesio[16] a constaté que les
plantes du limonier (*C. lemonum*), croissant mélangées avec celles du
citronnier (*C. medica*), qu'on regarde généralement comme une espèce
distincte, ont donné naissance à une série de formes parfaitement graduées
et intermédiaires entre les deux premières. Une pomme d'Adam a été produite de la graine d'une orange douce, qui avait crû dans le voisinage de
limoniers et de citronniers; mais des faits de ce genre ne peuvent guère
nous aider à fixer la valeur de ces formes comme espèces ou variétés, car
on sait maintenant que des espèces incontestées de Verbascum, Cistus, Pri-
mula, Salix, etc., se croisent fréquemment dans la nature. Si cependant on
pouvait prouver que les plantes produites par ces croisements étaient même
partiellement stériles, ce serait un argument puissant en faveur de leur
spécificité. Gallesio affirme que cela est bien le cas, mais il ne distingue
pas entre la stérilité résultant de l'hybridité, et celle qui provient des effets
de la culture; et il détruit la force de sa première assertion par celle-ci[17],
qu'ayant fécondé des fleurs de l'oranger commun, par du pollen pris sur
des *variétés* incontestables de la même plante, il obtint des fruits monstrueux ne contenant que peu de pulpe, et quelques graines imparfaites ou
même point.

Nous rencontrons dans ce groupe de plantes deux cas de faits remarquables au point de vue de la physiologie végétale. Gallesio[18] ayant fécondé
les fleurs d'un oranger par du pollen de limonier, le fruit de l'oranger
présenta un segment un peu saillant, dont l'écorce avait la couleur et le
goût de celle du limon, la pulpe étant celle de l'orange et ne renfermant
que des pepins incomplets. Cette possibilité d'une action directe et immédiate du pollen d'une espèce ou variété, sur le fruit produit par une autre
espèce ou variété, est un fait que je discuterai à fond dans le chapitre
suivant.

Le second fait remarquable est celui de deux hybrides[19] supposés (car
on n'a pas vérifié s'ils l'étaient réellement), entre un oranger et un
limonier ou un citronnier, ayant produit sur le même arbre, des feuilles,

16. *O. C.*, p. 53.
17. *Ibid.*, p. 69.
18. *Ibid.*, p. 67.
19. *Ibid.*, p. 75-76.

des fleurs et des fruits appartenant aux formes pures des deux parents, parmi d'autres de nature croisée et mixte. Un bourgeon pris sur une branche quelconque et greffé sur un autre arbre, peut produire ou une des formes pures, ou un arbre produisant capricieusement les trois sortes. J'ignore si le cas du limon doux, contenant dans le même fruit des segments de pulpe de goûts différents[20] est un cas analogue. Mais j'aurai à revenir sur ce sujet.

Je termine par la description d'une variété fort singulière de l'orange commune, empruntée à l'ouvrage de A. Risso[21]. C'est le *Citrus aurantium fructu variabili,* dont les jeunes tiges poussent des feuilles ovales arrondies, piquetées de jaune, à pétioles pourvus d'ailettes cordiformes; après leur chute, elles sont remplacées par des feuilles plus longues et plus étroites, à bords ondulés, d'un vert pâle bigarré de jaune, portées sur des pétioles non ailés. Pendant qu'il est jeune, le fruit est piriforme, jaune, longitudinalement strié et doux; en mûrissant, il devient sphérique, d'un jaune plus rouge, et amer.

Pêches et Brugnons. (*Amygdalus Persica*). — Les meilleures autorités sont unanimes à reconnaître que la pêche n'a jamais été rencontrée sauvage. Importée un peu avant l'ère chrétienne de Perse en Europe, il n'en existait alors que peu de variétés. Alph. de Candolle[22] croit que ce fruit, ne s'étant pas répandu depuis la Perse à une époque plus reculée, et n'ayant aucun nom sanscrit ou hébreu pur, ne doit pas être originaire de l'Asie occidentale, mais probablement de la terre inconnue, la Chine. L'hypothèse que la pêche serait une amande modifiée, ayant acquis ses caractères actuels à une époque relativement récente, pourrait, à ce qu'il me semble, rendre compte de ces faits; car, la pêche lisse, qui descend de la pêche, a aussi fort peu de noms indigènes, et n'a été connue en Europe que bien plus tard encore.

André Knight[23], ayant obtenu de la fécondation d'un amandier par le pollen d'un pêcher, une plante dont les fruits furent semblables à des pêches, fut conduit par là à soupçonner que le pêcher est un amandier modifié, opinion qu'ont partagé plusieurs auteurs[24]. Une pêche de bonne qualité, presque sphérique, pourvue d'une pulpe douce et molle, enveloppant un noyau très-dur, fortement sillonné et légèrement aplati, diffère certainement beaucoup d'une amande, dont le noyau très-aplati, allongé, tendre et à peine sillonné, est entouré d'une pulpe dure, amère et verdâtre. M. Bentham[25] a surtout insisté sur l'aplatissement remarquable de

20. *Gardener's Chronicle*, 1841, p. 613.

21. *Ann. du Muséum*, t. XX, p. 188.

22. *O. C.*, p. 882.

23. *Transact. of Hort. Soc.*, vol. III, p. 1, et vol. IV, p. 369, accompagné d'un dessin colorié de cet hybride.

24. *Gardener's Chronicle*, 1856, p. 532. Un auteur, qui est probablement M. Lindley, fait remarquer la série parfaite qui relie l'amande et la pêche. M. Rivers, dont l'autorité et l'expérience sont incontestables, (*Gardener's Chronicle*, 1863, p. 27), croit que les pêchers, abandonnés à eux-mêmes, finiraient par ne donner que des amandes, couvertes d'une pulpe épaisse.

25. *Journ. of Hort. Soc.*, vol. IX, p. 168.

l'amande comparée au noyau de pêche. Mais le noyau de l'amandier varie beaucoup par sa forme, sa dureté, sa grosseur, le degré de son aplatissement et la profondeur de ses sillons, suivant ses diverses variétés, comme le montrent les figures que je donne ci-dessous (fig. 4-8), des différentes sortes que j'ai pu recueillir. Le degré d'allongement et d'aplatissement paraît aussi varier dans les noyaux de pêche (fig. 4-3), car on voit que

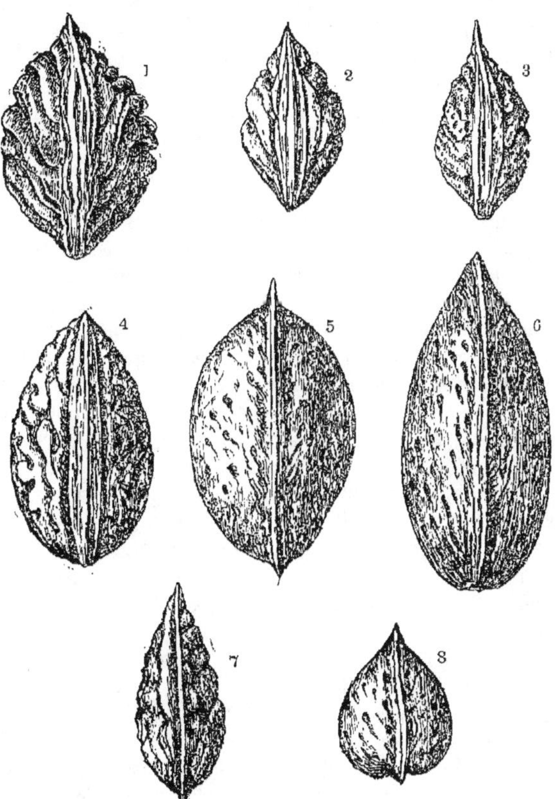

Fig. 42. — Noyaux de pêches et d'amandes, grandeur naturelle, vus de côté. — 1. Pêche anglaise commune. — 2. Pêche chinoise double, à fleurs cramoisies. — 3. Pêche-Miel chinoise. — 4. Amande anglaise. — 5. Amande de Barcelone. — 6. Amande de Malaga. — 7. Amande à coque molle. — 8. Amande de Smyrne.

celui de la pêche-miel de Chine (fig. 3) est plus long et plus comprimé que le noyau de l'amande de Smyrne (fig. 8). M. Rivers de Sawbridgeworth, horticulteur expérimenté, à qui je suis redevable de quelques-uns des échantillons ci-dessus figurés, m'a signalé plusieurs variétés qui relient le pêcher et l'amandier. Il y a en France une variété nommée la pêcheamande, que M. Rivers a cultivée autrefois, et qui est décrite dans un catalogue français comme ovale et renflée, ayant l'aspect d'une pêche, et contenant un noyau dur entouré d'une enveloppe charnue qui est quelquefois mangeable [26]. M. Luizet a publié récemment dans la *Revue Horticole* [27] le fait remarquable d'un pêcher-amandier greffé sur un pêcher, qui ne porta en 1863 et 1864 que des amandes, et donna en 1865, six pêches et point d'amandes. M. Carrière, commentant ce fait, cite un cas d'un amandier à fleurs doubles, qui, après avoir donné durant plusieurs années des amandes, produisit pendant les deux années suivantes, des fruits sphériques charnus et semblables à des pêches, puis revint, en 1865, à son état précédent, et donna de grosses amandes.

M. Rivers m'apprend que les pêchers chinois à fleurs doubles ressemblent aux amandiers par leur mode de croissance et leurs fleurs ; leur fruit est très-allongé et aplati, sa chair à la fois douce et amère, n'est pas immangeable, mais paraît être de meilleure qualité en Chine. Un pas de plus nous amène aux pêches inférieures que nous obtenons parfois de graine. Ainsi M. Rivers ayant semé des noyaux de pêches importés des États-Unis, obtint ainsi quelques plantes qui produisirent des pêches très-semblables à des amandes, par leur petitesse, leur dureté et la nature de leur pulpe, qui ne s'attendrissait que fort tard en automne. Van Mons [28] a aussi vu un arbre provenant d'un noyau de pêche, qui ressemblait exactement à une plante sauvage et donna des fruits analogues à l'amande. Depuis les pêches inférieures, telles que celles que nous venons de décrire, on peut trouver toutes les transitions, passant par les pêches à noyau adhérent à la pulpe, jusqu'à nos variétés les plus succulentes et les plus savoureuses. Je crois donc que, vu ces gradations, la brusquerie de certaines variations, et l'absence de toute forme sauvage, il est fort probable que la pêche provienne de l'amande, améliorée et modifiée d'une manière étonnante.

Il est cependant un fait qui paraît contraire à cette conclusion. Un hybride obtenu par Knight de l'amandier doux par le pollen d'un pêcher, produisit des fleurs n'ayant que peu ou point de pollen, et qui donnèrent des fruits, mais apparemment sous l'action fertilisante d'un pêcher lisse voisin. Un autre hybride de l'amandier doux, fécondé par le pollen d'une pêche lisse, ne donna, pendant les trois premières années, que des fleurs incomplètes, mais ensuite elle devinrent parfaites et riches en pollen. Si on ne peut rendre compte de cette faible stérilité, par leur jeunesse (circonstance qui souvent occasionne une diminution de la fertilité), par l'état monstrueux de leurs fleurs, ou par les conditions dans lesquelles ces plantes se sont trouvées, ces deux cas fourniraient une objection assez forte contre l'admission de la descendance du pêcher de l'amandier.

---

26. Je ne sais si cette variété est la même qu'une récemment mentionnée par M. Carrière, dans *Gardener's Chronicle*, 1865, p. 1154, sous le nom de *Persica intermedia*, qui est, par tous ses caractères, intermédiaire entre la pêche et l'amande, et produit, suivant les années, des fruits très-différents.

27. Cité dans *Gardener's Chronicle*, 1866, p. 800.

28. *Journ. de la Soc. imp. d'Agriculture*, 1855, p. 238.

Que le pêcher provienne ou non de l'amandier, il a certainement donné naissance aux pêches lisses ou *nectarines,* comme on les appelle en Angleterre. La plupart des variétés des unes et des autres se reproduisent exactement de graine. Gallesio [29], dit l'avoir vérifié pour huit races de pêchers. M. Rivers [30] en donne des exemples frappants, et il est notoire que dans l'Amérique du Nord, on élève constamment de graine de très-bons pêchers. La plupart des sous-variétés américaines restent constantes; on connaît cependant un cas de pêcher à chair adhérente au noyau, ayant produit un arbre dont le fruit était non adhérent [31]. On a remarqué qu'en Angleterre, les plantes provenant de semis héritaient de leurs parents des fleurs de même grosseur et couleur. D'autres caractères, contrairement à ce qu'on aurait pu croire, ne sont pas héréditaires, tels que la présence et la forme des glandes des feuilles [32]. Quant aux pêches lisses, tant celles à noyau adhérent que non adhérent, elles se reproduisent par graine dans l'Amérique du Nord [33]. En Angleterre, la pêche lisse blanche nouvelle provient de la graine de l'ancienne variété du même nom; M. Rivers [34] donne d'autres cas analogues. Bien que les pêchers ordinaires et lisses [35] ne présentent pas de différences, et ne peuvent même être distingués les uns des autres lorsqu'ils sont jeunes, il n'est pas étonnant, vu la force d'hérédité qui s'observe chez les uns et les autres, leurs quelques diversités de constitution, et surtout la différence considérable qui existe dans l'aspect et le goût de leurs fruits, que quelques auteurs les aient regardés comme formant deux espèces distinctes. Gallesio n'en doute nullement; Alph. de Candolle ne paraît pas convaincu de leur identité spécifique, et un botaniste éminent [36] a tout récemment soutenu l'opinion que le pêcher lisse constitue probablement une espèce à part.

Il ne sera donc pas inutile de donner tous les faits que nous possédons sur l'origine du pêcher lisse, car outre l'intérêt qu'ils peuvent avoir par eux-mêmes, ils pourront nous servir dans la discussion importante sur la variation par bourgeons, dont nous aurons à nous occuper plus tard. On assure que la pêche lisse de Boston [37] fut le produit d'un noyau de pêche, et se reproduisit ensuite par elle-même de graine [38]. M. Rivers [39] a obtenu de trois noyaux de variétés distinctes du pêcher, trois formes distinctes de pêchers lisses, et dans un des cas il n'y avait dans le voisinage du pêcher qui avait fourni le noyau, aucun pêcher lisse. M. Rivers a encore dans un autre cas, obtenu d'un noyau de pêche ordinaire, un pêcher lisse, et de

29. *O. C.,* 1816, p. 86.

30. *Gardener's Chronicle,* 1862, p. 1195.

31. M. Rivers, *Gardener's Chronicle,* 1859, p. 774.

32. Downing, *Fruits of America,* 1845, p. 475, 489, 492, 494, 496. — Michaux, *Travels in America,* p. 228. — Godron, *O. C.,* t. II, p. 97.

33. Brickell, *Nat. Hist. of N. Carolina,* p. 102. — Downing, *O. C.,* p. 505.

34. *Gardener's Chronicle,* 1862, p. 1196.

35. La pêche lisse et la pêche ordinaire ne réussissent pas également bien dans le même sol. Lindley, *Horticulture,* p. 351.

36. Godron, *O. C.,* t. II, p. 97.

37. *Transact. Hort. Soc.,* vol. VI, p. 394.

38. Downing, *O. C.,* p. 502.

39. *Gardener's Chronicle,* 1862, p. 1195.

ce dernier, à la génération suivante, un autre pêcher lisse [40]. J'ai eu connaissance d'autres cas encore qu'il est inutile de donner ici. M. Rivers a constaté six cas incontestables du fait inverse, soit la production de pêchers proprement dits, tant à noyaux adhérents que non adhérents, provenant de noyaux du pêcher lisse; dans deux de ces cas les pêchers lisses parents provenaient eux-mêmes de semis d'autres pêchers de la même variété [41].

Quant au cas très-curieux de pêchers adultes produisant subitement par variation de bourgeons, des pêches lisses, les exemples surabondent. ainsi que ceux d'un même arbre produisant à la fois des pêches proprement dites et des brugnons, ou même des fruits, dont une moitié était pêche, et l'autre brugnon.

P. Collinson [42] a en 1744 signalé le premier cas d'un pêcher produisant une pêche lisse, et il en a décrit deux autres cas en 1766. L'éditeur, Sir J. E. Smith, décrit dans le même ouvrage le cas plus curieux encore d'un arbre dans le Norfolk, qui donnant habituellement à la fois des pêches proprement dites et des pêches lisses, produisit pendant deux saisons consécutives un certain nombre de fruits de nature mixte, c'est-à-dire étant moitié l'un moitié l'autre.

M. Salisbury a signalé en 1808 [43] six cas d'arbres pêchers ayant donné des pêches lisses, et appartenant aux variétés *Alberge*. *Belle Chevreuse*, et *Royal George*; cette dernière manquait rarement de produire les deux sortes de fruits. Il cite encore un autre cas d'un fruit mixte.

Dans le Devonshire, à Radford [44], un pêcher lisse à noyau adhérent fut planté en 1815, et après avoir d'abord donné des pêches proprement dites, il porta en 1824 sur une seule branche, douze pêches lisses; en 1825 la même branche donna vingt-six pêches lisses; et en 1826. trente-six pêches lisses avec dix-huit pêches ordinaires. Une de celles-ci avait un côté presque aussi uni que les pêches lisses. Ces dernières étaient plus petites mais aussi foncées que la pêche « Elruge. »

A Beccles, un pêcher « Royal George [45] » produisit un fruit, pêche pour les trois quarts et pêche lisse pour un quart, les deux portions étant tout à fait distinctes par l'apparence et le goût. La ligne de séparation était longitudinale. A cinq mètres de distance de l'arbre croissait un pêcher lisse.

Le professeur Chapman [46] a constaté en Virginie la présence fréquente de pêches lisses sur de très-vieux pêchers ordinaires.

On trouve dans le *Gardener's Chronicle* [47] le cas d'un pêcher planté

40. *Journ. of Hortic.*, 1866. p. 102.
41. Rivers, *Gardener's Chronicle*, 1859, p. 774; 1862. p. 1195; 1865, p. 1053, et *Journ. of Hortic,*, 1866, p. 102.
42. *Correspondance of Linnæus*, 1821, p. 7, 8, 70.
43. *Trans. Hort. Soc.*, vol. 1, p. 103
44. Loudon, *Gardener's Mag.*, 1826, 1. p. 171.
45. Id., *ibid.*, 1828, p. 53.
46. Id., *ibid.*, 1830, p. 597.
47. *Gardener's Chronicle*. 1841. p. 617.

depuis quinze ans, qui produisit une pêche lisse entre deux vraies pêches ; un arbre à fruits lisses croissait dans le voisinage.

En 1844 [48] un pêcher variété « Vanguard » donna parmi ses fruits ordinaires une seule pêche lisse Romaine rouge.

M. Calver [49] a planté aux États-Unis un pêcher provenant de semis, qui donna comme produit un mélange de pêches proprement dites et de pêches lisses.

Près de Dorking [50], une branche de la variété de pêcher « Teton de Vénus, » qui se reproduit exactement de graine [51], porta, outre son fruit si particulier par sa forme, une pêche lisse un peu plus petite, mais tout à fait ronde et bien conformée.

A tous ces cas relatifs à des pêchers produisant subitement des pêches lisses, ajoutons encore le cas unique qui s'est présenté à Carclew [52], d'un pêcher lisse provenant de semis, planté vingt ans auparavant, et qui, sans avoir jamais été greffé, produisit un fruit moitié pêche et moitié pêche lisse, et ultérieurement une pêche parfaite.

Pour résumer les faits qui précèdent ; nous avons des preuves nombreuses, — que les noyaux de pêche produisent des pêchers lisses, et que les noyaux de ces derniers peuvent produire de vrais pêchers, — qu'un même arbre peut porter de vraies pêches et des pêches lisses, — que les pêchers produisent par variation de bourgeons et brusquement, des pêches lisses (celles-ci se reproduisant par leur graine), et même des fruits mixtes, étant partiellement pêches et partiellement pêches lisses, et qu'enfin un pêcher lisse, après avoir donné des fruits mixtes, finit par donner de vraies pêches. La pêche proprement dite ayant existé avant la pêche lisse, on devait s'attendre à ce qu'en vertu du principe du retour, les pêchers lisses donnassent naissance par variation de bourgeons ou par graine à de vraies pêches, plus souvent que les pêchers ordinaires à des pêches lisses ; cela n'est pourtant point le cas.

On a proposé deux explications pour rendre compte de ces conversions. La première est que, dans tous les cas, les arbres parents ont dû être des hybrides [53] du pêcher proprement dit et du pêcher lisse, et sont revenus à une de leurs formes parentes pures, soit par variation de bourgeons, soit par graine. Cette manière de voir n'est pas en elle-même improbable ; car la pêche « Mountaineer » que Knight a produite en fécondant la fleur du pêcher muscade rouge, par le pollen de la pêche brugnon violette hâtive [54], donne des pêches, mais qui se rapprochent quelquefois par le goût et la nature de leur surface unie, des pêches lisses. Nous remarquons que dans les faits que nous avons rapportés plus haut, pas moins de six variétés connues de pêches et plusieurs autres sans nom, ont produit tout à coup

48. *Gardener's Chronicle*, 1841, p. 589.
49. *Phytologist*, vol. IV, p. 299.
50. *Gardener's Chronicle*, 1856, p. 531.
51. Godron, *O. C.*, t. II, p. 97.
52. *Gardener's Chronicle*, 1856, p. 531.
53. Alph. de Candolle, *O. C.*, p. 886.
54. Thompson, dans Loudon's *Encyclop. of Gardening*, p. 911.

par variation de bourgeons, des pêches lisses parfaites; et il serait difficile de supposer que toutes ces variétés de pêches, qui ont été cultivées depuis bien des années, et dans une foule d'endroits, sans montrer de traces d'une parenté mélangée, pussent être néanmoins des hybrides. Une seconde explication consiste à admettre une action directe exercée sur le fruit du pêcher, par le pollen du pêcher lisse; mais bien que cette action soit possible, nous n'avons pas la moindre preuve qu'une branche ayant porté des fruits directement affectés par du pollen étranger, puisse être assez profondément affectée pour produire ensuite des bourgeons qui continuent à développer des fruits de la forme nouvelle et modifiée. Or, il est connu que quand un bourgeon de pêcher a une fois porté une pêche lisse, dans plusieurs cas la même branche a continué pendant plusieurs années consécutives, à produire des fruits de même nature. Le pêcher lisse de Carclew, d'autre part, a produit d'abord des fruits mixtes, puis ultérieurement de vraies pêches. Nous pouvons donc admettre l'opinion commune, que le pêcher lisse est une variété du vrai pêcher, provenant soit d'une variation par bourgeons, soit de graine. Nous donnerons dans le chapitre suivant plusieurs exemples analogues de variations par bourgeons.

Les variétés du pêcher proprement dit et du pêcher lisse marchent parallèlement. Dans les deux catégories, les fruits diffèrent par la couleur de la pulpe, qui peut être blanche, rouge ou jaune; par le noyau, qui peut ou non être adhérent à la pulpe; par les dimensions de la fleur, et quelques autres particularités caractéristiques; dans les deux, les feuilles peuvent aussi être dentelées sans glandes, ou crénelées et pourvues de glandes sphériques ou réniformes[55]. C'est à peine si ce parallélisme peut s'expliquer par la supposition que chaque variété de pêcher lisse provienne d'une variété correspondante du pêcher; car bien que les pêchers lisses descendent de plusieurs formes de pêchers, un grand nombre d'entre eux proviennent directement de la graine d'autres pêchers lisses, et ils varient si considérablement lorsqu'on les reproduit ainsi, que l'explication n'est guère admissible.

Depuis l'ère chrétienne, époque à laquelle on n'en connaissait que deux ou cinq[56] (la pêche lisse étant inconnue), le nombre des variétés du pêcher a considérablement augmenté. Actuellement, outre un grand nombre qu'on dit exister en Chine, Downing décrit, dans les États-Unis, soixante-dix-neuf variétés de pêches tant indigènes qu'importées; il y a peu d'années, Lindley[57] en comptait cent soixante-quatre cultivées en Angleterre, tant pêches proprement dites que pêches lisses. J'ai déjà signalé les différences principales qui existent entre les diverses variétés. Les pêches lisses, provenant même de variétés de pêches distinctes, conservent toujours leur goût particulier, et sont petites et unies. Dans les pêches qui diffèrent par l'adhérence ou la non-adhérence de la pulpe au noyau, ce dernier présente des caractères spéciaux : il est plus profondément sillonné dans les fruits fondants, chez lesquels il se détache facilement de la pulpe,

---

55. *Catalogue of fruit in Garden of Hortic. Soc.*, 1842, p. 105.
56. Dr Targioni-Tozzetti, *Journ. Hort. Soc.*, IX, p. 167. Alph. de Candolle. *O. C.*, p. 885.
57. *Trans. Hort. Soc.*, vol. V, p. 551.

et les bords de ses sillons sont plus lisses que dans les fruits à noyau adhérent. Les fleurs varient, non-seulement de grosseur, mais les pétales affectent une forme différente dans les fleurs plus grandes, et sont plus imbriqués, généralement rouges au centre et pâles vers les bords, tandis que dans les fleurs plus petites, les bords des pétales sont généralement plus foncés. Une variété a ses fleurs presque blanches. Les feuilles sont plus ou moins dentelées, et tantôt ont des glandes rondes ou réniformes, tantôt en sont dépourvues [58]; chez quelques pêchers, comme le Brugnon, on trouve sur le même arbre des glandes sphériques et d'autres réniformes [59]. D'après Robertson [60], les arbres à feuilles glandulées sont fréquemment pustulés, mais peu sujets au blanc, tandis que les arbres dépourvus de glandes sont plus exposés au blanc et aux pucerons. Les variétés diffèrent par l'époque de leur maturation, par la facilité de conservation du fruit et par leur rusticité, point auquel, aux États-Unis surtout, on attache une grande importance. La pêche plate de la Chine est la plus remarquable de toutes; elle est si fortement déprimée au sommet, qu'en ce point le noyau n'est recouvert que d'une pellicule rugueuse, sans pulpe interposée [61]. Une autre variété chinoise, la *Pêche-miel* (Honey-peach), est remarquable par la forme du fruit qui se termine par une longue pointe aiguë; ses feuilles sont sans glandes et largement dentelées [62]. Une troisième variété singulière, la pêche « Empereur de Russie, » a les feuilles doublement et profondément dentelées; le fruit est fortement divisé en deux parties inégales, dont l'une l'emporte considérablement sur l'autre; elle a pris naissance en Amérique, et ses rejetons, produits de graine, héritent de ses feuilles [63].

La Chine a donné naissance à une petite classe d'arbres estimés comme ornement, qui ont les fleurs doubles; on en connaît actuellement en Angleterre cinq variétés, qui varient du blanc pur, au rouge vif passant par le rose [64]. L'une d'elles, dite « à fleurs de camélias, » porte des fleurs de plus de 2 pouces 1/4 de diamètre, tandis que dans les variétés à fruits, elles ne dépassent jamais 1 pouce 1/4. Les fleurs des pêchers à fleurs doubles ont la propriété singulière de produire des fruits souvent doubles ou triples [65]. En somme, il y a de bonnes raisons pour croire que la pêche est une amande profondément modifiée, mais quelle qu'ait pu être d'ailleurs son origine, il est certain que pendant les dix-huit derniers siècles elle a donné naissance à bien des variétés, dont quelques-unes, appartenant tant à la forme des pêches ordinaires qu'à celle des pêches lisses, sont nettement et fortement caractérisées.

ABRICOT (*Prunus armeniaca*). — On admet généralement que cet arbre

58. Loudon's *Encyc. of Gardening*, p. 907.

59. M. Carrière, *Gard. Chron.* 1865, p. 1154.

60. *Trans. Hort. Soc.*, vol. III, p. 332. — *Gardener's Chron.*, 1865, p. 271. — *Journ. of Hort.*, 1865, p. 254.

61. *Trans. Hort. Soc.*, vol. IV, p. 512.

62. *Journ. of Horticult.*, 1863, p. 188.

63. *Trans. Hort. Soc.*, vol VI, p. 412.

64. *Gardener's Chron.*, 1857, p. 216.

65. *Journ. of Hort. Soc.*, vol. II, p. 283.

descend d'une seule espèce, qu'on trouve sauvage dans les régions cau-
casiennes [66]. A ce titre, ses variétés méritent attention, car elles présentent des différences auxquelles quelques botanistes ont cru devoir attribuer
une valeur spécifique dans les amandiers et les pruniers. Dans son excellente monographie sur l'abricot, M. Thompson [67] en décrit dix-sept variétés.
Nous avons vu que les pêchers vrais et les pêchers lisses varient d'une
manière tout à fait parallèle, et nous rencontrons dans l'abricot, qui appartient à un genre très-voisin, des variations analogues à celles des pêches,
ainsi qu'à celles des prunes. Les variétés diffèrent beaucoup par la forme
de leurs feuilles qui sont dentelées ou crénelées, quelquefois garnies à leur
base d'appendices auriformes, et portent des glandes sur le pétiole. Les
fleurs se ressemblent ordinairement, mais sont petites dans la variété
« Masculine. » Le fruit varie de grosseur, de forme, par une suture peu
marquée et souvent absente, par la peau lisse ou duveteuse comme dans
l'abricot-orange; enfin par l'adhérence de la pulpe au noyau comme dans
la variété que nous venons de nommer, ou par sa non-adhérence comme
dans l'abricot de Turquie. Nous voyons dans ces différences une grande
analogie avec les variations des pêches et des brugnons, mais le noyau
en présente de bien plus importantes encore, car elles ont même été considérées comme ayant une valeur spécifique dans le cas de la prune.
Quelques abricots ont le noyau presque sphérique, il est très-aplati
dans d'autres, tantôt tranchant en avant, ou mousse à ses deux extrémités, quelquefois creusé sur le dos ou présentant une arête tranchante
sur ses deux bords. Dans l'abricot « Moorparke, » et généralement chez le
« Hemskirke, » le noyau offre le singulier caractère d'être perforé, la per-
foration étant traversée de part en part par un faisceau de fibres. D'après
Thompson, le caractère le plus constant et le plus important, est celui de
la douceur ou de l'amertume de l'amande : cependant nous avons, sous ce
rapport, des gradations insensibles, car l'amande est très-amère dans
l'abricot « Shipley, » moins dans le « Hemskirke » que dans quelques
autres sortes; très-peu amère dans le « Royal, » et douce comme une noisette dans les variétés Breda, Angoumoise et d'autres. Quelques autorités ont, à propos de l'amandier, considéré l'amertume comme signe d'une
différence spécifique.

Dans l'Amérique du Nord, l'abricot Romain résiste à des expositions
froides et défavorables où aucune autre variété, la Masculine exceptée, ne
peut réussir, et ses fleurs supportent sans souffrir un gel rigoureux [68].
D'après M. Rivers [69], les abricotiers de semis ne dévient que peu des caractères de leur race; en France, la variété Alberge s'est constamment reproduite ainsi avec fort peu de variation. A Ladakh, d'après Moorcroft [70], on
cultive dix variétés fort différentes d'abricots, qui toutes, à l'exception
d'une qu'on a coutume de greffer, sont propagées par graine.

66. Alph. de Candolle, O. C., p. 875.
67. Transact. Hort. Soc., 2e série, vol. I, 1835, p. 56. — Tr. of Hort. in Garden of
Hort. Soc., 3e édit., 1842.
68. Downing, O. C., p. 157, p. 158, etc.
69. Gardener's Chronicle, 1863, p. 304.
70. Travels in the Himalayan Provinces, etc., vol. I, p. 275.

PRUNIER (*Prunus insititia*). — On croyait autrefois voir dans le pru-
nellier, *P. spinosa*, l'ancêtre de tous nos pruniers, mais actuellement on
accorde généralement cet honneur au *P. insititia*, qui se trouve sauvage
dans le Caucase et dans les parties nord-ouest de l'Inde, et qui a été naturalisé en Angleterre [71]. D'après des observations faites par M. Rivers [72], il
n'est pas improbable que ces formes, que quelques botanistes regardent
comme appartenant à une seule espèce, soient toutes deux les ancêtres de
nos pruniers domestiques. Une autre espèce supposée parente, le *P. domes-
tica*, se trouve sauvage dans le Caucase. Godron [73] remarque qu'on peut
distinguer dans les variétés cultivées, deux groupes principaux, qu'il rattache chacun à une souche primitive et qui se distinguent, l'un par ses

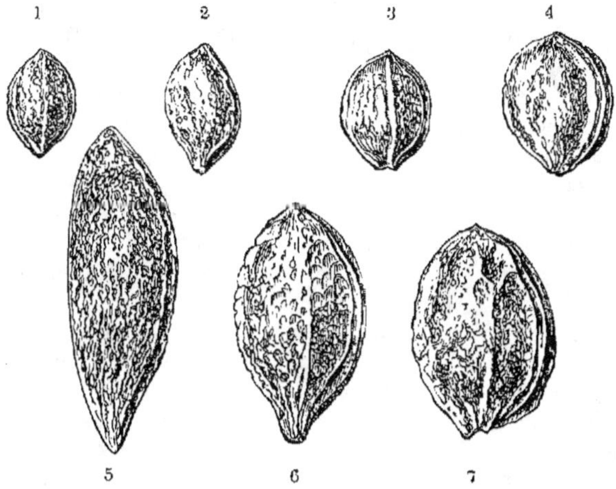

Fig. 43. — Noyaux de prunes, grand. nat., vus de côté.— 1. Prune Bullace. — 2. Shropshire
Damson. — 3. Blue Gage. — 4. Orléans. — 5. Elvas. — 6. Denyer's Victoria. — 7. Dia-
mant.

fruits oblongs, à noyaux pointus à chaque extrémité, à pétales étroits et
branches relevées; l'autre, par ses noyaux mousses, à pétales arrondis et
branches étalées. D'après ce que nous avons vu de la variabilité des fleurs
dans le pêcher, et des divers modes de croissance de nos arbres fruitiers,
nous ne pouvons guère accorder beaucoup d'importance à ces derniers caractères. La forme du fruit est excessivement variable, Downing [74] a figuré les
fruits provenant de deux pruniers de la variété Reine-Claude levés de semis,

71. Hewitt C. Watson, *Cybele Britannica*, vol. IV, p. 80.
72. *Gardener's Chronicle*, 1865, p. 27.
73. *O. C.*, t. II, p. 94. — Alph. de Candolle, *O. C.*, p. 878. — Targioni-Tozzetti, *Journ.
Hort. Soc*, vol. IX, p. 164. — Babington, *Manual of British Botany*, 1851, p. 87.
74. *Fruits of America*, p. 276, 278, 284, 310, 314. — M. Rivers, *Gardener's Chron.*, 1863,
p. 27, a levé de la graine d'une prune-pêche, qui porte de grosses prunes rouges sur des tiges
fortes et robustes, une plante dont les tiges grêles et pendantes portaient des fruits ovales et
plus petits.

et tous deux sont plus allongés que cette dernière, dont le noyau est très-gros et mousse; dans la prune Impériale il est ovale et pointu à ses deux extrémités. Les arbres diffèrent aussi par leur mode de croissance : le prunier Reine-Claude est un arbre qui croît lentement et qui s'étale en restant bas; le prunier Impérial qui en provient, croît facilement, s'élève rapidement et pousse des rameaux longs et foncés. Le prunier Washington porte un fruit globuleux, mais celui d'un de ses descendants, « l'Emerald drop, » est presque aussi long que la prune « Manning, » la plus allongée de toutes celles figurées par Downing. J'ai recueilli les noyaux de vingt-cinq variétés et y ai trouvé toutes les nuances de gradation, depuis les plus ronds et mousses jusqu'aux plus tranchants. J'ai figuré ici les formes de noyaux les plus distinctes parmi celles que j'ai eues à ma disposition, vu l'importance systématique des caractères tirés de la graine; on voit combien ils diffèrent par la grosseur, la forme, l'épaisseur, la saillie des arêtes et la nature de leur surface. La forme du noyau n'est pas toujours rigoureusement en corrélation avec celle du fruit : ainsi la prune Washington, qui est sphérique et déprimée au sommet, a le noyau un peu allongé, tandis que la prune Goliath, plus longue, a un noyau qui l'est moins que celui de la prune Washington. Les prunes Victoria de Denyer et Goliath se ressemblent beaucoup mais ont des noyaux fort dissemblables; inversement, les prunes « Harvest et Black Margate, » qui sont fort différentes en apparence, renferment cependant des noyaux presque identiques.

Les variétés de prunes sont nombreuses, et diffèrent grandement entre elles par la grosseur, la forme, la qualité et la couleur, — celle-ci pouvant être d'un jaune vif, verte, presque blanche, bleue, pourpre ou rouge. Il en est de fort curieuses, telles que la prune double ou Siamoise, la prune sans noyau, dans laquelle l'amande est logée dans une cavité spacieuse, et entourée directement de la pulpe. Le climat de l'Amérique du Nord paraît être tout particulièrement favorable à la production de bonnes et nouvelles variétés; Downing n'en décrit pas moins de quarante, dont sept de première qualité ont été récemment importées en Angleterre[75]. Il apparaît occasionnellement des variétés qui sont tout particulièrement adaptées à certains sols, et cela d'une manière aussi prononcée que pour les espèces naturelles, croissant sur les formations géologiques les plus distinctes; ainsi en Amérique, la prune Impériale, au contraire de presque toutes les autres variétés, s'accommode à merveille de sols *secs et légers,* où beaucoup de variétés laissent tomber leur fruit, tandis que dans un sol riche elle ne donne que des produits insipides[76]. Dans un verger sablonneux près de Shrewsbury, le prunier « Wine-sour » (Vin aigre), n'a jamais pu donner même une récolte moyenne, tandis qu'il produit abondamment dans d'autres parties du même comté, et dans celui du Yorkshire dont il est originaire. Une personne de ma connaissance a aussi essayé en vain d'élever cette variété dans un district sablonneux du Staffordshire.

75. *Gardener's Chronicle*, 1855, p. 72.
76. Downing, *O. C.*, p. 278.

M. Rivers[77] a recueilli un grand nombre de faits intéressants, montrant
que plusieurs variétés peuvent se propager par graines, et transmettre exactement leurs caractères. Ayant semé environ vingt boisseaux de noyaux
de Reine-Claude, et observé toutes les plantes levées de ce semis, il a
constaté que toutes avaient les tiges lisses, les bourgeons saillants, et les
feuilles luisantes de la Reine-Claude, mais que dans la plupart, les feuilles
et les épines étaient plus petites. Il y a deux sortes de pruniers de Damas,
celui du Shropshire à tiges tomenteuses, et celui de Kent à tiges lisses, les
deux ne différant d'ailleurs pas sous d'autres rapports; M. Rivers ayant semé
quelques boisseaux de noyaux du dernier, obtint des plantes toutes à tige
lisse, avec fruits ovales dans les unes, ronds dans les autres, petits dans
quelques individus, et, sauf la douceur, très-semblables à ceux du prunel-
lier sauvage. Le même auteur donne encore d'autres exemples frappants
d'hérédité; ainsi il a levé de semis quatre-vingt mille plantes de la prune
« Quetsche » d'Allemagne, sans en trouver une présentant la moindre variation. La petite Mirabelle a fourni des faits analogues, et cependant cette
forme (aussi bien que la Quetsche du reste), a donné naissance à quelques
variétés bien constantes, mais qui, selon M. Rivers, appartiennent toutes au
même groupe qu'elle.

CERISIERS (*Prunus cerasus, avium,* etc.). — Les botanistes admettent
que nos cerises cultivées proviennent de une, deux, quatre ou même davantage de souches sauvages[78]. Nous pouvons croire à l'existence d'au
moins deux souches primitives, d'après les faits de stérilité observés par
Knight sur vingt hybrides provenant de la variété Morello, fécondée par le
pollen de la variété « Elton, » et qui ne produisirent entre eux tous que
cinq cerises, dont une seule contenait une graine[79]. M. Thompson[80] a classé
les variétés en deux groupes principaux, d'après des caractères tirés des
fleurs, des fruits et des feuilles; mais quelques-unes d'entre elles, qui dans
cette classification se trouvent très-éloignées, sont parfaitement fertiles lorsqu'on les croise. C'est d'un croisement entre deux formes qui sont dans ce
cas, que provient la cerise noire précoce de Knight.

M. Knight assure que les cerisiers levés de graine sont beaucoup plus
variables que les semis d'aucun autre arbre fruitier[81]. Dans le catalogue pour
1842, de la Société d'horticulture, on trouve énumérées quatre-vingts variétés. Quelques-unes offrent des caractères singuliers; ainsi la fleur de la
cerise « Cluster, » renferme jusqu'à douze pistils, dont la plupart avortent,
et elles produisent généralement de deux à cinq ou six cerises réunies sur
le même pédoncule. Dans la cerise Ratafia, plusieurs pédicelles floraux
partent d'un pédoncule commun ayant plus d'un pouce de long. Le fruit
du cerisier « Gascoigne's Heart » a son sommet termin (par un globule,

---

77. *Gardener's Chronicle,* 1863, p. 27. — Sageret, *Pomologie phys.,* p. 346, énumère en
France cinq variétés qui se propagent par graine. — Voir aussi Downing, *O. C.,* p. 305,
312, etc.

78. Alph. de Candolle, *O. C.,* p. 877. — Bentham et Targioni-Tozzetti, *Hort. Journ.,* vol. IX,
p. 163. — Godron, *O. C.,* t. II, p. 92.

79. *Trans. Hort. Soc.,* vol. V, 1824, p. 295.

80. *Ibid.,* (2e série) vol. 1, 1835, p. 248.

81. *Ibid.,* vol. II, p. 138.

celui du « Hungarian Gean » a la chair presque transparente. La cerise Flamande a une apparence bizarre, elle est fortement aplatie au sommet et à sa base, qui est profondément sillonnée, et portée sur un gros pédoncule fort court. Dans la cerise de Kent, le noyau adhère assez fortement au pédoncule pour s'arracher avec ce dernier, ce qui rend cette variété très-propre à la préparation des cerises sèches. Le cerisier à feuilles de tabac, d'après Sageret et Thompson, produit des feuilles gigantesques, ayant de un pied à dix-huit pouces de long, et un demi-pied de large. Le cerisier Pleureur, d'autre part, n'est qu'un arbre d'ornement, et, d'après Downing, un charmant petit arbre à branches minces et tombantes, couvertes d'un feuillage très-petit et myrtiforme. Il existe aussi une variété à feuillage de pêcher.

Sageret a décrit une variété remarquable, *le griottier de la Toussaint*, qui porte en même temps, jusqu'en septembre, des fleurs et des fruits à tous les degrés de maturité. Ces derniers, de qualité inférieure, sont portés par des pédoncules longs et très-minces, mais le fait le plus curieux est que tous les rameaux foliifères partent des anciens bourgeons floraux. Enfin il y a une distinction physiologique importante entre les cerisiers qui portent leur fruit sur le jeune bois ou sur le vieux; mais Sageret affirme positivement avoir vu dans son jardin un Bigarreau portant fruit également sur l'un et l'autre[82].

POMMIERS (*Pyrus malus*). — Relativement à l'origine du pommier, les botanistes éprouvent quelques doutes sur le point de savoir si, outre le *P. malus*, quelques autres formes sauvages voisines, les *P. acerba*, *praecox*, ou *paradisiaca*, ne devraient pas être considérées comme des espèces distinctes. Le *P. praecox* est par quelques auteurs[83] supposé être la souche des pommiers Paradis, dont on se sert si largement pour la greffe, à cause de leurs racines fibreuses qui ne pénètrent pas profondément en terre, mais, à ce qu'on assure, ne peuvent pas se propager exactement par graines[84]. Le pommier commun sauvage varie beaucoup en Angleterre, mais on croit que plusieurs de ses variétés sont des sauvageons échappés de culture[85].

Tout le monde connaît les différences qui existent dans les innombrables variétés du pommier, entre leur mode de croissance, leur feuillage, leurs fleurs, et surtout leurs fruits. Les graines ou pepins diffèrent également par la forme, la couleur et la grosseur. Les pommes peuvent se con-

---

82. Tous ces faits sont empruntés aux quatre ouvrages qui suivent, et qui méritent, je crois, toute confiance : — Thompson, ouvrage cité ci-dessus. — Sageret, *O. C.*, p. 358, 364, 367, 379. — *Cat. of Fruit in Garden. Hort. Soc.*, p. 57-60. — Downing, *O. C.*, p. 189, 195, 200.

83. Dans *Flora of Madeira* (cité dans *Gard. Chron.*, 1862, p. 215), M. Lowe dit que le *P. Malus*, à fruit presque sessile, s'étend plus au sud que le *P. Acerba* à longs pédoncules, qui manque à Madère, aux Canaries et peut-être au Portugal. Ceci appuierait l'opinion que les deux formes méritent d'être regardées comme espèces. Mais les caractères qui les séparent sont de peu d'importance, et sont de la nature de ceux qui varient dans d'autres arbres cultivés.

84. *Journ. of hort. Tour.* par *Deputation of the Caledonian Hort. Soc.*, 1823, p. 459.

85. Watson, *Cybele Britannica*, vol. I, p. 334.

server quelques semaines ou deux ans. Dans quelques sortes, le fruit est couvert d'une sécrétion pulvérulente, ou fleur, comme celle des prunes, et il est remarquable que cette particularité caractérise surtout les variétés cultivées en Russie[86]. Une autre pomme russe, l'Astracan blanche, a la propriété singulière, lorsqu'elle est mûre, de devenir transparente. L'*Api étoilé* a cinq côtes saillantes auxquelles il doit son nom; l'*api noir* est presque noir; le *Twin Cluster Pippin* porte souvent des fruits réunis par paires[87]. Les différentes variétés diffèrent beaucoup quant à l'époque où elles poussent leurs feuilles et fleurs; j'ai eu dans mon jardin un *Court-pendu plat* qui se feuillait si tardivement, que pendant plusieurs printemps je l'ai cru mort. Le pommier « Tiffin » n'a presque pas une feuille lorsqu'il est en pleine floraison; le pommier de Cornouailles par contre est à ce moment si couvert de feuilles, qu'on en voit à peine les fleurs[88]. Quelques pommiers mûrissent au milieu de l'été, d'autres tard en automne. Ces différences dans les époques de feuillaison, floraison et maturation des fruits ne sont pas nécessairement en corrélation entre elles, car, comme A. Knight le fait remarquer[89], on ne peut nullement, par la floraison précoce d'un jeune pommier levé de graine, ou par la chute hâtive ou le changement de couleur de ses feuilles, préjuger l'époque de la maturation de ses fruits.

La constitution des variétés diffère considérablement; il est notoire que pour la reinette Newtown[90], la merveille des vergers de New-York, les étés ne sont pas assez chauds en Angleterre; il en est de même de plusieurs variétés importées du continent. D'autre part, notre « Court of Wick » réussit bien sous le climat rigoureux du Canada. La *Calville rouge de Micoud* donne parfois deux récoltes dans l'année. La variété « Burr Knot » est couverte de petites excroissances qui poussent si facilement des racines, qu'une branche à bourgeons floraux plantée, prend racine et donne quelques fruits dès la première année[91]. M. Rivers[92] a récemment décrit quelques plantes levées de graine, avantageuses parce que leurs racines couraient sous terre près de la surface. L'une d'elles était remarquable par sa petite taille, car elle ne formait qu'un buisson haut de quelques pouces seulement. Quelques variétés sont particulièrement sujettes à être rongées des vers dans certains sols. La variété « Majetin » d'hiver présente la particularité constitutionnelle remarquable de n'être pas attaquée par le coccus; Lindley[93] assure que dans un verger de Norfolk infesté de ces insectes, le Majetin était resté intact, bien que greffé sur une souche

86. Loudon, *Gardener's Mag.*, vol. VI, p. 83, 1830.

87. *Cat. of Fruit*, etc., 1842, et Downing, *O. C.*,

88. Loudon, *O. C.*, vol. IV, 1828, p. 112.

89. *The Culture of the Apple*, p. 43. — Van Mons a fait la même observation sur le poirier, *Arbres fruitiers*, t. II, p. 414, 1836.

90. Lindley, *Horticulture*, p. 116. — Knight, *Trans. of Hort. Soc.*, vol. VI, p. 229.

91. *Transact. of Hort. Soc.*, vol. I, p. 120, 1812.

92. *Journal of Horticulture*, 1866, p. 194.

93. *Trans. of Hort. Soc.*, vol. IV, p. 68, et vol. VI, p. 547. Lorsque le *coccus* parut pour la première fois, il est dit (vol. II, p. 163) qu'il nuisait plus aux souches du pommier sauvage qu'aux plantes qu'on greffait sur elles.

qui en portait. Knight a fait une observation analogue sur un pommier à
cidre, et ajoute qu'il n'a vu qu'une fois ces insectes précisément au-dessus
de la souche, mais qu'ils avaient entièrement disparu trois jours après. Ce
pommier était le résultat d'un croisement entre le « Golden Harvey » et
le pommier sauvage de Sibérie, lequel est regardé par quelques auteurs
comme une espèce distincte.

N'oublions point le fameux pommier de Saint-Valery ; sa fleur présente
un double calice à dix divisions, quatorze styles surmontés de stigmates
obliques très-apparents, mais est dépourvue d'étamines et de corolle. Le
fruit est étranglé au milieu, et est formé de cinq loges à pepins, surmon-
tées de neuf autres [94]. Étant privé d'étamines, une fécondation artificielle est nécessaire, et les filles de Saint-Valery vont chaque année
« faire leurs pommes, » chacune marquant ses fruits avec un ruban, et
comme on emploie différents pollens, les fruits diffèrent: nous avons donc
là un exemple de l'action directe d'un pollen étranger sur la plante qui
porte le fruit. Ces pommes monstrueuses renferment, comme nous l'avons
vu, quatorze loges à graine ; la pomme Pigeon [95], d'autre part, n'en a
que quatre au lieu de cinq, qui est le nombre ordinaire: il y a donc certainement là une différence remarquable.

La Société d'horticulture énumère dans son catalogue de 1842 huit cent
quatre-vingt-dix-sept variétés, mais n'offrant pour la plus grande partie que
des différences de peu d'intérêt, car elles ne se transmettent pas rigoureusement. Ainsi on ne peut pas obtenir de la graine de la « Ribston Pippin » un
arbre de même nature, et on dit que la « Sister Ribston Pippin » était une
pomme blanche demi-transparente et acide, comme une pomme sauvage
un peu grosse [96]. Ce serait cependant une erreur de croire que dans la
plupart des variétés, les caractères ne soient pas, jusqu'à un certain point,
héréditaires. Sur deux lots de plantes levées des graines de deux variétés
bien marquées, on en trouvera certainement un plus ou moins grand
nombre sans valeur, ressemblant à des sauvageons; mais en somme, non-
seulement les deux lots différeront l'un de l'autre, mais encore ressemble-
ront, dans une certaine mesure, à leurs parents. Cela se voit très-nettement dans divers sous-groupes [97] actuels, qu'on sait être provenus d'autres
variétés portant les mêmes noms.

Poiriers (*Pyrus communis*). — Je n'ai que peu de chose à dire de cet
arbre qui, déjà à l'état sauvage et à un degré extraordinaire à l'état cultivé, varie par ses fruits, ses fleurs et son feuillage. M. Decaisne, un des
plus célèbres botanistes de l'Europe, en a étudié avec soin les nombreuses
variétés [98], et bien qu'autrefois il ait cru à leur provenance de plusieurs

94. *Mém. de la Soc. Linn. de Paris*, t. III, 1825, p. 164. — Seringe, *Bull. Bot.*, 1830,
p. 117.

95. *Gardener's Chronicle*, 1849, p. 24.

96. *Ibid.*, 1850, p. 788.

97. Sageret, *Pomologie physiologique*, 1830, p. 263. — Downing, *O. C.*, p. 130, 134,
139, etc. — Loudon, *O. C.*, vol. VIII, p. 317. — Alexis Jordan, *de l'Origine des diverses
variétés*, dans *Mém. de l'Acad. imp. de Lyon*, t. II, 1852, p. 95, 114. — *Gardener's Chronicle*,
1850, p. 774, 788.

98. *Comptes rendus*, 6 juillet 1863.

espèces, il est actuellement convaincu qu'elles descendent toutes d'une
seule. Il a été conduit à cette conclusion par la gradation parfaite entre les
caractères les plus extrêmes qu'il a trouvés chez les diverses variétés, et
qui est si complète, qu'il regarde comme impossible de les classer par
aucune méthode naturelle. M. Decaisne a élevé de graines un grand
nombre de plantes appartenant à quatre formes distinctes, et a décrit avec
soin les variations de chacune. Malgré leur haut degré de variabilité, on
sait maintenant positivement que plusieurs variétés reproduisent par
graine les caractères saillants de leur race [99].

FRAISES (*Fragaria*). — Ce fruit est remarquable par le nombre des
espèces qui en ont été cultivées, et par les améliorations rapides qu'elles
ont éprouvées dans ces cinquante ou soixante dernières années. Il suffit de
comparer les fruits des grosses variétés qu'on voit dans nos expositions, à
ceux du fraisier sauvage des bois ou à ceux du fraisier sauvage de la Virginie, qui est un peu plus gros, pour pouvoir juger des prodiges effectués
par l'horticulture [100]. Le nombre des variétés a également augmenté avec
une rapidité extraordinaire. En France, où ce fruit a été cultivé depuis longtemps, on n'en connaissait, en 1746, que trois sortes. En 1766 on y avait
introduit cinq espèces, les mêmes qu'on cultive aujourd'hui, mais on n'avai
produit que cinq variétés, avec quelques sous-variétés, de la *Fragaria vesca*.
Actuellement les variétés de ces différentes espèces sont presque innombrables. Les espèces sont : 1° le fraisier des bois ou des Alpes cultivé, provenant de la *F. vesca*, originaire d'Europe et de l'Amérique du Nord.
Duchesne admet huit variétés européennes sauvages de la *F. vesca*, mais
dont plusieurs sont regardées par quelques botanistes comme espèces distinctes ; 2° les fraisiers verts, provenant de la *F. collina* d'Europe, peu cultivés en Angleterre ; 3° les Hautbois, descendant de la *F. elatior* d'Europe ;
4° les Écarlates, descendant de la *F. Virginiana*, originaire de toute l'Amérique du Nord ; 5° le fraisier du Chili, provenant de la *F. Chiloensis*, originaire de la côte occidentale des parties tempérées des deux Amériques ;
6° enfin les Carolines, que la plupart des auteurs ont regardées comme une
espèce distincte, sous le nom de *F. grandiflora*, et qu'on dit habiter Suri-
nam ; mais il y a là une erreur évidente. Cette forme, d'après M. Gay, une
autorité compétente, ne doit être considérée que comme une race prononcée
de la *F. Chiloensis* [101]. Ces cinq ou six formes sont regardées par la plupart
des botanistes comme spécifiquement distinctes, mais on peut avoir quelque doute à ce sujet, car A. Knight [102], qui a opéré sur les fraises plus de
quatre cents croisements, affirme que les *F. Virginiana, Chiloensis* et
grandiflora, se reproduisent entre elles indistinctement, et a reconnu, ce

---

99. *Gardener's Chronicle*, 1856, p. 804 ; — 1857, p. 820 ; — 1862, p. 1195.

100. La plupart des plus grandes fraises cultivées proviennent des *F. grandiflora* ou
Chiloensis, mais je n'ai vu aucune description de ces formes à leur état sauvage. La fraise
« Methuen's scarlat » (Downing, p. 527), dont le fruit est énorme, appartient à la section
descendant de la *F. Virginiana*, et j'apprends du professeur A. Gray que le fruit de cette
espèce n'est qu'un peu plus gros que celui de notre fraise commune des bois, la *F. vesca*.

101. *Le Fraisier*, par le comte L. de Lambertye, 1864, p. 50.

102. *Transact. of Hort. Soc.*, vol. III, p. 207, 1820.

qui est conforme au principe des variations analogiques, qu'on peut obtenir de la graine de chacune de ces formes, des variétés semblables.

Depuis l'époque de Knight, nous avons de nombreuses et nouvelles preuves [103] de l'étendue des croisements qui peuvent avoir lieu spontanément parmi les formes américaines; c'est même à ces croisements que nous devons la plupart de nos variétés actuelles les plus exquises. Knight n'avait pas réussi à croiser la fraise des bois européenne avec l'Écarlate américaine ou avec les Hautbois. M. Williams de Pitmaston y est parvenu; mais les produits métis des Hautbois, quoique développant bien leur fruit, n'ont donné qu'une fois de la graine, qui a reproduit la forme hybride parente [104]. Le major R. Trevor Clarke m'apprend qu'il a croisé deux membres de la classe des Carolines avec les fraisiers Hautbois et l'ordinaire, et n'a obtenu dans chaque croisement qu'une seule plante, dont une donna des fruits, mais fut stérile. M. W. Smith, de York, a essayé de faire des hybrides semblables, mais avec aussi peu de succès [105]. Ceci nous montre [106] qu'on ne peut croiser que difficilement les espèces européennes et américaines, et qu'il est peu probable qu'on puisse jamais produire par ce moyen des métis assez fertiles pour qu'ils soient avantageux à cultiver; mais ce fait est étonnant, car ces formes sont peu différentes par leur conformation, et d'après les renseignements que m'a donnés le professeur Asa Gray, sont souvent reliées les unes aux autres, dans les localités où elles croissent à l'état sauvage, par des formes intermédiaires embarrassantes. Ce n'est que depuis peu que la culture de la fraise a pris un grand développement, et dans la plupart des cas on peut encore classer les variétés cultivées sous l'une des cinq espèces décrites précédemment. Les fraises américaines, grâce à la facilité avec laquelle elles se croisent spontanément, ne tarderont sans doute pas à se confondre d'une manière inextricable. Déjà les horticulteurs ne sont plus d'accord sur le groupe auquel il faut rattacher un certain nombre de variétés, et un auteur dit, dans *le Bon Jardinier* de 1840, qu'autrefois on pouvait encore les rapporter toutes à une des espèces connues, mais que cela est devenu impossible depuis l'introduction des formes américaines, les nouvelles variétés anglaises ayant comblé toutes les lacunes qui pouvaient exister entre elles [107]. Nous voyons donc actuellement s'opérer dans nos fraisiers le mélange intime de deux ou plusieurs formes primitives, fait qui, nous avons toute raison de le croire, a dû avoir lieu chez plusieurs de nos productions végétales anciennement cultivées.

Les espèces cultivées présentent des variations dignes d'attention. Le « Prince-Noir, » produit de graine de « l'Impérial Keen » (ce dernier étant lui-même le produit de graine d'une fraise blanche, la Caroline blanche), est remarquable par sa surface polie et foncée, et par son apparence, qui

<hr>

103. *Gardener's Chronicle*, 1862, p. 335, et 1858 p. 172. — Barnet, *Transact. of Hort. Soc.*, 1826, vol. VI, p. 170.

104. *Transact. of Hort. Soc.*, vol. V, 1824, p. 294.

105. *Journ. of Hort.*, 1862, p. 779. — Prince, *même ouvrage*, 1863, p. 118.

106. *Journ. of Hort.*, 1862, p. 721.

107. Comte L. de Lambertye, *O. C.*, p. 221, 230.

ne ressemble en rien à celle d'aucune autre[108]. Bien que dans les diverses variétés le fruit diffère beaucoup par sa forme, sa grosseur, sa couleur et sa qualité, ce qu'on appelle la graine, est d'après Jonghe[109] la même dans toutes, ce qui peut s'expliquer par le fait que la graine, n'ayant aucune valeur, n'a pas été l'objet d'une sélection. Le fraisier est normalement trifolié, mais en 1761 Duchesne a élevé une variété du fraisier des bois à une feuille, que Linné avait regardé, mais avec doute, comme une espèce. Les produits de graine de cette variété, comme toutes celles qui n'ont pas été fixées par une sélection continue, reviennent souvent à la forme ordinaire, ou présentent des états intermédiaires[110]. Une variété, produite par M. Myatt[111], appartenant probablement à une des formes américaines, a présenté une variation opposée, car elle avait cinq feuilles; Godron et Lambertye mentionnent anssi une variété à cinq feuilles de la *F. collina.*

La variété de fraisier des Alpes à buisson rouge (Red Bush Alpine), appartenant à la section de la *F. vesca,* ne produit pas de coulants, modification qui se transmet par graine. Une autre sous-variété, le fraisier des Alpes à buisson blanc, qui a le même caractère, change souvent lorsqu'on la reproduit de graine, et donne alors des plantes pourvues de coulants[112]. Un fraisier de la section américaine des Carolines donne aussi des jets latéraux, mais en petit nombre[113].

On a beaucoup écrit sur le sexe du fraisier; le vrai Hautbois porte les organes mâles et femelles sur des plantes distinctes[114], et a été pour cette raison nommé *dioïque* par Duchesne, mais il donne souvent des plantes hermaphrodites; Lindley[115] ayant propagé celles-ci par stolons, en supprimant en même temps les mâles, a fini par obtenir une plante pouvant se reproduire par elle-même. On remarque souvent chez les autres espèces une tendance à une séparation imparfaite des sexes, ainsi que je l'ai observé sur des fraisiers forcés en serre. Plusieurs variétés anglaises, qui dans leur pays ne manifestent pas cette disposition, produisent fréquemment des plantes à sexes séparés, lorsqu'on les cultive dans l'Amérique du Nord[116] et dans un sol riche. Ainsi, aux États-Unis, on a observé un acre entier planté du fraisier « Keen Seedling, » resté stérile par suite du défaut de fleurs mâles, bien qu'en général ce soient les plus abondantes. Quelques membres de la Société d'horticulture de Cincinnati, chargés d'approfondir ce sujet, ont rapporté que peu de variétés paraissent avoir les organes des deux sexes complets. Les cultivateurs les plus heureux de l'Ohio plantent pour chaque sept lignes de plantes femelles, une d'hermaphrodites, qui fournissent du pollen aux deux sortes; mais ces der-

---

108. *Trans. of Hort. Soc.,* vol. VI, p. 200.
109. *Gardener's Chronicle,* 1858, p. 173.
110. Godron, *O. C.,* t. 1, p. 161.
111. *Gardener's Chronicle,* 1851, p. 440.
112. F. Gloede, *Gardener's Chronicle,* 1862, p. 1053.
113. Downing, *O. C.,* p. 532.
114. Barnet, *Hort. Transact.* vol. VI, p. 210.
115. *Gardener's Chronicle,* 1847, p. 539.
116. Pour les fraisiers d'Amérique, Downing, *O. C.,* p. 524. — *Gardener's Chronicle,* 1843, p. 188; — 1847, p. 539; — 1861, p. 717.

nières, vu leur dépense de pollen, donnent moins de fruit que les femelles.

Les variétés diffèrent par leur constitution. Quelques-unes de nos meilleures fraises anglaises, telle que les « Keen Seedlings, » sont trop délicates pour certaines parties de l'Amérique du Nord, où d'autres variétés anglaises et américaines réussissent à merveille. La belle variété « British Queen » ne réussit que dans peu d'endroits tant en Angleterre qu'en France, mais ceci paraît dépendre plutôt de la nature du sol que de celle du climat; et un horticulteur expérimenté a dit qu'il serait impossible de faire réussir la British Queen dans le parc de Shrubland, sans changer entièrement la nature de son sol [117]. La « Constantine » est une des variétés les plus robustes, et peut supporter les hivers de Russie, mais elle est facilement brûlée par le soleil, ce qui l'empêche de réussir dans certains sols en Angleterre et aux États-Unis [118]. Le fraisier « Filbert Pine » exige plus d'eau qu'aucune autre variété, et est à peu près perdu, dès qu'il a une fois souffert de la sécheresse [119]. Le fraisier « Prince Noir de Cuthill » est tout particulièrement sujet aux moisissures, on a cité pas moins de six cas dans lesquels cette variété a souffert fortement de l'invasion de ces cryptogames, à côté d'autres variétés traitées de la même manière, et qui n'ont nullement été atteintes [120]. L'époque de la maturation du fruit varie aussi beaucoup; certaines variétés de fraisiers des bois et des Alpes pouvant donner, dans le courant de l'été, une série de récoltes.

GROSEILLER ÉPINEUX (*Ribes grossularia*). — Personne, que je sache, n'a encore mis en doute la provenance de toutes les formes cultivées, de la plante sauvage qui porte ce nom, et qui est commune dans le centre et le nord de l'Europe: il sera donc utile d'examiner les points peu importants d'ailleurs, qui ont subi des variations; et, si on admet que leurs différences soient dues à la culture, on sera peut-être moins prompt à affirmer pour nos autres plantes cultivées, l'existence d'un grand nombre de souches primitives inconnues. Les auteurs de la période classique ne parlent pas du groseiller. Turner en fait mention en 1573; Parkinson, en 1629, en signale huit variétés; le catalogue de la Société d'horticulture pour 1842 en donne 149; et les listes des pépiniéristes du Lancashire renferment plus de 300 noms [121]. Dans le « Registre du producteur de Groseilles » pour 1862, je trouve qu'à diverses époques 243 variétés distinctes ont reçu des prix; il faut donc qu'on en ait exposé un nombre considérable. Il n'y a sans doute que peu de différences entre un grand nombre d'entre elles, mais M. Thompson, en les classant pour la Société d'horticulture, a trouvé dans leur nomenclature beaucoup moins de confusion que dans tous les autres fruits, fait qu'il attribue à l'intérêt qu'ont les horticulteurs à dénoncer les formes dont les noms sont incorrects, ce qui prouve que toutes, si nombreuses qu'elles puissent être, sont reconnaissables d'une manière certaine.

117. M. Beaton, *Cottage Gardener*, 1860, p. 86; — *ibid.*, 1855, p. 88. — Pour le continent. F. Gloede, dans *Gardener's Chronicle*, 1862, p. 1053.

118. Rev. W. F. Radcliffe, *Journ. of Hort.*, 1865, p. 207.

119. M. H. Doubleday, *Gardener's Chronicle*, 1862, p. 1101.

120. *Gardener's Chronicle*, 1854, p. 254.

121. Loudon, *Encyc. of Gardening*, p. 930. — Alph. de Candolle, *O. C.*, p. 510

Les buissons du groseiller diffèrent par leur mode de croissance, et sont dressés, étalés, ou pendants. Les époques auxquelles ils prennent leurs feuilles et leurs fleurs varient soit absolument, soit relativement les unes aux autres. Ainsi le « Whitesmith » produit des fleurs précoces qui, n'étant pas protégées par le feuillage, ne produisent pas leurs fruits [122]. Les feuilles varient, par la grandeur, la teinte, la profondeur des lobes; elles sont lisses, tomenteuses, ou velues sur leur surface supérieure; les branches sont plus ou moins velues ou épineuses; la variété « Hérisson » doit probablement son nom à l'état particulièrement épineux de ses pousses et de ses fruits. Les branches du groseiller sauvage sont, à ce que je remarque, lisses, à l'exception des épines de la base des bourgeons. Les épines elles-mêmes peuvent être petites, rares et simples, ou très-grosses et triples; elles sont quelquefois réfléchies et très-dilatées à leur base. Le fruit varie, dans les différentes variétés, par son abondance, par l'époque de sa maturation; en se ridant pendant qu'il pend encore à la branche, par sa grosseur; dans quelques-unes les groseilles atteignent de fortes dimensions déjà longtemps avant leur maturité, chez d'autres elles restent petites jusqu'à ce qu'elles soient presque mûres. Le goût du fruit varie, ainsi que sa couleur; il est rouge, jaune, vert ou blanc, — il existe une groseille d'un rouge foncé dont la pulpe est teintée de jaune; — il peut être lisse ou velu, — ce qui est surtout le cas des groseilles blanches, et plus rare chez les rouges, — et être tellement épineux qu'on a pour cette raison donné à une variété le nom de Porc-épic de Henderson. Deux variétés ont leur fruit mûr couvert d'une fleur pulvérulente. Le fruit varie encore par l'épaisseur et le veinage de sa peau, et enfin par sa forme, qui peut-être sphérique, oblongue ou ovalaire [123].

J'ai cultivé cinquante-quatre variétés du groseiller, et, vu les différences énormes qui existent entre les fruits, j'ai été frappé de la grande similitude de toutes leurs fleurs. Je n'ai pu trouver que dans un petit nombre quelques traces de différence dans la grosseur et la couleur de la corolle. Le calice diffère un peu plus, étant plus rouge dans quelques groseillers que dans d'autres, surtout dans un groseiller blanc où il était particulièrement coloré; il diffère encore par la partie basilaire du calice, qui peut être lisse ou velue, ou couverte de poils glanduleux. Je dois signaler, comme contraire à ce qu'on aurait pu attendre de la loi de corrélation, la présence d'un calice très-velu chez un groseiller rouge à fruit lisse. Les fleurs du « Sportsman » sont pourvues de grandes bractées colorées; c'est la plus singulière déviation de structure que j'aie observée. Elles variaient encore beaucoup par le nombre des pétales, parfois par celui des étamines et des pistils, et avaient donc une conformation un peu monstrueuse, quoique produisant beaucoup de fruit. M. Thompson a remarqué sur le groseiller « Pastime » la présence fréquente de bractées supplémentaires attachées sur les côtés du fruit [124].

122. Loudon's *Gardener's Magazine*, vol. IV, 1828, p. 112.

123. Les renseignements les plus complets sur le groseiller se trouvent dans le travail de M. Thompson, *Trans. Hort. Soc.*, vol. I (2e série), 1835, p. 218, auquel j'ai emprunté la plupart des faits donnés ci-dessus.

124. *Catalogue of Fruits of Hort. Soc.*, 1842.

Le point le plus intéressant de l'histoire du groseiller est l'augmentation soutenue de la grosseur de son fruit. C'est Manchester qui est le grand centre des producteurs, et chaque année on donne des prix de cinq shellings à dix livres sterling pour les fruits les plus lourds. Le Registre du Producteur de Groseilles se publie toutes les années, le plus ancien porte la date de 1786, mais on est certain que des réunions pour la distribution de prix avaient déjà eu lieu quelques années auparavant [125]. Celui de 1845 rend compte de 174 expositions de groseilles, qui eurent lieu cette année-là en différents endroits; ce fait montre sur quelle vaste échelle on a dû se livrer à cette culture. Le fruit du groseiller sauvage [126] pèse, dit-on, environ un quart d'once (grammes 7,77); en 1786 on en exposait qui pesaient le double; en 1817, on avait atteint le poids de 1 once 1/3 (gr. 41,67); après un temps d'arrêt on parvint en 1825 à celui de gr. 49,21; en 1830, la groseille « Teazer » pesait gr. 50,57; — en 1841, « Wonderful » gr. 50,76; — en 1844, « London » gr. 55,46, et atteignit l'année suivante gr. 56,88; enfin en 1852, dans le Staffordshire, le fruit de cette même variété avait atteint le poids étonnant de gr. 57,94 [127], c'est-à-dire de sept à huit fois celui du fruit sauvage. Je trouve que c'est exactement le poids d'une petite pomme ayant 6 pouces 1/2 de circonférence. La groseille « London, » qui en 1862 avait déjà gagné 343 prix, n'a jamais dépassé le poids auquel elle était parvenue en 1852. Le fruit du groseiller est probablement arrivé au poids maximum possible, à moins que par la suite il n'apparaisse une nouvelle variété.

Cet accroissement graduel, mais soutenu, du poids de la groseille depuis la fin du siècle dernier jusqu'à l'année 1852, est probablement dû en partie à l'amélioration des méthodes de sa culture, à laquelle on donne de grands soins, tant au terrain qu'on fume avec des composts, qu'aux plantes auxquelles on ne laisse qu'un petit nombre de baies sur chaque buisson [128]; mais il doit être surtout attribué à la sélection soutenue des plantes, qui se sont montrées les plus aptes à produire des fruits aussi extraordinaires. Il est certain qu'en 1817 le « Highwayman » ne pouvait donner des fruits comme le « Roaring Lion » en 1825, ni ce dernier, quoique élevé dans beaucoup de localités et par bien des personnes, atteindre au triomphe obtenu en 1852 par la groseille « London. »

Noyer (*Juglans regia*). — Cet arbre ainsi que le noisetier, sont dignes d'attention comme appartenant à un ordre bien différent des précédents. Le noyer croît sauvage dans le Caucase et l'Himalaya, où le Dr Hooker [129] a trouvé les noix de belle grandeur, mais très-dures. En Angleterre le noyer présente des différences considérables, dans la forme et la grosseur de la

125. M. Clarkson, de Manchester, sur la culture de la groseille, dans Loudon's *Gardener's Magazine*, vol. IV, 1828, p. 182.

126. Downing, *O. C.*, p. 213.

127. *Gardener's Chronicle*, 1844, p. 811, avec une table, et 1845, p. 819. — Pour les poids maxima atteints, voir *Journal of Hort.*, 1864, p. 6).

128. M. Saul, de Lancaster, dans Loudon's *Gardener's Magazine*, vol. III, 1828, p. 421, et vol. X, 1834, p. 42.

129. *Himalayan Journals*, 1854, vol. II, p. 334. — Moorcroft, *Travels*, vol. II, p. 146, décrit quatre variétés cultivées au Kaschmir.

noix, l'épaisseur du brou et la minceur de la coquille, qualité qui se trouve surtout dans une variété dite à coquille mince, et très-estimée pour ce motif, mais aussi très-exposée aux attaques des mésanges [130]. L'amande remplit plus ou moins la coquille suivant les variétés. On connaît en France une variété de noyer à grappes, sur lequel les noix poussent en bouquets de dix, quinze, ou même vingt ensemble. Une autre variété porte sur le même arbre des feuilles de formes différentes, comme le Charme hétérophylle, et est remarquable aussi par ses branches pendantes, et ses noix grandes, allongées, et à coquille mince [131]. M. Cardan [132] a décrit quelques particularités physiologiques singulières d'une variété qui se feuille en juin, et produit ainsi ses feuilles et ses fleurs quatre ou cinq semaines plus tard, mais conserve ses feuilles et fruits plus longtemps en automne que les variétés ordinaires, et se trouve en août exactement dans le même état qu'elles. Ces particularités constitutionnelles sont rigoureusement héréditaires. Enfin, chez les noyers qui sont normalement monoïques, il y a quelquefois absence complète de production de fleurs mâles [133].

Noisetiers (*Corylus avellana*). — Les botanistes font pour la plupart, rentrer toutes les variétés sous l'espèce commune du noisetier sauvage [134]. L'involucre varie beaucoup, étant très-court dans la variété « Barr » espagnole, et fort long dans l'aveline, où il est contracté de manière à empêcher la noisette de tomber. Ce genre d'enveloppe paraît protéger son contenu contre les oiseaux, car on a remarqué que les mésanges [135] laissaient de côté ces formes pour se porter sur les noisettes ordinaires croissant dans le même verger. Dans le noisetier pourpre, l'involucre est de cette couleur; il est bizarrement lacinié dans le noisetier crépu ; dans le noisetier rouge, le tégument de l'amande est rouge. La coquille est épaisse dans quelques variétés, mince dans la noisette « Cosford, » et bleuâtre dans une autre. La noisette diffère par sa grosseur et sa forme, elle peut être ovale, comprimée et allongée, ou presque ronde et grosse dans les noisettes d'Espagne, oblongue et longitudinalement striée dans les « Cosford, » et obscurément cubique dans la noisette « Downton Square » carrée.

Cucurbitacées. — Ces plantes ont longtemps fait le désespoir des botanistes ; beaucoup de variétés ont été regardées comme des espèces, et, ce qui est plus rare, des formes auxquelles on doit actuellement accorder une valeur spécifique ont été classées comme des variétés. Mais les recherches expérimentales récentes d'un botaniste distingué, M. Naudin [136], sont venues jeter un grand jour sur les plantes de cette famille. Cet observateur a, pendant nombre d'années, observé et fait des expériences sur 1200 échantillons vivants, réunis de toutes les parties du globe. On admet maintenant dans le genre *Cucurbita* six espèces, dont trois seulement ont été cultivées

130. *Gardener's Chronicle*, 1850, p. 723.
131. Traduit dans Loudon's *Gardener's Magazine*, 1829, vol. V, p. 202.
132. Cité dans *Gard. Chron.*, 1849, p. 101.
133. *Gardener's Chronicle*, 1847, p. 541 et 558.
134. Les détails sont empruntés au *Cat. of Fruits*, 1842, *in Garden of Hort. Soc.*, p. 108, et à Loudon's *Encyclop. of Gardening*, p. 943.
135. *Gardener's Chronicle*, 1860, p. 955.
136. *Ann. des Sciences nat. — Botanique*, (4e série), 1856, vol. VI, p. 5.

et nous concernent, ce sont, les *C. maxima* et *pepo*, qui comprennent
tous les potirons, courges, etc.; et le *C. moschata*, ou melon d'eau. Ces
trois espèces sont inconnues à l'état sauvage, mais Asa Gray [137] donne
d'excellentes raisons qui permettent de supposer que quelques courges
sont originaires de l'Amérique du Nord.

Les trois espèces que nous venons d'énumérer sont très-voisines et
ont le même facies général, mais on peut, d'après Naudin, toujours distinguer leurs innombrables variétés par certains caractères presque fixes, et
ce qui est plus important, par leurs croisements, qui ne donnent pas de
graines, ou des graines stériles; tandis que leurs variétés se croisent réciproquement et spontanément avec la plus grande facilité. Naudin (page 15)
remarque que, bien que ces trois espèces aient considérablement varié
dans beaucoup de caractères, elles l'ont fait d'une manière assez analogue, pour qu'on puisse ranger leurs variétés suivant des séries à peu
près parallèles, comme nous l'avons déjà vu dans le froment, les deux
classes principales des pêches, et dans quelques autres cas. Quoique quelques variétés aient des caractères inconstants, il en est d'autres qui, cultivées à part et maintenues dans des conditions extérieures uniformes,
sont, suivant les propres paroles de Naudin, « douées d'une stabilité presque comparable à celle des espèces les mieux caractérisées. » Une d'elles
l'Orangin (p. 43, 63), a la propriété de transmettre ses caractères propres
avec une énergie telle que, lorsqu'on la croise avec d'autres variétés, la
grande majorité des métis reproduisent son type. A propos du *C. pepo*,
Naudin (p. 47) dit que ses races « ne diffèrent des espèces véritables
qu'en ce qu'elles peuvent s'allier les unes aux autres par voie d'hybridité,
sans que leur descendance perde la faculté de se perpétuer. » Si, laissant
de côté l'épreuve de la stérilité, on s'en rapportait aux seules différences
extérieures, on pourrait établir, aux dépens des variétés de ces trois
espèces de *Cucurbita*, une foule d'autres espèces. Beaucoup de naturalistes
actuels négligent trop, à mon avis, ce critérium de la stérilité: il n'est
cependant pas improbable qu'après une culture prolongée et les variations
qui en sont la suite, la stérilité réciproque d'espèces végétales bien distinctes ait pu diminuer, comme cela paraît avoir été le cas chez plusieurs
animaux domestiques. Nous ne serions pas non plus justifiés à affirmer
que, dans les plantes cultivées, les variétés ne puissent jamais acquérir
un faible degré de stérilité, comme nous le verrons par la suite, à propos
de quelques faits signalés par Gärtner et Kölreuter [138].

Naudin a groupé sous sept sections les diverses formes de *C. pepo*, chacune comprenant des variétés qui leur sont subordonnées. Il regarde cette
plante comme peut-être de toutes la plus variable. Les fruits de l'une des
variétés (p. 33, 46), peuvent acquérir un volume deux mille fois plus grand
que ceux d'une autre. Lorsqu'ils atteignent de grandes dimensions, ils sont
peu nombreux (p. 47), et inversement, ils sont abondants quand ils sont

---

137. *American Journ. of Science*, (2⁰ série), vol. XXIV, 1857, p. 442.

138. Gärtner, *Bastarderzeugung*, 1849, p. 87; — p. 169, pour le maïs; — p. 92 et 181,
pour le verbascum. — Voir aussi son *Kenntniss der Befruchtung*, p. 137. — Pour la nico-
tiane, voir Kölreuter, *Zweite Fortsetz.*, 1761, p. 53, quoique le cas soit un peu différent.

petits. Les variations dans les formes des fruits ne sont pas moins étonnantes (p. 33) ; la forme typique est ovoïde, mais elle peut s'allonger en
cylindre, ou s'aplatir en disque. L'état de leur surface et leur couleur
varient à l'infini, ainsi que la dureté de leur enveloppe, la fermeté de la
pulpe et son goût, qui peut être doux, farinacé ou légèrement amer. Les
pepins diffèrent un peu par la forme, mais beaucoup par la grosseur (p. 34),
et peuvent varier de six à sept à plus de vingt-cinq millimètres de
longueur.

Dans les variétés montantes, qui ne grimpent ni ne traînent par terre,
les vrilles, quoique inutiles (p. 34), peuvent être présentes ou représentées
par des organes semi-monstrueux, ou manquer tout à fait. Les vrilles font
quelquefois défaut dans des variétés rampantes, qui ont les tiges très-allongées. Il est curieux que dans toutes les variétés à tige naine (p. 34) les
feuilles se ressemblent beaucoup par la forme.

Les naturalistes qui admettent l'immutabilité de l'espèce soutiennent
souvent que, même dans les formes les plus variables, les caractères
qu'ils regardent comme ayant une valeur spécifique sont immuables. En
voici un exemple tiré d'un auteur consciencieux, qui, s'appuyant sur les
travaux de M. Naudin, dit à propos des espèces de *Cucurbita* : « Au milieu
de toutes les variations du fruit, les tiges, les feuilles, les calices, les corolles, les étamines, restent invariables dans chacune d'elles [139]. » Cependant, décrivant le *Cucurbita pepo,* voici ce qu'en dit M. Naudin (p. 30) :
« Ici, d'ailleurs, ce ne sont pas seulement les fruits qui varient, c'est aussi
le feuillage et tout le port de la plante. Néanmoins je crois qu'on la distin-
guera toujours facilement des deux autres espèces, si l'on veut ne pas
perdre de vue les caractères différentiels que je m'efforce de faire ressortir.
Ces caractères sont quelquefois peu marqués ; il arrive même que plusieurs
d'entre eux s'effacent presque entièrement, mais il en reste toujours quelques-uns qui remettent l'observateur sur la voie. « L'impression que peut
produire sur notre esprit, quant à l'immutabilité de l'espèce, ce passage de
M. Naudin, est certes bien autre que celle qui résulte de l'affirmation de
M. Godron.

Je ferai encore une observation ; les naturalistes affirment toujours
qu'aucun caractère important ne varie, tournant ainsi, sans s'en douter,
dans un cercle vicieux ; car si un organe, quel qu'il soit, varie beaucoup,
on le considère comme peu important, ce qui est correct au point de vue
systématique. Mais tant qu'on prendra pour critère de son importance la
constance d'un organe, il est évident que de longtemps on ne pourra établir
l'inconstance d'un organe essentiel. On doit regarder l'agrandissement des
stigmates et leur position sessile au sommet de l'ovaire, comme des caractères importants, et Gasparini s'en est servi pour grouper certaines
courges sous un *genre distinct;* mais Naudin (p. 20) déclare que ces
parties n'ont rien de constant, et reprennent quelquefois leur conformation
ordinaire dans les fleurs des variétés Turban du *C. maxima.* Encore dans
ce même *C. maxima,* les carpelles (p. 19) qui forment le turban font

<hr>

139. Godron, *O. C.,* t. II, p. 64.

saillie des deux tiers de leur longueur, au dehors du réceptacle, qui se trouve réduit ainsi à une sorte de plate-forme : mais cette structure remarquable, qui ne se trouve que dans quelques variétés, passe par des gradations qui reviennent à la forme commune, où les carpelles sont presque entièrement enveloppés dans le réceptacle. Dans le *C. moschata,* l'ovaire (p. 50) varie beaucoup de forme, et peut être ovale, presque sphérique, cylindrique, plus ou moins renflé à sa partie supérieure, ou étranglé au milieu, droit ou recourbé. La structure intérieure de l'ovaire ne diffère pas de celle des *C. maxima* et *pepo,* lorsqu'il est court et ovale ; mais, quand il est allongé, les carpelles n'en occupent que la partie renflée et terminale. Dans une variété du concombre, (*Cucumis sativus*), le fruit contient régulièrement cinq carpelles au lieu de trois [140]. Je crois qu'on ne pourra contester que ce ne soient là des cas de variabilité considérable dans des organes d'une haute importance physiologique, et appartenant à des plantes occupant dans la classification un rang élevé.

Sageret [141] et Naudin ont constaté que le concombre (*C. sativus*) ne se croise avec aucune autre espèce du genre ; il n'y a donc pas à douter qu'il ne soit spécifiquement distinct du melon. Cette assertion peut paraître superflue, mais Naudin [142] nous apprend qu'il existe une race de melons dont le fruit, tant extérieurement qu'intérieurement, est si semblable à celui du concombre, qu'il est presque impossible de les distinguer autrement que par les feuilles. Les variétés du melon paraissent être infinies, car Naudin n'a pu en six années d'étude en venir à bout ; il les divise en dix sections, comprenant d'innombrables sous-variétés, qui s'entre-croisent toutes avec la plus grande facilité [143]. Les botanistes ont fait trente espèces distinctes des formes regardées par Naudin comme des variétés, et n'avaient aucune connaissance de la foule de formes nouvelles qui ont apparu depuis. L'établissement de tant d'espèces n'a rien d'étonnant, si on considère combien toutes ces formes transmettent rigoureusement leurs caractères par graines, et diffèrent entre elles par leur apparence : « Mira est quidem foliorum et habitus diversitas, sed multo magis fructuum, » dit Naudin. Le fruit étant la partie recherchée est aussi, suivant la règle habituelle, celle qui est la plus modifiée. Quelques melons ne sont pas plus gros que des prunes, d'autres pèsent jusqu'à soixante-six livres. Une variété porte un fruit écarlate ; dans une autre variété où il n'a guère qu'un pouce de diamètre, le fruit atteint quelquefois plus d'un mètre de longueur, et est tordu comme un serpent. Dans cette dernière variété, il est singulier que certaines parties de la plante, comme les tiges, les pédoncules des fleurs femelles, les lobes médians des feuilles, et surtout l'ovaire ainsi que le fruit mûr, présentent tous une forte tendance à l'allongement. Plusieurs variétés du melon présentent la particularité intéressante de revêtir les

140. Naudin, *Ann. Sciences nat. — Botan.,* 4e série, t. XI, 1859, p. 28.

141. *Mémoire sur les Cucurbitacées.* 1826, p. 6, 21.

142. *Flore des serres.* 1861, cité dans *Gard. Chron.,* 1861, p. 1135. J'ai encore emprunté quelques faits au mémoire de Naudin sur les Cucumis, dans *Ann. Sciences nat.* (4e série), t. XI, 1859, p. 5.

143. Sageret, *O. C.,* p. 7.

traits caractéristiques d'espèces distinctes du genre, et même d'espèces appartenant à des genres différents mais voisins; ainsi le melon-serpent ressemble un peu au fruit du *Trichosanthes anguina*. Nous avons vu que d'autres variétés ressemblent aux concombres ; quelques variétés d'Égypte ont les pepins adhérents à une portion de la pulpe, fait qui caractérise certaines formes sauvages. Enfin une variété d'Alger annonce sa maturation par une dislocation subite et spontanée, le fruit se fissure brusquement et tombe en morceaux ; ce qui arrive aussi au *C. momordica* sauvage. Finalement, c'est avec raison que Naudin a fait remarquer que cette production extraordinaire de races et de variétés par une seule espèce, et leur constance lorsqu'il n'intervient pas de croisements dans le cours de leur reproduction, sont des phénomènes qui doivent faire réfléchir.

ARBRES UTILES ET D'AGRÉMENT.

Les arbres méritent une mention en raison des nombreuses variétés qu'ils présentent, et qui diffèrent par leur précocité, leur mode de croissance, leur feuillage et leur écorce. Ainsi le catalogue de MM. Lawson, d'Édimbourg, comprend vingt et une variétés du frêne commun (*Fraxinus excelsior*), dont quelques-unes diffèrent par l'écorce, qui est jaune, marbrée de blanc rougeâtre, pourpre, verruqueuse, ou fongueuse [144]. Dans la pépinière de M. Paul [145], on trouve alignées non moins de quatre-vingt-quatre variétés de houx. Autant que j'ai pu m'en assurer, toutes les variétés d'arbres enregistrées ont surgi soudainement et ont été le résultat d'une seule variation, mais le temps nécessaire pour élever un certain nombre de générations, et le peu de valeur que peuvent avoir les variations de fantaisie, expliquent pourquoi on n'a pas accumulé par voie de sélection les modifications qui ont pu occasionnellement se présenter, et aussi pourquoi nous ne rencontrons pas dans ce cas des sous-variétés subordonnées à des variétés, ou celles-ci à des formes d'ordre supérieur. Cependant sur le continent, où on a plus de soin des forêts qu'en Angleterre, Alph. de Candolle [146] assure que tous les forestiers recherchent toujours les graines des variétés qu'ils estiment avoir le plus de valeur.

Nos arbres utiles ont rarement été soumis à des changements considérables dans leurs conditions extérieures, ils n'ont pas reçu de riche fumure, et les espèces anglaises croissent dans leur propre climat. Cependant, lorsqu'on examine dans les pépinières des semis considérables de jeunes plantes, on peut généralement y constater des différences importantes; et, en parcourant l'Angleterre, j'ai été frappé de la diversité d'apparence qu'une même espèce peut présenter dans nos bois et nos haies. Mais comme les plantes varient déjà beaucoup à l'état vraiment sauvage, il serait difficile, même à un botaniste habile, de décider si, comme je le crois, les arbres des haies varient davantage que ceux qui croissent dans les forêts.

144. Loudon's *Arboretum et Fruticetum*, vol. II, p. 1217.
145. *Gardener's Chronicle*, 1866, p. 1096.
146. *O. C.*, p. 1096.

Les arbres plantés par l'homme dans les bois ou les haies, ne poussent pas là où ils pourraient naturellement conserver leur place et lutter contre tous leurs concurrents, et ne sont, par conséquent, pas dans des conditions tout à fait normales, et un pareil changement, quoique faible, doit probablement suffire pour déterminer quelque variabilité dans les rejetons provenant de leurs graines. Que nos arbres à demi sauvages d'Angleterre soient ou non, d'une manière générale, plus variables que ceux qui croissent naturellement dans les forêts, il n'en est pas moins certain qu'ils ont donné naissance à un beaucoup plus grand nombre de variétés, caractérisées par des conformations singulières et bien accusées.

Quant au mode de croissance, nous avons les variétés pendantes ou pleureuses, de saule, de l'ormeau, du chêne, de l'if et d'autres arbres: et ce facies est quelquefois, quoique d'une manière capricieuse, héréditaire. Dans le peuplier de Lombardie, et dans certaines variétés fastigiées ou pyramidales d'épines, genévriers, chênes, etc., nous avons un mode de croissance opposé. Le chêne hessois [147], célèbre par son port fastigié et sa taille, n'a presque aucune ressemblance apparente avec le chêne ordinaire, ses glands ne produisent pas toujours sûrement des plantes du même facies, quoique cela puisse arriver. Un autre chêne de même apparence a été, dit-on, trouvé sauvage dans les Pyrénées, et ce qui est surprenant, c'est qu'il transmet généralement si bien ses caractères par graine, que De Candolle l'a regardé comme spécifiquement distinct [148]. Le Genévrier fastigié (*J. suecica*) transmet également ses caractères par graine [149]. J'apprends du Dr Falconer que dans le Jardin botanique de Calcutta, sous l'action de l'excessive chaleur, les pommiers deviennent fastigiés, ce qui nous montre que les effets du climat et une tendance spontanée innée, peuvent produire les mêmes résultats [150].

Les feuilles sont quelquefois panachées, caractère qui est souvent héréditaire; d'un pourpre foncé ou rouge, comme dans le noisetier, l'épine-vinette et le hêtre. Dans ces deux derniers arbres, la couleur peut être fortement ou faiblement héréditaire [151]; les feuilles peuvent être profondément découpées, ou couvertes de piquants, comme dans la variété *ferox* du houx, qui peut se reproduire par graine [152]. En fait, presque toutes les variétés particulières manifestent une tendance plus ou moins prononcée à se propager par graine [153]. C'est d'après Bosc [154], jusqu'à un certain point, le cas pour trois variétés de l'ormeau, celle à feuilles larges, à feuilles de tilleul, et l'ormeau tordu; dans ce dernier les fibres du bois elles-mêmes sont tordues. Même chez le charme hétérophylle (*Carpinus betulus*), qui porte

147. *Gard. Chron.*, 1842, p. 36.

148. Loudon's *Arboretum*, etc., vol. III, p. 1731.

149. Id., *ibid.*, vol. IV, p. 2489.

150. Godron, *O. C.*, t. II, p. 91, décrit quatre variétés de Robinia remarquables par leur mode de croissance.

151. *Journal of hort. Tour*, by Caledonian Hort. Soc., 1823, p. 107. — Alph. de Candolle, *O. C.*, p. 1083. — Verlot, *sur la Production des variétés*, 1865, p. 55, pour l'épine-vinette.

152. Loudon's *Arboretum*, etc. vol. II, p. 508.

153. Verlot, *O. C.*, p. 92.

154. Loudon, *O. C.*, vol. III, p. 1376.

sur chaque rameau des feuilles de deux formes, la particularité s'est conservée sur plusieurs plantes levées de graine [155]. Un cas encore de variation remarquable du feuillage est celui de deux sous-variétés du frêne, dont les feuilles sont simples au lieu d'être pennées, et qui transmettent généralement ce caractère par graine [156]. L'apparition de variétés pleureuses ou fastigiées, de feuilles profondément découpées, panachées, rouges, etc., sur des arbres appartenant à des ordres très-différents, prouve que de pareilles modifications dans la structure doivent être le résultat de lois physiologiques très-générales.

De bons observateurs ont été conduits à considérer comme des espèces distinctes, sur des différences pas plus considérables que celles qui précèdent, plusieurs formes que nous savons aujourd'hui n'être que de simples variétés. Un platane cultivé depuis longtemps en Angleterre a été regardé généralement comme une espèce américaine ; on s'est actuellement assuré, par d'anciens documents, à ce que m'apprend le Dr Hooker, que ce n'est qu'une variété. De même de bons observateurs, tels que Lambert, Wallich et d'autres, ont établi la spécificité du *Thuya pendula* ou *filiformis;* mais on sait maintenant que les plantes primitives, au nombre de cinq, ont surgi brusquement au milieu d'un semis de *T. orientalis,* dans la pépinière de M. Loddige; et le Dr Hooker a apporté la preuve qu'à Turin des graines du *T. pendula* ont reproduit la forme primitive, le *T. orientalis* [157].

On a souvent remarqué avec quelle régularité certains arbres prennent ou perdent individuellement leurs feuilles plus tôt ou plus tard que d'autres de la même espèce. C'est le cas du marronnier des Tuileries, célèbre par la précocité de sa floraison ; il y a aussi près d'Édimbourg un chêne qui conserve ses feuilles très-tard dans l'arrière-saison. Quelques auteurs ont attribué ces différences à la nature du sol dans lequel ces arbres sont plantés; mais l'archevêque Whately, ayant greffé une épine précoce sur une tardive, et *vice versâ,* les deux greffes conservèrent leurs périodes respectives, qui différaient d'une quinzaine de jours, comme si elles croissaient encore sur leurs propres souches [158]. Une variété de l'ormeau provenant de Cornouailles est presque toujours verte, et ses rejets sont si délicats qu'ils périssent souvent par le gel; parmi les variétés du chêne Cerris (*Q. cerris*), on peut distinguer des formes à feuillage caduc, et d'autres chez lesquelles il est presque toujours, ou toujours vert [159].

Pin d'Écosse (*Pinus sylvestris*). — Je mentionne cet arbre comme jetant quelque jour sur la question de la plus grande variabilité qu'offrent des arbres disséminés un peu partout, comparés à ceux qui se trouvent plus strictement dans leurs conditions naturelles. Un auteur [160] bien

---

155. *Gardener's Chronicle,* 1841, p. 687.

156. Godron, *O. C.,* t. II, p. 89. — Loudon's *Gardener's Mag.,* vol. XII, 1836, p. 371, décrit un frêne touffu et à feuilles panachées simples, qui provenait d'Irlande.

157. *Gardener's Chronicle,* 1861. p. 575.

158. Cité dans *Gard. Chron.,* 1841, p. 767.

159. Loudon's *Arboretum,* etc., pour l'ormeau, t. III, p. 1376; — pour le chêne, p. 1846.

160. *Gardener's Chronicle,* 1849, p. 822.

informé assure que, dans les forêts écossaises où il est indigène, le pin d'Écosse ne présente que peu de variétés, mais qu'il se modifie beaucoup dans son aspect et son feuillage, la grosseur, la forme et la couleur de ses cônes, lorsqu'il a été, pendant plusieurs générations, éloigné de son endroit d'origine. Les variétés des régions basses et celles des parties élevées diffèrent, sans aucun doute, par la qualité de leur bois, et peuvent se propager par graine, ce qui justifie la remarque de Loudon, qu'une variété est souvent aussi importante qu'une espèce, et parfois bien davantage [161]. Je signalerai un point assez important qui varie chez cet arbre : dans la classification des Conifères, on a établi des sections sur l'inclusion de deux, trois ou cinq feuilles dans la même gaine ; le pin écossais n'en renferme que deux habituellement, mais on en a observé des exemplaires dans les gaines desquels se trouvaient trois feuilles [162]. A côté de ces différences dans le pin d'Écosse à demi cultivé, il y a dans diverses parties de l'Europe des races naturelles ou géographiques, que quelques auteurs ont érigé en espèces distinctes [163]. Loudon [164] considère comme étant des variétés alpines du pin d'Écosse, le *P. pumilio,* avec ses sous-variétés. *Mughus, nana,* etc., qui diffèrent beaucoup suivant le sol où elles croissent, et ne se reproduisent qu'à peu près par graine ; si le fait venait à être prouvé, il serait intéressant comme montrant que le rapetissement des arbres, par suite d'une longue exposition à un climat rigoureux, est jusqu'à un certain point héréditaire.

L'Aubépine (*Cratægus oxyacantha*). —Cette plante a beaucoup varié ; sans parler de variations légères et innombrables dans la forme des feuilles, dans la grosseur, la dureté et la forme des baies, Loudon [165] en énumère vingt-neuf variétés bien marquées. A côté de celles qu'on cultive pour leurs jolies fleurs, il en est dont les fruits sont jaune d'or, noirs ou blanchâtres ; d'autres ont la baie cotonneuse, ou les épines recourbées. Loudon a remarqué avec raison que le principal motif pour lequel l'aubépine a fourni plus de variétés que la plupart des autres arbres, est celui que les pépiniéristes ont soin de faire choix de toutes les variétés saillantes qui peuvent surgir dans les vastes semis qu'ils lèvent continuellement pour faire des haies. Les fleurs de l'aubépine renferment habituellement de un à trois pistils ; mais dans deux variétés, nommées *Monogyna* et *Sibirica,* il ne s'en trouve qu'un ; d'Asso a constaté qu'en Espagne c'est l'état normal de l'aubépine commune [166]. Il existe encore une variété qui est apétale, ou dont les pétales sont rudimentaires. La célèbre aubépine « Glastonbury, » fleurit et pousse des feuilles vers la fin de décembre. époque à laquelle ele porte des baies provenant d'une floraison antérieure [167]. Nous devons encore

161. Loudon, *O. C.*, vol. IV, p. 2150.

162. *Gardener's Chronicle*, 1852, p. 693.

163. Dr Christ, *Beiträge zur Kenntniss Europœischer Pinus Arten-Flora*, 1864. Il montre que dans la haute Engadine, des formes intermédiaires relient entre eux les *P. sylvestris* et *montana*.

164. *O. C.*, vol. IV, p. 2150 et 2189.

165. *O. C.*, vol. II, p. 830. — Loudon's *Gardener's Mag.*, vol. VI, 1830, p. 714.

166. Loudon's *Arboretum,* etc., vol. II. p. 834.

167. Loudon's *Gardener's Mag.*, vol. IX. 1833. p. 123.

noter que plusieurs variétés d'aubépine, ainsi que de tilleul et de genièvre,
sont très-distinctes par leur feuillage et leur *facies* pendant qu'elles sont
jeunes, mais finissent, au bout de trente à quarante ans, par se ressembler
beaucoup [168], ce qui nous rappelle le fait bien connu du Deodora, du cèdre
du Liban, et de celui de l'Atlas, qui se distinguent très-facilement dans le
jeune âge, mais très-difficilement lorsqu'ils sont vieux.

FLEURS.

Je ne m'étendrai pas longuement sur la variabilité des plantes qu'on
qu'on ne cultive que pour leurs fleurs. Un grand nombre de celles qui
ornent actuellement nos jardins, sont les descendantes de deux ou de plusieurs espèces mélangées et croisées ensemble, circonstance qui à elle
seule suffit pour rendre fort difficile l'appréciation des différences qui
peuvent être imputables à la variation seule. Ainsi, par exemple, nos roses,
pétunias, calcéolaires, fuchsias, verveines, glayeuls, pélargoniums, etc.,
ont certainement une origine multiple. Un botaniste connaissant bien les
formes souches, parviendrait probablement à découvrir chez leurs descendants croisés et cultivés, quelques différences de conformation, et y consta-
terait certainement quelques particularités constitutionnelles remarquables
et nouvelles. Pour en citer quelques cas relatifs au Pélargonium, et que
j'emprunte à un célèbre horticulteur, qui a spécialement cultivé cette plante,
M. Beck [169]: quelques variétés exigent plus d'eau que d'autres; il en est
qui, empotées, montrent à peine une racine à l'extérieur de la motte de
terre; une variété doit avoir été empotée pendant quelque temps avant de
pousser une tige à fleur; quelques-unes fleurissent au commencement de
la saison, d'autres à la fin; il en est une [170] qui supporte une température
très-élevée sans être éprouvée, et la « Blanche-fleur » semble faite pour
pousser l'hiver, comme beaucoup de bulbes, et se reposer l'été. Ces particularités constitutionnelles permettraient donc à une plante de croître, à
l'état de nature, dans des circonstances extérieures et sous des climats
fort différents.

Au point de vue qui nous occupe, les fleurs n'ont que peu d'intérêt,
car on ne leur a appliqué la sélection que pour leurs belles couleurs, leur
grosseur, la perfection de leurs formes et leur mode de croissance, et sous
ces différents rapports, il n'y a pas une seule fleur cultivée depuis longtemps, qui n'ait présenté des variations considérables. Le fleuriste ne
s'inquiète guère de la forme et de la structure des organes de la fructification, à moins cependant qu'ils ne contribuent à la beauté des fleurs, et
alors celles-ci se modifient sur des points importants : les étamines et
pistils se convertissant en pétales, le nombre de ceux-ci se trouve augmenté, ce qui arrive dans les fleurs doubles. On a plusieurs fois enregistré

168. Loudon's *Gardener's Mag.*, vol. XI, 1835, p. 503.

169. *Gardener's Chron.*, 1845, p. 623.

170. Dᵣ Beaton, *Cottage Gardener*, 1860, p. 377. — M. Beck, sur la Queen Mab, dans
Gardener's Chronicle, 1845, p. 226.

les procédés par lesquels, au moyen d'une sélection suivie, on a rendu les fleurs graduellement de plus en plus doubles, chaque progrès acquis étant transmis par hérédité. Dans ce qu'on appelle les fleurs doubles des composées, les corolles des fleurons centraux ont subi de fortes modifications, qui sont également héréditaires. Dans l'ancolie (*Aquilegia vulgaris*), quelques étamines se transforment en pétales ayant la forme de nectaires, s'ajustant les uns dans les autres, et dans une variété elles se convertissent en pétales simples [171]. Dans quelques tubéreuses, le calice prend de vives couleurs et s'agrandit de manière à ressembler à une corolle, et M. W. Wooler m'apprend que ce caractère est transmissible: car ayant croisé une tubéreuse commune avec une autre à calice coloré [172], plusieurs des plantes levées de la graine héritèrent pendant environ six générations du calice coloré. Dans une marguerite, la fleur principale est entourée de petites fleurs provenant de bourgeons placés sur les aisselles des écailles de l'involucre. On a décrit un pavot remarquable par la conversion de ses étamines en pistils, et cette particularité se transmit si fortement, que sur 154 plantes levées de sa graine, une seule fit retour au type ordinaire [173]. On rencontre chez la Crête de Coq (*Celosia cristata*) qui est annuelle, plusieurs races chez lesquelles les tiges florales sont comprimées, et on en a exposé une qui mesurait dix-huit pouces de largeur [174]. On peut propager par graines les races péloriques de *Gloxinia speciosa* et d'*Antirrhinum majus*, qui diffèrent étonnamment par leur conformation et leur aspect, de la forme typique.

Sir William et le Dr Hooker [175] ont signalé une modification bien plus remarquable chez le *Begonia frigida*. Cette plante produit normalement des fleurs mâles et des fleurs femelles sur le même fascicule, le périanthe étant supérieur dans ces dernières; à Kew, ils en ont observé une qui, à côté des fleurs ordinaires, produisit d'autres fleurs passant graduellement à une structure hermaphrodite, et chez lesquelles le périanthe était inférieur. L'importance, au point de vue de la classification, d'une pareille modification est telle que, pour emprunter les paroles du professeur Harvey : « si elle se fût présentée à l'état de nature, et qu'une plante ainsi conformée eût été recueillie par un botaniste, il ne l'eût pas seulement classée dans un genre distinct des *Begonia*, mais très-probablement considérée comme le type d'un nouvel ordre naturel. » On ne peut pas, dans un sens, considérer cette modification comme une monstruosité, car des conformations analogues se rencontrent naturellement dans d'autres ordres, comme les Saxifrages et les Aristoloches. Le cas est d'autant plus intéressant que M. C. W. Crocker, ayant semé de graines provenant des fleurs normales, obtint parmi les plantes levées de ce semis, des individus qui produisirent dans à peu près la même proportion que la plante mère, des fleurs her-

171. Moquin-Tandon, *Éléments de Tératologie*, 1841, p. 213.
172. *Cottage Gardener*, 1860, p. 133.
173. Cité par Alph. de Candolle, *Bibl. universelle*, novembre 1862, p. 58.
174. Knight, *Transact. Hort. Soc.*, vol. IV, p. 322.
175. *Botanical Magazine*, tab. 5160, f. 4. — Dr Hooker, *Gard. Chron.*, 1860, p. 190. — Prof. Harvey, dans *Gard. Chron.*, 1860, p. 145. — M. Crocker, *Gard. Chron.*, 1861, p. 1092.

maphrodites ayant le périanthe inférieur. Les fleurs hermaphrodites fécondées par leur propre pollen furent stériles.

Si les fleuristes avaient porté leur attention sur d'autres modifications de structure que celles intéressant la beauté de la fleur, s'ils leur avaient appliqué la sélection et qu'ils eussent cherché à les propager par graines, ils auraient certainement donné naissance à une foule de variétés curieuses, qui auraient probablement transmis leurs caractères avec constance. Les horticulteurs se sont quelquefois occupés des feuilles de leurs plantes, et ont ainsi produit des dessins symétriques et fort élégants de blanc, de rouge, de vert, qui sont quelquefois, comme dans le Pélargonium, strictement héréditaires[176]. Du reste, il suffit d'examiner, dans les jardins et les serres, toutes les fleurs très-cultivées, pour y voir d'innombrables déviations de structure dont la plupart ne sont, il est vrai, que des monstruosités, mais n'en sont pas moins intéressantes en ce qu'elles fournissent une preuve de la grande plasticité que peut acquérir l'organisation végétale soumise à la culture. A ce point de vue, les ouvrages comme la *Tératologie* du professeur Moquin-Tandon sont éminemment instructifs.

Roses. — Ces fleurs offrent l'exemple d'un certain nombre de formes généralement regardées comme espèces, telles que *R. centifolia, gallica, alba, damascena, spinosissima, bracteata, Indica, semperflorens, moschata,* etc., qui ont été entrecroisées et ont beaucoup varié. Le genre *Rosa* est un des plus difficiles, et, bien que quelques-unes des formes ci-dessus soient considérées par tous les botanistes comme des formes distinctes, il en est qui sont douteuses; ainsi, dans les formes anglaises, Babington admet dix-sept espèces, et Bentham cinq seulement. Les hybrides de quelques-unes des formes les plus distinctes, — par exemple ceux de la *R. Indica* fécondée par le pollen de la *R. centifolia,* — produisent abondamment de la graine, fait que j'emprunte avec tous ceux qui vont suivre à l'ouvrage de M. Rivers[177]. La plupart des formes originelles importées de divers pays ayant été croisées et recroisées, il n'est pas étonnant, comme le fait remarquer Targioni-Tozzetti à propos des roses communes des jardins d'Italie, qu'il y ait beaucoup d'incertitude sur le lieu d'origine et les formes précises des types sauvages de la plupart d'entre elles[178]. M. Rivers, néanmoins, parlant de *R. Indica,* croit qu'une observation attentive permet de reconnaître les descendants de chaque groupe (p. 68); il croit aussi que les roses ont subi quelque métissage, mais il est évident que, dans la plupart des cas, les différences dues à la variation et à l'hybridisation ne peuvent être distinguées avec certitude.

Les espèces ont varié tant par graine que par bourgeons, et j'aurai, dans le chapitre suivant, l'occasion de montrer que les variations par bourgeons peuvent être propagées non-seulement par greffes, mais aussi souvent par graines. Lorsqu'une nouvelle rose présentant quelque caractère particulier

---

176. Alph. de Candolle, *O. C.,* p. 1083, *Gard. Chron.,* 1861, p. 433. L'hérédité des zones blanches et dorées du *Pelargonium* dépendent beaucoup de la nature du sol. Voir Dr **Beaton,** *Journal of Horticulture,* 1861, p. 64.

177. *Rose amateur's Guide,* T. Rivers, 1837, p. 21.

178. *Journal Hort. Soc.,* vol. IX, 1855, p. 182.

apparaît, comme qu'il soit produit, M. Rivers (p. 4, dit qu'elle peut devenir la souche d'un type nouveau, si elle donne de la graine. Quelques formes ont une tendance si prononcée à la variation (p. 16), que, plantées dans des sols différents, elles présentent des couleurs assez diverses pour qu'on les prenne pour des formes distinctes. Le nombre des formes de roses est immense, et M. Desportes dans son Catalogue pour 1829, en énumère 2562 cultivées en France ; mais il est probable qu'un grand nombre d'entre elles ne sont que nominales.

Ne voulant point détailler ici les divers points sur lesquels portent les différences entre toutes les variétés, je me contenterai de mentionner quelques particularités constitutionnelles. Plusieurs roses françaises ne réussissent pas en Angleterre (Rivers, p. 12), et un horticulteur [179] a remarqué que souvent, dans un même jardin, on voit une rose, qui ne donne rien contre un mur tourné au midi, réussir contre un mur tourné au nord. C'est le cas ici pour la variété Paul-Joseph. Elle croît vigoureusement et fleurit supérieurement près d'un mur exposé au nord, et sept rosiers situés derrière un mur au midi n'ont rien produit pendant trois ans. Il est des roses qu'on peut forcer, tandis que c'est impossible pour d'autres : dans le nombre se trouve la variété « Général Jacqueminot [180]. » M. Rivers prévoit avec enthousiasme que, par les effets du croisement et de la variation (p. 87), le jour viendra où toutes nos roses auront un feuillage toujours vert, des fleurs éclatantes et parfumées, et fleuriront de juin en novembre : prévision éloignée, il semble ; mais la persévérance du jardinier peut faire des merveilles, car certes elle en a déjà fait.

Il ne sera pas inutile de donner ici un rapide aperçu de l'histoire bien connue d'une classe de roses. Quelques roses d'Écosse sauvages (*R. spinosissima*) furent, en 1793, transplantées dans un jardin [181] ; l'une d'elles portait des fleurs faiblement teintées de rouge, et donna de graine une plante à fleurs demi-monstrueuses, aussi teintées de rouge : les produits de sa graine furent demi-doubles, et, grâce à une sélection continue, au bout d'une dizaine d'années, elle avait donné naissance à huit sous-variétés. Dans le cours de moins de vingt ans, ces roses doubles d'Écosse avaient tellement varié et augmenté de nombre, que M. Sabine a pu en décrire vingt-six variétés bien marquées, groupées dans huit sections. En 1841 [182] on pouvait s'en procurer dans les pépinières près de Glasgow, trois cents variétés, rouges, écarlates, pourpres, marbrées, bicolores, blanches et jaunes, et différant beaucoup par la grosseur et la forme de la fleur.

Pensées (*Viola tricolor*, etc.). L'histoire de cette fleur paraît être assez bien connue : elle a été cultivée, en 1687, dans le jardin d'Evelyn, mais on n'est occupé de ses variétés que depuis 1810-1812, époque à laquelle lady Monke s'adonna à leur culture avec le concours d'un horticulteur très-connu, M. Lee, et au bout de quelques années, il en existait déjà une

179. Rev. W. F. Radclyffe, *Journ. of Hort.*, 14 mars 1865, p. 207.
180. *Gard. Chronicle*, 1861, p. 46.
181. M. Sabine, *Trans. Hort. Soc.*, vol. IV, p. 285.
182. *Encyclop. of Plants*, by J. C. Loudon, 1841, p. 443.

vingtaine de variétés [183]. Vers la même période, en 1813 ou 1814, lord Gambier ayant recueilli quelques plantes sauvages, les fit cultiver par son jardinier, M. Thomson, avec les variétés communes, et obtint ainsi de grandes améliorations. Le premier changement important fut la conversion des lignes foncées du milieu de la fleur en une tache centrale ou œil, qui n'existait pas auparavant, et est actuellement considérée comme une des premières conditions de la beauté de la pensée. On a publié, en 1835, un ouvrage consacré tout spécialement à cette fleur et, à cette même époque, quatre cents variétés distinctes étaient en vente. Cette plante me paraît digne d'être étudiée, en raison du contraste qui existe entre les fleurs petites, allongées et irrégulières de la pensée sauvage, et ces magnifiques fleurs plates, ayant plus de deux pouces de diamètre, symétriques, circulaires, veloutées, si splendidement colorées des belles pensées qu'on expose dans nos concours. Mais en examinant le sujet de plus près, je trouvai que, malgré l'origine récente de toutes les variétés, la plus grande confusion règne au sujet de leur parenté. Les fleuristes font descendre les variétés [184] de plusieurs souches sauvages, *V. tricolor, lutea, grandiflora, amœna*, et *Altaica*, plus ou moins entrecroisées, et sur la spécificité desquelles je ne trouve dans les ouvrages de botanique que doute et confusion. La *Viola Altaica* paraît être une forme distincte, mais je ne sais quelle part elle peut avoir prise à la formation de nos variétés ; on dit qu'elle a été croisée avec la *V. lutea*. Tous les botanistes regardent aujourd'hui la *V. amœna* [185] comme une variété naturelle de la *V. grandiflora*, qu'on a montré être, ainsi que la *V. sudetica*, identique à la *V. lutea*. Babington regarde cette dernière, avec la *V. tricolor* et sa variété *V. arvensis*, comme des espèces distinctes, c'est aussi l'opinion de M. Gay [186], qui a spécialement étudié le genre ; mais la distinction spécifique entre la *V. lutea* et *tricolor* est principalement basée sur ce que l'une est complétement vivace, et l'autre moins, ainsi que sur quelques autres différences insignifiantes dans la forme de la tige et des stipules. Bentham réunit les deux formes, et M. H. C. Watson [187] remarque que, tandis que la *V. tricolor* passe à l'*arvensis* d'une part, elle se rapproche tellement d'autre part de la *V. lutea* et *Curtisii*, qu'il n'est pas facile d'établir une distinction entre elles.

Donc, après avoir comparé de nombreuses variétés, je renonçai à la tentative comme trop difficile pour quiconque n'est pas botaniste de profession. La plupart des variétés présentent des caractères si inconstants que, lorsqu'elles poussent dans des sols pauvres, ou fleurissent hors de leur saison ordinaire, elles produisent des fleurs plus petites et différemment

183. Loudon's *Gard. Mag.*, vol. XI, 1835, p, 427. — *Journ. of Hort.*, 14 avril 1863, p. 275.

184. Loudon, *ibid.*, vol. VIII, p. 575; vol. IX, p. 689.

185. Sir J. E. Smith, *English Flora*, vol. I, p. 306. — H. C. Watson, *Cybele Britannica*, vol. I, 1847, p. 181.

186. Cité des Annales des Sciences dans *Companion to the Bot. Mag.*, vol. I, 1835, p. 159.

187. *Cybele Britannica*, vol. I, p. 173. — Dr Herbert, *Transact. Hort. Soc.*, vol. IV, p. 19, sur les changements de couleur dans les individus transplantés, et sur les variations naturelles de la *V. grandiflora*.

colorées. Les horticulteurs parlent souvent de la constance de telle ou telle forme, mais ils n'entendent pas par là, comme dans d'autres cas, que la plante transmet exactement ses caractères par graine, mais seulement que la plante considérée individuellement ne change pas par la culture. Cependant, même pour les variétés fugitives de la Pensée, le principe d'hérédité tient bon jusqu'à un certain point ; car, pour obtenir de bons résultats, il faut toujours semer la graine des bonnes sortes. Toutefois, dans un semis considérable, on voit souvent apparaître par retour quelques plantes presque sauvages. Si on compare les variétés les plus modifiées avec les formes sauvages qui s'en rapprochent le plus, outre les différences de grandeur, de forme et de couleur des fleurs, les feuilles varient quelquefois aussi de forme, et le calice peut différer par la longueur et la largeur des sépales. Il faut noter particulièrement les variations dans la forme du nectaire, parce qu'on s'est servi des caractères tirés de cet organe pour la distinction de la plupart des espèces du genre *Viola*. J'ai trouvé par la comparaison, en 1842, d'un grand nombre de fleurs, que dans la plupart, le nectaire était droit; dans d'autres son extrémité était recourbée en crochet en dessus, en dessous, ou en dedans; ou bien, au lieu d'être en crochet, il se dirigeait d'abord en bas, puis en arrière et en dessus: dans d'autres l'extrémité était fort élargie; enfin dans plusieurs le nectaire, déprimé à sa base, devenait latéralement comprimé vers son extrémité. D'autre part, je n'ai trouvé presque aucune variation dans le nectaire sur une grande quantité de fleurs que j'eus occasion d'examiner en 1856, et provenant d'une partie différente de l'Angleterre. M. Gay assure que, dans certaines contrées comme l'Auvergne, le nectaire de la *V. grandiflora* sauvage varie de la manière que je viens de décrire. Devons-nous conclure de là que les variétés cultivées que nous avons mentionnées en premier, descendent toutes de la *V. grandiflora,* et que le second lot, quoique présentant la même apparence générale, soit descendu de la *V. tricolor,* dont le nectaire, selon M. Gay, ne varie que peu? Ou n'est-il pas plus probable que les deux formes sauvages, se trouvant dans d'autres conditions, puissent varier d'une manière analogue, et montrer ainsi qu'elles ne doivent pas être considérées comme étant spécifiquement distinctes ?

Le *Dahlia* a été mentionné par tous les auteurs qui ont traité de la variation des plantes, parce qu'on croit que toutes ses variétés descendent d'une espèce unique, et ont toutes apparu depuis 1802 en France et 1804 en Angleterre [188]. M. Sabine remarque qu'il semble qu'il ait fallu quelque temps de culture avant que les caractères fixes de la plante primitive aient cédé, et commencé à présenter tous les changements que nous recherchons actuellement [189]. La forme des fleurs, d'abord plate, est devenue globulaire; il est apparu des races semblables aux anémones et aux renoncules [190], différant par la forme et l'arrangement des fleurons: des races naines, dont

188. Salisbury, *Transact. Hort. Soc.*, vol. I, 1812, p. 84-92. Une variété demi-double a été produite en 1790 à Madrid.
189. *Trans. Hort. Soc.*, vol. III, 1820, p. 225.
190. Loudon's *Gardener's Magaz.*, vol. VI, 1830, p. 77.

l'une n'a que dix-huit pouces de haut. Les graines varient beaucoup de grosseur. Les pétales sont, ou uniformes de couleur, ou piquetés et rayés, et peuvent présenter une diversité presque infinie de nuances. On a pu lever, de la graine d'une même plante, quatorze [191] couleurs différentes, bien qu'en général les plantes provenant de semis suivent la couleur de la forme parente. L'époque de floraison a été considérablement avancée, ce qui est probablement le résultat d'une sélection continue. Salisbury, qui écrivait en 1808, dit qu'ils fleurissaient alors de septembre à novembre ; en 1828 on vit fleurir en juin quelques variétés naines nouvelles [192] ; et M. Grieve m'apprends que la *Zelinda pourpre naine* est en pleine floraison dans son jardin au milieu de juin, et quelquefois même plus tôt. On a remarqué chez quelques variétés des différences constitutionnelles ; ainsi il en est qui réussissent mieux dans une partie de l'Angleterre que dans une autre [193], et on a constaté que certaines variétés exigent plus d'humidité que leurs congénères [194].

Certaines fleurs, comme les Œillets, la Tulipe et la Jacinthe, qu'on croit provenir chacune d'une seule forme sauvage, présentent des variétés innombrables, différant presque toutes uniquement par la forme, la grandeur et la couleur des fleurs. Ces plantes, avec quelques autres très-anciennement cultivées, qui ont été longtemps propagées par rejetons, bulbes, etc., deviennent si excessivement variables, que presque chaque plante levée de graine forme une variété nouvelle dont la description, comme l'écrivait Gerarde en 1597, serait un vrai travail de Sisyphe, et aussi impossible que de vouloir compter les grains de sable de la mer.

Jacinthe (*Hyacinthus orientalis*). — L'histoire de cette plante qui vient du Levant, et fut introduite, en 1596, en Angleterre [195], a quelque intérêt. D'après M. Paul, les pétales de la fleur primitive furent étroits, ridés, pointus, et d'une texture molle ; actuellement ils sont larges, solides, lisses et arrondis. La largeur, la position, la longueur de tout l'épi et la grosseur des fleurs ont augmenté, les couleurs se sont diversifiées et ont acquis plus d'intensité ; Gerarde, en 1597, en compte quatre, et Penkinson, en 1629, huit variétés. Aujourd'hui elles sont très-nombreuses et l'ont été encore davantage il y a un siècle. M. Paul remarque qu'il est intéressant de comparer les Jacinthes de 1829 avec celles de 1864, et de constater les améliorations. Il s'est écoulé depuis lors deux cent trente-cinq ans, et cette simple fleur offre une excellente démonstration du fait, que les formes primitives de la nature ne demeurent pas stationnaires ni fixes, du moins lorsqu'elles sont soumises à la culture. En envisageant les extrêmes, il ne faut jamais oublier qu'il y a eu des formes intermédiaires qui sont perdues pour nous ; car si la nature peut quelquefois se permettre un saut, sa marche ordinaire est lente et graduelle. Il ajoute que l'horticulteur doit avoir dans son esprit un idéal de beauté, vers la réalisation

191. Loudon's *Encyclop. of Gardening*, p. 1035.

192. *Trans. Hort. Soc.*, vol. I, p. 91. — Loudon's *Gard. Mag.*, vol. III, 1828, p. 179.

193. M. Wildman, *Gard. Chron*., 1843, p. 87.

194. *Cottage Gardener*, 8 avril 1856, p. 33.

195. M. Paul de Waltham, *Gardener's Chronicle*, 1864, p. 342 ; la meilleure et la plus complète description de la jacinthe que je connaisse.

duquel il travaille de la tête et de la main. ce qui nous montre combien M. Paul, un des plus heureux cultivateurs de cette fleur, apprécie l'action de la sélection méthodique.

Dans un ouvrage curieux publié à Amsterdam [196], en 1768, il est signalé près de deux mille sortes de Jacinthes connues alors; mais, en 1864, M. Paul n'en a trouvé que sept cents dans le plus grand jardin d'Haarlem. L'ouvrage constate qu'il n'y a pas eu un seul cas connu d'une variété s'étant reproduite exactement de graine ; cependant maintenant les Jacinthes blanches donnent presque toujours des Jacinthes blanches [197], et les variétés jaunes paraissent aussi se transmettre. La Jacinthe est remarquable en ce qu'elle a donné naissance à des variétés bleues, roses et jaunes. Ces trois couleurs primaires ne se rencontrent pas dans les variétés d'aucune autre espèce, et bien rarement dans les espèces distinctes d'un même genre. Quoique les diverses sortes de Jacinthes ne diffèrent que peu les unes des autres, la couleur exceptée, chaque sorte a cependant son caractère individuel et peut être reconnue par un œil exercé; ainsi l'auteur de l'ouvrage d'Amsterdam dit (p. 43) que quelques horticulteurs expérimentés, comme le célèbre G. Voorholm, pouvaient, dans une collection de douze cents variétés, reconnaître sans se tromper, chacune d'elles par son bulbe seulement! Le même auteur signale quelques variétés singulières : ainsi la Jacinthe porte ordinairement six feuilles, mais il y en a une (p. 35) qui n'en a presque jamais que trois, une autre jamais plus de cinq; enfin il y en a qui portent sept ou huit feuilles. Une variété, la Coriphée, produit invariablement (p. 116) deux tiges florales, réunies ensemble et enveloppées dans la même gaîne. Dans une autre sorte, la tige florale (p. 128) sort de terre avec une gaîne colorée, et avant les feuilles, ce qui l'expose à souffrir du gel ; une autre variété encore pousse toujours une seconde tige florale après que la première a commencé à se développer. Enfin les Jacinthes blanches à centre rouge, pourpre ou violet (p. 129), se pourrissent facilement. Nous voyons donc que, comme beaucoup d'autres plantes. les Jacinthes, après une culture prolongée, offrent un grand nombre de variations singulières.

J'ai donné dans ces deux chapitres, avec quelques détails. l'étendue de la variation et l'histoire d'un certain nombre de plantes cultivées dans divers buts. J'ai dû toutefois laisser de côté quelques-unes des plantes les plus variables, telles que les Haricots, Piments, Millets, Sorghos, etc., dont les souches primitives sauvages sont inconnues, et au sujet desquelles les botanistes ne peuvent s'accorder pour déterminer quelles formes doivent être regardées comme espèces ou comme varié-

---

196. *Des Jacinthes, de leur anatomie, reproduction et culture*. Amsterdam, 1768.
197. Alph. de Candolle, *O. C.*, p. 1082.

tés [198]. Beaucoup de plantes cultivées depuis longtemps dans les pays tropicaux, telles que la Banane, ont produit de nombreuses variétés, que nous avons dû laisser de côté, parce qu'elles n'ont jamais été décrites avec quelque soin. Toutefois nous avons donné un nombre de faits plus que suffisant pour permettre au lecteur de juger par lui-même de la nature et de l'importance des variations qu'ont pu éprouver les plantes cultivées.

198. Alph. de Candolle, *O. C.*, p. 988.

CHAPITRE XI.

SUR LA VARIATION PAR BOURGEONS,
ET SUR CERTAINS MODES ANORMAUX DE REPRODUCTION ET DE VARIATION.

Variations par bourgeons dans les Pêchers, Pruniers, Cerisiers, Vigne, Groseillers et Bananiers, manifestées par les modifications du fruit. — Fleurs; Camellias, Azaleas, Chrysanthemums, Roses, etc. — Altération des couleurs chez les Œillets. — Variations par bourgeons dans les feuilles. — Variations par drageons, tubercules et bulbes. — Bigarrage des Tulipes. — Passage des variations par bourgeons à des modifications résultant de changements dans les conditions extérieures. — *Cytisus Adami;* son origine et ses transformations. — Réunion de deux embryons différents dans une même graine. — L'orange trifaciale. — Retour par bourgeons dans les hybrides. — Production de bourgeons modifiés par la greffe d'une variété ou d'une espèce sur une autre. — Action immédiate d'un pollen étranger sur la plante fécondée. — Effets d'une première fécondation sur la progéniture ultérieure des femelles d'animaux. — Conclusion et résumé.

Je consacrerai ce chapitre principalement à l'étude des faits de variation par bourgeons qui, sous plusieurs rapports, ont une certaine importance. Je comprends sous cette expression, tous les brusques changements de structure et d'aspect qui apparaissent occasionnellement sur les bourgeons foliifères ou floraux des plantes adultes. La différence entre la reproduction par semences ou par bourgeons n'est pas si considérable qu'elle peut le paraître d'abord ; car dans un sens le bourgeon est un individu nouveau et distinct, produit sans le concours d'un appareil spécial, tandis que les graines fertiles nécessitent pour leur formation le concours de deux éléments sexuels. Les modifications qui doivent leur origine à une variation de bourgeons, se propagent en général par greffes, boutures, bulbes, etc., quelquefois même par graine. Quelques-unes de nos productions les plus utiles et les plus belles sont nées de variations de bourgeons.

On ne les a encore observées que dans le règne végétal : mais il est probable que si les animaux composés, tels que les coraux, etc., eussent été soumis à l'influence d'une domestication prolongée, ils eussent également varié par bourgeons; car, sous beaucoup de rapports, ils ressemblent aux plantes. Ainsi tout caractère nouveau ou particulier, chez un animal composé, peut se propager par bourgeonnement, comme cela arrive chez les Hydres de diverses couleurs, et comme M. Gosse l'a démontré, sur une variété singulière de vrai corail. On a aussi greffé des variétés de l'Hydre sur d'autres, et elles ont conservé leurs caractères.

Après avoir exposé les cas de variations par bourgeons que j'ai pu recueillir, je discuterai leur importance. Ces cas prouvent que les auteurs qui, comme Pallas, attribuent toute variabilité au croisement soit de races distinctes, soit d'individus un peu différents entre eux, mais appartenant à la même race, sont dans l'erreur ainsi que ceux qui l'attribuent au fait unique de l'union sexuelle. Le principe du retour à des caractères perdus n'explique pas, dans tous les cas, l'apparition de caractères nouveaux par variation de bourgeons, et les faits qui vont suivre permettront de juger de l'influence que les conditions extérieures peuvent exercer sur chaque variation particulière.

PÊCHERS (*Amygdalus Persica*). — J'ai signalé, dans le chapitre précédent, deux cas de pêcher-amandier et d'un amandier à fleurs doubles, qui avaient subitement produit des fruits ressemblant à de vraies pêches. J'ai aussi rappelé quelques cas de pêchers ayant produit des bourgeons, qui, développés en rameaux, avaient donné des pêches lisses; et nous avons vu que six variétés distinctes de pêcher, et quelques autres non dénommées, ont de la même manière, produit plusieurs variétés de pêches lisses. J'ai montré l'improbabilité que ces pêchers, dont quelques-uns sont d'anciennes variétés, qui ont été cultivées par millions, soient des métis de pêcher vrai et du lisse; et qu'on ne peut attribuer cette production occasionnelle de pêches lisses à l'action directe d'un pollen provenant de quelque pêcher voisin de cette variété. Quelques cas sont fort remarquables, parce que, 1°, le fruit ainsi produit a été quelquefois partie pêche proprement dite et partie pêche lisse; 2°, parce qu'il a pu se reproduire de graine; et 3°, parce qu'on peut produire des pêches lisses aussi bien par la graine du pêcher proprement dit que par ses bourgeons. La graine de la pêche lisse, par contre, donne quelquefois des pêches, et nous avons vu un cas où un pêcher lisse a donné de vraies pêches par variation de bourgeons. La pêche étant certainement la variation la plus ancienne ou primaire, la production de pêches vraies par le pêcher lisse, tant par graine que par bourgeons, doit être considérée comme un cas de retour. Sur certains arbres qu'on a décrits comme portant indistinctement les deux sortes de pêches, il y a eu probablement une variation de bourgeons poussée à un degré extrême.

La pêche *grosse mignonne* de Montreuil a produit de cette manière sur une branche, la *grosse mignonne tardive,* une variété aussi excellente que la première, mais qui mûrit quinze jours plus tard[1]. Cette même pêche a aussi produit par variation de bourgeons la *grosse mignonne précoce.* La *grosse pêche lisse fauve* de Hunt est provenue également de la *petite fauve* de Hunt, mais non par reproduction séminale[2].

Pruniers. — M. Knight rapporte qu'un prunier de la variété *magnum bonum* jaune, qui avait toujours donné son fruit ordinaire, poussa à l'âge de quarante ans, une branche portant des prunes rouges[3]. M. Rivers m'apprend que, sur environ cinq cents arbres de la variété « Early Prolific » (Prolifique précoce) du prunier, qui descend d'une ancienne variété française à fruit pourpre, un seul a produit à l'âge de dix ans des prunes d'un jaune vif, qui ne différaient que par la couleur de celles des autres arbres de la même variété, mais ne ressemblaient à aucune des prunes jaunes connues[4].

Cerisiers (*Prunus cerasus*). — M. Knight a observé un cas d'une branche d'un cerisier « May Duke, » qui quoique n'ayant jamais été greffée, donnait toujours des fruits plus oblongs, et d'une maturation plus tardive que ceux des autres branches. On a aussi constaté en Écosse sur deux cerisiers de la même variété, la présence de branches portant de fort beaux fruits oblongs, qui arrivaient invariablement, comme dans le cas précédent, à maturité quinze jours plus tard que les autres cerises[5].

Raisins. (*Vitis vinifera*). — Le Frontignan noir a dans un cas produit pendant deux années consécutives (et sans doute d'une manière permanente), des pousses portant des Frontignans blancs. Dans un autre cas, sur la même grappe, les baies inférieures furent noires, celles près du pédoncule blanches, excepté une noire et une bigarrée; ensemble quinze baies noires et douze blanches. Dans une autre variété, on a observé sur la même grappe des baies noires et des baies ambrées[6]. Le comte Odart a décrit une variété qui porte souvent sur la même grappe de petites baies arrondies et d'autres plus grandes et oblongues; la forme de la baie est cependant généralement un caractère fixe[7]. Voici encore un cas frappant que je donne d'après M. Carrière[8]; une souche de Hambourg noir (Frankenthal) après avoir été coupée, poussa trois rejetons, dont l'un ayant été marcotté, produisit plus tard des raisins beaucoup plus petits, et qui atteignaient leur maturité quinze jours plus tôt que les autres. Des deux autres

1. *Gardener's Chronicle,* 1854, p. 821.

2. Lindley, Guide to Orchard, *Gard. Chron.* 1852, p. 821. — Pour la pêche *mignonne précoce,* voir *Gard. Chron.* 1861, p. 1251.

3. *Transact. Hort. Soc.,* vol. II, p. 160.

4. *Gardener's Chronicle* 1863, p. 27.

5. *Ibid.* 1852, p. 821.

6. *Ibid.* 1852, p. 629. — 1856, p. 618. — 1864, p. 986. — Braun, *Roy. Soc. Bot. Mem.* 1853, p. 314.

7. *Ampélographie,* etc., 1849, p. 71.

8. *Gardener's Chronicle,* 1866, p. 970.

rejetons, l'un donna chaque année de beaux raisins, et l'autre en produisit beaucoup, mais de qualité inférieure, et ne mûrissant que difficilement.

GROSEILLIERS ÉPINEUX (*Ribes grossularia*). — Le Dr Lindley[9] a signalé un cas remarquable d'un buisson qui portait à la fois quatre sortes de baies, — rouges et velues, — lisses, petites et rouges, — vertes, — et jaunes teintées de chamois. Ces deux dernières avaient les graines rouges, et une saveur différente de celle des baies de cette couleur. De trois rameaux qui poussaient près les uns des autres sur ce buisson, le premier portait trois baies jaunes et une rouge, le second quatre jaunes et une rouge, le troisième quatre rouges et une jaune. M. Laxton m'apprend aussi qu'il a eu occasion de voir un groseillier rouge « Warrington » qui portait sur la même branche des fruits rouges et des jaunes.

GROSEILLIER A GRAPPES (*Ribes rubrum*). — Un groseillier Champagne, variété qui porte un fruit pâle intermédiaire entre le rouge et le blanc, a, pendant quatorze ans, produit, soit sur des branches différentes, soit sur la même, des fruits rouges, blancs et champagnes[10]. On pourrait soupçonner que cette variété provienne d'un croisement entre une variété rouge et une blanche, auquel cas la transformation que nous venons de voir, s'expliquerait par un retour vers les deux formes parentes, mais le cas compliqué du groseillier épineux qui précède rend cette supposition douteuse. On a observé en France un groseillier à grappes rouges, âgé de dix ans, dont une branche portait à son sommet cinq baies blanches, et plus bas, parmi des rouges, une unique baie moitié blanche et moitié rouge[11]. Alexandre Braun[12] a aussi souvent vu des branches de groseilliers blancs portant des groseilles rouges.

POIRIERS (*Pyrus communis*). — D'après Dureau de la Malle, les fleurs de quelques poiriers d'une ancienne variété, dite *doyenné galeux*, ayant péri par le gel, d'autres fleurs poussèrent en juillet et produisirent six poires qui, par leur goût et la nature de la peau ressemblèrent exactement au fruit d'une variété fort distincte, le *gros doyenné blanc*, et aux poires *bon-chrétien* par la forme; on n'a pas vérifié si cette nouvelle variété pouvait se propager par greffe ou bouture. Le même auteur ayant enté un *bon-chrétien* sur un coignassier, la greffe produisit, outre son fruit ordinaire, une variété d'apparence nouvelle, d'une forme particulière, et ayant une peau épaisse et rugueuse[13].

POMMIERS (*Pyrus malus*). — Un arbre de la variété « Pound Sweet, » au Canada[14], produisit entre deux de ses fruits habituels, une pomme bien rousse, petite, d'une forme différente et à pédoncule très-court. Aucun pommier à fruits de cette couleur ne croissant dans les environs, on ne

<hr>

9. *Gardener's Chronicle*, 1855, pp. 597, 612.

10. *Ibid.* 1842, p. 873; 1855, p. 646. — Mr Mackenzie (*Gard. Chron.*, 1866, p. 876) annonce que le même buisson continue à fournir les trois sortes de fruit, bien qu'elles n'aient pas été identiques toutes les années.

11. *Revue Horticole*, citée dans *Gard. Chron.* 1844, p. 87.

12. *Rejuvenescence in Nature*; *Bot. Mem. Ray Society*, 1853, p. 314.

13. *Comptes rendus* tome XLI, 1855, p. 804. Le second cas est emprunté à Gaudichaud, *Comptes rendus*, tome XXXIV, 1852, p. 748.

14. *Garden. Chronicle* 1867, p. 403.

peut attribuer le fait à l'action immédiate d'un pollen étranger. Je donnerai plus loin des cas de pommiers produisant régulièrement deux formes différentes de fruits, ou des fruits mixtes, c'est-à-dire moitié l'un moitié l'autre; on suppose généralement, et probablement avec raison, que ces arbres sont le résultat d'un croisement, à la suite duquel leurs fruits font retour aux formes parentes.

BANANES (*Musa sapientium*). — Sir R. Schomburgk a observé à Saint-Domingue un racème de la figue banane qui portait vers la base cent vingt-cinq fruits normaux, auxquels succédaient plus haut, comme d'habitude, des fleurs stériles, puis quatre cent vingt fruits d'aspect fort différent, et mûrissant plus tôt que le fruit habituel. Ces fruits anormaux ressemblaient beaucoup, sauf leurs dimensions plus petites, à ceux de la *Musa Chinensis* ou *Cavendishii*, qu'on considère généralement comme étant une espèce distincte [15].

FLEURS.

On connaît beaucoup de cas de plantes entières, ou simplement de branches isolées ou de bourgeons ayant subitement produit des fleurs différant du type ordinaire, par la couleur, la forme, la grosseur, et d'autres caractères. Le changement de coloration peut porter sur une demi ou même sur une fraction moindre de la fleur.

CAMELLIA. — L'espèce à feuilles de myrte (*C. myrtifolia*), et deux ou trois variétés de l'espèce commune, ont quelquefois produit des fleurs hexagonales et imparfaitement quadrangulaires, et on a pu propager par greffe des branches portant de pareilles fleurs [16]. La variété Pompone porte souvent quatre sortes de fleurs distinctes : les blanches pures et les tachées de rouge qui apparaissent mélangées; les roses mouchetées et les roses qu'on peut conserver distinctes assez sûrement en greffant les rameaux qui les portent. Dans un vieil arbre de la variété rose, on a observé l'exemple d'une branche qui a fait retour à la couleur blanche pure, ce qui est moins fréquent que le cas inverse [17].

CRATÆGUS OXYACANTHA. — Une aubépine d'un rose foncé a produit une touffe unique de fleurs blanches pures [18], et M. A. Clapham, pépiniériste de Bradford, m'apprend que son père avait eu une aubépine incarnat foncé, greffée sur une aubépine blanche, qui pendant plusieurs années donna toujours, passablement au-dessus de la greffe, des bouquets de fleurs blanches, roses, et d'un rouge cramoisi intense.

L'AZALEA INDICA produit souvent de nouvelles variétés par bourgeons, et j'en ai moi-même observé plusieurs cas. On a exposé une plante d'*Azalea Indica variegata*, qui portait une touffe de fleurs de l'*Azalea I. Gledstanesii* aussi exacte que possible, montrant ainsi avec évidence l'origine de cette belle variété. Une plante d'*A. Ind. variegata* a, dans un

15. *Journ. of Proc. Linn. Soc.*, vol. II, *Botany*, p. 131.
16. *Gardener's Chronicle*, 1847, p. 207.
17. Herbert, *Amaryllidaceæ*, 1838, p. 362.
18. *Gardener's Chronicle*, 1843, p. 391.

autre cas, produit une fleur parfaite d'*A. Ind. lateritia,* de sorte que les deux variétés *Gledstanesii* et *lateritia* ont sans aucun doute dû surgir comme variations subites de l'*A. Ind. variegata*[19].

Cistus tricuspis. — Une de ces plantes, levée de graine, produisit après quelques années à Saharunpore[20], quelques branches portant des feuilles et des fleurs très-différentes de la forme normale. La feuille anormale est moins divisée et point acuminée. Les pétales sont plus grands et entiers, et à l'état frais on remarque sur la partie postérieure de chaque segment du calice, une grosse glande oblongue pleine d'une sécrétion visqueuse.

Althæa rosea. — Une rose-trémière jaune double changea subitement et devint blanche et simple, mais ultérieurement une branche, portant les fleurs jaunes et doubles primitives, reparut parmi les blanches simples[21].

Pelargonium. — Ces plantes semblent tout particulièrement susceptibles de variations par bourgeons, je vais en donner quelques exemples frappants. Gärtner[22] a observé sur une plante du *P. zonale,* une branche à feuilles bordées de blanc, qui resta constante pendant des années, et portait des fleurs d'un rouge plus foncé qu'à l'ordinaire. En général, ces branches ne présentent que peu ou point de différences quant aux fleurs; ainsi le jet principal d'une plante du *P. zonale*[23] ayant été pincé, il poussa trois branches qui différaient par la grandeur et la couleur des feuilles, mais les fleurs furent identiques dans les trois, un peu plus grandes dans la variété à tiges vertes, plus petites dans celle à feuillage panaché; ces trois variétés ont été propagées depuis et répandues. On a observé sur une variété nommée *compactum,* dont les fleurs sont d'un rouge orangé vif, des branches ou même des plantes entières portant des fleurs roses[24]. La variété rouge pâle « Hill's Hector » a produit une branche portant des fleurs lilas, et quelques touffes contenant des fleurs lilas et des fleurs rouges; cette variété provenant du semis de la graine d'une variété lilas, il y a eu là probablement un cas de retour[25]. De tous les Pélargoniums, la variété « Rollisson's Unique » paraît être la plus capricieuse; son origine n'est pas bien connue, et on la regarde comme étant le résultat d'un croisement. M. Salter d'Hammersmith[26], assure qu'il a vu cette variété pourpre produire les variétés lilas, rose-incarnat ou *conspicuum,* et rouge ou *coccineum;* cette dernière a aussi donné la *rose d'amour;* de sorte que quatre variétés doivent ensemble leur origine à des variations par bourgeons de la seule Rollisson's Unique. L'auteur fait remarquer que, bien qu'elles donnent encore quelquefois des fleurs de la couleur originelle, on peut regarder ces variétés comme fixes. La variété

19. Exposée à la Société d'Hort. de Londres, *Gard. Chron.,* 1844, p. 337.
20. W. Bell. *Bot. Soc. of Edinburgh,* mai 1863.
21. *Revue horticole,* cité dans *Gard. Chron.,* 1845, p. 475.
22. *Bastarderzeugung,* 1849, p. 76.
23. *Journ. of Horticulture,* 1861, p. 336.
24. W. P. Ayres, *Gardener's Chronicle,* 1842, p. 791.
25. Id., *ibid.*
26. *Ibid.,* 1861, p. 968.

coccineum a « cette année fourni des fleurs de trois différentes couleurs, rouges, roses et lilas sur une même touffe, et des fleurs moitié rouges, moitié lilas sur d'autres. » Outre ces quatre variétés, on connaît deux autres « Uniques » écarlates, qui toutes deux produisent parfois des fleurs lilas, identiques à celles de la Rollisson [27]; et dont l'une n'ayant pas pris naissance par variation de bourgeons, est regardée comme probablement le résultat du semis de graine de la Rollisson's Unique [28]. Il existe encore dans le commerce [29] deux autres variétés de ce nom peu différentes, d'origine inconnue, de sorte que cette plante nous offre un cas complexe de variation tant par bourgeons que par graine [30]. Une plante sauvage anglaise, le *Geranium pratense,* a produit, cultivée dans un jardin, et sur la même plante, des fleurs tant bleues que blanches, et d'autres rayées de bleu et de blanc [31].

CHRYSANTHEMUM. — Cette plante offre souvent des variations soudaines, soit par ses branches latérales soit aussi par drageons. Une plante levée de graine par M. Salter, a produit par variation de bourgeons six variétés distinctes, dont cinq différant par la couleur, et une par le feuillage, et qui sont actuellement fixes [32]. Les variétés importées de Chine furent d'abord si excessivement variables, qu'il aurait été difficile de déterminer quelle avait dû être leur couleur originelle. Une même plante pouvait une année ne donner que des fleurs couleur chamois, et l'année suivante des fleurs roses; puis ensuite changer encore, ou donner à la fois des fleurs des deux couleurs. Ces variétés flottantes sont maintenant perdues, et lorsqu'une branche offre quelque variété nouvelle, on peut généralement la conserver et la propager; mais d'après l'observation de M. Salter, il faut essayer chaque variété dans divers sols avant de pouvoir la considérer comme fixe, car on en a vu revenir en arrière dans des sols richement fumés; mais une fois les épreuves faites avec tous les soins et le temps nécessaires, on risque peu d'avoir des mécomptes. M. Salter m'apprend que, dans toutes les variétés, la variation par bourgeons la plus fréquente, est celle qui produit des fleurs jaunes, laquelle étant précisément la couleur primitive, doit être attribuée à un effet de retour. M. Salter m'a communiqué une liste de sept Chrysanthèmes de couleurs différentes, ayant tous produit des branches à fleurs jaunes; trois d'entre eux ont donné aussi des fleurs d'autres couleurs. Lorsqu'il y a changement de coloration de la fleur, le feuillage change généralement d'une manière correspondante en clair ou foncé.

Une autre composée, la *Centauria cyanus,* cultivée en jardin, produit assez souvent sur le même tronc des fleurs de quatre différentes couleurs.

---

27. *Gardener's Chronicle*, 1861, p. 945.

28. W. Paul, *ibid.*, 1861, p. 968.

29. *Ibid.*, p. 945.

30. Pour d'autres cas de variations par bourgeons, voir *Gard. Chron.* 1861, p. 578, 600, 925. — Pour des cas distincts de même nature dans le genre Pélargonium, voir *Cottage Gardener*, 1860, p. 194.

31. Rev. W. T. Bree, dans Loudon's *Gard. Magazine*, vol. VIII, 1832, p. 93.

32. J. Salter, *The Chrysanthemum, its history and culture*, 1865, p. 41, etc.

bleues, blanches, pourpres et bicolores [33]. Les fleurs d'Anthémis varient aussi sur la même plante [34].

Roses. — On attribue à la variation par bourgeons l'origine d'un grand nombre de variétés de la rose [35]. La rose mousseuse double fut importée en 1735 [36] d'Italie en Angleterre. Son origine est inconnue, mais on peut, par analogie, admettre qu'elle a probablement dû provenir par variation de bourgeons de la rose de Provence (*R. centifolia*); car on sait que des branches de la rose mousse commune ont plusieurs fois produit des roses de Provence, entièrement ou partiellement dépourvues de mousse, cas dont a consigné quelques exemples [37].

M. Rivers m'informe aussi qu'il a obtenu quelques roses du groupe des roses de Provence, de la graine de l'ancienne rose mousseuse [38] simple, qui elle-même fut produite en 1807 par variation de bourgeons de la rose mousseuse ordinaire. La rose mousseuse blanche a aussi été obtenue en 1788 par un rejeton de la rose mousseuse rouge commune; elle fut d'abord pâle et rougeâtre, et devint par la suite blanche. Les jets qui avaient produit cette rose blanche ayant été coupés, deux rejets faibles poussèrent, dont les bourgeons donnèrent la magnifique rose mousseuse rayée. La rose mousseuse commune a produit par variation de bourgeons, outre l'ancienne rose mousseuse simple rouge, l'ancienne rose mousseuse demi-double écarlate, et celle à feuilles de sauge, qui est d'un beau rose pâle, et a une forme de coquille très-délicate; elle est maintenant (1852) presque éteinte [39]. On a vu une rose mousseuse blanche porter une fleur moitié blanche et moitié rose [40]. Bien que quelques roses mousseuses doivent certainement, comme nous venons de le voir, leur origine à une variation de bourgeons, la plupart ont dû probablement provenir de graine. M. Rivers, en effet, m'apprend que ses semis de l'ancienne rose mousseuse simple lui ont presque toujours donné des roses de même nature; or, nous l'avons déjà dit, l'ancienne rose mousseuse simple a été le résultat d'une variation de bourgeons de la rose mousseuse double importée d'Italie; et il est probable que la rose mousseuse primitive est elle-même le produit d'une variation de bourgeons, d'après les faits que nous avons indiqués, et surtout d'après celui de l'apparition de la rose mousseuse de Meaux (aussi une variété de la *R. centifolia* [41]), sur un rameau de la rose commune du même nom.

Le professeur Caspary [42] a décrit avec soin un cas d'une rose mous-

33. Bree, *O. C.*, p. 93.
34. Bronn, *Geschichte der Natur*, vol. II, p. 123.
35. T. Rivers, *Rose Amateurs Guide*, 1837, p. 4.
36. M. Shailer; cité dans *Gard. Chron.*, 1848, p. 759.
37. *Trans. Hort. Soc.*, vol. IV, 1822, p. 137. — *Gardener's Chron.*, 1842, p. 422.
38. Loudon, *Arboretum*, etc., vol. II, p. 780.
39. J'ai emprunté ces faits sur l'origine des diverses variétés de la rose mousse à Mr Shailer, qui s'est occupé, avec son père, de leur propagation originelle, *Gardener's Chron.*, 1852, p. 759.
40. *Gardener's Chronicle*, 1845, p. 564.
41. *Trans. Hort. Soc.* vol. II, p. 242.
42. *Schriften der Phys. Oekon. Gesellschaft zu Koenigsberg*, 3 fév. 1865, p. 4. — Dr Caspary dans *Transactions of Hort. Congress of Amsterdam*, 1865.

seuse blanche âgée de six ans, qui poussa plusieurs rejetons, dont l'un, épineux, produisit des fleurs rouges, dépourvues de mousse, et semblables à la rose de Provence (*R. centifolia*); un autre rejeton produisit des fleurs des deux sortes, plus quelques autres rayées longitudinalement. Cette rose mousseuse ayant été greffée sur un rosier de Provence, le professeur Caspary attribue ces changements à une influence de la souche; mais tant d'après les faits précédents que d'après d'autres que nous donnerons par la suite, ils sont suffisamment expliqués par la variation par bourgeons, avec retour.

On pourrait ajouter encore bien des cas de roses variant par bourgeons. La rose blanche de Provence est née de cette manière [43]. On a vu la rose Belladone [44] double, si richement colorée, donner naissance par rejetons à des roses blanches demi-doubles, ou même presque simples, tandis que des drageons de ces roses blanches demi-doubles sont revenus au véritable type des Belladones. Des variétés de la rose de Chine qu'on propage par boutures à Saint-Domingue, font retour, après un an ou deux, à l'ancienne rose de Chine [45]. On a enregistré beaucoup de cas de roses devenant soudainement rayées, ou changeant partiellement de couleur; ainsi quelques plantes de la « Comtesse de Chabrillant », qui est normalement rose, exposées en 1862 [46], présentaient des taches écarlates sur un fond rose. J'ai vu la « Beauty of Billiard » avec un quart ou la moitié de la fleur blanche. La ronce autrichienne (*R. lutea* [47]), produit fréquemment des branches portant des fleurs d'un jaune pur; et le professeur Henslow a eu l'occasion d'en voir une fleur dont la moitié était jaune; j'ai moi-même vu un pétale unique rayé de lignes jaunes très-étroites sur un fond cuivré ordinaire.

Les cas suivants sont très-remarquables. M. Rivers possédait une rose française nouvelle à tiges lisses et délicates, à feuilles d'un vert glauque pâle, et à fleurs demi-doubles de couleur chair pâle striées de rouge foncé; à plusieurs reprises il vit apparaître sur les branches de ce rosier, et subitement, une ancienne rose célèbre connue sous le nom de la « Baronne Prevost, » à rameaux épineux et forts, et à fleurs doubles très-grandes, et d'une couleur riche et uniforme; dans ce cas donc, les tiges, feuilles, et fleurs ont toutes à la fois changé de caractères par variation de bourgeons. D'après M. Verlot [48], la variété *Rosa cannabifolia* dont les folioles ont une forme particulière, et qui diffère du reste de tous les autres membres de la famille, en ce que chez elle ses feuilles sont opposées au lieu d'être alternes, a apparu subitement dans le jardin du Luxembourg, sur une plante de *R. alba*. Enfin M. H. Curtis [49] ayant greffé un rejeton de l'ancienne « Aimée Vibert Noisette, » sur la variété « Celine, » obtint une Aimée Vibert grimpante, qui fut ensuite propagée.

43. *Gardener's Chronicle*, 1852, p. 759.
44. *Transact. Hort. Soc.*, vol. II, p. 242.
45. Sir R. Schomburgk, *Proc. Linn. Soc. Bot.*, vol. II. p. 132.
46. *Gard. Chronicle*, 1862, p. 619.
47. Hopkirk, *Flora anomala*, p. 167.
48. *Sur la production et la fixation des variétés*, 1865, p. 4.
49. *Journal of Horticulture*, 1865, p. 233.

Dianthus. — On voit très-fréquemment chez le *D. Barbatus*, des fleurs de couleurs différentes sur le même pied, et j'en ai observé sur la même touffe de quatre couleurs et nuances diverses. Les œillets (*D. caryophyllus*, etc. varient occasionnellement par marcottes; et quelques formes sont si peu constantes par leurs caractères, que les horticulteurs les appellent des « attrapes[50]. » M. Dickson qui a fort bien discuté la confusion des teintes qui a souvent lieu chez les œillets rayés ou tachetés, dit qu'on ne saurait l'expliquer par le sol où elles croissent, car des marcottes de la même plante peuvent donner des fleurs altérées, et d'autres qui ne le sont pas, même lorsque toutes sont traitées d'une manière semblable; une fleur seule peut souvent se trouver ainsi dégénérée, toutes les autres étant intactes[51]. Il y a là apparemment un cas de retour par bourgeons à la teinte primitivement uniforme de l'espèce.

Je mentionnerai encore quelques exemples de variation par bourgeons, pour montrer combien dans tous les ordres, il y a de plantes qui ont varié par leurs fleurs. J'ai vu sur une même plante de muflier, (*Antirrhinum majus*), des fleurs blanches, roses, et rayées, et chez une variété rouge, des branches portant des fleurs rayées. Sur une giroflée double (*Matthiola incana*), j'ai vu une branche portant des fleurs simples; et sur une variété double pourpre foncé du violier (*Cheiracanthus cheiri*), une branche dont les fleurs avaient fait retour à la couleur primitive à reflets métalliques. Sur d'autres branches de la même plante, quelques fleurs étaient exactement pourpres et cuivrées par moitié; mais quelques-uns des petits pétales du centre étaient pourpres et striés en long de raies cuivrées, ou cuivrés et striés de pourpre. On a observé chez un Cyclamen[52], des fleurs blanches et roses de deux formes, dont l'une ressemblait à la forme *Persicum*, l'autre à la forme *Coum*; on a vu également des fleurs de trois colorations différentes sur l'*Œnothera biennis*[53]. Le *Gladiolus colvillii* hybride porte occasionnellement des fleurs de couleur uniforme, et on cite un cas[54] où toutes les fleurs d'une plante avaient ainsi changé de couleur. On a observé aussi deux sortes de fleurs chez un *Fuchsia*[55]. Le *Mirabilis jalapa* est extrêmement capricieux, et peut présenter sur un même pied des fleurs rouges, jaunes ou blanches, et d'autres diversement panachées de ces trois couleurs[56]. Il est probable que, ainsi que l'a montré le professeur Lecoq, les plantes de *Mirabilis* qui produisent des fleurs si extraordinairement variables, doivent leur origine à des croisements entre les variétés de diverses couleurs.

Feuilles et tiges. — En traitant des changements causés dans les fleurs et fruits par la variation de bourgeons, nous avons incidemment signalé quelques modifications dans les tiges et les feuilles des Roses et des Cistes,

---

50. *Gardener's Chronicle*, 1843, p. 135.
51. *Ibid.*, 1842, p. 55.
52. *Ibid.*, 1867, p. 235.
53. Gärtner, *Basturderzeugung*, p. 305.
54. D. Beaton, *Cottage Gardener*, 1860, p. 250.
55. *Gardener's Chron.*, 1850, p. 536.
56. Braun, *Ray Soc. Bot., Mem.* 1853, p. 315. — Hopkirk, *O. C.*, p. 164. — Lecoq, *Geog. Bot. de l'Europe*, t. III, 1854, p. 405. — et *de la Fécondation*, 1862, p. 303.

et dans le feuillage des Pélargoniums et Chrysanthèmes. J'ajouterai encore quelques cas de variations dans les bourgeons foliifères. Verlot[57] a constaté que chez l'*Aralia trifoliata*, dont les feuilles ont normalement trois folioles, il apparaît souvent des branches portant des feuilles simples de diverses formes, qui peuvent se propager par boutures ou par greffes, et qui, d'après cet auteur ont donné naissance à plusieurs espèces nominales.

Pour ce qui concerne les arbres, on ne connaît l'histoire que de peu des nombreuses variétés d'arbres d'ornement, ou curieux par leur feuillage, mais il est probable que plusieurs doivent leur origine à la variation par bourgeons. En voici un cas : un vieux frêne (*Fraxinus excelsior*), raconte M. Mason, a eu, pendant bien des années, une branche ayant un caractère tout différent de toutes celles de l'arbre, ainsi que de tout autre arbre de la même espèce; elle était court-jointée et couverte d'un feuillage épais. On s'est assuré que la variété pouvait se propager par greffe[58]. Les variétés de quelques arbres à feuilles découpées, tels que le Cytise à feuilles de chêne, la vigne à feuilles de persil, et surtout le hêtre à feuilles de fougère, peuvent revenir par bourgeons à la forme ordinaire[59]. Les feuilles à forme de fougère du hêtre ne reviennent quelquefois que partiellement, et çà et là les branches poussent des rameaux portant des feuilles ordinaires, des feuilles fougères, ou de formes variées. Ces cas diffèrent peu des variétés dites hétérophylles, dans lesquelles l'arbre porte habituellement des feuilles de diverses formes, mais il est probable que la plupart des arbres hétérophylles sont provenus de semis de graine. Il existe une sous-variété de saule pleureur dont les feuilles sont enroulées en spirale, et M. Masters a eu dans son jardin un arbre semblable qui, après avoir gardé ce caractère pendant vingt-cinq ans, poussa tout à coup une tige droite portant des feuilles plates[60].

J'ai souvent remarqué sur des hêtres et quelques autres arbres, des rameaux dont les feuilles étaient complétement étalées, avant que celles des autres branches fussent ouvertes; et comme rien dans leur exposition ne pouvait rendre compte de cette différence, je présume qu'elle était due à une variation de bourgeons, analogue aux variétés précoces ou tardives des pêchers ordinaires et des pêchers lisses.

Les Cryptogames peuvent présenter la variation par bourgeons, car on constate souvent des déviations singulières de structure dans les frondes des fougères. Les spores, qui sont de la nature des bourgeons, provenant de ces frondes anormales, reproduisent avec une constance remarquable la même variété, après avoir passé par la phase sexuelle[61].

En ce qui concerne la couleur, les feuilles peuvent fréquemment, par variation de bourgeons, devenir zonées, tachées ou piquetées de blanc, de jaune et de rouge, ce qui s'observe quelquefois même dans les plantes

57. *O. C.*, p. 5.

58. W. Mason, *Gardener's Chronicle*, 1843, p. 878.

59. Alex. Braun, *O. C.*, p. 315. — *Gardener's Chron.*, 1841, p. 329.

60. Dr M. T. Masters; *Royal Institution Lecture*; mars 16, 1860.

61. W. K. Bridgeman, *Ann. and Mag. of Nat. Hist.*, déc. 1861; et J. Scott, *Bot., Soc. Edinburgh*; juin 12, 1862.

à l'état de nature. Les panachures apparaissent toutefois plus souvent chez les plantes venues de graine, et même leur cotylédons peuvent être ainsi affectés [62]. Il y a eu des discussions interminables pour savoir si la panachure devait être regardée comme une maladie. Nous verrons plus tard que, tant pour les jeunes plantes levées de graine que pour les adultes, elle est fortement influencée par la nature du sol. Les plantes venant de semis qui sont panachées, transmettent généralement par graine leur caractère à la plus grande partie de leurs descendants; je dois à M. Salter la liste de huit genres chez lesquels cela est arrivé [63]. Sir F. Pollock m'a fourni quelques renseignements plus précis; ayant semé la graine d'une *Ballota nigra* panachée, qu'il avait trouvée sauvage, trente pour cent des plantes levées de ce semis furent panachées, et des graines de celles-ci donnèrent ultérieurement soixante pour cent de produits panachés. Lorsque les branches panachées viennent d'une variation de bourgeons, et qu'on cherche à propager la variété par graine, les produits levés de semis sont rarement panachés. M. Salter a constaté ce fait sur des plantes appartenant à onze genres, et chez lesquelles la majeure partie des jeunes plantes eurent les feuilles vertes; un petit nombre furent légèrement panachées ou toutes blanches, et ne valaient pas la peine d'être conservées. Que les plantes panachées proviennent de graine ou de bourgeons, elles peuvent généralement se reproduire par bourgeons et greffes, etc.; mais toutes sont aptes à faire retour par variation de bourgeons au feuillage ordinaire. Cette tendance peut toutefois différer beaucoup dans les variétés d'une même espèce; ainsi la variété à raies dorées du *Euonymus Japonicus,* revient facilement à la variété à feuilles vertes, tandis que celle à raies argentées ne change presque jamais [64]. J'ai vu une variété de houx, dont les feuilles avaient une tache jaune centrale, qui était partout, mais partiellement, revenue au feuillage ordinaire, de sorte que chaque branche portait des rameaux de deux sortes. Dans le Pélargonium et quelques autres plantes, la panachure est généralement accompagnée d'un rapetissement, fait dont le Pélargonium « Dandy » est un exemple. Lorsque ces variétés naines retournent par bourgeons ou par rejets au feuillage ordinaire, les nouvelles plantes conservent quelquefois leur petite taille [65]. Il est remarquable que les plantes propagées de branches ayant fait retour du feuillage panaché au feuillage uni, ne ressemblent pas toujours [66] (d'après un observateur, jamais), à la plante primitive à feuillage simple, dont est provenue la branche panachée; et il semblerait qu'une plante, passant par variation de bourgeons de feuilles unies à feuilles panachées, et revenant de feuilles panachées aux feuilles unies, soit généralement et à quelque degré, affectée de manière à revêtir un aspect un peu différent.

VARIATIONS DE BOURGEONS PAR DRAGEONS, TUBERCULES ET BULBES. — Les cas que nous avons jusqu'à présent signalés de variations par bourgeons

---

62. *Journal of Hort.*, 1861, p. 336. — Verlot, *O. C.*, p. 76.
63. Verlot, *O. C.*, p. 74.
64. *Gardener's Chronicle*, 1844, p. 86.
65. *Ibid.*, 1861, p. 968.
66. *Ibid.*, 1861, p. 433. — *Cottage Gardener*, 1860, p. 2.

dans les fruits, fleurs, feuilles et tiges, n'ont porté que sur les bourgeons de branches, et ce n'est qu'incidemment que nous avons mentionné la variation de drageons dans les Roses, Pélargoniums et Chrysanthèmes. Je vais maintenant indiquer quelques exemples de variation dans les bourgeons souterrains, c'est-à-dire dans les tubercules et les bulbes, bien qu'il n'y ait aucune différence essentielle entre les bourgeons, qu'ils soient au-dessus ou au-dessous du sol. M. Salter m'apprend que deux variétés panachées de Phlox sont provenues de drageons, et qu'il a en vain essayé de les propager par division de racines, ce qui se fait très-facilement pour le *Tussilago farfara* panaché [67] : mais il est possible que cette dernière plante dérive originairement d'un produit de semis panaché, ce qui expliquerait la plus grande fixité de ses caractères. L'épine-vinette (*Berberis vulgaris*) offre un cas anologue ; il en existe une variété dont le fruit est dépourvu de graines, et qu'on peut propager par boutures ou marcottes, mais les drageons retournent toujours à la forme commune, dont les fruits contiennent des graines [68] ; ces essais ont été souvent répétés par mon père, et toujours avec le même résultat.

Pour en venir aux tubercules, dans la pomme de terre commune (*Solanum tuberosum*), un seul bourgeon ou œil peut varier et produire une nouvelle variété ; ou occasionnellement, et ce qui est bien plus remarquable, tous les yeux d'un tubercule peuvent varier de la même manière et en même temps, de sorte que le tubercule tout entier acquiert un nouveau caractère. Par exemple, un seul œil d'un tubercule de l'ancienne variété pourpre de la Pomme de terre *Forty-Fold* étant devenu blanc [69], fut découpé et planté séparément, et donna une variété qui a été depuis largement répandue. Une plante de la pomme de terre *Kemp*, qui est blanche, produisit une fois, dans le Lancashire, deux tubercules rouges et deux blancs ; les rouges furent propagés à la manière habituelle par yeux et conservèrent leur nouvelle couleur, et la variété, ayant été reconnue plus productive, fut bientôt recherchée et répandue sous le nom de *Taylor's Forty-fold* [70]. La variété ancienne, comme nous l'avons dit, était pourpre, mais une plante cultivée depuis longtemps dans le même sol a produit, non pas comme dans le cas précédent, un seul œil blanc, mais un tubercule tout entier de cette couleur, qu'on a depuis propagé et qui est resté constant [71]. On a signalé encore plusieurs cas de fortes portions de rangs entiers de pommes de terre ayant légèrement changé de caractères [72].

Sous l'influence du climat très-chaud de Saint-Domingue, les Dahlias

---

67. M. Lemoine (cité dans *Gardener's Chronicle* 1867, p. 74) a récemment observé que le *Symphitum* à feuilles panachées ne peut pas être propagé par division des racines. Il a aussi trouvé que sur cinq cents plantes d'un Phlox à fleurs rayées qui avaient été propagées par division des racines, sept ou huit seulement eurent des fleurs rayées. Voir aussi pour les Pélargoniums rayés, *Gard. Chron.*, 1867, p. 1000.

68. Anderson, *Recreations in Agriculture*, vol. V, p. 152.

69. *Gardener's Chronicle*, 1857, p. 682.

70. *Ibid.*, 1841, p. 814.

71. *Ibid.*, 1857, p. 613.

72. *Ibid.*, 1857, p. 679. — Phillips, *Hist. of Vegetables*, vol. II, p. 91, pour d'autres cas semblables.

propagés par tubercules varient beaucoup. Sir R. Schomburgk signale le cas de la variété « Pápillon », qui, dès la seconde année, portait sur la même plante des fleurs doubles et simples, ici des pétales blanches bordées de marron, à des pétales uniformément marron foncé[73]. M. Bree mentionne aussi une plante qui portait deux sortes de fleurs de couleurs différentes, et une troisième qui réunissait les deux admirablement mélangées[74]. On a encore décrit un Dahlia à fleurs pourpres qui portait une fleur blanche rayée de pourpre[75].

Quoiqu'un grand nombre de plantes bulbeuses aient été cultivées sur une grande échelle et depuis longtemps, et aient produit une grande quantité de variétés de graine, elles n'ont pas varié autant qu'on aurait pu le croire par rejetons, c'est-à-dire par production de nouveaux bulbes. On cite le cas d'une jacinthe bleue qui, pendant trois années consécutives, a donné des rejetons qui ont produit des fleurs blanches à centre rouge[76]. On en a aussi décrit une autre qui portait sur la même grappe une fleur rose et une bleue[77], toutes deux parfaites.

M. John Scott m'informe que, en 1862, un *Imatophyllum miniatum* poussa, au jardin botanique d'Édimbourg, un drageon différant de la forme normale par ses feuilles, qui étaient à deux rangs au lieu de quatre, plus petites, et avaient leur surface supérieure saillante au lieu d'être creuse.

Dans la culture des Tulipes, on lève de semis des plantes dont les fleurs offrent une couleur unique sur fond blanc ou jaune. Celles-ci, cultivées dans un sol sec et peu riche, deviennent panachées ou « se brisent » et produisent de nouvelles variétés; ce changement peut se faire dans un temps qui varie de un à vingt ans, et n'a quelquefois jamais lieu[78]. Les diverses couleurs ainsi panachées qui font la valeur des tulipes, sont dues à une variation de bourgeons, car, bien que quelques variétés soient sorties de plusieurs plantes de semis distinctes, on dit que tous les « Baguets » sont provenus exclusivement d'une seule. Cette variation de bourgeons est, d'après l'opinion de MM. Vilmorin et Verlot[79], un commencement de retour vers la couleur uniforme qui est naturelle à l'espèce. Une tulipe peut toutefois, lorsqu'elle a commencé à varier ses couleurs, perdre, par un second acte de retour, sa panachure et s'uniformiser sous l'action d'une fumure trop énergique; cela arrive surtout à quelques variétés plus facilement qu'à d'autres, par exemple à l'*Imperatrix florum*. M. Dickson[80] croit qu'on ne peut pas plus expliquer ce fait qu'on ne peut le faire pour les variations d'autres plantes, et pense que les horticulteurs anglais ont quelque peu diminué la tendance qu'ont les fleurs panachées à redevenir unicolores et à perdre leurs caractères, par le fait qu'ils ont eu

73. *Journ. of Proc. Linn. Soc.*, vol. II, *Botany*, p. 132.
74. Loudon, *Gard. Mag.* vol. VIII, p. 832, p. 94.
75. *Gardener's Chron.*, 1850, p. 536 ; et 1842, p. 729.
76. *Des Jacinthes*, etc. Amsterdam, 1768, p. 122.
77. *Gardener's Chron.*, 1845, p. 212.
78. Loudon, *Encyc. of Gardening*, p. 1024.
79. *O. C.*, p. 63.
80. *Gardener's Chron.*, 1841, p. 782 ; — 1842, p. 55.

le soin de choisir de leur graine plutôt que celle des fleurs simples. Pendant deux ans de suite, toutes les fleurs précoces dans une plantation de *Tigridia conchiflora* [81] ressemblaient à celles de l'ancien *T. pavonia*; mais les fleurs tardives reprenaient leur couleur normale d'un beau jaune tacheté de cramoisi. On a signalé un cas qui paraît authentique, de deux formes d'Hemerocallis [82] universellement regardées comme étant spécifiquement distinctes, et qui ont passé de l'une à l'autre, car les racines de l'espèce à grandes fleurs *H. fulva*, ayant été divisées et plantées dans un sol différent, ont produit la *H. flava* à petites feuilles jaunes, avec quelques formes intermédiaires. J'en suis à me demander si les cas de cette nature, ainsi que ceux de la décoloration ou du coulage des tulipes et des œillets panachés, — c'est-à-dire leur retour plus ou moins complet vers une teinte uniforme, — doivent être rattachés à la variation par bourgeons, ou réservés pour le chapitre où je traiterai de l'action directe des conditions extérieures sur les êtres organisés; mais, dans tous les cas, ils ont ceci de commun avec les variations de bourgeons, que les changements s'effectuent par des bourgeons et non par reproduction séminale, avec la différence que dans les cas ordinaires de variation par bourgeons, un seul d'entre eux est affecté, tandis que dans les exemples précédents, tous les bourgeons de la plante sont modifiés à la fois. Nous avons cependant un cas intermédiaire dans celui de la pomme de terre, où les yeux d'un seul tubercule ont ensemble changé de caractère.

Je terminerai par quelques faits analogues, qu'on peut regarder comme dus, soit à une variation de bourgeons, soit à l'action directe des conditions extérieures. Lorsqu'on sort l'Hépatique commune de ses bois pour la transplanter dans un jardin, ses fleurs changent de couleur dès la première année [83]. Il est bien connu que lorsqu'on transplante les variétés améliorées de la Pensée (*Viola tricolor*), elles produisent des fleurs fort différentes par leur forme, leur taille et leur couleur; ainsi ayant transplanté une grosse variété pourpre foncé d'une nuance uniforme pendant qu'elle était en fleur, elle me donna des fleurs beaucoup plus petites, plus allongées, avec les pétales inférieurs jaunes; auxquelles succédèrent des fleurs marquées de larges taches pourpres, et finalement, à la fin de l'été, les grandes fleurs pourpres primitives. André Knight [84] regardait comme très-analogues aux variations de bourgeons, les légers changements qu'éprouvent quelques arbres fruitiers, lorsqu'on les greffe sur différentes souches [85]. Nous avons encore le cas de jeunes arbres fruitiers, qui, en vieillissant changent de caractères; ainsi des poiriers provenant de graine, qui, avec l'âge, perdent leurs épines, et donnent des fruits de meilleur goût. Les bouleaux pleu-

81. *Gardener's Chronicle*, 1849, p. 565.
82. *Trans. Linn. Soc.*, vol. 11, p. 354.
83. Godron, *O. C.*, t. 11, p. 81.
84. M. Carrière, dans *Revue Horticole*, 1er déc. 1866, p. 517, décrit un cas fort curieux. Ayant, à deux reprises, greffé l'*Aria vestita* sur des *Épines* croissant en vases, ses greffes donnèrent des jets dont l'écorce, les bourgeons, les feuilles, pétioles, pétales et pédoncules de fleurs furent tous très-différents de ceux de l'*Aria*. Les tiges greffées furent aussi plus robustes et fleurirent plus tôt que celles de l'*Aria* non greffé.
85. *Transact. Hort. Soc.* vol. 11, p. 160.

reurs, greffés sur la variété commune, ne deviennent tout à fait pendants
que lorsqu'ils sont vieux ; je donnerai plus tard par contre l'exemple de
quelques frênes pleureurs, qui ont peu à peu et lentement, acquis un port
relevé. On peut comparer ces changements résultant de l'âge à ceux dont
nous avons parlé dans le précédent chapitre, et qui ont lieu naturellement
dans certains arbres, comme le cèdre du Liban et le Deodora qui, dissemblables dans leur jeunesse, se ressemblent à un âge plus avancé; et aussi
dans quelques chênes, et certaines variétés de tilleul et d'épine[86].

Avant de résumer les variations par bourgeons, je veux
discuter quelques cas singuliers et anormaux, qui tiennent de
plus ou moins près au même sujet. Je commencerai par le cas
du fameux *Cytisus Adami*, forme métis ou intermédiaire entre
deux espèces fort distinctes, les *C. laburnum* et *purpureus*.

Dans toute l'Europe dans des sols et sous des climats divers, cet arbre a
souvent et subitement fait retour par ses feuilles et ses fleurs vers ses deux
formes parentes. C'est en effet assez surprenant de voir, mélangées sur le
même arbre, des touffes de fleurs rouge foncé, jaunes, et pourpres, portées sur des branches ayant des feuilles et un facies fort différents. La
même grappe renferme quelquefois deux sortes de fleurs, et j'ai eu occasion de voir une fleur dont un côté était d'un jaune vif, et l'autre pourpre,
de sorte que l'étendard était partagé en deux zones inégales, dont la plus
grande était jaune et l'autre pourpre. La corolle était tout entière jaune
dans une autre fleur, et la moitié du calice était pourpre; dans une troisième,
un des pétales de l'aile était d'un rouge sombre traversé d'une raie
étroite et d'un jaune vif ; et enfin dans une dernière, une des étamines
devenue un peu foliacée, était moitié jaune et moitié pourpre, ce qui montre
que la tendance au retour peut affecter des organes isolés, et même des
parties d'organes[87]. Cet arbre présente la particularité remarquable que,
dans son état intermédiaire, même lorsqu'il croît dans le voisinage de ses
deux espèces parentes, il est complétement stérile, tandis que quand ses
fleurs sont ou d'un jaune ou d'un pourpre pur, elles donnent des graines, et
les siliques provenant des fleurs jaunes en produisent beaucoup. Deux plantes
levées de cette graine par M. Herbert[88] ont présenté une teinte pourpre sur
les pédoncules des fleurs; mais j'en ai obtenu moi-même qui ressemblaient
exactement à l'espèce ordinaire (*C. laburnum*), à l'exception des grappes
qui étaient plus longues, et qui furent tout à fait fertiles. Il est étonnant
qu'une telle fécondité et une telle pureté de caractères aient pu être si
promptement réacquises dans des plantes provenant d'une forme hybride et
stérile. Les branches à fleurs pourpres paraissaient d'abord exactement

86. Alph. de Candolle, *Bibl. Univ. Genève*, nov. 1862 pour le chêne ; — et Loudon's
Garden Magazine, vol. XI, 1835, p. 503, pour le tilleul, etc.
87. Braun, *Rejuvenescence* dans *Ray Soc. Bot. Mem.* 1853, p. 320 ; — et *Gardener's Chronicle*, 1842, p. 397.
88. *Journ. of Hort. Soc.*, vol. II, 1847, p. 100.

semblables à celles du *C. purpureus*, mais en les examinant de plus près, j'ai trouvé qu'elles différaient de l'espèce pure par des tiges plus épaisses, des feuilles plus larges et des fleurs plus petites, à corolle et calice d'une couleur pourpre moins brillante ; la partie basilaire de l'étendard portait aussi une trace de la tache jaune. Les fleurs n'avaient donc pas, dans ce cas, repris leurs caractères exacts, elles n'étaient pas non plus très-fertiles, car plusieurs siliques ne renfermaient pas de graines, quelques-unes en contenaient une, et un très-petit nombre deux ; tandis que sur un *C. purpureus* pur de mon jardin, les siliques contenaient trois, quatre et même cinq graines. Le pollen était en outre très-imparfait, un grand nombre de ses grains étaient petits et ridés, fait d'autant plus singulier que, sur l'arbre parent aux fleurs rouges et stériles, les grains de pollen étaient en apparence en un bien meilleur état, et il n'y en avait que fort peu de raccornis. Quoi qu'il en soit de l'apparence chétive des grains de pollen de la plante à fleurs pourpres, les ovules furent bien formés, et après leur maturation, germèrent facilement. M. Herbert ayant semé des graines de cette plante, obtint des produits ne différant que *très-peu* du *C. purpureus* ordinaire, mais ce terme même montre qu'ils n'avaient pas complétement repris leurs caractères propres.

Le professeur Caspary a trouvé que les ovules des fleurs rouge foncé et stériles du *C. Adami* qu'il a examinées sur le continent[89], étaient généralement monstrueux. J'ai observé le même fait sur trois plantes que j'ai vues en Angleterre, le nucleus variait beaucoup dans sa forme, et faisait irrégulièrement saillie au delà de ses enveloppes. Les grains de pollen, d'autre part, semblaient bons, et projetaient bien leurs tubes polliniques. En comptant sous le microscope le nombre proportionnel de mauvais grains, le professeur Caspary a constaté qu'il n'y en avait que 2,5 pour cent, proportion qui est plus faible qu'elle n'est pour les pollens des trois espèces de cytises cultivées, et qui sont les *C. purpureus*, *laburnum*, et *alpinus*. Malgré la bonne apparence du pollen du *C. Adami*, les observations de M. Naudin[90] sur les *Mirabilis*, montrent qu'on ne peut pas en conclure à son efficacité fonctionnelle. Le fait de la monstruosité des ovules du *C. Adami*, et de l'état sain de son pollen, est d'autant plus remarquable, que c'est l'inverse de ce qui arrive, non-seulement dans les autres hybrides[91], mais aussi dans deux hybrides du même genre, les *C. purpureo-elongatus*, et le *C. Alpino-laburnum*. Dans tous deux, ainsi que le professeur Caspary et moi-même l'avons vu, les ovules étaient bien constitués, tandis que beaucoup de grains de pollen étaient difformes, et la proportion des mauvais se montait à 84,8 pour cent dans le premier hybride, et à 20,3 pour cent dans le second. Le professeur Caspary a invoqué cette condition peu ordinaire des éléments reproducteurs mâles et femelles du *C. Adami*, comme un argument contre l'opinion que cette plante soit un hybride ordinaire provenant de graine ; mais nous ne devons pas oublier

---

89. *Transact. of Hort. Congress of Amsterdam*, 1865 ; la plupart des renseignements m'ont été transmis par le prof. Caspary.

90. *Nouvelles Archives du Muséum*, t. 1, p. 143.

91. *Ibid*. p. 141.

qu'on n'a jamais examiné chez les hybrides aussi attentivement ni aussi souvent les ovules que le pollen, et qu'ils peuvent être plus fréquemment imparfaits qu'on ne le suppose. Le Dr E. Bornet d'Antibes, (par l'entremise de M. J. Traherne Moggridge), m'apprend que dans les hybrides de Cistes, l'ovaire est souvent difforme, que les ovules manquent quelquefois, et que dans d'autres cas ils ne peuvent être fécondés.

On a proposé plusieurs théories pour expliquer l'origine du *C. Adami,* et les transformations dont il est l'objet. Quelques auteurs les ont attribuées à une simple variation de bourgeons, mais on peut écarter sommairement cette manière de voir, d'après les différences qui existent entre les *C. laburnum* et *purpureus,* qui sont deux espèces naturelles, et d'après la stérilité de la forme intermédiaire. Nous verrons bientôt que dans les plantes hybrides, deux embryons différents peuvent se développer dans une même graine et se souder, on a supposé que c'était peut-être l'origine du *C. Adami.* On sait que lorsqu'on ente sur une plante à feuilles uniformes une plante à feuilles panachées, la première est quelquefois affectée, et plusieurs personnes pensent que c'est ce qui est arrivé au *C. Adami.* Ainsi M. Purser [92] assure qu'un Cytise ordinaire de son jardin, revêtit graduellement les caractères du *C. Adami,* après avoir reçu trois greffes de *C. purpureus ;* mais il faudrait plus de détails et de preuves pour rendre croyable une assertion aussi extraordinaire.

Plusieurs auteurs soutiennent que le *C. Adami* est un hybride, produit de la manière ordinaire par graine, et qui, par bourgeons, a fait retour à ses deux formes mères. Les résultats négatifs ont peu de valeur, il est vrai, mais des essais de croisement des *C. laburnum* et *purpureus,* ont été vainement tentés par MM. Reisseck, Caspary et moi; j'ai cru un moment avoir réussi en fécondant le premier par le pollen du second, car il se forma des siliques, mais treize jours après la chute de la fleur, ils tombèrent aussi. Néanmoins la supposition que le *C. Adami* soit un hybride provenant des deux espèces susmentionnées, est fortement appuyée par le fait que des hybrides, entre ces espèces et deux autres, ont spontanément pris naissance. Ainsi le métis stérile *C. purpureo-elongatus* [93] a apparu au milieu d'un semis de la graine de *C. elongatus,* près duquel croissait un *C. purpureus,* qui avait probablement fécondé le premier par l'intermédiaire d'insectes, lesquels, comme je le sais par expérience, jouent un grand rôle dans la fécondation du Cytise commun. Ainsi encore, à ce que m'apprend M. Waterer, un hybride, le *C. alpino-laburnum* [94], a spontanément surgi d'au milieu d'un semis.

<hr>

92. Le Dr Lindley admet cette assertion, *Gard. Chron.,* 1857, p. 382, 400.

93. Braun, *O. C.,* 1853, p. xxiii.

94. Ce métis n'a jamais été décrit. Par son feuillage, l'époque de sa floraison, les stries foncées de la base de l'étendard, les villosités de l'ovaire et presque tous ses autres caractères, il est exactement intermédiaire entre les *C. laburnum* et *alpinus,* mais s'approche plus du premier par la couleur, tout en ayant des grappes plus longues. Nous avons vu plus haut que 20,3 pour cent de ses grains de pollen sont difformes et inefficaces. La plante, quoique croissant à peu de distance des deux espèces parentes, ne donna point de bonnes graines pendant plusieurs saisons; mais, en 1866, elle se montra fertile, et ses longues grappes produisirent de une à quatre siliques, dont plusieurs ne contenaient point

Nous avons d'autre part un récit très-clair de M. Adam, qui a élevé la plante[95], et qui montre qu'elle n'est pas un hybride ordinaire. M. Adam avait, de la manière habituelle, enté sur un *C. laburnum*, un écusson de l'écorce du *C. purpureus* ; le bourgeon resta dormant pendant une année. comme cela arrive souvent; il poussa ensuite plusieurs bourgeons et des jets, dont l'un plus droit, plus vigoureux et à feuilles plus grandes que le *C. purpureus*, fut propagé. Il faut noter que M. Adam vendit ces plantes avant leur floraison, comme une variété du *C. purpureus*, et le récit en fut publié par M. Poiteau après la floraison, mais avant qu'elles eussent manifesté leur tendance remarquable à revenir aux formes mères. Il n'y a donc là aucun motif de falsification supposable, et il semble difficile qu'il ait pu y avoir matière à erreur. Si nous acceptons la vérité du récit de M. Adam, il nous faut admettre le fait extraordinaire que deux espèces peuvent se réunir par leur tissu cellulaire, et produire ultérieurement une plante portant des feuilles et des fleurs stériles, intermédiaires entre la greffe et le sujet, et des bourgeons susceptibles de retour; en un mot ressemblant par tous les points importants, à un hybride formé comme à l'ordinaire par reproduction séminale. Ces plantes, si elles se forment réellement de cette manière, pourraient être nommées des *métis par greffe*.

Je donnerai maintenant tous les faits que j'ai pu recueillir propres à éclairer les théories avancées ci-dessus, non-seulement pour élucider l'origine du *C. Adami,* mais pour montrer par combien de moyens extraordinaires et complexes une plante peut en affecter une autre. La supposition que les *C. laburnum* ou *purpureus* aient l'un ou l'autre produit par variation de bourgeons la forme intermédiaire, peut, comme nous l'avons vu, être immédiatement écartée, par le manque de preuves, par la stérilité de la forme nouvelle, et par les grands changements qu'elle a éprouvés. Cependant des cas comme la brusque apparition de pêches lisses sur des pêchers proprement dits, et de fruits participant à la fois des deux formes, — l'apparition de roses mousseuses sur d'autres rosiers, avec des fleurs divisées en deux, ou rayées de diverses couleurs, — et d'autres cas semblables, sont, quant au résultat produit, sinon par leur origine, très-analogues à celui du *C. Adami.*

M. G. H. Thwaites[96], botaniste distingué, a rapporté un cas remarquable d'une graine du *Fuchsia coccinea,* fécondé par le *F. fulgens,* qui contenait deux embryons, et constituait ainsi un véritable jumeau végétal. Les deux plantes qui provinrent de ces deux embryons furent fort différentes par leurs caractères et leur aspect. quoique ressemblant à d'autres hybrides de même origine produits en même temps. Ces plantes jumelles étaient adhérentes au-dessous des deux paires de cotylédons, et formaient là une tige unique, cylindrique, de façon à ressembler plus tard à deux branches sortant d'un même tronc. Si les deux réunies avaient pu croître

de bonnes graines, mais d'autres en renfermaient une ou deux, et une seule en avait trois. Quelques graines ont germé.

95. *Annales de la Soc. d'Hort. de Paris,* t. VII, 1830, p. 93.
96. *Ann. et Mag. of Nat. Hist.,* mars 1848.

et atteindre leur hauteur complète, au lieu de périr, on eût eu là un hybride curieux; mais, même si quelques bourgeons eussent ultérieurement fait retour aux formes parentes, le cas, quoique plus complexe, n'eût pas encore été tout à fait analogue à celui du *C. Adami.* D'autre part, un melon hybride décrit par Sageret [97], a peut-être eu une origine semblable, car ses deux branches principales, qui partaient de deux cotylédons, produisirent des fruits très-différents, — l'une portant des melons comme ceux de la variété paternelle, tandis que les fruits de l'autre ressemblaient à ceux de la maternelle, le melon de Chine.

La fameuse orange *Bizarria* offre un cas parallèle à celui du *C. Adami.* Le jardinier qui a produit cet arbre en 1644 à Florence, a déclaré que c'était un individu levé de graine et qui avait été greffé. La greffe ayant péri, la souche avait poussé des rejetons qui ont produit la Bizarria. Galesio qui en a examiné plusieurs échantillons vivants, et les a comparés à la description donnée par P. Nato [98], assure que l'arbre produit en même temps des feuilles, fleurs et fruits, identiques à ceux de l'orange amère, et du citron de Florence, et également des fruits mixtes, où les deux sortes sont fondues ensemble, tant extérieurement qu'intérieurement, ou séparées de diverses manières. Cet arbre se propage par boutures en conservant ses caractères mixtes. L'orange trifaciale d'Alexandrie et de Smyrne [99] ressemble d'une manière générale à la Bizarria, mais en diffère en ce qu'elle réunit sur le même fruit, le citron et l'orange douce, ou les produit séparément sur le même arbre; on ne sait rien de son origine. Plusieurs auteurs regardent la Bizarria comme un métis de greffe; Gallesio croit que c'est un hybride ordinaire, qui fait facilement retour aux formes parentes par bourgeons; nous avons vu dans le précédent chapitre que les espèces du genre se croisent souvent d'une manière spontanée.

Voici encore un cas analogue mais douteux. Un *Æsculus rubicunda* [100] a produit annuellement dans un jardin, sur une de ses branches, des épis de fleurs d'un jaune pâle, semblables par la couleur à celles de l'*Æ. flava,* mais plus petites. Si, comme le croit l'auteur de l'observation, l'*Æ. rubicunda* est un hybride dont l'*Æ. flava* soit un des parents, nous avons un cas de retour partiel vers une des formes souches. Si comme le soutiennent quelques botanistes, l'*Æ. rubicunda* n'est pas un hybride, mais une espèce naturelle, ce n'est alors qu'un cas de variation de bourgeons.

Voici quelques faits qui montrent que les hybrides produits de graine font quelquefois retour par bourgeons aux formes parentes. Ainsi, des métis entre les *Tropœolum minus* et *majus* [101], ont produit d'abord des fleurs intermédiaires par leur grosseur, leur couleur et leur structure, à celles des deux parents, mais plus tard dans la saison, quelques plantes donnèrent des fleurs ressemblant, sous tous les rapports, à celles de la

97. *Pomologie physiologique,* 1830, p. 126.

98. Gallesio, *Gli Agrumi dei Giard. Bot. Agrar. di Firenze,* 1839, p. 11.

99. *Gard. Chron.,* 1835, p. 628. Voir prof. Gaspary, *Transact. Hort. Congress of Amsterdam,* 1865.

100. *Gard. Chron.,* 1851, p. 406.

101. Gärtner, *Bastarderzeugung,* p. 549. — Il est toutefois encore douteux si ces deux plantes doivent être regardées comme des espèces ou variétés.

forme maternelle, mélangées d'autres conservant leur état intermédiaire.
Un hybride entre le *Cereus speciosissimus* et le *C. phyllanthus* [102], plantes
qui diffèrent beaucoup par leur apparence, a donné pendant ses trois premières années des tiges anguleuses et pentagonales, puis ensuite des tiges
plates comme celles du *C. phyllanthus*. Kölreuter cite aussi des cas de
Lobelias et de Verbascums qui ont produit d'abord des fleurs d'une couleur,
puis plus tard dans la saison d'autres de couleur différente [103]. Naudin [104] a
obtenu du *Datura lævis* fécondé par le *D. stramonium*, quarante hybrides;
dont trois produisirent des capsules, ayant une moitié ou un quart ou un
segment moindre, lisse et plus petit, comme la capsule du *D. lævis*, le
reste de la capsule étant épineux et plus grand, comme dans le *D. stramonium*; on a obtenu de ces capsules composées des plantes ressemblant
parfaitement aux deux formes parentes.

Passons aux variétés. Un pommier provenant de graine, et qu'on croit
être d'origine croisée, a été décrit en France [105] comme portant des fruits
ayant un côté plus grand que l'autre, rouge, à goût acide, et odeur spéciale, le petit étant d'un jaune verdâtre et très-doux, il paraît ne ren-
fermer que rarement de la graine complétement développée. Je pense que
ce n'est pas le même arbre que Gaudichaud [106] a montré à l'Institut de
France, portant sur la même branche deux espèces distinctes de pommes,
dont l'une était une *reinette rouge*, l'autre une *reinette canada jaunâtre*.

Cette variété à double fruit peut être propagée par greffe, et continue
à produire les deux sortes de pommes; son origine est inconnue. Le Rév.
J. D. La Touche m'a envoyé un dessin colorié d'une pomme du Canada,
dont la moitié correspondante au calice et à l'insertion du pédoncule, est
verte, tandis que l'autre est brune et de la nature de la *pomme grise;* les
deux moitiés étant très-nettement limitées par une ligne de séparation
très-apparente. L'arbre avait été greffé, et M. La Touche croit que la
branche qui portait cette pomme curieuse, partait du point de jonction de
la greffe et de la souche; si ce point eût été vérifié, le cas aurait probablement dû rentrer dans celui des métis par greffe que nous allons donner.
La branche peut aussi avoir poussé sur la souche, qui était sans doute
levée de semis.

Le professeur Lecoq [107], qui a entrepris un grand nombre de croisements sur les diverses variétés colorées de *Mirabilis Jalapa*, a observé
que, dans les plantes levées de graine, les couleurs se combinent rarement,
mais forment des bandes distinctes, ou se partagent par moitié sur les
fleurs. Quelques variétés portent régulièrement des fleurs striées de jaune,
de blanc, et de rouge, mais des plantes de ces variétés produisent parfois
sur mêmes racines, des branches à fleurs uniformément colorées de ces
trois teintes, d'autres dont les fleurs sont à deux couleurs, d'autres enfin

102. Gärtner, *Bastarderzeugung*, p. 550.
103. *Journ. de Physique*, t. XXIII, 1783, p. 100. — *Act. Acad. Saint-Petersbourg*, 1781,
t. I, p. 249.
104. *Nouvelles Archives du Muséum*, t. I, p. 49.
105. *L'Hermès*, janv. 14, 1837, cité dans Loudon's *Gard. Mag.*, vol. XIII, p. 230.
106. *Comptes rendus*, t. XXXIV, 1852, p. 746.
107. *Géog. Bot. de l'Europe*, t. III, 1854, p. 105. — *De la Fécondation*, 1862, p. 302.

panachées. Gallesio [108] a croisé ensemble des œillets blancs et rouges, les produits de la graine furent en général marbrés, mais on y voyait encore des fleurs toutes rouges ou toutes blanches. Quelques plantes n'ont donné une année que des fleurs rouges, l'année suivante des fleurs rayées, ou inversement, après n'avoir donné pendant deux ou trois ans que des fleurs rayées, certaines plantes sont revenues à la fleur rouge. J'ai fécondé le pois de senteur pourpre (*Lathyrus odoratus*) avec du pollen de la variété claire de la *Dame Peinte*, et les plantes obtenues du semis des grains d'une même gousse, au lieu d'être intermédiaires par leurs caractères, se trouvèrent ressembler aux parents. Plus tard dans la saison, les plantes qui avaient d'abord fourni des fleurs identiques à celles de la deuxième variété, donnèrent ensuite des fleurs rayées et tachetées de pourpre, marques qui dénotaient une tendance au retour vers la variété maternelle. A. Knight [109] a fécondé deux raisins blancs avec du pollen du raisin d'Alep, qui a le fruit et les feuilles panachés de teintes foncées. Les jeunes plantes qui en résultèrent ne furent pas d'abord panachées, mais elles le devinrent toutes l'été suivant; de plus, plusieurs produisirent sur la même plante des grappes toutes noires ou toutes blanches, ou de couleur plombée striée de blanc, ou blanches marquées de petites raies noires, et on pouvait rencontrer sur la même grappe des raisins de toutes ces nuances.

Dans la plupart de ces cas de variétés croisées, et aussi dans quelques cas de croisements d'espèces, les couleurs propres à chacun des parents, ont apparu chez leurs produits de graine, dès leur première floraison, sous la forme de bandes, ou par le développement de fleurs ou fruits des deux sortes sur la même plante; on ne peut, dans ce cas, attribuer l'apparition des deux couleurs à un effet de retour, mais plutôt à quelque obstacle s'opposant à leur mélange intime. Mais lorsque les fleurs ou fruits produits ultérieurement, soit dans la même saison, soit dans une génération suivante, deviennent rayés ou moitié d'une des couleurs et moitié de l'autre, etc., la séparation complète des deux couleurs qui se manifeste quelquefois, est alors un cas de retour par variation de bourgeons. Je montrerai, dans un chapitre futur, que chez des animaux provenant de croisements, on a vu des cas d'individus qui, pendant leur croissance, ont changé de caractères, et sont revenus vers ceux d'un des parents auxquels ils ne ressemblaient pas d'abord. Les faits que nous avons signalés ici montrent, à n'en pas douter, qu'une plante hybride, peut, par ses feuilles, ses

108. *Traité du Citrus*, 1811, p. 48.
109. *Transact. Linn. Soc.*, vol. IX, p. 268.

fleurs ou ses fruits, en tout ou partie, faire retour à l'une ou l'autre de ses formes parentes, comme le *Cytisus Adami*, ou l'orange *Bizarria*.

Examinons maintenant les quelques cas qu'on a observés, et qui sont favorables à l'opinion qu'une variété greffée sur une autre peut quelquefois affecter la souche entière, ou donner à son point d'insertion, naissance à un bourgeon, ou à un métis de greffe, participant à la fois des caractères tant du sujet que de la greffe.

On sait que lorsqu'on ente la variété panachée du Jasmin sur la forme ordinaire, celle-ci produit quelquefois des bourgeons portant des feuilles panachées; M. Rivers me dit en avoir observé plusieurs exemples. Le même cas s'est présenté chez le Laurier-rose [110]. M. Rivers rapporte un cas de bourgeons de la variété panachée dorée d'un frêne, qui, entés sur le frêne commun, périrent tous à l'exception d'un seul; la souche n'en fut pas moins affectée [111], et poussa, tant en dessus qu'en dessous du point d'insertion des lames d'écorce portant les bourgeons morts, des rameaux à feuilles panachées. J'ai reçu communication par M. J. Anderson Henry, d'un cas semblable, et M. Brown de Perth, a observé il y a bien des années dans les Highlands, un frêne à feuilles jaunes, dont des bourgeons entés sur le frêne commun, modifièrent ce dernier qui produisit le frêne *Breadalbane* tacheté. Cette variété a été propagée, et a depuis cinquante ans conservé ses caractères. Le frêne pleureur, enté sur le même sujet, est devenu également panaché. Plusieurs auteurs considèrent les panachures comme une maladie; et d'après cette manière de voir, qui est douteuse, puisqu'un grand nombre de plantes panachées sont très-fortes et robustes, on pourrait regarder les faits qui précèdent comme le résultat d'une inoculation directe de la maladie. La panachure est, comme nous le verrons plus loin, fortement influencée par la nature du sol dans lequel croissent les plantes, et il ne serait pas impossible que les modifications que certains sols peuvent apporter à la séve et aux tissus, qu'on les appelle maladie ou non, pussent s'étendre du fragment de l'écorce de la greffe au sujet. Mais un changement de cette nature ne saurait être considéré comme analogue à un métis de greffe.

Il y a une variété du noisetier à feuilles pourpres foncées; personne n'a jamais regardé cette coloration comme une maladie, car elle n'est apparemment qu'une exagération d'une teinte qui s'observe très-fréquemment sur les feuilles du noisetier commun. Lorsqu'on ente cette variété sur ce dernier [112], on a prétendu que les feuilles situées au-dessous de la greffe prenaient la même couleur; je dois toutefois ajouter que M. Rivers qui a

---

110. Gärtner, *O. C.*, p. 611, donne beaucoup de renseignements sur ce point.
111. Bradley, *Treatise on Husbandry*, 1721, vol. i, p. 199, mentionne un cas très-analogue.
112. Loudon, *Arboretum*, etc., vol. IV, p. 2565.

eu en sa possession des centaines d'arbres ainsi greffés, n'a jamais vu d'exemple de ce fait.

Gärtner [113] rapporte deux cas différents de branches de vigne à raisins foncés et blancs qui avaient été réunies de diverses manières, en les fendant en long et rejoignant ensemble les sections fraiches, etc., et qui produisirent parmi des grappes de raisins des deux couleurs, d'autres grappes panachées ou ayant une couleur intermédiaire nouvelle. Dans un des cas, les feuilles mêmes furent panachées. Ces faits sont d'autant plus remarquables, que A. Knight n'a jamais pu réussir à produire des raisins panachés par la fécondation des variétés blanches au moyen du pollen des variétés foncées, bien que, comme nous l'avons vu, il ait obtenu de graine des plantes à fruits et à feuilles panachés, en fécondant une vigne blanche par le raisin foncé et panaché d'Alep. Gärtner attribue les cas ci-dessus signalés à une simple variation de bourgeons; mais il est étrange que les branches seules greffées d'une manière particulière aient ainsi varié; et M. Adorno de Tscharner affirme positivement qu'il a obtenu plus d'une fois le résultat indiqué, et qu'il pouvait l'atteindre à volonté, en fendant les branches et en les réunissant de la manière décrite.

Je n'aurais pas cité le cas suivant sans la conviction que j'ai pu me faire des vastes connaissances et de la véracité de l'auteur des *Jacinthes* [114]; il rapporte qu'on peut couper en deux les bulbes des jacinthes bleues et rouges, et que, plantées, elles poussent une tige unique (ce que j'ai moi-même observé), portant sur les côtés opposés des fleurs des deux couleurs. Mais le point le plus important est qu'il se produit quelquefois ainsi des fleurs sur lesquelles les deux couleurs sont mélangées, ce qui rend le cas tout à fait analogue à celui des couleurs mixtes des raisins produits par deux branches réunies de la vigne.

M. R. Trail a communiqué en 1867, à la Société botanique d'Édimbourg. le fait suivant, sur lequel il m'a depuis donné des renseignements plus complets. Ayant partagé par le milieu des yeux, et par moitiés une soixantaine de pommes de terre bleues et blanches, il les planta en les réunissant deux à deux avec soin, et après avoir détruit tous les autres yeux. Quelques-uns de ces tubercules rejoints, produisirent des pommes de terre blanches, d'autres des bleues; il est à présumer que, dans ces cas, une seule des deux moitiés a dû pousser. Quelques-uns donnèrent des tubercules en partie blancs et en partie bleus, et sur quatre ou cinq d'entre eux, les tubercules furent régulièrement marbrés des deux couleurs. Nous devons conclure de ces derniers cas, que la réunion des deux bourgeons coupés en deux avait produit une tige, et les tubercules étant le résultat du développement et du renflement des branches souterraines qui partent de la tige principale, leur couleur marbrée semble prouver assez clairement un mélange intime des deux variétés. J'ai essayé de répéter ces expériences sur une grande échelle tant sur la pomme de terre que sur les jacinthes, mais sans succès; mais le Dr Hildebrand vient de m'informer

113. *O. C.*, p. 619.
114. Amsterdam, 1768, p. 124.

par lettre du 2 janvier 1868, que les essais tentés par lui sur la pomme de terre viennent d'être couronnés de succès. Après avoir enlevé tous les yeux d'une pomme de terre blanche à peau lisse, ainsi que ceux d'une pomme de terre rouge écailleuse, il les inséra réciproquement les uns dans les autres, et réussit à faire lever deux plantes. Parmi les tubercules produits par ces deux plantes, il s'en trouva deux qui, rouges et écailleux à une de leurs extrémités, furent blancs et lisses à l'autre, leur portion intermédiaire étant blanche et marquée de stries rouges. La possibilité de la production d'un métis de greffe peut donc être considérée comme bien établie.

Le cas le plus authentique que je connaisse de la formation d'un métis de greffe, après celui que nous venons de rapporter, a été publié par M. Poynter [115], qui m'a confirmé par lettre l'exactitude du fait. Une *Rosa Devoniensis* avait quelques années auparavant été entée sur une rose de Banks blanche. Du point de jonction assez étendu, outre les roses des deux variétés qui continuèrent à pousser comme à l'ordinaire, surgit une troisième branche, qui n'était identique à aucune des deux variétés, mais tenait un peu des deux. Ses fleurs ressemblaient à celles de la variété *Lamarque*, tout en leur étant un peu supérieures, et ses rameaux étaient analogues à ceux de la rose de Banks, sauf que les tiges les plus fortes étaient pourvues de piquants. Cette rose fut présentée au Comité floral de la Société d'Horticulture de Londres, et fut examinée par le Dr Lindley, qui conclut qu'elle devait certainement être produite par le mélange de la *R. Banksiæ* avec une rose semblable à la *R. Devoniensis*, car tout en étant plus vigoureuse et plus forte dans toutes ses parties, ses feuilles se trouvaient intermédiaires entre celles de la rose de Banks et de la rose Thé. Il paraît aussi que les cultivateurs de roses savaient déjà que la rose de Banks affecte quelquefois les autres variétés. Sans ce renseignement, on aurait pu supposer que cette nouvelle variété était due simplement à une variation de bourgeons, et ne s'était qu'accidentellement manifestée au point de jonction des deux anciennes.

Pour résumer les faits précédents : les renseignements relatifs à l'origine du *Cytisus Adami* sont assez précis pour qu'on puisse difficilement ne pas admettre qu'il ne soit un métis de greffe, surtout après d'autres faits analogues que nous venons de voir et qui rendent celui-là probable. L'état particulier et monstrueux des ovules, celui du pollen qui paraît normal, appuient l'idée qu'il ne doit pas être un hybride ordinaire résultant d'une reproduction séminale. D'autre part, il y a dans le fait que les deux mêmes espèces, les *C. laburnum* et *purpureus*, ont produit spontanément et par graine des hybrides, un puissant argument en faveur d'une origine analogue pour le *C. Adami* : et quant à la tendance remarquable qu'il manifeste

115. *Gardener's Chronicle*, 1869, p. 972, avec fig.

à revenir complétement ou partiellement aux formes qui lui ont donné naissance, nous l'avons également retrouvée chez des hybrides incontestablement provenus de graine. En somme, je suis disposé à accepter les affirmations de M. Adam, et si on venait à en démontrer la vérité, on aurait à étendre la même explication aux oranges Bizarria et Trifaciales, ainsi qu'aux pommes que nous avons décrites; mais avant qu'on puisse admettre complétement la possibilité de la production de métis par greffe, des preuves plus décisives sont nécessaires. Pour qu'il soit actuellement possible d'arriver à une conclusion certaine sur l'origine de ces arbres remarquables, les divers faits dont nous avons eu à nous occuper me paraissent, à plusieurs points de vue, dignes d'attention, surtout en tant que montrant que la propriété du retour au type, ou la réversion, est inhérente aux bourgeons.

De l'action directe et immédiate de l'élément mâle sur la forme maternelle. — Nous avons maintenant à examiner une autre catégorie de faits remarquables, et qui doivent prendre place ici, parce qu'on les a invoqués pour expliquer quelques cas de variations par bourgeons; je veux parler de l'action directe que peut exercer l'élément mâle, non sur les ovules, mais sur certaines parties de la plante femelle, ou dans le cas des animaux, sur la progéniture ultérieure de la femelle fécondée par un second mâle. Je peux rappeler que chez les plantes, l'ovaire et les enveloppes des ovules sont évidemment des parties de la femelle, et on ne pouvait prévoir qu'elles dussent être affectées par le pollen d'une variété ou d'une espèce étrangère, bien que le développement de l'embryon dans son sac embryonnaire, dans l'ovule, et dans l'ovaire dépendent incontestablement de l'élément mâle.

Déjà, en 1729, on avait observé [116] que les variétés blanches et bleues du Pois se croisaient mutuellement, lorsqu'elles se trouvaient rapprochées l'une de l'autre (et cela sans doute par l'intermédiaire des abeilles), de sorte qu'en automne on trouvait dans les mêmes cosses des pois bleus et des blancs. La même observation a été faite dans ce siècle par Wiegmann, et le même résultat a été fréquemment obtenu lorsqu'on a tenté des croisements entre des variétés de pois de couleurs différentes [117]. Ces données

116. *Philosophical Transact.*, vol. XLIII, 1744-45, p. 525.
117. Mr Swayne, *Trans. Hort. Soc.*, vol. V, p. 234. — Gärtner O. C., 1849, p. 81 et 499.

déterminèrent Gärtner, fort sceptique à cet endroit, à entreprendre une longue série d'expériences soignées. Il choisit les variétés les plus constantes et obtint des résultats décisifs, qui montrèrent que la couleur de la pellicule du pois est modifiée lorsqu'on emploie pour sa fécondation le pollen d'une variété autrement colorée. De nouvelles expériences faites par le Rév. J. M. Berkeley [118] ont confirmé cette conclusion.

M. Laxton, de Stamford, occupé aussi d'expériences sur les pois pour déterminer l'action d'un pollen étranger sur la plante mère, a récemment observé un fait nouveau et important [119]. Il avait fécondé le *grand Pois sucré*, dont les cosses sont vertes, très-minces, et deviennent d'un blanc brunâtre lorsqu'elles sont sèches, avec du pollen du *Pois à cosses pourpres*, dont les cosses colorées, comme l'indique son nom, sont très-épaisses, et deviennent d'un rouge-pourpre pâle à l'état de dessiccation. M. Laxton a cultivé depuis vingt ans le grand Pois sucré sans lui avoir vu produire une seule cosse pourpre, et sans jamais avoir entendu dire que cela lui soit arrivé ; et cependant une fleur fécondée par le pollen de la variété pourpre donna une cosse nuancée de rouge pourpré, qu'il m'a obligeamment communiquée. Cette couleur occupait une longueur d'environ deux pouces vers l'extrémité de la cosse, et un espace plus petit près de sa base. Cette cosse, comparée à celle du Pois pourpré, toutes deux ayant été séchées, puis ramollies dans l'eau, se trouvèrent identiques par la couleur, qui, dans l'une comme dans l'autre, était limitée aux cellules placées immédiatement sous la membrane extérieure de la cosse. Les valves de celle-ci, dans le produit croisé, étaient décidément plus épaisses et plus fortes que celles de la plante mère, circonstance qui était peut-être accidentelle, car je ne sais usqu'à quel point leur épaisseur peut être variable dans le grand Pois sucré.

Les Pois de cette dernière variété desséchés sont d'un brun verdâtre pâle, couverts de points foncés pourpres assez petits pour n'être visibles qu'à la loupe, et jamais on n'a eu connaissance que cette variété ait produit un pois pourpre ; mais dans la cosse croisée, un des grains était d'une teinte pourpre violacée magnifique, et un second était irrégulièrement tacheté de pourpre pâle. La couleur réside dans l'enveloppe extérieure du pois. Comme les pois de la variété à cosses pourprées sont d'une couleur chamois verdâtre pâle à l'état sec, il semblerait que ce changement remarquable dans la coloration du pois croisé ne puisse pas avoir été causé par l'action directe du pollen de la variété à cosses pourprées ; mais si nous remarquons que cette dernière variété a des fleurs pourpres, des marques sur ses stipules et ses cosses de cette couleur, et que le grand Pois sucré a aussi ses fleurs, ses stipules et des points microscopiques pourpres sur ses grains, nous ne pouvons presque pas douter que la tendance à la production de cette couleur chez les deux formes parentes n'ait, par sa combinaison, modifié la coloration du pois de la cosse croisée. Après avoir examiné ces échantillons, je croisai les deux mêmes variétés, et les pois d'une

118. *Gardener's Chron.*, 1854, p. 374.
119. *Id.*, 1866, p. 900.

cosse, mais pas les cosses elles-mêmes, se trouvèrent teintés de rouge pourpré d'une manière plus apparente que ceux contenus dans les cosses non croisées produites en même temps par les mêmes plantes. Je dois faire remarquer que j'ai reçu de M. Laxton divers autres pois croisés, plus ou moins modifiés quant à la couleur; mais ce changement était, dans ce cas, dû à une altération de la teinte des cotylédons, visible au travers de l'enveloppe transparente des pois; or, les cotylédons étant une partie de l'embryon, il n'y avait rien là de remarquable.

Passons au genre *Matthiola*. Le pollen d'une variété peut affecter quelquefois la couleur des graines d'une autre plante employée comme plante mère. Je cite d'autant plus volontiers le cas suivant, que Gärtner a mis en doute des résultats analogues signalés antérieurement par d'autres observateurs. Le major Trevor Clarke, horticulteur fort connu [120], m'apprend que les graines de la souche de la *Matthiola annua*, ou Cocardeau, plante bisannuelle à fleurs rouges, sont d'un brun clair, tandis que celles de la *M. incana* sont d'un violet noirâtre; et il a trouvé que, lorsqu'on féconde des fleurs de la plante rouge par du pollen de la seconde, elles donnent environ cinquante pour cent de graines *noires*. Il m'envoya quatre siliques de la plante à fleurs rouges, dont deux fécondées par leur propre pollen, renfermaient des graines d'un brun pâle; et deux, qui avaient été fécondées par du pollen de la variété violette, contenaient des graines fortement teintées de noir. Ces dernières produisirent des plantes à fleurs violettes, comme la plante paternelle, tandis que les graines brunes donnèrent des plantes à fleurs rouges normales; le major Clarke a obtenu sur une plus grande échelle les mêmes résultats. Il y a donc là une démonstration concluante de l'action directe du pollen d'une espèce sur la couleur des graines d'une autre espèce.

Dans les cas que nous venons d'examiner, à l'exception de celui du pois à cosses pourprées, il n'y a que les enveloppes de la graine dont la couleur ait été affectée. Nous allons maintenant voir que l'ovaire lui-même, soit qu'il forme un gros fruit charnu, soit qu'il reste à l'état d'enveloppe mince, peut être modifié dans sa couleur, sa texture, son goût, sa grosseur et sa forme, par un pollen étranger.

Le cas le plus remarquable, constaté par des autorités des plus compétentes est celui rapporté dans une lettre écrite en 1866, par M. Naudin au Dr Hooker. M. Naudin raconte qu'il a vu croissant sur le *Chamærops humilis* des fruits que M. Denis avait fécondés avec du pollen du Dattier. La drupe produite était deux fois aussi grande et plus allongée que celle du Chamærops, et se trouvait sous ce rapport aussi bien que sous celui de sa texture, intermédiaire entre les fruits des deux parents. Ces graines hy-

<hr>

120. Voir le travail de cet observateur lu devant le Congrès international horticole et botanique de Londres, 1866.

brides ont germé et ont également produit des plantes intermédiaires par leurs caractères. Ce cas est d'autant plus remarquable que le Chamærops et le Phœnix appartiennent non-seulement à des genres distincts, mais, selon quelques botanistes, à des sections différentes de la famille.

Gallesio [121] a fécondé les fleurs d'un oranger par le pollen d'un citronnier : un des fruits ainsi obtenus portait une bande longitudinale d'écorce ayant la couleur, le goût et tous les caractères du citron. M. Anderson [122] a fécondé un melon à pulpe verte par le pollen d'un autre melon à chair rouge, et dans deux des fruits obtenus il y eut un changement appréciable : quatre autres furent quelque peu altérés tant à l'extérieur qu'à l'intérieur. Les graines des deux premiers fruits ont donné des plantes qui participaient des propriétés des deux formes parentes. Dans les États-Unis, où on cultive, sur une grande échelle, les Cucurbitacées, l'affectation directe du fruit par le pollen étranger est un fait populaire [123], et il en est de même en Angleterre pour les concombres. On sait que des raisins ont été ainsi modifiés en couleur, grosseur et forme ; une variété pâle a eu en France son jus teinté par le pollen de la variété foncée Teinturier ; une autre variété en Allemagne a donné des baies modifiées par le pollen de deux variétés voisines ; quelques baies n'étaient que partiellement affectées et marbrées [124]. On a déjà, dès 1751 [125], observé que lorsque des variétés de maïs de couleurs diverses croissent à proximité les unes des autres, elles affectent mutuellement leurs graines respectives, et ce fait constitue une croyance populaire aux États-Unis. Le Dr Savi [126] a fait des expériences précises à ce sujet ; il sema ensemble des maïs à grains jaunes et à grains noirs, et obtint sur le même épi des grains jaunes, des noirs, quelques grains marbrés [127], les grains de couleurs différentes pouvant être rangés en lignes ou

121. *Traité du Citrus*, p. 49.

122. *Transact. Hort. Soc.*, vol. IV, p. 318. — et vol. V, p. 65.

123. Prof. Asa Gray, *Proc. Acad. Sc. Boston:* vol. IV, 1860, p. 21.

124. *Proc. Hort. Soc.*, vol. I, 1866, p. 59, pour le cas français ; — pour celui d'Allemagne, Mr Jack, dans *Henfreys Bot. Gazette*, vol. I, p 277. Un cas arrivé en Angleterre a été récemment communiqué à la Société d'horticulture de Londres, par le Rév. J. M. Berkeley.

125. *Philosoph. Transact.*, vol. XLVII, 1751-52, p. 206.

126. Gallesio, *Teoria della Riproduzione*, 1816, p. 95. Le Dr Hildebrand de Bonn, par lettre du 2 janvier 1868, m'informe qu'il a récemment croisé un maïs jaune avec un rouge, et a obtenu les mêmes résultats que le Dr Savi, avec la particularité que, dans un cas, l'axe qui porte les graines, était taché de couleur brune. Le Dr Hildebrand me signale aussi quelques cas remarquables relatifs au pommier, et analogues à ceux dont il est question plus loin. Ces faits intéressants seront prochainement publiés dans le *Bot. Zeitung*.

127. Il peut être utile de rappeler ici les différents modes suivant lesquels les fleurs et fruits deviennent rayés ou pommelés : 1° par l'action directe du pollen d'une autre variété ou espèce, comme dans les cas donnés ci-dessus pour l'orange et le maïs; 2° par des croisements de la première génération, lorsque les couleurs des parents ne s'unissent pas franchement, comme dans les croisements des *Mirabilis* et *Dianthus*; 3° par des plantes croisées d'une génération suivante, par retour, tant par variation de bourgeons que par génération séminale; 4° par retour à un caractère provenant non pas d'un croisement, mais depuis longtemps perdu, comme pour les variétés à fleurs blanches, qui, ainsi que nous le verrons, deviennent souvent rayées d'une autre couleur. Enfin, il y a des cas, comme celui des pêches portant une moitié ou un quart de pêche lisse, où le changement paraît dû à une simple variation, soit par bourgeon, soit par génération ordinaire.

d'une manière irrégulière. M. Sabine raconte [128] qu'il a vu la forme presque globulaire de la capsule des graines de l'*Amaryllis vittata* s'altérer à la suite de la fécondation de cette plante, par le pollen d'une autre espèce dont la capsule était anguleuse. M. J. Anderson Henry [129] a fécondé le *Rhododendron Dalhousiæ* par le pollen du *R. Nuttallii*, qui est une des espèces du genre ayant les plus grandes et les plus belles fleurs. La plus grande gousse produite par la première espèce fécondée par son propre pollen, mesurait 1 1/4 de pouce en longueur et 1 1/2 de circonférence, tandis que trois des gousses, qui avaient été fécondées par le pollen du *R. Nuttallii*, mesuraient 1 5/8 de pouce de longueur, et 2 pouces de circonférence. Dans ce cas, nous voyons que l'action du pollen étranger paraît s'être bornée à augmenter les dimensions de l'ovaire; mais comme le montre le cas suivant, ce n'est qu'avec circonspection qu'on peut affirmer que, dans ce cas, l'augmentation de grosseur a été directement transférée du parent mâle à la capsule de la plante femelle. M. Henry ayant fécondé l'*Arabis blepharophylla* par le pollen de l'*A. Soyeri*, en obtint des gousses dont il m'a communiqué les dimensions et les croquis, et qui se trouvaient beaucoup plus grandes que celles produites naturellement par les espèces parentes mâle ou femelle. Nous verrons, dans un chapitre futur, que dans les plantes hybrides, et indépendamment des caractères des parents, les organes de la végétation sont quelquefois développés à un degré monstrueux, et il est possible que l'augmentation de grosseur des gousses dont nous venons de parler, soit un cas analogue.

L'action directe du pollen d'une variété sur une autre, n'est nulle part plus remarquable ni mieux démontrée que dans le cas du pommier ordinaire. Chez cet arbre, le fruit est formé de la partie inférieure du calice, et de la partie supérieure du pédoncule floral [130] métamorphosé, de sorte que l'influence du pollen étranger se fait sentir au delà des limites de l'ovaire. Bradley a enregistré des cas de pommes ainsi affectées, au commencement du siècle dernier, et on en trouve d'autres dans d'anciens volumes des *Transactions philosophiques* [131] ; l'un est relatif à deux variétés de Reinettes qui avaient réciproquement modifié leurs fruits respectifs ; l'autre à une variété lisse qui avait affecté la surface d'une variété à peau rugueuse. On a encore signalé [132] un cas de deux pommiers fort différents, croissant à peu de distance l'un de l'autre, et qui portèrent tous deux des fruits semblables, mais seulement sur les branches qui étaient les plus rapprochées. Mais il est superflu de rappeler de pareils cas, après celui du pommier de Saint-Valery qui, ne produisant pas de pollen par suite de l'avortement de ses étamines, doit être chaque année artificiellement fécondé, opération s'exécutant par les filles de l'endroit, au moyen de pollens

128. *Transact. Hort. Soc.*, vol. V, p. 69.
129. *Journal of Horticult.*, 20 janv. 1863, p. 46.
130. Prof. Decaisne, traduit dans *Proc. Hort. Soc.*, vol. 1, 1866, p. 48.
131. Vol. XLIII, 1744-45, p. 525; vol. XLV, 1747-48, p. 602.
132. *Trans. Hort. Soc.*, vol. V, p. 63 et 68. -- Paris, *de la Dégénération*, 1837, p. 36, cite aussi plusieurs cas, mais il n'est pas toujours possible de distinguer entre l'action directe du pollen étranger et celle des variations par bourgeons.

de différentes variétés. Il en résulte des fruits différents de grosseur, couleur et saveur, et ressemblant à ceux des variétés qui ont fourni l'élément fécondant [133].

Nous venons de montrer, d'après l'autorité de plusieurs bons observateurs que, dans des plantes appartenant à des ordres fort différents, le pollen d'une variété ou espèce, appliqué sur une forme distincte, peut occasionnellement modifier les enveloppes des graines, l'ovaire ou le fruit, et même dans un cas, le calice et la partie supérieure du pédoncule de la plante mère. Cette action peut s'exercer sur l'ensemble de l'ovaire et sur toutes les graines, ou parfois sur un certain nombre de ces dernières, comme dans le pois, ou sur une partie seulement de l'ovaire, comme dans les cas de l'orange segmentée, du maïs, et des raisins tachetés. On ne doit pas admettre qu'un effet direct et immédiat doive invariablement et toujours résulter de l'emploi d'un pollen étranger; cela n'est pas le cas, et on ignore complétement les conditions dont dépend cet effet. M. Knight [134] affirme que, bien qu'il ait opéré des milliers de croisements de pommiers et d'autres arbres fruitiers, il n'a jamais eu occasion d'observer un cas d'une modification pareille dans leurs fruits. Il n'y a aucune raison pour croire qu'une branche qui a porté des fruits affectés par du pollen étranger, doive elle-même l'être, de manière à produire ultérieurement des bourgeons modifiés; un pareil fait semble presque impossible, vu le peu de durée des connexions qui n'existent que passagèrement entre la fleur et la tige. On ne peut donc expliquer, par l'action d'un pollen étranger, que bien peu, pour ne pas dire point, des modifications subitement apparues sur les fruits, dont nous avons parlé au commencement de ce chapitre, car elles ont ensuite été généralement propagées par greffes. Il est également évident que les changements de coloration qui se manifestent dans les fleurs longtemps avant qu'elles soient prêtes à être fécondées, ou dans la forme ou la couleur des feuilles, ne peuvent aucunement être rattachés à l'action d'un pollen étranger : tous ces cas doivent être attribués à une simple variation de bourgeons.

133. T. de Clermont-Tonnerre, *Mém. Soc. Linn. de Paris*, t. III, 1825, p. 164
134. *Trans. Hort. Soc.*, vol. V, p. 68

Nous avons donné, avec quelques détails, les preuves de l'action du pollen étranger sur la plante mère, à cause de sa grande importance théorique, comme nous le verrons par la suite, et parce qu'en elle-même cette action est un fait singulier et même anormal en apparence. Elle est remarquable, au point de vue physiologique, car, en vertu de ses fonctions spéciales, l'élément mâle doit affecter non-seulement le germe, mais les tissus voisins de la plante mère. Quant à son anomalie, elle n'est qu'apparente, car en fait l'élément mâle joue un rôle analogue dans la fécondation ordinaire d'un grand nombre de fleurs. Gärtner a montré [135] en augmentant graduellement le nombre de grains de pollen pour arriver à féconder une Mauve, qu'un grand nombre de grains sont nécessaires pour développer, ou plutôt pour rassasier le pistil et l'ovaire. Quand une plante est fécondée par une espèce très-distincte, il arrive souvent que l'ovaire se développe complétement et rapidement sans qu'il s'y forme aucune graine, ou que les enveloppes de ces dernières s'achèvent sans qu'aucun embryon se montre dans leur intérieur. Le Dr Hildebrand a aussi montré, dans un travail récent [136], que chez plusieurs Orchidées, l'action du pollen propre de la plante lui est nécessaire pour le développement de l'ovaire, et que ce développement se fait, non-seulement avant que les tubes polliniques aient atteint les ovules, mais même avant que le placenta et les ovules soient formés; dans ces orchidées, le pollen paraît donc agir directement sur l'ovaire. Il ne faut pas d'autre part, surévaluer, sous ce rapport, l'efficacité du pollen, car on pourrait, dans le cas de plantes croisées, objecter qu'un embryon formé aurait pu affecter les tissus voisins de la plante mère avant de périr à un âge très-jeune. On sait encore que l'ovaire peut, dans un grand nombre de plantes, se développer complétement, même en l'absence totale de pollen. Enfin, M. Smith (ancien administrateur de Kew) a observé sur un orchidée, *Bonatea speciosa,* le fait curieux qu'on pouvait déterminer le développement de l'ovaire par une irritation mécanique du stigmate. Toutefois, d'après le nombre de grains de pollen employés

135. *Beiträge zur Kenntniss d. Befruchtung,* 1844, p. 347-351.
136. *Die Fruchtbildung der Orchideen, ein Beweis für die doppelte Wirkung des Pollen; Botanische Zeitung,* n° 14 et seq., oct. 30, 1863 et 1865, p. 249.

pour la saturation du pistil et de l'ovaire, — la formation générale de ce dernier et des enveloppes des graines dans les plantes
hybrides et stériles, — et les observations du D' Hildebrand
sur les Orchis, nous pouvons admettre que, dans la plupart des
cas, l'action directe du pollen facilite, si elle n'en est la seule
cause, le gonflement de l'ovaire et la formation des enveloppes
des graines, indépendamment de son action fécondante. Nous
n'avons donc, pour les cas ci-dessus énoncés, qu'à accorder au
pollen, outre sa propriété de favoriser le développement de
l'ovaire et des enveloppes des graines de sa propre plante,
celle d'influencer la forme, la grosseur, la couleur, texture, etc.
de ces mêmes parties, lorsqu'il est mis en contact avec la fleur
d'une autre espèce ou variété.

Venons-en maintenant au règne animal. Si une même fleur
pouvait donner des graines pendant plusieurs années consécutives, il n'y aurait rien d'étonnant à ce qu'une fleur, dont
l'ovaire aurait été modifié par un pollen étranger, donnât ensuite,
fécondée par elle-même, naissance à des produits modifiés
par l'action de l'élément mâle antérieur. Or, c'est ce qui a été
effectivement observé sur les animaux. Un cas souvent cité
est celui de lord Morton [137]; une jument alezane, de race
arabe presque pure, après avoir été croisée avec un quagga,
et mis bas un métis, fut remise à sir Gore Ousely, qui, ultérieurement, en obtint deux poulains par un cheval arabe noir.
Ces poulains furent partiellement isabelles, et avaient les
jambes plus nettement rayées que le métis, et même que
le quagga. Les deux avaient aussi le cou et quelques autres
parties du corps portant des raies bien marquées. Les raies
sur le corps, et la couleur isabelle sont très-rares chez nos
chevaux d'Europe, et inconnues chez les Arabes. Mais ce qui
rend le cas très-frappant, c'est que chez les deux poulains, les
poils de la crinière étaient courts, roides et dressés, exactement
comme chez le quagga. Il n'y a donc aucun doute sur le fait
que ce dernier a nettement affecté les caractères de la progéniture ultérieurement procréée par le cheval arabe noir [138]. On

137. *Philos. Transact.*, 1821, p. 20.

138. Alex. Harvey ; *A remarkable effect of Cross-Breeding*, 1851. — *Physiology of Breeding*,
par R. Orton, 1855. — *Intermarriage*, par A. Walker, 1837. — *L'Hérédité naturelle*, par
Dr P. Lucas, tom. II, p. 58. — W. Sedgewick, dans *British and Foreign Medico-Chirurgir.
Review*, 1863, p. 183. — Bronn, *Geschichte der Natur*, 1843, vol. II, p. 127, a recueilli

a publié un grand nombre de faits analogues et parfaitement authentiques, sur nos variétés d'animaux domestiques, et on m'en a communiqué plusieurs autres, qui tous démontrent avec évidence l'action qu'exerce le premier mâle sur les portées subséquentes d'une femelle fécondée par d'autres mâles. Il suffit d'en donner un seul cas qui se trouve consigné dans les *Transactions philosophiques*, dans une notice qui suit celle de lord Morton : M. Giles ayant livré à un sanglier sauvage de manteau marron foncé, une truie de la race d'Essex noire et blanche, les produits de la portée participèrent des caractères tant de la truie que du sanglier ; mais, dans quelques-uns, la couleur du père prédomina fortement. Longtemps après, la même truie rendue à un verrat de sa même race noire et blanche, — race qui se reproduit avec une constance parfaite, et chez laquelle jamais la moindre trace de marron n'a été signalée, — fit une portée dans laquelle quelques petits se trouvèrent avoir le même manteau marron que ceux de la première. Ces faits sont si fréquents et connus des éleveurs soigneux, qu'ils évitent toujours de donner une femelle de choix à un mâle inférieur, précisément à cause du préjudice qui peut en résulter pour les produits de ses portées subséquentes.

Quelques physiologistes ont tenté d'expliquer ces résultats remarquables d'une première fécondation, par l'attachement intime et par la communication libre des vaisseaux sanguins entre l'embryon modifié et la mère. Mais cette hypothèse d'une modification des organes reproducteurs d'un individu par le sang d'un autre, de façon à modifier la progéniture subséquente, est au plus haut point improbable. L'action directe d'un pollen étranger sur l'ovaire et l'enveloppe des graines de la plante mère doivent, par analogie, appuyer l'idée que c'est l'élément mâle qui exerce une action directe sur les organes reproduc-

plusieurs cas sur les juments, les truies et les chiens.— M. W. C. L. Martin (*Hist. of the Dog*, 1845, p. 104, donne plusieurs observations personnelles sur l'influence du premier mâle, sur les portées faites ultérieurement par la femelle et par des autres mâles; Jacques Savary, poëte français, qui a écrit, en 1665, sur les chiens, paraît avoir connu ce fait singulier. — Le Dr Bowerbank me communique le cas frappant suivant : une chienne turque noire et sans poils, ayant été accidentellement couverte par un épagneul métis à longs poils bruns, mit bas cinq petits, dont trois furent sans poils et deux couverts d'un poil brun et court. Livrée ensuite à un chien turc également noir et sans poils, les petits de cette seconde portée furent pour moitié semblables à la mère, c'est-à-dire turcs purs, l'autre moitié des produits ressemblant tout à fait aux chiens à *poils courts* provenant du premier père.

teurs de la femelle, si étonnante qu'elle soit, et non l'embryon croisé. Chez les oiseaux, où il ne peut y avoir, comme pour les mammifères, aucune connexion entre l'embryon et la mère, un observateur consciencieux, le Dr Chapuis[139], a constaté que dans le pigeon, l'influence d'un premier mâle se manifeste quelquefois dans les couvées subséquentes; cependant le fait mériterait confirmation.

CONCLUSIONS ET RÉSUMÉ DU CHAPITRE. — Les faits que nous venons d'exposer méritent d'être pris en considération, car ils nous montrent qu'une forme organique peut entraîner la modification d'une autre, par plusieurs modes extraordinaires, et même sans l'intervention de la reproduction séminale. Nous venons de voir qu'il y a évidence que l'élément mâle peut affecter directement la conformation de la femelle, et dans les animaux déterminer même une modification de sa progéniture. Nous avons donné des preuves nombreuses, montrant que les tissus de deux plantes peuvent s'unir et former un bourgeon ayant un caractère mixte, ou encore que des bourgeons entés sur une souche peuvent affecter tous les bourgeons ultérieurement produits par cette souche. Deux embryons différents contenus dans une même graine, peuvent se souder et donner naissance à une seule plante. Les produits du croisement de deux espèces ou variétés peuvent, dans la première génération ou dans les suivantes, faire retour par variation de bourgeons, et à des degrés divers, aux formes parentes; ce retour peut porter sur l'ensemble de la fleur, du fruit, du bourgeon foliifère, ou seulement sur la moitié ou une fraction plus petite, ou sur un organe isolé. Il semble que, dans quelques cas, cette séparation de caractères soit plutôt due à un défaut de combinaison qu'à un retour, car les fleurs et fruits d'abord produits portent par places les caractères séparés des deux parents. Quelle qu'ait pu être l'origine du *Cytisus Adami* et de l'Orange Bizarria, les deux espèces parentes se trouvent ou mélangées sous la forme d'un hybride stérile, ou reparaissent avec tous leurs caractères propres et leurs organes reproducteurs, et ces arbres, conservant leurs caractères capricieux, peuvent se propager par bourgeons. Tous ces faits doivent être pris en considération pour

---

139. *Le Pigeon voyageur belge*, 1865, p. 50.

permettre d'envisager à un point de vue général les divers modes de reproduction par germination, division, ou par sexes, la restauration de parties perdues, la variation, l'hérédité, le retour et autres phénomènes semblables. J'essayerai, vers la fin du présent ouvrage, de relier ces différents ordres de faits par une hypothèse provisoire.

Nous avons, dans la première moitié de ce chapitre, donné une longue liste de plantes chez lesquelles, par variation de bourgeons, c'est-à-dire, indépendamment de toute reproduction par graine, les fruits se sont brusquement modifiés quant à leur grosseur, couleur, saveur, forme, et époque de maturation ; les fleurs ont de même changé de forme, de couleur, sont devenues doubles, et ont présenté de grandes différences dans le calice ; les jeunes branches ont changé de couleur, pris des épines, modifié leur facies, sont devenues grimpantes ou pendantes ; les feuilles ont aussi présenté des changements dans leur couleur, leur forme, l'époque de leur épanouissement, et dans leur disposition autour de l'axe. Les bourgeons de toute nature, qu'ils se trouvent sur des branches aériennes ou souterraines, qu'ils soient simples, ou comme dans les bulbes et tubercules, modifiés et entourés d'une provision de nourriture, sont tous susceptibles d'éprouver des variations subites de même nature.

Dans le nombre, plusieurs cas sont certainement dus à un retour à des caractères non acquis par un croisement, mais qui ont existé autrefois et ont été perdus depuis plus ou moins longtemps ; ainsi, lorsqu'un bourgeon d'une plante panachée produit des feuilles uniformes, ou lorsque les fleurs, diversement colorées des Chrysanthèmes, font retour à la couleur primitive jaune. D'autres cas sont probablement dus à ce que les plantes ayant une origine croisée, font retour par bourgeons à l'une ou à l'autre des formes parentes. Pour élucider l'origine du *Cytisus Adami*, nous avons cité plusieurs cas de retour partiel ou total chez des plantes hybrides, et de là nous pouvons supposer que la tendance prononcée qu'a, par exemple, le Chrysanthème à produire, par variation de bourgeons, des fleurs de diverses couleurs, doit provenir de ce que ses variétés ayant été autrefois accidentellement ou intentionnellement croisées, les descendants actuels de ces croisements font encore parfois, et par bourgeons, retour aux couleurs des variétés parentes plus persistantes. C'est certainement ce qui est arrivé pour le Pélargonium « Rollisson's Unique, » et il peut en avoir été de même pour les variétés de bourgeons des Dahlias et pour les Tulipes. Il est cependant des cas de variations de bourgeons, qui ne sont point attribuables à un effet de retour, et ne sont qu'un fait de variabilité spontanée ; c'est ce qui a lieu ordinairement pour les plantes cultivées levées de graines. Comme une seule variété de Chrysanthème a produit par bourgeons six autres variétés, et qu'une variété du Groseiller épineux a pu donner en même temps quatre variétés distinctes de fruits, il n'est guère possible d'admettre que toutes ces variations soient des retours à des formes parentes antérieures. Ainsi que nous l'avons déjà fait remarquer, on ne peut croire que tous les pêchers qui ont fourni des bourgeons de pêches lisses aient eu une origine croisée. Enfin, dans les cas comme celui de la rose mousseuse avec son calice particulier, de la rose à feuilles opposées, dans celui de l'Imatophyllum, etc., on ne connaît aucune espèce naturelle, ou variété de graine, d'où ces caractères aient pu dériver par croisement. Tous ces cas sont donc attribuables à une variabilité propre des bourgeons. Les variétés ainsi formées ne se distinguent par aucun caractère extérieur des plantes levées de graine, ce qui est très-manifeste chez les Roses, Azaleas, et quelques autres. Notons encore que les plantes qui ont fourni beaucoup de variations par bourgeons, ont également beaucoup varié par graine.

Nous avons constaté ces variations chez des plantes appartenant aux ordres les plus divers, d'où nous pouvons admettre que probablement toute plante placée dans les conditions convenables doit être susceptible de variation par bourgeons. Ces conditions, autant que nous pouvons en juger, sont surtout une culture soignée et longtemps prolongée ; car presque toutes les plantes dont nous avons parlé sont vivaces, et ont été largement propagées dans différents sols et climats, par boutures, rejetons, bulbes, tubercules et surtout par greffe. Les cas de plantes annuelles variant par bourgeons, ou présentant des fleurs de diverses couleurs sur une même plante, sont relativement rares : Hopkirk [140] l'a observé sur le *Convolvulus tricolor* ;

140. *Flora anomala*, p. 164.

et il se présente quelquefois chez la Balsamine et la Dauphinelle
annuelle. D'après R. Schomburgk, les plantes des régions tempérées chaudes, cultivées sous le climat brûlant de Saint-
Domingue, sont éminemment susceptibles de variations par
bourgeons, mais un changement de climat n'est toutefois pas
une condition absolument indispensable, comme nous le
prouvent le groseiller et quelques autres végétaux. Dans leurs
conditions naturelles, les plantes paraissent beaucoup moins
aptes à varier par bourgeons; on a cependant observé parfois
des feuilles panachées et colorées; j'ai indiqué un cas de variation des bourgeons d'un frêne, mais il est douteux qu'on puisse
considérer un arbre, planté dans une propriété d'agrément,
comme vivant rigoureusement dans des conditions naturelles.
Gärtner a observé sur une même racine de l'*Achillea millefo-
lium* sauvage, des fleurs blanches et des fleurs rouge foncé ;
et le professeur Caspary a vu la *Viola lutea*, complétement
sauvage, porter des fleurs de grosseurs et de couleurs différentes [141].

Les plantes sauvages ne présentant que rarement des variations par bourgeons, tandis que les plantes cultivées, longtemps
propagées par des moyens artificiels, ont par cette forme de
reproduction, fourni beaucoup de variétés: si nous considérons la série suivante, — la variation simultanée et semblable de
tous les yeux d'une pomme de terre, — la coloration brusque
en jaune de tous les fruits d'un prunier pourpre, — la transformation en pêches de tous les fruits d'un amandier à fleurs
doubles, — la modification légère exercée par le sujet sur tous
les bourgeons qui ont été greffés sur lui, — le changement
temporaire qui se manifeste dans la couleur, la dimension et
la forme des fleurs de la Pensée après leur transplantation, —
tous ces faits nous portent à considérer les cas de variation par
bourgeons comme le résultat direct des conditions extérieures
auxquelles la plante a été exposée. Mais, d'autre part, s nous
envisageons les cas comme celui du pêcher qui, après avoir,
pendant bien des années, été cultivé par milliers dans divers
pays et avoir annuellement produit des millions de bourgeons,
qui tous paraissent avoir été soumis aux mêmes conditions, —

---

141. *Schriften d. Phys.-OEkon. Gesell. zu Königsberg*, vol. VI, 1865, p. 4.

pousse subitement un bourgeon unique, dont tous les caractères sont fortement modifiés, nous nous trouvons conduits à
une tout autre conclusion. En effet, des cas comme ce dernier
sembleraient impliquer que la transformation n'est aucunement
en relation *directe* avec les conditions extérieures.

Nous avons vu que les variétés provenant de graines ressemblent, par leur apparence générale, à celles produites par
bourgeons, au point qu'il n'est presque pas possible de les distinguer. Il en est de certaines variétés de bourgeons comme de
quelques espèces ou groupes d'espèces qui, lorsqu'on les propage par graines, se montrent plus variables que d'autres.
Ainsi la Chrysanthème « Reine d'Angleterre » a donné de cette
manière pas moins de six, et le Pélargonium « Rollisson's Unique, » quatre variétés distinctes; les Roses mousseuses en ont
aussi produit d'autres. Les Rosacées ont varié par bourgeons
plus qu'aucun autre groupe de plantes, ce qui peut tenir au
grand nombre des plantes de cette famille qui ont été depuis
fort longtemps cultivées. Dans ce même groupe, le pêcher a
souvent varié par bourgeons, tandis que les pommiers et les
poiriers, tous deux arbres greffés et très-cultivés, n'ont, autant que j'ai pu m'en assurer, présenté que peu de variations
de ce genre.

La loi des variations analogiques se vérifie aussi bien pour
les variétés produites de bourgeons, que pour celles provenant
de graine ; ainsi on a vu plus d'un rosier donner naissance à des
roses mousseuses; plusieurs Camellias acquérir une forme hexa-
gonale, et au moins sept ou huit variétés de pêcher produire
des pêches lisses.

Les lois de l'hérédité paraissent être les mêmes chez les
variétés de semence et de bourgeons. Nous savons combien les
phénomènes du retour s'observent souvent chez toutes deux,
affectant soit l'ensemble, soit des parties des feuilles, fleurs,
ou fruits. Quand la tendance au retour se manifeste sur beaucoup de bourgeons d'un même arbre, celui-ci porte des feuilles,
fleurs, ou fruits de différentes sortes, mais on a des raisons
de croire que des variétés flottantes de ce genre sont généralement provenues de graine. Il est bien connu que sur un certain nombre de variétés de semis, il en est qui transmettent
leurs caractères plus exactement que d'autres; nous en avons

vu des exemples chez deux formes panachées de *Euonymus* et
chez quelques Tulipes. Malgré la brusquerie de l'apparition des
variétés de bourgeons, leurs caractères peuvent quelquefois se
transmettre par reproduction séminale, et c'est ainsi que,
d'après M. Rivers, les roses mousseuses se reproduisent généralement; le caractère mousseux a aussi été transféré par croisement, d'une espèce de rosier à une autre. La pêche lisse
de Boston, qui apparut par variation de bourgeon, a produit
de graine une pêche lisse voisine. Nous avons cependant vu
que, d'après M. Salter, la graine prise sur une branche devenue
panachée par variation de bourgeons, n'a transmis que faiblement ce caractère, tandis que plusieurs plantes panachées provenant de graine, ont transmis leur panachure à une forte
proportion de leurs descendants.

Bien que j'aie pu recueillir un bon nombre de cas de variations de bourgeons, et que j'en eusse probablement trouvé
beaucoup d'autres en dépouillant des ouvrages d'horticulture
étrangers, leur nombre est cependant très-faible en comparaison des variétés produites de graine. Dans les plantes cultivées les plus changeantes, le nombre des variations est
presque infini, mais leurs différences sont généralement faibles; ce n'est qu'à de longs intervalles qu'il surgit une modification marquée. D'autre part, il est singulier que, lorsque les
plantes viennent de bourgeons, leurs variations, qui sont, relativement aux autres, plus rares, soient souvent et même ordinairement très-fortement prononcées. J'ai pensé que ce n'était
peut-être qu'une illusion, et qu'il se pouvait que de légères
modifications de bourgeons fussent encore fréquentes, mais
étaient négligées ou passaient inaperçues à cause de leur peu
de valeur. Je m'adressai donc à deux autorités d'une haute
compétence en ces matières, M. Rivers pour les arbres fruitiers et M. Salter pour les fleurs. Le premier ne se rappelle
pas d'avoir remarqué de légères modifications dans les bourgeons à fruits. M. Salter m'a appris qu'il s'en présente effectivement chez les fleurs, mais que, si on les propage, elles perdent leurs caractères dès l'année suivante; il est cependant
d'accord avec moi pour reconnaître que les variations de bourgeons prennent d'emblée des caractères permanents et bien
accusés. Nous ne pouvons guère douter que ce ne soit la règle,

quand nous réfléchissons à des cas comme ceux du pêcher, qui a été suivi et observé avec tant de soin, et chez lequel on a propagé de graine tant de variétés insignifiantes; et cependant cet arbre a, à maintes reprises, donné, par variation de bourgeons, des pêches lisses; tandis qu'il n'a produit (d'après ce que j'ai pu savoir), que deux variétés de vrais pêchers, les *Grosse mignonne tardive* et *précoce*, qui ne diffèrent d'ailleurs de la forme souche que presque uniquement par leur période de maturation.

M. Salter m'a appris, à ma grande surprise, qu'il applique la sélection aux plantes panachées propagées de bourgeons, et que, par ce moyen, il a pu améliorer et fixer plusieurs variétés. Ainsi une branche peut d'abord ne présenter de feuilles panachées que d'un seul côté, feuilles imparfaites, et n'étant qu'irrégulièrement bordées de jaune ou de blanc, ou marquées seulement de quelques lignes de ces mêmes couleurs. Pour améliorer et fixer ces variations, il faut favoriser le développement des bourgeons qui se trouvent à la base des feuilles les mieux marquées, et ne propager que ceux-là. En suivant avec persévérance cette marche, pendant trois ou quatre saisons consécutives, on peut obtenir de cette manière une variété fixe et distincte.

Finalement, les faits que nous avons donnés dans ce chapitre, démontrent combien le germe d'une graine fécondée, et la petite masse cellulaire qui constitue le bourgeon, se ressemblent d'une manière remarquable, par leurs fonctions, — par leur force d'hérédité, avec retour occasionnel, — et par leur aptitude à présenter des variations de nature semblable, et soumises aux mêmes lois. Cette analogie, ou plutôt cette identité, est encore plus frappante si on peut avoir confiance dans les faits qui semblent indiquer que le tissu cellulaire d'une espèce ou variété, greffé sur une autre, peut donner naissance à un bourgeon ayant des caractères intermédiaires.

Nous avons vu dans ce chapitre que la variabilité n'est pas nécessairement liée à la génération sexuelle, quoiqu'elle paraisse l'accompagner beaucoup plus souvent que la reproduction par bourgeons. Nous voyons aussi que la variabilité des bourgeons ne dépend pas uniquement de l'atavisme ou du retour à des caractères depuis longtemps perdus, ou acquis à la suite d'un croisement, mais qu'elle est souvent spontanée. Mais, lorsque nous cherchons la cause d'une variation de bourgeons donnée, nous tombons dans le doute, car, dans certains cas, nous sommes conduits à admettre comme suffisante une action directe des conditions extérieures, et dans d'autres, nous éprouvons la conviction profonde que celles-ci n'ont dû prendre qu'une part très-accessoire au résultat, part dont l'importance n'est pas plus grande que celle de l'étincelle qui enflamme une masse de matière combustible.

FIN DU PREMIER VOLUME.

TABLE

DU PREMIER VOLUME.

CHAPITRE XI.

SUR LA VARIATION PAR BOURGEONS ET SUR CERTAINS MODES ANORMAUX DE REPRODUCTION ET DE VARIATION.

TABLE DES FIGURES.

ERRATA DU PREMIER VOLUME.

Page 43, ligne avant-dernière, *au lieu de :* lord Oxford; *lisez :* lord Orford.

— 50, note 93, *au lieu de :* amiral Luthé; *lisez :* amiral Lutké.

— 51, ligne 22, *au lieu de :* sa queue; *lisez :* la queue.

— 69-82, au lieu de : *Sus Indica;* lisez : *Sus Indicus.*

— 86, ligne 29, *au lieu de :* On l'a trouvée en Angleterre associée aux restes de l'éléphant et du rhinocéros; *lisez :* Elle ne paraît pas avoir existé en Angleterre avant la période néolithique, bien qu'on lui ait autrefois assigné un âge plus ancien. (W. Boyd Dawkins, *On British fossil Oxen, Journ. of the Geolog. Soc.,* 1867, p. 182.)

— 87, ligne 11, *au lieu de :* Cette espèce, quoique voisine du *B. longifrons,* est regardée...; *lisez :* Cette espèce, voisine du *B. longifrons,* et que M. Boyd Dawkins identifie à cette dernière, est regardée...

— 97, note 66, au lieu de : *London Mag. of Nat. Hist.; lisez :* Loudon's *Mag. of Nat. Hist.*

— 108, ligne 8, *au lieu de :* période de pierre; *lisez :* première partie de la période néolithique.

— 193, ligne 4, au lieu de : *Dendrocygna viduata;* lisez : *Anas moschata.*

— 205, note, ligne 2, au lieu de : *London Mag. of Nat. Hist.; lisez :* Loudon's *Mag. of Nat. Hist.*

— 216, ligne 31, *au lieu de :* Lipsius; *lisez :* Lepsius.

— 292, ligne 34, au lieu de : *Amherstii;* lisez : *Amherstiæ.*

— 299, ligne 30, au lieu de : *Tadorna Ægyptiaca;* lisez : *Anser Ægyptiacus.*

— 304, dernière ligne du tableau, *au lieu de :* 713; *lisez :* 717.

— 312, ligne 6ᵉ, en remontant, *au lieu de :* l'opinion des naturalistes; *lisez :* l'opinion de quelques naturalistes.

CATALOGUE

DE LA LIBRAIRIE

DE

C. REINWALD

LIBRAIRE-ÉDITEUR ET COMMISSIONNAIRE

PARIS

RUE DES SAINTS-PÈRES, 15

Mars 1868